普通高等教育“十一五”国家级规划教材
全国高等医药院校药学类专业第五轮规划教材

药用植物学

第4版

（供药学类、中药学类专业用）

主　　编　路金才
副 主 编　王旭红　吕惠子　李　涛
编　　者　（以姓氏笔画为序）
于俊林（通化师范学院医药学院）
王戌梅（西安交通大学药学院）
王旭红（中国药科大学中药学院）
王梦月（上海交通大学药学院）
吕惠子（延边大学药学院）
李　骁（内蒙古医科大学药学院）
李　涛（四川大学华西药学院）
汪建平（华中科技大学同济医学院药学院）
张英涛（北京大学药学院）
张建逵（辽宁中医药大学药学院）
贾凌云（沈阳药科大学中药学院）
路金才（沈阳药科大学中药学院）
主编助理　吕重宁（沈阳药科大学中药学院）

中国健康传媒集团
中国医药科技出版社

内容提要

本书为“全国高等医药院校药学类专业第五轮规划教材”之一。本书共包括绪论和14章内容，介绍植物细胞、植物组织、植物器官、植物分类的知识，详细阐述藻类植物、菌类植物、地衣门、苔藓植物门、蕨类植物门、裸子植物门、被子植物门的主要特征、分类和代表植物，并介绍了药用植物鉴定方法、资源分布、利用与保护的相关知识。书后附有187幅植物彩图。

本书为书网融合教材，即纸质教材有机融合教学配套资源（PPT、微课、视频）、题库系统、数字化教学服务。

本书供全国高等医药院校药学类、中药学类专业师生使用，也可作为广大中医药爱好者的参考用书。

图书在版编目（CIP）数据

药用植物学/路金才主编．—4版．—北京：中国医药科技出版社，2020.1

全国高等医药院校药学类专业第五轮规划教材

ISBN 978-7-5214-1505-6

Ⅰ.①药… Ⅱ.①路… Ⅲ.①药用植物学-医学院校-教材 Ⅳ.①Q949.95

中国版本图书馆CIP数据核字（2020）第000829号

美术编辑 陈君杞

版式设计 友全图文

出版 **中国健康传媒集团** | 中国医药科技出版社

地址 北京市海淀区文慧园北路甲22号

邮编 100082

电话 发行：010-62227427 邮购：010-62236938

网址 www.cmstp.com

规格 889×1194 mm $^{1}/_{16}$

印张 $24\ ^{1}/_{4}$

字数 528千字

初版 2003年12月第1版

版次 2020年1月第4版

印次 2023年3月第2次印刷

印刷 三河市万龙印装有限公司

经销 全国各地新华书店

书号 ISBN 978-7-5214-1505-6

定价 68.00元

数字化教材编委会

主　编　路金才

编　者　（以姓氏笔画为序）

于俊林（通化师范学院医药学院）
王戌梅（西安交通大学药学院）
王旭红（中国药科大学中药学院）
王梦月（上海交通大学药学院）
吕重宁（沈阳药科大学中药学院）
吕惠子（延边大学药学院）
孙冬雪（沈阳药科大学中药学院）
李　骁（内蒙古医科大学药学院）
李　涛（四川大学华西药学院）
汪建平（华中科技大学同济药学院）
张英涛（北京大学药学院）
张建逵（辽宁中医药大学药学院）
贯凌云（沈阳药科大学中药学院）
路金才（沈阳药科大学中药学院）

常务编委会

出版说明

“全国高等医药院校药学类规划教材”，于20世纪90年代启动建设，是在教育部、国家药品监督管理局的领导和指导下，由中国医药科技出版社组织中国药科大学、沈阳药科大学、北京大学药学院、复旦大学药学院、四川大学华西药学院、广东药科大学等20余所院校和医疗单位的领导和权威专家成立教材常务委员会共同规划而成。

本套教材坚持“紧密结合药学类专业培养目标以及行业对人才的需求，借鉴国内外药学教育、教学的经验和成果”的编写思路，近30年来历经四轮编写修订，逐渐完善，形成了一套行业特色鲜明、课程门类齐全、学科系统优化、内容衔接合理的高质量精品教材，深受广大师生的欢迎，其中多数教材入选普通高等教育“十一五”“十二五”国家级规划教材，为药学本科教育和药学人才培养做出了积极贡献。

为进一步提升教材质量，紧跟学科发展，建设符合教育部相关教学标准和要求，以及可更好地服务于院校教学的教材，我们在广泛调研和充分论证的基础上，于2019年5月对第三轮和第四轮规划教材的品种进行整合修订，启动“全国高等医药院校药学类专业第五轮规划教材”的编写工作，本套教材共56门，主要供全国高等院校药学类、中药学类专业教学使用。

全国高等医药院校药学类专业第五轮规划教材，是在深入贯彻落实教育部高等教育教学改革精神，依据高等药学教育培养目标及满足新时期医药行业高素质技术型、复合型、创新型人才需求，紧密结合《中国药典》《药品生产质量管理规范》（GMP）、《药品经营质量管理规范》（GSP）等新版国家药品标准、法律法规和《国家执业药师资格考试大纲》进行编写，体现医药行业最新要求，更好地服务于各院校药学教学与人才培养的需要。

本套教材定位清晰、特色鲜明，主要体现在以下方面。

1.契合人才需求，体现行业要求　契合新时期药学人才需求的变化，以培养创新型、应用型人才并重为目标，适应医药行业要求，及时体现新版《中国药典》及新版GMP、新版GSP等国家标准、法规和规范以及新版《国家执业药师资格考试大纲》等行业最新要求。

2.充实完善内容，打造教材精品　专家们在上一轮教材基础上进一步优化、精炼和充实内容，坚持“三基、五性、三特定”，注重整套教材的系统科学性、学科的衔接性，精炼教材内容，突出重点，强调理论与实际需求相结合，进一步提升教材质量。

3.创新编写形式，便于学生学习　本轮教材设有“学习目标”“知识拓展”“重点小结”“复习题”等模块，以增强教材的可读性及学生学习的主动性，提升学习效率。

4.配套增值服务，丰富教学资源　本套教材为书网融合教材，即纸质教材有机融合数字教材，配套教学资源、题库系统、数字化教学服务，使教学资源更加多样化、立体化，满足信息化教学的需求。通过“一书一码”的强关联，为读者提供免费增值服务。按教材封底的提示激活教材后，读者可通过PC、手机阅读电子教材和配套课程资源（PPT、微课、视频、图片等），并可在线进行同步练习，实时反馈答案和解析。同时，读者也可以直接扫描书中二维码，阅读与教材内容关联的课程资源（“扫码学一学”，轻松学习PPT课件；“扫码看一看”，即可浏览微课、视频等教学资源；“扫码练一练”，随时做题检测学习效果），从而丰富学习体验，使学习更便捷。

编写出版本套高质量的全国本科药学类专业规划教材，得到了药学专家的精心指导，以及全国各有关院校领导和编者的大力支持，在此一并表示衷心感谢。希望本套教材的出版，能受到广大师生的欢迎，为促进我国药学类专业教育教学改革和人才培养做出积极贡献。希望广大师生在教学中积极使用本套教材，并提出宝贵意见，以便修订完善，共同打造精品教材。

中国医药科技出版社

2019年9月

前言

《药用植物学》自出版发行以来在国内多所高等医药院校使用，得到广大师生的普遍好评。随着学科专业的发展和为了更好地适应各院校授课的不同需求，本教材在内容设置、数字化教材建设等方面都需要调整、增加和修订。本教材是在《药用植物学》第3版基础上修订完成的，在内容上主要变化如下：鉴于药用植物生物技术已是独立课程，本教材删掉了第3版教材中第十三章、第十四章内容；对书中的部分插图及一些错漏之处进行进一步修改完善；增加了数字化教材内容，即纸质教材与教学配套资源（PPT、微课、视频）、题库系统、数字化教学服务有机融合，以便于学生自主学习使用。

本教材的编写分工为：第一、二章由中国药科大学中药学院王旭红教授编写；第三章第一节至第三节由四川大学华西药学院李涛教授编写；第三章第四节至第六节由北京大学药学院张英涛教授编写；绪论、第四、五、六、七章由沈阳药科大学中药学院路金才教授编写，并统稿。第八、九、十章由沈阳药科大学中药学院贾凌云教授编写；第十一章第一节至十字花科由西安交通大学药学院王戌梅教授编写；第十一章景天科至山茱萸科由上海交通大学药学院王梦月教授编写；第十一章杜鹃花科至菊科由华中科技大学同济医学院药学院汪建平教授编写；第十一章香蒲科至兰科由延边大学药学院吕惠子教授编写；第十二章由辽宁中医药大学药学院张建逵教授编写；第十三章由通化师范学院医药学院于俊林教授编写；第十四章由内蒙古医科大学药学院李骁教授编写。沈阳药科大学中药学院吕重宁讲师担任主编助理，承担了部分文字内容，插图及数字化教材内容编写工作。

本教材的编写得到了国内多所医药院校从事药用植物学教学科研工作的专家、教授及相关领导的大力支持，本教材的原主编沈阳药科大学孙启时教授为本教材修订提出了宝贵建议，沈阳药科大学的张丹丹博士绘制了部分插图，在此一并表示衷心感谢。

由于编者能力水平有限，本教材会存在一些缺陷和不足，敬请读者给予批评指正，以便不断修订完善。

编　者

2019年11月

目录

绪　论

植物是自然界的重要组成部分，也是人类生存发展必不可少的物质基础。植物除为人类提供食物及其他生活必需品外，还提供了许多与人类生活有关的天然产品，如天然药物、天然保健食品、天然色素、天然甜味剂等。我国是世界上应用药用植物历史最久的国家，药用植物种类繁多，有记载的药用植物约383科11 000种，占中药资源（包括动、植、矿物）总数的87%以上。中药及天然药物的绝大部分来源于植物。所以，没有植物学的知识，就无法对中草药原植物及药材进行品种真伪和质量优劣的鉴定，不能进行中草药的资源调查，进而无法正确对植物药进行临床应用以及资源的开发利用。因此，本课程是所有与植物相关的药学、中药学各专业的必备专业基础。

扫码"学一学"

一、药用植物学的研究内容及任务

药用植物学（pharmaceutical botany）是一门以具有防治疾病和保健作用的植物为对象，用植物学的知识和方法来研究它们的形态、组织构造、生理功能、化学成分、分类鉴定、资源开发和合理利用的学科。它是药学专业、中药专业必修的一门专业基础课。

（一）研究中药原植物的种类、来源，确保临床用药的安全有效

我国幅员辽阔，自然条件多样，植物种类繁多，来源复杂，加上各地用药历史、习惯的差异，造成同名异物、同物异名现象较为严重，导致中药的品种来源混杂。同名异物如贯众，为较常用的中药，有小毒，全国曾作贯众用的原植物有11科，18属，58种（含2变种及1个变型），均属蕨类植物，其中各地习用的商品和混用的药材有26种，另32种均为民间草医用药。再如中药大青叶，实际应用的有4科4种。十字花科菘蓝 *Isatis indigotica* Fort. 的叶；蓼科植物蓼蓝 *Polygonum tinctorium* Ait. 的叶；爵床科植物马蓝 *Baphicacanthus cusia*（Nees）Bremek. 的叶；马鞭草科植物大青 *Clerodendrum cyrtophyllum* Turcz. 的叶均作大青叶药用。有些药材一物多名，如鸦胆子又称苦参子，为苦木科植物鸦胆子 *Brucea javanica*（L.）Merr. 的果实，而不是豆科苦参 *Sophora flavescens* Ait. 的种子，极易引起品种的混乱。此外，假药材、药材质量低劣都会影响疗效，甚至危害生命。如人参 *Panax ginseng* C. A. Mey. 的根，具大补元气，强心固脱，安神生津作用，其与商陆 *Phytolacca acinosa* Roxb. 的根形态上容易混淆，曾发现有商陆伪充人参销售。商陆为逐水药，有毒，功效与人参完全不同，如误服，会造成危害。

以上混乱情况在中药中较为常见，给临床、科研以及植物采集、购销等工作带来诸多不便。因此，必须结合实物、标本，考证本草，逐一整理澄清，力求名实相符，名称统一，一物一名。学好药用植物学对准确鉴定植物种，保证用药安全有效，调查植物资源，指导生产、收购和保护以及寻找新药等方面都具有重要意义。

（二）深入调查研究、合理开发利用植物资源

现代科学技术的发展使人类开发利用植物资源的能力越来越强，世界各国都在利用各地的植物资源，开发研制新药、保健食品和食品。

应用现代高新技术，从植物中寻找新的有效成分研制新药，近年来越来越多。从本草

记载治疗疟疾的青蒿（*Artemisia annua* L.）中分离得到的高效抗疟成分——青蒿素；从人参中分离得到一个抗肿瘤成分人参皂苷 Rg3，并开发成了中药制剂——参一胶囊；从印度民间草药长春花中筛选高效抗白血病的成分——长春新碱；红豆杉树皮中发现的紫杉醇，对乳腺癌及其他癌症都有较好的治疗作用。银杏叶提取物制成的新药，能明显降低血清胆固醇，同时升高血清磷脂，改善血清胆固醇及磷脂的比例。目前，已开发出大量既有营养又能提高机体抵抗力的保健食品，如沙棘 *Hippophae rhamnoides* L.、蓝莓（笃斯越桔 *Vaccinium uliginosum* L.）、山楂 *Crataegus pinnatifida* Bge.、桑、五味子及野生的食用菌、魔芋、蕨类等等。从植物中寻找新药的潜力很大，我们的任务是要充分利用现代科学技术及手段去研究和发掘各种植物资源的新用途、新的活性成分。

（三）根据植物间的亲缘关系，结合相关学科，寻找药材新资源

植物系统进化关系和植物化学分类学揭示的亲缘关系越近的物种，其所含的化学成分越相似，甚至有相同的活性成分。利用这一原理可以寻找紧缺药材的代用品并发现新植物资源。如药用植物马钱（*Strychnos nux-vomica* L.）是传统进口药，在云南发现的云南马钱子（*Strychnos wallichiana*）其有效成分与进口马钱子相似，且质量更优。印度从蛇根木［*Rauvolfia serpentina*（L.）Benth. ex Kurz.］中提取降压药的有效成分，研究发现，我国云南同属的另外一种萝芙木 *Rauvolfia verticillata*（Lour.）Baill. 中含有降压药的有效成分且副作用小。这些新的药材或进口药的代用品，既填补了国内生产的空白，又创造了较大的经济效益。

（四）利用生物技术，扩大繁殖濒危物种，培养活性成分高含量物种和基因工程新物种

生物技术在 21 世纪对生命科学的各个领域，产生了十分深刻的影响，利用植物培养技术将植物的分生组织进行离体培养，建立无性繁殖并诱导分化植株，此方法尤其对一些珍稀濒危植物的保存、繁殖和纯化是一条有效途径。近年经离体培养获得试管植株的药用植物已有台湾银线兰（*Anoectochilus formosanus* Hayata）、白及［*Bletilla striata*（Thunb.）Reichb. f.］、番红花（*Crocus sativus* L.）、铁皮石斛（*Dendrobium officinale* Kimura et Migo）、绞股蓝［*Gynostemma pentaphyllum*（Thunb.）Makino］等一百余种，其中大多数为珍贵的药用植物。

通过植物培养及种类的筛选、不同激素配比以及培养时间、温度、光照、外植体类型等条件的研究，利用离体克隆技术改良药用植物的品质，快速繁殖一些重要的植物是植物细胞工程的重要内容。许多植物的试管苗已被诱导出来，并能产生高含量的药用成分，如红豆杉［*Taxus wallichiana* zucc. var. *chinensis*（Pilger）Florin］、人参（*Panax ginseng* C. A. Mey.）、西洋参（*Panax quinquefolium* L.）等。

生物技术目前已成为重点发展的技术领域，我国植物资源丰富，这是发展植物生物技术的有利条件，应用细胞工程和基因工程方法开展对药用植物的研究，深化对药用植物的形态及代谢产物的内在认识，是对药用植物及其活性成分的研究从宏观进入细胞及分子水平，进一步促进我国国民经济发展和人民生活水平提高的有力手段。

（五）药用植物资源的保护

药用植物资源的开发利用与资源的保护再生，是对立和矛盾的，如果处理得好，也是相辅和统一的。为了解决药用植物的供需矛盾，人们采用多种方法来扩大药源。如上述的植物生物工程及人工引种等。另外，建立一些植物资源合理利用与保护的战略基地——植物园、自然保护区、植物种质基因库等。

植物园是保护特有、孑遗、濒危植物以及引种驯化外地迁移植物的重要基地。我国已有100多个植物园，如庐山植物园、西双版纳热带植物园、上海植物园等。自然保护区能够维持、保护区内的生态平衡，保护生物多样性，是自然状态下保护物质资源的场所，又是科学研究的基地。植物种质基因库能够保存植物遗传资源，使多种多样的物种，尤其是珍稀物种和濒危物种的遗传资源得以保存，同时也可为植物育种工作提供基因来源。

此外，国务院颁布了《中国珍稀濒危保护植物名录》《野生药材资源保护管理条例》，重点保护一些野生药材。药用植物资源的保护和管理在我国刚刚起步，应加强立法，用法制的手段合理地开发利用中药，以促进对植物资源的保护，控制野生资源利用量。

二、药用植物学在我国的发展简史

我国用药历史悠久，药用植物学最初是随着医药学和农学的发展而发展的，对我国民族的繁衍昌盛起了很大作用。

我国古代把记载药物的书籍称为“本草”。我国历代“本草”有400多部，是中医药宝库中的灿烂明珠。春秋秦汉时期的《山海经》最早记载药物51种。后汉（公元1～2世纪）的《神农本草经》，载药365种，其中植物药237种，该书总结了我国汉朝以前的医药经验，是我国现存的第一部记载药物的专著；南北朝·梁代（公元5世纪），陶弘景以《神农本草经》为基础，补入《名医别录》编著《本草经集注》，共载药730种；唐代（公元659年），由苏敬等23人编著的《新修本草》（又称《唐本草》），载药844种，其中新增了不少来自印度、波斯、南洋的外来药用植物，因由政府组织编著和颁布，被认为是我国第一部药典，也是世界上第一部药典。宋代（公元1082年），唐慎微编写的《经史证类备急本草》（又称《证类本草》），载药1746种，是我国现存最早的一部完整本草；明代李时珍，以《证类本草》为蓝本，书考800余种，历经30年，编著而成最著名的《本草纲目》，共52卷，载药1892种，其中药用植物1100多种，每种均有释名、集解、正误、修治、气味、主治、发明，分类方法一改以往所用上、中、下3品，而以植物、动物和矿物分类。该书全面总结了16世纪以前我国人民认、采、种、制、用药的经验，不仅大大地促进了我国医药的发展，同时也促进了日本、欧洲各国药用植物学的发展，至今仍具很大的参考价值；清代（1765年）赵学敏编著的《本草纲目拾遗》，载药921种，其中716种是《本草纲目》未收载的种类；另外，吴其浚（公元1848年）所著的《植物名实图考》和《植物名实图考长编》，共收载植物2552种，是论述植物的一部专著。作者历经我国各地考察，亲自记述、描绘植物。该书内容丰富，叙述详细，并有较为精美的插图，对植物的药用价值和同名异物的考证颇有研究，因而不论对植物学还是药物学都是十分重要的著作，为后代研究和鉴定药用植物，提供了宝贵的资料。

此外，在药用植物学领域有影响的专著尚有：晋代（公元304年）嵇含的《南方草木状》，可视为我国及世界上最早的一部区系植物志；明代（公元1436～1449年）兰茂的《滇南本草》是我国现存内容最丰富的一部地方本草；南宋（公元1245年前后）陈仁玉的《菌谱》；晋代（公元265～419年间）戴凯的《竹谱》；唐代（公元758年前后）陆羽的《茶经》；宋代（公元1104年前后）刘蒙的《菊谱》；宋代（公元1019年前后）蔡襄的《荔枝谱》等，都是历代植物学代表性的专著，记载了药用植物。

我国介绍西方近代植物科学的第一部书籍，是1857年李善兰先生和英国人

A. Williamson 合作编译的《植物学》，全书共八卷，插图 200 多幅。此书的出版，是我国近代植物学的萌芽。20 世纪初至 40 年代，有胡先骕、钱崇澍、张景钺、严楚江等植物学家，用近代植物学的理论与方法，发表了一些植物分类和植物形态解剖论著。1948 年，李承祜教授出版了我国第一部《药用植物学》本科教科书。

多年以来，国家培养了大量中医中药、天然药物及药用植物的研究人才，为中药及天然药物的发展做出了重要贡献，如编写了《中药志》《中华人民共和国药典》（1953、1965、1977、1985、1990、1995、2000、2005、2010、2015 年版）、《中国药用植物图鉴》《中药大辞典》《全国中草药汇编》《中国药用植物志》《中华本草》《中草药学》《中药鉴别手册》等举世瞩目的重要专著。此外，还出版了不少药用植物类群、资源学专著和地区性药用植物志，如《中国中药资源》《中国中药区划》《中国常用中药材》《中国药材资源分布图》《中国药材资源地图集》《中国民间单验方》《中国民族药志》《中国药用真菌》《中国药用地衣》《中国药用孢子植物》《东北药用植物》等，还创刊了大量刊登药用植物和重要研究论文的期刊，如《中国中药杂志》《中草药》《中药材》《中成药》等。

现代科学发展的特点之一是各门学科之间相互渗透、相互联系。随着植物学各分支学科，以及医药学、化学等学科的不断发展，使药用植物学与其他学科，如植物分类学、植物化学分类学、植物解剖学、孢粉学、植物生态学、植物地理学、中药鉴定学、天然药物化学、中药学等有着密切的联系。药用植物学与这些学科之间的互相渗透，又分化出药用植物化学分类学、中药资源学等学科，促进了药用植物学的不断发展。

三、药用植物学和相关学科的关系

药用植物学是药学和中药学专业的专业基础课，凡涉及中药（生药）植物品种来源及品质的学科都与药用植物学有关，关系较密切的有：中药学、生药学、中药鉴定学、天然药物化学、中药资源学、药用植物栽培学、中药药剂学、中药炮制学等。这些都需要药用植物学的基本理论和方法作为基础。

四、学习药用植物学的方法

药用植物学是一门实践性很强的应用学科，在学习时必须紧密联系实际，多到大自然中去，并与实验室进行观察和比较，多观察身边日常生活见到的各种植物，用理论指导实践，通过实践再巩固理论知识，具体的学习方法是：观察、比较、实验。全面认真细致地观察植物的形态结构和生活习性，对相似的植物类群、器官形态、组织构造及化学成分多进行比较和分析，找出相似点和相异点。实践是获得真知、增长才干的重要途径，学习药用植物学的实践途径是室内实验和野外实习。室内实验，要熟悉掌握药用植物形态结构，徒手切片的制作，显微特征的观察描述，以及基本试验操作技能和常用仪器、设备的使用及保养等。野外实习，主要在于掌握分类学的标本采集、制作、保存技术，检索表的查阅及科、属、种定名技术，并识别一定数量的药用植物。

总之，学习药用植物学要严格要求自己，做好课前预习，课堂注意听讲，课后及时小结，认真运用所学知识，紧密联系实际，训练和不断提高解决实际问题的能力，多观察、多比较、多实践，才能有效地掌握本课程的基本知识、基本理论和基本操作技能，才能将本课程学得活、记得牢、利用得好。

第一章　植物的细胞

学习目标

1. **掌握**　植物细胞的形态、基本结构，植物细胞壁的构造及特化，植物细胞后含物及类型。

2. **熟悉**　植物细胞分裂的方式：无丝分裂、有丝分裂、减数分裂的过程、特点。熟悉单倍体、二倍体、多倍体的概念。

3. **了解**　植物细胞的发现、细胞学说。

自然界中的植物是多种多样的，但从植物体的结构来看，都是由细胞构成的。1665 年英国学者胡克（Robert Hooke）用自制的显微镜观察到木栓细胞，并称之为细胞（cell）。

扫码“学一学”

1839 年德国植物学家施莱登（Matthias Schleiden）和德国动物学家施旺（Theodor Schwann）同时提出细胞学说：一切有机体都是由细胞构成的，细胞是构成有机体的基本单位，也是生命活动的基本单位。单细胞植物是由一个细胞构成的个体，一切生命活动（生长、发育和繁育）都是在这一细胞内完成的。高等植物的个体是由许多形态功能不同的细胞组成的，在整体中，细胞相互依存，彼此协作，共同完成复杂的生命活动。

1958 年美国科学家斯图尔德 Steward 用人工方法从胡萝卜根韧皮部细胞培养出能开花结实的植株，首次肯定了在多细胞植物体中体细胞具有“全能性”，并说明植物细胞是一个具有相对独立性的单位。

第一节　植物细胞的形态和基本结构

由于植物种类的不同，细胞存在植物体的部位和执行机能的不同，其形状和大小随之而异。游离或排列疏松的细胞多呈类球状体，排列紧密的则呈多面体或其他形状。执行支持作用的细胞，细胞壁常增厚，呈纺锤形、圆柱形等；执行输导作用的细胞多呈长管状。细胞形态的多样性，反映了细胞形态、结构与功能相适应的规律。

植物细胞一般都较小，必须在显微镜下才能看到，直径在 10 ~ 100μm 之间。但植物细胞的大小差异很大，细菌的细胞其直径小于 0.2μm。有的植物细胞则较大，如贮藏组织细胞的直径可达 1mm，亚麻纤维细胞较细长，长达 4cm 左右，苎麻纤维细胞长达 50cm，有的无节乳汁管细胞甚至可长达数米至数十米。

一般在显微镜下观察到的细胞构造，通常称为植物的显微构造（microscopic structure）。大小以微米（μm）计。在电子显微镜下观察到的细胞结构，称为超微结构（ultramicroscopic structure）或亚显微结构（submicroscopic structure）。超微结构的大小以埃（Å）计。

各种植物细胞的形状和构造是不同的，就是同一个细胞在不同的发育阶段，其构造也不完全一致，所以通常不可能在某一个细胞里看到细胞的全部构造。为了便于学习，现将各种植物细胞的主要结构集中在一个细胞里示意说明，这个细胞称为模式植物细胞（图 1 - 1，图 1 - 2）。

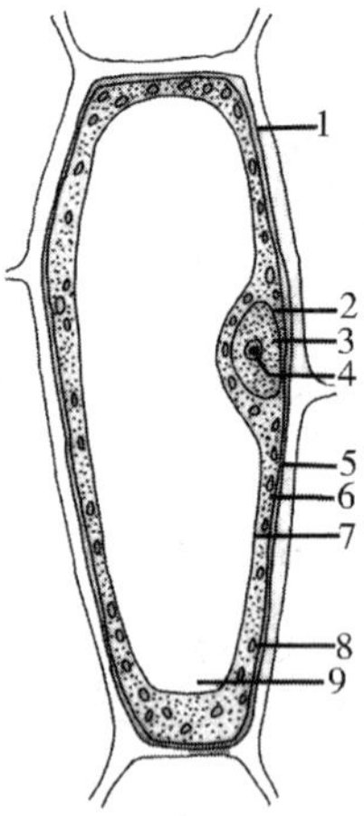

图1-1 植物细胞的显微构造（模式图）

1. 细胞壁 2. 核膜 3. 核液 4. 核仁 5. 质膜 6. 胞基质 7. 液泡膜 8. 叶绿体 9. 液泡

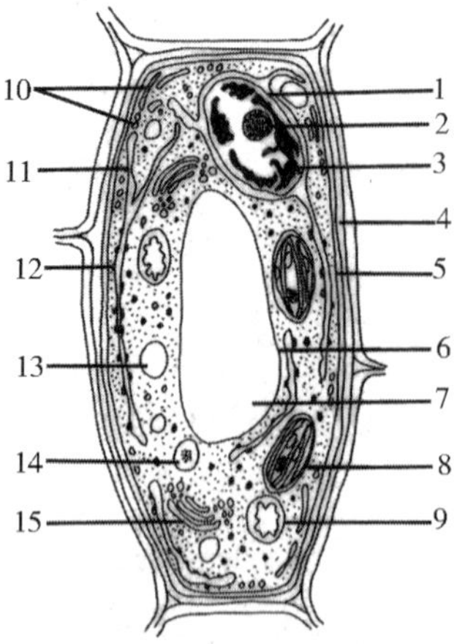

图1-2 植物细胞的超微构造（模式图）

1. 核膜 2. 核仁 3. 染色质 4. 细胞壁 5. 质膜 6. 液泡膜 7. 液泡 8. 叶绿体 9. 线粒体 10. 微管 11. 内质网 12. 核糖核蛋白体 13. 圆球体 14. 微球体 15. 高尔基体

一个典型的植物细胞，外面包围着一层比较坚韧的细胞壁，壁内为原生质体。此外细胞中尚含有多种非生命物质，它们是原生质体的代谢产物，称为后含物。

一、原生质体

原生质体（protoplast）是细胞内有生命的物质的总称，包括细胞质、细胞核、质体、线粒体、高尔基体、核糖体、溶酶体等，是细胞的主要成分，细胞的一切代谢活动都在这里进行。构成原生质体的物质基础是原生质（protoplasm），它最主要的成分是蛋白质与核酸（nucleic acid）为主的复合物，又称为“蛋白体”。蛋白体不断地进行代谢活动，并进一步分化形成原生质体中的各种显微结构。

（一）细胞质

细胞质（cytoplasm）充满在细胞核与细胞壁之间，它的外面包被着质膜，质膜内是半透明而带黏滞性的胞基质。

1. 质膜（plasma membrane，plasmalemma） 质膜是包围在细胞质表面的一层薄膜，通常紧贴细胞壁，因此，在显微镜下不易看到。如果将细胞放在高渗溶液内，细胞质失水而收缩，与细胞壁发生质壁分离现象，就可以看到一层透明的薄膜即质膜。质膜与其他各种膜（如液泡膜、叶绿体膜、线粒体膜等）有相似的成分和结构，都是由类脂（主要是磷脂）和蛋白质组成。质膜主要有两种特性：一是半透性，表现出一种渗透现象；二是通过一种有蛋白质或多肽形成的载体有选择性地转运某些物质进出细胞的特性。因而它能阻止细胞内许多有机物（如糖和可溶性蛋白）由细胞内渗出，同时又能调节水分、盐类及其他营养物质进入细胞，并使废物排出。

此外，质膜还能抵御病菌的侵害，接受和传递外界的信号，调节细胞的生命活动。

2. 胞基质（cytoplasmic matrix） 质膜内是无特殊结构的胞基质，细胞核及其他细胞器包埋于其中。胞基质中含有蛋白质、类脂、核酸、水分等物质，具有一定的黏度和弹性。在生活的细胞中，胞基质处于不断地运动状态，它能带动其中的细胞器在细胞内作有规则的持续流动，这种运动称为胞质运动（cytoplasmic movement）。胞质运动是生活细胞的标志之一，一旦细胞死亡，运动也随着停止。

（二）细胞器

细胞器（organelle）是细胞中具有一定形态结构、组成和具有特定功能的微器官。目前认为，细胞器包括质体、液泡、线粒体、内质网、核糖核蛋白体、微管、高尔基体、圆球体、溶酶体、微体等。前三者可以在光学显微镜下观察到，其余则只能在电子显微镜下才能看到。

1. 质体（plastid）　质体为植物细胞所特有的细胞器，它由蛋白质和类脂等成分组成。质体内所含色素不同，其生理功能也不一致。据此，可将质体分为叶绿体（chloroplast）、有色体（chromoplast）和白色体（leucoplast）。（图 1－3）

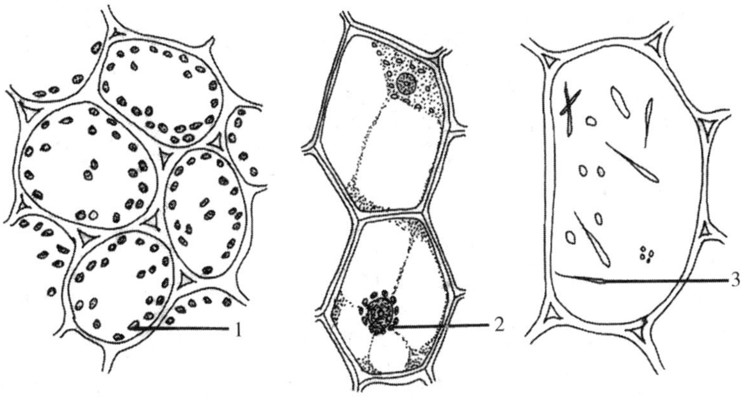

图 1－3　质体的种类

1. 叶绿体　2. 白色体　3. 有色体

叶绿体　高等植物的叶绿体一般呈球形或扁球形，直径 4～10μm，厚度 1～2 μm。叶绿体含有叶绿素（chlorophyll）、叶黄素（xanthophyll）和胡萝卜素（carotin），因含叶绿素较多，所以呈绿色。它主要分布在绿色植物的叶和暴露的幼茎、幼果的基本组织中。它是植物进行光合作用和合成同化淀粉的场所。在电子显微镜下，叶绿体呈现一种复杂的超微结构，外面被双层膜包被，在膜的里面为无色的基质（matrix），其中常有同化淀粉。基质中有若干基粒（grana），基粒是由一列双层膜片状的类囊体（thylakoid）重叠而成。叶绿素分子及许多与光合作用有关的酶分布在膜上。在基粒之间，有基粒间膜（frets）相联系。（图 1－4）

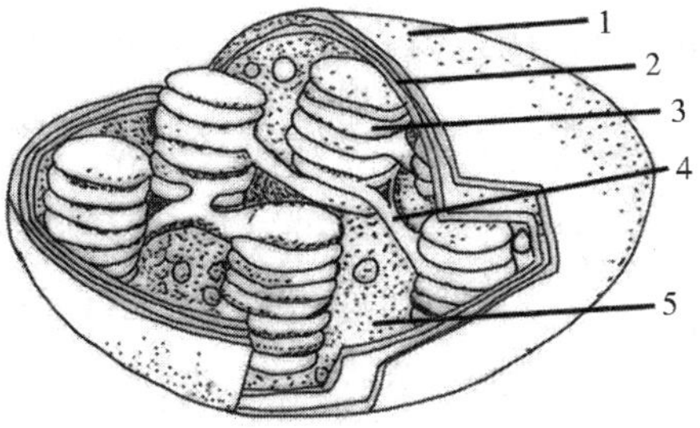

图 1－4　叶绿体的立体结构

1. 外膜　2. 内膜　3. 基粒　4. 基粒间膜　5. 基质

有色体　有色体在细胞中常呈杆状、针状、圆形、多角形或不规则形。常存在于花、果实或植物体的其他部分。其所含色素主要是胡萝卜素和叶黄素。由于二者比例不同，分别呈黄色、橙色或橙红色。如在胡萝卜的根、蒲公英的花瓣、番茄的果肉细胞中均可看到有色体。

白色体　是不含色素的质体，白色体为球形、纺锤形或其他形状。主要分布在不曝光的贮藏细胞中，常聚集在细胞核附近。白色体在植物细胞中起着淀粉和脂肪合成中心的作用，包括合成淀粉的造粉体（amyloplastid），合成脂肪、脂肪油的造油体（elaioplast）。

在电子显微镜下，可以看到有色体和白色体表面也有双层膜包被，但内部没有发达的膜结构，不形成基粒。

以上三种质体在起源上均由前质体（proplastid）衍生而来，而且它们之间在一定的条件下可以转化。例如发育中的番茄，最初含有白色体，见光后白色体转化为叶绿体，使幼果成绿色，在果实成熟时，叶绿体转变成有色体，番茄由绿而变红。相反，有色体也能转化成其他质体，例如胡萝卜根的有色体暴露在日光下，就可转化为叶绿体，使胡萝卜暴露在地面以上的部分呈现绿色。

2. 线粒体（mitochondrion）　在光学显微镜下，线粒体呈线状或粒状，一般直径为 0.5～1μm，长 1～2 μm。在电子显微镜下可见线粒体由双层膜构成，其内膜在不同的部位向内折叠，形成许多隔板状或管状突起，称为嵴或嵴膜（cristae）。在二层被膜之间及中心腔内，是可溶性蛋白为主的基质。在嵴的表面或基质中有 100 多种酶，其中绝大部分是与呼吸作用有关的酶。（图 1－5）

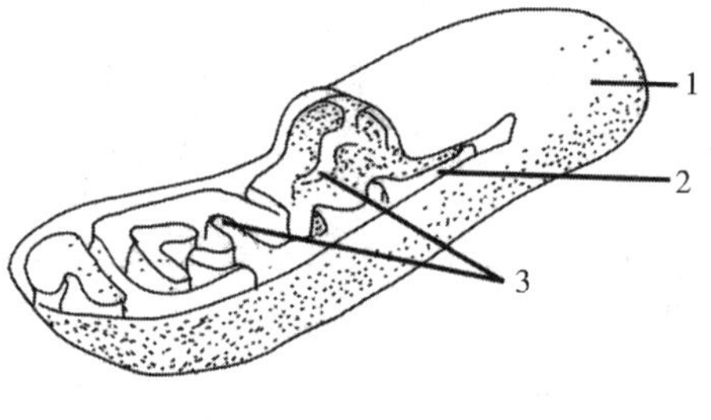

图 1－5　线粒体的立体结构图

1. 外膜　2. 内膜　3. 嵴

线粒体是细胞进行呼吸作用的中心，细胞的呼吸作用释放大量的能量，提供各种新陈代谢活动的需要。因此线粒体被喻为细胞的“动力工厂”。

3. 液泡（vacuole）　液泡是植物细胞特有的细胞器。液泡外有液泡膜（tonoplast），把膜内的细胞液（cell sap）与细胞质隔开。液泡膜是有生命的，是原生质体的一个组成部分，控制细胞内的物质交换。细胞液是细胞新陈代谢过程中产生的各种物质的混合液，是无生命的。液泡的主要功能是调节细胞的渗透压，维持细胞质内环境的稳定。

在幼小的细胞中无液泡或液泡不明显、小而分散，随着细胞长大成熟，液泡逐渐增大，并彼此合并成几个大液泡或一个中央大液泡，而将细胞质、细胞核等挤向细胞的周边（图 1－6）。

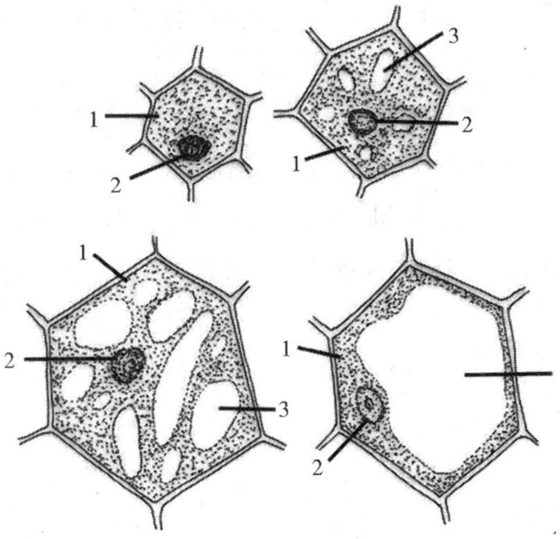

图1-6 液泡的形成

1. 细胞质 2. 细胞核 3. 液泡

4. 内质网（endoplasmic reticulum） 内质网是由膜构成的网状管道系统，膜的厚度是50Å。内质网有两种类型，分别是粗糙型内质网（rough surfaced endoplasmic reticulum）和光滑型内质网（smooth surfaced endoplasmic reticulum）一般认为内质网的功能与细胞内蛋白质、类脂和多糖的合成、运输和贮藏有关。

5. 核糖核蛋白体（ribosome） 核糖核蛋白体简称为核糖体，近球形，直径约100～200Å，游离在细胞质中或排列在粗糙型内质网上，核糖体是蛋白质合成的中心。

6. 高尔基体（golgi body；dictyosome） 高尔基体是由一叠扁圆形的泡囊（槽库）（cisterna）所组成，囊的边缘或多或少出现穿孔，当穿孔扩大时，显得像网状结构。在网状部分的外侧，形成小泡（vesicle），小泡从高尔基体脱离后，游离到细胞基质中。高尔基体主要与合成多糖与运输多糖有关，参与细胞壁的形成和生长。也有实验证明，根冠细胞分泌黏液，树脂道上皮细胞分泌树脂等，也都与高尔基体活动有关。

7. 微管（microtubule） 微管分布在细胞质中靠近膜的位置，是中空而直的细管，直径约250Å。微管的主要生理功能有：①微管可能在细胞中起支架作用，保持细胞·定的形状。②微管参与细胞壁的形成和生长。③微管与细胞的运动和细胞内细胞器的运动有密切关系，植物游动细胞的纤毛或鞭毛，是由微管构成的；细胞分裂时使染色体运动的纺锤丝，也是由微管构成的。

8. 圆球体（spherosome） 圆球体是单层膜构成的圆球状小体，直径1～10Å。圆球体是脂肪积累和分解的场所。

此外，尚有单层膜包被的溶酶体（lysosome）和微体（microbody），含有各种不同的酶，能分解生物大分子，对细胞内贮藏物质的利用起重要作用。

（三）细胞核

植物中除了蓝藻和细菌外，大多数生活细胞都具有细胞核。通常一个细胞只有一个核，但也有双核或多核的。细胞核（nucleus）一般呈圆球形，其大小一般在10～20μm之间。细胞核在细胞中所占的大小比例、位置、形状等都随着细胞的生长而变化。在幼小的细胞中，细胞核位于细胞中央，比例较大，呈球形；随着细胞的长大和中央液泡的形成，细胞核也随之被挤压到细胞的一侧，大小比例渐次变小，呈半球形或圆饼形。细胞核是细胞生命活动的控制中心。遗传信息的载体 DNA 在核中贮藏、复制和转录，从而控制细胞和植物有机体的生长、发育和繁殖。

细胞核具有一定的结构，可分为核膜、核液、核仁和染色质四部分。

1. 核膜（nuclear membrane） 是分隔细胞质与细胞核的界膜。在光学显微镜下观察到一层核膜，在电子显微镜下可看到由内外两层膜组成。膜上还有许多小孔，称为核孔（nuclear pore）。这些孔张开或关闭，对控制细胞核与细胞质之间的物质交换和调节细胞的代谢具有十分重要的作用。

2. 核液（nuclear sap） 是细胞核膜内呈黏滞性的液体，主要成分是聚合度较低的蛋白质。核仁和染色质分布于核液中。

3. 核仁（nucleolus） 是细胞核中折光率更强的小球体，有一个或几个。核仁主要由蛋白质和核糖核酸（RNA）组成。它的作用主要是产生核糖核蛋白体，然后转录到细胞质中。

4. 染色质（chromatin） 细胞核中易被碱性染料（如甲基绿）着色的物质。在不是分裂期的细胞核中，染色质是不明显的，或者可以成为着色深的网状物。细胞核进行分裂时，染色质聚合成为一些螺旋状的染色质丝，进而形成棒状的染色体（chromosome）。染色质是由脱氧核糖核酸（DNA）和蛋白质组成，和植物的遗传有着密切的关系。各种植物的染色体的数目、形状和大小是各不相同的。但对某一种植物来说，则是相对稳定的，所以染色体的数目、形状和大小是植物分类鉴定的重要依据之一。

总之，细胞核在控制机体特性遗传和调节细胞内物质代谢途径方面起着主导作用。失去细胞核的细胞就停止生长、代谢和分裂，从而导致细胞死亡。同样，细胞核也不能脱离细胞质而孤立地生存。

二、植物细胞的后含物

植物细胞在生活过程中，由于新陈代谢的活动而产生各种非生命的物质，统称为后含物（ergastic substance）。后含物的种类很多，有些在医疗上有重要价值，是植物可供药用的主要物质，有些是具有营养价值的贮藏物，也是人类食物的主要来源，有些是细胞代谢的废物。它们的形态和特性是生药鉴定的主要依据。这里仅就那些成形的贮藏物质和废物，包括淀粉粒、菊糖、糊粉粒、脂肪油和各种结晶介绍如下。

1. 淀粉（starch） 由多分子葡萄糖脱水缩合而成，其分子式为（$C_6H_{12}O_5$）$_n$。一般绿色植物经光合作用所产生的葡萄糖，暂时在叶绿体内转变成的淀粉为同化淀粉（assimilation starch）。同化淀粉再度分解为葡萄糖，转运到贮藏器官中，而在造粉体（白色体之一）内重新形成的淀粉称为贮藏淀粉（reserve starch）。贮藏淀粉是以淀粉粒的形式贮藏在植物根、块茎和种子等的薄壁细胞中。淀粉积累时，先形成淀粉的核心——脐点（hilum），然后环绕核心由内向外层层沉积。许多植物的淀粉粒，在显微镜下可以看到围绕脐点有许多亮暗相间的轮纹（层纹，annular striation），这是由于淀粉沉积时，直链淀粉（葡萄糖分子成直线排列）和支链淀粉（葡萄糖分子成分支排列）相互交替地分层沉积的缘故，直链淀粉较支链淀粉对水有更强的亲和性，两者遇水膨胀不一，从而显出了折光上的差异。如果用酒精处理，使淀粉脱水，这种轮纹就随之消失。

淀粉粒的形状有圆球形、卵圆球形、长圆球形或多面体等；脐点的形状有颗粒状、裂隙状、分叉状、星状等，有的在中心，有的偏于一端。淀粉粒还有单粒、复粒、半复粒之分：一个淀粉只具有一个脐点的称为单粒淀粉（simple starch grain）；具有 2 个或多个脐点，每个脐点有各自层纹的称为复粒淀粉（compound starch grain）；具有 2 个或多个脐点，每个脐点除有它各自的层纹外，同时在外面另被有共同层纹的称为半复粒淀粉（half compound starch grain）。淀粉的形状、大小、层纹和脐点常随植物的不同而异，因此，可作为鉴定药材的一种依据。淀粉粒不溶于水，在热水中膨胀而糊化，与酸或碱共煮则变为葡萄糖。含有直链淀粉的淀粉粒遇稀碘液显蓝紫色，支链淀粉则显紫红色。（图 1－7）

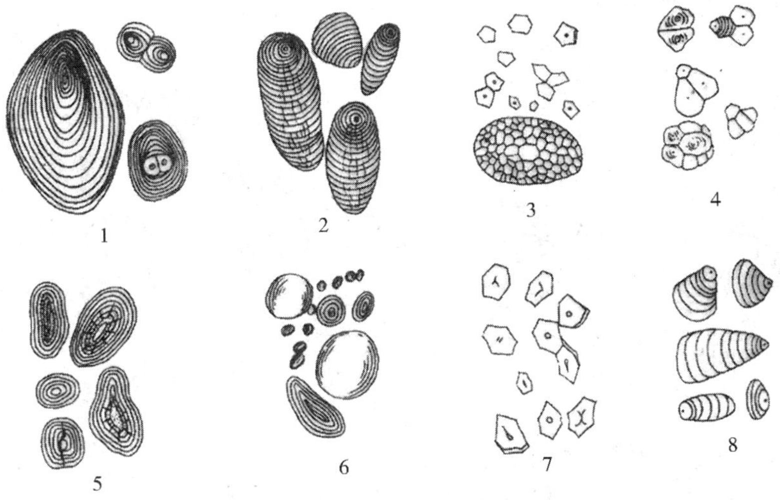

图 1－7　各种淀粉粒

1. 马铃薯（左为单粒，右上为复粒，右下为半复粒）　2. 藕　3. 大米　4. 半夏　5. 豌豆　6. 小麦　7. 玉米　8. 姜

2. 菊糖（inulin）　是由果糖分子聚合而成。多含在菊科、桔梗科和龙胆科部分植物根的细胞里。由于它能溶于水，不溶于乙醇，所以新鲜的植物体细胞不能直接看到菊糖，可将含有菊糖的材料（如蒲公英、大丽菊或桔梗的根）浸于乙醇中，一周后，做成切片在显微镜下观察，在细胞内可见呈类圆形或扇形结晶的菊糖。菊糖遇 25% α－萘酚溶液再加浓硫酸显紫红色而溶解。（图 1－8）

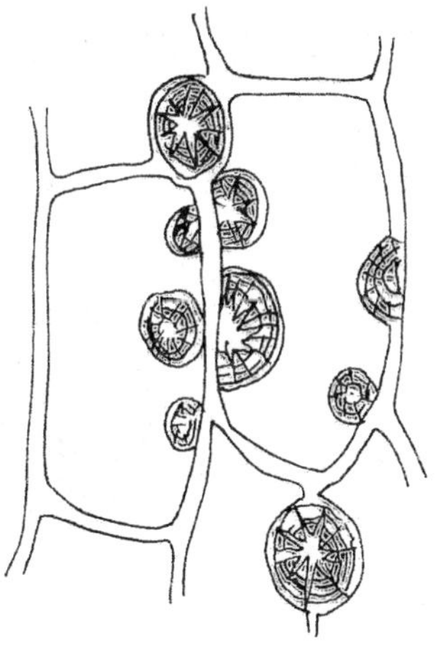

图 1－8　菊糖结晶（桔梗根）

3. 蛋白质（protein）　是细胞内的一种贮藏营养物质，植物细胞中的贮藏蛋白质是化学性质稳定的无生命物质，它与构成原生质体的活性蛋白质完全不同。在种子的胚乳和子叶细胞里多含有丰富的蛋白质。它们有的是以无定型的状态分布于细胞中，如小麦的胚乳细胞；但通常是以糊粉粒（aleurone grain）的状态贮存在细胞质或液泡里，体积很小。但有些植物如蓖麻种子中的糊粉粒比较大，并有一定的结构，它的外面有一层蛋白质膜，在里面无定形的蛋白质基质中分布有蛋白质拟晶体和环己六醇磷脂的钙或镁盐的球形体。在小茴香胚乳的糊粉粒中还包含有细小草酸钙簇晶。这些贮藏蛋白质加碘变成暗黄色；遇硫酸铜加苛性碱水溶液显紫红色。（图 1－9）

4. 脂肪（fat）和脂肪油（fatty oil）　是由脂肪酸和甘油结合而成的酯，也是植物贮

藏的一种营养物质，存在于植物各器官中，特别是种子中。一般在常温下呈固态或半固态的称脂肪，如乌桕脂，可可豆脂；若呈液态的称脂肪油，呈小油滴状态分布在细胞质里。有些植物种子含脂肪油特别丰富，如蓖麻子、芝麻、油菜子等。

脂肪和脂肪油均不溶于水，易溶于有机溶剂，遇碱则皂化，遇苏丹Ⅲ溶液显橙红色，遇锇酸变成黑色。有些脂肪油可作食用和工业用，有的供药用，如蓖麻油常用作泻下剂，大风子油用于治疗麻风病等。(图1－10)

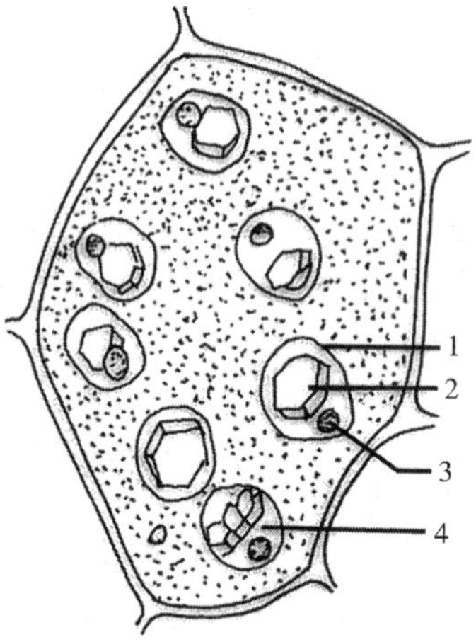

图1－9　蓖麻的胚乳细胞

1. 糊粉粒　2. 蛋白质晶体　3. 球晶体　4. 基质

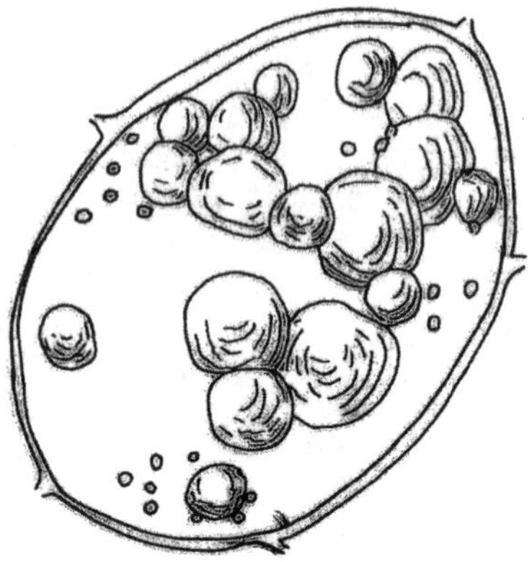

图1－10　脂肪油（椰子胚乳细胞）

5. 晶体（crystal）　植物细胞中常见的结晶有两种类型。

（1）草酸钙结晶（calcium oxalate crystal）　植物体内草酸钙结晶的形成，被认为是有解毒作用，即对植物有毒害的多量的草酸被钙中和。在植物的器官中，随着组织衰老，细胞内的草酸钙结晶也逐渐增多。草酸钙常为无色透明的结晶，并以不同的形态分布于细胞液中，一般一种植物只能见到一种形态，但少数也有二种或多种的，如臭椿根皮除含簇晶外尚有方晶，曼陀罗叶含有簇晶、方晶和砂晶。草酸钙结晶的形状主要有以下几种。（图1－11）

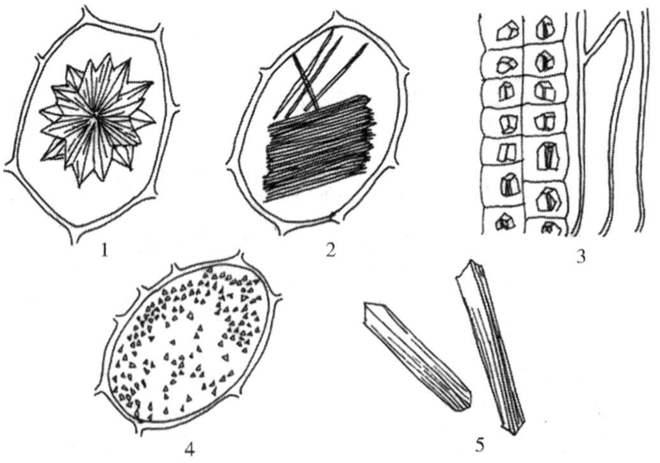

图1－11　各种草酸钙结晶

1. 簇晶（大黄根茎）　2. 针晶束（半夏块茎）　3. 方晶（甘草根）

4. 砂晶（牛膝根）　5. 柱晶（射干根茎）

①单晶（solitary crystal）　又称方晶或块晶，呈正方形、斜方形、菱形、长方形等形状。如甘草、黄柏等。有时单晶交叉而形成呈双晶，如莨菪。

②针晶（acicular crystal）　为两端尖锐的针状晶体，在细胞中大多成束存在，称为针晶束（raphides），常存在于黏液细胞中，如半夏、黄精等。也有的针晶不规则地分散在细胞中，如苍术。

③簇晶（cluster crystal；rosette aggregate）　由许多菱状晶集合而成，一般呈多角形星状，如大黄、人参等。

④砂晶（micro-crystal；crystal sand）　呈细小的三角形、箭头状或不规则形，聚集在细胞里，如颠茄、牛膝、麻黄等。

⑤柱晶（columnar crystal；styloid）　为长柱形，长度为直径的四倍以上，如射干、淫羊藿等。

不是所有植物都含有草酸钙结晶，所含的草酸钙结晶又因植物种类不同而具有不同的形状和大小，这些特征可作为鉴别生药的依据。草酸钙结晶不溶于醋酸，但遇 20% 硫酸便溶解并形成硫酸钙针状结晶析出。

（2）碳酸钙结晶（calcium carbonate crystal）　多存在于植物叶的表层细胞中，其一端与细胞壁连接，形状如一串悬垂的葡萄，形成钟乳体。钟乳体多存在于爵床科、桑科、荨麻科等植物体中，如穿心莲叶、无花果叶、大麻叶等的表层细胞中含有。碳酸钙结晶加醋酸则溶解并放出 CO_2 气泡，可与草酸钙结晶区别。（图 1－12）

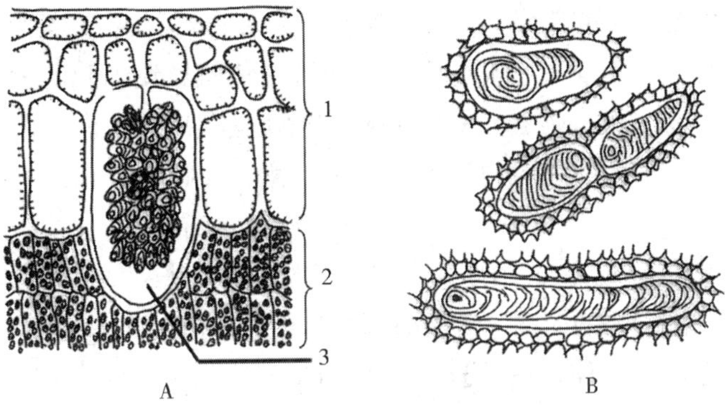

图 1－12　碳酸钙结晶

A. 无花果叶内的钟乳体　B. 穿心莲细胞中的螺状钟乳体

1. 表皮和皮下层　2. 栅栏组织　3. 钟乳体和细胞腔

除草酸钙结晶和碳酸钙结晶外，某些植物体内还存在其他类型的结晶，如柽柳叶中含有硫酸钙结晶；菘蓝叶中含靛蓝结晶；槐花中含芸香苷结晶等。

此外，在细胞质中还有酶（enzyme）、维生素（vitamin）、生长素（auxin）、抗生素（antibiotics）等物质，它们与植物的生长发育有着密切关系。

三、细胞壁

细胞壁（cell wall）一般认为是由原生质体分泌的非生活物质所构成，具有一定的坚韧性。但现已证明，在细胞壁（主要是初生壁）中亦含有少量具有生理活性的蛋白质，它们可能参与细胞壁的生长以及细胞分化时壁的分解过程。细胞壁是植物细胞特有的结构，与液泡，质体一起构成了植物细胞与动物细胞区别的三大结构特征。植物细胞由于它们的年龄和执行功能的不同，其细胞壁的成分和结构也不一致。

（一）细胞壁的分层

细胞壁根据形成的先后和化学成分的不同分为三层：胞间层，初生壁和次生壁。（图1－13）

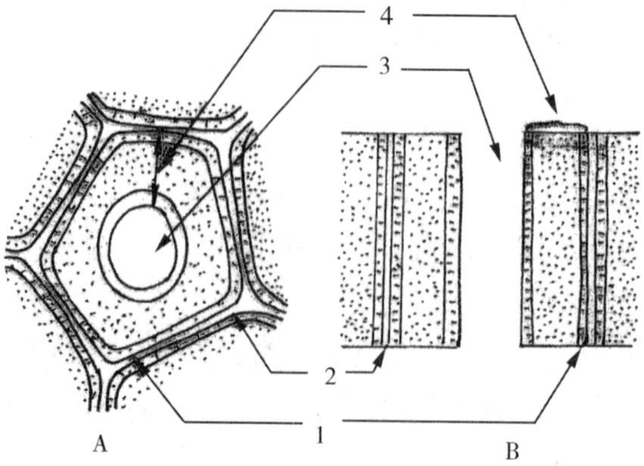

图1－13　细胞壁的结构

A. 横切面　**B.** 纵切面

1. 次生壁　2. 胞间层　3. 细胞腔　4. 三层的次生壁

1. 胞间层（intercellular layer）　又称中层（middle lamella），存在于细胞壁的最外面，是相邻的两个细胞共用的薄层。它是由亲水性的果胶（pectin）类物质组成，依靠它使相邻细胞粘连在一起。果胶很容易被酸或酶等溶解，从而导致细胞的相互分离。药材显微鉴定中常用的组织解离法和农业上沤麻的工艺过程就是利用这个原理，前者是用硝酸和铬酸的混合液浸离，后者是利用细菌的活动产生果胶酶，分解麻纤维细胞的胞间层使其相互分离。

2. 初生壁（primary wall）　由原生质体分泌的纤维素（cellulose）、半纤维素（hemicellulose）和果胶质加在胞间层的内侧，形成细胞的初生壁。初生壁一般薄（约1～3μm）而有弹性，能随细胞的生长而延伸，壁的延伸又使初生壁中填充了一些新的原生质体分泌物，这称为填充生长。许多植物细胞终生只具有初生壁。原生质体分泌物也可同时增加在已形成的初生壁的内侧，这称为附加生长。

3. 次生壁（secondary wall）　次生壁是细胞壁停止生长后，逐渐在初生壁的内侧层层地积累一些物质，使细胞壁增厚形成了同心层，即进行细胞壁的附加生长。次生壁的成分除纤维素及少量的半纤维素外，常常积累有木质素（lignin）等物质，因此，次生壁较厚、质地较坚硬，有较强的机械支持能力，但并非所有的细胞都具有次生壁。次生壁一般较厚（约5～10μm），在较厚的次生壁中可分为内、中、外三层，并以中层的次生壁最厚。

（二）纹孔和胞间连丝

次生壁在加厚过程中并不是均匀增厚的，在很多地方留下没有增厚的空隙，称为纹孔。纹孔的形成有利于细胞间的物质交换。纹孔通常呈小窝或细管状。相邻的细胞壁其纹孔常成对地相互衔接，称为纹孔对（pit pair）。纹孔对之间的薄膜，称为纹孔膜（pitmembrane），由相邻两个细胞的两层初生壁和一层胞间层组成。纹孔膜两侧的空腔，称为纹孔腔（pit cavity），由纹孔腔通往细胞壁的开口，称为纹孔口（pit aperture）。纹孔对有三种类型，即单纹孔、具缘纹孔和半缘纹孔。（图1－14）

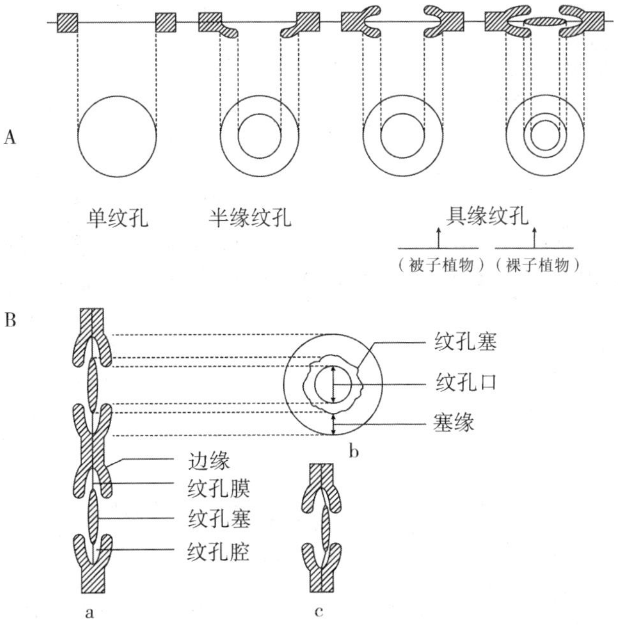

图1－14 纹孔的图解

A. 纹孔的类型 **B.** 具缘纹孔的详图

a. 两个具缘纹孔的侧面观 **b.** 具缘纹孔对的表面观 **c.** 闭塞的具缘纹孔

（1）单纹孔（simple pit） 细胞壁上未加厚的部分，呈圆孔形或扁圆形，单纹孔结构简单，次生壁不拱出纹孔腔外，所形成的纹孔口、底同大。

（2）具缘纹孔（bordered pit） 又称重纹孔，纹孔边缘的次生壁向细胞腔内呈架拱状隆起，形成一个扁圆的纹孔腔，纹孔腔有一圆形或扁圆形的纹孔口，在裸子植物松柏类的管胞中，其纹孔膜上常增厚形成纹孔塞。因此，这些具缘纹孔在显微镜下从正面看起来是三个同心圆，外圈是纹孔腔的边缘，第二圈是纹孔塞的边缘，内圈是纹孔口的边缘。纹孔塞在具缘纹孔上有活塞的作用，当水流得很快时，水流压力会把纹孔塞推向一面，纹孔塞就把纹孔口堵塞起来，这样就使得上升水流减缓。除松柏类植物的管胞上具缘纹孔具有纹孔塞，其他裸子植物和被子植物的具缘纹孔没有纹孔塞，具缘纹孔的正面观只呈现两个同心圆。

（3）半缘纹孔（half bordered pit） 在管胞或导管与薄壁细胞间形成的纹孔。即一边有架拱状隆起的纹孔缘，而另一边形似单纹孔，没有纹孔塞。

（4）胞间连丝（plasmodesmata） 细胞间有许多纤细的原生质丝穿过初生壁上微细孔眼彼此联系着，这种原生质丝称为胞间连丝。在电子显微镜下可看到胞间连丝中有内质网连接相邻细胞的内质网系统。如柿核、马钱子胚乳的细胞经染色处理可以明显地看到胞间连丝。（图1－15）

图1－15 胞间连丝（柿核）

（三）细胞壁的特化

细胞壁主要是由纤维素构成（纤维素遇氯化锌碘液呈蓝紫色）。由于环境的影响，生理机能的不同，细胞壁也常常沉积其他物质，以至发生理化性质的特化，如木质化、木栓化、角质化、黏液质化和矿质化等。

1. 木质化（lignification） 细胞壁由于细胞产生的木质素的沉淀而变得坚硬牢固，增加了植物细胞的支撑能力。树干内部的木质细胞即是由于细胞壁木质化的结果。木质化的细胞壁加间苯三酚溶液一滴，待片刻，再加浓盐酸一滴，即显红色。

2. 木栓化（suberization） 是细胞壁内增加了脂肪性的木栓质的结果。木栓化的细胞壁不透水和空气，使细胞内原生质体与周围环境隔绝而坏死，但对植物内部组织具有保护作用，如树皮外面的粗皮就是由木栓化细胞组成的木栓组织。木栓化细胞壁遇苏丹Ⅲ试液可染成红色。

3. 角质化（cutinization） 植物细胞产生的脂肪性角质除填充细胞壁本身外，常在茎、叶或果实的表皮外侧形成一薄层角质层。它可防止水分过度蒸发和微生物的侵害。角质遇苏丹Ⅲ试液亦可被染成橘红色。

4. 黏液质化（mucilagization） 是细胞壁中的纤维素和果胶质等成分发生变化而成为黏液。黏液质化所形成的黏液在细胞的表面常呈固体状态，吸水膨胀后则成黏滞状态。如车前子、亚麻子的表皮细胞中具有黏液化细胞。黏液质化的细胞壁遇玫红酸钠醇溶液染成玫瑰红色；遇钌红试剂可染成红色。

5. 矿质化（mineralization） 是细胞壁中含有硅质或钙质等，其中以含硅质的最常见，如木贼茎和硅藻的细胞壁内含有大量的硅质（二氧化硅或硅酸盐）。由于二氧化硅的存在，增加了细胞壁的硬度，可作磨擦料应用。二氧化硅能溶于氟化氢，但不溶于醋酸或浓硫酸（可区别于碳酸钙和草酸钙）。

第二节　植物细胞的分裂

一、染色体、单倍体、二倍体、多倍体

（一）染色体

染色体（chromosome）是在细胞进行有丝分裂和减数分裂时核中出现的细长结构，染色体是由 DNA 和组蛋白组成，染色体的核心物质是 DNA。

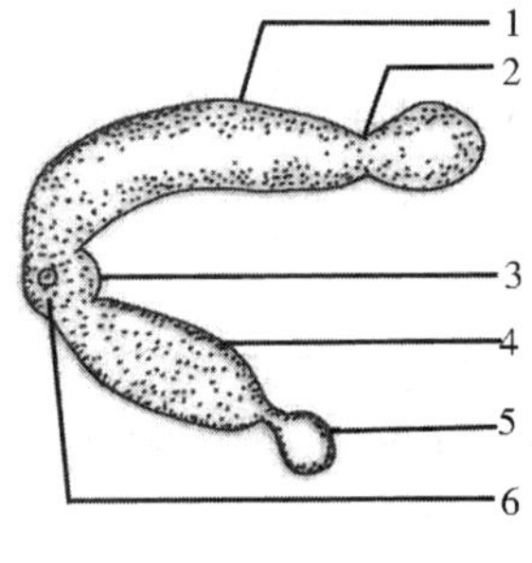

图 1－16　染色体的形态

1. 长臂　2. 次缢痕　3. 主缢痕　4. 短臂　5. 随体　6. 着丝点

在高倍显微镜下，可观察到染色体的着丝点、染色体臂、主缢痕、次缢痕，有的染色体在短臂末端还有一个球形或棒形突出物称随体（图 1－16）。研究一个种的全部染色体的形态结构，包括染色体数目、大小、形态、主缢痕和副缢痕等特征的总和，称为染色体组型分析或染色体核型分析。因为染色体的核型是每个物种的相当稳定的特征，所以染色体的核型分析也是植物的物种分类的重要依据。

（二）单倍体

单倍体（haploid）是指细胞内仅含有一组染色体的个体。经过减数分裂产生的精子和卵细胞的染色体数均为单倍的。如药用植物菘蓝的单倍体细胞中的染色体是 7 个，即 $n = X = 7$。

（三）二倍体

二倍体（diploid）是指细胞内含有两组染色体的个体。减数分裂前的细胞或由两性生殖细胞结合后发育产生的营养体细胞，染色体数目为双倍的，含有两组染色体即是二倍体。植物在通常情况下体细胞为二倍体。如菘蓝二倍体植株的体细胞有 14 个染色体，即 $2n=2X=14$。

（四）多倍体

多倍体（polyploid）是指细胞内含有三组以上染色体的个体。多倍体在动物界较少，但广泛存在于植物界中。多倍体的形成是当植物细胞进行分裂时，由于受外界条件的刺激，而使细胞核内的染色体数目发生加倍变化，这样的细胞继续繁殖分化，就形成了多倍体植物。按外界刺激条件的不同可分为自然多倍体植物和人工多倍体植物。自然多倍体是细胞分裂受到自然界中的温度、湿度的剧变和紫外线、创伤等自然条件影响而形成。这类多倍体在自然界中广泛存在，例如三倍体的香蕉、四倍体的马铃薯、六倍体的普通小麦及其他花卉、蔬菜中的优良品种。人工多倍体是人们为了获得优良性状的植物，在细胞分裂时，利用物理刺激（紫外线、X 线等各种射线的照射，高温、低温处理，机械损伤等）或化学药物（生长剂、秋水仙碱、三氯甲烷等）处理的方法，而诱导植物产生的多倍体。人工多倍体在农业上取得了不少成绩，如培育出了含糖量高的三倍体无籽西瓜和甜菜。

在药用植物方面，如菘蓝 *Isatis indigotica* Fort. 的四倍体（$2n=4x=28$）新品系为与二倍体相比，根的产量提高 30% 以上，根的抗内毒素作用也有较大提高，叶中靛蓝的含量在收获期可成倍增加，靛玉红含量也有显著提高。需要注意的是，不管用什么方法获得的多倍体，并非所有的多倍体植株的产量和活性成分的含量都是提高的，许多多倍体植株的品质并非对人类有利，必须对不同品质的多倍体植株进行大量反复的优选，才能获得较为理想的具优良品质的多倍体植株。

植物的生长和繁衍，是依靠细胞的数量增殖、体积扩大和分化来实现的。被子植物从受精卵发育成胚，再由胚发育成幼苗，进而根、茎、叶不断生长，最后开花、结果，都必须以细胞繁殖为前提，细胞的增殖又是细胞分裂的结果。植物细胞的分裂方式常见的有：无丝分裂、有丝分裂和减数分裂。

二、有丝分裂

有丝分裂（mitosis）又称间接分裂（indirect nuclear division），它是高等植物和多数低等植物营养细胞的分裂方式。有丝分裂是一个连续和复杂的过程，为了叙述的方便，一般把整个过程人为地划分为分裂间期（interphase）、前期（prophase）、中期（metaphase）、后期（anaphase）、末期（telophase）等五个时期。（图 1－17）

（一）间期

是从前一次分裂结束到下一次分裂开始的一段时间，它是分裂前的准备阶段。处于本期的细胞可见细胞核大，具有核膜，核仁明显，染色质分散在核液中，细胞质浓。细胞的代谢活动旺盛，完成了 RNA、蛋白质和多种酶的合成以及 DNA 的复制等，为细胞分裂做好了物质上的准备。

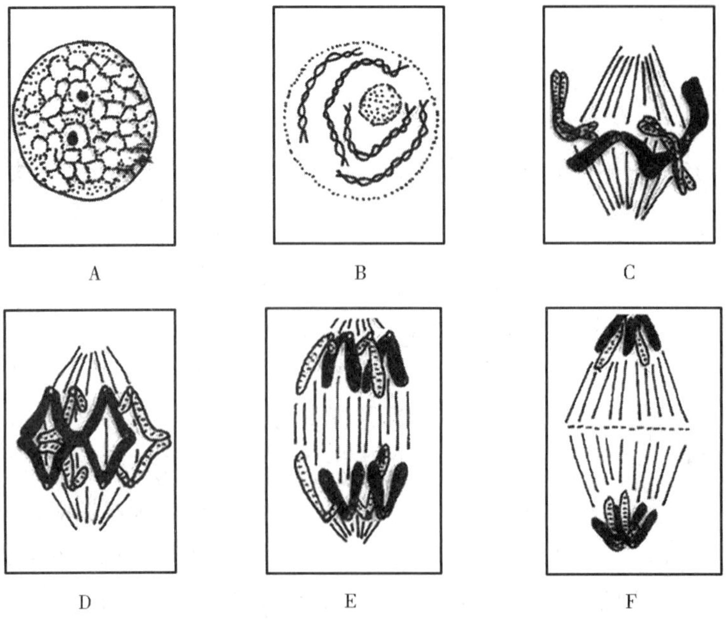

图 1-17　有丝分裂图解

A. 分裂间期　B. 前期　C. 中期　D. 早后期　E. 晚后期　F. 末期

（二）前期

前期是有丝分裂的开始时期，细胞核内的染色质逐渐形成螺旋扭曲的染色质丝，进而形成棒状的染色体（chromosome），并逐渐缩短变粗，每个染色体由两股染色单体（chromatid）即子染色体组成，染色单体仅在着丝点（centromere）处相连。在染色体形成的同时，核膜和核仁消失。

（三）中期

中期细胞特征是染色体排列在中央的赤道面上（equatorial plane），纺锤体（spindle）非常明显。构成纺锤体的细丝称为纺锤丝（spindle fiber），纺锤丝有两种类型：一类丝的一端与染色体的着丝点相连，另一端向极的方向延伸，称为染色体牵引丝（chromosomal fiber）；另一类丝连接两个极而不与染色体相连，称为连续丝（continuous fiber）。这一时期适宜于进行染色体计数。

（四）后期

后期的细胞特征是染色体分裂成两组子染色体（daughter chromosome），两组子染色体分别朝相反的两极运动。

（五）末期

末期是两组子染色体分别到达两极，逐渐溶解消失，核膜、核仁重新出现，形成新的子细胞核，在两个新的子细胞核之间形成新细胞壁，分隔成两个新的子细胞。

有丝分裂由于染色体复制和以后染色单体的分裂，使每一个子细胞具有与母细胞相同数量和类型的染色体，因此，保证了子细胞具有与母细胞相同的遗传因子，从而保持了细胞遗传的稳定性。

三、无丝分裂

无丝分裂（amitosis）又称直接分裂（direct nuclear division），其分裂过程简单而快速。

分裂时，核内不出现染色体等一系列复杂的变化。大多数情况下，分裂细胞的核先发生延长，然后在中间缢缩、变细，最后断裂，分成两子核，子核间形成新细胞壁，最后形成两个子细胞。在无丝分裂方式中不出现纺锤丝和染色体，也不能保证母细胞的遗传物质平均地分配到二个子细胞中去，从而影响了遗传的稳定性。

无丝分裂不但大量存在于低等植物中，而且在高等植物中也常见，如在胚乳发育过程中，以及愈伤组织形成、虫瘿的生长、不定芽和不定根的产生时，均可看到细胞的无丝分裂。

四、减数分裂

减数分裂（meiosis）与植物的有性生殖密切相关，仅发生在生殖细胞中。分裂的结果，使每个子细胞的染色体数只有母细胞的一半，因此，称为减数分裂。

减数分裂整个过程经过两次细胞分裂，第一次是母细胞中每对同源染色体进行配对，排列到赤道面，与此同时每个染色体自己纵列为两个，成为两个子染色体，但这两个单体仍并列着，而未分开。接着，两两配对的染色体各向一端移动，最后产生两个子细胞，每个子细胞中的染色体数目为母细胞的一半。第二次分裂时，子细胞中每个染色体中并列的两个子染色体开始分离，各向一端移动，进行与有丝分裂相似的过程，最后每个子细胞又分裂成两个细胞，结果形成四个细胞。每个细胞中的染色体数均成为单倍体（n）。（图1－18）

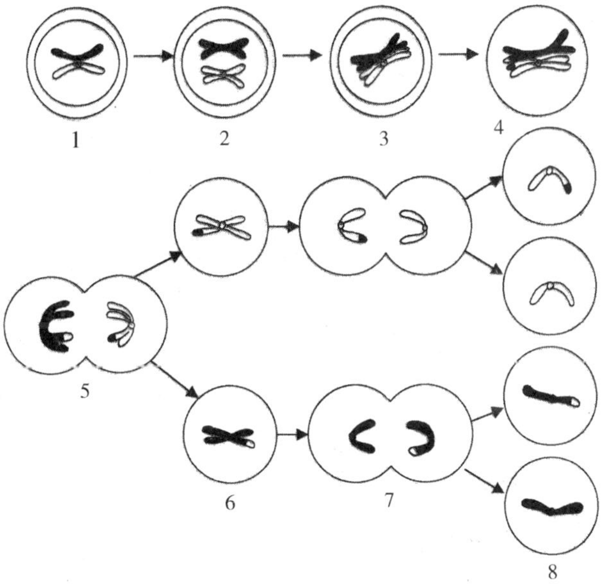

图1－18　减数分裂图解

1，2，3. 第一次分裂前期　4. 第一次分裂中期　5. 第一次分裂后期
6. 第一次分裂末期　7. 第二次分裂后期　8. 第二次分裂末期

种子植物在有性生殖时所产生的精子和卵细胞都是经过减数分裂以后才产生的，它们都是单倍体（n），由于精子和卵细胞结合，又恢复成为两倍体（2n），使子代的染色体仍然保持与亲代同数。

重点小结

- 植物细胞的基本结构
  - 原生质体
    - 细胞质：质膜、细胞器
    - 细胞核
  - 植物细胞后含物
    - 淀粉
    - 菊糖
    - 蛋白质
    - 脂肪和脂肪油
    - 晶体：草酸钙结晶、碳酸钙结晶
  - 细胞壁
    - 细胞壁的层次：胞间层、初生壁、次生壁
    - 细胞壁的特化：木质化、栓质化、角质化、矿质化、黏液质化

第二章　植物的组织

学习目标

1. **掌握**　植物组织的概念、类型。掌握分生组织、基本组织、保护组织、分泌组织、机械组织、输导组织的特点、类型。掌握维管束的概念及类型。
2. **熟悉**　植物组织在植物体内存在的位置。
3. **了解**　植物组织的功能。

植物在长期进化发展中，其细胞逐渐按功能的需要而分化成不同形态和构造的细胞群。这些来源、机能相同，形态构造相似，而且彼此密切联系的细胞群称为组织（tissue）。

第一节　植物组织的种类

扫码“学一学”

植物的组织一般分为分生组织、基本组织、保护组织、分泌组织、机械组织和输导组织六类，后五类都是由分生组织分生分化而来的，所以又统称为成熟组织（mature tissue）或永久组织（permanent tissue）。

一、分生组织

分生组织（meristem）是一群具有分生能力的细胞，能不断进行细胞分裂，增加细胞的数目，使植物不断生长。它的特征是细胞小，排列紧密，无细胞间隙，细胞壁薄，细胞核大，细胞质浓，无明显的液泡。

分生组织按其来源的不同又可分为原生分生组织、初生分生组织、次生分生组织。

（一）原生分生组织

原生分生组织（promeristem）是种子的胚遗留下的终身保持分裂能力的胚性细胞组成。位于植物根、茎和枝先端，即生长点（growing point），又称顶端分生组织（apical meristem）。原生分生组织分生的结果，使根、茎和枝不断的伸长和长高（图2－1）。

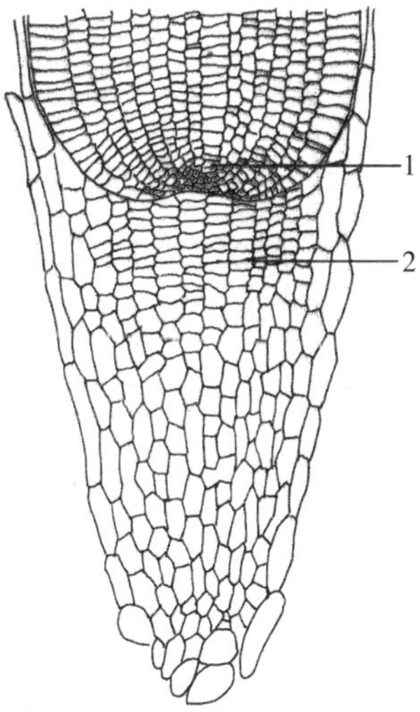

图2－1　根尖生长点及根冠

1. 生长点　2. 根冠的分生组织

（二）初生分生组织

初生分生组织（primary meristem）是原生分生组织分化出来而仍保持分生能力的细胞，如原表皮层、基本分生组织（紧接于原生分生组织之后的部位）和原形成层（茎初生构造的束中形成层）。初生分生组织分生的结果，产生茎、根的初生构造。如茎的初生分生组织形成初生构造的结果如下。

原生分生组织──→初生分生组织 { 原表皮层──→表皮；基本分生组织──→皮层、髓；原形成层──→形成层 } 茎的初生构造

稻、麦和竹等禾本科植物茎节间的基部，葱、韭菜等百合科植物叶的基部，都具有分生组织，称为居间分生组织（intercalary meristem）。它分生的结果，使茎、叶伸长。居间分生组织是从顶端分生组织中保留下来的一部分分生组织，因此从来源看它是属于初生分生组织，所以由它产生的组织仍是初生构造。

（三）次生分生组织

次生分生组织（secondary meristem）是成熟组织（永久组织）中的某些薄壁细胞如表皮、皮层、维管柱鞘等细胞重新恢复分生机能而形成的。如木栓形成层、根的形成层和茎的束间形成层等。存在于裸子植物及双子叶植物的根和茎内，一般排成环状，并与轴向平行，所以又称侧生分生组织（lateral meristem）。次生分生组织分生的结果，产生次生构造，使根、茎不断加粗。

二、基本组织

基本组织（ground tissue）在植物体内占很大体积，分布在植物体的许多部分，是组成植物体的基础。它是由主要起代谢活动和营养作用的薄壁细胞所组成，所以又称薄壁组织（parenchyma）。主要特征是细胞壁薄，细胞壁由纤维素和果胶构成，并且是具有原生质体的生活细胞；细胞的形状有圆球形、圆柱形、多面体等，细胞之间常有间隙。基本组织分化程度较浅，具有潜在的分化能力。

依其结构、功能的不同可分为一般薄壁组织、通气薄壁组织、同化薄壁组织、输导薄壁组织、储藏薄壁组织和吸收薄壁组织等。

（一）一般薄壁组织

一般薄壁组织（ordinary parenchyma）通常存在于根、茎的皮层和髓部。这类薄壁细胞主要起填充和联系其他组织的作用，并具有转化为次生分生组织的可能。

（二）通气薄壁组织

通气薄壁组织（aerenchyma）多存在于水生和沼泽植物体内。其特征是细胞间隙特别发达，常形成大的空隙或通道，具有储藏空气的功能。如莲的叶柄和灯心草的髓部。

（三）同化薄壁组织

同化薄壁组织（assimilation parenchyma）多存在于植物的叶肉细胞中和幼茎的皮层而易受光照的部位。细胞中有叶绿体，能进行光合作用，制造营养物质。

（四）输导薄壁组织

输导薄壁组织（conducting parenchyma）多存在于植物器官的木质部及髓部。细胞较长，有输导水分和养料的作用。如髓射线。

（五）储藏薄壁组织

储藏薄壁组织（storage parenchyma）多存在于植物地下部分如块茎、块根、球茎、鳞茎及果实、种子中。细胞较大，细胞含有大量淀粉、蛋白质、脂肪油或糖等营养物质。

（六）吸收薄壁组织

吸收薄壁组织（absorption parenchyma）位于根尖的根毛区，包括表皮细胞和由部分表皮细胞外壁向外凸起形成的根毛（root hair），细胞壁薄。其主要功能是从土壤中吸收水分和矿物质等，并将吸入的物质运送到输导组织中。（图 2－2）

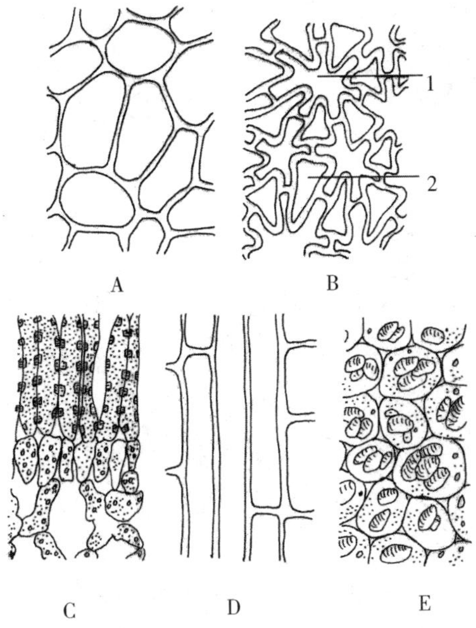

图 2－2　几种基本组织

A. 一般薄壁组织　B. 通气薄壁组织（1. 星状细胞　2. 细胞间隙）
C. 同化薄壁组织　D. 输导薄壁组织　E. 储藏薄壁组织

三、保护组织

保护组织（protective tissue）分布于植物的体表，由一层或数层细胞组成，对植物体起保护作用，可防止植物遭受病虫的侵害及机械损伤，并有控制和进行气体交换，防止水分过度散失的能力。依其来源的不同，又可分为初生保护组织——表皮组织与次生保护组织——周皮。

（一）表皮组织

表皮组织（epidermal tissue）分布于幼嫩的根、茎、叶、花、果实和种子的表面。通常为一层扁平的长方形、多边形或波状不规则形的生活细胞，彼此嵌合，排列紧密，无细胞间隙。少数植物的某种器官有 2 ~3 层细胞组成的复表皮。表皮细胞通常不含叶绿体，外壁常角质化，并在表面形成连续的角质层，有的在角质层外还有蜡被，有防止水分散失的作用。有的表皮细胞常分化形成气孔或向外突出形成毛茸。

1. 气孔（stoma）　在表皮上（特别是叶的下表皮）可见一些呈星散或成行分布的小孔，称为气孔。气孔是由两个半月形的保卫细胞（guard cell）对合而成的。保卫细胞的细胞质比较丰富，细胞核比较明显，含有叶绿体，它的细胞壁厚薄不均，通常保卫细胞与表皮细胞相连的细胞壁较薄，近气孔方面的细胞壁较厚。因此，当保卫细胞充水膨胀时，气孔隙缝就张开；当保卫细胞失水萎缩时，气孔隙缝就闭合。气孔的关闭受外界环境条件的影响，如温度、光照、湿度等。

保卫细胞相邻的表皮细胞称为副卫细胞（subsidiary cell），保卫细胞与副卫细胞排列的方式称为气孔的轴式类型。其类型随植物种类的不同而有所不同。因此，这些类型可用于叶类、全草类生药的鉴定。双子叶植物叶中常见的气孔轴式类型有不定式、不等式、环式、直轴式、平轴式等多种（图2-3）。

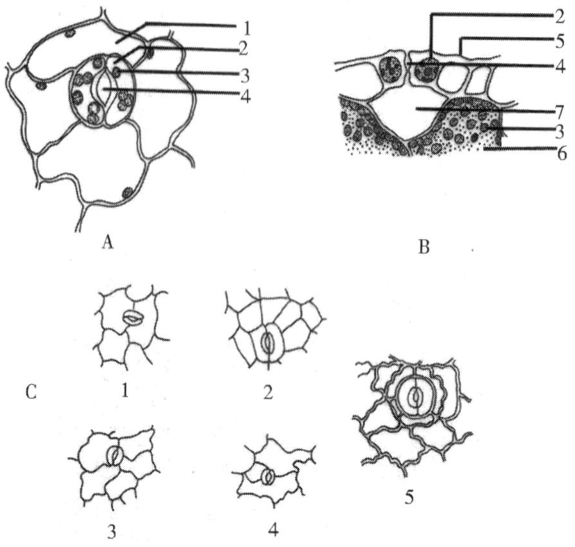

图2-3　双子叶植物的气孔

A. 表面观　B. 切面观　1. 表皮细胞　2. 保卫细胞　3. 叶绿体　4. 气孔　5. 角质层　6. 栅栏组织细胞　7. 气室
C. 气孔的类型　1. 直轴式　2. 平轴式　3. 不定式　4. 不等式　5. 环式

（1）直轴式（diacytic type，cross-celled type）　气孔周围的副卫细胞为2个，其长轴与气孔的长轴垂直。如唇形科的薄荷、益母草，石竹科的石竹、瞿麦，爵床科的穿心莲、爵床等。

（2）平轴式（paracytic type，parallel-celled type）　气孔周围的副卫细胞为2个，其长轴与气孔长轴平行。如茜草科的茜草，豆科的番泻、落花生、补骨脂，虎耳草科的常山和马齿苋科的马齿苋等。

（3）不定式（anomocytic type，irregular-celled type）　气孔周围的副卫细胞数目在3个以上，其大小基本相同，并与其他表皮细胞形状相似。如菊科的艾，毛茛科的毛茛，桑科的桑和玄参科的玄参、地黄、洋地黄等。

（4）不等式（anisocytic type，unequal-celled type）　气孔周围的副卫细胞为3～4个，但大小不等，其中一个特别小。如十字花科的菘蓝、蔊菜，茄科的烟草、曼陀罗等。

（5）环式（actinocytic type，radiate-celled type）　气孔周围的副卫细胞数目不定，其形状较其他表皮细胞狭窄，围绕气孔周围排列成环状。如山茶科的茶叶，桃金娘科的桉叶等。

单子叶植物的气孔类型也很多，仅介绍禾本科植物气孔的特征。禾本科植物的禾本科型（gramineous type）气孔的保卫细胞呈哑铃形，两端的细胞壁较薄，中间狭窄部分的细胞壁较厚，当保卫细胞充水两端膨胀时，气孔缝隙就张开。同时在保卫细胞的两边，还有两个平行排列而略作三角形的副卫细胞，对气孔的开闭有辅助作用，因此，有的称为辅助细胞。如淡竹叶、芸香草等（图2-4）。

2. 毛茸（trichome，hair）　是由表皮细胞分化而成的凸起物。毛茸具有保护和减少水分蒸发或有分泌物质的作用。毛茸主要有两类，一类具有分泌功能，称为腺毛；一类没有分泌功能，仅具保护作用称为非腺毛。

（1）腺毛（glandular hair） 有头部及柄部之分，头部膨大，位于毛的顶端，能分泌挥发油、黏液、树脂等物质。由于组成头、柄细胞的多少不同而有多种类型的腺毛。另外，还有一种无柄或柄很短的腺毛，其头部通常有6~8个细胞组成，表面观呈扁球形，称为腺鳞（图2-5）。

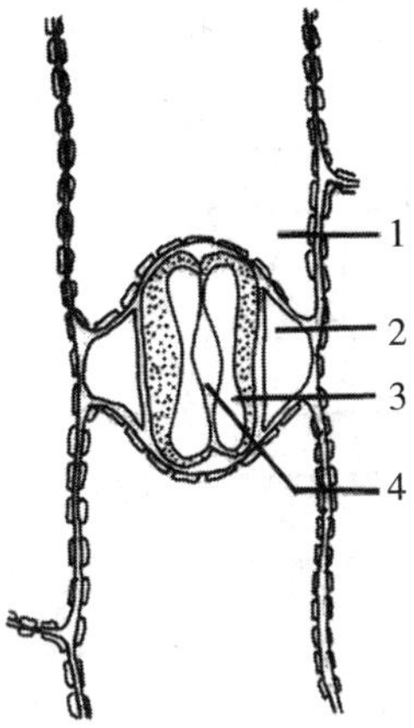

图2-4 禾本科型气孔

1. 表皮细胞 2. 辅助细胞 3. 保卫细胞 4. 气孔缝

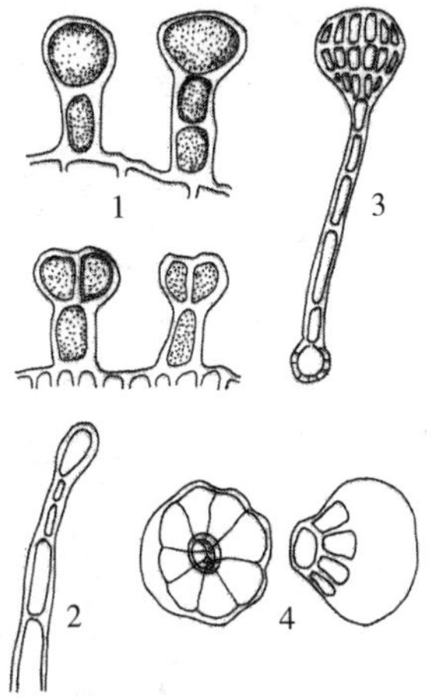

图2-5 各种腺毛

1. 洋地黄的腺毛 2. 曼陀罗叶的腺毛 3. 金银花的腺毛 4. 薄荷叶的腺毛（腺鳞）

（2）非腺毛（nonglandular hair） 无头、柄之分，顶端不膨大，也无分泌机能。有的细胞壁表面常呈不均匀的角质增厚，形成多数小凸起，称为疣点。有的细胞内壁常呈硅质化增厚，因而变得坚硬。由于组成非腺毛的细胞数目，分枝状况不同而有多种类型的非腺毛（图2-6）。

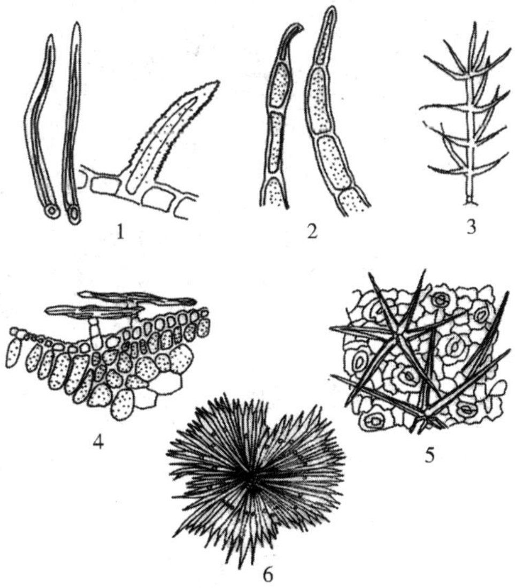

图2-6 各种非腺毛

1. 单细胞非腺毛 2. 多细胞非腺毛（洋地黄叶） 3. 分枝状毛（毛蕊花叶） 4. 丁字型毛（艾叶） 5. 星状毛（蜀葵叶） 6. 鳞毛（胡颓子叶）

（二）周皮

周皮（periderm）是取代表皮的次生保护组织，因而只有在进行次生生长的器官中才能产生，它是由木栓形成层（phellogen，cork cambium）不断分裂而产生的。木栓形成层多起源于表皮、皮层、维管柱鞘或韧皮部（phloem）的薄壁细胞。由这些薄壁细胞恢复分生机能转变称为木栓形成层。木栓形成层向外分生出细胞扁平、排列整齐紧密、细胞壁木栓化的木栓层（cork），向内分生出薄壁的栓内层（phelloderm），在茎的栓内层细胞中常含有叶绿体，所以又称为绿皮层。木栓层、木栓形成层和栓内层三部分合称周皮（图2－7）。

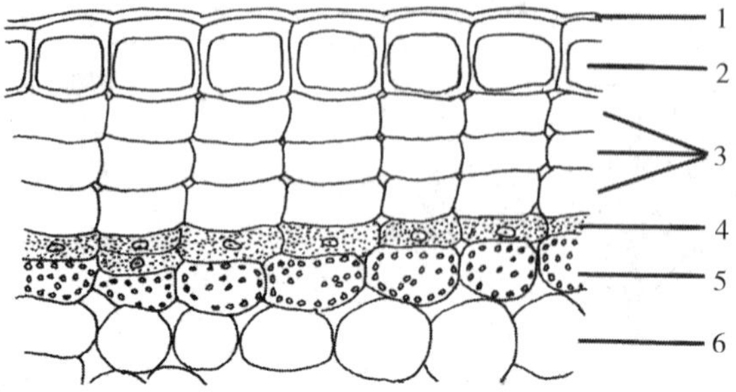

图2－7　周皮

1. 角质层　2. 表皮层　3. 木栓层　4. 木栓形成层　5. 栓内层　6. 皮层

皮孔（lenticel）是植物枝条上一些颜色较浅而凸出或凹下的点状物。当周皮形成时，原来位于气孔下面的木栓形成层向外分生许多非木栓化的薄壁细胞—填充细胞（complementary cell），由于填充细胞的增多，结果将表皮突破，形成圆形或椭圆形的裂口，这种裂口称为皮孔，是气体交换的通道（图2－8）。

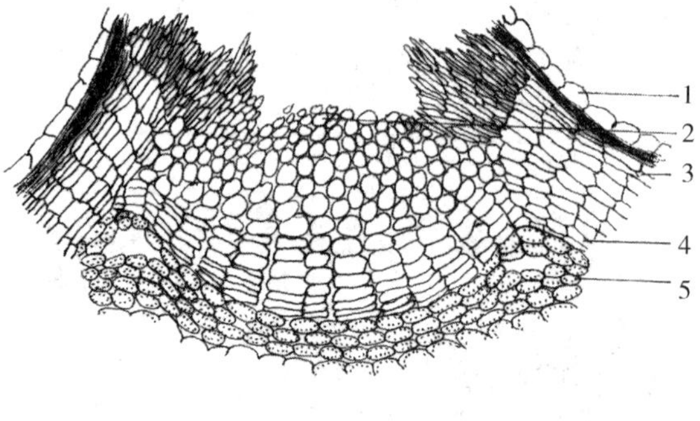

图2－8　皮孔的横切面

1. 表皮层　2. 填充细胞　3. 木栓层　4. 木栓形成层　5. 栓内层

四、分泌组织

分泌组织（secretory tissue）是由具有分泌作用能分泌挥发油、树脂、蜜汁、乳汁的细胞所组成。根据分泌组织在植物体的分布位置，可分为外部分泌组织和内部分泌组织两大类（图2－9）。

（一）外部分泌组织

分布于植物的体表，其分泌物直接排出体外，其中有腺毛、腺鳞和蜜腺。

腺毛　是由表皮细胞分化而来的，具有分泌黏液、水分，保护幼茎、叶的作用。分头、柄两部分，头部具分泌功能。

蜜腺（nectary）是分泌蜜汁（nectar）的腺体，由一层表皮细胞或及其下面数层细胞分化而来的。蜜腺细胞具浓厚的细胞质。细胞质产生蜜汁，可通过细胞壁由角质层的破裂扩散，或经上表皮的气孔排出体外。蜜腺常存在于虫媒花植物的花瓣基部或花托上，如油菜花；植物体营养器官上的蜜腺，称花外蜜腺，如蚕豆托叶的紫色部分，樱桃叶片基部的腺体等。

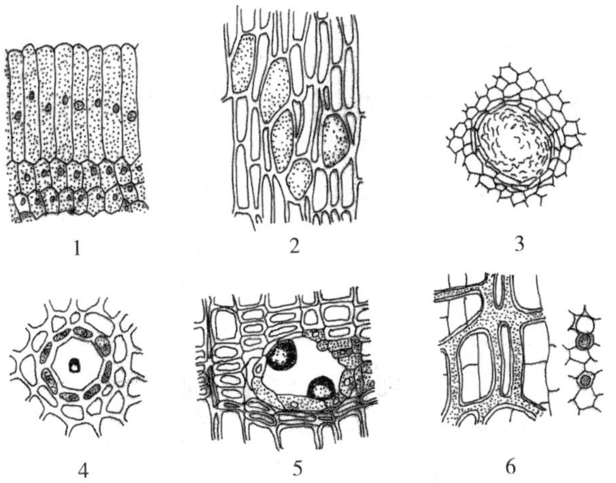

图 2－9　分泌组织

1. 蜜腺（大戟属）　2. 分泌细胞　3. 溶生性分泌腔（橘果皮）
4. 离生性分泌腔（当归根）　5. 树脂道（松属木材）　6. 乳管（蒲公英根）

（二）内部分泌组织

存在于植物体内，其分泌物储藏在细胞内或细胞间隙中。按其组成、形状和分泌物的不同，可分为如下几种。

1. 分泌细胞（secretory cell）　是单个散在的具有分泌能力的细胞，其分泌物储存在细胞内。分泌细胞在充满分泌物后，即成为死亡的储存细胞。根据其分泌的物质分为油细胞，含有挥发油，如肉桂、姜、菖蒲；黏液细胞，含有黏液质，如白及、知母。

2. 分泌腔（secretory cavity）　是由多数分泌细胞所形成的腔室，分泌物大多是挥发油储存在腔室内，故又称油室。腔室的形成，一种是由于分泌细胞中层裂开细胞间隙扩大形成，而四周的分泌细胞较完整，称为离生（裂生的 schizogenous）分泌腔，如当归根，花椒果等；另一种是由许多聚集的分泌细胞本身破裂溶解而形成的腔室，腔室周围的细胞常破碎不完整，称为溶生（lysigenous）分泌腔，如橘的果皮。

3. 分泌道（secretory canal）　是由多数分泌细胞彼此分离形成的长形管道，其周围的细胞称为上皮细胞（epithelial cell）。分泌物储存在管道里，分泌道顺轴分布于器官中，故横切面观呈类圆形与分泌腔相似，但纵切面观呈管状。分泌道中的分泌物有的是挥发油，称为油管（vittae），如茴香；有的是树脂或油树脂称为树脂道（resin canal），如松茎；有的是黏液，称为黏液道（slime canal）或黏液管（slime duct），如美人蕉和椴树等。

4. 乳汁管（laticifer）　是由一个或多个细长分枝的乳细胞（latex cell）形成。乳细胞是具有细胞质和细胞核的生活细胞，原生质体紧贴在细胞壁上，具有分泌功能，其分泌的乳汁（latex）贮在细胞中。乳汁管通常有下列两种。

（1）无节乳汁管（nonarticulate laticifer）　是由单个乳细胞构成，随着器官长大而伸长，管壁上无节，有的在发育过程中细胞核进行分裂，但细胞质不分裂而形成多核细胞，因而常有分枝，贯穿在整个植物中；若有多个乳细胞（如欧洲夹竹桃），它们彼此各成一独立单位而永不相连。具有分枝乳汁管的如大戟、夹竹桃；具有不分枝乳汁管的，如大麻。

（2）有节乳汁管（articulate laticifer）　是由一系列管状乳细胞错综连接而成的网状系统，连接处细胞壁溶化贯通，乳汁可以互相流动。如菊科、桔梗科、罂粟科、旋花科等植物的乳汁管。

乳汁管多分布在植物的薄壁组织中，如皮层、髓部、子房壁等处，乳汁大多是白色的，但也有黄色或橙色的，如白屈菜、博落回。乳汁的成分复杂，有些可供药用，如罂粟的乳汁含有多种具有止痛、抗菌、抗肿瘤作用的生物碱，番木瓜的乳汁含有蛋白酶等。乳汁还具有保护作用，当植物受到损伤时，乳汁从伤口渗出，有助于伤口的封闭。

五、机械组织

机械组织（mechanical tissue）是细胞壁明显增厚的一群细胞，有支持植物体或增加其坚固性以承受机械压力的作用。根据细胞壁增厚的成分、增厚的部位和增厚程度的不同，可分为厚角组织和厚壁组织两类。

（一）厚角组织

厚角组织（collenchyma）的细胞是活细胞，常含有叶绿素，细胞壁增厚的成分是纤维素、半纤维素和果胶质，非木质化，呈不均匀的增厚，一般在角隅处增厚，也有在切向壁或在细胞间隙处加厚的。厚角组织是双子叶植物地上部分幼嫩器官（茎、叶柄、花梗）的支持组织。它主要在这些器官的表皮下成环或成束分布，在许多具有棱角的嫩茎中，厚角组织常集中分布于棱角处，如益母草茎。（图2－10）

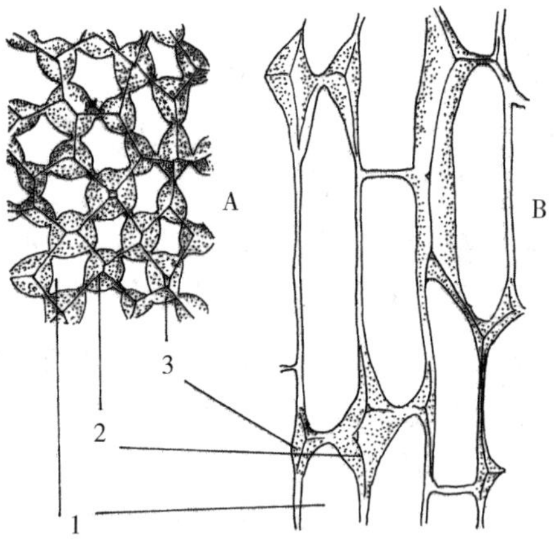

图2－10　厚角组织

A. 横切面　B. 纵切面

1. 细胞腔　2. 胞间层　3. 增厚的壁

（二）厚壁组织

厚壁组织（sclerenchyma）的特征是它的细胞壁呈均匀的次生壁加厚，常具有层纹和纹孔，成熟后细胞腔变小，无原生质体，成为死细胞。根据其细胞形状的不同，又可分为纤维和石细胞。

1. 纤维（fiber）　来源于薄壁组织或由维管形成层分裂、分化产生。是细胞壁为纤维素或木质化增厚的细长细胞。一般为死细胞，通常成束。每个纤维细胞的尖端彼此紧密嵌插而增强了坚固性。根据纤维在植物体内存在的部位不同，分为韧皮纤维和木纤维。分布在韧皮部的纤维称为韧皮纤维（phloem fiber）或皮层纤维（cortical fiber），这种纤维一般纹孔及细胞腔都较显著，如肉桂。分布在木质部的纤维称为木纤维（wood fiber），木纤维往往极度木质化增厚，细胞腔通常较小，如川木通。

此外还有一些特殊结构的纤维，如有的纤维，其细胞腔中有菲薄的横膈膜，这种纤维称为分隔纤维（septate fiber），如姜。有的纤维次生壁外层密嵌细小的草酸钙方晶，称嵌晶纤维，如五味子根。还有一种晶鞘纤维，又称晶纤维（crystal fiber），是一束纤维的外侧包围着许多含草酸钙结晶的薄壁细胞所组成的复合体的总称，如甘草、黄柏（图2－11）。

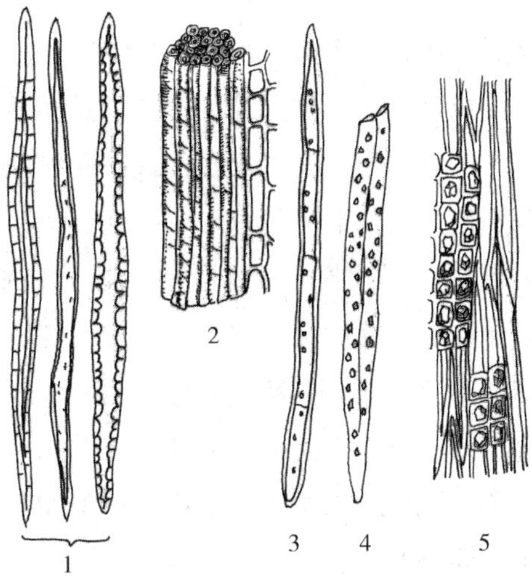

图2－11　各种纤维

1. 单纤维　2. 纤维束　3. 分隔纤维（姜）　4. 嵌晶纤维（南五味子根）　5. 晶鞘纤维（甘草）

2. 石细胞（stone cell）　来源于薄壁组织的分化，是细胞壁明显增厚且木质化，并渐次死亡的细胞。细胞壁上未增厚的部分呈细管状，有时分枝，向四周射出。因此，细胞壁上可见到细小的壁孔，称为孔道或纹孔；而细胞壁渐次增厚所形成的纹理则称为层纹。石细胞的形状大多是近于球形或多面体形，但也有短棒状或具分枝的，大小也不一致。石细胞常单个或成群分布在植物的根皮、茎皮、果皮及种皮中，如党参、黄柏、八角茴香、杏仁；有些植物的叶或花亦有分布，这些石细胞通常呈分枝状，所以又称为畸形石细胞（idioblast）或支柱细胞，如茶叶。（图2－12）

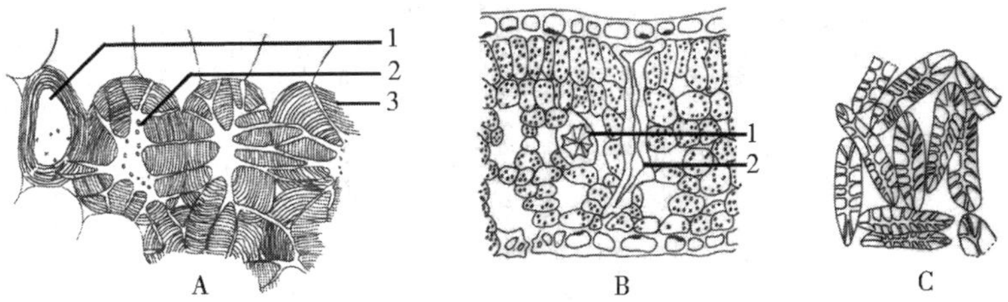

图2－12　几种不同形状的石细胞

A. 梨的石细胞（1. 纹孔　2. 细胞腔　3. 层纹）

B. 茶叶的横切面（1. 草酸钙结晶　2. 畸形石细胞）C. 椰子果皮的石细胞

纤维和石细胞的区别在于细胞的形状和存在形式。纤维细胞细长，常成环状或束状分布；石细胞相对短，形状多样，单一或成群存在。

六、输导组织

输导组织（conducting tissue）是植物体中输送水分、无机盐和营养物质的组织。其共同点是细胞长形，常上下连接，形成适于输导的管道。输导组织是植物从水生到陆生演化、适应体内长距离运输需要的产物。包括木质部（xylem）的导管或管胞，韧皮部（phloem）的筛管与伴胞或筛胞等。根据输导组织的构造和运输物质的不同，可分为下列两类。

（一）管胞和导管

是自下而上输送水分及溶于水中的无机养料的输导组织，存在于植物的木质部中。

1. 管胞（tracheid） 管胞是蕨类植物和绝大多数裸子植物主要的输导组织，同时兼有支持作用。有些被子植物或被子植物的某些器官中也有管胞，但不是主要的输导组织。

管胞呈狭长形，两端尖斜，末端不穿孔，细胞无生命，细胞壁木质化加厚形成纹理，以梯纹或具缘纹孔较多见。管胞互相连接并集合成群，依靠纹孔（未增厚部分）运输水分。因此，液流的速度缓慢，是一类较原始的输导组织（图 2－13）。

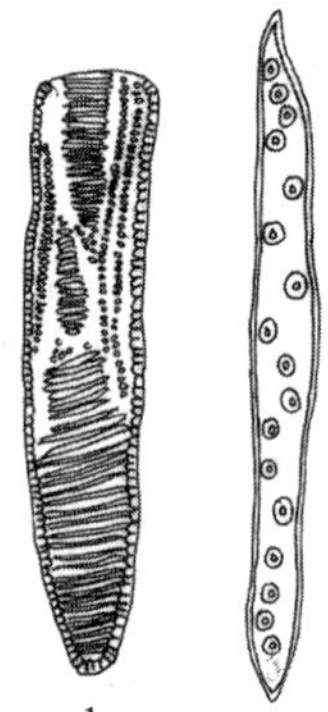

1　　2

图 2－13　管胞

1. 梯纹管胞　2. 具缘纹孔管胞

2. 导管（vessel） 导管是被子植物最主要的输导组织之一，少数裸子植物（如麻黄）也有导管。

导管是由多数纵长端壁具穿孔的管状死细胞连接而成，每个管状细胞称为导管分子（vessel element，vessel member），导管分子的侧面观与管胞极为相似，但其上下两端往往不如管胞尖细倾斜，而且相连处的横壁常贯通成大的穿孔，因而输导水分的作用远较管胞快。导管分子之间的横壁，在有的植物中不完全消失。横壁穿孔（perforation）的形式，因植物而不同。除单穿孔外，还有梯状穿孔、网状穿孔。细胞壁一般木质化增厚，由于不是均匀增厚，而呈各种纹理加厚，按形成的纹理或纹孔的不同而有环纹、螺纹、梯纹、网纹、单纹孔和具缘纹孔导管。（图 2－14）

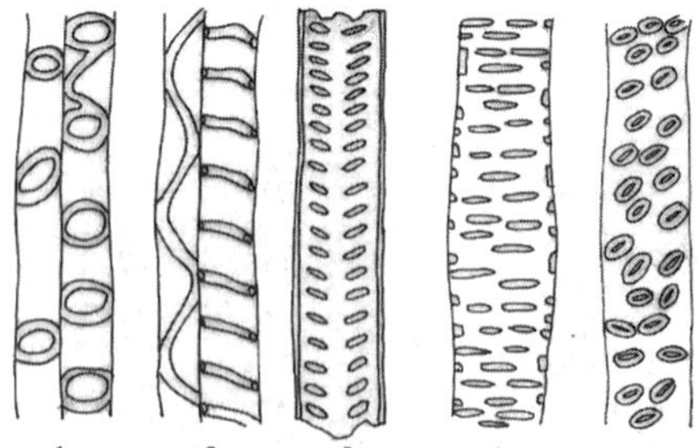

1　　2　　3　　4　　5

图 2－14　导管类型

1. 环纹导管　2. 螺纹导管　3. 梯纹导管　4. 网纹导管　5. 具缘纹孔导管

环纹导管（annular vessel）增厚部分呈环状，导管直径较小，存在于植物幼嫩器官中。

螺纹导管（spiral vessel）增厚部分呈螺旋状，导管直径一般较小，多存在于植物幼嫩器官中。

梯纹导管（scalariform vessel）增厚部分（连续部分）与未增厚部分（间断部分）间隔呈梯形，即增厚部分呈横条突起，与未增厚的部分相间如梯形，多存在于成长器官中。

网纹导管（reticulated vessel）增厚部分呈网状，网孔是未增厚的细胞壁，导管直径较大，多存在于器官成熟部分。

孔纹导管（pitted vessel）细胞壁几乎全面增厚，未增厚处为单纹孔或具缘纹孔，前者为单纹孔导管，后者为具缘纹孔导管，导管直径较大，多存在于器官成熟部分。

侵填体（tylosis） 侵填体由于邻接导管的薄壁细胞通过导管壁上未增厚的部分或纹孔，连同其内含物如鞣质、树脂等物质侵入到导管腔内而形成的。侵填体的产生使导管液流的透性降低，但对病菌侵害起一定防护作用。具有侵填体的木材是较耐水湿的。

（二）筛管、伴胞和筛胞

是输送光合作用制造的有机营养物质到植物其他部分的输导组织，存在于植物的韧皮部中。

1. 筛管（sieve tube） 筛管是由一系列长管状活细胞纵向链接构成，其组成的每一个细胞称为筛管分子（sieve element）。细胞壁为初生壁，由纤维素和果胶质组成，端壁和部分侧壁上有凹陷区域—筛域（sieve area），筛域上有筛孔（sieve pore）。具筛孔的横壁称筛板（sieve plate），上下相邻两筛管的分子的细胞质，通过筛孔而彼此相连，这些呈丝状的原生质称为联络索（connecting strand）（图2－15）。

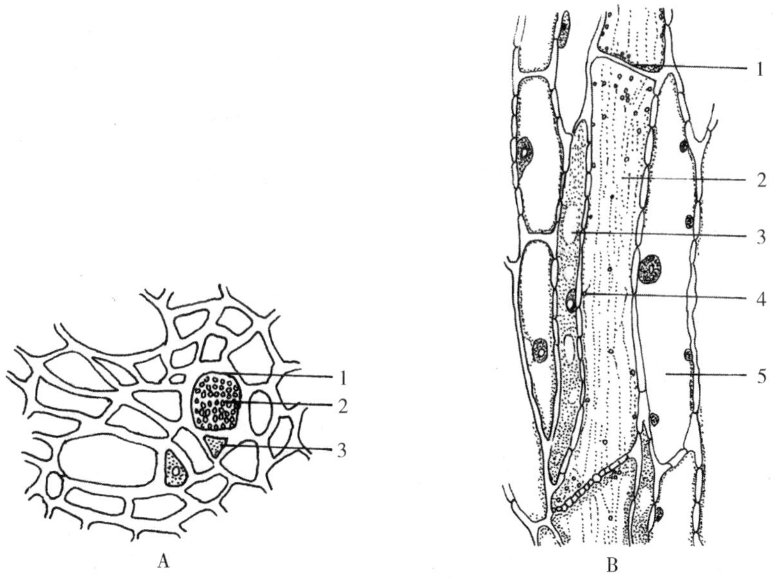

图2－15 筛管及伴胞

A. 横切面 1. 筛板 2. 筛孔 3. 伴胞

B. 纵切面 1. 筛板 2. 筛管 3. 伴胞 4. 白色体 5. 韧皮薄壁细胞

胼胝体（callus） 在冬季，温带树木开始落叶，此时，在筛管的筛板处生成一种黏稠的碳水化合物，称为胼胝质，将筛孔堵塞形成胼胝体，这样筛管分子便失去作用，直到第二年春天，树木发芽，胼胝体被酶溶解，筛管才恢复其运输功能。

筛管分子一般只能生活一两年，所以树木在增粗的过程中，老的筛管会不断被新的筛管取代，老的筛管被挤压成为颓废组织；但在多年生单子叶植物中，筛管则可长期行使其功能。

2. 伴胞（companion cell） 是位于筛管分子旁侧的一个近等长，两端尖，直径较小的薄壁细胞。它与筛管分子来源于同一个细胞，经母细胞纵裂为二，较大的细胞形成筛管，较小的细胞形成伴胞，伴胞具有浓厚的细胞质和明显的细胞核，并含有多种酶，呼吸作用旺盛，筛管的输导功能与伴胞有密切关系。伴胞为被子植物所特有，蕨类及裸子植物则不存在。

3. 筛胞（sieve cell） 筛胞系单个、两端尖斜的管状活细胞，直径较小，没有特化成筛板，只是在侧壁或有时在端壁上有一些凹入的小孔，称筛域（sieve area），没有伴胞。筛胞输送养料的能力没有筛管强。是较原始的输导组织，是蕨类植物和绝大多数裸子植物运输有机养料的输导分子。

第二节　维管束及其类型

维管植物中的主要组织可归纳为三种组织系统，即皮组织系统（dermal tissue system），维管组织系统（vascular tissue system）和基本组织系统（fundamental tissue system 或 ground tissue system）。分别简称为皮系统（dermal system），维管系统（vascular system）和基本系统（fundamental system 或 ground system）。植物整体的结构表现为维管系统包埋于基本系统之中，而外面又覆盖着皮系统。

维管系统由许多维管束（vascular bundle）组成，维管束是在植物进化到较高级的阶段即蕨类植物、裸子植物和种子植物时才出现的组织，它在植物体内常呈束状存在，组成植物的输导系统，同时对植物器官起着支持作用。维管束主要由韧皮部（phloem）和木质部（xylem）构成。韧皮部主要由筛管、伴胞、筛胞，韧皮薄壁细胞与韧皮纤维组成，这部分质较柔韧，故称韧皮部；木质部主要由导管、管胞、木薄壁细胞与木纤维组成，这部分木质坚硬，故称木质部。

双子叶植物和裸子植物根和茎的维管束，在韧皮部和木质部之间有形成层（cambium）存在，能不断增生长大，所以称为无限维管束（open bundle 开放性维管束）。单子叶植物和蕨类植物根和茎的维管束没有形成层，不能增生长大，所以称为有限维管束（closed bundle，闭锁性维管束）。

根据维管束中木质部和韧皮部互相排列方式的不同，以及形成层的有无，维管束可分为下列几种类型。（图 2－16，2－17）

1. 有限外韧维管束（closed collateral bundle） 韧皮部位于外侧，木质部位于内侧，两者并行排列，中间无形成层。如单子叶植物茎的维管束。

2. 无限外韧维管束（open collateral bundle） 与有限外韧维管束的不同点是韧皮部与木质部之间有形成层。如裸子植物和双子叶植物茎中的维管束。

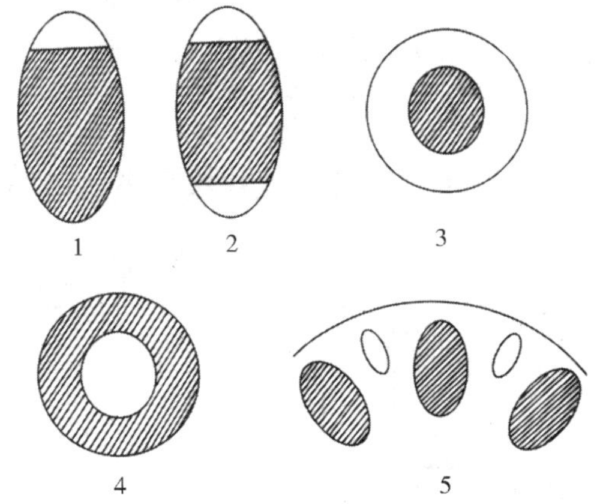

图 2－16　维管束类型图解

1. 外韧维管束　2. 双韧维管束　3. 周韧维管束　4. 周木维管束　5. 辐射维管束

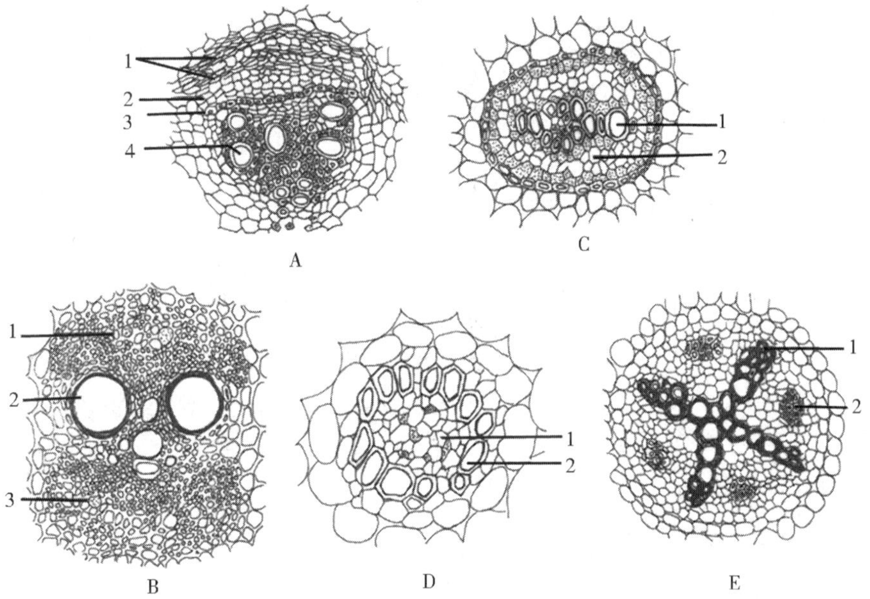

图 2－17　维管束类型详图

A. 外韧维管束（1. 压扁的韧皮部　2. 韧皮部　3. 形成层　4. 木质部）

B. 双韧维管束（1，3. 韧皮部　2. 木质部）C. 周韧维管束（1. 木质部　2. 韧皮部）

D. 周木维管束（1. 韧皮部　2. 木质部）E. 辐射维管束（1. 木质部　2. 韧皮部）

3. 双韧维管束（bicollateral bundle）　木质部的内外侧都有韧皮部。外侧的韧皮部称外韧部，内侧的韧皮部称为内韧部，在外韧部与木质部之间常有形成层。常见于茄科、葫芦科、旋花科、桃金娘科等植物的茎中。如颠茄、南瓜茎的维管束。

4. 周韧维管束（amphicribral bundle）　木质部居中，韧皮部围绕在木质部的四周，无形成层。常见于百合科、禾本科、棕榈科、蓼科以及某些蕨类植物的茎、叶中。

5. 周木维管束（amphivasal bundle）　韧皮部居中，木质部围绕在韧皮部的四周。常见于百合科（轮叶王孙属）、鸢尾科、天南星科（菖蒲属），莎草科、仙茅科等某些植物的根状茎中。

6. 辐射维管束（radial bundle）　韧皮部和木质部交互间隔排列，呈辐射状并排成一圈。存在于双子植物根的初生构造及单子叶植物根的构造中。

重点小结

- 植物组织
  - 分生组织（按来源分）
    - 原生分生组织
    - 初生分生组织（按位置分）
      - 顶端分生组织
      - 居间分生组织
      - 侧生分生组织
    - 次生分生组织
  - 基本组织
    - 一般基本组织
    - 通气基本组织
    - 同化基本组织
    - 输导基本组织
    - 吸收基本组织
    - 储藏基本组织
  - 保护组织
    - 初生保护组织（表皮、气孔、毛茸）
    - 次生保护组织（周皮、皮孔）
  - 分泌组织
    - 外部分泌组织
      - 腺毛
      - 蜜腺
    - 内部分泌组织
      - 分泌细胞
      - 分泌腔（离生性、溶生性）
      - 分泌道
      - 乳汁管（无节乳汁管、有节乳汁管）
  - 机械组织
    - 厚角组织
    - 厚壁组织
      - 纤维
      - 石细胞
  - 输导组织
    - 管胞、导管（导管的形成、类型、侵填体）
    - 筛胞和筛管、伴胞（筛管的形成、胼胝体）

扫码“练一练”

第三章　植物的器官

学习目标

1. **掌握**　根的组织构造特征（包括初生构造和次生构造）、根的异常构造、单子叶植物根和双子叶植物根的区别；茎的组织构造特征、茎的异常构造；双子叶植物和单子叶植物叶的组织构造特征；花的基本组成及花部、花序各种类型的鉴别要点；果实类型及鉴别要点；种子的基本组成与类型。

2. **熟悉**　根的外形特征、根的类型、变态根的类型；正常茎、变态茎的类型和外形特征；叶的组成、叶的各部形态、变态叶的类型、单叶与复叶、叶序；花的内部结构、花的类型以及花程式与花图示的书写方法；果皮的基本结构；种皮的结构。

3. **了解**　根尖的构造、根的生理功能；茎尖的构造、裸子植物茎的组织构造特征、茎的生理功能；裸子植物叶的组织构造特征、叶的生理功能；花，果实，种子的发育与功能。

自然界的植物种类繁多，有形态结构简单的低等植物，如藻类植物、菌类植物、地衣植物；有由结构简单的低等植物演化产生的形态结构较复杂的，通常具有根、茎、叶分化的高等植物，如裸子植物、被子植物等。被子植物的成年植物体一般有根、茎、叶、花、果实和种子等器官的分化。器官（organ）是由不同组织构成，具有一定的外部形态和内部结构，执行一定生理机能的植物体的组成部分。

在高等植物中，被子植物的植物体一般由根、茎、叶、花、果实和种子六种器官组成，依据植物器官的形态结构和生理功能的不同，可分为两大类：一类称为营养器官（vegetative organs）包括根、茎、叶，它们具有植物营养物质的吸收、制造、贮藏和输导等生理功能，并为植物体提供所需的水分和营养物质，使植物体不断生长、发育。另一类称为繁殖器官（reproductive organs）包括花、果实和种子，它们主要起着繁衍后代、延续种族的功能。植物各器官间在形态结构和生理机能上有明显差异，但彼此又密切联系、相互依存构成一个完整的植物体。

第一节　根

根（root）通常是指植物体生长在地下的重要营养器官，具有向地性、向湿性和背光性等特性。根的顶端具有向下无限生长的能力，形成庞大的根系，有利于植物体的固着，并从土壤中吸收水分和无机盐。根主要具有吸收、固着、输导、合成、贮藏和繁殖等生理功能，根是植物生长的基础。

扫码“学一学”

根是植物在长期适应陆生生活过程中进化形成与发展而来的器官，其外形一般呈圆柱形，在土壤中生长越向下越细，并可向四周分枝而形成复杂的根系。根由于在地下生长，细胞中不含叶绿体，无节和节间之分，一般不生芽、叶和花。

一、根的类型和根系

（一）根的类型

1. 主根和侧根 植物种子萌发时，最初由胚根突破种皮，不断向下生长，这种由种子的胚根直接发育而形成的根称主根（main root），主根一般与地面垂直向下生长。当主根生长到一定的长度时，从其侧面生出许多分枝，称为侧根（lateral root）。侧根生长达到一定长度时，又生出新的次一级侧根，如此多次反复分枝，形成整株植物的根系。

2. 定根和不定根 根就其发生来源不同，可分为定根（normal root）和不定根（adventitious root）两类。凡是直接或间接起源于胚根，发育而形成的主根及其各级侧根，它们都有固定的生长部位，称为定根，如人参、菘蓝、桔梗、柴胡的根。有些植物的根不是直接或间接由胚根发育而形成，根的发生没有一定的位置，而是从植物的茎、叶或其他部位生长而出，称为不定根，如玉米、薏苡、小麦、水稻等的种子萌发后，其主根生长不久后即枯萎，而从其茎基部的节上生长出许多大小、长短相似的须根，伸入土中起支持作用；有些植物如秋海棠、落地生根等，由叶上所生出的根，这些根都为不定根。在栽培上常用此特性进行扦插、压条等营养繁殖。

（二）根系的类型

一株植物地下部分所有根的总体称为根系（root system）。根据根的形态不同及其生长特性，可分为直根系（tap root system）和须根系（fibrous root system）两种类型。（图3-1）

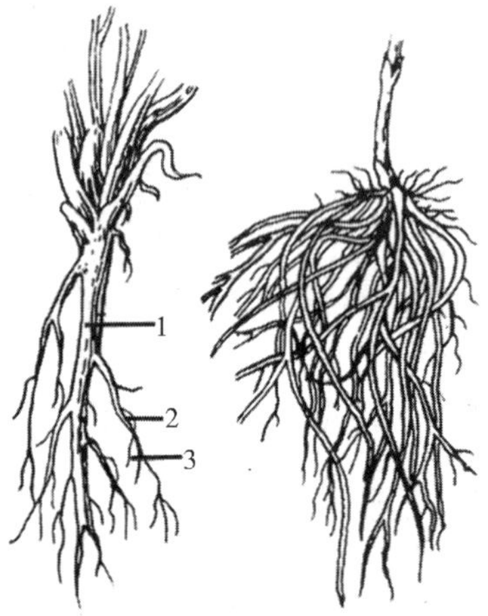

图3-1 直根系和须根系

1. 主根 2. 侧根 3. 纤维根

1. 直根系 凡由明显而发达的主根及各级侧根组成的根系称为直根系。直根系的主根通常较粗大，一般垂直向下生长，大多数双子叶植物和裸子植物均具有直根系，如人参、甘草、沙参、党参的根系。

2. 须根系 如果植物的主根不发达或早期死亡，而由茎的基部节上生出许多不定根组成的根系称为须根系。须根系由许多大小、长短相似的须根组成，如小麦、百合、大蒜等大多数单子叶植物和徐长卿、白前、龙胆等双子叶植物的根系。

二、根的变态

有些植物在长期的历史进化过程中，为了适应生活环境的变化，根的形态构造产生了许多变态，而且这些变态性状形成后可代代遗传下去，这些变态根常见的有以下几种主要类型。

（一）贮藏根

根的一部分或全部呈肉质肥大状，其内贮藏营养物质，这种根称为贮藏根（storage root）。根据其来源和形态的不同，贮藏根可分为肉质直根（fleshy tap root）和块根（root tuber）。肉质直根主要由主根发育而成，一株植物上只有一个肉质直根，其上部具有胚轴和节间很短的茎，其中又分为几种类型，肥大呈圆锥形，如胡萝卜、白芷、桔梗等，称圆锥根；肥大呈圆柱形，如萝卜、菘蓝、丹参等，称圆柱根；肥大呈圆球形，如芜菁，称圆球根。块根由侧根或不定根膨大而形成，在外形上往往不规则，常呈块状或纺锤形，一株植物上可以形成许多膨大的块根，其膨大部分上端没有茎和胚轴，如甘薯、天门冬、郁金、何首乌、百部等均为块根。（图3-2）

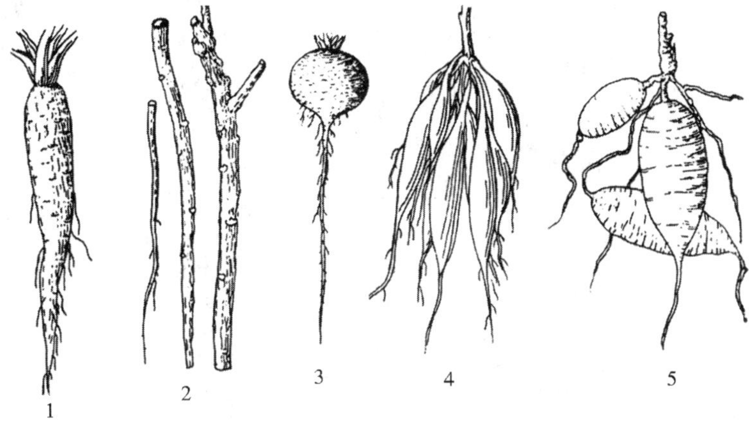

图3-2　变态根的类型（一）

1. 圆锥根　2. 圆柱根　3. 圆球根　4. 块根（纺锤状）　5. 块根（块状）

（二）支柱根

有些植物的茎节在下部靠近地面处产生一些不定根深入土中，以增强支持茎干的力量，这样的根称为支柱根（prop root），如玉米、薏苡、甘蔗、高粱等。

（三）攀缘根

有些植物由其地上部分的茎干上生出细长柔弱的不定根，使植物能攀附于石壁、墙垣、树干或其他物体上，这种具攀附作用的不定根称为攀缘根（climbing root），如络石藤、薜荔、常春藤等。

（四）气生根

由茎上产生的一些不定根，不伸入土中，而暴露生长在空气中，称为气生根（aerial root）。气生根具有在潮湿空气中吸收和贮藏水分的能力，如石斛、吊兰、榕树等。

（五）呼吸根

有一些生长在湖沼或热带海滩地带的植物，由于植株的一部分被泥沙淹没，呼吸十分困难，因而有部分根垂直向上生长，暴露于空气中进行呼吸，称为呼吸根（respiratory root），如水松、红树等。

（六）水生根

水生植物的根垂直漂浮于水中呈须状，纤细柔软并常带绿色，称为水生根（water root），如浮萍、菱、睡莲等。

（七）寄生根

有一些植物产生的不定根，不是插入土中，而是伸入寄主植物体内吸收水分和营养物质，以维持自身的生活，这种根称为寄生根（parasitic root）。具有寄生根的植物，称为寄生植物。寄生植物可分为两种类型，其中菟丝子、列当等植物，体内不含叶绿体，不能自己制造养料，完全依靠吸收寄主体内的养分维持生活，称为全寄生植物。而桑寄生、槲寄生等植物，体内含有叶绿体，既能自己制造部分养料，又依靠寄生根吸收寄主体内的养分，称为半寄生植物。（图 3－3）

图 3－3　变态根的类型（二）

1. 支柱根（玉米）　2. 攀缘根（常春藤）　3. 气生根（石斛）
4. 呼吸根（红树）　5. 水生根（青萍）　6. 寄生根（菟丝子）

三、根的生理功能

根是植物的重要营养器官，具有吸收、固着、输导、合成、贮藏和繁殖等生理功能。

根最主要的功能是吸收作用，从土壤中吸收水分和溶解在水中的二氧化碳、无机盐等。植物体内所需要的物质，除少部分是由叶和幼嫩的茎自空气中吸收外，大多数由根从土壤中吸收获得。

根具有输导作用，由植物根所吸收的水分和无机盐等，可通过根内的输导组织输送至茎叶制造养料，同时又能将植物光合作用所制造的有机物输送至根部，以满足根的生命活动的需求。

根具有固着作用，由于植物体一般均具有庞大的根系，产生强大的支持作用，其地上部分有赖于根系在土壤中的固定与支持作用，能够稳固地直立在地面上。

根具有合成作用，能合成氨基酸、生物碱、植物激素等有机物质，对植物体的生长发育产生影响。例如，烟草的根能合成烟碱，南瓜和玉米中很多重要的氨基酸是在根部合成的。

根具有贮藏作用，由于根内的薄壁组织比较发达，尤其是一些变态的贮藏根，常成为贮藏有机养料的贮藏器官。

根具有繁殖作用，由于有些植物的根能产生不定芽，能进行植物的营养繁殖，例如甘薯的繁殖就是利用根生长出的芽用来进行插条繁殖的。

四、根的组织构造

根为植物体在土壤中的继续和延伸部分。越向下越尖细，最下端为根尖，渐向上则有根毛着生。根毛着生处以上部分，根中的构造相继分化为初生构造、次生构造或三生构造。

（一）根尖的构造

根尖（root tip）是根的尖端幼嫩部分，即从根的最顶端到有根毛的这一段，是根中生命活动最旺盛、最重要的部分。根的伸长、水分与养分的吸收、根内成熟组织的分化都在此部分进行。根尖的损伤会直接影响到根的生长和发育。根据根尖的外部构造和内部组织分化的不同，可将其分为根冠、分生区、伸长区和成熟区四个部分。（图3-4）

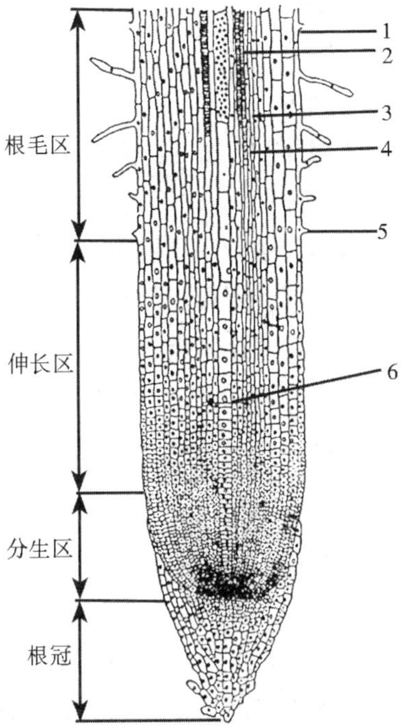

图3-4　根尖的纵切面（大麦）

1. 表皮　2. 导管　3. 皮层　4. 维管束鞘　5. 根毛　6. 原形成层

1. 根冠（root cap）　位于根的最顶端，是根所特有的一种帽套状结构，略呈圆锥状，覆于生长锥的外围。根冠由多层不规则排列的薄壁细胞组成，有保护根尖的作用。当根不断生长，在土壤中向下延伸时，根冠与土壤中的沙砾等不断地发生摩擦，其外围细胞就会破碎、死亡和脱落，由于根冠内层细胞不断地分裂而产生新的根冠细胞，使其外层被磨损的细胞相继得到补充，因此根冠始终能保持一定的形态和厚度，对分生区起到了有效的保护作用。除了有些寄生植物和有菌根共生的植物其根部无根冠存在外，绝大多数植物的根尖都有根冠。

2. 分生区（division zone）　为位于根冠的上方或内方的顶端分生组织，呈圆锥状，长约1mm，具有很强的分生能力，是细胞分裂最旺盛的部分，又称为生长锥。分生区最先端的一群细胞，来源于种子的胚，属于原分生组织，细胞为多面体，排列紧密，细胞壁薄，细胞质浓，细胞核相对较大。其细胞可不断地进行分裂，增加细胞数目，分裂产生的细胞经过进一步生长、分化，逐渐形成根的表皮、皮层和中柱等结构。

3. 伸长区（elongation zone）　是位于生长锥上方，到出现根毛的地方，长约2～5mm，多数细胞已逐渐停止分裂，体积扩大，细胞沿根的长轴方向显著延伸，因此称为伸长区。伸长区的细胞除显著延伸外，同时也开始出现了细胞分化，相继出现导管和筛管，细胞的形状上开始有了差异。根的长度生长是由于分生区细胞的分裂、增大和伸长区细胞的延伸共同活动的结果，特别是伸长区细胞的延伸，可使根显著地伸长，不断地深入土壤中。

4. **成熟区**（maturation zone） 位于伸长区的上方，在成熟区内各种细胞均已停止伸长，并且多数已分化成熟，因此称为成熟区。成熟区中形成了根的各种初生组织，最外一层细胞分化为表皮，内层细胞分化为皮层和中柱。特别是表皮中一部分细胞的外壁向外突出形成根毛（root hair），所以又称为根毛区。根毛是根的特殊结构，一般呈管状，不分枝，角质层极薄。根毛的生长速度极快，但其生活期很短，随着分生区细胞的不断增大和分化，以及伸长区不断地向前延伸，老的根毛陆续死亡，从伸长区上部又可陆续生出新的根毛。根毛虽细小，但数量极多，在根毛的生长发育过程中，由于其外壁存在着黏液和果胶质，能使根毛和土壤颗粒密切接触，增加了根的吸收面积，更加有利于根对水分和无机盐的吸收。水生植物常无根毛。

综上所述，根的发育是起源于根尖生长锥的分生组织，由生长锥的原分生组织分裂产生的细胞，再经过细胞的不断分裂、生长、分化，逐渐形成原表皮层、基本分生组织和原形成层等初生分生组织。原表皮层位于最外层，细胞进行垂周分裂（细胞分裂的平面和器官的表面相垂直），增加表面积，进一步分化形成根的表皮。基本分生组织在中间，细胞进行垂周分裂和平周分裂（细胞分裂的平面和器官的表面相平行），增大体积，进而分化形成根的皮层。原形成层在最内层，分化形成根的维管柱。

这种直接来自于根中顶端分生组织细胞的增生和成熟，使根延长的生长称为初生生长（primary growth）；由初生生长过程中，初生分生组织分化形成的各种成熟组织，称初生组织（primary tissue）；由初生组织所组成的结构，称为初生构造（primary structure）。

（二）根的初生构造

通过根尖的成熟区作一横切面，根的初生构造从外到内可分为表皮、皮层和维管柱三部分。

1. **表皮**（epidermis） 表皮位于根的成熟区最外层，是由原表皮发育而成，一般为一层表皮细胞所组成。表皮细胞多为类长方形，排列整齐、紧密，无细胞间隙，细胞壁薄，不角质化，细胞壁由纤维素和果胶构成，富有通透性，无气孔。部分表皮细胞的外壁向外突出，形成根毛，扩大了根的吸收面积。这些特征与植物其他器官的表皮不同，而与根的吸收功能密切相适应，所以有吸收表皮之称。

2. **皮层**（cortex） 皮层位于表皮和维管柱之间，是由基本分生组织发育而成，为多层薄壁细胞所组成，细胞排列疏松，常有显著的细胞间隙，占有根相当大的部分。通常可分为外皮层、皮层薄壁组织和内皮层。

外皮层（exodermis）为皮层最外方紧邻表皮的一层细胞，细胞较小，排列整齐、紧密。在表皮被破坏脱落后，外皮层细胞的壁常增厚，栓质化，并代替表皮起保护作用。

皮层薄壁组织（cortex parenchyma）位于外皮层内方，由几层至几十层细胞组成，细胞壁薄，排列疏松，有明显的细胞间隙。皮层薄壁组织具有将根毛所吸收的水和溶质横向输导至根内维管柱中的作用，又可将维管柱内的有机养料转送出来。有的皮层薄壁组织细胞还有贮藏作用，细胞内常贮藏淀粉等后含物。所以皮层薄壁组织为具有吸收、运输和贮藏作用的基本组织。

内皮层（endodermis）为皮层最内方的一层细胞，细胞排列整齐、紧密，无细胞间隙。内皮层的细胞壁常增厚，其增厚情况较特殊，可分为两种类型。一种是在内皮层细胞的径向壁（侧壁）和上下壁（横壁）上，形成木质化或木栓化局部增厚，增厚部分呈带状，环绕径向壁和上下壁而成一整圈，称为凯氏带（casparian strip）。凯氏带的宽度不一，从横切面观，增厚的部分呈点状，故又称为凯氏点（casparian dots）。另一种是内皮层细胞径向壁、上下壁以及内切向壁（内壁）显著增厚，只有外切向壁（外壁）较薄，因此横切面观时，内皮层细胞壁增厚部分呈马蹄形，也有的内皮层细胞壁全部木栓化加厚。在内皮层细胞壁增厚的过程中，有少数正对初生木质部束的内皮层细胞的胞壁不增厚，这些细胞称为通道细胞（passage cell），有利于皮层和维管柱间物质的内外流通。内皮层的这种特殊结构，被认为对于根的吸收作用有显著意义，它阻断了皮层和维管柱之间通过细胞壁、细胞间隙的运输途径，使水和溶质只能通过内皮层细胞具有选择性的质膜和原生质进入维管柱，使根能进行选择性吸收。

3. 维管柱（vascular cylinder）　根的内皮层以内的所有组织构造统称为维管柱，结构比较复杂，包括中柱鞘、初生木质部和初生韧皮部三部分，有的植物还具有髓部（pith）。

（1）中柱鞘（pericycle）　也称维管柱鞘，在维管柱的最外方，紧贴着内皮层，中柱鞘由原形成层的细胞发育而成，通常由一层薄壁细胞构成，少数由两层至多层薄壁细胞构成，细胞排列整齐而紧密，具有潜在的分生能力；也有的中柱鞘由厚壁细胞组成。在适当的条件下，根的中柱鞘细胞恢复分生能力，产生侧根、不定根、不定芽等，在根进行增粗生长时，还可产生一部分木栓形成层和形成层等。

（2）初生木质部（primary xylem）　位于根的最内方，由原形成层分化而形成。初生木质部的结构比较简单，被子植物的初生木质部由导管、管胞、木纤维和木薄壁细胞组成；裸子植物的初生木质部只有管胞。由于根的初生木质部分化的顺序是自外向内逐渐发育成熟的，故称为外始式（exarch）。初生木质部的外方，即最先分化成熟的木质部，称原生木质部（protoxylem），其导管直径较小，多呈环纹或螺纹；后分化成熟的木质部，称后生木质部（metaxylem），其导管直径较大，多呈梯纹、网纹或孔纹。这种分化成熟的顺序，表现了形态构造和生理功能的统一性，最初形成的导管出现在木质部的外方，缩短了水分和无机盐类等物质横向输导的距离，有利于物质的迅速运输。

一般初生木质部分为几束，呈星角状，其角的数目随植物种类而异，而同一种植物的根中，其初生木质部束角的数目是相对稳定的。如十字花科、伞形科的一些植物和多数裸子植物的根中，只有两个角的初生木质部，称二原型（diarch）；毛茛科的唐松草属等植物有三个角，称三原型（triarch）；葫芦科、杨柳科及毛茛科毛茛属的一些植物有四个角，称四原型（tetrarch）；如果初生木质部角数多，则称为多原型（polyarch）。一般双子叶植物根的初生木质部的角数较少，为二至六原型；而单子叶植物根的初生木质部的角数较多，多在六束以上，有的棕榈科植物其角数可达数百个之多。

（3）初生韧皮部（primary phloem）　位于初生木质部之间，与呈星角状的初生木质部相间排列，称为辐射维管束。初生韧皮部与初生木质部一样，均由原形成层分化而形成。初生韧皮部发育成熟的方式也是外始式，即原生韧皮部（protophloem）在外方，后生韧皮部（metaphloem）在内方。在同一根内，初生韧皮部束的数目和初生木质部束的数目相同；被子植物的初生韧皮部一般有筛管和伴胞，也有韧皮薄壁细胞，偶有韧皮纤维；裸子植物的初生韧皮部主要为筛胞。

在初生木质部和初生韧皮部之间为薄壁组织，这些薄壁组织在根进行次生生长时，可以恢复分生能力转化为形成层的一部分。一般双子叶植物的根中，中央部分往往由初生木质部中的后生木质部占据，因此不具有髓部。多数单子叶植物和少数双子叶植物，根的中央部分未分化形成木质部，则由未分化的薄壁细胞（如乌头、龙胆、桑等）或厚壁细胞

（如鸢尾等）组成髓部。（图 3 –5）

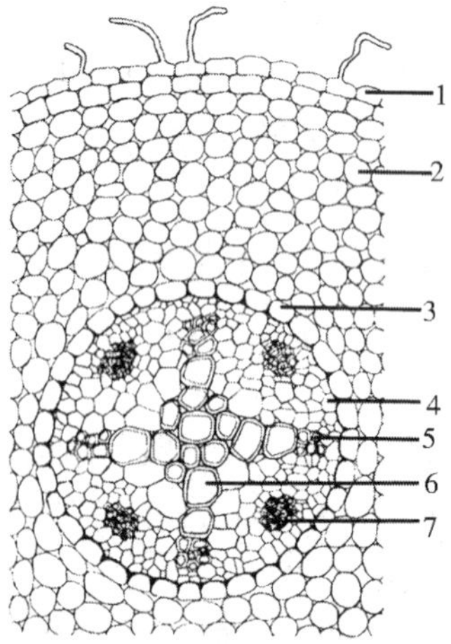

图 3 –5　双子叶植物幼根的初生构造

1. 表皮　2. 皮层　3. 内皮层　4. 中柱鞘
5. 原生木质部　6. 后生木质部　7. 韧皮部

（三）侧根的形成

无论是主根、侧根或不定根所产生的支根均统称为侧根。在根的初生生长开始不久，即不断地产生分支，出现侧根，侧根上又依次生长出各级侧根，由此反复形成的分支，连同原来的母根一起，共同组成植物的根系。侧根起源于中柱鞘，即发生于根的内部组织中，因此其起源被称为内起源（endogenous origin）。当侧根形成时，母根中中柱鞘上一定位置的细胞发生变化，细胞质变浓，液泡变小，重新恢复分裂能力。最初的几次分裂是平周分裂，使细胞层数增加，因而新生的组织就产生向外的突起；继而进行平周分裂和垂周分裂，产生一团新的细胞，形成侧根原基（lateral root primordium）。侧根原基细胞经分裂、生长，逐渐分化形成生长锥和根冠，生长锥细胞继续进行分裂、生长和分化，并以根冠为先导向外推进，先后突破皮层和表皮而出，形成侧根。随着侧根的生长，其维管组织也相应分化成熟，此时其附近的母根中柱鞘与侧根本身的中柱鞘细胞分化形成相应的输导组织，使侧根与主根的维管组织直接相连，因而形成一个连续的维管系统。（图 3 –6）

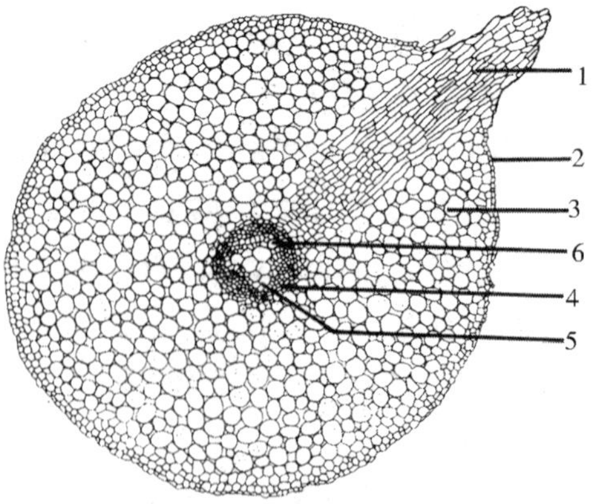

图 3 –6　侧根的形成

1. 侧根（起源于中柱鞘）　2. 表皮　3. 皮层　4. 内皮层　5. 中柱鞘　6. 维管柱

侧根发生的位置，在同一种植物中常常是有一定的部位。一般情况下，在二原型的根中，侧根发生于原生木质部与原生韧皮部之间的中柱鞘部分；在三原型和四原型的根中，侧根在正对着原生木质部的中柱鞘处发生；在多原型根中，侧根在正对着原生韧皮部或原生木质部的中柱鞘位置形成。由于侧根发生的位置有一定规律，所以在母根表面，侧根常较规则地沿母根主轴纵向排列成行。

（四）根的次生构造

多数双子叶植物和裸子植物的主根及较大的侧根在进行一段时间伸长生长后，由于根中次生分生组织细胞的分裂、分化而产生新的组织，使根逐渐加粗，这种使根增粗的生长称为次生生长（secondary growth），由次生生长所产生的各种组织叫次生组织（secondary tissue），由次生组织所形成的结构叫次生构造（secondary structure）。

绝大多数蕨类植物和单子叶植物的根，无次生分生组织，不发生次生生长，一直保持着初生构造。而多数双子叶植物和裸子植物的根，可发生次生生长，其根尖以上的部分，具有次生构造。次生构造是由次生分生组织（形成层和木栓形成层）细胞的分裂、分化产生的。

1. 形成层的活动及次生维管组织　在根进行次生生长时，初生木质部与初生韧皮部之间的一些薄壁组织恢复分裂能力，转变为形成层，并逐渐向初生木质部束外方的中柱鞘部位发展，使相接连的中柱鞘细胞也开始恢复分裂能力成为形成层的一部分，这样形成层就由初始的几个弧形片段，相互连接成一个凹凸相间的形成层环。此后，在韧皮部下方的形成层持续进行次生生长，由于其向内分裂速度较快，次生木质部产生的量比较多，因此，形成层凹入的部分大量向外推移，致使凹凸相间的形成层环变成圆环状。

形成层的原始细胞只有一层，但在生长季节，往往刚分裂的尚未分化的衍生细胞与原始细胞相似，而形成多层细胞，产生形成层区。形成层细胞不断进行平周分裂，向内产生新的木质部，加于初生木质部的外方，称次生木质部，包括导管、管胞、木薄壁细胞和木纤维；向外产生新的韧皮部，加于初生韧皮部的内方，称次生韧皮部，包括筛管、伴胞、韧皮薄壁细胞和韧皮纤维。在形成层发生上述变化时，维管柱也已逐渐加粗，形成层的位置也因其内部木质部的增加而被向外推移。此时的维管束由初生构造中木质部和韧皮部相间排列的辐射维管束转变为木质部在内方，韧皮部在外方的外韧型维管束。次生木质部和次生韧皮部合称为次生维管组织，是次生构造的主要部分。（图3－7）

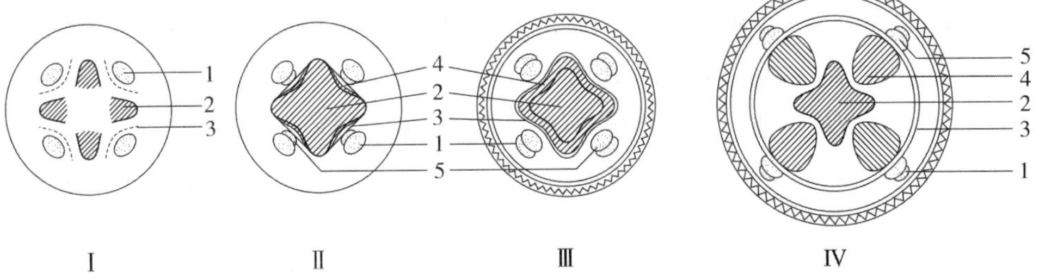

图3－7　根的次生生长图解（横剖面示形成层的产生与发展）

Ⅰ. 幼根的情况　初生木质部在成熟中，点线示形成层起始的地方

Ⅱ. 形成层已形成连续的组织，初生部分已产生次生结构，初生韧皮部已受挤压

Ⅲ. 形成层全部产生次生结构，但仍为凹凸不平的形态，初生韧皮部挤压更甚

Ⅳ. 形成层已形成完整的圆环　1. 初生韧皮部　2. 初生木质部　3. 形成层　4. 次生木质部　5. 次生韧皮部

位于两个维管束之间的薄壁细胞叫髓射线（medullary ray）。形成层形成次生维管组织时，在一定部位也分生一些薄壁细胞，这些薄壁细胞沿径向延长，呈辐射状排列，贯穿在次生维管组织中，称为次生射线（secondary ray）。贯穿在木质部的称木射线（xylem ray），贯穿在韧皮部的称韧皮射线（phloem ray），两者合称为维管射线（vascular ray），具有横向运输水分和营养物质的功能。

2. 木栓形成层的发生及周皮的形成 由于形成层的分裂活动，随着次生维管组织的增多，使根不断地加粗，维管柱外方的中柱鞘可随次生生长作垂周分裂而扩大，但最外方的表皮及部分皮层因不能相应加粗而破裂。在皮层组织被破坏之前，中柱鞘细胞除继续进行垂周分裂外，又开始恢复平周分裂的能力，形成木栓形成层（phellogen），木栓形成层向外产生由木栓细胞组成的木栓层（phellem），向内产生由薄壁细胞组成的栓内层（phelloderm）。木栓层由多层木栓细胞组成，细胞沿径向整齐紧密地排列，成熟时细胞栓质化，细胞内原生质解体而死亡，由于木栓细胞不透水、不透气，故可代替外皮层起保护作用，当木栓形成时，其外部的组织由于营养断绝而死亡。栓内层为数层薄壁细胞，排列较疏松，一般不含叶绿体，有的栓内层比较发达，也称为“次生皮层”。栓内层、木栓形成层、木栓层共同组成次生保护组织周皮（periderm）。周皮形成以后，其外方的各种组织（表皮和皮层）由于内部失去水分和营养供给而全部破坏剥落，所以一般根的次生构造中没有表皮和皮层，而为周皮所代替。

在多年生植物中，木栓形成层的活动可持续多年，但随着根的进一步加粗，到一定时候，原木栓形成层便终止了活动，而由老的周皮内方的部分薄壁细胞，又能恢复分生能力产生新的木栓形成层，形成新的周皮。产生新的木栓形成层的部位逐年向内推移，最终可由次生韧皮部中的薄壁细胞形成。

值得指出的是：植物学上的根皮是指根中周皮这部分，而药材中的根皮类，如地骨皮、牡丹皮等，则是指根中形成层以外的部分，包括韧皮部、皮层和周皮。

单子叶植物的根中无形成层，不能加粗生长，无木栓形成层，不能形成周皮，其保护功能由表皮或外皮层行使。也有一些单子叶植物，如百部、麦冬等，表皮分裂成多层细胞，细胞壁木栓化，形成一种称“根被”的保护组织。

（五）根的异常构造

在一些双子叶植物根的生长发育过程中，除了正常的次生构造外，还会产生一些特有的维管束，称为异型维管束，从而形成了根的异常构造（anomalous structure），也称三生构造（tertiary structure）。三生构造与次生构造的主要差异在于皮层中有新的形成层环不断产生，并形成新的异型维管束。常见的有以下几种类型：

1. 同心环状异型维管束 当植物根中的正常维管束形成不久，其形成层往往失去分生能力，而在相当于中柱鞘部位的薄壁细胞恢复分生能力，形成新的形成层，新的形成层向外分裂产生大量薄壁细胞和一圈异型的无限外韧维管束，如此反复多次，形成多圈异型维管束，并有薄壁细胞相间隔，一圈套住一圈，呈同心环状排列。属于此种类型的，又可分为两种情况：

一种为根不断产生的新形成层环始终保持分生能力，并使层层同心性排列的异型维管束均不断增大，在横切面上呈年轮状，俗称“罗盘纹”，是其鉴别的重要特征，如商陆。

另一种为根不断产生的新形成层环仅最外一层保持有分生能力，而内层各同心性形成层环于异型维管束形成后即停止分裂活动，如牛膝、川牛膝、怀牛膝。

2. 异心的异型维管束　有些双子叶植物的根在正常维管束形成后，皮层中部分薄壁细胞恢复分生能力，形成多个新的形成层环，此新形成层环对于原有的形成层环而言是异心的，而由此分生出一些大小不等的异型维管束，形成了另一种类型的异常构造。当块根中央较大的正常维管束形成之后，其皮层中部分薄壁细胞恢复分生能力，产生许多单独的和复合的异型维管束，故在横切面上可看到一些大小不等的圆圈状纹理，俗称“云锦花纹”，成为其鉴别的重要特征，如何首乌。（图 3－8）

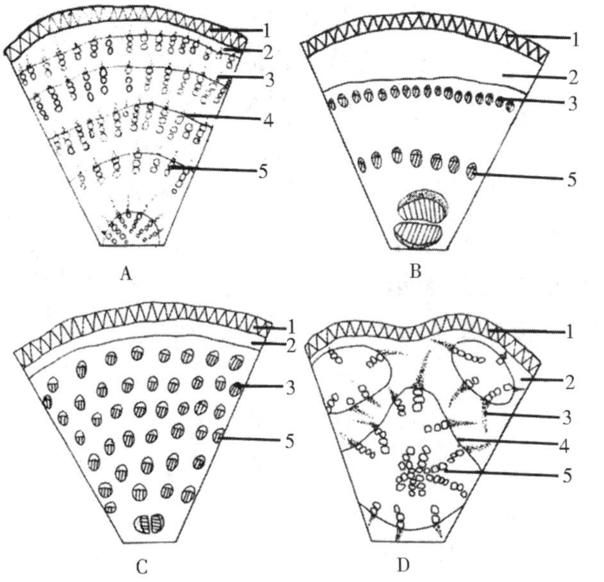

图 3－8　根的异常构造

A. 商陆根　B. 牛膝根　C. 川牛膝根　D. 何首乌根

1. 木栓层　2. 皮层　3. 韧皮部　4. 形成层　5. 木质部

3. 木间木栓　有些双子叶植物的根，在次生木质部内由次生木质部的薄壁组织细胞形成木栓带，称为木间木栓（interxylary cork）。如老根中央的木质部可见木栓环，如黄芩；根中形成多个单独的木间木栓环包围一部分韧皮部和木质部，将维管柱分隔成2～5 束，如甘松。

第二节　茎

茎（stem）起源于种子中的胚芽，有时还包括部分下胚轴，除少数植物的茎生长在地下，一般是植物体生长于地上的营养器官，茎是联系根和叶，输送水分、无机盐和有机养料的轴状结构。多数茎的顶端能不断地向上生长，同时从叶腋内产生侧芽，不断地发育出新的分枝，连同上面着生的叶一起形成了植物体的整个地上部分。

扫码“学一学”

一、茎的形态

（一）茎的外形

茎是植物地上部分的轴状结构，其上着生叶、花和果实。大多数植物的茎呈圆柱形，但也有其他形状，呈方形（如薄荷、益母草）、三棱形（如香附、黑三棱）、扁平形（如仙人掌、昙花）等。茎的中心一般为实心，但也有些植物的茎是空心的，如川芎、南瓜等；禾本科植物如稻、麦、竹等的茎中空且有明显的节，特称为秆。

茎上着生叶和腋芽的部位称为节（node），节与节之间的部分称为节间（internode）。茎上着生叶的叶柄和茎之间的夹角称叶腋，在茎的顶端和节处叶腋内均生有芽（bud）。具节和节间是茎在外形上区别于根的主要形态特征。多数植物的茎节仅在叶着生的部位稍膨大，但有些植物的茎节明显膨大，呈环状膨大，如牛膝、石竹、玉米、竹；也有些植物的茎节明显细缩，如莲的根状茎（藕）。不同种类植物的节间长短也不一致，如葫芦科植物的节间可长达数十厘米，而蒲公英的叶则簇生在极度缩短的茎上，其节间还不到1mm。

一般植物体的地上部分是由茎和叶共同组成的，凡着生叶和芽的茎称为枝或枝条（shoot）。枝有时有长枝（long shoot）和短枝（dwarf shoot）之分。在植物生长的过程中，枝条的伸长有强有弱，因此造成节间的长短也不一致，节间显著伸长的枝条称为长枝；节间短，各个节间紧密相接，甚至难以分辨的枝条称为短枝。有些植物具有两种枝条，一般短枝着生于长枝上，能生花结果，因此又称为果枝，如梨、苹果和银杏等。

多年生木本植物的茎枝上，除节、节间和芽外，还分布有叶痕（leaf scar）、托叶痕（stipule scar）、芽鳞痕（bud scale scar）和皮孔（lenticel）等。叶痕是叶从茎上脱落后留下的叶柄痕迹；托叶痕是托叶脱落后留下的痕迹；芽鳞痕是包被顶芽外围的鳞片脱落后留下的痕迹，顶芽每年在春季开展一次，因此，可以根据芽鳞痕来辨别茎的生长量和生长年龄；皮孔是茎枝表面隆起呈裂隙状的小孔，是木质茎与外界气体交换的通道。以上各种痕迹在不同植物上均具有一定的特征，可作为鉴别植物种类、植物生长年龄等的依据。（图3－9）

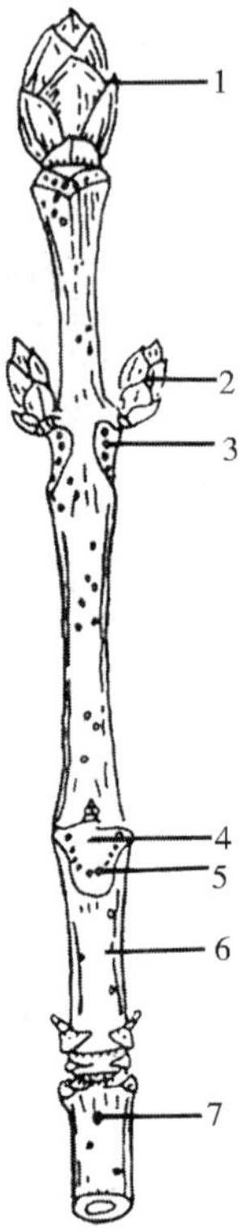

图3－9　茎的外部形态

1. 顶芽　2. 侧芽　3. 节　4. 叶痕　5. 维管束痕　6. 节间　7. 皮孔

（二）芽及其类型

芽（bud）是处于幼态而尚未发育的枝、花或花序，也就是枝、花或花序尚未发育的原始体。根据芽着生的位置、发育性质、有无芽鳞包被和活动能力的不同，可将芽分为以下几种类型。

1. 定芽和不定芽　按芽在茎上发生的位置不同，可分为定芽（normal bud）和不定芽（adventitious bud）两大类。

定芽在茎上生长有一定的位置，又可分为顶芽（terminal bud）和腋芽（axillary bud）两种，生于茎枝顶端的芽，称为顶芽；生于叶腋的芽，称为腋芽，由于腋芽生于枝的侧面，亦称为侧芽（lateral bud）。有一些植物的顶芽和腋芽旁边又生出一至二个较小的芽，称为副芽（accessory bud），如金银花、桃、葡萄等，副芽在顶芽和腋芽受伤后可代替它们发育。还有些植物的腋芽生长位置较低，被叶柄膨大的基部覆盖，直到叶脱落后才显露出来，称为叶柄下芽（subpetiolar bud），如悬铃木、刺槐等。

不定芽在茎上没有一定的生长位置，即不是生长于枝顶或叶腋内，而是生长在根、叶、茎的节间或其他部位上的芽，如大丽菊块根上的芽，落地生根、秋海棠叶上的芽，柳、桑等的茎枝或创伤切口上产生的芽。不定芽在植物的营养繁殖上具有重要的意义。

2. 叶芽、花芽和混合芽　按芽所形成的器官发展性质不同，可分为叶芽（leaf bud）、花芽（flower bud）和混合芽（mixed bud）。叶芽内包括叶原基、腋芽原基和幼叶，发育形成枝和叶的芽，又称枝芽。花芽为花的原始体，由花原基或花序原基组成，发育形成花或花序的芽。混合芽含有叶芽和花芽的组成部分，能同时发育成枝、叶、花或花序的芽，如苹果、梨等。

3. 鳞芽和裸芽　按芽鳞的有无，可分为鳞芽（scaly bud）和裸芽（naked bud）。鳞芽为芽的外面有鳞片包被，如杨、柳、辛夷等多数多年生木本植物的越冬芽。鳞片是叶的变态，一般有厚的角质层，有时还着生有毛茸。裸芽为芽的外面无鳞片包被，多见于草本植物和少数木本植物，如油菜、薄荷、枫杨等。

4. 活动芽和休眠芽　按芽的生理活动状态，可分为活动芽（active bud）和休眠芽（dormant bud）。活动芽是指正常发育且在生长季节活动的芽，即能在当年萌发或第二年春天萌发而形成新枝、新叶、花或花序的芽，如一年生草本植物和一般木本植物的顶芽及距顶芽较近的芽。休眠芽又称潜伏芽，即在生长季节长期保持休眠状态而不萌发的芽，如一般木本植物大部分靠下部的腋芽在生长季节均不生长，呈休眠状态。休眠芽的存在，是植物长期适应外界环境的结果，它能使生长期植物体内的养料大量的贮存。多年生植物的芽可随季节交替地成为活动芽或休眠芽，如冬季时的休眠芽，进入生长季时又可成为活动芽。在一定条件下，休眠芽和活动芽是可转变的，如在生长季节突遇高温、干旱等，会引起一些植物的活动芽转入休眠；树木砍伐后，树桩上往往由休眠芽转化为活动芽，萌发出许多新枝条。此外，一般植物的顶芽有优先发育并抑制腋芽的作用（顶端优势），如果摘掉顶芽，可以促进下部休眠腋芽的活动。（图3－10）

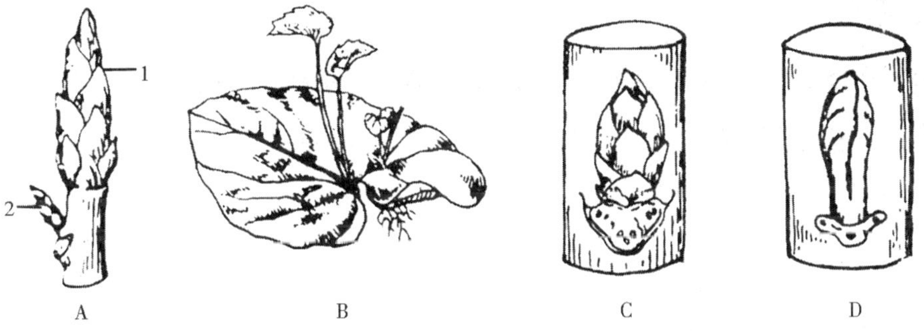

图3－10　芽的类型

A. 定芽（1. 顶芽　2. 腋芽）　B. 不定芽　C. 鳞芽　D. 裸芽

（三）茎的分枝

分枝是植物生长时普遍存在的现象，每种植物的茎都有一定的分枝方式。由于芽的性质和活动情况不同，植物会产生不同的分枝方式。常见的分枝方式有以下四种。

1. 单轴分枝（monopodial branching）　主茎顶芽具有明显的顶端优势，可不断地向上生长形成直立而粗壮的主干，同时主茎上的侧芽亦以同样方式形成各级分枝，在主茎的发育过程中，其伸长和加粗生长明显，相对侧枝生长占有绝对优势，因而主干极明显。多数裸子植物如松、柏、杉等和部分被子植物如杨树等。

2. 合轴分枝（sympodial branching）　主干的顶芽在生长季节生长迟缓或死亡，或顶芽为花芽，由紧接着顶芽下面的腋芽代替顶芽，发育形成粗壮的侧枝，如此每年交替进行，使主干继续生长，这种主干是由许多腋芽发育而成的侧枝联合组成，故称为合轴。合轴分枝植株的树冠呈展开状，枝繁叶茂，通风透光，有效地扩大了光合作用面积，是先进的分枝方式。大多数被子植物为这种分枝方式，如苹果、桃、无花果、马铃薯、番茄等。

3. 二叉分枝（dichotomous branching） 顶端的分生组织平分成两半，各形成一个分枝，在一定的时候，又进行同样的分枝，并不断地重复进行，形成二叉状分枝系统。此种分枝多见于低等植物，是一种原始的分枝方式，在高等植物中则见于苔藓和蕨类植物，如地钱、石松等。

4. 假二叉分枝（false dichotomous branching） 植物的顶芽停止生长或顶芽是花芽，由近顶芽下面的两侧腋芽同时发育形成两个相同的分枝，从外表上看似二叉分枝，因此称为假二叉分枝，如曼陀罗、丁香、石竹等。（图 3－11）

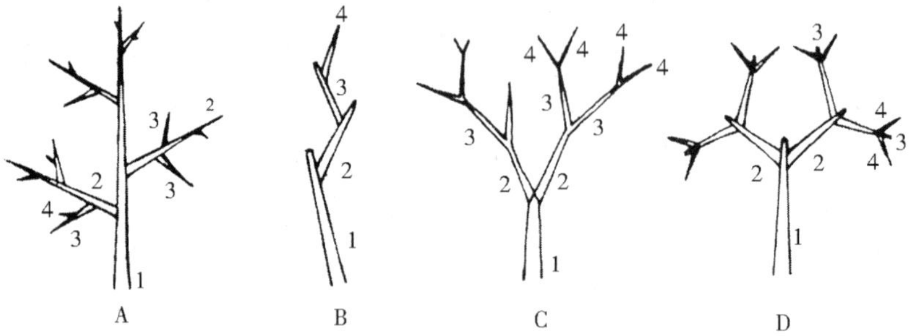

图 3－11　茎的分枝图解

A. 单轴分枝　B. 合轴分枝　C. 二叉分枝　D. 假二叉分枝

二、茎的类型

不同种植物茎的质地和生长习性不同，因而茎具有各种类型。

（一）依茎的质地分

1. 木质茎（woody stem） 茎的质地坚硬，木质部发达，称为木质茎。具有木质茎的植物称为木本植物。由于植物形态不同，又可分为乔木（tree）、灌木（shrub）和木质藤本（woody vine）。乔木的植株高大，具明显主干，基部少分枝，如银杏、杜仲、厚朴等；灌木的植株矮小，主干不明显，近基部分枝，形成丛生状的枝干，如夹竹桃、连翘等；若介于木本和草本之间，仅在基部木质化的，则称为亚灌木或半灌木（subshrub），如麻黄、牡丹等；茎长而柔韧，常缠绕或攀附它物向上生长的，称为木质藤本，如葡萄、木通等。

木本植物均为多年生，其叶在冬季或旱季脱落的，分别称为落叶乔木、落叶灌木和落叶藤本；叶在冬季或旱季不脱落的，则分别称为常绿乔木、常绿灌木和常绿藤本。

2. 草质茎（herbaceous stem） 茎的质地较柔软，木质部不发达，称为草质茎。具有草质茎的植物称为草本植物。由于植物生长期长短和生活状态的不同，又可分为一年生草本（annual herb）、二年生草本（biennial herb）和多年生草本（perennial herb）。其中在一年内完成全部生命周期，开花结果后即枯死的，称为一年生草本，如水稻、红花、马齿苋等；种子在第一年萌发，第二年开花结果，然后整个植株枯死的，称为二年生草本，如萝卜、菘蓝、油菜等；若生命周期在二年以上的，称为多年生草本。多年生草本又可分为两种，一种为植株的地上部分每年枯死，而地下部分仍保持生活力，第二年再生长出新苗，称为宿根草本，如人参、大黄、姜黄等；另一种为整个植株，包括地上部分，若干年不枯死，呈常绿状态，称为常绿草本，如麦冬、黄连等。若植物的茎细长柔软，为缠绕或攀缘性的草本植物，称为草质藤本（herbaceous vine），如牵牛、扁豆、党参等。

3. **肉质茎**（succulent stem）　茎的质地柔软多汁，呈肉质肥厚状，称为肉质茎，如芦荟、景天、仙人掌等。

（二）依茎的生长习性分

1. **直立茎**（erect stem）　为最常见茎的类型，茎直立生长于地面，不依附其他物体，如松、杜仲、紫苏等。

2. **缠绕茎**（twining stem）　茎细长不能直立，而依靠缠绕它物呈螺旋状向上生长。其中有的呈顺时针方向缠绕，如五味子、忍冬等；有的呈逆时针方向缠绕，如牵牛、马兜铃等；也有的缠绕方向无一定规律，如何首乌、猕猴桃等。

3. **攀缘茎**（climbing stem）　茎细长不能直立，而是以卷须、不定根、吸盘或其他特有的攀缘结构，攀附它物向上生长，如葡萄、栝楼等借助于茎卷须攀缘它物；豌豆等借助于叶形成的卷须攀缘它物；常春藤、络石藤等借助于不定根攀缘它物；爬山虎借助短枝形成的吸盘攀缘它物。

4. **匍匐茎**（creeping stem）　茎细长，平卧于地面，沿地表面水平蔓延生长，节上生有不定根，如甘薯、积雪草、连钱草等。如节上不产生不定根，则称为平卧茎，如蒺藜、地锦、马齿苋等。（图 3－12）

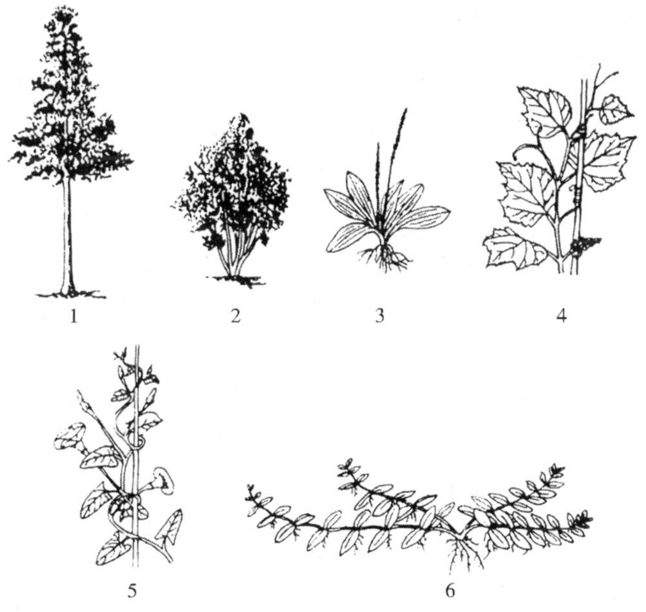

图 3－12　茎的类型

1. 乔木　2. 灌木　3. 草本　4. 攀缘茎　5. 缠绕茎　6. 匍匐茎

三、茎的变态

由于长期适应不同的生活环境和执行不同的功能，有些植物的茎在形态结构上产生了一些变态。茎的变态类型很多，可分为地下茎的变态和地上茎的变态两大类。地下茎和根类似，但仍具有茎的基本特征，即其上有节和节间，具退化鳞叶、顶芽、侧芽等，可与根相区别。地下茎变态后的作用主要为贮藏各种营养物质。

（一）地下茎的变态

1. 根茎（rhizome） 又称根状茎，常横卧地下，肉质膨大呈根状，和根相似，但根茎有明显的节和节间，节上有退化的鳞叶，先端有顶芽，节上有腋芽，可发育为地上枝，根茎上常生有不定根。根茎的形态和节间长短因种类而异，有的细长，如白茅、芦苇；有的粗肥肉质，如姜、玉竹；有的短而直立，如人参、三七；有的呈不规则团块状，如苍术、川芎；有的还具有明显的茎痕（地上茎死后留下的痕迹），如黄精。

2. 块茎（tuber） 短而膨大呈不规则块状的地下茎，其节间很短，节上有芽，叶退化成小的鳞片或早期枯萎脱落，如半夏、天麻、马铃薯等。其中马铃薯块茎的顶端常有顶芽，四周表面凹陷处即为退化茎节所形成的芽眼，每个芽眼内常生有几个芽，芽眼着生处即相当于茎节的部位。

3. 球茎（corm） 短而肉质肥大的地下茎，常呈球状或扁球状，节和节间明显，节间短缩，节上有膜质鳞叶，顶芽发达，腋芽常生于上半部，基部具有不定根。如慈姑、番红花、荸荠等。

4. 鳞茎（bulb） 由许多鳞叶包围的扁平呈圆盘状的地下茎，呈球状或扁球状，鳞茎上最中央的基部为节间极度缩短的部分，称为鳞茎盘，盘上生有许多肉质肥厚的鳞叶，鳞茎顶端生有顶芽，将来发育成花序，鳞叶内生有腋芽，基部具有不定根。鳞茎可分为无被鳞茎和有被鳞茎，无被鳞茎的鳞片狭，呈复瓦状排列，外层无被覆盖，如百合、贝母等；有被鳞茎的鳞片阔，内层被外层完全覆盖，如洋葱、大蒜等。大蒜鳞茎盘上的顶芽在开花后即枯萎，周围的腋芽逐渐发育膨大形成蒜瓣。

（二）地上茎的变态

1. 叶状茎（叶状枝）（phylloclade） 有些植物一部分茎或枝变为绿色扁平状或针叶状，代替叶进行光合作用，而真正的叶则完全退化或不发达，成为膜质鳞片状、线状或刺状，如竹节蓼、天门冬、仙人掌等。

2. 枝刺（茎刺）（shoot thorn） 茎变为起保护作用的刺状，常粗短坚硬。枝刺生于叶腋，由腋芽发育而成，不易脱落，可与叶刺相区别。枝刺有不分枝和分枝的枝刺，如山楂、酸橙、木瓜的枝刺不分枝，而皂荚、枸橘的枝刺有分枝。

3. 钩状茎（hook－like stem） 由茎的侧枝变态而形成，位于叶腋内，通常弯曲呈钩状，粗短坚硬而无分枝，如钩藤。

4. 茎卷须（stem tendril） 攀缘植物的部分茎变为卷须状，柔软卷曲而常有分枝，用以攀缘或缠绕它物向上生长，如葡萄、栝楼、丝瓜等。

5. 小块茎（tubercle）和小鳞茎（bulblet） 有些植物的腋芽常形成小块茎，如山药的零余子（珠芽）。也有些植物叶柄上的不定芽可形成小块茎，如半夏。有些植物在叶腋或花序处由腋芽或花芽形成小鳞茎，如卷丹的腋芽和大蒜、洋葱的花芽形成小鳞茎等。小块茎和小鳞茎均有繁殖作用。（图 3－13）

四、茎的生理功能

茎的主要功能是输导和支持作用。茎具有输导作用，茎是植物体内物质运输的主要通道，根部吸收的水分、无机盐和根中合成或贮藏的营养物质，需要通过茎和枝运输到植物地上各部分；叶进行光合作用所制造的有机养料，也需要通过茎和枝运输到植物体内各部分。茎具有支持作用，茎和根系共同承受枝、叶、花和果实的重量，并支持它们的伸展，有利于光合作用、开花、传粉和果实、种子的传播。

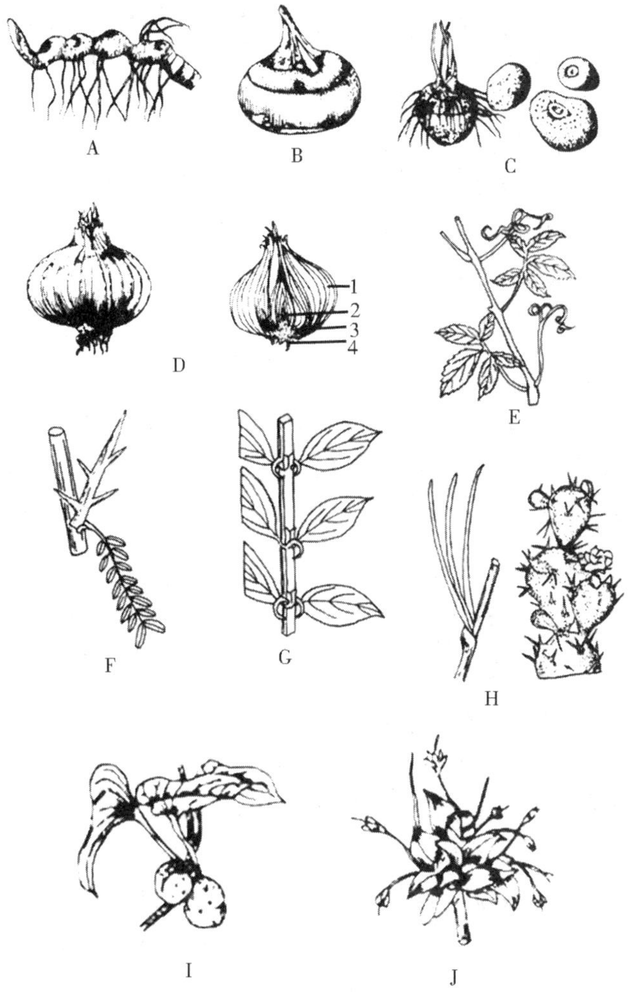

图 3－13　变态茎的类型

A. 根茎　B. 球茎　C. 块茎　D. 鳞茎（1. 鳞片叶　2. 顶芽　3. 鳞茎盘　4. 不定根）
E. 茎卷须　F. 枝刺　G. 钩状茎　H. 叶状茎　I. 小块茎（零余子）J. 小鳞茎（洋葱花序）

此外，茎还有贮藏作用和繁殖作用。①茎具有贮藏作用，在茎的薄壁组织中储藏有大量的营养物质，尤其在变态茎，如根状茎、球茎、块茎等的贮藏物更为丰富，可作为食品和工业原料，其中有很多药用植物，如黄精、天麻、贝母、半夏、百合等也含有丰富的贮藏物质。②茎具有繁殖作用，有些植物的茎能产生不定根和不定芽，可进行营养繁殖。利用茎的这种习性，在农、林和园艺工作中常采用扦插、压条来繁殖苗木。

五、茎的组织构造

种子植物的主茎起源于种子内幼胚的胚芽，主茎上的侧枝则由主茎上的侧芽（腋芽）发育而来。不论主茎或侧枝，一般在其顶端都具有顶芽，能保持顶端生长的能力，使植物体不断长高。

（一）茎尖的构造

茎尖又称茎端，其结构基本上与根尖相类似，主要不同之处在于，茎尖前端没有类似根冠的构造，但茎尖的结构较根尖复杂，存在着能形成叶和芽的原始突起，称为叶原基（leaf primordium）和芽原基（bud primordium）。叶原基腋部产生腋芽原基，以后分别发育为叶和腋芽，腋芽发育成枝条。茎、叶和腋芽的发生是同时的。

茎或枝的顶端从上到下可分为三个部分，即分生区、伸长区和成熟区。

1. 分生区 分生区位于茎尖的顶端，呈圆锥状，其最前端为原分生组织，具有强烈的分生能力，所以又称为生长锥（growth cone）。

2. 伸长区 茎尖伸长区的长度一般比根尖伸长区长，细胞的分裂活动自上而下逐渐减弱，细胞急剧向上伸长，并液泡化。伸长区中的细胞已由原表皮层、基本分生组织、原形成层等初生分生组织逐渐分化而形成一些初生组织。

3. 成熟区 茎尖成熟区和根尖成熟区的主要区别是茎尖成熟区的表面不产生根毛，但常有气孔和毛茸。成熟区中细胞分裂和细胞伸长均趋于停止，各种组织的分化已基本完成，形成了茎的初生结构。

（二）双子叶植物茎的初生构造

通过茎的成熟区作一横切面，从外至内可观察到茎的初生构造可分为表皮、皮层和维管柱三部分。

1. 表皮（epidermis） 由原表皮层分化而形成，通常为一层形状扁平、排列整齐而紧密的生活细胞构成，表皮细胞在横切面上一般呈长方形，细胞的外壁较厚，常角质化并形成角质层，有的在角质层外还有蜡被。表皮上常具有气孔、毛茸或其他附属物，表皮细胞一般不具叶绿体。

2. 皮层（cortex） 皮层位于表皮内方，由基本分生组织分化而形成，由多层生活细胞构成，一般不如根的皮层发达，仅仅占有茎中较小的部分。皮层细胞壁薄而大，常为球形、椭圆形或多面体，排列疏松，具细胞间隙，靠近表皮部分的细胞中通常含有叶绿体，故嫩茎一般呈绿色，能进行光合作用。

组成皮层的细胞一般为薄壁组织，但在靠近表皮的部位常分化为厚角组织，可加强茎的韧性。有的厚角组织排列成环状，如葫芦科和菊科的一些植物；有的分布在茎的棱角处，如薄荷、芹菜等；有的植物茎在皮层中还有纤维、石细胞或分泌组织。而水生植物茎的皮层薄壁组织中，具有发达的胞间隙。

大多数双子叶植物茎的皮层中最内一层细胞仍为一般的薄壁细胞，而不像根存在形态上可以明显分辨出的内皮层结构，故皮层和维管区域之间无明显分界。有的植物皮层中最内一层细胞排列较整齐，并含有许多淀粉粒，称为淀粉鞘（starch sheath），如马兜铃、蚕豆、蓖麻等。

3. 维管柱（vascular cylinder） 维管柱在过去常被称为中柱（stele）。维管柱位于皮层以内，由呈环状排列的维管束、髓射线和髓等组成，占茎的较大部分。

（1）初生维管束（primary vascular bundle） 由原形成层分化而形成，双子叶植物茎的初生维管束相互分离，环状排列。初生维管束包括初生韧皮部、初生木质部和束中形成层（fascicular cambium）。

初生韧皮部位于维管束的外侧，由筛管、伴胞、韧皮薄壁细胞和初生韧皮纤维组成，初生韧皮部分化成熟的方式和根相同，也是外始式（exarch），即原生韧皮部在外方，后生韧皮部在内方。初生韧皮纤维常成群地位于韧皮部的最外侧，过去常误称之为中柱鞘纤维，其来源实为韧皮部的一部分，故仍应称之为韧皮纤维。

初生木质部位于维管束的内侧，由导管、管胞、木薄壁细胞和木纤维组成，其分化成熟的方式和根完全相反，系由内向外，称为内始式（endarch），原生木质部在内方，由口径较小的环纹、螺纹导管组成；后生木质部在外方，由孔径较大的梯纹、网纹或孔纹导管组成。

束中形成层位于初生韧皮部和初生木质部之间，为原形成层遗留下来的1～2层具有分生能力的细胞所组成，能使茎不断加粗。

植物茎的维管束一般是初生韧皮部在外方，初生木质部位于内方，束中形成层居间，称为无限外韧维管束（collateral vascular bundle）。也有少数植物茎中的维管束，在初生木质部的内方还有韧皮部，内方的韧皮部称为内生韧皮部（internal phloem），而初生木质部和内方的韧皮部之间没有形成层，这种维管束称为双韧维管束（bicollateral vascular bundle），如茄科的曼陀罗、颠茄、莨菪，葫芦科的南瓜，桃金娘科的桉树，薯蓣科的甘薯等植物茎。

（2）髓射线（medullary ray）　髓射线由基本分生组织分化而形成，也称为初生射线（primary ray），为各个初生维管束之间的薄壁组织，外连皮层，内接髓部，在横切面上呈放射状排列，具有横向运输和贮藏养料的作用。一般草本植物的髓射线较宽，而木本植物的髓射线较窄。髓射线细胞分化程度较浅，具潜在的分生能力，在次生生长开始时，与束中形成层相邻的髓射线细胞能转变为形成层的一部分，即束间形成层（interfascicular cambium）。

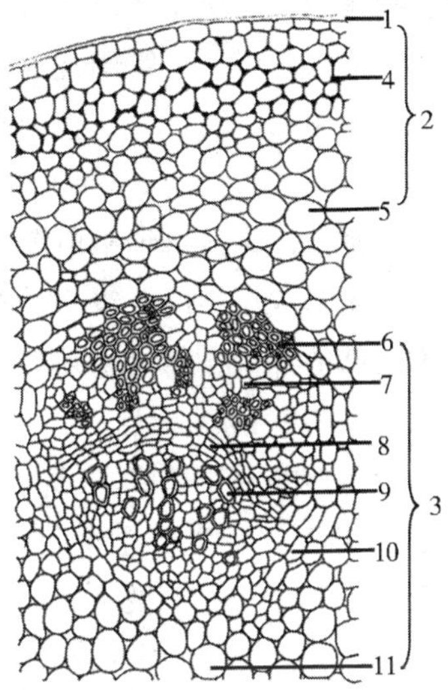

图3－14　双子叶植物茎的初生构造

1. 表皮　2. 皮层　3. 维管柱　4. 厚角组织　5. 薄壁组织　6. 韧皮纤维　7. 初生韧皮部　8. 束中形成层　9. 初生木质部　10. 髓射线　11. 髓

（3）髓（pith）　髓位于茎的中央，由基本分生组织分化而形成，主要由体积较大的薄壁细胞组成，细胞排列疏松，常含有淀粉粒，有明显的细胞间隙。有的髓部具有石细胞或晶体。草本植物茎的髓部一般较大，木本植物茎的髓部一般较小，但少数木本植物如泡桐、接骨木、旌节花、通脱木等木质茎有较大的髓部。有些植物的髓部呈局部破坏，形成一系列片状的横隔，如胡桃、猕猴桃；也有些植物茎的髓部在发育过程，由于细胞成熟较早，常因死亡而解体消失，形成髓腔，此时茎呈现为中空，如连翘、芹菜、南瓜等。（图3－14）

（三）双子叶植物茎的次生构造

大多数双子叶植物的茎在初生构造形成后，由于维管形成层和木栓形成层的分裂活动，随之进行次生生长，产生次生构造，使茎不断加粗。木本植物的次生生长一般可持续多年，因此次生构造很发达。

1. 双子叶植物木质茎的次生构造

（1）形成层的发生及其活动　茎中次生生长开始时，维管束中的初生木质部和初生韧皮部之间保持分生能力的束中形成层开始分裂活动，同时，与束中形成层相连的髓射线中的薄壁细胞恢复分生能力，转变为束间形成层（interfascicular cambium），束间形成层和各初生维管束中的束中形成层相连接，这样形成层就成为一个圆筒，横切面上看，形成一个完整的形成层环。

形成层细胞由纺锤状原始细胞和射线原始细胞组成，具有强烈的分生能力，向内分裂产生次生木质部，添加于初生木质部的外方；向外分裂产生次生韧皮部，添加于初生韧皮部的内方，并将初生韧皮部向外推移。同时，形成层中的射线原始细胞也不断进行切向分裂，产生次生射线的薄壁细胞，贯穿于次生木质部和次生韧皮部，形成横向的联系组织，称为维管射线（vascular ray）。

形成层细胞在不断地进行分裂，形成次生构造的同时，也同时进行径向或横向分裂，其周径也随之扩大，以适应内侧木质部的大量增加，同时维管形成层的位置也逐渐向外推移。

（2）次生木质部　为茎的次生结构的主要部分。当形成层活动时，由于向内形成次生木质部的量，远比向外形成次生韧皮部的量多，因此，木本植物茎的绝大部分是次生木质部，而且树木越大，次生木质部所占的比例也越大。

次生木质部由导管、管胞、木薄壁细胞、木纤维和木射线组成，其中导管和木纤维是次生木质部的主要组成部分，木薄壁细胞的数量相对较少。次生木质部中的导管为梯纹导管、网纹导管和孔纹导管。导管、管胞、木薄壁细胞和木纤维细胞均为纵列，是次生木质部中的纵向系统。木薄壁细胞单个或成群散生于木质部中，或包围在导管或管胞的外方。

此外，由形成层中的射线原始细胞衍生所形成的细胞，径向延长，形成维管射线。位于次生木质部的部分，称为木射线。木射线常有多列细胞，也有一列细胞的，细胞为薄壁细胞，有时细胞壁稍木质化。

木本植物茎的木质部或木材的横切面上常可观察到许多同心轮层，每一个轮层都是由形成层在一年的次生生长中所产生的次生木质部，构成一个生长轮，称为年轮（annual ring）。根据树木主干基部的年轮数目，可以推断出树木的年龄。年轮的形成与形成层的分裂活动受环境气候变化的影响密切相关。生长在温带和寒带的植物，其维管形成层的活动具有周期性。春季气候温暖，雨量充沛，形成层细胞的分裂活动旺盛，所产生的细胞生长快，体积大，细胞壁薄，新的导管或管胞直径大，数目多，纤维较少，因此材质较疏松，颜色较淡，称为早材（early wood）或春材（spring wood）；到了秋季，气温下降，雨量稀少，形成层的分裂活动能力降低，生长变慢，所产生的细胞体积较小，细胞壁较厚，导管的直径小，数目少，木纤维多，因而材质较密，颜色较深，称为晚材（late wood）或秋材（autumn wood）。

同一年中早材和晚材是逐渐转变的，中间无明显的界限，而到了冬季，维管形成层基本停止活动，第一年的晚材和第二年的早材之间界限分明，因此形成了年轮。年轮一般为一年一轮，但有的植物在一年中，可以产生两个以上的生长轮，这些轮被称为假年轮，假年轮常呈不完整的轮环，它们的形成是由于该年气候变化特殊或受害虫严重危害而引起的。有的植物在一年中有几次季节性生长，如柑橘类植物，一年中可以形成三个生长轮，即三个生长轮均为一年中产生的次生木质部。在终年气候变化不大的热带，树木一般不形成年轮；但在有明显旱季和湿季之分的热带地区，树木也产生年轮，此时雨季形成的木材相当于早材，旱季形成的木材相当于晚材。（图 3－15）

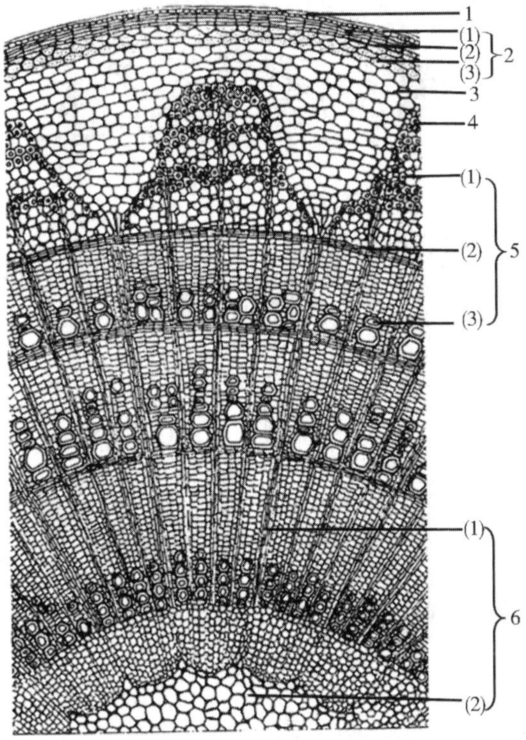

图 3-15　双子叶植物茎的次生构造

1. 表皮层　2. 周皮［（1）木栓层；（2）木栓形成层；（3）栓内层］　3. 皮层　4. 韧皮纤维
5. 维管束［（1）韧皮部；（2）形成层；（3）木质部］　6. 髓［（1）射髓；（2）中髓］

在多年生老茎的次生木质部横切面上，根据位置和颜色不同，可以分为边材（sap wood）和心材（heart wood）。木材横切面上靠近形成层的部分颜色较浅，质地较松软，称为边材。边材具有输导作用。而中心部分，颜色较深，质地较坚硬，称为心材。由于心材为较老的次生木质部，远离韧皮部，氧气和养料进入困难，引起木薄壁细胞老化和死亡。心材中的导管常被侵填体（tylosis）所堵塞，而侵填体则为导管周围的薄壁细胞通过纹孔进入导管腔中所形成。心材中常积累一些代谢产物，如单宁、树脂、树胶等，加重了导管和管胞的堵塞，使其失去输导能力。心材虽无输导作用，但对植物体有加强支持的作用。有些植物的心材中常含有各种色素，使心材呈现褐色、红色和黑色等。心材比较坚固，又不易腐烂，且常含有特殊的成分，因此在药材的利用上，心材的价值比边材高，如沉香、降香、檀香等药材都是以心材入药。

了解茎的次生结构和鉴定木类药材时，常采用三种切面，即横切面、径向切面和切向切面进行比较观察。（图 3-16）

横切面（transverse section）是与茎的纵轴相垂直所做的切面。在横切面上可见导管、管胞、木纤维和木薄壁细胞等横切面的形状、直径的大小、胞壁的厚薄、胞腔的大小等，也可见同心环状的年轮、呈辐射状排列的射线以及射线的长度、宽度。

径向切面（radial section）是通过茎的中心所做的纵切面。在径向切面上可见导管、管胞、木纤维和木薄壁细胞等纵切面的长度、宽度、胞壁的厚薄、胞腔的大小、纹孔的类型和细胞两端的形状。可见年轮呈垂直平行的带状，射线横向分布，与年轮垂直，并可见射线的高度和长度。

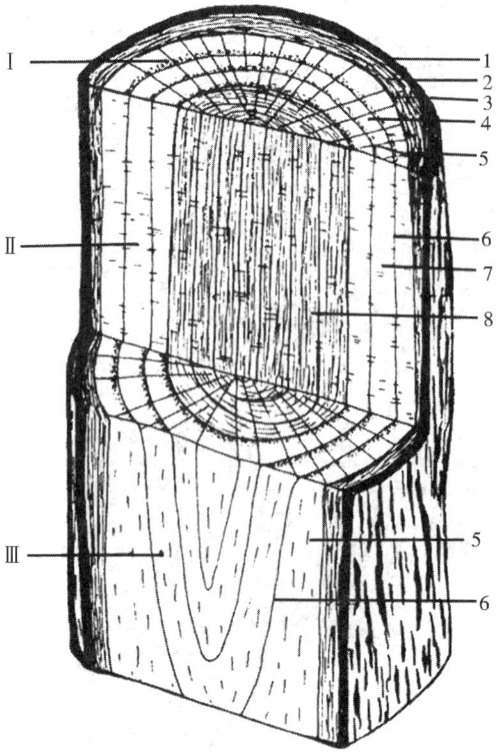

图 3－16 木材的三种切面

Ⅰ. 横切面 Ⅱ. 径向切面 Ⅲ. 切向切面

1. 外树皮 2. 内树皮 3. 形成层 4. 次生木质部 5. 射线 6. 年轮 7. 边材 8. 心材

切向切面（tangential section）是不经过茎的中心，并且垂直于茎的半径所做的纵切面。在切向切面上可见导管、管胞、木纤维和木薄壁细胞等与径向切面相似。年轮呈 U 形的波纹，射线为横切面，细胞群呈纺锤形，可见射线的宽度、高度和细胞列数。

（3）次生韧皮部 次生韧皮部主要由筛管、伴胞、韧皮薄壁细胞和韧皮纤维组成，有的还有石细胞、乳汁管等。形成层活动向外分裂形成次生韧皮部，由于形成层向外分裂的次数远不如向内分裂的次数多，因此次生韧皮部的细胞数量比次生木质部少。当次生韧皮部形成时，初生韧皮部被推向外方并被挤压破裂，形成颓废组织。韧皮射线细胞壁不木质化，形状多弯曲不规则，与木射线相连，其长短宽窄因植物种类而异。

次生韧皮部的薄壁细胞中除含有糖类、油脂等营养物质外，有的还含有鞣质、橡胶、生物碱、皂苷、挥发油等，具有一定的药用价值，如杜仲、黄柏、肉桂等皮类药材。

（4）木栓形成层及其活动 由茎表皮内侧皮层薄壁组织细胞恢复分生能力，形成木栓形成层，茎中的木栓形成层和根中一样，向外产生木栓层，向内产生栓内层，栓内层由生活细胞组成，细胞中常含有叶绿体。木栓层、木栓形成层和栓内层组成了周皮，以代替表皮行使保护作用。大部分植物的木栓形成层的活动只有几个月，在第一次木栓形成层的活动停止以后，多数树木又可依次在其内方产生新的木栓形成层，形成新的周皮，所以木栓形成层的发生位置是逐渐内移的。当新周皮形成后，其外方所有的组织，由于水分和营养供应的终止，相继全部死亡，老周皮及其被隔离的死亡组织的综合体常剥落，称为落皮层（rhytidome）。但有些植物的周皮不脱落，如杜仲、黄柏等。

（5）树皮(bark) 落皮层也被称为树皮，为植物茎中死亡的老周皮及其被隔离的死亡组织。但广义概念的树皮是指茎维管形成层以外的所有组织，包括周皮、皮层和次生韧皮部等。多数皮类药材，如杜仲、厚朴、黄柏、肉桂等，均为广义的树皮。

(6) 皮孔 (lenticel) 在木栓形成层产生周皮的过程中，还可形成皮孔，即在原来表皮上气孔下面的木栓形成层向外分生许多非木栓化、排列疏松的薄壁细胞，称为填充细胞 (complementary cell)。由于填充细胞不断增多，便向外突出，并将表皮胀破，形成圆形或椭圆形的裂口，这种裂口称为皮孔。皮孔可保证植物老茎内部和外界之间的气体交换。不同植物种类其皮孔的形状、大小、颜色均不相同，可作为鉴别植物的依据之一。

2. 双子叶植物草质茎的构造　双子叶植物草质茎生长期较短，与木质茎相比较，草质茎一般较柔软，没有或只有极少数的木质化组织。具有草质茎的植物，称为草本植物。其主要构造特点如下。

(1) 最外层为表皮，表皮多长期存在。表皮上常有气孔、毛茸、角质层、蜡被等附属物，表皮细胞中含有叶绿体，因此草质茎常呈绿色，具有光合作用的能力。

(2) 组织中次生构造不发达，多数或完全是初生构造，其维管柱中维管束的数量占较少的比例。有些双子叶草本植物的茎，仅有束中形成层而不具有束间形成层（如部分葫芦科植物）。还有些双子叶草本植物的茎，不仅没有束间形成层，连束中形成层也不发达，因而次生构造的量很少，甚至不存在（如毛茛科植物）。

(3) 髓部发达，有的髓部中央破裂而呈空洞状，髓射线一般较宽。(图 3－17)

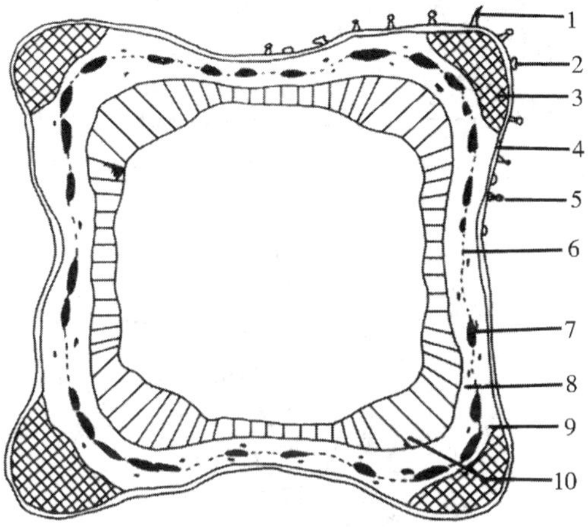

图 3－17　双子叶植物草质茎的横切面简图

1. 非腺毛　2. 腺鳞　3. 厚角组织　4. 表皮　5. 腺毛
6. 内皮层　7. 纤维　8. 韧皮部　9. 石细胞　10. 木质部

3. 双子叶植物根状茎的次生构造　草本双子叶植物根状茎的构造与地上茎类似，其构造特点为：根茎的表面通常具木栓组织，少数有表皮或鳞叶；皮层中常有根迹维管束和叶迹维管束；皮层内侧有的有厚壁组织，维管束排列呈环状，外韧型；中央髓部明显；机械组织一般不发达；薄壁细胞中常有较多的贮藏物质。(图 3－18)

4. 双子叶植物茎和根状茎的异常构造　有些植物的茎和根茎，除了能形成正常的初生和次生构造外，常有部分薄壁细胞，可恢复分生能力，转化成新的形成层，并分裂产生多数异型维管束，形成异型构造。有下列几种情况。

(1) 髓异型维管束　有些双子叶植物茎和根状茎的髓部形成多数异型维管束。如胡椒科海风藤茎的髓部有异型维管束；大黄根茎髓部有许多星点状的异型维管束，其形成层环状，外方为木质部，内方为韧皮部，韧皮部中常可见黏液腔，射线深棕色，呈星芒状射出，

故习称“星点”。(图3－19)

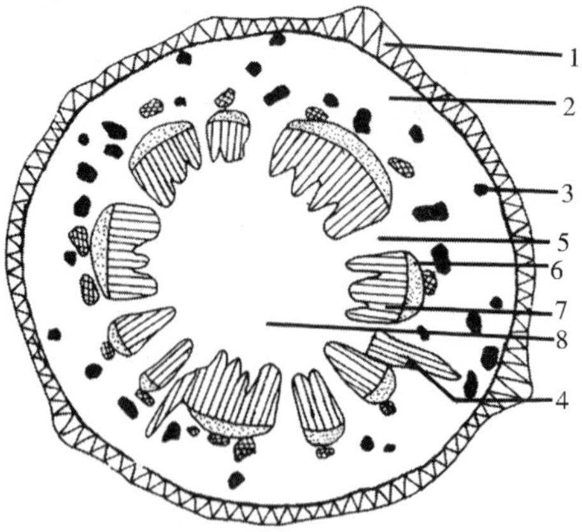

图3－18　双子叶植物根状茎的构造简图（黄连根茎横切面）

1. 木栓层　2. 皮层　3. 石细胞群　4. 根迹维管束

5. 射线　6. 韧皮部　7. 木质部　8. 髓部

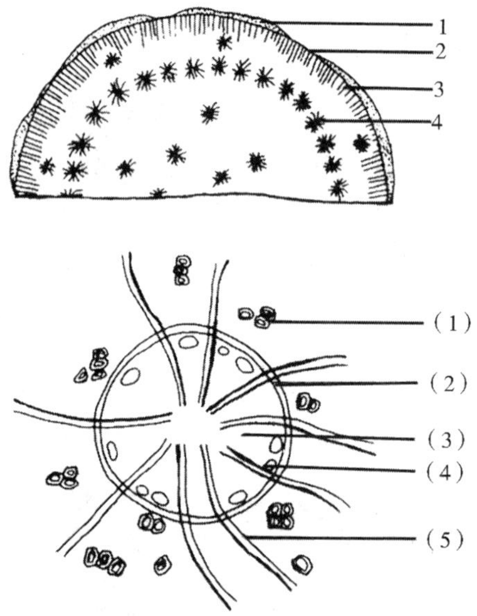

图3－19　双子叶植物根状茎的异常构造简图（大黄根茎横切面）

1. 韧皮部　2. 形成层　3. 木质部　4. 星点

星点　(1) 导管　(2) 形成层　(3) 韧皮部　(4) 黏液腔　(5) 射线

(2) 同心环状排列的异型维管束　有些双子叶植物茎在正常次生生长发育至一定阶段后，一部分薄壁细胞恢复分生能力，在次生维管束的外围又形成多层呈环状排列的异型维管束，称为同心环维管束，如密花豆的老茎（鸡血藤）。

(3) 木间木栓　根茎薄壁组织中的细胞恢复分生能力后，形成了新的木栓形成层，并呈一些大小不同的木间木栓环带，每个环带包围一部分韧皮部和木质部，将维管束分隔成数束，如甘松的根状茎。

(四) 单子叶植物茎和根状茎的构造特点

1. 单子叶植物茎的构造特征

(1) 单子叶植物茎中一般无形成层和木栓形成层，除少数热带单子叶植物（如龙血树、芦荟等）外，一般单子叶植物只具有初生构造。

（2）单子叶植物茎的最外层是由一列表皮细胞所构成的表皮，通常无周皮。禾本科植物茎秆的表皮下方，往往有数层厚壁细胞分布，以增强支持作用。

（3）茎表皮以内为薄壁细胞组成的基本组织，维管束多数，有限外韧型，维管束在基本薄壁组织中呈散在排列，因此很难分辨皮层和髓（如玉米、石斛），而双子叶植物茎的维管束为无限外韧型，呈环状排列；有的植物茎中维管束呈内外两轮排列，外轮的维管束较小，且大部分深藏于机械组织中，内轮的维管束体积较大，茎的中央部分萎缩破裂，形成中空的茎秆（如小麦、水稻）。（图3－20）

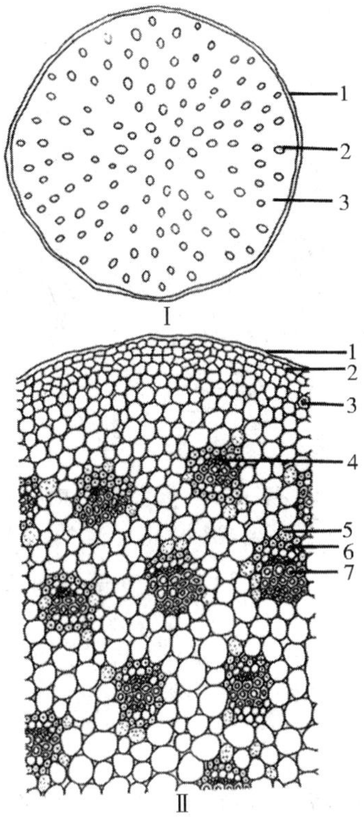

图3－20　单子叶植物茎的构造

Ⅰ. 石斛茎的横切面简图　1. 表皮　2. 维管束　3. 基本组织

Ⅱ. 石斛茎的横切面详图　1. 角质层　2. 表皮　3. 皮层

4. 韧皮部　5. 薄壁细胞　6. 纤维束　7. 木质部

2. 单子叶植物根状茎的构造特征

（1）茎的最外层为表皮或木栓化皮层细胞，少数植物有周皮，如射干。

（2）皮层常占较大部分，皮层中常有叶迹维管束散在。维管束散在，多为有限外韧型，少数为周木型，如香附；有的兼有有限外韧型和周木型两种，如石菖蒲。

（3）内皮层大多明显，具凯氏带，如姜、石菖蒲；也有的内皮层不明显，如知母。

（4）有些植物皮层靠近表皮部位的细胞形成木栓组织，如生姜；有的皮层细胞转变为木栓细胞，形成“后生皮层”，以代替表皮行使保护作用。

（五）裸子植物茎的构造特点

裸子植物的茎均为木本，因此其构造基本上与木本双子叶植物的茎相类似，茎中长期存在形成层，可产生次生结构，使茎逐年增粗，并有显著的年轮。不同点主要在于茎中木质部和韧皮部的组成。

（1）除麻黄、买麻藤等少数裸子植物外，大多数裸子植物茎的次生木质部中无导管，无典型的木纤维，主要由管胞、木薄壁细胞和木射线所组成，有的无木薄壁细胞，如松。管胞细胞壁厚，木质化，为一种细胞壁完整的死细胞，略呈纺锤形，各细胞间以先端部分贴合，贴合部分具有许多具缘纹孔。裸子植物中管胞兼具输送水分和支持的双重作用。

（2）裸子植物茎的次生韧皮部是由筛胞（sieve cell）和韧皮薄壁细胞所组成，无筛管、伴胞和韧皮纤维，筛胞是比筛管原始的输导组织。

（3）有些裸子植物茎的皮层、韧皮部、木质部、髓和髓射线中，常分布有树脂道（如松柏类植物）。（图 3－21）

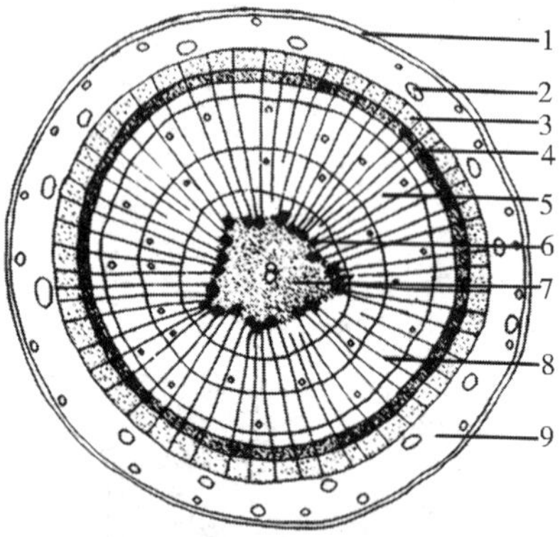

图 3－21　裸子植物茎的构造横切面简图

1. 周皮　2. 树脂道　3. 不具输导功能的韧皮部　4. 具有输导功能的韧皮部
5. 次生木质部　6. 初生木质部　7. 髓　8. 射线　9. 皮层

第三节　叶

叶（leaf）着生于茎节上，多数为绿色的扁平体，含有大量的叶绿体。叶具有向光性，是植物进行光合作用的场所，为植物制造有机养料的重要器官。叶还具有呼吸作用和蒸腾作用等。

扫码“学一学”

一、叶的组成

叶的形态虽然变化多样，但其组成基本一致，一般由叶片（blade）、叶柄（petiole）和托叶（stipule）三部分组成。三部分俱全的叶称为完全叶（complete leaf），如桃、柳、月季等。有些植物的叶只具有一或两个部分，称为不完全叶（incomplete leaf），其中不具托叶的叶，如丁香、茶、白菜等；还有些植物的叶同时缺少托叶和叶柄，只有叶片，也称无柄叶，如石竹、龙胆等；缺少叶片的叶则极为少见。（图 3－22）

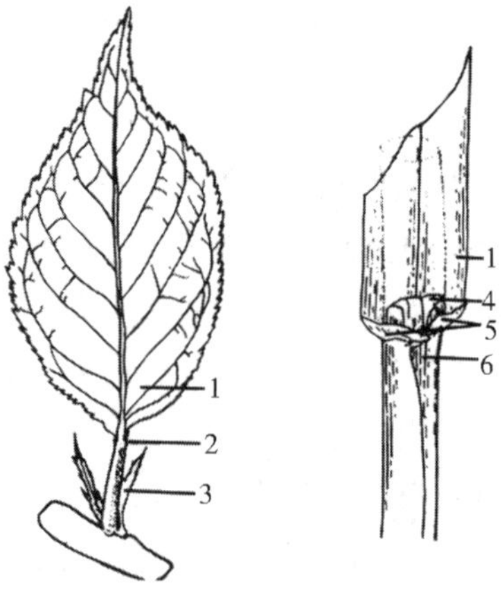

图 3－22　叶的组成部分

1. 叶片　2. 叶柄　3. 托叶
4. 叶舌　5. 叶耳　6. 叶鞘

（一）叶片

叶片为叶的最主要部分，各种植物的叶片形态多样，大小不一。但就一种植物来说，其叶片的形态是比较固定的，可作为识别植物和分类的依据。

叶片一般为绿色，薄的扁平体，有上表面（腹面）和下表面（背面）之分。叶片的全形称为叶形，顶端称叶端或叶尖（leaf apex），基部称叶基（leaf base），周边称叶缘（leaf margin），叶片内分布有叶脉（vein）。

（二）叶柄

叶柄为连接叶片和茎枝之间的轴，其内有维管束，是茎、叶之间水分和物质输导的通道，同时具有支持叶片的作用。叶柄一般呈类圆柱形、半圆柱形或稍扁平。随植物种类和生长环境不同，叶柄的形状有时产生变态，有些水生植物的叶柄上具膨胀的气囊（air sac），以支持叶片浮于水面，如水浮莲、菱等；有的植物叶柄基部形成膨大的关节，称叶枕（leaf cushion，pulvinus），能调节叶片的位置和休眠运动，如含羞草；有的叶柄细长，能围绕各种物体螺旋状攀缘，如旱金莲；有的植物叶柄变态成叶片状，以代替叶片的功能，如台湾相思树；有些植物的叶不具叶柄，叶片基部包围在茎节部，称抱茎叶（amplexicaul leaf），如苦荬菜，而叶片基部彼此愈合，被茎所贯穿，称贯穿叶或穿茎叶（perfoliate leaf），如元宝草。

有些植物的叶柄基部或叶柄全部扩大成鞘状，称叶鞘（leaf sheath），如当归、白芷等伞形科植物。有些植物的叶鞘是由相当于叶柄的部位扩大形成的，并且在叶鞘和叶片相接处还具有一些特殊结构，在其相接处的腹面的膜状突起物称叶舌（ligulate），在叶舌两旁有一对从叶片基部边缘延伸出来的突起物称叶耳（auricle），如淡竹叶、芦苇、小麦等禾本科植物。叶耳、叶舌的有无、大小和形状，常可作为鉴别禾本科植物种类的依据之一。

（三）托叶

托叶常成对着生于叶柄基部两侧，为叶柄基部的附属物。托叶的形状和作用多样，随植物的种类而异。有的托叶细小而呈线状，如梨、桑；有的大而呈叶状，如豌豆、贴梗海棠；有的变成卷须，如菝葜；有的与叶柄愈合成翅状，如月季、蔷薇、金樱子；有的其形状和大小和叶片几乎一样，只是托叶的腋内无腋芽，如茜草；有的呈刺状，如刺槐；有的两片托叶边缘合生呈鞘状，包围着茎节的基部，称托叶鞘（ocrea），为何首乌、虎杖等蓼科植物的主要鉴别特征。

二、叶的形态

（一）叶片的全形

叶片通常扁平，呈绿色，其形状和大小随植物种类而异，甚至在同一植株上也不一样。但一般同一种植物叶片的形状特征是比较稳定的，可作为识别植物或植物分类的依据。叶片的长度差别极大，如柏的叶片细小，长仅数毫米；芭蕉的叶片可长达数米。叶片的形状主要根据叶片长度和宽度的比例，以及叶片最宽处的位置来确定。若叶片在发育过程中其长度的生长量占绝对优势，则呈线形（linear）、剑形（ensiform）等；若长度与宽度的生长量接近，或是略长一些，而且最宽处在叶片中部，则呈圆形（orbicular）、阔椭圆形（wide elliptical）或长椭圆形（long elliptical）；若最宽处偏于叶片的基部，则呈卵形（ovate）、阔卵形（wide ovate）或披针形（lanceolate）；若最宽处偏于叶片顶端，则呈倒卵形（obovate）、倒阔卵形（wide obovate）或倒披针形（oblanceolate）。（图 3－23）

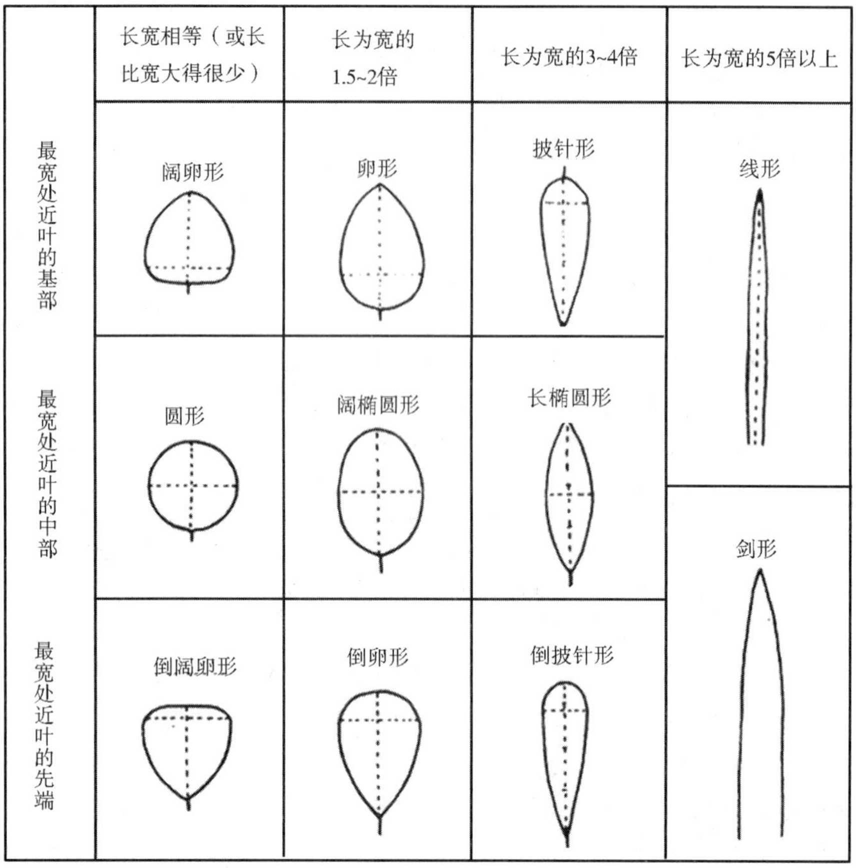

图 3－23　叶片形状图解

上述为叶片的基本形状，其他常见的或较特殊的叶片形状还有：银杏叶为扇形；松树叶为针形；紫荆、细辛叶为心形；积雪草、连钱草叶为肾形；海葱、文殊兰叶为带形；蝙蝠葛、莲叶为盾形；慈姑叶为箭形；菠菜、旋花叶为戟形；菱叶为菱形；白英叶为提琴形；车前叶为匙形；杠板归叶为三角形；蓝桉的老叶为镰形；秋海棠叶为偏斜形；侧柏叶为鳞形；葱叶为管形等。此外，还有一些植物的叶并不属于上述的其中一种类型，而是两种形状的综合，如卵状椭圆形、椭圆状披针形等。还有些植物的基生叶和上部着生叶片的形状不同，分属两种以上类型。（图 3－24）

（二）叶端形状

叶端又称叶尖，其形状主要有以下几种：圆形（rounded）、钝形（obtuse）、渐狭（attenuate）、急尖（acute）、渐尖（acuminate）、短尖（mucronate）、芒尖（aristate）、尾状（caudate）、倒心形（obcordate）、截形（truncate）、微凹（retuse）、微缺（emarginate）等。（图 3－25）

（三）叶基形状

叶基形状主要有以下几种：楔形（cuneate）、钝形（obtuse）、圆形（rounded）、心形（cordate）、耳形（auriculate）、箭形（sagittate）、戟形（hastate）、截形（truncate）、渐狭（attenuate）、偏斜（oblique）、盾形（peltate）、穿茎（perfoliate）、抱茎（amplexicaul）等。

（图 3－26）

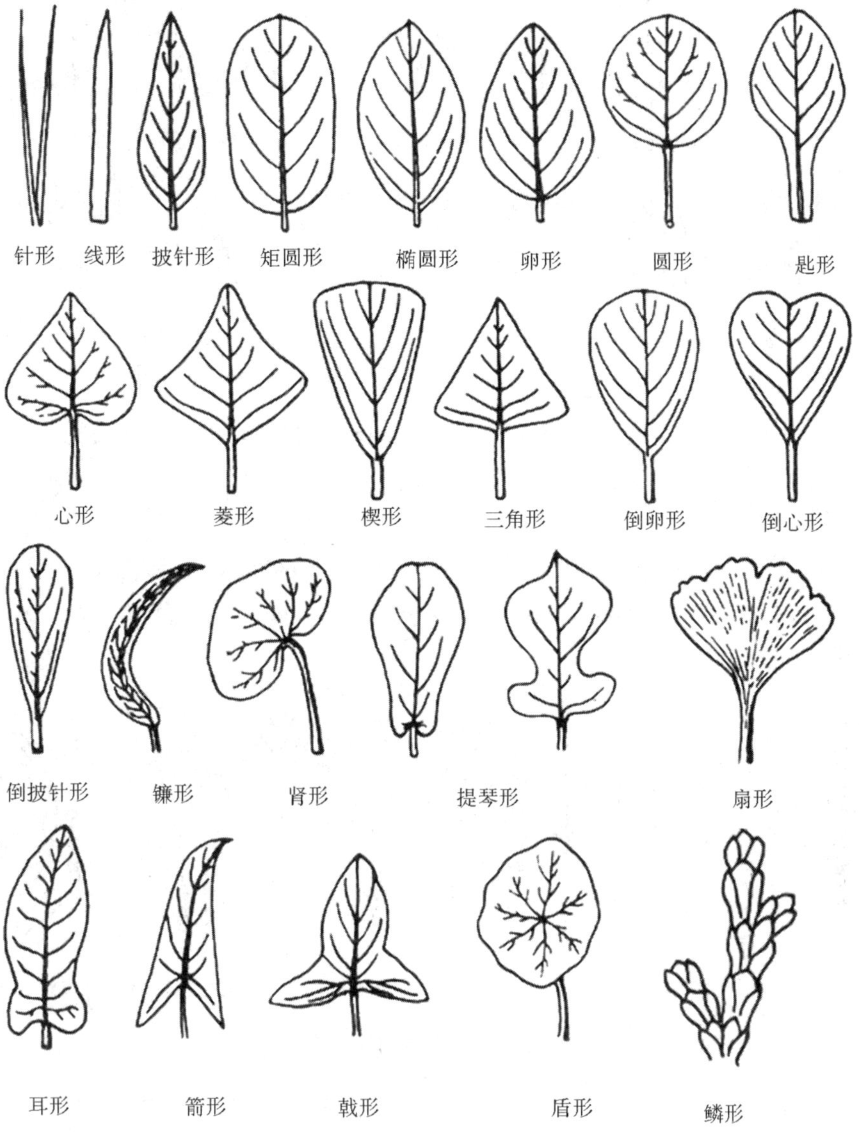

图 3－24　叶片的形状

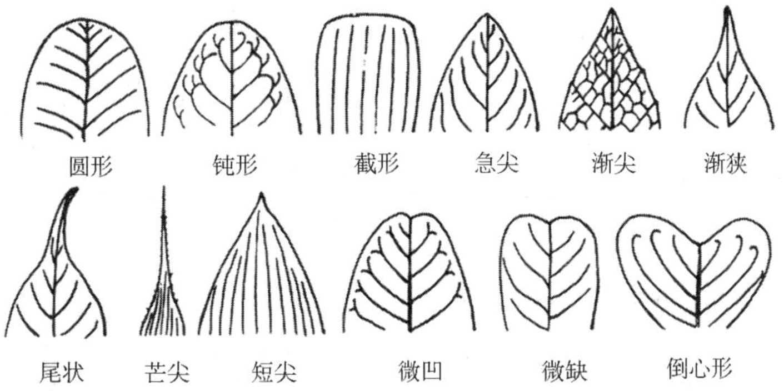

图 3－25　叶端的各种形状

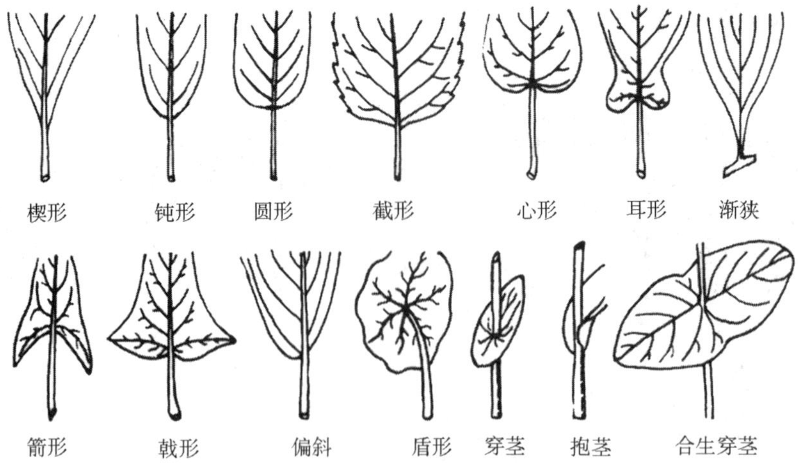

图 3-26　叶基的各种形状

（四）叶缘形状

叶缘形状主要有以下几种：全缘（entire）、波状（undulate）、皱缩状（crisped）、锯齿状（serrate）、重锯齿状（double serrate）、牙齿状（dentate）、圆齿状（crenate）、缺刻状（erose）等。（图 3-27）

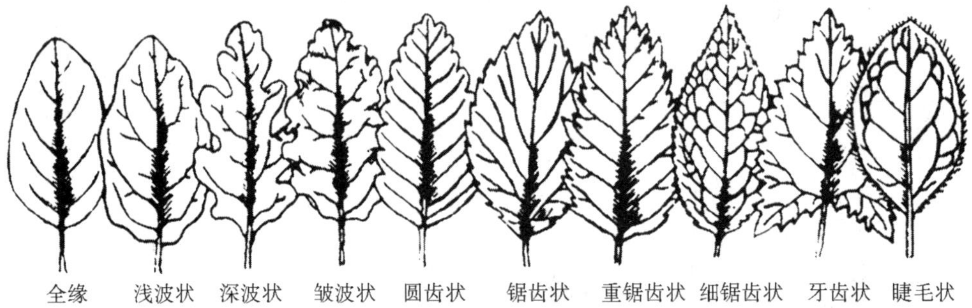

图 3-27　叶缘的各种形状

（五）叶片的分裂

多数植物的叶片常为完整的或近叶缘具齿或细小缺刻，但有些植物的叶片叶缘缺刻深而大，形成分裂状态。常见的叶片分裂有三种：羽状分裂、掌状分裂和三出分裂。依据叶片裂隙的深浅不同，又可分为浅裂（lobate）、深裂（parted）和全裂（divided）。浅裂为叶裂深度不超过或接近叶片宽度的四分之一；深裂为叶裂深度超过叶片宽度的四分之一；全裂为叶裂深度几达主脉或叶柄顶部。（图 3-28，图 3-29）

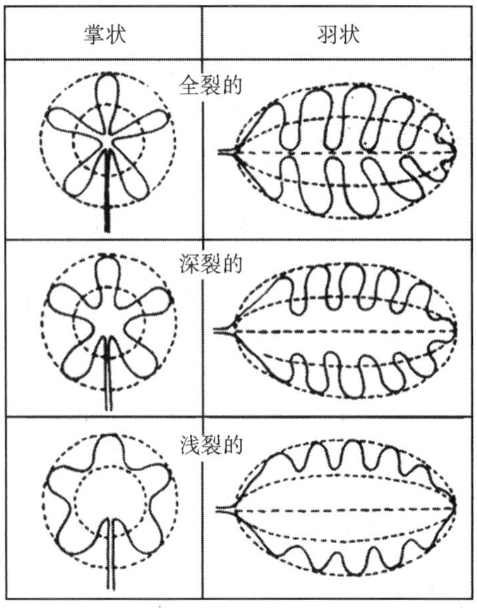

图 3-28　叶片的分裂图解

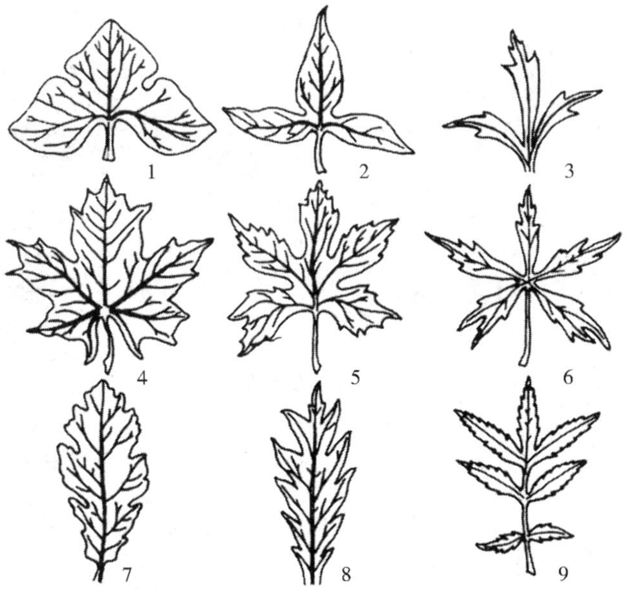

图 3－29　叶片的分裂类型

1. 三出浅裂　2. 三出深裂　3. 三出全裂　4. 掌状浅裂　5. 掌状深裂
6. 掌状全裂　7. 羽状浅裂　8. 羽状深裂　9. 羽状全裂

（六）叶脉和脉序

叶脉（vein）为贯穿于叶肉内的维管束，构成叶内的输导和支持结构。叶脉维管组织通过叶柄与茎枝内的维管组织相连接。位于叶片中央最粗大的叶脉称主脉（midrib），主脉的分枝称侧脉（lateral vein），侧脉上细小的分枝称细脉（veinlet）。叶脉在叶片上的分布和排列形式称脉序（venation）。脉序主要有以下三种类型。

1. 网状脉序（netted venation）　网状脉序具有明显粗大的主脉，由主脉上分出许多侧脉，侧脉上再分出细脉，彼此连接形成网状，主要为双子叶植物的脉序类型。网状脉序又因主脉分出侧脉的方式不同而有两种形式。

（1）羽状网脉（pinnate venation）　叶有一条明显的主脉，两侧分出许多大小几乎相等，并呈羽状排列的侧脉，侧脉再分出细脉，交织成网状，如桂花、茶、枇杷等。

（2）掌状网脉（palmate venation）　叶有数条主脉，由叶基部辐射状发出伸向叶缘，再多级分枝，形成许多侧脉及细脉，交织成网状，如南瓜、蓖麻等。

2. 平行脉序（parallel venation）　主要为单子叶植物的脉序类型，叶脉平行或近于平行排列。常见的平行脉可分为四种形式。

（1）直出平行脉（straight parallel venation）又称直出脉，各叶脉从叶基发出，平行排列，直达叶端，如淡竹叶、麦冬等。

（2）横出平行脉（transverse parallel venation）又称侧出脉，中央主脉明显，侧脉垂直于主脉，平行伸达叶缘，如芭蕉、美人蕉等。

（3）弧状平形脉（arc parallel venation）又称弧形脉，各叶脉从叶基伸向叶端，中部弯曲形成弧形，如玉簪、铃兰等。

（4）辐射脉（radiate venation）又称射出脉，各叶脉从基部向四周辐射状伸出，如棕榈、蒲葵等。

3. 二叉脉序（dichotomous venation）　为比较原始的脉序，每条叶脉均呈多级二叉状分枝，常见于蕨类植物和裸子植物，如银杏。（图 3－30）

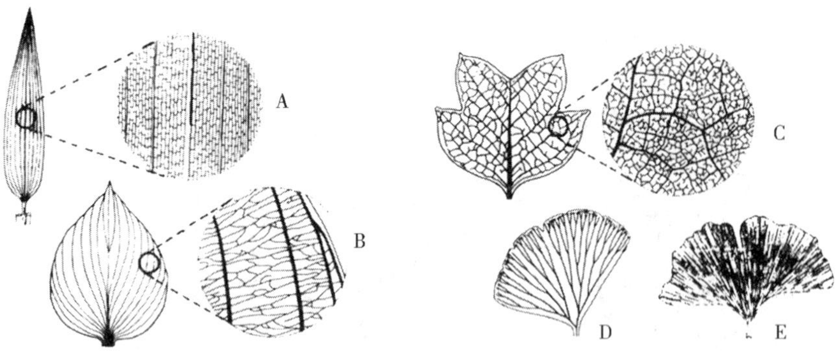

图 3-30　脉序的类型

A. 淡竹叶，示平行脉序　B. 玉簪属一种，示弧形脉序　C. 北美鹅掌楸，示网状脉序
D. 铁线蕨属一种，示叉状脉序　E. 银杏，示叉状脉序　A～C 的放大部分，示细脉的分布

（七）叶片的质地

1. **膜质**（membranaceous）　叶片薄而半透明，如天麻叶。
2. **干膜质**（scarious）　叶片极薄而干脆，且不呈绿色，如麻黄的鳞片叶。
3. **纸质**（chartaceous）　叶片较薄而显柔韧性，似薄纸样，如糙苏叶。
4. **草质**（herbaceous）　叶片薄而较柔软，如薄荷、藿香叶。
5. **革质**（coriaceous）　质地较厚而坚韧，略似皮革，如枸骨叶。
6. **肉质**（succulent）　叶片肥厚多汁，如芦荟、景天、马齿苋叶等。

（八）叶片的表面性质

叶和植物的其他器官一样，有的叶表面常有各种附属物，而呈现各种表面特征。常见的有：表面光滑，叶表面无毛茸或凸起，常具有较厚的角质层，如女贞、枸骨；表面被粉，叶表面有一层白粉霜，如芸香；表面粗糙，叶表面具极小突起，用手触摸有粗糙感，如紫草、蜡梅；表面被毛，叶表面具各种毛茸，如薄荷、毛地黄等。

（九）异形叶性

通常每一种植物的叶均具有其特定形状，但也有一些植物在同一植株上具有不同形状的叶，这种现象称为异形叶性（heterophylly）。异形叶性的发生有两种情况：一种是由于植株的发育年龄不同，所形成的叶形各异，如小檗幼苗期的叶为椭圆形，但在其后的生长过程中再长出的叶逐渐转变为刺状；益母草基生叶具长柄，近圆形，而茎生叶掌状 3 深裂，呈线形，近无柄；蓝桉幼枝上的叶为对生无柄的椭圆形叶，而老枝上的叶则变为互生有柄的镰形叶。另一种是由于外界环境的影响，而引起叶的形态变化，如慈姑在水中的叶呈线形，漂浮在水面的叶呈肾形，而露出水面的叶则呈箭形。

三、单叶与复叶

一个叶柄上所生叶片的数目，在各种植物中是不相同的，一般有下列两种情况：

（一）单叶

在一个叶柄上只生有一个叶片的叶，称为单叶（simple leaf），如厚朴、女贞、枇杷等。

（二）复叶

在一个叶柄上生有两个或两个以上叶片的叶，称为复叶（compound leaf）。从来源上看，复叶是由单叶的叶片分裂而形成，即当叶裂片深达主脉或叶基，并具有小叶柄时，便形成了复叶。复叶的叶柄称为总叶柄（common petiole），总叶柄上着生叶片的轴状部分称为叶轴（rachis），复叶上的每个叶片称为小叶（leaflet），小叶的柄称为小叶柄（petiolule）。根据小叶数目和在叶轴上排列的方式不同，又可将复叶分为以下几种类型。

1. 三出复叶（ternately compound leaf）　叶轴上着生有三片小叶的复叶。如果顶生小叶具有柄，称为羽状三出复叶，如大豆、胡枝子叶等；如果顶生小叶无柄，称为掌状三出复叶，如半夏、酢浆草等。

2. 掌状复叶（palmately compound leaf）　叶轴短缩，在其顶端着生三片以上近等长呈掌状展开的小叶，如五加、人参、五叶木通等。

3. 羽状复叶（pinnately compound leaf）　叶轴较长，小叶片在叶轴两侧呈左右排列，类似羽毛状。羽状复叶又分为：

（1）单（奇）数羽状复叶（odd - pinnately compound leaf）　羽状复叶上的小叶为单数，其叶轴顶端只具一片小叶，如苦参、槐树等。

（2）双（偶）数羽状复叶（even - pinnately compound leaf）　羽状复叶上的小叶为双数，其叶轴顶端具有两片小叶，如决明、蚕豆等。

（3）二回羽状复叶（bipinnate leaf）　羽状复叶的叶轴作一次羽状分枝，在每一分枝上又形成羽状复叶，如合欢、云实等。

（4）三回羽状复叶（tripinnate leaf）　羽状复叶的叶轴作二次羽状分枝，最后一次分枝上又形成羽状复叶，如南天竹、苦楝等。

4. 单身复叶（unifoliate compound leaf）　为一种特殊形态的复叶，单身复叶可能是三出复叶退化而形成，即叶轴的顶端具有一片发达的小叶，两侧的小叶退化成翼状，其顶生小叶与叶轴连接处有一明显的关节，如柑橘、柚叶等。（图3－31）

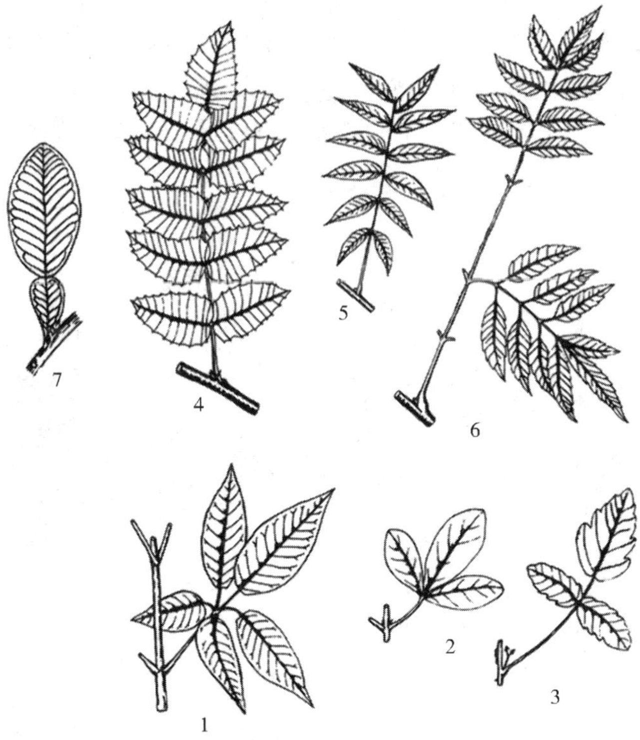

图3－31　复叶的主要类型

1. 掌状复叶　2. 掌状三出复叶　3. 羽状三出复叶　4. 奇数羽状复叶　5. 偶数羽状复叶　6. 二回羽状复叶　7. 单身复叶

羽状复叶和具单叶的小枝条之间有时易混淆，识别时首先要弄清叶轴和小枝的区别：①叶轴先端无顶芽，而小枝先端具顶芽；②小叶叶腋无腋芽，仅在总叶柄腋内有腋芽，而小枝上每一单叶叶腋均具腋芽；③复叶的小叶和叶轴常呈一平面，而小枝上单叶和小枝常呈一定的角度；④落叶时复叶为整个脱落或小叶先落，然后叶轴连同总叶柄一起脱落，而小枝在落叶季节一般不脱落，只有单叶脱落。

除此之外，复叶和全裂叶在外形上也很相近，其区别在于复叶的小叶大小较一致，边缘整齐，基部具有明显的小叶柄；而全裂叶的裂片通常大小不一，先端的裂片常较大，向下裂片渐小，且裂片的边缘不甚整齐，常出现锯齿间距不等、大小不一或有不同程度缺刻等现象，尤其是全裂叶的裂片基部常下延至中肋，不形成小叶柄，外形扁平，并明显可见裂片的主脉和叶的中脉相连，如败酱、紫堇等。叶片的分裂和复叶的形成有利于增大叶片的光合面积，减小对风雨的阻力，是植物长期适应自然环境而发展的结果。

四、叶序

叶在茎枝上排列的次序或方式，称为叶序（phyllotaxy）。常见的叶序有以下几种。

1. 互生（alternate） 在茎枝的每一节上只生有一片叶，叶交互而生，沿茎枝呈螺旋状排列，如桃、柳、桑等。

2. 对生（opposite） 在茎枝的每一节上相对着生两片叶，呈相对排列，如丁香、石竹等。有的对生叶与相邻两叶呈十字形排列，称为交互对生，如薄荷、龙胆等；有的对生叶排列于茎的两侧，呈二列式对生，如女贞、水杉等。

3. 轮生（verticillate） 在茎枝的每一节上轮生三片或三片以上的叶，呈辐射状排列，如夹竹桃、黄精、轮叶沙参等。

4. 簇生（fascicled） 两片或两片以上的叶着生在节间极度缩短的侧生短枝上，密集成簇，如银杏、枸杞等。此外，有些植物的茎极为短缩，节间不明显，叶密集着生于茎基部近地面处，似从根上生出而呈莲座状，称基生叶（basal leaf），如蒲公英、车前等。（图 3－32）

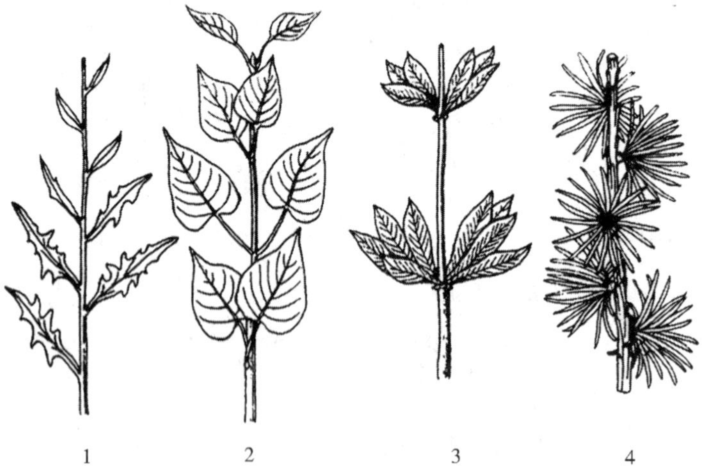

图 3－32　叶序的类型

1. 互生　2. 对生　3. 轮生　4. 簇生

叶在茎枝上无论排列成哪种叶序，相邻两节的叶片均不重叠，彼此成相当的角度镶嵌着生，称为叶镶嵌（leaf mosaic）。叶镶嵌现象比较明显的有常春藤、爬山虎、烟草等。叶镶嵌使茎枝上的叶片不致相互遮盖，有利于充分接受阳光，进行光合作用。另外，叶在茎枝上的均匀排列也使茎枝的各侧受力均衡。

五、叶的变态

叶和根、茎一样，受各种环境条件的影响和生理功能的改变，而产生各种变态。常见的变态类型有以下几种。

（一）苞片

生于花或花序下面的变态叶，称为苞片（bract）。苞片可分为总苞片和小苞片，其中生在花序外围或下面的苞片，称为总苞片（involucre）；花序中每朵小花花柄上或花萼下的苞片，称为小苞片（bractlet）。苞片的形状大多与普通叶型不相同，一般较小，绿色，也有形大而呈各种颜色的。如向日葵等菊科植物头状花序下的总苞是由多数绿色的总苞片组成；鱼腥草花序下的总苞是由四片白色的花瓣状总苞片组成；半夏、马蹄莲等天南星科植物的花序外面常有一片形状特异的大型总苞片，称为佛焰苞（spathe）。

（二）鳞叶

叶特化或退化成鳞片状，称为鳞叶（scale leaf）。鳞叶有肉质和膜质两类。肉质鳞叶肥厚多汁，含有丰富的营养物质，如百合、贝母、洋葱等鳞茎上的鳞叶；膜质鳞叶质地菲薄，常呈干膜状而不呈绿色，如麻黄的叶、洋葱鳞茎外层包被、慈姑和荸荠球茎上的鳞叶等；此外，木本植物的冬芽外常具褐色膜质鳞叶，亦称芽鳞（bud scale），常具茸毛或有黏液，起保护芽的作用。

（三）刺状叶

叶片或托叶变态成刺状叫刺状叶（thorn leaf），起保护作用或适应干旱的生态环境，如小檗、仙人掌类植物的刺是叶退化而成；刺槐、酸枣的刺是由托叶变态形成；红花、枸骨上的刺是由叶尖、叶缘变态形成。根据植株上刺的来源和生长位置的不同，可区别叶刺和茎刺。而月季、玫瑰等茎上的刺，则是由茎的表皮向外突起所形成，其位置常不固定，且易剥落，称为皮刺（aculeus）。（图3－33）

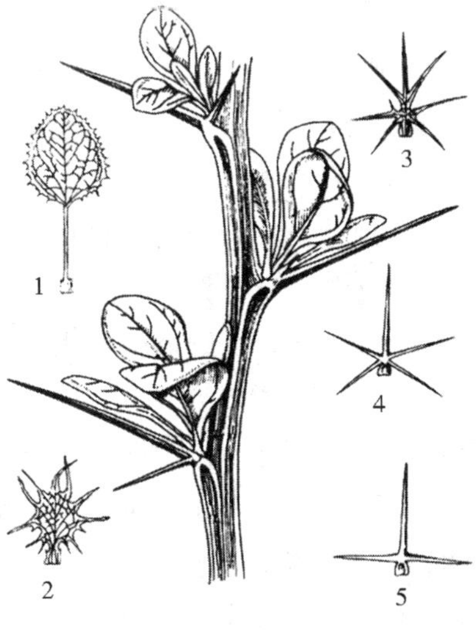

图3－33 小檗的刺状叶

1～5表示叶片在发育过程中逐渐变为刺状

（四）叶卷须

叶的全部或一部分变成卷须，借以攀缘它物。如豌豆的卷须是由羽状复叶先端的小叶变态形成；菝葜的卷须是由托叶变态形成。根据植株上卷须的来源和生长位置，可区别叶卷须（leaf tendril）和茎卷须。

（五）根状叶

某些水生植物如槐叶萍、金鱼藻等，其沉浸于水中的叶常变态为丝状细裂，呈细须根状，表皮上常无角质层，称为根状叶（rhizomorphoid leaf）有吸收养料、水分和通气的作用。

（六）捕虫叶

有些植物生有能捕食小虫的变态叶，称为捕虫叶（insect - catching leaf）。具有捕虫叶的植物，称为食虫植物（insectivorous plant）或肉食植物（carnivorous plant）。捕虫叶常变态呈盘状、瓶状或囊状，以利于捕食昆虫，其叶的结构上有许多能分泌消化液的腺毛或腺体，并具有感应性，当昆虫触及时能立即自动闭合，将昆虫捕获而被消化液所消化，如茅膏菜、捕蝇草、猪笼草等。

六、叶的生理功能

叶的主要生理功能是光合作用、呼吸作用和蒸腾作用，它们在植物的生活中有着重要的意义。此外，叶还具有吐水、吸收、贮藏、繁殖等功能。

叶具有光合作用，绿色植物通过吸收太阳光的能量，利用二氧化碳和水，合成有机物（主要是葡萄糖），并释放出氧气的过程，称为光合作用（photosynthesis）。在光合作用中，叶片中叶绿体所含的叶绿素和有关酶参与了相关活动，将光能转变为化学能而储存起来，光合作用所产生的葡萄糖是植物生长、发育，维持自身生命活动所必需的有机物质，也是植物进一步合成淀粉、脂肪、蛋白质、纤维素及其他有机物质的重要材料。所有其他生物包括人类在内，均以植物的光合作用产物作为食物的最终来源。

叶具有呼吸作用，呼吸作用与光合作用相反，是指植物细胞吸收氧气，使体内的有机物氧化分解，排出二氧化碳，同时释放能量，供植物生理活动需要的过程。呼吸作用也主要在叶中进行，与光合作用一样，呼吸作用过程中有较复杂的气体交换，其气体交换的主要通道即通过叶表面的气孔来完成。此外，除叶外，呼吸作用也在植物的其他生活细胞中发生。

叶具有蒸腾作用，蒸腾作用主要通过叶表的气孔进行，在蒸腾作用进行的过程中，水分以气体状态从植物体表散发到大气中。蒸腾作用一方面可以降低叶片的表面温度而使叶片在强烈的日光下不至于被灼伤；另一方面由于蒸腾作用的发生而形成向上的拉力，是植物根系吸收水分和无机盐的动力之一。

叶具有吐水作用，吐水作用（溢泌作用）是水分以液体状态从叶片边缘或叶先端的水孔排出的现象，植物常在夜间或清晨空气湿度高，而蒸腾作用微弱时进行。水孔仅存在于某些植物种属的叶片中，其中以禾本科植物较为多见。

此外，在不同的植物中，叶还具有吸收作用（如叶面施肥）、贮藏作用（如百合、洋葱、贝母等的肉质鳞叶中含有丰富的贮藏物质）、繁殖作用（如落地生根、秋海棠等的叶片具有繁殖的能力）等功能。

七、叶的组织构造

叶的发生开始得很早，当芽形成时，在芽的生长锥后方的外围，产生许多侧生的突起，称为叶原基，叶由叶原基发育形成。叶的初生组织与根和茎一样，分为原表皮层、基本分生组织和原形成层，幼叶在发育过程中已完全成熟，幼叶上不再保留原分生组织，因此没有根和茎中仍然保留着的原分生组织组成的生长锥。因而，不同于根和茎的无限生长，叶的生长期较短，是一种有限生长。叶通过叶柄和茎直接相联系。

（一）双子叶植物叶的构造

1. 叶柄的构造 叶柄的构造和幼茎的构造大致相似，是由表皮、皮层和维管组织三部分组成。叶柄的横切面常呈半月形、圆形、三角形等。叶柄的最外层是表皮，表皮以内为皮层，皮层的外围部分常有多层厚角组织，有时也有一些厚壁组织，这是叶柄的主要机械组织，能增强叶柄的支持作用，皮层的内方为薄壁组织。维管束的数目不定，大小各异，常呈弧形、环形、平列形排列于薄壁组织中。维管束的基本结构和幼茎中的维管束相似，幼茎的维管束从茎中向外方、侧向地进入叶柄，形成了木质部位于上方（近轴面），韧皮部位于下方（远轴面）的排列方式。在每一维管束外，常有厚壁细胞包围。双子叶植物的叶柄中，在木质部和韧皮部之间常有一层形成层，但只有短时期的活动。在叶柄中，由于维管束的分离或联合，使维管束的数目和排列变化极大，造成其结构复杂化。

2. 叶片的构造 多数双子叶植物的叶片有腹面（上面或近轴面）、背面（下面或远轴面）之分，一般腹面为深绿色，背面为淡绿色，这是由于叶片在枝上的着生位置是横向的，即叶片近于和枝的长轴相垂直，使叶片两面受光的情况不同，腹背两面的色泽和内部结构也出现较大的差异，叶片中的栅栏组织紧接上表皮下方，海绵组织位于栅栏组织和下表皮之间，这种叶称为两面叶或异面叶（bifacial leaf 或 dorsi – ventral leaf），如薄荷叶等。还有些植物的叶着生于枝上，近于和枝的长轴平行，或与地面相垂直，叶片两面的受光情况差异不大，因而叶片两面的色泽和内部结构相似，其叶在上、下表皮内侧均有栅栏组织，或没有栅栏组织和海绵组织的分化，这种叶称为等面叶（isobilateral leaf），如番泻叶、桉叶等。无论是两面叶还是等面叶，尽管其外形多种多样，但叶片的内部构造却基本相似，均由三种基本结构组成，即表皮、叶肉和叶脉。

（1）表皮（epidermis） 表皮覆盖在整个叶片的外表，分为上、下表皮，覆盖在叶片腹面的称为上表皮，覆盖于背面的称为下表皮。表皮通常由一层生活细胞组成，包括表皮细胞、气孔器、毛茸等。但也有少数植物，叶片表皮系由多层细胞组成，称为复表皮（multiple epidermis），如夹竹桃具有 2 ~3 层细胞组成的复表皮，印度橡胶树叶具有 3 ~4 层细胞组成的复表皮。表皮细胞中一般不含叶绿体。

大多数双子叶植物叶片的表皮细胞顶面观，一般呈不规则形，侧壁（垂周壁）常呈波状弯曲，细胞间彼此互相紧密嵌合，除气孔外没有细胞间隙。横切面观，表皮细胞呈方形或长方形，外壁较厚，常具角质层，上表皮的角质层较发达。大多数植物叶的角质层外，还有一层不同厚度的蜡质层。近年来，通过电子显微镜对表皮超微结构观察，对角质层有了更进一步的了解，认为角质层包括两层，位于外面的一层，是由角质和蜡质组成，位于里面的一层由角质和纤维素组成，因此有人提出，将前者称为角质层，后者称为角化层，而把两者合称为角质膜（即相当于原来的角质层）。角化层和初生壁之间明显有果胶层分界。角质层的存在对叶片起着保护作用，可以控制水分蒸腾，加固机械性能，防止病菌侵入，对喷洒的药液也有着不同程度的吸收能力。因此，角质层的厚度可作为作物优良品种选育的依据之一。

叶片的表皮上分布着许多气孔（stomata），气孔由两个半月形的保卫细胞（guard cell）对合而成。保卫细胞含有叶绿体，两个保卫细胞以凹面相对，中间存在孔隙，狭义的气孔即指这个孔隙，包括两个保卫细胞和中间的孔隙，称为气孔器（stomatal apparatus），它是叶片与外界进行气体交换和调节水分蒸发的孔道。保卫细胞和其周围的表皮细胞即副卫细胞（subsidiary cell）排列的方式，称为气孔的轴式类型。气孔的轴式类型是叶类、全草类生药的重要鉴别特征。

有些植物的叶片表面上常常有形态和结构各异的毛茸（非腺毛、腺毛等）。毛茸是表皮细胞分化而成的突出物，其有无和类型因植物的种类而异。此外，爵床科、桑科、荨麻科等有些植物叶的表皮细胞中含有碳酸钙结晶，如穿心莲、无花果、大麻。有些植物在叶片的边缘存在排水器。这些结构，在植物分类学上和叶类生药的显微鉴定时，常常是重要的鉴别特征。

（2）叶肉（mesophyll） 位于叶上表皮和下表皮之间，由含有叶绿体的薄壁细胞组成，是绿色植物进行光合作用的主要场所。大多数双子叶植物叶片的叶肉可分为栅栏组织和海绵组织两部分。

栅栏组织（palisade tissue）位于上表皮之下，细胞呈圆柱形，排列整齐紧密，细胞的长轴与上表皮垂直相交，形如栅栏。细胞内含有大量叶绿体，所以叶片上表面的颜色常较深，其光合作用效能较强。栅栏组织在叶片内的细胞层数，随植物种类而异。栅栏组织通常为一层，也有两层或两层以上的，如冬青叶、枇杷叶等。各种植物叶肉的栅栏组织细胞排列的层数，可作为叶类生药鉴别的特征。

海绵组织（spongy tissue）位于栅栏组织和下表皮之间，由一些近圆形或不规则形的薄壁细胞构成，细胞间隙大，排列疏松，如海绵样。其细胞中所含的叶绿体一般较栅栏组织少，所以叶片下表面的颜色常较浅。

叶肉组织在上表皮和下表皮的气孔处常有较大的空隙，称为孔下室。这些空隙与栅栏组织和海绵组织的胞间隙相通，构成叶片的通气组织，有利于内外气体的交换。

在有些植物的叶肉中，含有分泌腔，如桉叶；或含有各种单个分布的石细胞，如茶叶；或在薄壁细胞中常含有结晶体，如曼陀罗叶中含有砂晶。

（3）叶脉（vein） 叶脉主要由维管束和机械组织组成，在叶肉中呈束状结构，通过叶柄和茎的维管束相连接，具有输导和支持叶片的作用。叶脉分为主脉和各级侧脉，其维管束的构造和茎的维管束大致相同，由木质部和韧皮部组成，其中木质部位于上方，由导管、管胞组成；韧皮部位于下方，由筛管、伴胞组成。在木质部和韧皮部之间常有少量的次生组织。在维管束的上下方，常有厚壁或厚角组织包围；在叶脉处的表皮下常有厚角组织，起着支持作用，这些机械组织在叶的背面最为发达，因此主脉和大的侧脉在叶片背面常形成显著的突起。随着侧脉越分越细，其构造也越趋简化，最初消失的是形成层和机械组织，其次是韧皮部组成分子，组成木质部的分子数目也逐渐减少，其构造也渐趋简单。到了细脉的末端，木质部中只留下 1～2 个短的螺纹管胞，韧皮部中则只有几个短而狭的筛管分子和增大的伴胞，或只有 1～2 个薄壁细胞。细脉广泛分布于叶肉中，对叶片中水分和营养物质的运输有着重要的意义。

叶片主脉部位的上下表皮内方，一般为厚角组织和薄壁组织，而无栅栏组织和海绵组织。但有些植物在主脉的上方有一层或几层栅栏组织，与叶肉中的栅栏组织相连接，如番泻叶、石楠叶，形成叶类药材的鉴别特征。(图3-34)

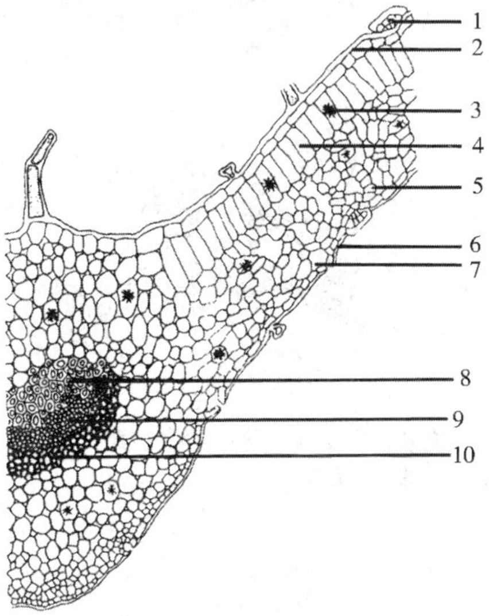

图3-34 薄荷叶横切面详图

1. 腺毛 2. 上表皮 3. 橙皮苷结晶 4. 栅栏组织 5. 海绵组织 6. 下表皮 7. 气孔 8. 木质部 9. 韧皮部 10. 厚角组织

(二) 单子叶植物叶的构造

单子叶植物叶片的形态构造比较复杂，以禾本科植物叶片为例，其叶片同样分为表皮、叶肉和叶脉三部分，但各部分均有不同的特点。

表皮细胞的形状较规则，分为长、短两种细胞。长细胞构成表皮的主要部分，细胞长径和叶的纵轴方向一致，呈纵行排列，横切面观近于方形，细胞外壁不仅角质化，而且含有硅质，在表皮上形成一些角质或硅质的乳头状突起、刺或毛茸，因此叶片表面比较粗糙。短细胞又分为硅质细胞和栓质细胞两种，硅质细胞的细胞腔内充满硅质体，使叶坚硬而表面粗糙；栓质细胞的细胞壁木栓化，短细胞和长细胞交替排列成整齐的纵行，分布于叶脉的上、下方。

在上表皮中还有一些特殊的大型薄壁细胞，叫泡状细胞（bulliform cell），这类细胞壁较厚，胞内有大型的液泡，一般无叶绿体。泡状细胞在横切面上排列略呈展开的扇形排列，中间的一个细胞最大，两侧的细胞较小。当气候干燥时，叶片蒸腾失水过多，泡状细胞失水收缩，使叶片卷曲呈筒，可减少水分蒸发；当气候湿润时，叶片蒸腾作用减少，泡状细胞吸水膨胀，使叶片重新展开。由于泡状细胞与叶片的卷曲和张开有关，因此也称为运动细胞（motor cell）。

禾本科植物表皮的上下两面都分布有气孔，其数目上下表皮相差不多。气孔器由两个狭长或哑铃状的保卫细胞和其外侧一对略呈三角形的副卫细胞组成。保卫细胞的两端膨大呈球形，细胞壁较薄，中间的柄状部分狭长，细胞壁较厚。由于禾本科植物叶片生长多呈直立状态，两面受光相近，因此，叶肉中无栅栏组织和海绵组织的明显分化，属于等面叶。

禾本科植物的叶脉为平行脉，中脉明显粗大，维管束中无形成层，为有限外韧型维管束。在维管束的外围，常有一至多层厚壁组织细胞或薄壁组织细胞，构成了维管束鞘（vascular bundle sheath），增强了叶片的支持作用。维管束鞘可以作为禾本科植物分类上的特

征。(图3－35)

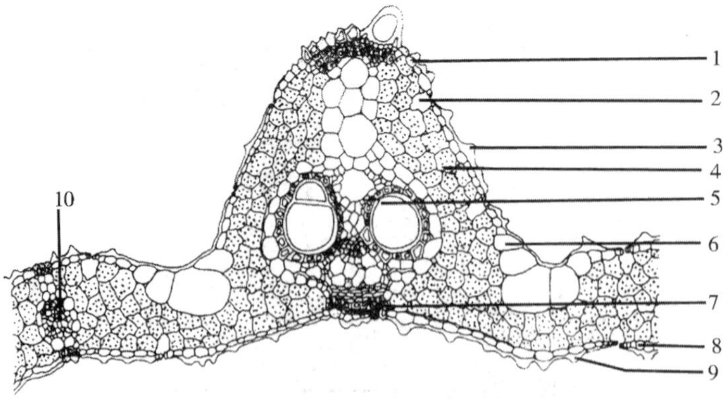

图3－35　水稻叶片的横切面详图

1. 上表皮　2. 气孔　3. 表皮毛　4. 薄壁细胞　5. 主脉维管束
6. 泡状细胞　7. 厚壁细胞　8. 下表皮　9. 角质层　10. 侧脉维管束

(三)裸子植物叶的构造

裸子植物的叶多为针叶，其叶小，横切面呈半圆形或三角形。以裸子植物中松属植物马尾松的针叶为例，其表皮细胞壁较厚，胞腔小，角质层发达；表皮下有一至多层厚壁细胞，细胞壁木化，称为下皮层（hypodermis）；气孔器纵向排列，保卫细胞内陷，呈旱生植物的特征；叶肉细胞的细胞壁向内凹陷，有无数的褶襞，叶绿体沿褶襞分布，这使细胞扩大了光合作用的面积，叶肉细胞实际上就是绿色折叠的薄壁细胞；叶肉中具树脂道；维管组织两束，居于叶的中央；维管束周围有转输组织（transfusion tissue）包围，这种组织为管胞和薄壁细胞组成，是叶肉和维管组织间的物质运输通道，称为内皮层。(图3－36)

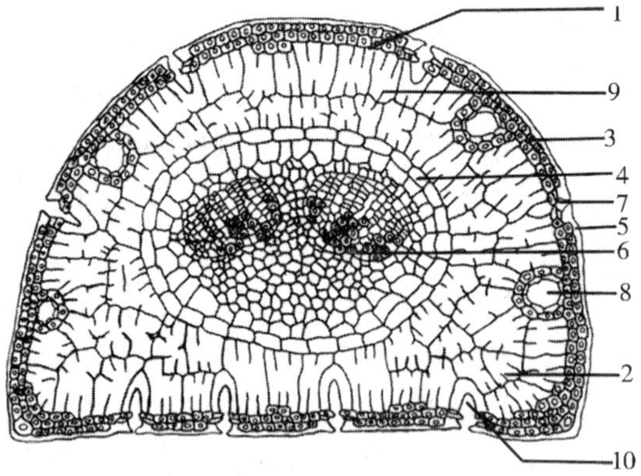

图3－36　松针叶横切面详图

1. 下皮层　2. 叶肉细胞　3. 表皮　4. 内皮层　5. 角质层　6. 维管束
7. 下陷的气孔　8. 树脂道　9. 薄壁组织　10. 孔下室

第四节　花

花（flower）是被子植物（angiosperm）特有的生殖器官，因此被子植物又被称为有花植物（flowering plant）。花的产生与多样化对于被子植物的生殖成功与快速演化具有决定性意义。

花在被子植物生活史中存在的时间较短，受环境因素的影响较小，因此其形态结构相对保守而稳定，对研究植物分类、药材的原植物鉴别及花类药材的鉴定等均具有重要意义。

一、花的组成与形态结构

一朵完整的花通常由花梗、花托、花萼、花冠、雄蕊群和雌蕊群等部分组成（图3－37）。其中花梗与花托相当于枝的部分，主要起支持作用；其余四部分由外向内依次排列，相当于枝上的变态叶，常合称为花部（flower parts）。花萼与花冠为不育部分，着生在花托的外围，主要起保护与展示作用（吸引动物传粉），二者合称为花被（perianth）；雄蕊群与雌蕊群为可育部分，着生在花托的中央，通过有性生殖过程完成后代的繁衍。

扫码“学一学”

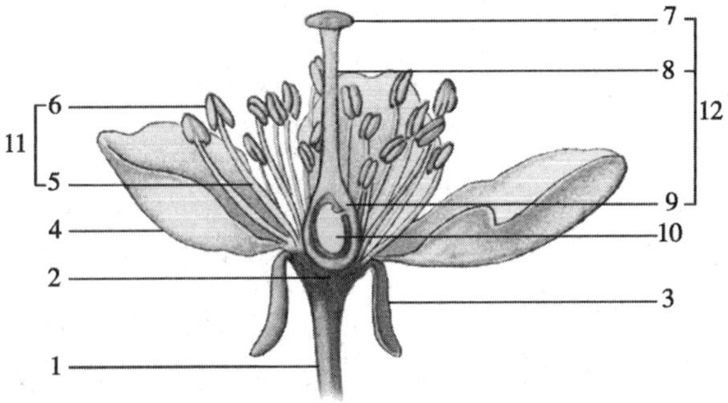

图3－37　花的组成

1. 花梗　2. 花托　3. 萼片　4. 花瓣　5. 花丝　6. 花药　7. 柱头　8. 花柱　9. 子房　10. 胚珠　11. 雄蕊　12. 雌蕊

（一）花梗

花梗（pedicel）又称为花柄，是连接茎与花其他部分的柄状结构，在结果期又称为果梗或果柄。多数植物的花具有花梗，其粗细长短也因种而异，但在有些类群中花梗也可能缺失而成为无梗花，如车前、龙胆等。

花梗的内部结构与茎的初生结构相似，有的在果期还可能产生次生结构，如南瓜。

（二）花托

花托（receptacle）是花梗顶端膨大的部分，花的其他四部按轮状或螺旋状的方式排列其上，由外向内依次为花萼、花冠、雄蕊群和雌蕊群。花托一般呈平坦或略凸起的圆顶状，但在不同的类群中也表现出多样化的特点，如玉兰、厚朴的花托显著伸长而呈圆柱状；草莓、毛茛的花托膨大呈圆锥状；桃的花托凹陷呈杯状；玫瑰的花托呈坛状；莲的花托呈倒圆锥状等。有的花托顶部形成各种形状的蜜腺结构，称花盘（floral disc），如枣、柑橘、黄芩等。有的花托在雌蕊群基部向上延伸成为柄状，称雌蕊柄，如落花生的雌蕊柄在花完成受精作用后迅速延伸，将先端的子房插入土中，形成果实，所以也称为子房柄。

（三）花被

1. 花萼（calyx）　是一朵花中所有萼片（sepal）的总称，包被在花的最外层。萼片一般为绿色而相对较厚的叶状体，在有的植物中，萼片可能特化成大而有鲜艳颜色的瓣状萼（类似花瓣），如乌头、翠雀、白头翁。萼片在花中通常排列为单轮，其数目常具有科属特异性，一般以3～5片为常见。有些植物的花除花萼外，外面还有一轮萼状的瓣片，称副萼（calycle 或 epicalyx），相当于花的苞片，如委陵菜、草莓等。

萼片彼此分离时称为离生萼，如牡丹、毛茛；萼片全部或部分联合在一起时则称为合生萼，如桔梗、黄芩，联合的部分称萼筒或萼管，上端分离的部分称萼齿或萼裂片。花萼一般会在花凋谢时脱落，但在很多植物中花萼会随同果实继续发育而不脱落，这称为宿存萼，如茄、柿、西红柿、芍药等。在菊科植物中，宿存萼常退化形成冠毛（pappus）以帮助果实的传播。罂粟、延胡索等植物的萼在花刚开时即脱落，称为早落萼。

萼片内部的基本结构与叶相似，内含稍分枝的维管组织与丰富的绿色薄壁细胞，但很少有栅栏组织与海绵组织的分化。

2. 花冠（corolla） 通常是花中最显著的部分，是一朵花中所有花瓣（petal）的总称，位于花萼的内方。花瓣通常大于萼片，但相对较薄，其内部结构与萼片相似而缺少叶绿体。花瓣的上表皮细胞常向外形成乳突状，经光线照射后呈丝绒样光泽。花瓣常具有鲜亮的色彩，并含有挥发油，使花发出各种特殊的香气。花瓣基部常有蜜腺存在，可以分泌蜜汁。花瓣在植物进化过程中有时会形成具有鉴别意义的特化形态（图 3－38），如有些植物的花瓣上延伸出或长或短的管状或囊状突起，称为距（spur），其中常藏有蜜腺，如紫花地丁、耧斗菜、凤仙花等；翠雀等植物的瓣状萼上也会形成距；有时花瓣会特化为特殊形态的蜜叶而失去原有的形态，例如乌头属植物的花瓣；兰科植物的内轮中央花瓣常特化为向一侧伸出的大而美丽的唇瓣；有的植物花瓣明显分化为上下两部分，其下部狭缩形成瓣爪（claw），上部阔展形成瓣檐（limb），例如石竹、油菜的花；在有些植物的花中，花瓣和雄蕊之间还存在着额外的花瓣状附属结构，称为副花冠（corona），常见于萝藦科及西番莲、夹竹桃、水仙等植物的花。花冠的艳丽形态、芳香气味以及蜜腺的存在都是适应动物传粉的进化产物。

图 3－38 花瓣的特化

1. 凤仙花的距 2. 乌头的蜜叶 3. 兰的唇瓣 4，5. 石竹的瓣檐与瓣爪 6. 水仙的副花冠

花瓣一般为单轮排列，其数目常与萼片相等，有些植物特别是人工栽培的种类常会形成二轮以上的花瓣，称为重瓣花（double flower），如月季、牡丹等。花瓣彼此分离的称离瓣花（choripetalous flower），如石竹、油菜；花瓣部分或全部联合的称合瓣花（synpetalous flower），如牵牛、丹参等，花冠联合的部分称为花冠管，分离的部分称为花冠裂片，花冠管上端与开展部分的交界处称喉部。

（1）花冠的类型 花瓣的形态、数目、排列与联合情况的不同常使花冠形成特定的形状，这些花冠形状往往成为不同类别植物所特有的特征。其中常见的有以下几种类型。

①十字形花冠（cruciferous corolla） 花瓣 4 片，离生，排列为十字形。为十字花科植物的典型花冠类型，如荠菜、菘蓝等。

②蝶形花冠（papilionaceous corolla） 花瓣 5 片，离生，排列为蝶形，最上一片最大，称为旗瓣；侧面两片通常较旗瓣小，且与旗瓣不同形，称为翼瓣；最下两片其下缘稍合生，

状如龙骨，称龙骨瓣。如紫藤、甘草、槐等豆科植物。

③唇形花冠（labiate corolla）　花冠下部合生成管状，上部向一侧张开呈二唇形，通常上唇为2裂，下唇为3裂。如丹参、益母草等唇形科植物。

④高脚碟形花冠（salverform corolla）　花冠下部合生成狭长的圆筒状，上部水平开展如碟状。如点地梅、迎春花、长春花等植物。

⑤漏斗状花冠（funnelform corolla）　花冠下部合生成筒状，向上渐扩大成漏斗状。如牵牛、打碗花等旋花科植物。

⑥钟状花冠（campanulate corolla）　花冠合生成宽而稍短的筒状，上部裂片扩大成钟状，花常下垂。如桔梗、沙参等桔梗科植物。

⑦辐（轮）状花冠（rotate corolla）　花冠下部合生形成一短筒，上端裂片向四周水平扩展如轮状。如西红柿、茄、龙葵等茄科植物。

⑧坛（壶）状花冠（ureolate corolla）　花冠合生成下部肥大的壶形，顶部收缩成一短颈，裂片外展。如君迁子等柿树科植物。

⑨管状（tubular corolla）花冠　花冠大部分合生成一管状或圆筒状。如红花、小蓟等菊科植物。

⑩舌状（ligulate corolla）花冠　花冠基部合生成一短筒，上部合生向一侧展开如扁平舌状。如蒲公英、苦荬菜等菊科植物。（图3－39）

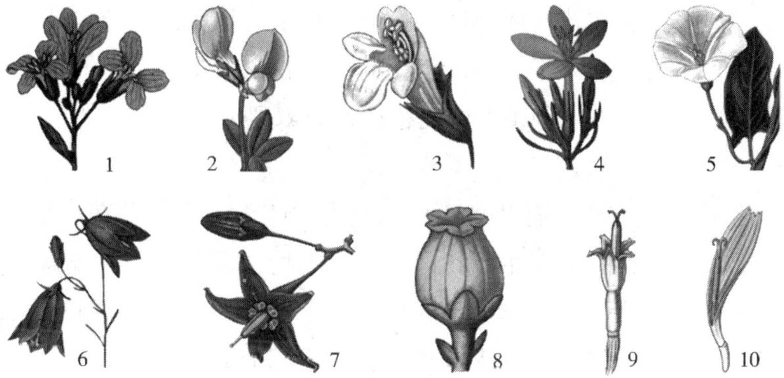

图3－39　花冠的常见类型

1. 十字形　2. 蝶形　3. 唇形　4. 高脚碟形　5. 漏斗状
6. 钟状　7. 辐状　8. 坛状　9. 管状　10. 舌状

（2）花被卷叠式有以下几种类型　花瓣或花被在花芽内有不同的排列方式，其排列方式及关系称花被卷叠式，不同的植物种类具有不一样的花被卷叠式，常见的花被卷叠式包括以下几种类型（图3－40）。

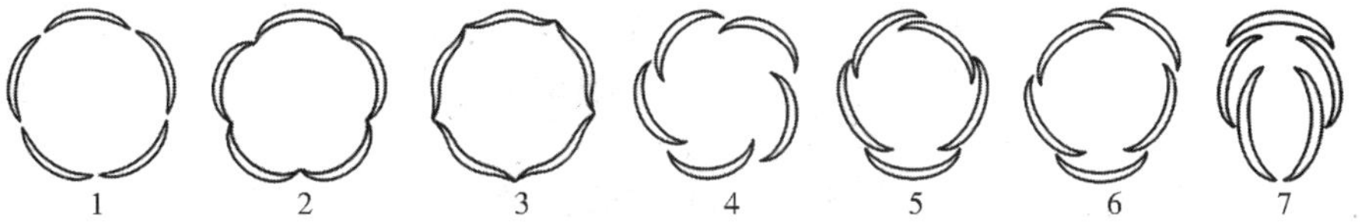

图3－40　花被的卷叠式

1. 镊合状　2. 内向镊合状　3. 外向镊合状　4. 旋转状　5. 覆瓦状　6. 重复瓦状　7. 蝶状

①镊合状（valvate）　花被片各边缘彼此接触而不互相覆盖。若各片边缘内弯称内向

镊合状，若各片边缘外弯称外向镊合状。

②旋转状（contorted）　花被片各边缘依次相互覆压呈回旋状。

③覆瓦状（imbricate）　花被片各边缘彼此覆压，但有一片或两片完全在外，另有一片完全在内。若有两片完全在外，两片完全在内，则称为重复瓦状。

④蝶状（vexillary）　为豆科蝶形花亚科特有的卷叠式，为下行覆瓦状排列，即最上的旗瓣在最外侧，其下覆盖两片翼瓣，而最靠下的两片龙骨瓣在最内侧。

（四）雄蕊群

雄蕊群（androecium）是一朵花中所有雄蕊（stamen）的总称。雄蕊是花的雄性生殖结构，其主要功能是产生成熟的花粉。雄蕊着生于花冠内侧，一般直接生于花托上，但在许多合瓣花中可能合生于花冠管上，称为冠生雄蕊。

1. 雄蕊的组成　雄蕊由花丝（filament）和花药（anther）两部分组成。花丝是一个细长的柄状结构，顶端与花药相连。花丝的内部结构简单，表皮下为薄壁组织包裹的维管束，通常为周韧型。花丝除一般形态外，也有扁平如带的，如莲；或完全消失的，如栀子；或特化为花瓣状的，如美人蕉、姜等。花药是产生花粉的结构，由四个花粉囊组成，少数为两个，中间由药隔分为两半。锦葵科及有些木棉科植物的花药常发育为单室，花药壁的基本结构由表皮、药室内壁、中层与绒毡层组成，其中绒毡层是一层特殊的分泌细胞，为发育中的花粉提供外壁蛋白、脂类、孢粉素等必需的营养物质与结构成分，在花粉发育后期逐渐解体；药室内壁的细胞在花粉成熟时常发生不规则的带状纤维化增厚，有助于花药的裂开。花药在成熟时通常自动开裂，释放其中的成熟花粉，其开裂方式最常见的是沿花药长轴纵裂，如百合。此外，在有些植物中也存在花药瓣裂（如樟、小檗）或孔裂（如杜鹃花西红柿）的情况。

花药在花丝上的着生方式也有几种不同的情况。①全着药：花药全部附着在花丝上，如紫玉兰。②基着药：花药基部着生于花丝顶端，如樟、茄等。③背着药：花药背部着生于花丝上，如杜鹃。④丁字药：花药横向着生于花丝顶端而与花丝成丁字状，如百合、小麦等。⑤个字药：花药上部连合，着生在花丝上，下部分离，略成个子形，如地黄、泡桐等。（图 3－41）⑥广歧药：花药左右两半完全分离平展，与花丝成垂直状着生，如薄荷、益母草等。（图 3－42）

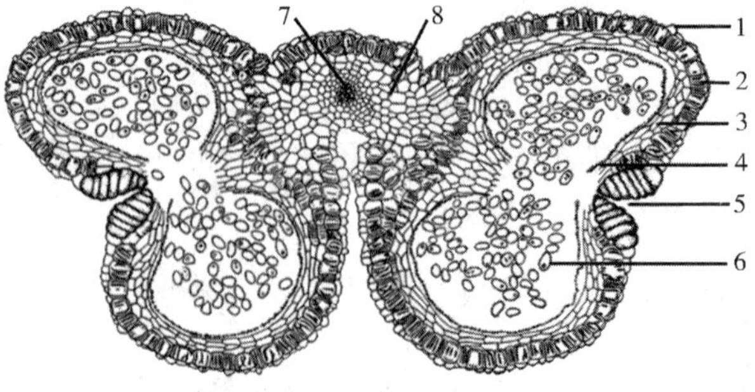

图 3－41　百合花药的结构

1. 表皮　2. 药室内壁　3. 中层　4. 解体的绒毡层

5. 花药裂口　6. 成熟花粉　7. 药隔维管束　8. 药隔

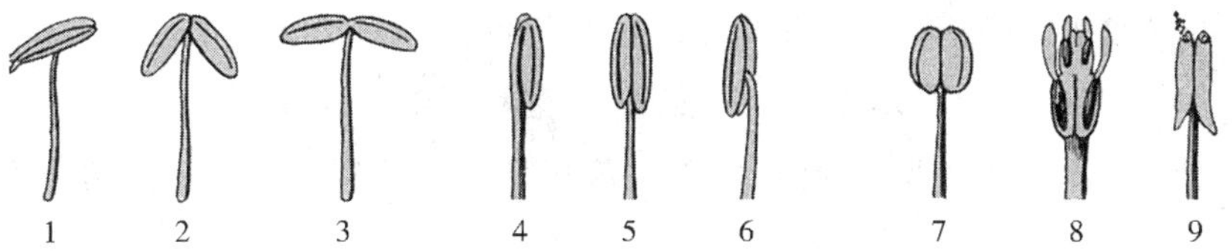

图 3-42 花药的着生与开裂方式

1. 丁字着药 2. 个字着药 3. 广歧着药 4. 全着药

5. 基着药 6. 背着药 7. 纵裂 8. 瓣裂 9. 孔裂

2. 雄蕊的类型

雄蕊的形态、数目以及联合情况的不同形成了多种雄蕊类型，也是分类鉴别的重要依据。以下为常见的雄蕊类型。

（1）离生雄蕊（distinct stamens） 雄蕊彼此分离，长短相似。为最常见的雄蕊类型，如玉兰、玫瑰、山桃等。

（2）四强雄蕊（tetradynamous stamens） 离生雄蕊 6 枚，4 长 2 短。为十字花科植物特有的雄蕊类型，如油菜、菘蓝、二月兰等。

（3）二强雄蕊（didynamous stamens） 离生雄蕊 4 枚，2 长 2 短。常见于唇形科、玄参科、马鞭草科、紫葳科、列当科、苦苣苔科植物如丹参、地黄、荆条等。

（4）聚药雄蕊（synanthrous stamens） 雄蕊花丝分离而花药互相联合成管。常见于菊科植物如蒲公英、向日葵、菊等，也见于桔梗科半边莲属等。

（5）单体雄蕊（monadelphous stamens） 花药完全分离而花丝联合成 1 束。常见于锦葵科植物如锦葵、木槿、棉；也见于豆科的某些属如芒柄花属、野百合属等。

（6）二体雄蕊（diadelphous stamens） 花丝联合成 2 束而花药分离。常见于豆科、罂粟科植物。豆科植物中以 9+1 的 2 束为常见，如扁豆、甘草等；偶见 5+5 的 2 束，如合萌、链荚木；罂粟科紫堇属等植物一般为 3+3 的 2 束。

（7）多体雄蕊（polyadelphous stamens） 花药分离，花丝合生为多束。常见于藤黄科植物如红旱莲、金丝桃等。（图 3-43）

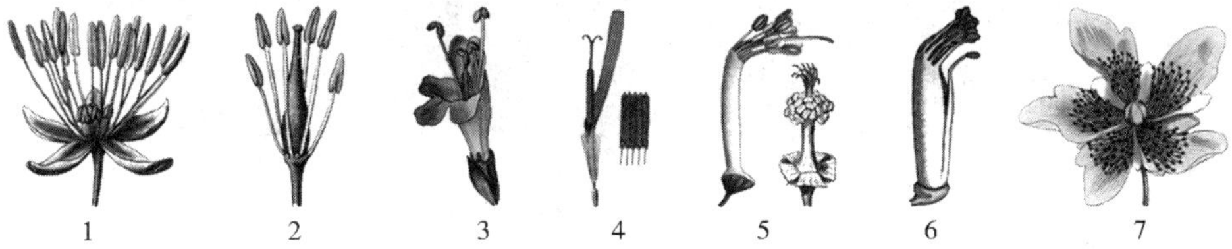

图 3-43 雄蕊的常见类型

1. 离生雄蕊 2. 四强雄蕊 3. 二强雄蕊 4. 聚药雄蕊

5. 单体雄蕊 6. 二体雄蕊 7. 多体雄蕊

3. 花粉的结构与类型 成熟花粉（pollen）是一个特殊的多细胞结构，是种子植物产生并传递雄性配子（精子）的基本单位，因而又称为雄配子体。花粉的发育源于药室中特殊的分生细胞——小孢子母细胞的减数分裂，其分裂结果是形成单倍体的小孢子四分体（四个小孢子通过胼胝质壁黏合在一起），后在绒毡层分泌的胼胝质酶作用下分解为小孢子，进而经过1－2次有丝分裂并合成花粉外壁而发育为成熟花粉。（图3－44）多数被子植物（约70%）的成熟花粉为二细胞型花粉，即花粉中包含有两个不均等细胞，大的为营养细胞，小的为生殖细胞。在花粉管萌发后，其生殖细胞会在花粉管中分裂为两个精细胞（精子）。另一种三细胞型花粉存在于少数被子植物中，其花粉在成熟时已完成生殖细胞的分裂，因而成熟花粉由营养细胞与两个精细胞组成。

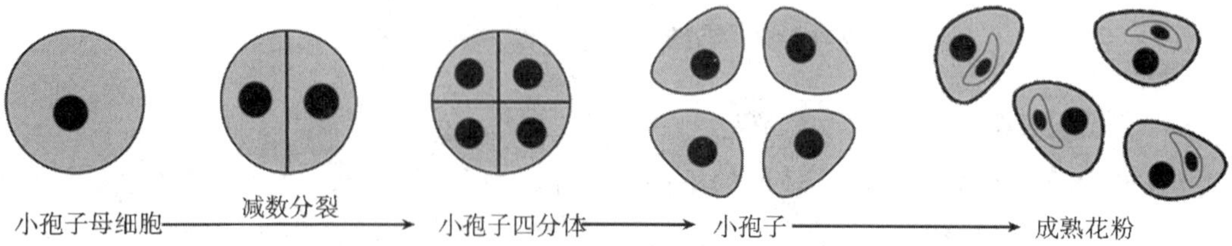

图3－44　花粉的发育过程

花粉壁是一种特殊的细胞壁，通常由薄而柔软的内壁和厚而坚硬的外壁构成，其内壁的主要组成物质是纤维素与果胶，而外壁的主要成分是多聚孢粉素。孢粉素具有坚硬、耐高温、耐腐蚀的特性，因此花粉外壁很易于在地层中保留下来形成化石。孢粉素在花粉外壁的沉积会形成种属特异性的纹饰，具有非常重要的分类学价值，并因此形成一个专门的学科——孢粉学（palynology）。

在花粉管萌出的部位是缺少外壁覆盖的，称为萌发孔，并常依据其形态的不同将花粉分为三个主要类型：具孔花粉的萌发孔长轴小于短轴的2倍而呈短孔或圆孔状；具沟（槽）花粉的萌发孔长轴超过短轴的2倍而呈沟槽状；具孔沟花粉的外壁向内凹陷形成沟槽但在沟槽内形成短的萌发孔。（图3－45）一般双子叶植物多具有3沟或3孔沟花粉，单子叶植物则以单沟或单孔花粉（禾本科）较为常见。有些植物的花粉不具萌发孔，如百合科的菝葜属、大戟科的巴豆属植物等。

图3－45　三种类型花粉的扫描电镜图

1. 梯牧草的具孔花粉（单孔）　2. 南芥的具沟花粉（三沟）

3. 欧洲野葡萄的具孔沟花粉（三孔沟）

（五）雌蕊群

雌蕊群（gynoecium）是一朵花中所有雌蕊（pistil）的总称，位于花中央或花托顶部。每一雌蕊包括柱头、花柱和子房三个部分。雌蕊的主要功能是通过传粉与受精作用产生果实与种子。

雌蕊的基本结构单位称为心皮（carpel），是具生殖作用的变态叶。每一雌蕊均由一至数枚心皮通过边缘的纵向折叠或彼此联合构成。心皮边缘的合缝线称为腹缝线（ventral suture)，而心皮背面相当于中脉的部分则称为背缝线（dorsal suture)，在这二条缝线处都有维管束分布。

柱头（stigma）位于雌蕊的顶端，是接受花粉的部位，一般膨大或扩展成各种形状。有些雌蕊的柱头形成显著的分裂，往往体现了组成雌蕊的心皮数目。

花柱（style）是柱头和子房间的连接部分，也是花粉管进入子房的通道。花柱的长短因种而异，如玉米的花柱细长如丝，但莲和罂粟的花柱则极短而不明显。有些植物的花柱生于纵向分裂的子房基部，称花柱基生（gynobasic)，如黄芩、丹参等唇形科植物和紫草、附地菜等紫草科植物。在兰科与萝藦科植物中，雄蕊与花柱合生形成特殊的合蕊柱（gynostemium)。花柱的内部结构简单，通常由表皮包裹的薄壁组织构成。一般双子叶植物多具实心花柱，单子叶植物的花柱多为空心。

子房（ovary）是雌蕊基部的膨大部分，着生在花托上，内含胚珠。子房的中空部分称为子房室，多室子房的室间隔膜往往由心皮边缘的内卷导致腹缝线内伸构成。(图 3 -46) 在有些类群如十字花科植物中，室间隔膜来自于胎座的衍生物，称为假隔膜（false partition）或胎座框（replum)。子房壁的结构与叶相近，内外表皮间为多层薄壁组织，维管束贯穿其中。

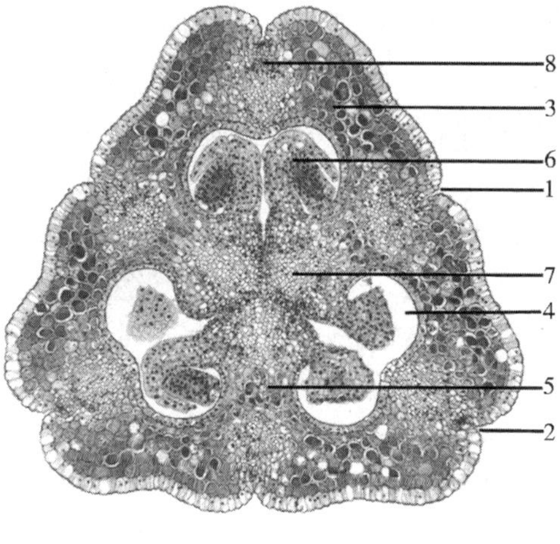

图 3 -46　山丹子房的结构

1. 腹缝线　2. 背缝线　3. 子房壁　4. 子房室　5. 室间隔膜　6. 胚珠　7. 胎座　8. 维管束

1. 雌蕊的类型　根据组成雌蕊的心皮数目可将雌蕊分为以下两大类。

(1) 单雌蕊（simple pistil）　由单个心皮构成的雌蕊。若一朵花中仅具一个单雌蕊，则称为单生单雌蕊，常见于豆科、蔷薇科的李亚科等，如豌豆、山桃；若一朵花中具多个离生的单雌蕊，则称为离心皮雌蕊（apocarpous pistil)，常见于木兰科、毛茛科、景天科等，如玉兰、毛茛、红景天。

(2) 复雌蕊（compound pistil）　由两个以上的心皮联合构成的雌蕊，又称为合心皮雌蕊（syncarpous pistil)。这是被子植物中最为常见的雌蕊类型，并且一朵花中通常只有一个复雌蕊，如山楂、百合、连翘等。组成复雌蕊的心皮数目往往可以通过花柱或柱头的分裂数目、腹背缝线的数目及子房室的数目来判断。(图 3 -47)

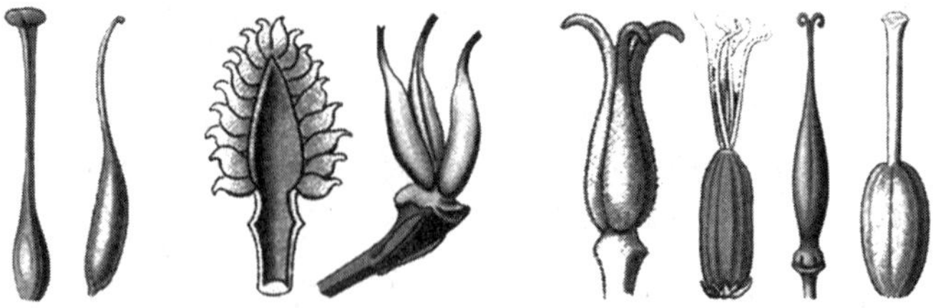
1　　　　2　　　　3

图 3-47　雌蕊的类型

1. 单雌蕊　2. 离心皮雌蕊　3. 复雌蕊

2. 子房的位置　子房通常着生于花托的中央，但与其他花部的相对位置则取决于花托的形态及其与子房的联合情况，由此形成以下三种类型：

（1）上位子房（superior ovary）　子房仅底部与花托相连。若花托较为平坦或向上隆起，而花的其他各部的着生点较子房为低，则这种类型的花称为下位花（hypogyous flower），如玉兰、牡丹、油菜、连翘等；若花托中央凹陷而使子房着生的位置降低，而其他花部着生于花托边缘，则称为周位花（perigyous flower），如月季、山桃等。

（2）下位子房（inferior ovary）　子房埋藏于凹陷的花托之中并完全与之愈合，而其他花部着生在子房上方。这种类型的花称为上位花（epigyous flower），如苹果、南瓜、茜草等。

（3）半下位子房（half-inferior ovary）　子房仅下半部分与凹陷的花托愈合，而其他花部着生于花托边缘。这种类型的花同样称为周位花，如马齿苋、桔梗等。（图3-48）

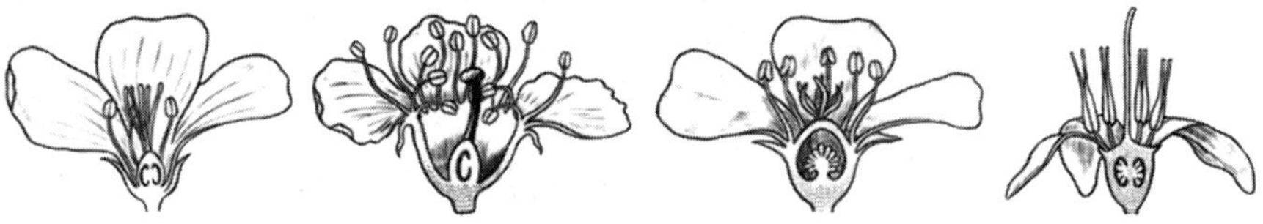
1　　　　2　　　　3　　　　4

图 3-48　子房与花的位置

1. 上位子房，下位花　2. 上位子房，周位花　3. 半下位子房，周位花　4. 下位子房，上位花

3. 胎座的类型　胚珠着生的心皮部分称为胎座（placenta）。胎座一般位于心皮的腹缝线上，并通常形成肉质的突起，在某些植物中发达的胎座甚至占据了大部分子房室，如西瓜、番茄等。胎座的类型主要决定于组成雌蕊的心皮数目及其联合状况，也是分类鉴定的重要依据之一。

（1）边缘胎座（marginal placentation）　单雌蕊，子房1室，胚珠沿心皮边缘融合的腹缝线排成纵列。常见于心皮单生的豆科植物，也见于心皮离生的芍药科、毛茛科、景天科植物等。

（2）侧膜胎座（parietal placentation）　复雌蕊，子房1室，胚珠沿相邻心皮彼此联合的腹缝线排成纵列。常见于葫芦科、堇菜科、罂粟科、十字花科、兰科植物等。

（3）中轴胎座（axile placentation）　复雌蕊，各腹缝线内伸将子房分隔为多室，胚珠着生于腹缝线彼此融合构成的中央轴上。这是被子植物各科最为常见的胎座类型，如百合科、桔梗科、茄科植物等。

（4）特立中央胎座（free central placentation）　复雌蕊，子房1室，胚珠着生于由子房底部升起的游离中央轴上。常见于石竹科、报春花科、马齿苋科植物等。

（5）基生胎座（basal placentation）　子房1室，胚珠生于子房底部，如向日葵。

（6）顶生胎座（apical placentation）　子房1室，胚珠生于子房顶部而悬垂室中，如桑。（图3-49）

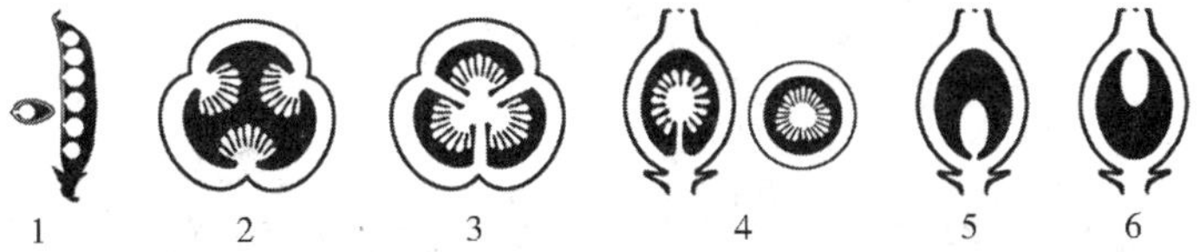

图3-49　胎座的类型

1. 边缘胎座　2. 侧膜胎座　3. 中轴胎座　4. 特立中央胎座　5. 基生胎座　6. 顶生胎座

4. 胚珠的结构与类型　胚珠（ovule）是种子的前体，由珠柄（funicle）、珠被（integument）和珠心（nucellus）所组成。珠柄为连接胚珠与胎座的短柄，其内的维管束将胚珠与子房连接起来以传递营养与激素。胚珠的表面覆盖着一层或两层珠被，将珠心组织包裹于其中并在一端留下一个小孔即珠孔（micropyle）。珠心是位于胚珠中央的薄壁组织，其中包含有雌配子体即胚囊（embryo sac）。珠被、珠心基部与珠柄汇合的部位称为合点（chalaza），是珠柄维管束进入胚囊的位置。胚珠的翻转、弯曲、及与珠柄相对位置的变化形成了几种常见的胚珠类型，亦具有分类学意义。

（1）直生胚珠（orthotropous ovule）　胚珠直立于珠柄之上，珠心直伸，珠孔在珠柄相对的一端。此为最原始的胚珠类型，常见于胡椒科、蓼科植物等。

（2）倒生胚珠（anatropous ovule）　胚珠倒转而珠心直伸，使珠孔靠近珠柄，且珠柄大部与外珠被愈合而形成一条向外隆起的珠脊。此为被子植物中最为常见（约占80%）的胚珠类型。

（3）横生胚珠（hemitropous ovule）　胚珠连同珠柄上部翻转90度而珠心直伸，珠柄与珠心成直角状态，且珠柄上部与外珠被愈合而形成一条短的珠脊。见于毛茛科、报春花科植物等。

（4）弯生胚珠（campylotropous ovule）　胚珠自身弯转而使珠柄与珠心成近直角状态，胚珠先端下弯而使珠孔下倾，但珠柄不弯曲。常见于豆科、十字花科植物等。

（5）曲生胚珠（amphitropous ovule）　胚珠两端双曲而使珠心呈马蹄形，珠孔靠近珠柄，胚珠偏向珠柄一侧并通常形成短的珠脊。见于浮萍科、泽泻科植物等。

（6）拳卷胚珠（circinotropous ovule）　胚珠翻转超过360度而使珠柄卷曲包绕胚珠。常见于仙人掌科植物。（图3-50，图3-51）

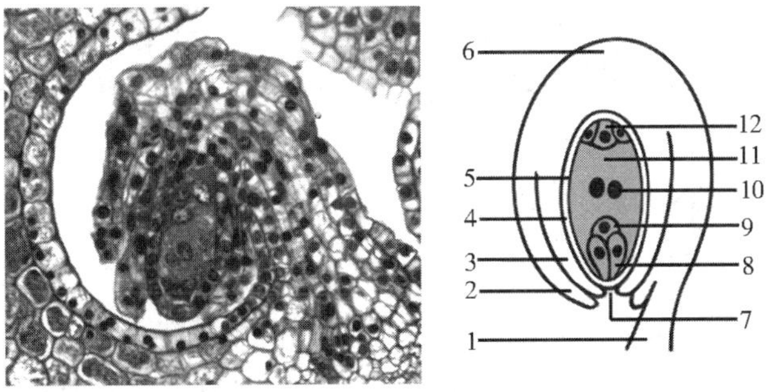

图3-50　山丹胚珠的结构

1. 珠柄　2. 外珠被　3. 内珠被　4. 珠心　5. 胚囊　6. 合点　7. 珠孔
8. 助细胞　9. 卵细胞　10. 极核　11. 中央细胞　12. 反足细胞

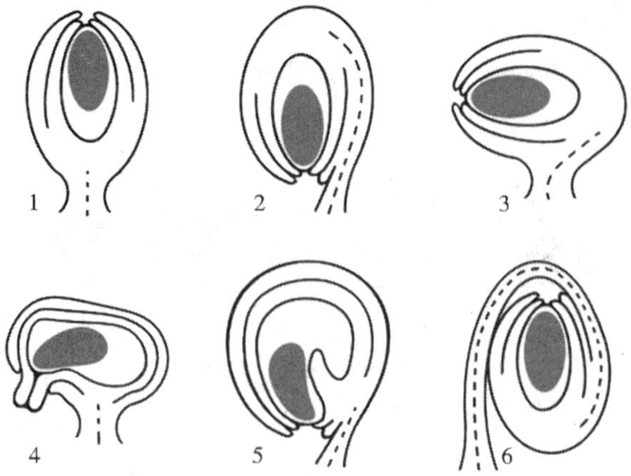

图 3－51　胚珠的类型

1. 直生胚珠　2. 倒生胚珠　3. 横生胚珠　4. 弯生胚珠　5. 曲生胚珠　6. 拳卷胚珠

二、花的类型

被子植物的花在长期的演化历程中，为适应生殖功能的需要在花部与花被的简化、雌雄性别分化、对称性与传粉方式等方面均发生了广泛的多样化，从而形成了多种类型的花。

（一）完全花与不完全花

花萼、花冠、雄蕊群与雌蕊群四部俱全的花称为完全花（complete flower），缺少其中任一部分则称为不完全花（incomplete flower）。不完全花是由于进化过程中花部的简化或退化消失造成的。

（二）重被花、同被花、单被花与无被花

花萼与花冠均存在的花称为两被花或重被花（dichlamydeous flower），如西红柿、山桃；花被 2－多轮，但内、外瓣片在形态色泽等方面并无显著区分的花称为同被花（homochlamydeous），如玉兰、百合；花被仅为单轮的花称为单被花（monochlamydeous flower），该轮花被通常称为花萼，如桑、白头翁；花被完全不存在的花称为无被花（achlamydeous flower）或裸花（naked flower），如杨、柳等。

（三）两性花、单性花与无性花

雄蕊群与雌蕊群同时存在的花称为两性花（bisexual flower; perfect flower），缺少其中之一时则称为单性花（unisexual flower; imperfect flower），仅具雄蕊群的花称雄花，仅具雌蕊群的则称为雌花，二者全缺的称无性花或中性花（asexual flower）。同一植株上兼有雌花和雄花的称单性同株或雌雄同株（monecious），如黄瓜、蓖麻；雌花和雄花分别生于不同植株上的称为雌雄异株（dioecious），如毛白杨、桑；同一植株上两性花和单性花都存在的称为杂性同株（polygamo－monoecious），如元宝槭、胖大海等。

（四）辐射对称花、两侧对称花、双面对称花与不对称花

花的对称性通常是指花萼/花冠整体形状上的对称性，一般不涉及雌雄蕊群的情况。通过花的中心可以做出两个以上对称面的花称为辐射对称花（actinomorphic flower），也即为整齐花（regular flower），如郁金香、桃、连翘等；仅存在一个对称面的花称为两侧对称花（zygomorphic flower），也即为不整齐花（irregular flower），如忍冬、紫花地丁、益母草的

花；有一种比较少见的特殊对称类型是花中存在两个对称面，称为双面对称花（bisymmetric flower），如罂粟科荷包牡丹属与紫金龙属植物；还有个别植物的花因缺少明显的对称面而称为不对称花（asymmetric flower），如美人蕉。

（五）风媒花、虫媒花、鸟媒花、兽媒花与水媒花

花粉的传递是被子植物生殖过程中的关键环节，而每一类群的特定传粉方式与传粉媒介则是长期适应性进化的产物。现生类群中有少数被子植物依赖于风力进行传粉，其花通常较小而密集，花被退化而花粉众多，称为风媒花，例如禾本科、莎草科、杨柳科、胡桃科、桦木科等植物的花；多数被子植物依靠动物进行传粉，其花被或雄蕊群通常亮丽而显着，并常具蜜腺与芳香的气味，其中以蜜蜂、蝶类、蛾类、甲虫等昆虫为传粉媒介的植物种类最多，其花称为虫媒花；有些热带植物如美人蕉科、旅人蕉科、蝎尾蕉科、闭鞘姜科的一些种类依赖蜂鸟、太阳鸟、吸蜜鸟等鸟类进行传粉，其花称为鸟媒花；还有些热带植物如玉蕊科、桃金娘科、仙人掌科、藤黄科的一些种类则吸引蝙蝠、狐猴、婴猴等哺乳动物进行传粉，其花称为兽媒花；有少数水生植物如菹草、黑藻、金鱼藻等依赖水流进行传粉，其花称为水媒花。

三、花程式与花图式

为了简单而直观地表述花的基本特征，通常采用的两种方法是花程式与花图式，前者简捷易用，后者则更为直观。

（一）花程式

花程式（floral formula）是通过字母、数字与符号构成公式来描述花部特征的方法，其涵盖内容包括花的性别、对称方式、各部成员相关的数量信息与联合情况、子房位置等。花程式的优点是易于掌握而书写方便，基本能够体现花的关键特征，缺点是不能表现各部成员的排列关系。花程式的书写方法在国内外不同的教科书中并不完全一致，目前国内常采用的基本书写原则如下。

1. 以字母代表花的各部　一般用各轮花部拉丁词的第一个字母大写表示，“P”代表花被（perianthium），“K”代表花萼（calyx，为避免与花冠重复，故采用其字源希腊语 kalyx 的第一个字母），“C”代表花冠（corrola），“A”代表雄蕊群（androecium），“G”代表雌蕊群（gynoecium）。

2. 以字母下角的数字代表各部成员的数目　定数时以“1－10”的阿拉伯数字代表，大于10的多数以“∞”代表，成员缺失时以“0”代表。字母G后通常有3个以“:”分隔的数字，分别代表雌蕊群的心皮总数、每个雌蕊的子房室数及每个子房室中的胚珠数（胚珠数大于2时通常即视为多数）。

3. 以符号代表各部分的性状　“⚥、♂、♀”分别代表两性花、雄花与雌花；“*、↑”分别代表整齐花（辐射对称）与不整齐花（两侧对称）；数字外加括号代表联合；数字间用“,”分隔代表多种数量并存；数字间用“+”分隔代表不同的轮；字母G上下出现的“—”代表子房的位置，即“$\underline{G}$、$\overline{G}$、$\overline{\underline{G}}$”分别代表子房上位、下位、半下位。

以下为一些常见植物的花程式及对应的花部形态特征描述：

玉兰　⚥ $*P_{\infty}A_{\infty}\underline{G}_{\infty:1:1-2}$　花两性，辐射对称；花被多数，不分化；雄蕊多数；雌蕊心皮多数离生，子房上位，1室，1胚珠。

西府海棠　⚥ $* K_5C_5A_{\infty}\overline{G}_{(5:5:2)}$　花两性，辐射对称；萼片 5，花瓣 5；雄蕊多数；雌蕊 5 心皮合生，子房下位，5 室，胚珠 2。

紫藤　⚥ $\uparrow K_{(5)}C_5A_{(9)+1}\underline{G}_{1:1:\infty}$　花两性，两侧对称（蝶形）；萼 5 裂，花瓣 5；雄蕊 10，9 枚合生，1 枚分离；雌蕊 1 心皮，子房上位，1 室，胚珠多数。

桑　♂ $* K_4C_0A_4$；♀ $* K_4C_0\underline{G}_{(2:1:1)}$　花单性，辐射对称；萼片 4，花瓣退化；雄花具雄蕊 4；雌花具 2 心皮合生雌蕊，子房上位，1 室，1 胚珠。

桔梗　⚥ $* K_{(5)}C_{(5)}A_5\overline{\underline{G}}_{(5:5:\infty)}$　花两性，辐射对称；花萼 5 裂，花冠钟状，5 裂；雄蕊 5；雌蕊 5 心皮合生，子房半下位，5 室，胚珠多数。

荠菜　⚥ $* K_4C_4A_{2+4}\underline{G}_{(2:2:\infty)}$　花两性，辐射对称；萼片 4，花瓣 4；雄蕊 6，四强；雌蕊 2 心皮合生，子房上位，2 室，胚珠多数。

（二）花图式

花图式（floral diagram）是通过花的横剖面简图来描述花部特征的方法，能够体现花各部的数目、联合情况以及在花托上的排列关系。花图式的优点是比较直观，可清楚体现花被的卷叠式，缺点是不能体现子房的位置。由于绘制不如书写花程式方便，因而不如花程式常用。

典型的绘制方法如图 3－52 所示。

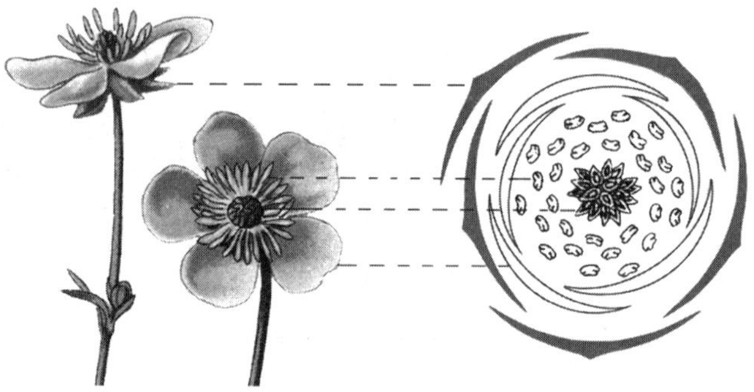

图 3－52　花图式

四、花序及其类型

花在枝条上的着生方式可分为两大类，即花单生或形成花序。花单生时其下通常有典型的营养叶存在，单生枝端的如玉兰、牡丹、石榴，单生叶腋的如含笑、木槿、曼陀罗等。在大多数被子植物中，花通常以特定的模式集生于花枝上，称为花序（inflorescence）。组成花序的每一朵花称为小花，其下的叶片通常特化成与营养叶显著不同的苞片，有时甚而退化缺失。有些植物的苞片密集在一起，组成总苞，如蒲公英、蓟等菊科植物的花序；有些植物的花序基部有特化的大苞片存在，如马蹄莲、天南星等植物的佛焰苞。花序的总柄称为花序梗或总花梗（柄），有些无茎植物在花期从基生莲座叶丛抽出的无叶花序梗称为花葶。花序梗延伸构成的着花主轴称为花序轴（rachis）或花轴，花轴单一的称为简单花序（simple inflorescence），有次级分枝的称为复合花序（compound inflorescence）。

依据花轴上各花的形成与开放的顺序可将花序分为两大类，即无限花序（indeterminate inflorescence）与有限花序（determinate infloresecence）。在有些时候，二者可能会同时存在而构成混合花序。

（一）无限花序

无限花序（indeterminate inflorescence）也称总状花序类，常通过单轴分枝的方式形成花蕾或次级分枝，花轴的顶芽则保持持续生长的状态而不形成顶花（terminal flower）。无限花序通常具有明显单一的主轴，花轴上的小花按形成顺序由基部向上方依次开放；如果花轴短缩，各花密集，则从边缘向中央依次开放。

简单的无限花序常形成以下几种类型。

（1）总状花序（raceme）　花轴伸长而不分枝，小花有梗且长短相近，自下而上顺序开放，如远志、荠菜、山丹的花序。

（2）伞房花序（corymb）　与总状花序相似，但花轴伸长有限，各小花的梗自下而上逐步缩短而使各花排列为近平顶状，如山楂、苹果等。

（3）伞形花序（umbel）　花轴极短而使小花共同从花序梗的顶端发出，各小花梗排列为伞撑状，如人参、山茱萸、点地梅等。

（4）簇生花序（fascicle）　花序无梗或具极短的总梗，花轴几不伸长而使小花密集簇生于叶腋，如鼠李、紫荆、日本小檗等。

（5）穗状花序（spike）　与总状花序相似而小花无梗或具极短的梗，如车前、马鞭草、知母等。

（6）肉穗花序（spadix）　穗状花序而具有肥厚肉质的花轴，基部常有一片大型苞叶称为佛焰苞（spathe），如半夏、天南星、马蹄莲等。

（7）葇荑花序（catkin）　穗状花序而具有花被退化的单性花，其花轴常柔软下垂并在开花后整体脱落，如杨、柳、胡桃、白桦等。

（8）头状花序（capitulum）　花轴短缩而膨大成头状或扁平的花序托，上面密生无梗或近无梗的小花，如蒲公英、向日葵、川续断、悬铃木等。

（9）隐头花序（hypanthodium）　小花聚生于肉质中空的壶形花轴内壁上，花轴上端有一小孔与外相通，为昆虫进出传粉的通道，如无花果、榕树等。（图3－53）

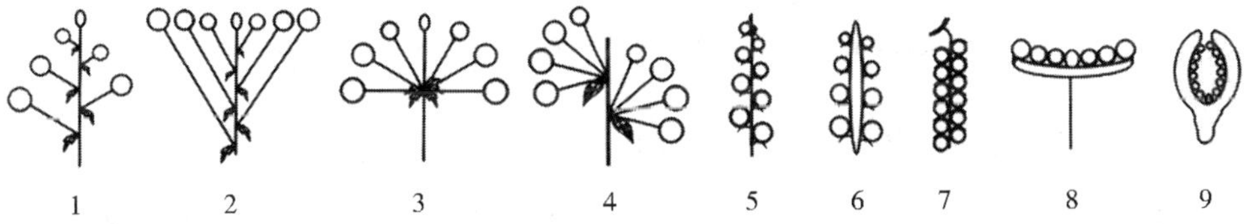

图3－53　简单无限花序的类型

1. 总状花序　2. 伞房花序　3. 伞形花序　4. 簇生花序　5. 穗状花序　6. 肉穗花序　7. 葇荑花序　8. 头状花序　9. 隐头花序

在某些植物中，简单的无限花序会进一步以相同的方式形成次级分枝而组成复合花序。若次级花轴及其上的小花均呈总状、穗状、伞形、伞房状或头状排列，则将分别形成圆锥花序或称复总状花序（如珍珠梅、白蜡树、女贞等）、复穗状花序（如小麦、鹅观草等）、复伞形花序（如胡萝卜、当归、小茴香等）、复伞房花序（如石楠、花楸等）、复头状花序（如蓝刺头、合头菊等）。此外，各种简单的无限花序亦可能以其他方式构成复花序，其中比较常见的是排成伞房状或圆锥状的复花序。

（二）有限花序

有限花序（determinate inflorescences）也称聚伞花序类，常通过合轴分枝的方式形成花蕾或次级分枝，其花轴顶芽首先发育为顶花，限制了花轴的伸长与新花的形成，而由其下的腋芽继续发育为花轴，如此重复成花。有限花序常缺少明显的单一主轴，或由各级花轴联合成弯曲的假主轴，其上的小花按形成顺序通常自内而外开放。

有限花序通常分为以下几种类型。

（1）聚伞花序（cyme） 除一些特殊类型外，常见的有限花序均可简称为聚伞花序，其基本特征是顶花与侧枝共同构成平顶或圆顶的、类似伞状或圆锥状的开展花序。聚伞花序常见于石竹科、卫矛科、景天科、夹竹桃科、萝藦科、败酱科、鸢尾科植物等。

（2）单歧聚伞花序（monochasium） 顶花之下形成单一侧枝，侧枝亦按上述方式再形成顶花及次级分枝，多级侧枝联合构成假主轴。若各级侧枝成左、右间隔而生，则形成之字形折曲的蝎尾状聚伞花序（scorpioid cyme），如射干、唐菖蒲、蝎尾蕉的花序；若各级侧枝朝向相同，则形成向一侧卷曲的螺状聚伞花序（helicoid cyme），如紫丹、附地菜等紫草科植物的花序。

（3）二歧聚伞花序（dichasium） 顶花之下形成对生的双侧枝，按此模式再形成顶花及次级分枝。如剪秋萝、扶芳藤、大叶黄杨等植物。

（4）多歧聚伞花序（pleiochasium） 顶花之下形成两个以上的次级分枝，每一侧枝均发育成一聚伞花序，如荚蒾、泽漆等植物。

（5）轮伞花序（verticillaster） 聚伞花序生于对生叶的叶腋间成假轮状排列的形式，常见于唇形科植物如益母草、薄荷等（图3－54）。

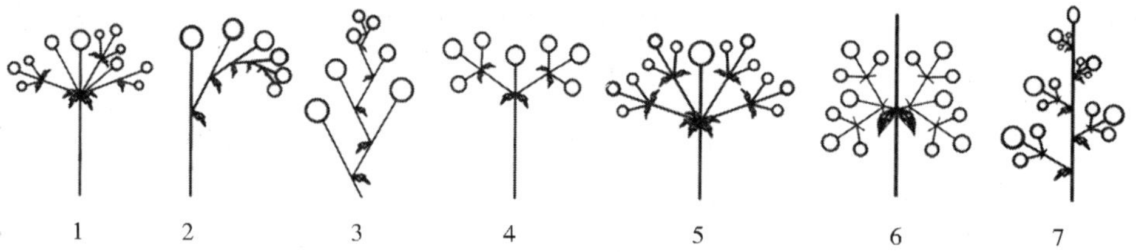

图3－54 有限花序的类型

1. 聚伞花序 2. 螺状聚伞花序 3. 蝎尾状聚伞花序 4. 二歧聚伞花序
5. 多歧聚伞花序 6. 轮伞花序 7. 聚伞圆锥花序（混合花序）

聚伞花序在外形上也可能构成类似于总状、穗状、伞房状、伞状等结构，因此真性主轴与顶花的存在与否往往是判断其性质的关键依据。聚伞花序构成的复花序亦较为多样，其中较为常见的是排成具有明显主轴的圆锥状结构，称为聚伞圆锥花序（thyrse），属于一种混合花序，例如毛泡桐、紫丁香、葡萄、剑麻的花序。

五、花的功能

花的主要功能是通过有性生殖过程以繁衍后代，这一过程包括开花（anthesis）、传粉（pollination）与受精（fertilization）三个阶段，其发育结果是果实与种子的形成。

（一）开花

开花的过程始于花原基的发生与分化，并在雌雄蕊或其中之一发育成熟时开放以完成传粉和受精，这一过程受到遗传发育程序与环境因素的双重调控。植物的开花习性是对环境长期适应的结果。由于四季更替形成的温度与降水的周期性改变，生长于寒温带的植物大部分会在春天开花，以保证在冬天来临之前果实与种子能够有充足的发育时间，而那些果实与种子发育期较短的类群则可能在夏季甚至秋季开花，以避开其他类群对于传粉媒介的吸引性竞争。在热带地区生长的植物则可能缺少这种季节性开花的特点，例如很多热带植物在一年中的任何时间均可能开花。植物从营养生长转向生殖生长所需的时间也各不相同，通常一年生植物仅需数月生长即可开花，而二年生植物则在充分的营养生长后还需要经过冬季的低温刺激即春化作用（vernalization）才能够开花，多年生植物通常需要经过一年以上的生长方能逐年开花。

（二）传粉

成熟花粉从花粉囊散出并传递至雌蕊柱头的过程称为传粉，这一过程通常需要借助昆虫等传粉媒介来完成。同一植株的花间传粉或同花传粉的方式称为自花传粉（self – pollination），而在不同植株间的传粉方式称为异花传粉（cross – pollination）。很显然，自花传粉降低了后代的变异性并可能导致遗传缺陷的积累，进而对物种的适应能力带来不利影响，因此大多数植物类群进化出多种生理机制以保证有效的异花传粉，例如雌雄异株、雌雄蕊异熟、自交不亲和等；但自花传粉也具有某些短期适应性优势，例如可不依赖传粉媒介而保证成功的传粉与结实、稳定保持某种品质等，所以在现生类群中仍有约 20% ~25% 为自花传粉类型，甚至有些花在开放前就已经完成传粉受精过程，称为闭花受精（cleistogamy），例如落花生、豌豆等。

（三）受精

花粉传递至亲和的柱头上即可萌发生长出花粉管，进而穿越花柱与子房到达胚珠。花粉萌发后，营养核与生殖细胞亦迁移进入花粉管中并随其先端的生长进入柱头与花柱组织。二细胞型花粉在此过程中其生殖细胞还需经过一次有丝分裂而形成一对精细胞（精子）。尽管可能有多个花粉管穿越花柱与子房组织到达胚珠附近，但通常只有一个花粉管能够进入胚珠完成受精。在大多数植物类群中，花粉管是通过珠孔进入胚珠完成受精的，称为珠孔受精（porogamy）；在木麻黄属、桦木属、胡桃属等少数类群中，花粉管从合点位置进入胚珠，称为合点受精（chalazogamy）；而在南瓜属与黄连木属等植物中，花粉管从近中部穿越珠被进入胚珠，称为中部受精（mesogamy）。无论花粉管以何种方式进入胚珠，最终均从珠孔端进入胚囊的一个助细胞中，此时花粉管先端破裂并释放其中的两个精子，其中一个与卵细胞融合形成受精卵，进而发育成胚，另一个精子与两个中央极核融合（三核合并）形成三倍体初生胚乳核，进而发育为胚乳。卵细胞与中央极核的同步受精是被子植物生殖过程特有的现象，称为双受精（double fertilization）。

第五节 果实

扫码“学一学”

果实（fruit）是被子植物所特有的繁殖器官，由心皮闭合构成的子房发育而来，种子包藏于其中。果实有保护种子和散布种子的作用。

一、果实的形态与结构

果实的形态非常丰富多样，但其关键性特征和类型在近缘群中相当保守而稳定，因而成为被子植物分类鉴定的重要依据之一。

果实由果皮（pericarp）和种子组成，其中果皮由子房壁发育而来，而种子则来源于受精的胚珠。果实的发育通常需要传粉与受精的刺激，这主要与生长素、赤霉素等激素的合成与积累有关，但有些植物不经过受精，子房也能发育成果实，这称为单性结实，例如无籽西瓜、无籽葡萄、香蕉等；农业上也可通过施加外源的植物激素诱导单性结实。在果实成长过程中，雌蕊的花柱、柱头以及萼片、花瓣、雄蕊等花部通常会逐渐枯萎脱落，但也有不脱落而宿存的情况，例如在许多合瓣花类群中存在花萼宿存的情况，如茄科、唇形科、报春花科、柿树科植物等；花被宿存的如蓼科、桑科植物等；花柱宿存的如毛茛科铁线莲属、白头翁属、杜鹃花科杜鹃属、牻牛儿苗科植物等；雄蕊宿存的情况非常少见，例如蔷薇科唐棣属植物。

果皮的基本结构通常可以分为三层，由外向内依次为外果皮（epicarp）、中果皮（mesocarp）和内果皮（endocarp）。在肉质的果实中，外果皮一般较薄而柔软，中果皮通常肥厚而多汁，也是许多水果的可食部分；内果皮则可能显著的坚硬而形成果核（如桃），也可能形成纸质的结构（如苹果），或与中果皮难以区别。在干燥的果实中，三层果皮间的界限通常并不显著。

二、果实的类型

仅由子房发育而成的果实称为真果（true fruit），是被子植物最常见的果实类型；在有些植物中，心皮以外的部分如花托、花被、花序轴等均可能参与果实的形成，这称为假果（false fruit）或附果（accessory fruit），例如苹果、梨、山楂、西瓜、核桃、桑椹、凤梨等。

多数被子植物的花中仅具单个雌蕊，由其发育而来的果实称为单果（simple fruit）；一些较为原始的类群如木兰科、毛茛科、景天科等植物的花具有离生雌蕊，由其发育而来的多个果实共同聚生在一个花托上，称为聚合果（aggregate fruit）或聚果（图3－55），常见的例子如玉兰、八角茴香、草莓、悬钩子、番荔枝、鹅掌楸等；有些植物的果实由一个花序的所有花连同花序轴共同发育聚集而成，称为聚花果（collective fruit）或复果（multiple fruit），如桑、构树、凤梨、无花果、波罗蜜、悬铃木等。（图3－56）

图3－55　常见的聚合果

1. 番荔枝的聚合浆果　2. 草莓的聚合瘦果　3. 八角茴香的聚合蓇葖果
4. 悬钩子的聚合小核果　5. 毛茛的聚合瘦果　6. 鹅掌楸的聚合翅果

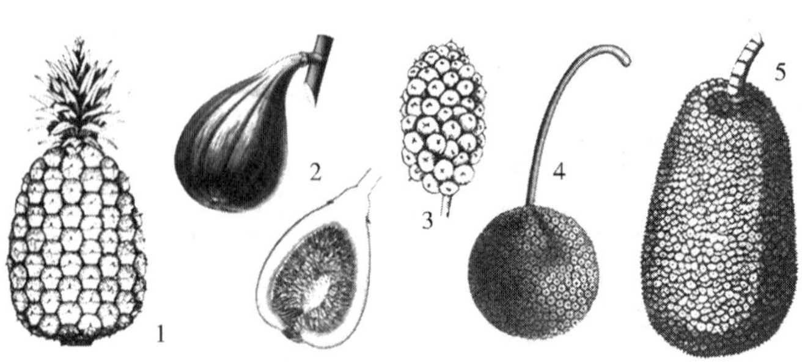

图3－56　常见的聚花果

1. 凤梨　2. 无花果　3. 桑　4. 悬铃木　5. 菠萝蜜

单果的类型非常丰富多样，依据其果皮质地的不同，可分为肉果和干果两大类，并可进而划分为多种亚类，有些类型具有明显的科属特异性。

（一）单果

一朵花中只有一个雌蕊（单雌蕊或复雌蕊）以后形成一个果实的称为单果（simple fruit），根据果皮质地不同单果又分为肉果和干果两类。

1. 肉果（fleshy fruit）　果皮肉质多汁，成熟时不开裂。

（1）浆果（berry）　外果皮薄，中、内果皮肉质而难以区分，通常含多粒种子，如葡萄、西红柿、柿、木瓜等，但也有的浆果含单粒种子，如小檗科与樟科的部分种类。

（2）核果（drupe）　外果皮革质，中果皮通常厚而肉质，内果皮发育为显著木质化的坚硬果核，内含单粒种子，如桃、李、杏、樱桃、杧果等，椰子的核果则具有纤维质的中果皮。

（3）柑果（hesperidium）　外果皮革质，富含油室；中果皮疏松海绵状，具多分枝的维管束（橘络）；内果皮膜质并分为多室，内壁上生有肉质多汁的囊状毛。柑果为特化的浆果，是芸香科柑橘属植物特有的果实类型，如橘、橙、柚、柑等。

（4）瓠果（pepo）　由具侧膜胎座的下位子房和花托共同发育而成的特殊浆果，其外果皮坚韧，中、内果皮及胎座肉质，为葫芦科植物特有的果实类型，如南瓜、西瓜、葫芦、苦瓜等。

（5）梨果（pome）　由下位子房和被丝托（hypanthium，或称花筒）共同发育而成，其肉质的外、中果皮来自于花被、花丝与花托共同愈合构成的被丝托，而来自于子房的内果皮为纸质或革质。梨果为蔷薇科苹果亚科植物特有的果实类型，如梨、苹果、山楂等。（图 3－57）

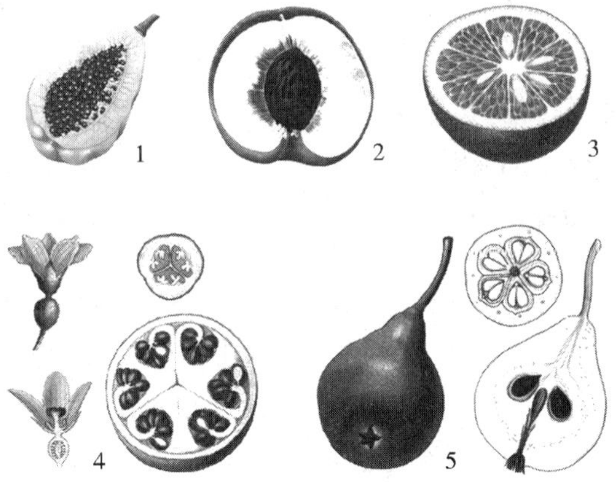

图 3－57　肉果的类型

1. 浆果　2. 核果　3. 柑果　4. 瓠果　5. 梨果

2. 干果　果实成熟时果皮干燥的称为干果（dry fruit），依据果皮是否开裂又可分为裂果与闭果两种类型。

（1）裂果　果皮在成熟后开裂的干果称为裂果（dehiscent fruit），通常含有多粒种子，依据其组成心皮数及开裂方式的不同又可分为蓇葖果、荚果、蒴果、角果等类型。

①蓇葖果（follicle）　由单雌蕊发育而成的果实，成熟时沿腹缝线或被缝线单侧开裂，如牡丹、芍药、八角茴香、玉兰等。

②荚果（legume）　由单雌蕊发育而成的果实，成熟时通常沿腹缝线与被缝线双侧开

裂为两片，是豆科植物特有的果实类型，如大豆、扁豆、豌豆、蚕豆等；也有荚果不开裂的，如落花生、合欢、紫荆、补骨脂等；有的荚果肉质如串珠状，亦不裂，如槐；有的荚果节节断裂，每节中含一粒种子，称为节荚（loment），如合萌、含羞草等。

③蒴果（capsule）　由复雌蕊发育而成的果实，子房1－多室，开裂方式多样，其中最常见的是沿心皮腹缝线或被缝线开裂为数瓣，称为瓣裂，如百合、连翘、棉花、紫花地丁等；有的蒴果在果皮上形成多个小孔，种子从孔口散出，称为孔裂，如罂粟科罂粟属及桔梗科风铃草属、沙参属植物等；有的蒴果在中上部发生环状横裂而呈盖状脱落，称为盖裂，如马齿苋、车前等；有的蒴果顶端呈齿状开裂，称为齿裂，如石竹、麦蓝菜等。

④角果　由2心皮复雌蕊发育而成的果实，其侧膜胎座衍生出的假隔膜将子房分隔为2室，成熟后果皮沿腹缝线裂成2片脱落，但假隔膜及附生于两侧的种子仍保留于果梗之上。角果为十字花科特有的果实类型，细长者称为长角果（silique），如甘蓝、萝卜、油菜等；宽短近球形、舟形、倒三角形等称为短角果（silicle），如荠菜、独行菜等。有的角果成熟时开裂为4果瓣或分节断裂，也有角果不裂的。

（2）闭果　果皮在成熟后不开裂的干果称为闭果（indehiscent fruit），通常仅含单粒种子，依据其果皮性质又可分为颖果、瘦果、坚果、翅果、胞果与分果等类型（图8－1）。

①颖果（caryopsis）　果皮薄且与种皮愈合而不易分离，为禾本科植物特有的果实类型，如水稻、玉米、小麦等。

②瘦果（achene）　果皮与种皮彼此分离，如向日葵、蒲公英、荞麦等。

③坚果（nut）　与瘦果相似但具有坚硬的木质或骨质果皮，如榛、栗、栓皮栎等；有的坚果体积较小，称为小坚果（nutlet），如紫草、益母草、香附子等。

④翅果（samara）　瘦果或坚果的果皮延展而呈翅状，如榆、槭、臭椿、白蜡树等。

⑤胞果（utricle）　果皮薄如囊状，极易与种子分离，常见于藜科与苋科植物，如藜、地肤、鸡冠花等。

⑥分果（schizocarp）　由复雌蕊发育而成的果实，成熟时心皮彼此分离为多个小的瘦果，称为分果爿（mericarp），如蜀葵、苘麻等；伞形科植物的果实分离为两个分果爿并悬挂于果柄的上端，特称为双悬果（cremocarp），如当归、胡萝卜、茴香等。（图3－58）

（二）聚合果

由一朵花中的许多离生单雌蕊聚集生长在花托上，并与花托共同发育成的果实（aggregate fruit）。每一离生雌蕊各为一单果（小果），根据小果的种类不同，又可分为聚合蓇葖果（八角茴香、芍药）、聚合瘦果（草莓、毛茛）、聚合核果（悬钩子）、聚合浆果（五味子）、聚合坚果（莲）等。

（三）聚花果

聚花果（collective fruit）又称复果（multiple fruit），是由整个花序发育而成的果实。如桑葚，其雌花序花后每朵花的花被肥厚多汁，里面包藏一个瘦果；凤梨（菠萝）是由多数不孕的花着生在肥大肉质的花序轴上所形成的果实；无花果由隐头花序形成，其花序轴肉质化并内陷成囊状，囊的内壁上着生许多小瘦果。

三、果实的功能

果实的主要功能是保护和传播种子，并因此而发展出多样化的适应性机制，也是被子植物在生殖上占有优势的关键原因之一。为了保护种子抵御环境及其他生物体的侵袭并尽可能保持种子的活力，许多果实发育出坚硬的果壳或果核；而为了帮助种子的散播，果实进化出多种类型的适应性结构，例如依赖于风力传播的果实（或者种子）通常发育出延展的翅或毛状物等利于飘飞的结构，依赖于动物传播的果实通常为动物提供芳香味美的果肉或借助于果皮上的钩刺附着于动物的皮毛之上，依赖于自身机械力量传播的果实则进化出多样的开裂与弹射机制等。

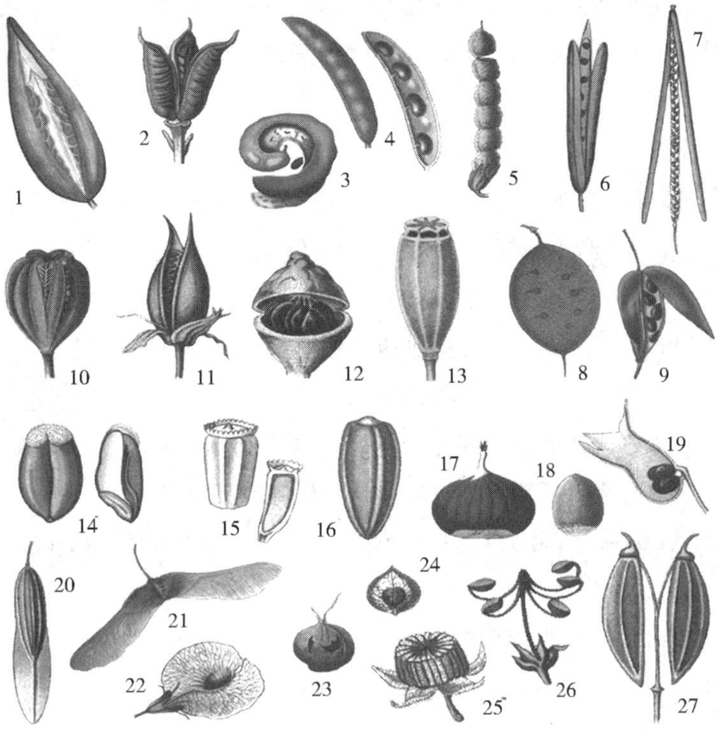

图 3－58　干果的类型

1. 蓇葖果　2. 聚合蓇葖果　3、4、5. 荚果　6、7. 长角果　8、9. 短角果　10、11. 蒴果瓣裂　12. 蒴果盖裂　13. 蒴果孔裂　14. 颖果　15、16. 瘦果　17、18. 坚果　19. 四小坚果　20、21、22. 翅果　23、24. 胞果　25、26. 分果　27. 双悬果

第六节　种子

种子（seed）是所有种子植物特有的器官，具有繁殖作用。花经过传粉、受精后，受精的极核（初生胚乳核）发育成胚乳，受精的卵细胞（合子）发育成胚，胚珠的珠被发育成种皮。种皮、胚、胚乳三者共同构成了种子，种子就是发育成熟的胚珠。

扫码“学一学”

一、种子的形态与结构

种子在形状、大小、色泽、表面纹理等形态特征上亦较为多样，但其对于分类鉴定的意义相比而言不如果实重要，通常可作为植物分种鉴定的辅助性依据。

种子的基本组成包括种皮（seed coat）、胚（embryo）和胚乳（endosperm）三个部分，其中种皮是位于表面的保护性结构，由胚珠的珠被发育而来；胚是一个处于幼态的植物体，由胚囊中的受精卵发育而来；胚乳是储藏养料的胚外组织，在被子植物中来自于胚囊中的三倍体受精极核，而在裸子植物中则来自于单倍体的雌配子体组织。

（一）种皮

裸子植物和具合瓣花的双子叶植物种子通常具有单层种皮，而大多数单子叶植物与具离瓣花的双子叶植物种子具有内、外双层种皮，许多寄生类群如檀香科、桑寄生科植物的种子则没有种皮。种皮的主要功能是保护作用。一般核果与多数闭果的果皮往往较为坚韧而为种子提供了充分的保护，因此其内的种子通常仅具有薄而柔软的种皮，例如桃、栗、核桃、向日葵等；而浆果等肉果及各种裂果的种子则通常会发育出坚硬的种皮以保护自身，例如南瓜、莲、蚕豆等。

构成种皮的细胞可能包括多种类型，如石细胞、纤维细胞、薄壁细胞、黏液细胞等，其中各种形态的石细胞最为常见，特别是在坚硬的种皮类型中，并通常以紧密镶嵌的模式排列于最外层。另外，结晶、丹宁与挥发油等后含物亦常见于构成种皮的细胞中。

种皮的表面通常可以观察到以下结构。

1. 种脐（hilum） 种子成熟后从种柄或胎座上脱落而在种皮上留下的痕迹，通常为圆形或椭圆形，大小因种而异。

2. 种脊（raphe） 珠柄部分或完全与胚珠愈合而在种皮上形成的隆起的脊。倒生胚珠的种脊较长，横生与弯生胚珠的种脊较短，直生胚珠无种脊。

3. 种孔（micropyle） 由珠孔发育而来的小孔，为种子萌发时吸收水分的通道和胚根伸出的位置。

4. 合点（chalaza） 即为胚珠的合点，为珠柄维管束与种皮的汇合点。

5. 种阜（caruncle） 种孔附近的珠被延伸形成的海绵状突起结构，常见于大戟科植物的种子，如蓖麻、巴豆等。

6. 假种皮（aril） 由种柄或胎座组织延伸形成的部分或全部覆盖种皮的附属物，例如龙眼、荔枝的果肉即来自于肉质的假种皮。（图 3－59）

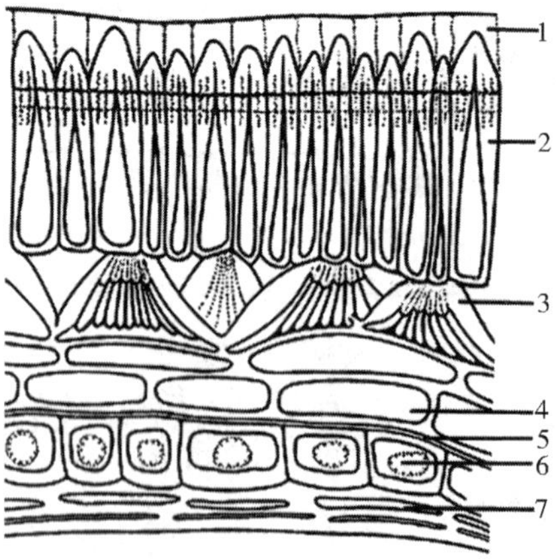

图 3－59 白花草木犀种皮的结构

1. 角质层 2. 栅栏石细胞 3. 骨状石细胞 4. 薄壁细胞
5. 种皮与胚乳间隙 6. 胚乳糊粉层 7. 内胚乳层

（二）胚

胚由胚芽（plumule）、胚轴（hypocotyl）、胚根（radicle）和子叶（cotyledon）四部分组成。胚芽是处于幼态的茎枝，由茎的顶端分生组织及其产生的幼叶组成，其下通过胚轴与胚根相连。胚轴是连接胚芽与胚根的柱状结构，子叶着生于其上靠近胚芽的一侧。位于子叶和胚芽之间的胚轴部分称为上胚轴（epicotyl），而子叶和胚根之间的部分则称为下胚轴（radicle－hypocotyl）。很多种子在萌发时下胚轴首先显著伸长，例如日常生活中常吃的豆芽，其可食部分主要是显著伸长的下胚轴。胚根位于胚轴的下端，由根的顶端分生组织与根冠组成，以后将发育成植物的主根。胚根的先端一般正对着种孔，有利于在萌发时吸收水分。子叶是贮藏或吸收转运养料的叶状结构，可为萌发初期的种子提供营养支持。双子叶植物具有 2 枚子叶，单子叶植物具 1 枚子叶，而裸子植物则常具有多枚子叶。禾本科单子叶植物如小麦、玉米、水稻的子叶特化为盾片（scutellum）；其胚芽外方包被有鞘状结构称为胚芽鞘（coleoptile），胚根外方包被有胚根鞘（coleorhiza）。（图 3－60）

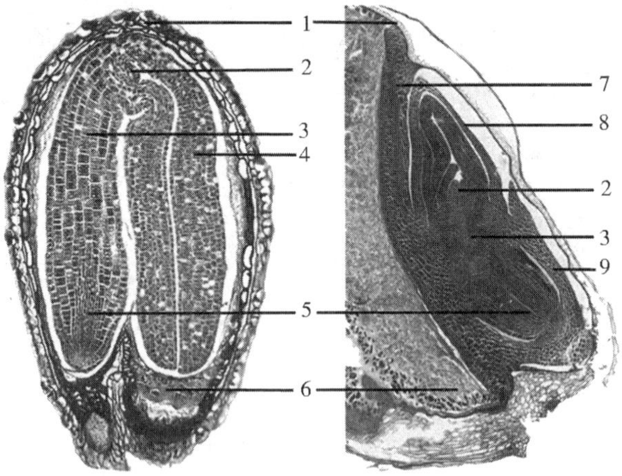

图 3－60　荠菜与玉米胚的结构

1. 种皮　2. 胚芽　3. 胚轴　4. 子叶　5. 胚根　6. 胚乳　7. 盾片（子叶）　8. 胚芽鞘　9. 胚根鞘

（三）胚乳

胚乳（endosperm）通常为乳白色，由围绕胚的薄壁组织构成，其内贮藏有淀粉、蛋白质、脂肪油等丰富的营养物质，为萌发的种子提供营养。小麦、水稻等粮食作物的营养物质即主要贮存于其发达的胚乳中，其最主要的贮存物质是淀粉，而蛋白质则主要以糊粉粒的形式贮存于紧贴种皮的最外层胚乳细胞——糊粉层（aleurone layer）中。在胚乳的发育过程中，珠心组织通常被胚乳逐渐吸收而消失，但也有的植物在成熟的种子中保留了一部分珠心组织而形成外胚乳（perisperm），同样是储存营养的结构，如甜菜、咖啡、胡椒及很多石竹科植物。

二、种子的类型

依据成熟种子中养料存储部位的不同，通常可将种子分为两大类。

（一）有胚乳种子

种子的养料主要贮存于发达的胚乳组织中，因而胚乳占据了成熟种子的大部分空间，

而胚相对较小且子叶较薄，如玉米、小麦等多数单子叶植物及蓖麻等少数双子叶植物的种子。（图 3 –61）

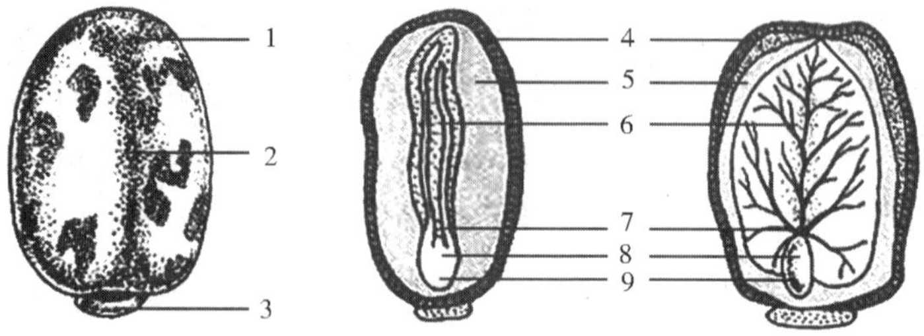

图 3 –61　有胚乳种子（蓖麻）的结构

1. 合点　2. 种脊　3. 种阜　4. 种皮　5. 胚乳　6. 子叶　7. 胚芽　8. 胚轴　9. 胚根

（二）无胚乳种子

种子的养料主要贮存于发达的子叶中，而胚乳的全部或大部营养则在胚发育过程中逐渐被子叶所吸收，因而最终成熟的种子中无胚乳或仅在胚与种皮之间保留一薄层，如豆类等多数双子叶植物的种子。（图 3 –62）

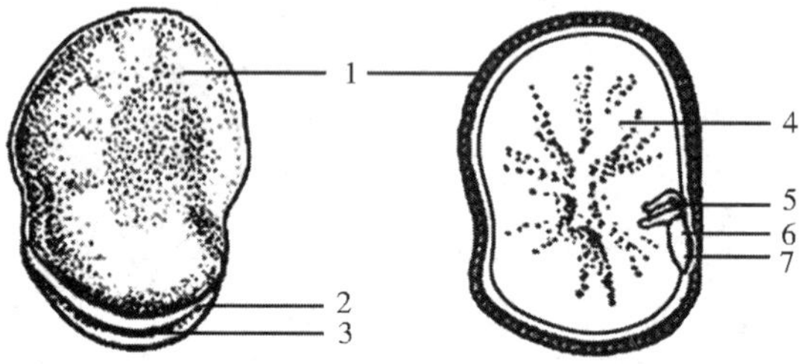

图 3 –62　无胚乳种子（蚕豆）的结构

1. 种皮　2. 种孔　3. 种脐　4. 子叶　5. 胚芽　6. 胚轴　7. 胚根

三、种子的功能

种子的主要功能是散布与萌发成苗，经此过程而维持物种的生存繁衍并拓展其分布区。种子的散布除借助果实的帮助外，还可能在种皮上形成种皮毛、种翅、钩刺等帮助种子传播的结构；或可能借助于鸟类等动物的采食过程进行传播。种子的萌发主要受到水分、温度、空气及光照等外界环境因素的影响，同时也取决于其内在的生理状态。有些种子成熟后在适宜的环境里能够迅速萌发，但很多种子在成熟后还需要经过特定的休眠期或生理后熟过程才能正常萌发。种子保持发芽能力的年限称为种子的寿命，其长短因种而异，并与种子所处的环境密切相关。有效保持种子的活力是农学领域的重要课题，通常低温、低湿、避光与降低含氧量等环境因子的调控能够显著延长种子的储藏寿命。在自然状态下，大多数农作物种子的寿命较短，通常仅为一至数年；很多野生类群的种子寿命可能达到十年以上；豆科的合欢属、决明属与车轴草属等部分植物的种子寿命超过百年；而棕榈、美人蕉、莲及羽扇豆等少数植物的种子寿命则可能达到千年以上。

重点小结

- 植物的器官
  - 根
    - 根的变态
    - 根的组织结构
      - 根的初生构造
      - 根的次生构造
        - 形成层—次生维管组织
        - 木栓形成层—周皮
    - 根的异常构造
  - 茎
    - 茎的形态
    - 茎的类型
    - 茎的变态
    - 茎的组织构造
      - 双子叶植物茎的初生构造
      - 双子叶植物茎的次生构造
        - 木质茎
        - 草质茎
        - 根状茎
        - 茎和根状茎的异常构造
      - 单子叶植物茎和根状茎的构造
  - 叶
    - 叶的组成
    - 叶的形态
    - 单叶与复叶
    - 叶序
    - 叶的变态
    - 叶的组织构造
      - 双子叶植物叶的构造
      - 单子叶植物叶的构造

花：由花柄、花托及其上着生的花部组成，花部包括花萼、花冠、雄蕊群与雌蕊群，依据其形态、结构、数量与合生情况可分为多种类型；花在花部简化、雌雄性别分化、对称性与传粉方式等方面亦存在多种类型；花可能单生或形成多种类型的有限或无限花序；花程式与花图式是直观表述花结构特点的两种常用方法；花的形态特征是被子植物分类鉴定的关键依据。

果实：由子房发育而来，可分为单果、聚合果与聚花果三类，依据果皮的性质又可将单果分为肉果与干果，并进而分为多种亚类，果实的类型是被子植物科属鉴定的重要依据。

种子：由胚珠发育而来，常分为有胚乳种子与无胚乳种子两类，其基本结构包括种皮、胚和胚乳，后二者为双受精的产物。种子的形态与结构可作为种子植物分类鉴定的辅助依据。

扫码“练一练”

第四章　植物分类概述

学习目标

1. **掌握**　植物分类的等级，植物学名的组成，种以下分类单位的名称。
2. **熟悉**　植物界的分门及植物分类检索表。
3. **了解**　植物分类学的意义，植物分类方法和分类系统，植物分类学的发展。

第一节　植物分类学的意义

面对自然界极大的多样性，人类自然要将多样的世界划分为一个个较小而易于掌握的群而进行分类。在人类文明的早期阶段，人们就能识别出哪些植物可以食用，哪些植物可以作燃料，哪些植物有毒，这就是人们将熟悉的特征与植物的属性来进行简单的分类。植物的某些明显特征给人们以深刻的印象，以致在早期阶段，一些大的植物类群在科学上首次记载之前，就为人们所识别了，例如花序特殊的伞形科植物、具典型花的十字花科植物以及花和果很特别的豆科植物，这就是人们对植物进行的分类。随着认知的增多，科学的进步逐渐形成了专门进行植物分类的学科－植物分类学。

扫码“学一学”

植物分类学（Plant Taxonomy）是一门对植物进行鉴定，命名、分类并研究植物界各类群亲缘关系以及进化发展规律的一门基础学科。

自然界的许多植物类群，具有各自的不同特征，因而就可以将某类群与其他的类群区分开来，这种区分就是鉴定，鉴定的特征包括形态学，解剖学，细胞学，植物化学，数量分类学和地理分布等。以各个类群的相似性所反映它们之间在遗传上的亲缘关系为基础，将各个植物类群纳入某些等级系统，就是分类的工作。也就是将自然界的植物分门别类，鉴定到种，在此基础上，才能进一步深入研究植物其他方面的问题，因此植物分类学不仅是植物学基础，也是其他有关学科，如植物化学、中药鉴定学、中药资源学、生药学、植物地理学、植物生态学等的基础。与中医药、中药开发、农业、林业等也有密切关系。

学习植物分类学的目的和意义。

（1）正确识别鉴定植物种类，为安全用药和药用植物开发利用提供保证。植物分类对植物种的鉴定是非常重要、细致的工作。有些植物种类在外部形态上相似，难以区分，但实属不同的种类，其所含成分也迥然不同，为保证安全用药绝对不能混淆。例如：我们食用的八角茴香，属八角属（*Illicium*）植物，约 50 种，八角茴香（*Illicium verum* Hook. f.）成熟果实是著名调味香料，俗称大料，具温阳散寒，理气止痛作用；同属植物莽草（红毒茴 *Illicium lanceolatum* A. C. Smith 和红茴香 *Illicium henryi* Diels.）的果实似八角，却含有莽草毒素等，有剧毒，曾有人因误食莽草果实而丧生。所以两者应准确鉴别。莽草果实具 10～13 个蓇葖果，先端具有一小钩；而八角茴香果实具 8～9 个蓇葖果，每果端无钩。种与种之间有本质的差别，只有准确分类，才能正确利用它们。中药品种混杂是由于一个品种由多种原植物所构成，如中药白头翁有 16 种不同的植物，分属于 4 个不同的科，这 16 种中只有一种原植物是正品的白头翁 *Pulsatilla chinensis*（Bge.）Regel 为毛茛科白头翁属植物。原植物鉴定的正确与否对于其化学成分研究的结果影响甚大，这是有历史教训的，1883 年荷兰人 Eij*k*mann 研究常山，据说用的植物名叫臭常山（*Orixa japonica* Thunb.）属芸香科植物，据其分析，含有小檗碱，后来又有不少人研究常山，但根本提取不出小檗碱来，这使荷兰人的发现成了一个谜，直到 1928 年日本人木村康一研究常山，才知道真正的常山应是虎耳草科的常山（*Dichroa febrifuga* Lour.），荷兰人研究常山所用的植物并不是常山，也不是和常山，而是日本产的一种小檗科植物，待搞清这一问题已过去了 45 年，所以植物成分的研究必须准确鉴定原植物，否则将得不到正确结论。

（2）熟悉植物之间的亲缘关系，为寻找新药源提供依据。根据植物亲缘关系，同科同属不同种的植物，往往含有相同或相似的化学成分。例如，1971 年美国 Wani 等从短叶红豆杉（*Taxus brevifolia* Nutt.）中得到紫杉醇（taxol）用于治疗癌症，并发表文章称短叶红豆杉为抗癌树和拯救生命的短叶红豆杉后，引起世界学者的重视，红豆杉为红豆杉科红豆杉属（*Taxus*）植物。全世界约 8 种 1 变种，分布于北半球温带至亚热带地区，通过对我国紫杉属植物资源调查。我国有 4 种 1 变种，与短叶红豆杉同属，不同种。对其成分进行提取分离，得到了具抗癌作用的紫杉醇及其他多种成分，现已用于临床。又如 20 世纪 60 年代我国从印度进口一种降血压药物。其原植物为蛇根木［印度萝芙木，*Rauvolfia serpentina*（L.）Benth. ex Kurz.］，该植物为夹竹桃科萝芙木属的一个种，生于热带密林中，产于印度、缅甸等地，其根含利血平和血平定等 28 种以上的生物碱。依据植物的亲缘关系及生长环境，科技人员对我国热带地区植物资源进行调查寻找，终于在云南南部森林里找到了国产的萝芙木，后来发现云南也有印度萝芙木，经提取分离，从其根中得到利血平，临床证明，其降压效果好而平稳，且毒性较低，作用时间长于印度萝芙木制剂。上述例证生动地说明了研究植物属种亲缘关系对寻找类似化学成分，从而解决新药源问题具有指导意义。

（3）重视药用植物产地及种内变异的研究，对于保证和提高药材质量具有重要意义。药材质量好坏取决于药材品种，气候环境，栽培技术，采收加工储存运输等生产过程的各个环节，而药用植物的形态和药效成分受地理、季节、温度和光照等生态因素的影响。如提取青蒿素的黄花蒿（*Artemisia annua* L.），南北的同一种植物青蒿素含量存在很大差异，海南省居群含量明显高于黑龙江省的居群。红花（*Carthamus tinctorius* L.）中所含腺苷具抑制血小板聚集作用，黄色素具延长外源与内源性凝血系统时间的作用，不同产地（新疆吉木萨尔、河南新乡、四川简阳、云南巍山）的红花中黄色素和腺苷含量存在明显差异，黄色素含量在 24.9% ~40.31%，其中巍山红花含量最高，简阳红花第二，吉木萨尔和新乡红花第三；腺苷含量吉木萨尔红花含量最高，简阳红花第二，新乡和巍山红花第三。红花的质量评价指标是腺苷和黄色素，只有此二者含量均高的品种才是优良品种。

（4）药用植物资源调查及其开发利用应具备植物分类学的知识。我国的天然药用植物资源种类繁多，分布广泛，这是中医药事业长期发展的物质基础和优势所在。但长期以来存在一些不可忽视的严重问题：一是许多天然物质资源没有得到充分的开发利用；另一方面却出现了一些常用药材资源的急剧减少，严重影响了市场的供应。正确评价我国药用资源现状，必须进行资源的调查，这就需要植物分类学的知识。经过调查搞清药用资源的种类和分布，对重点种类进行蕴藏量的调查，并进行经济量和年收量的测算，以便充分开发利用这些资源，并做到合理采收，永续利用。

第二节　植物分类方法和分类系统

人类对植物界的认识和研究，经历了漫长的历史，人们在实践中观察了各种植物的形态、构造、生活史和生活习性。根据掌握的大量知识，进行比较研究，找出它们的异同点，并将具有很多共同点的种类归并成一个类群，又根据它们之间的差异分成若干不同的种类。如此分门别类、顺序排列，形成分类系统。主要有人为分类系统和自然分类系统两大类。

人为分类方法是采取容易辨别的性状和特征（形态、习性、用途）作为分类的依据，以实用为目的，只求识别和检索的便利，不考虑亲缘关系和演化关系。瑞典植物学家林奈（Carl Linmaeus）根据雄蕊的有无、数目及着生情况等将植物分成24 纲，其中1 ~23 纲为显花植物（如一雄蕊纲，二雄蕊纲等），第 24 纲为隐花植物。常将亲缘关系疏远的种类放在同一纲中（水稻和甘兰放在6 雄蕊纲中），这种分类系统被认为是人为分类系统，我国古代也不乏这方面的学者和著作，其中以明代的李时珍和清代的吴其浚最为著称，李时珍的《本草纲目》将千余种植物分成草、谷、菜、果和木等五部，部下又分类，如草部分山草、湿草、毒草、青草、水草、蔓草、芳草、茅草、石草等 11 类，这种分法常切合实用；却误将人参与贯众同列为山草类，这样的分类，无论在解剖学上或系统发生上，都无共同之处，纯属人为分类法，而没有考虑植物亲缘关系和演化关系，上述系统称为人为分类系统（artificial systern）。

为了某种应用上的需要，各种人为分类系统有时仍在使用，如经济植物学中常常以油料、纤维、香料、药用等进行分类。

自然分类法是以植物的发生、形态及结构为依据，并按其相似的程度，决定其亲缘关系的远近，进一步推断植物界的谱系，又称为系统发育分类法。1859 年英国生物学家达尔文（C. R. Darwin）的《物种起源》（Origin of species）问世以后，促进了自然分类法的研究，不少植物学家力求客观地反映出植物界的亲缘关系和演化发展，各自建立较为科学的自然分类系统（natural system）。现代的自然分类系统比较典型的有两个（还有很多的系统）一个是恩格勒（A. Englar）和勃兰特（K. Prant）为代表的系统；一个是哈钦松（J. Hutchinson）为代表的系统。两大系统所依据的理论原则均不相同（详见第十一章第三节）。生物学家在揭示生物的系统发育方面已取得很大成绩，但离建立一个植物的自然系统还有距离。这就需要多学科配合研究，继续深入探讨植物系统发育的奥秘。

第三节　植物分类学的发展

经典分类学所用的形态学方法，取得了巨大成果，为植物分类打下了坚实的基础，随着科学的不断发展，植物分类学广泛吸收了现代科学技术和方法，出现了许多新的研究方向和新的边缘学科，如实验分类学、细胞分类学、化学分类学、数量分类学等，特别是生物化学、分子生物学的发展以及对核酸、蛋白质的深入研究，这些研究成果推动了经典分类学的进一步发展。

一、形态与结构方面的研究

植物的形态结构是传统的研究内容，由于新技术的引入，又有了新的发展。各分类群的性状是非常重要的，特别是原始与进化的性状，由于植物各部器官的演化不是同步的，因此，植物生殖器官较营养器官的特征更稳定，是植物分类的主要依据，如豆科植物的雄蕊和心皮，十字花科、蔷薇科和伞形科的果实特征、菊科和禾木植物的苞片、花、花序等。一般而言，花各方面特征的演化趋势如下。

表 4－1　演化过程中被子植物花结构的变化

花的结构	发展方向
花萼	1. 数目减少到 3、4 或 5 个，且单轮排列 2. 在某些科中，其大小和形态向有利于种子传播的方向简化 3. 在某些科中，相邻的萼片合生为管状，甚至变为二唇形 4. 花萼弯曲贴附于发育中的果实，提供更进一步的保护
花冠	1. 简化为一轮，具 3、4 或 5 个 2. 相邻花瓣合并成管状，在高度进化的昆虫传粉植物中变为二唇形或其他两侧对称的类型。这不仅为昆虫提供了“登陆台”，而且对花药和柱头来说有防御气候变化的作用 3. 与蜜腺和距有关的发育
雄蕊	1. 数目减少 2. 从螺旋排列到轮生 3. 两个花粉囊合并为一个 4. 花药从基着发展为背着或丁字着生 5. 由花药纵裂发展为适于传粉的孔裂或横裂 6. 药隔发育成花瓣状的附属物，如美人蕉科和杜鹃花科等 7. 花丝合生（如锦葵科，豆科）或花药合生（如菊科、兰科、苦苣苔科）
雌蕊	1. 由离生多心皮发展为心皮合生 2. 中轴胎座和侧膜胎座，而特立中央胎座则源于中轴胎座，基底和顶端胎座起源于前三种胎座 3. 由多胚珠演化为少或单胚珠 4. 倒生胚珠发展为直立胚珠或弯生胚珠 5. 两层珠被经合并或一层消失而发展为一层 6. 厚珠心类型发展为薄珠心类型

引自 J. P. Savidge　1976

植物分类不仅研究植物形态特征，同时也对解剖学和发育生物学等特征进行研究。随着电子显微镜技术用于植物分类学研究，产生了超微结构分类学（Ultrastructural Taxonomy），用扫描电镜（SEM）对孢粉、叶片、种子和果实表面进行研究。

例如紫苏与白苏的学名，长期分合不定，近代分类学者 E. Merrill 认为紫苏与白苏为同一种植物，其变异是因栽培而引起，《中国植物志》中采用了 Merrill 的意见，将紫苏和白苏合为一种，均用白苏的学名 *Perilla frutescens*（L.）Britt.，然而这两种植物自古即是分开的，古书上称叶全绿的为白苏，叶两面紫色或面青背紫的为紫苏。为弄清这个问题，有学者采用多学科进行综合比较的研究，通过对其花粉的扫描电镜观察，紫苏花粉球形、长球形，稍小，萌发沟明显，且较宽。白苏花粉球形或近球形，稍大，萌发沟不明显。再结合花、果实的形态特征，种子的凝胶电泳蛋白谱带及挥发油中的主要化学成分等均具明显差异，因此将两者分开是合适的，白苏学名应为 *Perilla frutescens*（L.）Britt。紫苏学名应为 *P. frutescens*（L.）Britt. var. *arguta*（Benth.）Hand. － Mazz.。又如花椒属（*Zanthoxylum*）植物我国有约 50 种，除 2 种为正品花椒果实入药外，全国各地有约 20 种植物花椒的果实与正品花椒混用或代用，通过扫描电镜对各种花椒果实的表皮、气孔、角质层纹理；果柄毛茸、果柄纹理特征观察，对鉴别花椒果实具有显著意义。

二、细胞分类学

细胞分类学（cytotaxonomy）是利用细胞染色体资料来探讨分类学的问题。从 20 世纪

30年代初开始，人们开展了细胞有丝分裂时染色体数目、大小和形态的比较研究，染色体的数目在各类植物中是不同的，约47%有花植物已有染色体数目的统计，一般种子植物染色体数为n=7～12，蕨类植物染色体数为n=25～42，被子植物最原始科的染色体基数是7或稍多于7，个别低于7，一般较为原始种类的染色体数目在2n=28和2n=86之间，细胞学资料结合其他特征对科、属、种的分类具有参考意义，例如牡丹属（*Paeonia*）以前放在毛茛科中，但该属的染色体基数为X=5，个体较大，与毛茛科其他各属的基数不同，结合其他特征，将该属从毛茛科中分出，并独立成为芍药科，被广大分类学者普遍接受，最近的一些系统还设立芍药目（Paeoniales）。染色体形态和核型分析及染色体的配对行为，对种群之间关系及其演化也是很有价值的证据。

三、化学分类学

植物化学分类学（chemotaxonomy）是以植物的化学成分为依据，研究各类群间的亲缘关系，探讨植物界演化规律，也可以说是从分子水平上来研究植物分类及其系统演化。植物化学分类学的主要任务是研究植物各类群所含化学成分和生合成途径；研究化学成分在植物系统中的分布规律以及在经典分类学的基础上，从植物化学组成所反映出来的特征，并结合其他有关学科，来进一步研究植物分类与系统发育。近40多年研究证明，化学证据有助于解决从种以下分类单位，一直到目一级的分类单位系统发生的问题。用植物化学方法来研究分类，主要是植物的次生代谢产物，如生物碱、苷类、黄酮类、香豆素类、萜类与挥发油等。这些成分在植物体中有规律的分布，成为有价值的分类性状。例如最著名的例子是关于甜菜拉因（betalain）色素的研究，甜菜拉因只分布在中央种子目中，该目包括商陆科、紫茉莉科、粟米草科、马齿苋科、苋科、番杏科、落葵科、仙人掌科、刺戟草科、石竹科、藜科，而该目中的石竹科和粟米草科不含甜草拉因含有花色甙，因此很多学者认为应将石竹科和粟米草科分出，另立石竹目，得到大家的认同。又如百合科铃兰属（*Convallaria*）植物分布于欧亚大陆，共有2种，铃兰（*C. keiskei*）和欧洲铃兰（*C. majalis*），两者是合并还是保持两种一直在争论，通过对其所含黄酮类成分的研究，发现亚洲所产铃兰含有金丝桃苷（hyperin）和铃兰黄酮苷（keioside），而欧洲铃兰不含有，结合形态特征和地理分布，两者可明显区分。这样，我国所产铃兰学名应为*Convallaria keiskei*，与欧洲铃兰是不同的种。青冈属（*Cyclobalanopsis*）与栎属（*Quercus*）的分合是栎属系统演化中长期争论的问题。经过化学成分研究，栎属中所含有的化学成分，如粘霉醇、广寄生苷、山柰酚-3-*O*-*β*-D半乳吡喃糖苷、槲皮素-3-*O*-*β*-D-木糖吡喃苷等成分与青冈属基本相同，通过薄层分析表明两者关系十分密切。再结合花粉、叶片、总苞等特征，表明青冈属与栎属是一个自然类群，支持将青冈属归入栎属中，作为属下等级青冈亚属的处理。

四、数量分类学

数量分类学（numerical taxonomy）是将数学、统计学原理和电子计算机技术应用于生物学的一门边缘学科，又称数值分类学。是用数量方法评价有机体类群之间的相似性，并根据这些相似值把类群归成更高阶层的分类群。数量分类学以表型特征为基础，利用有机体大量的性状和数据，包括形态学、细胞学、生物化学等各种性状，按照一定的数学程序，用电子计算机做出定量比较，客观反映出各类群的相似关系和进化规律。例如选取黄精属（*Polygonatum*）28个形态性状、细胞学性状、化学性状，对东北地区黄精属8种植物进行数量分类学研究，结果表明：黄精属应分为二类：一类是黄精、热河黄精、狭叶黄精、毛筒玉竹，可作黄精类药材，另一类是玉竹、小玉竹、春水玉竹、二苞黄精，可作玉竹类药材；通过分析热河黄精与黄精的相似程度最大，结合药理学研究，将热河黄精作为中药黄精的原植物之一是合理的；春水玉竹是否做一独立种，一直在争论，经过研究分析，支持春水玉竹作为独立种的观点。有学者选取了人参属52个形态性状和细胞学与化学性状，对中国人参属10个种和变种进行了数量分类学研究，进一步证明人参属分为两个类群基本上是合理的，达玛烷型皂苷的含量与根、种子和叶的锯齿性状有密切相关性。种子大、根肉质肥壮、叶的锯齿较稀疏，达玛烷型四环三萜含量就高；齐墩果酸型皂苷的含量与果实、根茎节间宽窄、花序梗长（花序梗长与叶柄长之比）有关，节间宽、花序梗远较叶柄长的含量也高。这些研究为人参属植物的应用提供了有益的提示。

五、实验分类学

实验分类学（experimental taxonomy）是用实验方法研究物种起源、形成和演化的学科。种是真实存在的，经典分类对种的划分，常常不能准确反映客观实际，忽视了生态条件对一个物种形态习性的影响，有时将生态类型所产生的形态变化作为分类依据，难以划分，这些问题有待于实验分类学的研究去解决。例如：瑞典植物学家杜尔松（Turesson）注意到一些海岸植物，植物体为匍匐生长，而同一种植物生在平原地区是直立的，他把这两种类型植物种植于平原的实验地内，在同样的生长环境和同样长的时间内，发现海岸来的植株仍匍匐生长，平原来的植株直立生长，保持各自固有形态，经过改变生态条件进行移栽实验，他认为同一种的不同种群（居群）在适应性上有差别，而且比较稳定，可以叫不同的“生态型”。后来较多学者证实和丰富了杜尔松的观点，因此实验分类学与生态学、遗传学是密切相关的。实验分类还进行物种的动态研究，探索一个种在其分布区内，由于气候及土壤等条件的差异，所引起的种群变化，用实验分类学来验证划分种的客观性；实验分类学用种内杂交及种间杂交，来验证自然界种群发展的真实性。这些研究促进了物种生物学和居群生物学的产生和发展。

由于分子生物学的不断发展，实验分类学已由细胞水平深入分子水平方向研究，细胞质及细胞核的移植，是加速物种形成及人工控制物种发展的新途径，而基因移植又使实验分类学迈入更高的阶段。

第四节　植物分类的等级

植物分类等级是表示每一种植物的系统地位和归属，就是表示植物间类似的程度，亲缘的远近。将具有一定共同特征的种组成了遗传组成上相关的属，同样，再把具有一定共同特征的属归成范围更大的科，如此类推，将各分类等级按其从属关系排列起来，就是分类的阶层系统（hierarchy）。分类单位的主要等级自下而上依次是种（species）、属（genus）、科（familia）、目（ordo）、纲（classis）、门（divisio）和界（regnum）。这样，每个种隶属于（归入）某个属，每个属隶属于某个科，每个科隶属于某个目，每个目隶属于某个纲，最后是植物界最大的分类单位门。如果植物种类众多，需要有更多的分类等级时，可在各级前添加前缀“亚”（sub），如亚界（subregnum）、亚门（subdivisio）、亚纲（subclassis）、亚目（subordo）、亚科（subfamilia）、亚属（subgenus）、亚种（subspecies）。有时亚科下还有族（Tribus）、亚族（subtribus）；亚属下有组（sectio）、亚组（subsectio）、系（series）、亚系（subseries）等。

分类单位主要等级排列如下：

中文	英文	拉丁文
界	Kingdon	Regnum
门	Division	Divisio（phylum）
纲	Class	Classis
目	Order	Ordo
科	Family	Familia
属	Genus	Genus
种	Species	Species

门的拉丁名词尾一般加 - phyta；纲的拉丁名词尾加 - opsida 或 - eae；目的拉丁名词尾加 - ales；科的拉丁名词尾加 - aceae。科的名称一般是该科中的一个属的合法名称的词干上添加词尾 - aceae，如松科 Pinaceae 是由该科松属 Pinus 的词干 Pin - 加上词尾 - aceae 而成。有八个科名，不具有 - aceae 词尾，由于长期使用而被认可，作为保留名而应用，按照《国际植物命名法规》的规定与规范科名可以互用，见下表：

科名	保留名（互用名）	规范科名
菊科	Compositae	Asteraceae
十字花科	Cruciferae	Brassicaceae
禾本科	Gramineae	Poaceae
藤黄科	Guttiferae	Hypercaceae
豆科	Leguminosae	Fabaceae
唇形科	Labiatae	Lamiaceae
棕榈科	Palmae	Arecaceae
伞形科	Umbelliferae	Apiaceae

种（species）是生物分类的基本单位，同一种植物具有一定的形态、生理特征，具有一定的自然分布区，种内个体间不仅具有相同的遗传性状，而且彼此可以交配（传粉受精）产生能育的后代，与其他类群存在生殖隔离。不同种的个体之间一般不能进行杂交，即使杂交一般不会产生能育的后代。在自然界中，种是真实存在的。种起源于共同的祖先，是进化过程中的一个阶段。种以下还有亚种、变种、变型 3 个分类单位；栽培植物还有品种。

亚种（subspecies，缩写为 subsp. 或 ssp.）是指在不同分布区的同一种植物，由于生态环境不同导致两地植物在形态特征或生理功能上产生的差异。

变种（varietas，缩写为 var.）是指具有相同分布区的同一种植物，由于微生境不同，在形态上产生的变异，且变异比较稳定，分布范围较亚种小。

变型（forma，缩写为 f.）是指一个种内仅有微小差异，如花、果的颜色，被毛情况等，但其分布没有规律的相同物种的不同个体。

品种：用于栽培植物的分类上，这些植物有可能是人工培育的，但也有可能是野生起源的。无论其起源如何，总之是一群具有特殊性状和明显区别特征的，而且是人工定向培养的栽培植物。品种是人类劳动的产物（野生植物中没有品种），具有一定的形态、大小、气、香、味等，例如药材中的竹根姜和白姜，人参的大马牙、二马牙、长脖等。

居群（population）这是一个应该重视的生物层次，居群是物种的基本结构单元，也是物种存在的具体形式。个体组成居群，居群组成种，每一物种都有一定的空间结构，在其分散的，不连续的居住场所形成大大小小的群体，其中所有成员共有一个基因库，称为居群。同一物种内存在着居群的多样性，例如同一种植物当归（*Angelica sinensis*）产于甘肃、云南、四川，由于生长环境的差异，往往会产生一些不大的变异，如所含挥发油三个产地就有所不同，甘肃产当归挥发油含量最高，药材质量最好。种内居群差异就是构成道地药材的基础。

现以丹参为例写出其分类等级如下。

界：植物界（Regnum Vegetabile）
　门：被子植物门（Angiospermae）
　　纲：双子叶植物纲（Dicotyledoneae）
　　　目：唇形目（Lamiales）
　　　　科：唇形科（Labiatae）
　　　　　属：鼠尾草属（*Salvia*）
　　　　　　种：丹参（*Salvia miltiorrhiza* Bunge）

第五节　植物的命名

植物种类繁多，人们为了区别这些植物，用自己的语言给常见的植物以各种名称，但由于各个国家，各个民族语言和文字不同，对同一种植物自然会有不同的名称，经常出现同物异名和同名异物现象。例如铃兰，在英国叫 lily of thevally，在法国叫 muguet，在德国叫 Maiblume，前苏联叫 landysh 等。又如中国华西地区称蚕豆为胡豆，苏南又称为寒豆，其学名为 *Vicia faba* L. 这样容易造成名称的混乱，不便于国际交流。所以广大学者认为每个植物应具有一个大家公认的、合法的，世界通用的科学名称，这就是学名（scientific name）

一、植物学名的组成

瑞典的生物学家林奈（Carolus Linnaeus）于 1753 年在《植物种志》中倡导使用了双名法（binomial system），在此基础上，经过国际植物学会多次修改和完善制定了国际植物命名法规（International Code of Botanical Nomenclature，简称 ICBN），为世界各国植物学者共同遵守。按照法规，每种植物学名只能有一个正确的名称，即最早的、符合各项规则的名称；植物学名不论其词源如何，均须拉丁化，如中文的荔枝写成 Litchi。双名法即每个植物学名由两个名称限定词组成，第一个词为该植物所隶属的属的名称（属名），第二个词是种加词（Specific epithet），最后再加上命名人名，这三部分共同构成了植物的学名，这种命名法为双名法。属名 + 种加词 + 定名人，如桑的学名是 *Morus alba* L.，*Morus* 是桑的属名，*alba* 是种加词，L. 是定名人 Linnaeus 的缩写。

属名：是一个单数名词或作为单数名词来处理的词，用单数主格，属名的第一个字母用大写，属名可以是任何来源的词，如来源于古拉丁名的 *Rosa*（蔷薇花），来源于人名 *Magnolia*（法国植物学家 Pierre Magnol），来源于形态特征 *Platycodon*（花冠宽钟形），来源于地名、生境、地方俗名等。

种加词：是学名第二个词，以前称“种名”，种加词一律小写，用形容词作种加词时必须与属名同性属，同数同格。例如：黄精 *Polygonatum sibiricum* Red.，芍药 *Paeonia lactiflora* Pall. 等的种加词。*sibiricum* 为中性，单数，主格；*lactiflora* 为阴性，单数，主格，均与属名一致。用同位名词作种加词时，应与属名同数，同格，但性属可以不同，如洋葱 *Allium cepa* L.、石榴 *Punica granatum* L.，*Allium* 为中性、单数、主格，*cepa* 为阴性、单数、主格；*Punica* 为阴性、单数、主格，*granatum* 为中性、单数、主格；用人名作种加词时，将人名形容词化，在原人名后加（i）ana（阴性），（i）anus（阳性），（i）anum（中性），如甘肃黄芩 *Scutellaria rehderiana* Diels 的种加词 *rehderianana* 来自于 Alfred Rehder。

命名人：在种加词后是该植物命名人的人名，命名人的姓氏一律要拉丁化，中国人名用汉语拼音法。命名人的姓放在最后并写全，名可以简化，用大写第一个字母，如：新巴黄耆 *Astragalus hsinbaticus* P. Y. Fu et Y. A. Chen 中 P. Y. Fu 为 Fu - pei - yun（付沛云）的缩写。命名人的姓名如果较长，可缩写，如字首连有两个以上辅音时，可将辅音字母保留，其余省略，如：Blume→Bl.，如为二音节者，取第一音节和第二音节的辅音字母，Thunbeg→Thunb.，如为三音节者，取前二个音节和第三音节的辅音字母，Maximowicz→Maxim.，命名人缩写的习惯写法应予保留，Linnaeus→Linn. 或 L.，De Candolle→DC.。

二、种以下分类单位的名称

种的名称（属名和种加词）和种下等级加词（infraspecific epithet）的组合，其间用指示等级的术语相连。指示等级的术语有：亚种（subsp.）、变种（var.）、变型（f.），其学名为：属名 + 种加词 + 亚种（变种或变型）加词，又称三名法，例如：

凹叶厚朴 *Magnolia officinalis* Rehd. et Wils. subsp. *biloba*（Rehd. et Wils.）Law

百合 *Lilium brownie* F. E. Brown var. *viridulum* Baker

重齿毛当归 *Angelica pubescens* Maxim. f. *biserrata* Shan et Yuan

此外，栽培变种的学名，是在种加词之后，加写 cultivarietas 的缩写符号 cv.，再写栽培变种的名称，第一个字母应大写。例如抚芎 *Ligusticum chuanxiong* Hort. cv. Fuxiong。

某些栽培植物的学名后附有 Hort.，Hort. 是 Hortulanorum（园艺家的，花匠的，园丁的）的缩写，表示此栽培植物是园艺家们培育出来的，没有哪个植物学家正式为它命名。例如川芎 *Ligusticum chuanxiong* Hort.，在 cv. 和 Hort. 后均不写命名人。

我们常常看到，一个学名有 2 个命名人，而且其中一个人名用括号括起来，表示这一学名已经重新组合，重新组合有两种可能：新组合（comb. nov.）或改级新组合（stat. nov.）例如：

白头翁：*Pulsatilla chinensis*（Bge.）Regel

Bunge 于 1883 年将白头翁放在银莲花属，定名为 *Anemone chinensis* Bge. 后来经 Regel 研究，认为 Bunge 将白头翁放在银莲花属（*Anemone*）不合适，于 1861 年将白头翁由银莲花属转移到白头翁属，仍留用原来的加词 chinensis，重新组合成 *Pulsatilla chinensis*（Bge.）Regel. 原来的名称 *Anemone chinensis* Bunge（1833）称基原异名（basionym）原命名人加括号以示区别。

朝鲜顶冰花 *Gagea lutea*（L.）Ker - Gawl. var. *nakaiana*（Kitag.）Sun

Kitagawa 于 1939 年将朝鲜顶冰花定为种级，*Gagea nakaiana* Kitag.。后经研究认为，他应是欧洲顶冰花的一个变种，故将其降为变种级，则作改级新组合：*Gagea lutea*（L.）Ker - Gawl. var. *nakaiana*（Kitag.）Sun（1992 年）。原来的 *Gagea nakaiana* Kitag.（1939 年）为基

原异名。

有时两命名人中间用 ex（从……，根据……）相连，表示第一作者提出而未曾合格发表，由第二作者做合格发表，若要缩写，则做合格发表的作者较为重要，应予保留，如小玉竹 *Polygonatum humile* Fisch. ex Maxim. 也可写成 *Polygonatum humile* Maxim。

如果两命名人之间插有 et，表示两个人共同发表该学名。例如：厚朴 *Magnolia officinalis* Rehd. et Wils.

第六节　植物界的分门与分类检索表

一、植物界的分门

现在地球上存在的植物，大约有 55 万种以上。对数目如此众多，相互间千差万别的植物进行研究，首先要掌握它们的性质、特征，然后根据各植物间的相似性进行分门别类。植物界的分门目前有多种分类方法，不同的学者提出了不同的分门方法，有的分成 16 门，有的分成 15 门，有的分成 18 门等。

本教材根据目前植物分类学常用的分类法，将植物界分为 16 门，即：藻类 8 门、菌类 3 门、地衣 1 门、苔藓 1 门、蕨类 1 门，种子植物 2 门，列表如下：

- 植物界
  - 孢子植物（隐花植物）
    - 蓝藻门、裸藻门、绿藻门、轮藻门、金藻门、甲藻门、红藻门、褐藻门 —— 藻类植物
    - 细菌门、粘菌门、真菌门 —— 菌类植物
    - （藻类植物、菌类植物 —— 低等植物（无胚植物））
    - 地衣门
    - 苔藓植物门、蕨类植物门 —— 颈卵器植物
  - 种子植物（显花植物）
    - 裸子植物门
    - 被子植物门
  - （蕨类植物门、裸子植物门、被子植物门 —— 维管植物）
  - （颈卵器植物、维管植物 —— 高等植物（有胚植物））

各门植物之间，具有亲缘远近之分。可根据它们的共同点分成若干类。例如，从蓝藻门到褐藻门，它们大多为水生，具有光合作用的色素，属于自养植物，将这 8 门植物统称为藻类（Algae）。细菌门、粘菌门和真菌门，它们不具光合作用色素，大多营寄生或腐生生活，将这 3 门合称为菌类植物（Fungi）。地衣门是藻类和菌类的共生体。藻类、菌类、地衣又合称为低等植物（Lower plant），苔藓、蕨类、种子植物合称为高等植物（Higher plant）。低等植物在形态上无根、茎、叶分化，构造上一般无组织分化，生殖器官单细胞，合子发育时离开母体，不形成胚，故又称无胚植物（non－embryophyte）。高等植物在形态

上有根、茎、叶的分化，构造上有组织分化，生殖器官多细胞，合子在母体内发育形成胚，故又称有胚植物（embryophyte）。藻类、菌类、地衣、苔藓、蕨类植物都用孢子进行繁殖，所以叫孢子植物（spore plant）。由于它们不开花、不结实，又称为隐花植物（cryptogamia）。裸子植物和被子植物都用种子进行繁殖，所以叫种子植物（seed plant）。又因种子植物能开花结实，又称显花植物（phanerogamae），其中被子植物又称有花植物（flowering plant）。从蕨类植物起，到种子植物都有维管系统，称维管植物（Vascular plant）。藻类、菌类、地衣、苔藓植物无维管系统，称无维管植物（non - vascular plant）。苔藓植物门与蕨类植物门的雌性生殖器官，都以颈卵器（Archegonium）的形式出现，在裸子植物中，也有颈卵器退化的痕迹，这三类植物又合称为颈卵器植物（Archegoniatae）。

二、植物分类检索表

检索表（Key）是鉴定植物类群的工具，检索表是根据法国植物学家拉马克（Lamarck）的二歧分类原则编制而成。即将每种植物的主要特征进行比较，找出相同点和不同点，分成相对应的两个组，再把每个组中显著互相对立的性状特征又分成相对应的两个分支，直到最后，并按各分支的先后顺序给予标号，相对应的两个分支的标号数应是相同的。常用的检索表有分科、分属和分种检索表。

使用检索表时，首先应仔细观察植物的各部分特征，如根的类型，茎的形状，叶的形状、叶脉、叶缘、叶基等，特别要对花和果实进行解剖观察，掌握有关描述植物形态的术语，与检索表上所记载的特征进行比较，如有两者一致则按项逐次检索，如果特征与检索表记载的某项号内容不符，应查找与该项相对应的一项，如此检索，便可检索到该植物的名称。为达到准确无误，将检索出来的植物名称和标本特征，与各类工具书进一步核对，以保证检索的准确。

植物分类检索表根据其排列方式的不同，有定距式、平行式、连续平行式三种。以本教材植物界的分门的分类为例，编制三种形式的检索表如下：

1. 定距检索表 是最常用的检索表，将每对相互矛盾的特征间隔在一定的距离处，而注明同样的号数，如 1－1，2－2，3－3 等，每下一项用后缩一格来排列。如：

1. 植物体无根、茎、叶的分化，没有胚胎 ………………………………………… 低等植物
  2. 植物体不为藻类和菌类所组成的共生体。
    3. 植物体内有叶绿素或其他光合色素，为自养生活方式 ……………………… 藻类植物
    3. 植物体内无叶绿素或其他光合色素，为异养生活方式 ……………………… 菌类植物
  2. 植物体为藻类和菌类所组成的共生体 ………………………………………… 地衣植物
1. 植物体有根、茎、叶的分化、有胚胎 ………………………………………… 高等植物
      4. 植物体有茎、叶而无真根 ………………………………………… 苔藓植物
      4. 植物体有茎、叶也有真根。
        5. 不产生种子，用孢子繁殖 ………………………………………… 蕨类植物
        5. 产生种子，用种子繁殖 ………………………………………… 种子植物

2. 平行检所表 与定距检索表的不同在于每对相互矛盾的特征紧紧相连，在相邻的两行中给予一个号数，如 1. 1.，2. 2.，3. 3. 等，在一项叙述之后为下一步检索的数字或名称。仍以上例说明：

1. 植物体无根、茎、叶的分化，无胚胎（低等植物） …………………………………………… 2
1. 植物体有根、茎、叶的分化，有胚胎（高等植物） …………………………………………… 4
2. 植物体为菌类和藻类所组成的共生体 ……………………………………………………… 地衣植物
2. 植物体不为菌类和藻类所组成的共生体 ……………………………………………………… 3
3. 植物体内含有叶绿素或其他光合色素，为自养生活方式 ………………………………… 藻类植物
3. 植物体内不含有叶绿素或其他光合色素，为异养生活方式 ……………………………… 菌类植物
4. 植物体有茎、叶，而无真根 ……………………………………………………………… 苔藓植物
4. 植物体有茎、叶，也有真根……………………………………………………………………… 5
5. 不产生种子，用孢子繁殖 ………………………………………………………………… 蕨类植物
5. 产生种子 …………………………………………………………………………………… 种子植物

3. 连续平行检索表 将每对相互矛盾的特征用两个号码表示，如1（6）和6（1），当所检索的植物特征符合1时，就向下检索2，若不符合该植物特征就检索6，一直检索到所要找的特征。以上例说明。

1. （6）植物体无根、茎、叶的分化，无胚胎…………………………………………… 低等植物
2. （5）植物体不为菌类和藻类所组成的共生体。
3. （4）植物体内有叶绿素或其他光合色素，为自养生活方式……………………… 藻类植物
4. （3）植物体内无叶绿素或其他光合色素，为异养生活方式……………………… 菌类植物
5. （2）植物体为藻类和菌类所组成的共生体…………………………………………… 地衣植物
6. （1）植物体有根、茎、叶的分化，有胚胎…………………………………………… 高等植物
7. （8）植物体有茎、叶，而无真根………………………………………………………… 苔藓植物
8. （7）植物体有茎、叶，有真根。
9. （10）不产生种子，用孢子繁殖 ……………………………………………………… 蕨类植物
10. （9）产生种子 ……………………………………………………………………… 种子植物

重点小结

植物分类系统：人为分类系统，自然分类系统

植物分类等级：界、门、纲、目、科、属、种

植物学名的组成：属名＋种加词＋命名人

种下等级的分类单位及名称：亚种，变种，变型

植物界的分门：藻类、菌类、地衣、苔藓、蕨类，种子植物（包括：裸子植物，被子植物两个门）

植物分类检索表：定距式，平行式，连续平行式

扫码“练一练”

第五章　藻类植物 Algae

学习目标

1. **掌握**　藻类植物的一般特征。

2. **熟悉**　蓝藻门，绿藻门，红藻门，褐藻门的植物特征及代表药用植物的形态特征及功用。

3. **了解**　藻类植物的分类。

第一节　藻类植物概述

藻类植物是一类具有进行光合作用的色素，可以制造养分供本身需要，能独立生活的自养原植体植物（thallophytes）。是植物界中最原始的低等植物类群。

藻类植物体构造简单，没有真正的根、茎、叶的分化，生殖器官为单细胞，植物体的形状和类型多种多样，大小差异也很大，有单细胞体只有几个微米，必须在显微镜下才能看到，如衣藻、小球藻等；有的多细胞呈丝状、叶状、枝状的，如水绵、海带、昆布、石花菜、海蒿子等；最大的藻体长达 60m 以上，藻体结构也较复杂，分化为多种组织，如生长在太平洋中的巨藻 *Macrocystis pyrifera*（L.）Ag.。

藻类植物绝大多数生活在水中（淡水或海水）；有部分藻类也生活在潮湿的岩石、墙壁、树干、土壤表面上。有些水生藻类能耐低温和高温，如冰雪藻能生长在雪线以上，以及南北两极的冰雪中，因其所含色素类型不同，常使雪面形成红雪、绿雪、黄雪等景观；某些蓝藻、硅藻能生长在高达 50℃ ~85℃ 温泉中。有的藻类和真菌共生，形成共生的复合体（如地衣）。藻类植物对环境要求不高，适应能力强，有些种类可以在营养贫乏、光照微弱的环境中生长。

扫码“学一学”

藻类植物繁殖方式有三种：营养繁殖、无性生殖和有性生殖。营养繁殖是营养体（藻体）上的一部分由母体分离出来后又能长成一个新个体。如有些蓝藻和有些单细胞藻类。单细胞藻类经过细胞分裂后，分为 2 个子细胞，子细胞各形成一个新个体，此时原藻体不再存在；多细胞藻体断裂部分能长成新个体，均属于营养繁殖。无性生殖的方式是产生孢子（spore），产生孢子的母细胞呈囊状叫孢子囊（sporangium），孢子不需结合，1 个孢子可长成 1 个新个体。孢子主要有具鞭毛能游动的游动孢子（zoospore）、不具鞭毛的不动孢子又称静孢子（aplanospore）和厚壁孢子（akinete）3 种。有性生殖的生殖细胞叫配子（gamete），产生配子的囊状结构细胞叫配子囊（gametangium）。一般情况下，配子必须两两相结合成为合子（zygote），由合子直接萌发长成新个体，或由合子产生孢子长成新个体；极少情况下，配子不经过结合长成新个体的，叫单性生殖。根据结合的两个配子大小、形状、行为不同又分为同配（isogamy）、异配（heterogamy）和卵配（oogamy）。同配指结合的两个配子大小、形状、行为完全一样；异配指相结合的两个配子的形状一样，但大小和行为不同，大而较不活泼的叫雌配子（female gamete）、小而较活泼的叫雄配子（male gamete）；

卵配指相结合的两个配子的大小、形状、行为都不相同，大的无鞭毛，不能游动，特称为卵（egg），小的具鞭毛，很活泼，特称为精子（sperm）。卵和精子的结合叫受精（fertilization），受精卵即成为合子。藻类植物的合子不发育成多细胞的胚，而是直接发育成新个体。所以藻类植物是无胚植物。

藻类植物约有 3 万种，广布全世界。藻类营养价值很高，含有大量的碳水化合物、蛋白质、脂肪、无机盐，多种维生素和有机碘等微量元素，广泛用于药品和食品中。藻类的提取物可用于工业、食品业、医药和科研。我国药用藻类 114 种。随着对藻类植物的深入研究，海洋的进一步开发，藻类资源将被人类充分利用。

第二节　藻类植物的分类

根据藻类植物光合作用的色素种类、贮存养分的不同、植物体的形态、细胞核的构造、细胞壁的成分、鞭毛的有无、数目、着生位置和类型、生殖方式等差异，一般将藻类植物分为九个门，各门的主要特征见表 5－1。现将具有药用价值并且在分类系统上关系较大的蓝藻门、绿藻门、红藻门、褐藻门简介如下。

表 5－1　藻类各门主要特征

门	种数	主要色素	光合产物	鞭毛特点	细胞壁成分	习性
蓝藻门	1500	蓝绿色 叶绿素 a、藻红素、藻蓝素、类胡萝卜素、叶黄素	蓝藻淀粉 蓝藻颗粒体	无	黏肽 果胶酸 黏多糖	淡水产 海产 亚气生
甲藻门	1100	橙黄或褐色 叶绿素 a、多叶绿素 c 及类胡萝卜素、叶黄素	淀粉 （α－1，4－支链葡聚糖）	1 条侧生 1 条后生	纤维素	海产 淡水产
金藻门	1000	金橄榄色 叶绿素 a、多叶绿素 c 及类胡萝卜素、叶黄素	昆布多糖 （β－1，3－葡聚糖）	1 条或 2 条顶生	果胶质 含硅质	主要淡水产
黄藻门	500	金黄色 叶绿素 a、β－胡萝卜素 叶绿素 c、叶黄素、异黄素	油 金藻昆布糖	2 条近顶生略偏向腹部不等长	果胶质为主少 SiO_2 及纤维素	主要淡水产
硅藻门	16000	橄榄褐色 叶绿素 a、多叶绿素 c 及类胡萝卜素、叶黄素	昆布多糖 （β－1，3－葡聚糖）	仅精子具 1 条	果胶质 硅质 无纤维素	淡水产 海产
裸藻门	800	绿色 多叶绿素 a 及叶绿素 b、少类胡萝卜素及叶黄素	裸藻淀粉	1～3 条顶生	周质体 无细胞壁	主要淡水产
绿藻门	8000	绿色 多叶绿素 a 及叶绿素 b、少类胡萝卜素	淀粉 （植物淀粉）	2 条或更多顶生或近顶生	纤维素	多淡水产 少海产 少亚气生
褐藻门	1500	橄榄褐色 叶绿素 a、多叶绿素 c 及类胡萝卜素、叶黄素	昆布多糖 （β－1，3－葡聚糖）	仅精子具 2 条侧生	藻胶酸 褐藻糖胶 纤维素	几乎全海产 冷洋区多见
红藻门	4000	红色至黑色 叶绿素 a、类胡萝卜素、多藻胆素、少叶绿素 d	红藻淀粉 （肝多糖，类似于 α－1，4－支链葡聚糖）	无	外层果胶质（琼脂糖、半乳糖），内层纤维素	绝多为海产 少淡水产 很多产热带

引自叶创兴等，2002 年

一、蓝藻门 Cyanophyta

蓝藻常分布于温暖而富含有机质的淡水中，呈蓝绿色又称蓝绿藻（blue - gree algae），是一类原始的低等植物，藻体为单细胞个体，多细胞群体或丝状体。细胞为典型的原核结构，细胞壁的化学组成与细菌类似。

蓝藻是一类简单而原始的自养性原核生物，其细胞壁内的原生质体不分成细胞质和细胞核。而分化为中央质（centroplasm）和周质（periplasm），也称色素质（chromoplasm），中央质位于细胞中央，含有遗传物质，由于没有核仁和核膜，但有核物质的功能，故称原始核或拟核。周质中含有光合作用的色素，但无叶绿体。蓝藻的光合色素主要是叶绿素 a、b，胡萝卜素、黄胡萝卜素、蓝藻黄素、蓝藻叶黄素和藻胆素等。但也有些种类的细胞壁外层的角质鞘中含红、紫等非光合色素，使藻体呈红、紫等颜色。细胞贮藏的营养物质主要是蓝藻淀粉和蓝藻颗粒体。

蓝藻的繁殖主要是营养繁殖，在单细胞类型是细胞直接分裂后，产生子细胞并发育成新个体；丝状体种类则先分裂成若干小段，每一小段各长大形成新个体；群体类型则经过反复分裂，使群体长大，较大的群体再分离成若干较小的群体；少数蓝藻通过产生孢子，进行无性生殖。

蓝藻约 150 属，近 1500 种，分布很广，从两极到赤道，从高山到海洋，主要生活在淡水中。不少种类含有丰富的蛋白质，氨基酸等营养物质，可食用、药用或制成保健品，某些蓝藻的提取物有抗炎和抗肿瘤作用。

【药用植物】

螺旋藻 *Spirulina platensis*（Nordst.）Geitl. 为颤藻科植物。为淡水热带藻类，是一种单细胞水生植物，形如钟表发条，呈螺旋状，蓝绿色，随种类不同，藻体大小不一，一般长 300 ~ 500μm。本属植物全世界有 38 种，原产中非和墨西哥，我国已大量人工养殖，藻体含有粗蛋白（67%），粗脂肪（4.2%），粗纤维（4.1%），糖类（15.9%）及维生素、微量元素等。其蛋白质的氨基酸种类齐全，特别是必需氨基酸含量较多，具有益气养血、健脾化痰、散结软坚、抗辐射、提高机体免疫力作用，现已制成各种保健品或食品。（图 5 - 1）

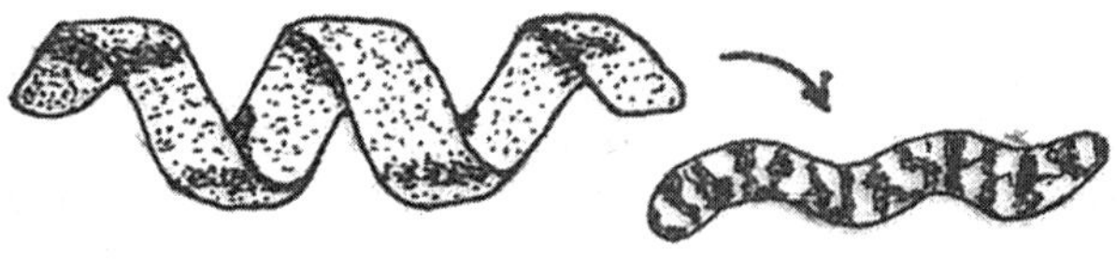

图 5 - 1　螺旋藻属植物体的一部分

葛仙米 *Nostoc commune* Vauch. 为念珠藻科植物。植物体由多数圆球形细胞组成的单列丝状体，形如念珠，丝状体外有一个胶质鞘包围，形成团块状或片状的胶质体。在丝状体上隔一定距离有一个形状有些差异的细胞，叫异形胞。异形胞壁厚，两个异形胞之间，或由于丝状体中某些细胞的死亡，将丝状体分成许多小段叫藻殖段。异形胞和藻殖段的产生，有利于丝状体的断裂和繁殖。总胶质体呈球状，形如木耳，蓝绿色或橄榄绿色。分布于各地，多生于潮湿土壤和石上。可供食用，习称“地木耳”，能清热、收敛、益气、明目。（图 5 - 2）

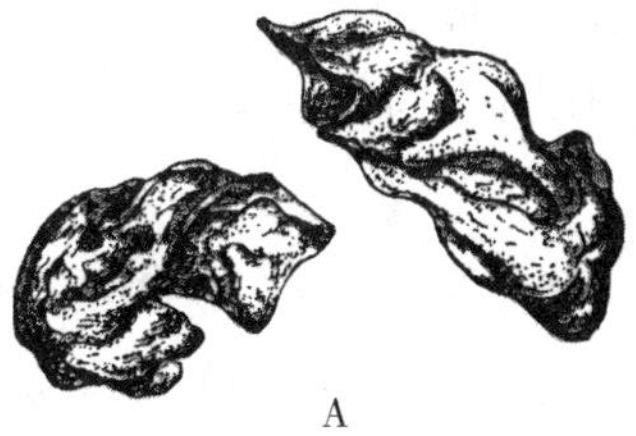
A

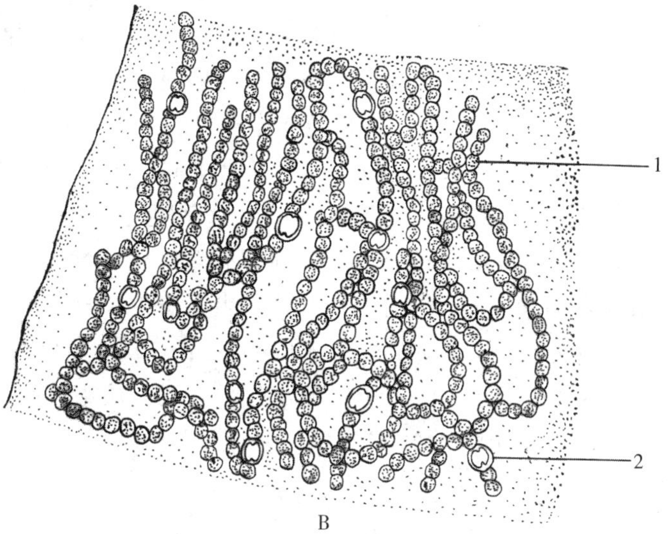

B

图 5-2　葛仙米（念珠藻属植物）

A. 植物体全形　B. 植物体的一部分　1. 藻丝　2. 异形胞

同属植物发菜 *Nostoc commune* var. *flagelliforme*（Berkeley et Curtis）Bornet et Flahault，是我国西北地区食用藻类。

二、绿藻门 Chlorophyta

绿藻门为真核藻类（eukaryotic algae），植物体形态多种多样，有单细胞体（衣藻属 *Chlamydomonas*）、群体（盘藻属 *Gonium*）、丝状体（刚毛藻属 *Cladophora*）和叶状体（石莼属 *Ulva*）等。该门植物在许多特征上与高等植物相同，如营养贮藏物质为淀粉，色素类型包括叶绿素 a、叶绿素 b、叶黄素和胡萝卜素等四种，运动细胞具有 2 或 4 条顶生等长鞭毛，细胞壁两层，内层主要有纤维素组成，外层为果胶质。大多认为高等植物与绿藻具有亲缘关系。

绿藻的繁殖方式有营养繁殖、无性生殖和有性生殖。营养繁殖是某些单细胞绿藻，细胞多次分裂后，每个细胞发育成一新植物体，如衣藻产生的游动孢子，小球藻产生的不动孢子等；大的群体、丝状体由断裂的片段，再形成新个体。无性生殖形成游动孢子或静孢子，由孢子萌发成新个体，游动孢子无细胞壁，结构和衣藻型细胞相似。静孢子无鞭毛，不能游动，有细胞壁，分为两类：静孢子在形态上与母细胞相同，称为似亲孢子（autospore）；静孢子具极厚的细胞壁，称厚壁休眠孢子（hyphospore）。有性生殖为同配或异配，少数为卵配，极少数为两个细胞间形成结合管，其中一个细胞的原生质流向另一个细胞，融合后形成合子的结合生殖，如水绵。不少种类的生活史中有世代交替现象。

绿藻是藻类植物中最大的一门，约 350 属，5000～8000 种，是最常见的藻类，以淡水中分布最多，各种流动和静止的水体中都有，土壤表面和树干等气生条件也有，生于海水中较少，有的与真菌共生成地衣。藻体较大的绿藻大多可食用、药用或作饲料。绿藻对水体自净起很大作用，在宇宙航行中可利用它们释放氧气。

【药用植物】

石莼 *Ulva lactuca* L. 为石莼科植物。藻体为膜状体，由二层细胞组成，基部具有多细胞固着器，石莼有两种植物体，即孢子体（sporophyte）和配子体（gametophyte）。成熟的孢子体可形成孢子囊，孢子母细胞经减数分裂形成具四根鞭毛单倍体的游动孢子，孢子成熟后脱离母体，2～3 天后萌发形成单倍体的配子体，为无性生殖。成熟的配子体产生具两根鞭毛的配子，配子经结合为合子，合子萌发长成与双倍体的孢子体，为有性生殖。从游动孢子开始经配子体到配子结合前，细胞中的染色体是单倍的（n），称配子体世代（gametophyte generation）或有性世代（sexual generation）。从合子起，经过孢子体到孢子母细胞形成而在减数分裂前止，细胞中的染色体是双倍的（2n），称孢子体世代（sporophyte generation）或无性世代（asexual generation）。这种孢子体世代和配子体世代有规律地交替出现的现象称世代交替（alternation of generation）。在石莼属生活史中，出现形态构造基本相同的两种植物体，称同型世代交替（isomorphic alternation of generation）。分布于辽宁、山东、河北、江苏、浙江、广东等省，生于沿海石上。能清热，利尿，祛痰，软坚，解毒，也可供食用，称“海白菜”。（图 5－3）

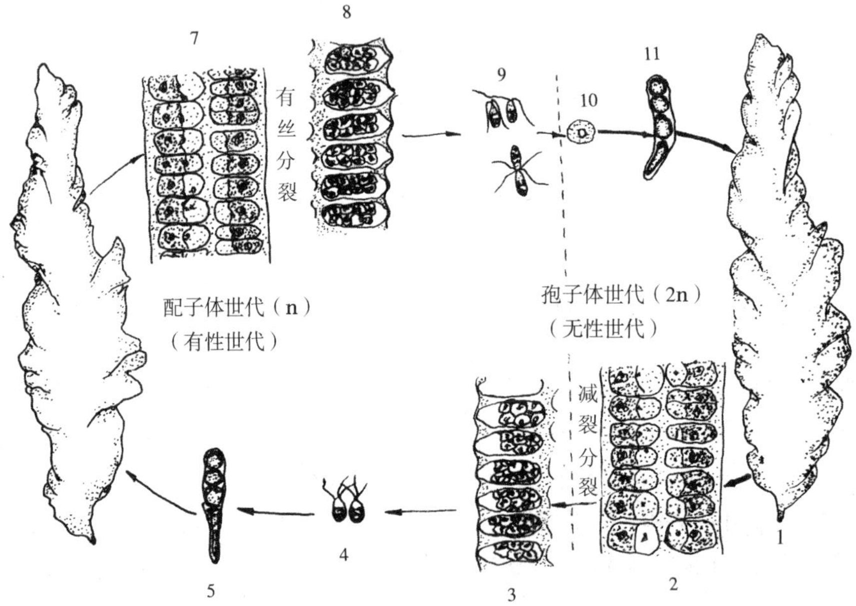

图 5－3　石莼的形态构造和生活史

1. 孢子体　2. 孢子体横切面　3. 孢子囊内产生孢子　4. 游动孢子　5. 孢子萌发
6. 配子体　7. 配子体横切面　8. 配子囊内产生配子　9. 配子融合　10. 合子　11. 合子萌发

蛋白核小球藻 *Chlorella pyrenoidosa* Chick. 植物体单细胞，浮游水中，细胞微小，圆形或略椭圆形，细胞壁薄，细胞内有一个杯形或曲带形的色素体（载色体）和一个淀粉核。小球藻仅能无性繁殖，繁殖时，原生质体在壁内分裂 1～4 次，生成 2～16 个不动孢子，孢子成熟后，母细胞壁破裂，孢子散布水中，逐渐长成与母细胞一样大小的小球藻。分布很广，多生于小河、池塘中。藻体含丰富的蛋白质，维生素及小球藻素。医疗上可用作营养剂，能治疗水肿、贫血等。（图 5－4）

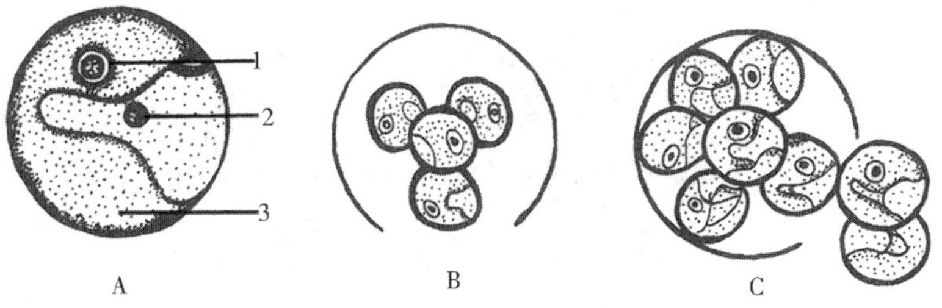

图 5-4　蛋白核小球藻

A. 蛋白核小球藻　1. 淀粉核　2. 细胞核　3. 载色体

B, C. 似亲孢子的形成和释放

三、红藻门 Rhodophyta

植物体为多细胞丝状、叶状、壳状或枝状，少数为单细胞或群体。植物体较小，少数可达 1 至数米。细胞壁由内层的纤维素和外层的果胶质构成。光合作用色素有藻红素、叶绿素 a、b 和叶黄素、藻蓝素等，由于藻红素占优势，故藻体多呈红色。贮藏营养物质为红藻淀粉（floridean starch），有的为红藻糖（floridoside）。

红藻的繁殖方式为营养繁殖、无性生殖和有性生殖。营养繁殖是单细胞种类以细胞分裂方式进行；无性生殖是产生 1 或多种无鞭毛的静孢子。在整个生活史中，没有游动细胞。有性生殖是相当复杂的卵式生殖。红藻多具世代交替现象。有性生殖时多数雌雄异株，雄性生殖器官又称精子囊，产生无鞭毛的不动精子；雌性生殖器官又称果胞（carpogonium），只有 1 个卵，果胞上有受精丝（trichogyne）。

红藻约有 558 属，4000 余种，多分布于海水中，固着于岩石等物体上，少数种类生于淡水中。很多红藻有较大的经济价值，除供食用和药用外，从某些植物中所提制的琼脂（Agar）可做微生物和植物培养基，某些藻胶可做纺织品的染料和建筑涂料。常分为红毛菜纲（Bangiophyceae）和红藻纲（Rhodophyceae）。

【药用植物】

石花菜 *Gelidium amansii* Lamx. 为石花菜科植物。藻体紫红色，直立丛生，固着器假根状。羽状分枝 4~5 次，小枝互生或对生。分布于辽宁、山东、江苏、浙江、福建、台湾等沿海地区，生于海底石上。全草入药，能清热解毒和缓泻，用于肠炎、肾盂肾炎等。可制琼胶（脂）作为缓泻剂；或微生物培养基。石花菜可供食用。

甘紫菜 *Porphyra tenera* Kjellm. 为红毛菜科植物。藻体成卵形、竹叶形、不规则的圆形等，高约 20~30cm，宽 10~18cm，紫色、紫或紫蓝色，基部楔形、圆形或心脏形，边缘具皱褶。分布于辽宁至福建沿海海岸，生于石上，现已大量栽培。药用全藻治疗瘿病脚气、高血压、喉炎等病。全藻亦供食用。

本门药用植物还有鹧鸪菜（美舌藻、乌菜）*Caloglossa leprieurii*（Mont.）J. Ag. 为红叶藻科植物。分布于浙江、福建、广东等省，生于沿海地区岩石上，防坡堤及红树根上。全草药用，具驱虫、化痰、消食功效。用于蛔虫病、蛔虫性肠梗阻、消化不良、慢性气管炎等。海人草 *Digenea simplex*（Wulf.）C. Ag. 为松节藻科植物。分布于广东等省，生于沿海大干潮线下 2~7m 处的珊瑚碎石上。全草药用，具驱虫功效，用于蛔虫、绦虫等症。（图 5-5）。

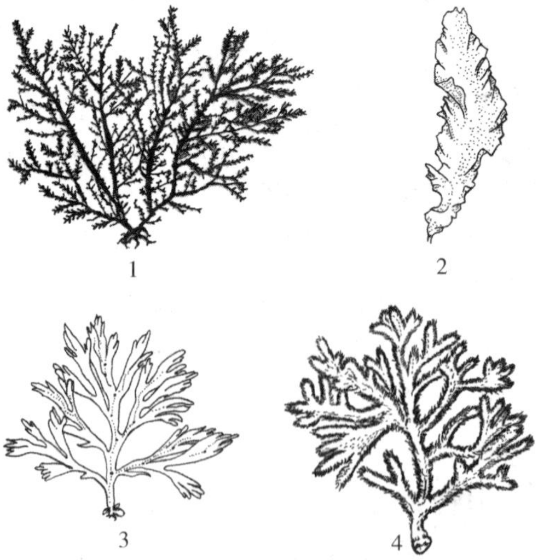

图 5－5　四种药用红藻

1. 石花菜　2. 甘紫菜　3. 鹧鸪菜　4. 海人草

四、褐藻门 Phaeophyta

褐藻植物体为多细胞体，无单细胞及群体类型，是藻类植物中形态构造分化最高级的一类。其形态及大小多样化，较进化的藻类已有明显的组织分化，藻体外部形态分化为“叶片”、柄部和固着器，内部组织分化为表皮层、皮层和髓部。褐藻的细胞壁分两层，内层是纤维素，外层为藻胶组成，壁内还有褐藻糖胶，能使褐藻形成黏液质，避免藻体干燥。细胞内含有叶绿素 a 和 c，β－胡萝卜素和 6 种叶黄素。叶黄素中有一种叫墨角藻黄素，这一色素含量最大，掩盖了叶绿素，使藻体呈褐色。贮藏营养物质主要为褐藻淀粉（laminarin）和甘露醇（mannitol）。

褐藻的繁殖方式为营养繁殖、无性生殖和有性生殖。营养繁殖是以断裂方式进行，藻体纵裂成几个部分，每个部分发育成一个新的植物体；也有形成一种特殊繁殖枝，脱离母体发育成植物体。无性生殖是以产生游动孢子和静止孢子为主。有性生殖是在配子体上形成多室的配子囊，配子结合方式有同配、异配、卵式。褐藻大多具有世代交替现象，在异形世代交替中多数是孢子体大形，配子体小形，如海带；少数是孢子体小，配子体大，如萱藻。

褐藻门约有 250 属，1500 种，绝大多数分布于海水中，仅几种生于淡水中。褐藻为冷水藻类，常分布于寒带和两极海水中，可以从潮间线一直分布到低潮线下约 30m，是构成海地森林的主要类群。

从褐藻中提取的碘，可治疗和预防甲状腺肿，藻胶酸是牙模的原料。

【药用植物】

海带 *Laminaria japonica* Aresch 为海带科植物。海带（孢子体）为多年生大型褐藻，长可达 6m。藻体分成三部分：固着器、柄、带片。固着器呈分枝的根状，固着于岩石上或它物上；柄没有分枝，圆柱形或略侧扁；带片生于柄的顶端，不分裂，没有中脉，带片和柄连接处的细胞具有分生能力，使带片不断延长，带片的构造较复杂，有“表皮”“皮层”“髓”之分。“表皮”和“皮层”能进行光合作用，髓具输导作用。

海带的生活史具明显的世代交替。孢子体成熟后，在带片的两面产生单室的孢子囊，孢子囊丛生呈棒状，中间夹着长形细胞的隔丝，隔丝尖端具透明的胶质冠，具保护作用，带片上生长孢子囊的区域为深褐色。在孢子囊内，孢子母细胞经过减数分裂和有丝分裂，产生 32 个单倍侧生不等长双鞭毛的游动孢子。孢子落地后萌发为雌、雄配子体。雄配子体由十至几十个细胞组成分枝的丝状体，其上具精子囊，产生一个侧生的双鞭毛的精子。雌配子体有少数较大细胞组成，顶端细胞膨大形成单细胞的卵囊，内生一卵；成熟时卵排出，附着于卵囊顶端，与游动精子结合成二倍体的合子；合子不离母体，几日后发育成孢子体，逐渐形成新海带。

产生孢子的植物体叫孢子体，属无性世代（孢子体世代），染色体数目为双倍（2n）的，产生配子的植物体叫配子体，属有性世代（配子体世代），染色体数目为单倍（n），由于海带的孢子体和配子体是异型的，故称异型世代交替（heteromorphic alternation of generation）。分布于辽宁、山东、浙江等省。生于海边低潮线下 2 ~ 3m 的岩石上。江苏、浙江、福建、广东等省已人工养殖，产量居世界首位。全草入药，作昆布用，能软坚散结，消痰利水，镇咳平喘，祛脂降压。用于治疗甲状腺肿大，淋巴结核、慢性气管炎、高血压、水肿等症，亦能预防甲状腺肿，除大量食用外也是提取碘和褐藻酸钠的原料。（图 5 - 6）

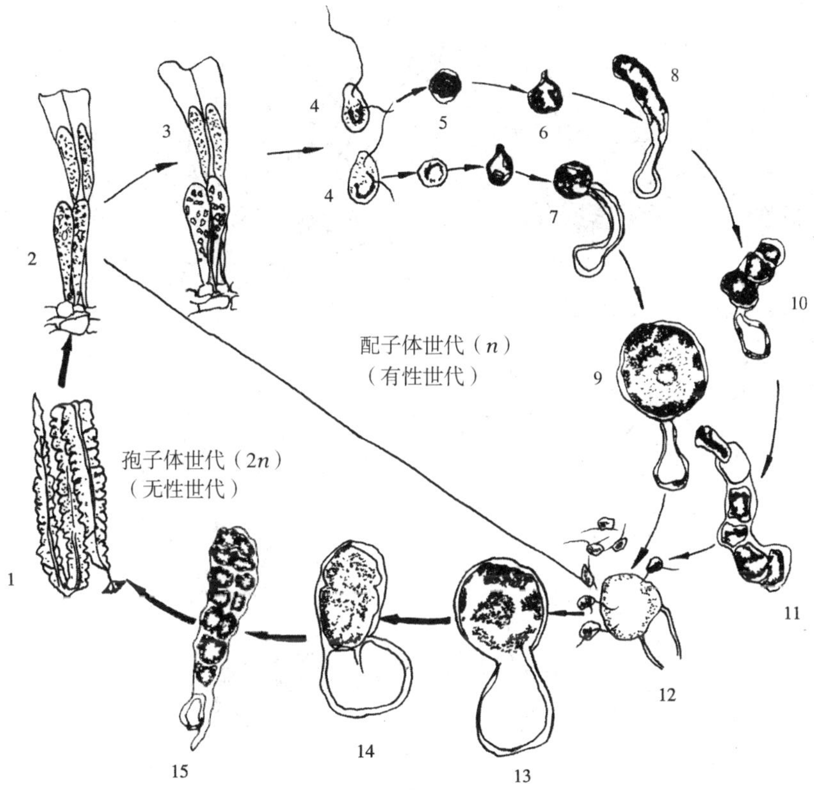

图 5 - 6　海带生活史

1. 孢子体　2. 孢子母细胞　3. 产生游动孢子　4. 游动孢子　5,6. 游动孢子萌发
7. 幼雌配子体　8. 幼雄配子体　9. 成熟雌配子体　10,11. 成熟雄配子体
12. 停留在卵囊周围的精子　13. 合子　14. 合子萌发　15. 幼孢子体

昆布 *Ecklonia kurome* Okam. 为翅藻科植物。藻体深褐色，干后变黑，革质。植物体具固着器、柄和带片三部分：固着器叉状分枝；柄圆柱状或略扁圆形；叶片平坦，1 ~ 2 回羽状深裂，基部楔形，边缘具疏锯齿。分布于浙江、福建等省。生于沿海石上。药用全藻，能消痰、软坚、润下，用于治疗甲状腺肿、颈淋巴结肿、支气管炎、肺结核等症。亦可食用。同科植物裙带菜 *Undaria pinnatifida*（Harv.）Sur. 亦作昆布用，本品藻体大型，长 1 ~ 2m，宽 0.5 ~

1m，具固着器、柄、叶片三部分，叶片中央具明显的中肋，两侧形成羽状裂片，叶面上散生黑色斑点。分布与辽宁、山东、浙江、福建等省，生于海湾内大干潮线下岩石上。

海蒿子 *Sargassum pallidum*（Turn.）C. Ag. 为马尾藻科植物。藻体暗褐色，高 30 ~ 100m。固着器盘状或短圆锥形。主干圆柱形，两侧具羽状分枝，藻叶的形状大小差异很大，披针形、倒披针形、倒卵形和线形，具不明显的中脉。在线形叶的腋部，长出多数丝状突起的小枝，其腋间生出生殖托或生殖枝，生殖托单生或总状排列于生殖枝上，圆柱形，小枝末端有气囊，气囊圆形。分布于辽宁、山东等地，生于沿海低潮线下海水激荡处的岩石上。药用全藻，是中药“海藻”的主要原植物，习称大叶海藻，软坚利水，清热，消炎，用于治疗瘿瘤瘰疬、水肿积聚等症。

同属植物羊栖菜 *S. fusiforme*（Harv.）Setchell 藻体黄色，干时发黑，肉质。固着器假根状。主轴圆柱状，直立，纵轴具分枝与叶状突起。腋生纺锤形气囊和圆柱形或椭圆形生殖托。分布于辽宁、山东、浙江、福建、广东等省，生于沿海石上。药用全草，作海藻（小叶海藻）药用。其所含两种多糖具抗癌和增强免疫作用。（图 5 – 7）

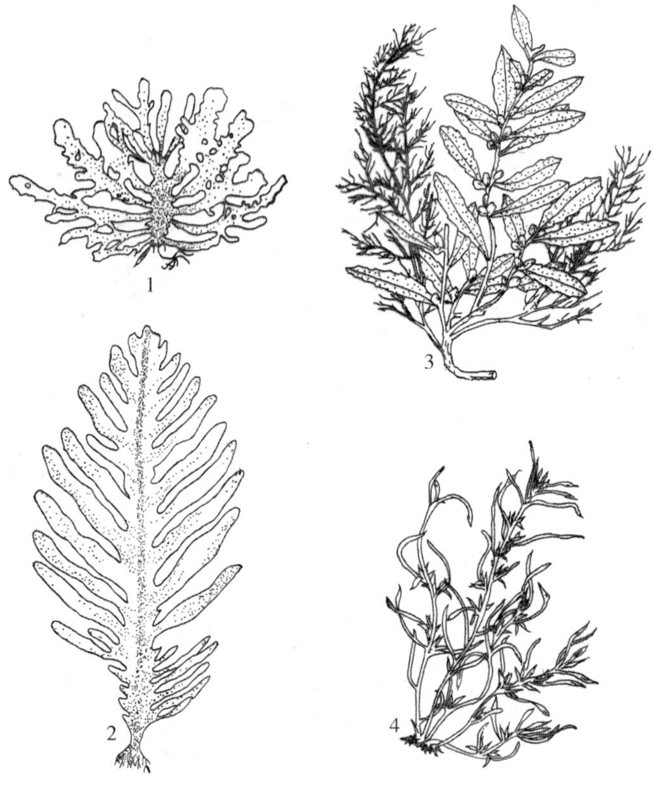

图 5 – 7　四种药用褐藻

1. 昆布　2. 裙带菜　3. 海蒿子　4. 羊栖菜

重点小结

藻类植物一般特征：是能独立生活的自养原植物体植物；物体构造简单，没有真正的根、茎、叶的分化，生殖器官为单细胞，植物体的形状和类型多种多样，大小差异也很大；藻类植物绝大多数生活在水中（淡水或海水）；藻类植物繁殖方式有三种：营养繁殖、无性生殖和有性生殖；藻类植物是无胚植物

藻类植物的分类：分为九个门，药用价值较大的主要有蓝藻，绿藻，红藻，褐藻门。

第六章 菌类植物 Fungi

学习目标

1. **掌握** 真菌的一般特征，伞菌的形态特征。

2. **熟悉** 子囊菌亚门及担子菌亚门植物一般特征及主要代表药用植物的形态特征及应用。

3. **了解** 菌类一般特征，真菌的分类。

第一节 菌类植物概述

菌类植物是一个不具有自然亲缘关系的类群，它是一群没有根、茎、叶分化，一般无光合作用色素，并依靠现存的有机物质而生活的一类低等植物。在自然界中分布极广，种类繁多。菌类植物的营养方式是异养的（heterotrophy）。异养的方式有寄生及腐生等。按传统的分类，菌类植物分为细菌门、粘菌门、真菌门。这三个门的植物形态、构造、繁殖方式和生活史差别很大。细菌门是一群原核生物，单细胞，体微小，细胞壁主要成分为黏质复合物，用细胞分裂方式进行繁殖；粘菌门是一群介于动物和植物之间的真菌生物，不具有细胞壁，用孢子繁殖，孢子具纤维素壁；真菌门是一群真核，产生孢子的生物，细胞壁主要成分为几丁质，少数具有纤维素，一般进行有性和无性生殖。1969 年，魏泰克（Whittaker）提出按营养方式将真核生物划分为三界，其中“异养的”组成菌物界（Fungi）。菌物由粘菌门、细菌门、真菌门组成。本书乃采用传统的分类，其中细菌门已在微生物学中讲授。粘菌门与医药关系较小，故本章只介绍真菌门。

扫码“学一学”

第二节 真菌门 Eumycota

一、真菌的特征

真菌为真核生物，不含叶绿素，也没有质体，是典型的异养植物（heterotrophic plant）。异养方式有寄生、腐生、共生等。凡从活的动物、植物吸取养分的叫寄生（parasitism）；从死的动物、植物体或无生命的有机物中吸取养料的叫腐生（saprophytism）；从活的有机体吸取养分，同时又给该活体提供有利的生活条件，彼此相互依赖，共同生活的叫共生（symbiosis）。真菌贮存的养分主要是肝糖，及少量的蛋白质和脂肪及微量的维生素。它们具含有几丁质（chitin）或纤维素的细胞壁。

除典型的单细胞真菌外，绝大多数的真菌是由纤细、管状的菌丝（hyphae）构成的，组成一个菌体的全部菌丝称菌丝体（mycelium）。菌丝分无隔菌丝和有隔菌丝两种：无隔菌丝是一个长管状细胞，大多数是多核的，有分枝或无；有隔菌丝具有横隔膜，把菌丝分隔成许多细胞，每个细胞内含 1 或 2 个核。菌丝的横隔上具小孔，原生质及核可以从小孔流通。菌丝细胞内含有原生质、细胞核和液泡及贮存的营养物质如蛋白质、油滴和肝糖等。菌丝除顶端生长外，每个细胞都具有生长或分裂的能力。（图 6－1）

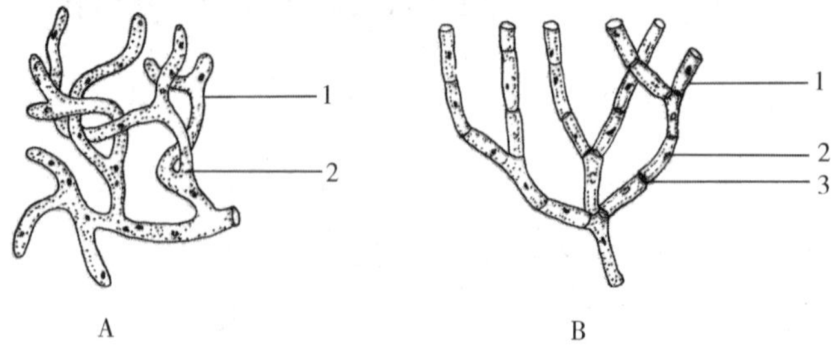

图 6－1　营养菌丝

A. 无隔菌丝　B. 有隔菌丝　1. 细胞壁　2. 原生质　3. 隔膜

某些菌丝在不良环境条件下或繁殖时，菌丝互相密结，形成不同形态的菌丝组织体。常见的有根状菌索（rhizomorph）、子座（stroma）、菌核（sclertium）。根状菌索是菌丝体密结呈绳索状，外形似根，在木材腐朽菌中根状菌索很普遍，如天麻密环菌的菌索。子座是容纳子实体的褥座，是真菌从营养阶段到繁殖阶段的一种过渡形式，是由拟薄壁组织和疏丝组织构成的，如冬虫夏草虫体上长出的棒状物。子座形成后，在上面产生许多子囊壳（子实体），子囊壳内产生子囊和子囊孢子。菌核是由菌丝团组成的一种坚硬核状的休眠体，一般具暗色的外皮，如茯苓。菌核中贮有丰富的养分，具有抵抗干燥和高、低温的能力，在条件适宜时，可以萌发为菌丝体或子实体。子实体（sporophore）是高等真菌在生殖时产生的具有一定形态和结构，能产生孢子的菌丝体。如木耳的耳状子实体。子实体有很多类型，子囊菌的子实体称子囊果（ascocarp），担子菌的子实体称担子果（basidicocarp）。

真菌的繁殖方式通常有营养生殖、无性生殖和有性生殖三种。营养生殖常见的是菌丝断裂后在适宜的条件下长成新个体，人们在培养真菌时，利用这一特性来繁殖与扩大菌种。少数单细胞种类经过细胞分裂来产生后代，如裂殖酵母菌属（*Schizosaccharomyces*）；大部分真菌的菌丝可以形成特殊的繁殖细胞，如芽生孢子、厚壁孢子、节孢子等。芽生孢子（blastospore）是从一个营养细胞出芽形成芽孢子，芽孢子离开母体后，长成一个新个体。如酿酒酵母；厚壁孢子（chlamydospore）是菌丝中间个别细胞膨大，原生质浓缩，细胞壁加厚形成一种休眠孢子，当渡过不良环境后，再萌发成菌丝体；节孢子（arthrospore）是由菌丝细胞依次断裂形成的。

真菌的无性生殖是极其发达的，可形成各种孢子，如孢囊孢子，分生孢子，游动孢子。孢囊孢子（sporangiospore）是在孢子囊内产生的不动孢子，借气流传播；分生孢子（conidium）是真菌中最常见最重要的无性孢子，是由分生孢子梗末端细胞分化而成的，分生孢子梗是由菌丝分化而成的；游动孢子（zoospore）在游动孢子囊中形成的是具鞭毛能游动的孢子，是水生真菌产生的孢子。

真菌的有性生殖极其复杂，有同配生殖、异配生殖、卵式生殖等。子囊菌在有性配合后，形成子囊，在子囊内生子囊孢子。担子菌在有性生殖后，在担子上形成担孢子。担孢子和子囊孢子都是有性结合后产生的孢子。真菌在产生有性孢子之前，一般要经过质配、核配、减数分裂三个过程。

真菌类约有十万余种、广布广泛，有较大的药用和经济价值。其中具抗癌作用的真菌就达 100 种以上，如灵芝、猴头、猪苓、茯苓等。我国可食用的真菌约 300 种，如香蕈、木耳、银耳等。另外，抗菌药大多来源于菌类，如青霉菌和放射菌等。有些真菌的菌丝具有强大的吸水力并分泌生长素和酶，以促进植物生长发育，如荔枝、松树等。菌类在发酵和酿造业具很重要的作用，使用历史悠久。

二、真菌的分类

真菌是生物界中很大的一个类群，通常分为四纲，即藻状菌纲、子囊菌纲、担子菌纲和半知菌纲。新的分类系统将真菌分为 5 个亚门，鞭毛菌亚门（Mastigomycotina）、接合菌亚门（Zygomycotina）、子囊菌亚门（Ascomycotina）、担子菌亚门（Basidiomycotina）和半知菌亚门（Deuteromycotina）。

药用真菌以子囊菌亚门和担子菌亚门为主。

（一）子囊菌亚门 Ascomycotina

子囊菌亚门是真菌中种类最多的一个亚门。构造和繁殖方法都很复杂，除酵母菌类外，绝大部分都是多细胞有机体，菌丝具有横隔，可以形成疏丝组织和拟薄壁组织而构成子实体、子座和菌核等。无性生殖特别发达，产生各种孢子，如分生孢子、节孢子、厚壁孢子等。有性生殖时形成子囊（ascus），合子在子囊内进行减数分裂，产生子囊孢子（ascospore），是子囊菌最重要特征。（图 6－2）有性生殖产生的生殖结构中有两种形式：单细胞的种类，子囊裸露，不形成子实体，如酵母菌；多细胞种类形成子实体，子囊包于子实体内。子囊菌的子实体又称子囊果。子囊果的形态是子囊菌分类的重要依据，通常有三种类型，子囊盘（apothecium）、闭囊壳（cleistothecium）、子囊壳（perithecium）。

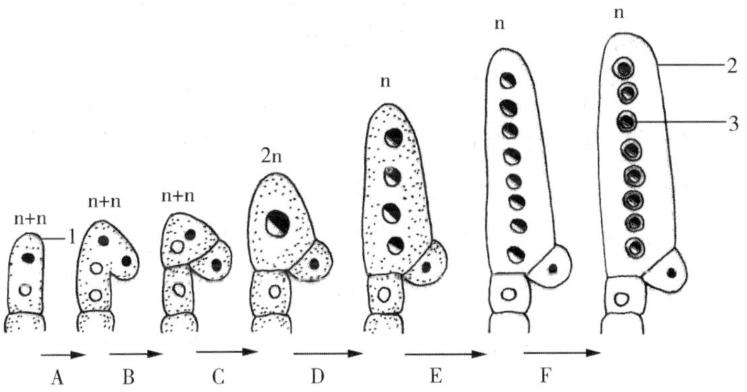

图 6－2　子囊的形成

A. 配对的核进行有丝分裂；菌丝发育成“J”形　B. 形成隔壁，次末级的细胞为 n + n

C. 在次末级细胞中发生核融合　D. 减数分裂把 2n 的合子分裂为四个单倍体的核

E. 每一个核发生有丝分裂　F. 在单倍体的核外形成壁，因而在子囊内产生了八个子囊孢子

1. 产囊丝　2. 子囊　3. 子囊孢子

【药用植物】

酿酒酵母 *Saccharomyces cerevisiae* Han. 为酵母菌科植物。菌体为单细胞，卵形，内有一大液泡，细胞核很小，细胞质内含油滴、肝糖等。芽殖是其繁殖方法，也是识别酵母菌的最重要特征。芽殖时，首先，细胞壁与原生质从母细胞的一端突出，形成 1 个小芽（芽孢子），母细胞的核分裂 1 次，1 个子核进入小芽中，长大后脱离母细胞，发育成 1 新酵母菌。

繁殖旺盛时，芽体未离开母体又生新芽，许多芽细胞连成丝状，称为假菌丝。有性生殖时，两个营养细胞或两个子囊孢子接合形成子囊。经过减数分裂形成子囊孢子，或再一次分裂产生 8 个孢子。（图 6－3）

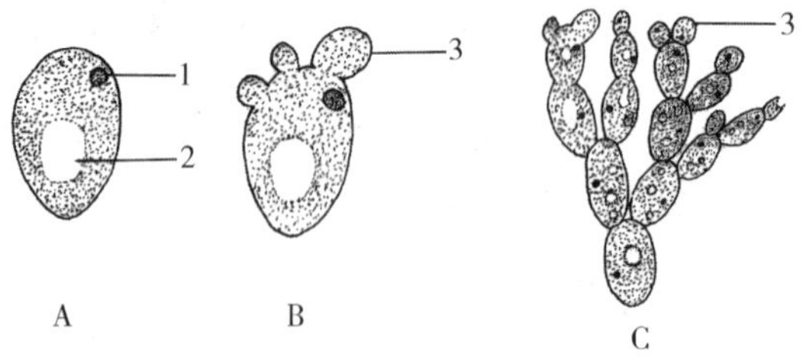

图 6－3　酵母菌

A. 单个细胞　B. 出芽　C. 芽细胞相连，形成假菌丝

1. 核　2. 液泡　3. 芽孢子

酵母菌具有多方面的作用，在工业上，能将葡萄糖、果糖、甘露糖等，经过细胞内酶的作用在无氧条件下分解为二氧化碳和酒精，这个过程称为发酵。所以可用来造酒及制作食品。在医药上酵母菌含有人体必需的多种氨基酸，大量维生素 B_1，可制成酵母片用于消化不良等症。酵母菌是提取核酸及其降解产物如辅酶 A，细胞色素 C，三磷酸腺苷（ATP）和多种氨基酸的原料，在医药上具很大用途。

麦角菌 *Claviceps purpurea*（Fr.）Tul. 为麦角菌科植物，寄生在禾本科植物的子房内，寄主以麦类的黑麦为主。在黑麦开花期，麦角菌的子囊孢子线状，单细胞，借风力传到黑麦雌蕊的柱头上，立刻生成芽管侵入子房中。菌丝在子房内滋长，逐渐突破子房壁，形成大量分生孢子。同时菌丝体分泌黏液，引诱昆虫将分生孢子带到健康花上，麦角病因之传播。当黑麦即将成熟时，受害的子房不再产生分生孢子，渐渐收缩成团，变成紫黑色坚硬的菌核，形状像动物的角，称麦角（ergot）。麦角散落土中越冬或混入种子中，再随种子播入土中，第二年春黑麦开花时，菌核萌发生出许多红头紫柄的子座。每一菌核可生出 20～30 个柄细、多弯曲，暗褐色，头部近球形的子座。子囊壳全部埋生于子座内，孔口稍伸出子座的表面，其内长有许多长圆柱形的子囊，每子囊内有 8 个线形的子囊孢子，孢子散出后，借助于气流雨水或昆虫，传播到麦穗的雌蕊上，萌发成芽管侵入子房，继续重复前面的生活周期。（图 6－4）

产于东北、华北、西北及山东、江苏、浙江等地。麦角的寄生植物多生长在草原、田野、路旁、荒地及山林间。药用菌核，含有生物碱，脂肪油及多种氨基酸等，具收缩子宫，止血作用。用于产后止血或内脏出血，并可治偏头痛。

冬虫夏草 *Cordyceps sinensis*（Berk.）Sacc. 为麦角菌科植物，是寄生在虫草蝙蝠蛾幼虫体上的子囊菌，该菌于夏秋，由子囊中射出子囊孢子并产生芽管，侵入幼虫体内，发育成菌丝体。染病幼虫钻入土中越冬，菌在虫体内生长，破坏虫体内部组织，仅留外皮，最后虫体的菌丝体变成坚硬的菌核，以度过漫长的冬天。翌年夏季，从菌核上（幼虫头部）长出棒形子座，子座顶端膨大，在表层下埋有一层子囊壳，壳内生有许多长形的子囊，每个子囊生有 2～8 个线形、具多数横隔的子囊孢子，通常 2 个成熟，从子囊壳孔口放射出去，又继续侵染幼虫。（图 6－5）

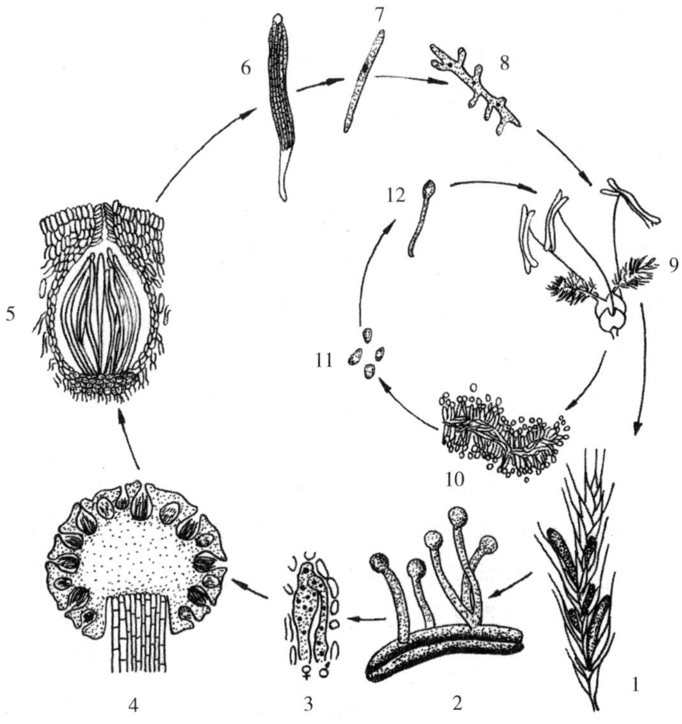

图6-4 麦角生活史

1. 麦穗上的菌核 2. 菌核萌发成子座 3. 雌雄生殖器 4. 子座纵切示子囊壳的排列
5. 子囊壳纵切示子囊 6. 子囊和子囊孢子 7. 子囊孢子 8. 子囊孢子萌发 9. 子囊孢子侵染麦花
10. 菌丝顶端分生孢子梗及分子孢子 11. 分生孢子 12. 分生孢子萌发

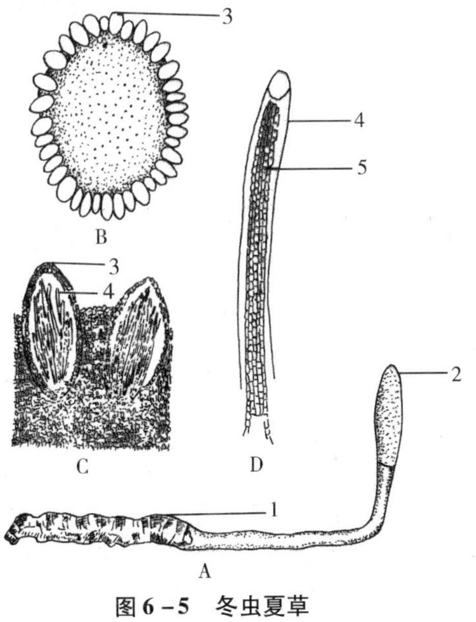

图6-5 冬虫夏草

A. 菌体全形，上部为子座，下部为已死虫体
B. 子座横切面，示子囊壳 C. 子囊壳 D. 子囊及子囊孢子
1. 菌核 2. 子座 3. 子囊壳 4. 子囊 5. 子囊孢子

产于四川、云南、浙江、甘肃、青海、西藏、贵州等省区。生于鳞翅目的幼虫体上，多在海拔3000～4000米高山排水良好的高寒草地。药用带子座的菌核（僵虫），即名贵药材冬虫夏草，含有虫草酸、多种氨基酸等。具补肺益肾，止咳化痰功效。

虫草属（*Cordyceps*）共130多种，我国产20多种，其中蝉花菌 *C. sobolifera*（Hill）Berlk. et Br. 亚香棒菌 *C. hawkesii* Gray.，凉山虫草 *C. liangshanensis* Zhang Hu et Liu 等均供药用。

（二）担子菌亚门 Basidiomycotina

担子菌亚门是一群类型多样的陆生高等真菌，全世界的1100属，20000种左右。本亚门菌类都是多细胞有机体，菌丝均具有横隔膜，在其发育过程中，有两种形式不同的菌丝：一种是由单核的担孢子萌发而产生，初期无隔多核，不久产生横隔，将细胞核分开而成为单核菌丝，称初生菌丝（primary hyphae），为单倍体（n），为期短暂。通过初生菌丝的两个单核细胞结合进行质配，核不及时结合，形成双核细胞，常直接分裂形成双核菌丝，称次生菌丝（secondary hyphae），为双核体（n + n），为期较长。担子菌的子实体、菌核、菌索等都是由次生菌丝发生和构成的，因此，担子菌的双核菌丝很重要。在双核菌丝进行分裂时，具有一种特殊的方式，即首先在菌丝细胞壁上生出一个喙状突起，突起向下弯曲，两核中的一个核移入喙突起的基部，另一个核在它的附近；然后两核同时分裂为四个核，其中两个核留在细胞的上部，一个留在下部，另一个进入喙突中；这时细胞中生出2个隔膜，将上下分割为二部及喙突共形成3个细胞。上部细胞双核，下部细胞及喙突单核，喙突的尖端与下部细胞接触并沟通，喙突中的核流入下部细胞内，又形成双核细胞。这样，一个双核细胞分裂成两个双核细胞，在两个细胞间残留一个喙状的痕迹，称锁状联合。（图6－6）在锁状联合过程中，双核菌丝顶端细胞逐渐膨大形成担子（basidium），担子2个核结合，经减数分裂，产生4个单倍体的核，担子顶端生出4个小梗，小梗顶端膨大成幼担孢子，4个单倍体的核通过小梗进入幼担孢子内，最后产生4个单细胞、单核、单倍体的担孢子（basidiospore）。（图6－6）双核菌丝、锁状联合、担孢子是担子菌的三个主要特征。

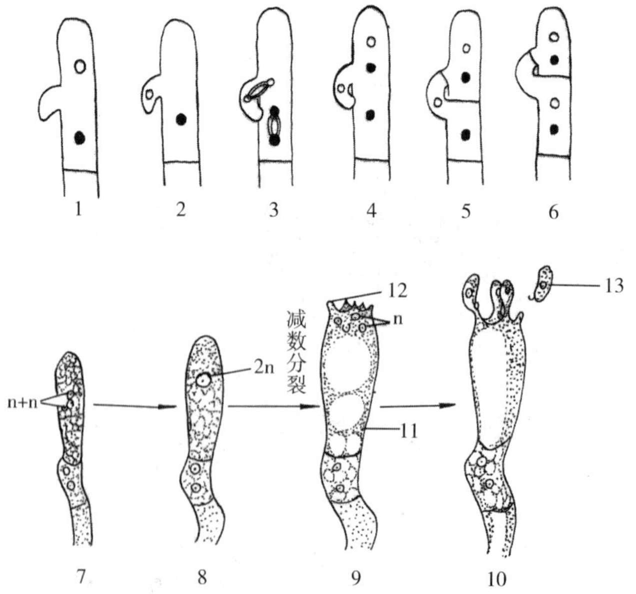

图6－6　锁状联合，担子、担孢子的形成

1～6. 锁状联合　7～10. 担子、担孢子的形成　11. 担子　12. 担孢子梗　13. 担孢子

担子菌的子实体称为担子果，形状多种多样，最常见的如蘑菇、灵芝、银耳、木耳等都是，担子果的大小、质地差异很大。

担子菌亚门分为4个纲、即层菌纲，如木耳、蘑菇、灵芝等；腹菌纲，如马勃等；锈菌纲和黑粉菌纲。层菌纲中最常见的是伞菌类。伞菌类担子果多肉质，上部呈帽状或伞状，叫菌盖（Pileus），在菌盖下有一柄叫菌柄（stipe），多中生、少数侧生或偏生，在菌盖的腹面有片状的构造，叫菌褶（gills）。（图6－7）从菌褶横切面看，由三层组织构成，表面为一层棒状细胞的子实层，其下面为由等径细胞构成的子实层基（subhymenium），最里边由长管形细胞构成的菌髓（trama）。（图6－7）有些真菌子实体幼嫩时，从菌盖边缘有层膜与菌柄相连，将菌褶遮住，该膜叫内菌幕（partial veil），等菌盖张开时，内菌幕破裂残留在菌柄上，叫菌环（annulus）。有些真菌幼嫩的子实体外面有一层膜包着，这层膜叫外菌幕（universal veil），菌柄引长时，外菌幕破裂后残留在菌柄的基部，叫菌托（volva）。菌环、菌托的有无是伞菌分类的特征之一。

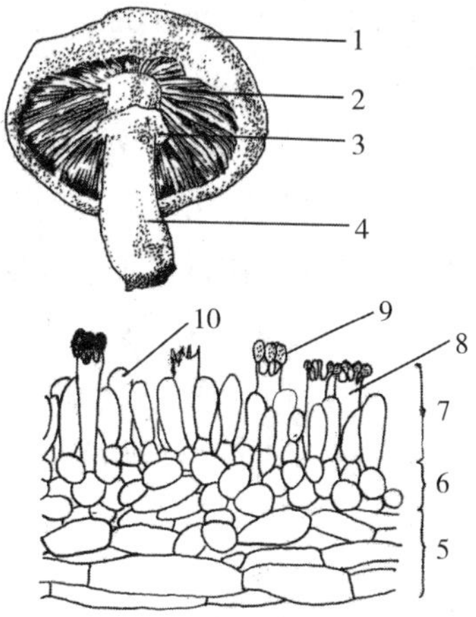

图6－7　伞菌的外形和菌褶的构造

A. 伞菌（蘑菇）　B. 菌褶横切面

1. 菌盖　2. 菌褶　3. 菌环　4. 菌柄　5. 菌髓　6. 子实层基　7. 子实层　8. 担子　9. 担孢子　10. 侧丝细胞

【药用植物】

银耳（白木耳）*Tremella fuciformis* Berk.，属银耳科。菌丝体在腐木内生长。子实体纯白色、半透明、胶质，由许多薄而弯曲的瓣片组成，干燥后呈淡黄色。担子卵圆形或近球形，无色；孢子近球形，透明无色。产于华东、中南、西南及山西、陕西、台湾等。生于栎属及多种阔叶树的腐木上，现已人工培育，药用子实体，能润肺生津、滋阴养胃，益气和血，补髓强心，清肺热，济肾燥等。为营养丰富的滋补品，本品含有抗肿瘤多糖A、B、C及银耳芽孢酸性异多糖等成分。

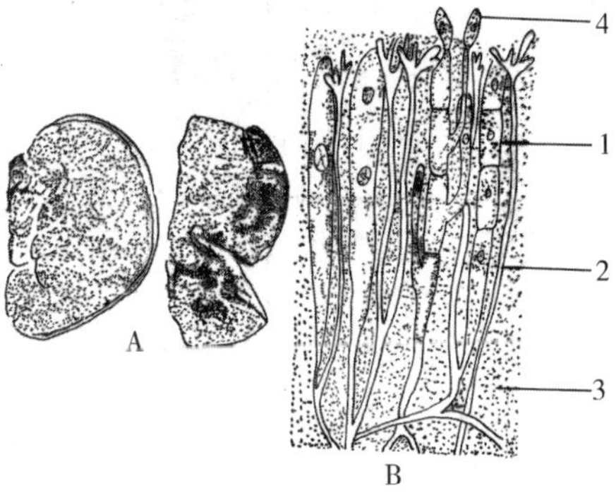

图6－8　木耳

A. 木耳子实体外形　B. 木耳子实层的横切面

1. 担子　2. 侧丝　3. 胶质　4. 担孢子

木耳（黑木耳）*Auricularia auricula*（L. ex Hook.）Onder.，属木耳科。子实体有弹性，胶质，半透明，耳状、叶状或杯形，薄，边缘波浪状，深褐色近黑色。子实层生于里面，有侧丝及担子，担子为4个细胞，长圆柱形，每个担子细胞侧生一个长的小梗，梗端有一担孢子。（图6－8）分布于东北、西北、华东、中南、西南及河北、山西等省区。生于榆、柞、赤杨、榕等阔叶树的砍伐段木或树桩上，现大量人工栽培。药用子实体，能补肺活血，强壮。

猴头菌 *Hericium erinaceus*（Bull.）Pers.。属齿菌科。子实体肉质，鲜时白色，干后浅褐色，块状，似猴头，基部狭窄，除基部外，均布肉质针状刺，刺直、下垂，长1～6cm，粗

1～2mm。孢子球形至近球形，直径5～6微米。(图6－9) 分布于东北、华北、西北、西南等省区。生于栎、胡桃等阔叶树种的立木及朽木上，现也有栽培。猴头为名贵滋补品和美味食用菌，药用子实体具利五脏助消化功效，因含多糖及多种氨基酸具抗肿瘤作用和增强免疫功能。

茯苓 *Poria cocos* (Schw.) Wolf.。属多孔菌科。菌核球形至不规则形，新鲜时软、干后硬，具深褐色、多皱的皮壳，内部粉粒状，白色或浅粉红色，由菌丝及贮藏物质组成。子实体生于菌核表面，平伏，厚3～8mm，白色，成熟后变为浅褐色。孢子长方形至近圆柱形，有一歪尖，7～9μm。(图6－10) 分布于华东及辽宁、天津、山西、陕西、山东、江苏、河南、湖北、广西、四川、贵州、云南等地。云南是茯苓的主要产区，且质量最佳。生于松属树木的根上，各地区均有人工培育。药用菌核，能益脾胃，宁心神，利水渗湿，菌核含有的萜类，多糖类等成分具抗癌作用。

图6－9　猴头菌

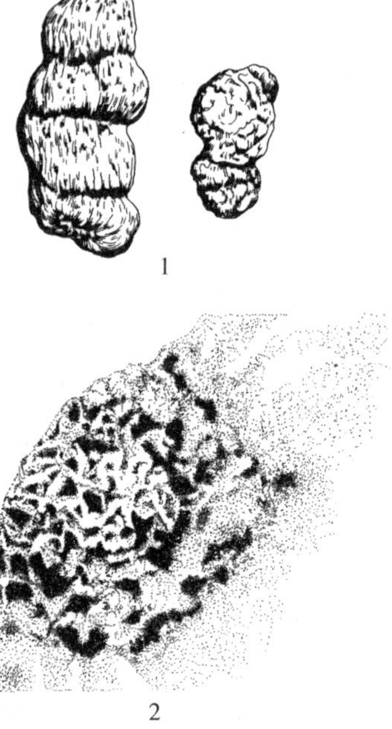

图6－10　茯苓

1. 菌核外形　2. 子实体放大

灵芝 *Ganoderma lucidum* (Leyss ex Fr.) Karst.，属多孔菌科。子实体木质或木栓质，菌盖半圆形或肾形，初期黄色，渐变红褐色，有明显的油漆样光泽，有环状棱纹和辐射状皱纹，边缘薄或平截，稍内卷，菌盖下面白色至浅褐色，具很多小孔。菌柄侧生，稀偏生，通常与菌盖呈直角，与菌盖同颜色，亦具漆样光泽。孢子褐色，卵形，中央含1个大油滴。(图6－11) 分布于华东、西南及河北、山西、河南、广东、广西、台湾等地。生于栎树及其他阔叶对干基部或根部，现已人工培育。药用子实体，具滋补强壮，安神解毒功效，子实体含有还原糖、多糖、氨基酸、蛋白质、甾类、三萜类、内酯、香豆精苷，生物碱等成分，灵芝孢子粉具有抗癌作用。同属植物紫芝 *G. sinense* Zhao, Xu et Zhang 菌盖及菌柄黑色，表面光亮如漆。分布于河北、山东、浙江、江西、福建、湖南、广东、广西、云南等省区。生于腐木桩上。子实体入药，作灵芝用。

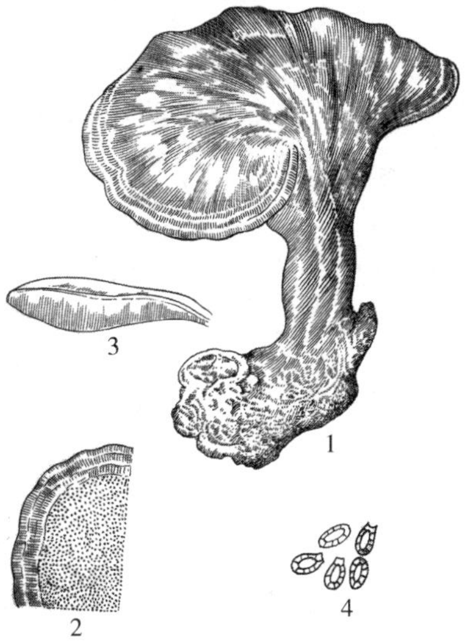

图 6-11　灵芝

1. 子实体　2. 子实体下面　3. 子实体纵剖面　4. 孢子

猪苓 *Polyporus umbellatus*（Pers.）Fr. 属多孔菌科。菌核为不规则块状，表面凸凹不平，皱缩，多具瘤状突起，黑褐色；内部白色或淡黄色，半木质化；子实体多数由菌核上生长，有多次分枝的柄，每枝顶端有一菌盖；菌盖肉质，伞形或伞状半圆形，干后硬而脆，中部脐状。孢子卵圆形（图 6-12）。分布于东北及河北、山西、陕西、甘肃、河南、湖北、四川、贵州、云南。生于枫、柞、桦、槭、柳等树旁土壤中。菌核入药能利水、渗湿。菌核含有麦角甾醇、无机成分、生物素及猪苓多糖和粗蛋白。已制成猪苓多糖注射液用于肿瘤和肝炎的治疗。

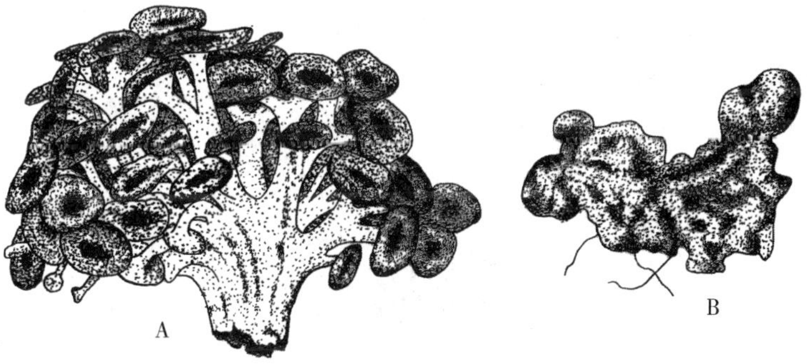

图 6-12　猪苓

A. 子实体　**B.** 菌核

云芝 *Coriolus versicolor*（L. ex Fr.）Quel 属多孔菌科。子实体无柄，菌盖复瓦状排列，革质，有细长毛或绒毛，颜色多种，有光滑狭窄的同心环带，边缘薄，波状，菌肉白色。孢子圆筒形。（图 6-13）全国大部分地区均有分布。生于柳、杨、白桦、栎、榛、枫杨、李、桃、紫丁香等阔叶树的朽木（树干）上。子实体入药，能清热、消炎。子实体含有多糖，用于治疗肝炎、肿瘤等症。

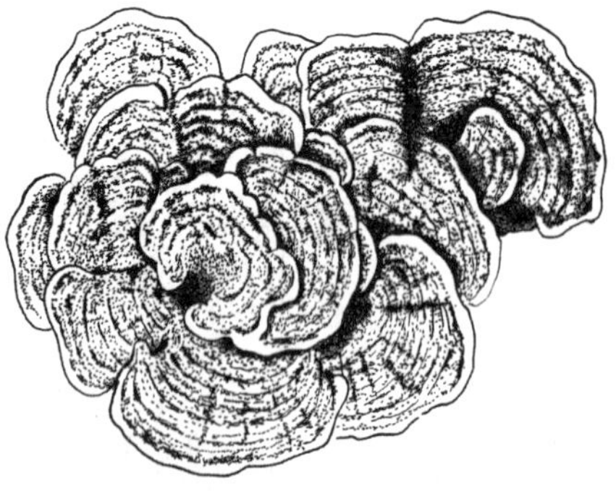

图6－13　云芝

蜜环菌 Armillaria mellea（Vahl. ex Fr.）Kummer 属白蘑科。子实体丛生；菌盖扁圆形至平展，肉质，浅土黄色，复有暗色细毛鳞，中部较多；菌肉白色或近白色，菌柄长 5～13cm，圆柱形，内部松软，后中空；菌环生于柄的上部，白色有暗斑。孢子椭圆形，无色，光滑。分布于吉林、内蒙古、河北、山西、甘肃、青海、新疆、浙江、广西、四川、云南等省区。生于针叶树及阔叶树干基部，或生于被火烧过的树根上，其菌丝体在腐木上发光，也生长在活树上，产生根状菌索。子实体入药，能舒风活络，强筋壮骨，明目。又是美味食用菌。蜜环菌与天麻（*Gastrodia elata*）的生长发育有共生关系。

脱皮马勃 *Lasiosphaera fenzlii* Reich. 属马勃科。子实体近球形至长圆形，幼时灰白色，成熟时浅褐色，外包被薄，呈块状脱落；内包被纸质，浅烟色，成熟后全部消失，仅剩随风滚动成团的孢体；孢体紧密，有弹性，由孢丝及孢子组成。孢丝长、分枝、相互交织成团块。孢子球形有小刺，褐色。（图6－14）分布于甘肃、新疆、湖北、安徽、湖南、贵州、河北、内蒙古、陕西、江苏等省区。生于山坡林下草地腐殖质丰富土地。子实体入药，能收敛止血，清热解毒，清肺利咽；外用消炎止血。大马勃 *Calvatia gigantea*（Batsch ex Pers.）Lloyd. 或紫色马勃 *Calvatia lilacina*（Mont. et Berk.）Lloyd. 的子实体均可作马勃入药。

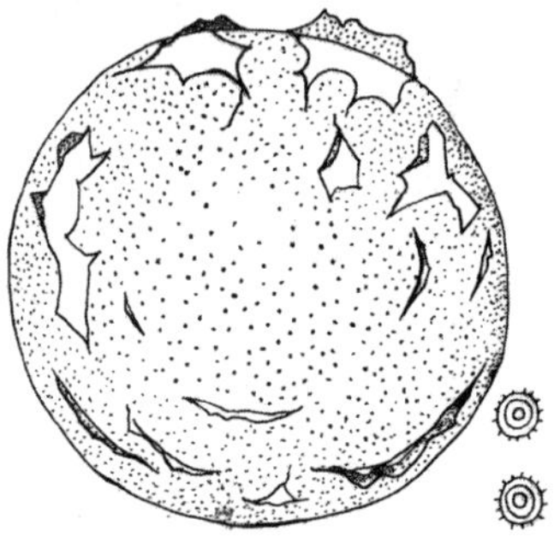

图6－14　脱皮马勃

扫码“练一练”

重点小结

真菌门包括：①子囊菌亚门，主要代表药用植物有麦角菌，冬虫夏草等。②担子菌亚门，主要代表药用植物有灵芝，茯苓，猪苓，木耳，马勃等。

第七章　地衣门 Lichens

学习目标

1. **掌握**　地衣植物的基本组成。
2. **熟悉**　枝状地衣的一般形态及代表药用植物。
3. **了解**　地衣植物的分类。

第一节　地衣概述

地衣是一种真菌和一种藻类两个有机体高度结合而成的共生复合体，是一类特殊的类群，通常是绿藻门或蓝藻门的藻类与子囊菌或担子菌的菌类共生。

地衣体中的菌丝缠绕藻细胞，并从外面包围藻类，藻细胞进行光合作用为整个地衣体制造有机养分，被菌类夺取。而菌类则吸收水分和无机盐，为藻类光合作用提供原料，并使藻细胞保持一定湿度，不致干死。它们是一种特殊的共生关系。菌类控制藻类，地衣体的形态几乎完全是真菌决定的，但并不是任何真菌都可以同任何藻类共生而形成地衣。只有在生物长期演化过程中与一定的藻类共生而生存下来的地衣型真菌才能与相应的地衣型藻类共生而形成地衣。这些高度结合的菌、藻共生生物在漫长的生物演化过程中所形成的地衣具有高的遗传稳定性。地衣一般生长缓慢，数年内才长几厘米。地衣能耐长期干旱，可生在峭壁、岩石、树皮或沙漠地上；地衣也能耐寒，在高山带、冻土带和南北极都能生长。

全世界地衣约有 500 属，2600 种。它们分布极广，从南北两极到赤道，从高山到平原，从森林到荒漠，到处都有地衣生长。由于地衣是喜光性植物，要求空气清新，对大气污染非常敏感，在工业基地或大城市很难找到，因此，地衣可以作为监测大气污染的灵敏指示植物。地衣所含独特的化学物质在日用香料、医药卫生及生物试剂等方面具有广泛应用价值。地衣对岩石的分化和土壤的形成起着一定的作用，是自然界的先锋植物。

扫码“学一学”

第二节　地衣的形态和结构

从形态上分为：与基物结合紧密的壳状地衣；与基物结合不紧密的叶状地衣和枝状地衣三类。

一、壳状地衣

地衣体为多种彩色的壳状物，菌丝与基物紧密连接，有的还生假根伸入基物中，因此很难剥离。壳状地衣（crustose lichens）占全部地衣的 80%，如生于岩石上的茶渍衣属（*Lecanora*）和生于树皮上的文字衣属（*Graphis*）。

二、叶状地衣

地衣体呈叶状，有瓣状裂片，叶片下部生出假根或脐，附着于基物上，易与基物剥离。叶状地衣（foliose lichens）如生在草地上的地卷衣属（*Peltigera*）、脐衣属（*Umbilicaria*）和生在岩石上或树皮上的梅衣属（*Parmelia*）。

三、枝状地衣

地衣体树枝状，直立或下垂，仅基部附着于基物上。枝状地衣（fruticose lichens）如直立地上的树花属（*Ramalina*）、石蕊属（*Cladonia*），悬垂生于树枝上的松萝属（*Usnea*）。（图 7－1）

地衣的解剖构造：分为上皮层、藻胞层、髓层和下皮层。上皮层和下皮层由致密交织的菌丝形成类似绿色组织那样的菌丝组织，故称假组织；藻孢层是在上皮层之下由参与地衣共生的藻类细胞聚集成明显的一层；髓层介于藻胞层和下皮层之间，由一些疏松的菌丝和藻细胞构成。依据藻类细胞的分布，通常又分为两类。

（1）同层地衣　藻类细胞在髓层中均匀分布，无藻层与髓层之分，如猫耳衣属（*Leptogium*）。

（2）异层地衣　在上皮层之下，有多数的藻细胞，形成明显的藻胞层，下方为髓层，最下面为皮层。如蜈蚣衣属（*Physcia*）和梅衣属（*Parmelia*）、地茶属（*Thamnolia*）、松萝属（*Usnea*）等。（图 7－2）

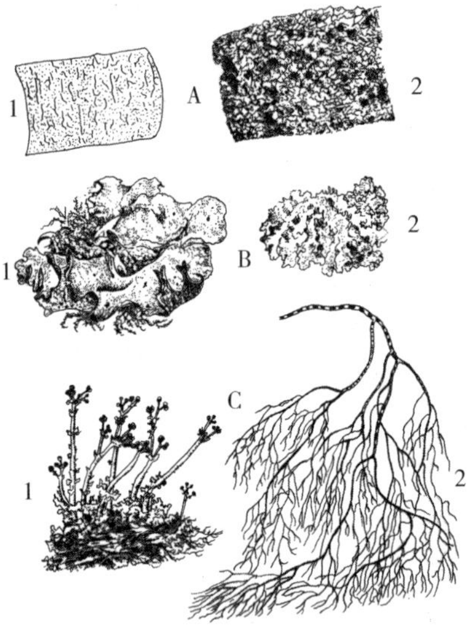

图 7－1　地衣的形态

A. 壳状地衣　1. 文字衣属　2. 茶渍衣属
B. 叶状地衣　1. 地卷衣属　2. 梅衣属
C. 枝状地衣　1. 石蕊属　2. 松萝属

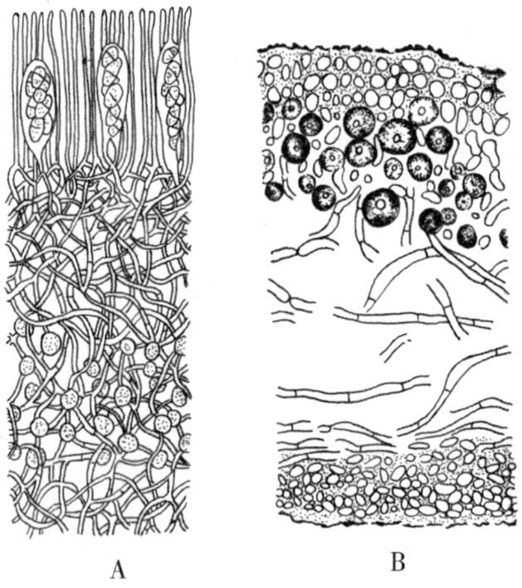

图 7－2　地衣的构造

A. 同层地衣　B. 异层地衣

叶状地衣多为异层地衣。壳状地衣多为同层地衣，壳状地衣多无下皮层，髓层与基物紧密相连。枝状地衣为异层地衣，枝状地衣外层致密，藻胞层很薄，包围中轴型的髓部，成圆环状排列，如松萝属，或髓部中空的，如地茶属和石蕊属。

【药用植物】

松萝 *Usnea diffracta* Vain. 属松萝科。地衣体扫帚形，丝状，分枝稀少，仅中部尤其近端处有繁茂的细分枝，长 15～50cm，悬垂，淡绿色或淡黄绿色，表面有很多白色环状裂沟，横断面可见中央有线状强韧性的中轴，具弹性，可拉长，由菌丝组成；其外为藻环。菌层产生少数子囊果，子囊果盘状、褐色，子囊棒状，内生8个椭圆形子囊孢子。分布全国大部分省区，主产于黑龙江、吉林省。生于具有一定海拔高度的潮湿林中树干上或岩壁上。药用全植物，能清热解毒，止咳化痰，强心利尿，生肌止血，清肝明目，含有地衣酸钠盐、松萝酸，具抗菌，消炎作用。同属植物红皮松萝 *U. rubescens*，红髓松萝 *U. zoseola*，长松萝 *U. longissima*，粗皮松萝 *U. mortifuji* 均可药用。

雪茶 *Thamnolia vermicularis*（Sw.）Ach. ex Schaer. 属地茶科。地衣体树枝状，常聚集成丛，高3~7cm，白色，略带灰色，长期保存后变肤红色。多分叉，二至三叉或单枝上具小刺状分叉，长圆条形或扁带形，粗1~2mm，渐尖，表面具皱纹凹点，中空。（图7-3）分布于陕西、四川、云南等省。生于高寒山地草甸及冻原地藓类群丛中。药用全植物，能清热解毒，养心明目，醒脑安神等。

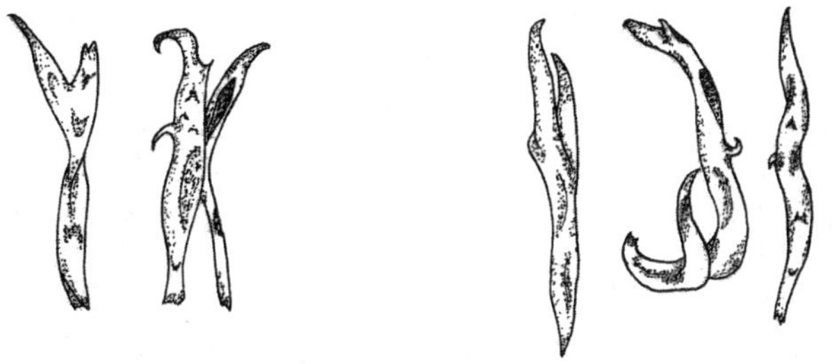

图7-3 雪茶

地衣入药的还有石耳 *Umbilicaria esculenta*（Miyoshi）Minks、石蕊 *Cladonia rangiferina*（L.）Web. 冰岛衣 *Cetraria islandica*（L.）Ach. 等，我国共有9科，17属71种地衣供药用，地衣体内含有多种独特的化学物质值得深入研究。

重点小结

地衣是一种真菌和一种藻类两个有机体高度结合而成的共生复合体，形态主要有壳状地衣，叶状地衣和枝状地衣。枝状地衣药用价值较大，其代表药用植物有松萝、雪茶等。

第八章　苔藓植物门 Bryophyta

学习目标

1. **掌握**　苔藓植物门的主要特征和分纲。
2. **熟悉**　苔藓植物的生活史。
3. **了解**　常见药用苔类和藓类。

第一节　苔藓植物的特征

扫码"学一学"

苔藓植物是绿色自养性的陆生植物，是高等植物中唯一没有维管束的一类，因此植物体都很矮小，一般不超过10厘米。平常看到的绿色苔藓植物体是其配子体，有两种类型：一种是苔类，分化程度比较浅，保持叶状体的形状；另一种是藓类，植物体已有假根和类似茎、叶的分化。苔藓植物的假根是表皮突起的单细胞或一列细胞组成的丝状体。植物体内部构造简单，组织分化水平不高，仅有皮部和中轴的分化，没有真正的维管束构造。叶多数由一层细胞组成，表面无角质层，内部有叶绿体，所以能进行光合作用，也能直接吸收水分和养料。

苔藓植物具有明显的世代交替，我们常见的绿色苔藓植物体，就是单倍体的配子体，是由孢子萌发成原丝体，再由原丝体发育而成的，配子体在世代交替中占优势，能独立生活。孢子体则不能独立生活，须寄生在配子体上，这一点是与其他陆生高等植物的最大区别。

苔藓植物的配子体上具有雌雄两性生殖器官：雄性的称为精子器（antheridium），雌性的称为颈卵器（archegonium），都是由多细胞构成。雌性器官的颈卵器，外形像长颈烧瓶，上面细长的部分称为颈部，中间有1条沟称颈沟，下部膨大部分称为腹部，中间有一个大型的细胞，称卵细胞（egg cell）。雄性器官的精子器一般呈棒状、卵状或球状，内具有多数的精子。精子长而卷曲，先端有二根鞭毛。精子借水游到颈卵器内与卵结合，卵细胞受精后形成合子（2n），合子不须经过休眠即开始分裂而形成胚，植物界从苔藓植物开始才有胚的构造，胚即在颈卵器内吸收配子体的营养，发育成孢子体（2n），孢子体通常分为三部分，上端为孢子囊（sporangium），又称孢蒴（capsule），其下有柄，称蒴柄（seta），蒴柄最下部有基足（foot），基足伸入配子体的组织中吸收养料，以供孢子体的生长，故孢子体寄生于配子体上，孢蒴内的孢原组织细胞经多次分裂再经减数分裂，形成孢子（n），孢子散出后，在适宜条件下，萌发成绿色的丝状体，称为原丝体（protonema），经过一段时期生长后，在原丝体上再生成新配子体。（图8－1）

在苔藓植物生活史中，从孢子萌发到形成配子体，配子体产生雌雄配子，这一阶段为有性世代，细胞核染色体数目为n，从受精卵发育成胚，再由胚发育形成孢子体的阶段为无性世代，细胞核染色体数目均为2n。有性世代和无性世代互相交替，形成了世代交替。（图8－2）

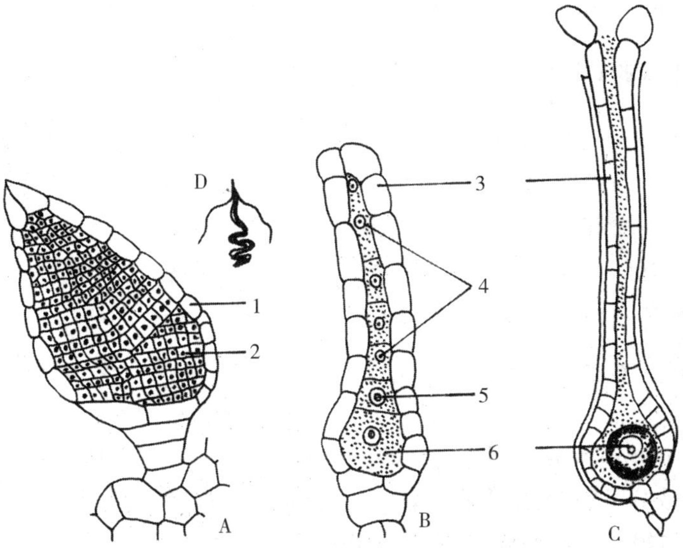

图 8－1　钱苔属的精子器、颈卵器和精子

A. 精子器　B,C. 不同时期的颈卵器　D. 精子

1. 精子器壁　2. 产生精子的细胞　3. 颈卵器壁　4. 颈沟细胞　5. 腹沟细胞　6. 卵

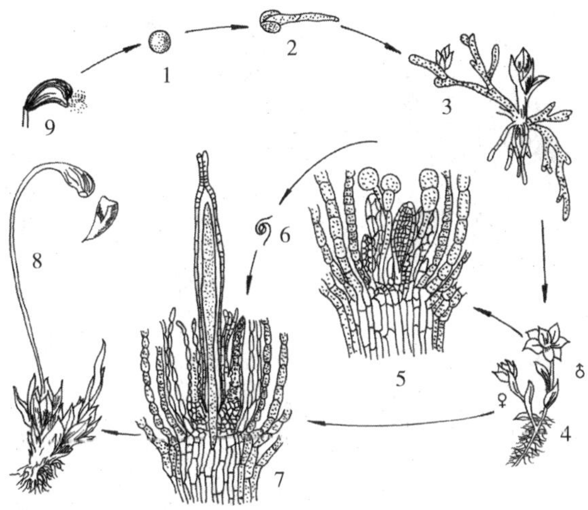

图 8－2　藓的生活史

1. 孢子　2. 孢子萌发　3. 原丝体上有芽及假根　4. 配子体上的雌雄生殖枝

5. 雄器苞纵切面示精子器和隔丝　6. 精子　7. 雌器苞纵切面示颈卵器和正在发育的孢子体

8. 成熟的孢子体仍生于配子体上　9. 散发孢子

苔藓植物生于潮湿和阴暗的环境中。尤以多云雾的山区林地内生长更为繁茂，它是植物界由水生到陆生的中间过渡代表类型。因为苔藓植物的叶片一般只有单层细胞，没有保护层，外界气体可以轻易侵入叶片。如遇到二氧化硫等有害气体，叶片会立即变黄，变褐。苔藓植物含有多种活性化合物：如脂类、萜类、脂肪酸和黄酮类等。

第二节　苔藓植物的分类

本门植物约有 23000 种左右，遍布世界各地，我国有苔藓植物 108 科、494 属、约 2800

种，其中药用的有 21 科 43 种。根据营养体的形态构造分为苔纲（Hepaticae）和藓纲（Musci）。也有人把苔藓植物分成三纲：苔纲、角苔纲（Anthocerotae）和藓纲。

一、苔纲 Hepaticae

植物体（配子体）有的种类是有背腹之分的叶状体。有的种类则有茎、叶的分化。假根由单细胞构成。茎通常没有中轴的分化，常由同形细胞构成。叶多数只有一层细胞，无中肋。孢子体的构造比藓类简单，孢蒴的发育在蒴柄延伸生长之前，蒴柄柔弱，孢蒴成熟后多呈四瓣纵裂，其内多无蒴轴，除形成孢子外，还形成弹丝，以助孢子的散放。原丝体不发达，每一原丝体通常只产生一个植物体（配子体）。多生于阴湿的土地、岩石和树干上，有的飘浮于水面或完全沉生于水中。化学特征是含有芪类、单萜及倍半萜类。

【药用植物】

地钱 *Marchantia polymorpha* L. 属地钱科。雌雄异株，植物体为绿色扁平的叶状体，阔带状，多回二歧分叉，边缘呈波曲状，贴地生长，有背腹之分。内部组织略有分化，分成表皮、绿色组织和贮藏组织。背面表皮有气孔和气室，气孔是由一般细胞围成的烟囱状构造。腹面常有能保持水分的鳞片及假根。地钱的生活史如下图所示。（图 8－3）

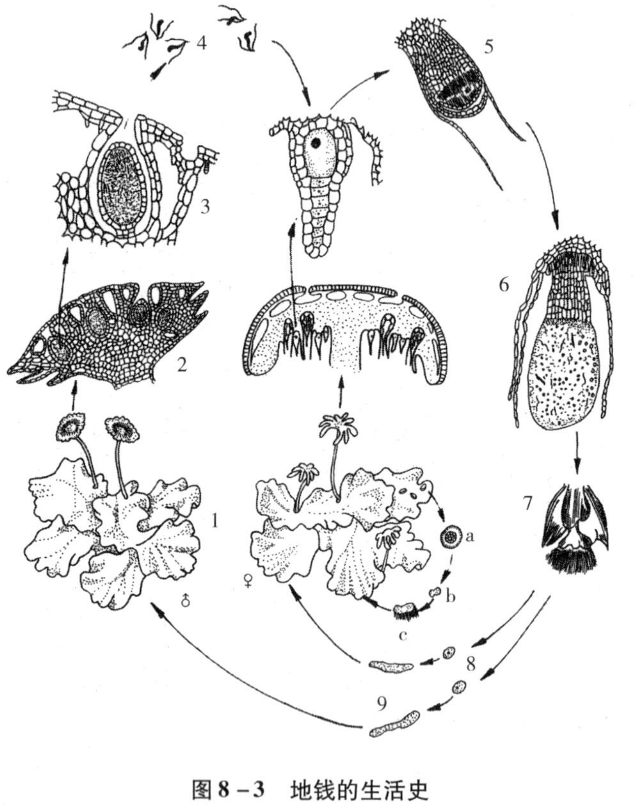

图 8－3　地钱的生活史

1. 雌雄配子体　2. 雌器托和雄器托　3. 颈卵器及精子器　4. 精子　5. 受精卵发育成胚　6. 孢子体　7. 孢子体成熟后散发孢子　8. 孢子　9. 原丝体

a. 胞芽杯内胞芽成熟　b. 胞芽脱离母体　c. 胞芽发育成新植物体

地钱有两种营养繁殖方式：一种是以形成胞芽（gemma）的方式进行营养繁殖，胞芽形如凸透镜，通过一细柄生于叶状体背面的胞芽杯（cupule）中。胞芽两侧具缺口，其中各有一个生长点，成熟后从柄处脱落离开母体，发育成新的植物体。另一种方式是地钱的叶状体，在成长的过程中，前端凹陷处的顶端细胞不断分裂，使叶状体不断加长和分叉。

后面的部分，逐渐衰老、死亡并腐烂。当死亡部分到达分叉处，一个植物体即变成两个新植物体。分布于全国各地。多生于林内，阴湿的土坡及岩石上，亦常见于井边、墙隅等阴湿处。全草能解毒，祛瘀，生肌。可治黄疸性肝炎。

苔纲药用植物还有蛇地钱（蛇苔）*Conocephalum conicum*（L.）Dum. 全草能清热解毒，消肿止痛。外用治烧伤，烫伤，毒蛇咬伤，疮痈肿毒等。

二、藓纲 Musci

藓类植物体（配子体）为有茎、叶分化的拟茎叶体，无背腹之分。有的种类的茎常有中轴的分化。叶在茎上的排列多为螺旋式，叶常具有中肋。孢子体的构造也比苔类复杂，成熟时孢蒴，蒴柄伸出颈卵器外，蒴内有蒴轴，无弹丝，成熟时多为盖裂。原丝体发达，每一原丝体常形成多个植株。分布世界各地，常能形成大片群落。化学特征是不含有芪类化合物。

【药用植物】大金发藓（土马鬃）*Polytrichum commune* L.　属金发藓科。小型草本，高 10～30cm，深绿色，老时呈黄褐色，常丛集成大片群落。茎直立，单一，常扭曲。叶多数密集在茎的中上部，渐下渐稀疏而小，至茎基部呈鳞片状。雌雄异株，颈卵器和精子器分别生于二株植物体茎顶。早春，成熟的精子在水中游动，与颈卵器中的卵细胞结合，成为合子，合子萌发而形成孢子体，孢子体的基足伸入颈卵器中，吸收营养。蒴柄长，棕红色。孢蒴四棱柱形，蒴内具大量孢子。蒴帽有棕红色毛，覆盖全蒴。（图 8－4）分布于全国各省区。生于山野阴湿土坡，森林沼泽，酸性土壤上。全草入药，有清热解毒，凉血止血作用。

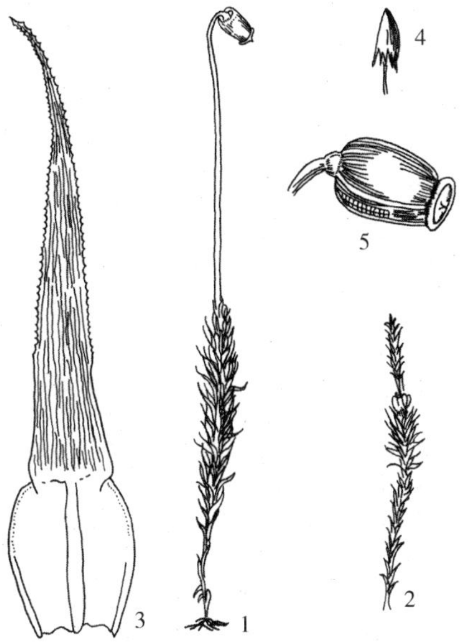

图 8－4　大金发藓

1. 雌株，其上具孢子体　2. 雄株，其上生有新枝　3. 叶腹面观　4. 具蒴帽的孢蒴　5. 孢蒴

暖地大叶藓（回心草）*Rhodobryum giganteum*（Sch.）Par.　属真藓科。根状茎横生，地上茎直立，叶丛生茎顶，茎下部叶小，鳞片状，紫红色，紧密贴茎。雌雄异株。蒴柄紫红色，孢蒴长筒形，下垂，褐色。孢子球形。分布于华南、西南。生于溪边岩石上或湿林地。全草含生物碱、高度不饱和的长链脂肪酸，能清心明目安神，对冠心病有一定疗效。

此外，大叶藓属（*Rhodobryum*）的一些种对治疗心血管病有较好的疗效。从仙鹤藓属（*Atrichum*）及金发藓属（*Polytrichum*）等一些种中提取的活性成分，对金黄色葡萄球菌有较强的抑制作用，对革兰阳性菌和阴性菌有抑制作用。

苔藓植物中的提灯藓属（*Mnium*）的一些种类是中药五倍子蚜虫的越冬宿主（它的夏寄主是漆树科的盐肤木、青麸杨、红麸杨）。五倍子内含单宁酸，没食子酸及焦性没食子酸，通称倍酸，含量高达 70% 以上。由五倍子中提取的倍酸可用于在医药上配制避孕药膏，烫伤油膏，治疗顽癣的外用药。

重点小结

苔藓植物的主要特征：属自养型植物，植物体都很矮小，植物体内部构造简单，组织分化水平不高。配子体在世代交替中占优势，能独立生活。孢子体不能独立生活，须寄生在配子体上。苔藓植物包括苔纲和藓纲，主要代表药用植物地钱、大金发藓。

第九章　蕨类植物门 Pteridophyta

学习目标

1. **掌握**　蕨类植物的特征，生活史。
2. **熟悉**　常见药用蕨类植物。
3. **了解**　蕨类植物的分类及主要成分。

第一节　蕨类植物的特征

蕨类植物是高等植物中具有维管组织，但比较低级的一类植物。在高等植物中除苔藓植物外，蕨类植物、裸子植物及被子植物在植物体内均具有维管系统（vascular system），所以这三类植物也总称维管植物（vascular plants），有的分类系统把这三类植物合称维管植物门（Tracheophyta）。

扫码“学一学”

蕨类植物和苔藓植物一样具明显的世代交替现象，无性生殖产生孢子，有性生殖器官为精子器和颈卵器。但是蕨类植物的孢子体远比配子体发达，并有根、茎、叶的分化，内中有维管组织，这些又是异于苔藓植物的特点。蕨类植物只产生孢子，不产生种子，则有别于种子植物。蕨类的孢子体和配子体都能独立生活，此点和苔藓植物及种子植物均不相同。因此，就进化水平看，蕨类植物是介于苔藓植物和种子植物之间的一个大类群。

蕨类植物的生活史中，有两个独立生活的植物体，即孢子体和配子体。

1. 孢子体　蕨类植物的孢子体发达，通常具有根、茎、叶的分化，为多年生草本，仅少数一年生，大多为土生、石生或附生，少数为水生或亚水生，一般表现为喜阴湿和温暖的特性。

（1）根　通常为不定根，着生在根状茎上。

（2）茎　通常为根状茎，少数为直立的树干状或其他形式的地上茎，如桫椤 *Alsophila spinulosa*（Wall. ex Hook.）R. M. Tryon。有些原始的种类还兼具气生茎和根状茎。蕨类植物的茎在进化过程中特化了具有保护作用的毛茸和鳞片，随着系统进化，毛茸和鳞片的类型和结构也越来越复杂，毛茸有单细胞毛、腺毛、节状毛、星状毛等，鳞片膜质，形态多种，鳞片上常有粗或细的筛孔。（图 9－1）

（3）叶　多由根茎上长出，幼时大多数呈拳曲状。根据叶的起源及形态特征，分为小型叶（microphyll）和大型叶（macrophyll）两类。小型叶如松叶蕨（*Psilotum nudum*）、石松（*Lycopodium japonicum* Thunb. ex Murray）等的叶，它没有叶隙（leafgap）和叶柄（stipe），只具 1 个单一不分枝的叶脉（vein）。大型叶有叶柄，有或无叶隙，叶脉多分枝，如真蕨类植物的叶。

蕨类植物的叶根据功能又分孢子叶和营养叶两类。孢子叶（sporophyll）是能产生孢子囊和孢子的叶，又称能育叶（fertile frond）；营养叶（foliage leaf）仅能进行光合作用，又称不育叶（sterile froud）。在蕨类植物中，有些植物的孢子叶和营养叶不分，既能进行光合作用，又能产生孢子囊和孢子，叶的形状也相同，称为同型叶（homomorphic leaf），如石韦、粗茎鳞毛蕨等；也有孢子叶和营养叶，形状和功能完全不相同，称为异型叶（heteromorphic leaf），如荚果蕨、紫萁等。在系统演化过程中，同型叶是朝着异型叶的方向发展的。

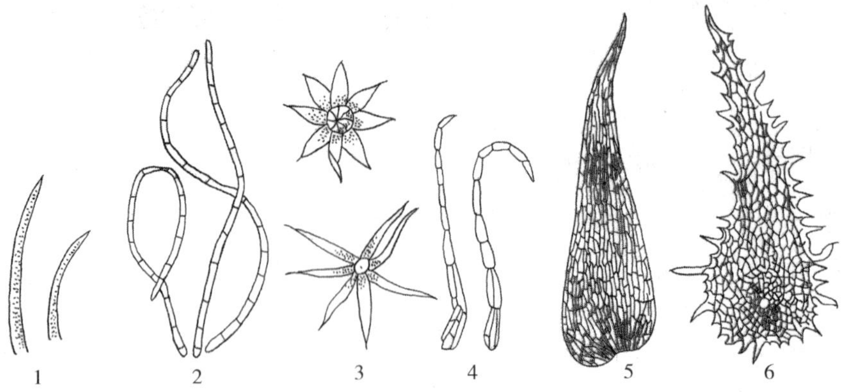

图 9-1 蕨类植物的毛和鳞片

1. 单细胞毛 2. 节状毛 3. 星状毛 4. 鳞毛 5. 细筛孔鳞片 6. 粗筛孔鳞片

（4）孢子囊 蕨类植物的孢子囊，在小型叶蕨类中单生于孢子叶的近轴面或叶基部，孢子叶通常集生在枝的顶端，形成球状或穗状，称孢子叶球（strobilus）或孢子叶穗（sporophyll spike），如石松和木贼等。较进化的真蕨类，其孢子囊常生于孢子叶的背面、边缘或集生在一特化的孢子叶上，常常由多数孢子囊聚集成群，称为孢子囊群或孢子囊堆（sorus），孢子囊群有圆形、肾形、长圆形、线形等形状，原始的类型其孢子囊群裸露，进化的类型常有膜质的囊群盖（indusium）覆盖。（图 9-2）水生蕨类的孢子囊群生于特化的孢子果内（或称孢子荚 sporocape）。孢子囊壁由单层或多层细胞构成，在细胞壁上有不均匀增厚形成的环带（annulus），环带着生的位置有多种形式，如顶生环带（海金沙属）、横行中部环带（芒萁属）、斜行环带（金毛狗脊属）、纵行环带，不完整，具裂口及唇细胞（水龙骨属）等，这些环带对孢子的散布和种类的鉴别有重要作用。（图 9-3）

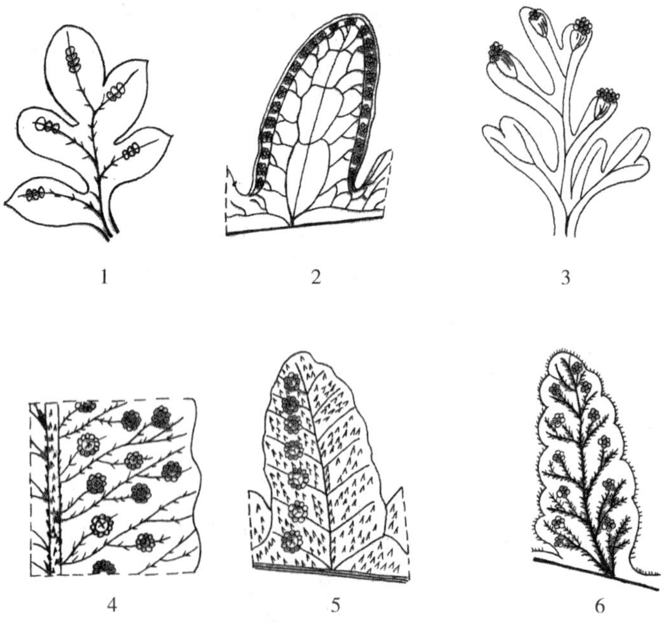

图 9-2 蕨类植物孢子囊群的类型

1. 无盖孢子囊群 2. 边生孢子囊群 3. 顶生孢子囊群
4. 有盖孢子囊群 5. 脉背生孢子囊群 6. 脉端生孢子囊群

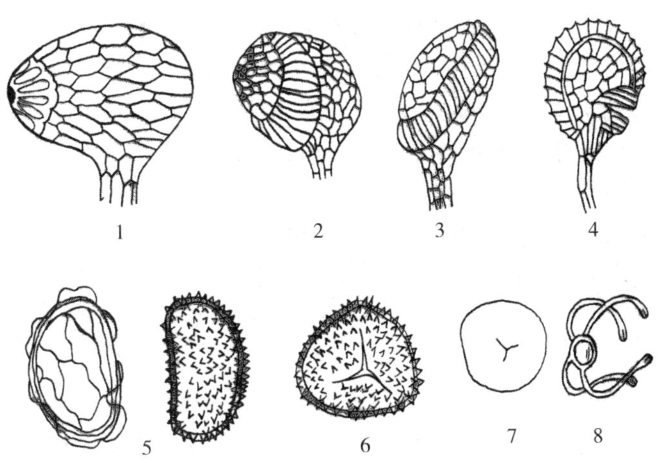

图 9-3　孢子囊环带和孢子的类型

1. 顶生环带（海金沙属）　2. 横行中部环带（芒萁属）　3 斜行环带（金毛狗脊属）
4. 纵行环带（水龙骨属）　5. 两面形孢子（鳞毛蕨属）　6. 四面形孢子（海金沙属）
7. 球状四面形孢子（瓶尔小草科）　8. 弹丝形孢子（木贼科）

（5）孢子　多数蕨类产生的孢子大小相同，称孢子同型（isospory），而卷柏和少数水生真蕨类植物的孢子有大、小之分，即有大孢子（macrospore）和小孢子（microspore）的区别，称为孢子异型（heterospore）。产生大孢子的囊状结构称大孢子囊（megasporangium），大孢子萌发后形成雌配子体；产生小孢子的囊状结构称小孢子囊（mirosporangium），小孢子萌发后形成雄配子体。

无论是同型还是异型孢子，在形态上可分为二类：一类是肾状的两面型，另一类是三角锥状的四面型。孢子的周围光滑或常具不同的突起或纹饰，或分化出四条弹丝。（图 9-3）

（6）蕨类植物茎内维管组织　蕨类植物的孢子体茎内有了明显的维管组织分化，由初生木质部和初生韧皮部所组成。这种维管组织是一种初生结构，它们聚集而成中柱（stele）。按照维管组织排列方式的不同而形成多种类型的中柱。主要有原生中柱（protostele）、管状中柱（siphonostele）、网状中柱（dictyostele）和散状中柱（atactostele）等。这些不同的中柱类型与植物演化有关，表现为由实心的原生中柱向散状中柱的趋向发展，原生中柱仅有木质部和韧皮部组成，无髓部，无叶隙。原生中柱包括单中柱、星状中柱、编织中柱。管状中柱包括外韧管状中柱、双韧管状中柱。网状中柱、真中柱和散状中柱是演化到最进化的类型。在种子植物中常见。（图 9-4）

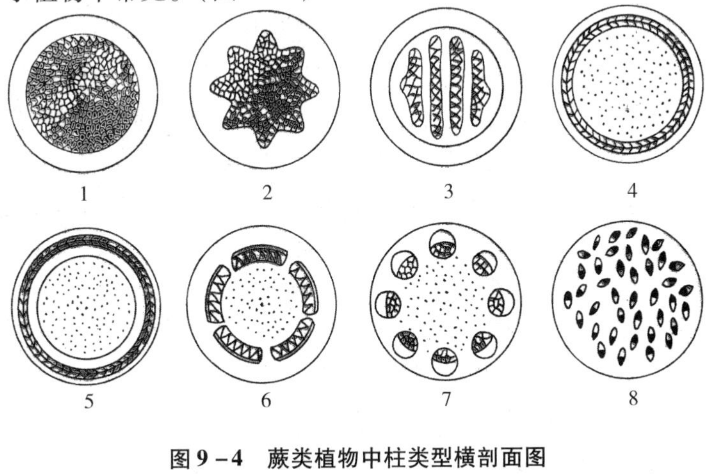

图 9-4　蕨类植物中柱类型横剖面图

1. 单中柱　2. 星状中柱　3. 编织中柱　4. 外韧管状中柱
5. 双韧管状中柱　6. 网状中柱　7. 真中柱　8. 散状中柱

中柱的类型常是蕨类植物鉴别的依据之一。很多蕨类植物根状茎上常有叶柄残基，而叶柄中的维管束数目、类型及排列方式均有明显的区别，亦可作为药材的鉴别依据之一。如贯众类生药中，东北贯众 *Dryopteris crassirhizoma* Nakai 叶柄的横切面有维管束 5 ~ 13 个，大小相似，排成环状；荚果蕨贯众 *Matteuccia struthiopteris*（L.）Todaro 叶柄的横切面有维管束 2 个，呈条形，排成八字形；狗脊蕨贯众 *Woodwardia japonicum*（L. f.）Sm. 叶柄的横切面有维管束 2 ~ 4 个，呈肾形，排列成半圆形；紫萁 *Osmunda japonica* Thunb. 叶柄的横切面有维管束 1 个，呈 U 字形。（图 9 –5）

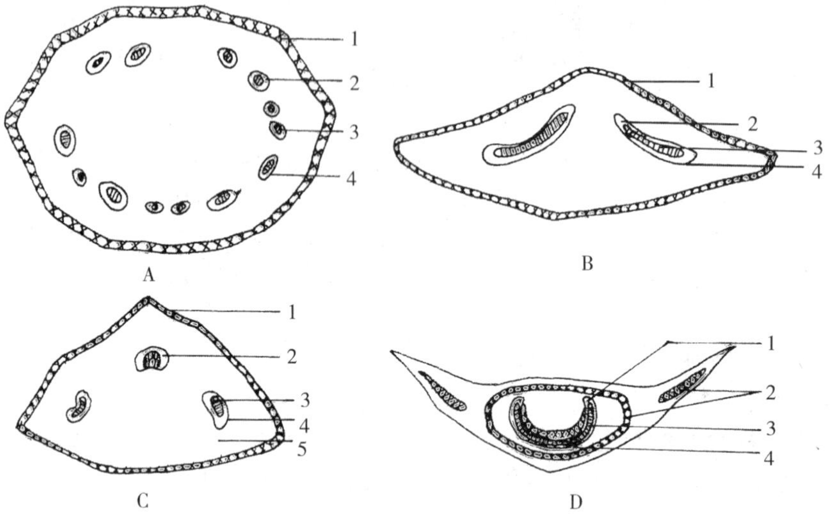

图 9 –5 贯众类叶柄基部横切面简图

A. 东北贯众 1. 厚壁组织 2. 韧皮部 3. 木质部 4. 内皮层

B. 荚果蕨贯众 1. 厚壁组织 2. 韧皮部 3. 木质部 4. 内皮层

C. 狗脊蕨贯众 1. 厚壁组织 2. 韧皮部 3. 木质部 4. 内皮层 5. 薄壁组织

D. 紫萁 1. 韧皮部 2 厚壁组织 3. 木质部 4. 内皮层

2. 蕨类植物的配子体 蕨类植物的孢子成熟后，散落在适宜的环境里萌发形成绿色叶状体，称原叶体（prothallus），也就是蕨类植物的配子体。配子体结构简单，生活期短，能独立生活，有背腹的分化。当配子体成熟时大多数在同一配子体的腹面生有球形的精子器和瓶状的颈卵器。精子器内产生有多数鞭毛的精子，颈卵器内有一个卵细胞，精卵成熟后，精子由精子器逸出，借水为媒介进入颈卵器内与卵结合，受精卵发育成胚，幼胚暂时寄生在配子体上，长大后配子体死去，孢子体进行独立生活。

3. 蕨类植物的生活史 蕨类植物具有明显的世代交替，其生活史中有两个独立生活的植物体，孢子体和配子体。从受精卵萌发到孢子体上孢子母细胞进行减数分裂前，这一阶段称为孢子体世代（无性世代），其细胞染色体数目为双倍的（2n）。从单倍体的孢子萌发到精子与卵结合前，这一阶段为配子体世代（有性世代），细胞染色体数目为单倍的（n）。蕨类植物和苔藓植物生活史主要不同有两点：蕨类的孢子体和配子体都能独立生活；蕨类的孢子体发达，配子体弱小，孢子体世代占优势。（图 9 –6）

4. 蕨类植物的化学成分 黄酮类：小型叶和真蕨类中普遍含有黄酮类成分，如芫花素（genkwanin）和牡荆素（vitexin）等。黄酮醇类在真蕨类植物中广泛存在，如高良姜素（galangin）、山柰酚（kaempferol）等。

生物碱类：如石松洛宁（clavolonine）、石杉碱甲（huperrzine A）等，能防治早老性痴呆症。

酚类化合物 二元酚类及其衍生物在大型叶的真蕨中普遍存在，如咖啡酸（caffeic

acid)、绿原酸（chlorogenic acid）等，它们具有抗菌、止痢、止血和升高白细胞的作用，咖啡酸具有止咳、祛痰作用。

萜类及甾体化合物　蕨类植物中普遍含有三萜类化合物，具代表性的是何伯烷型和羊齿烷型五环三萜。如石松素（lycoclavanin）和石松醇（lycoclavanol）等。

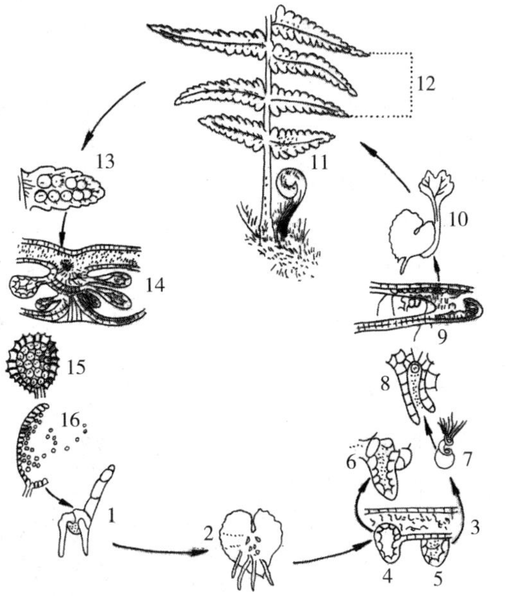

图 9－6　蕨类植物的生活史

1. 孢子萌发　2. 配子体　3. 配子体切面　4. 颈卵器　5. 精子器　6. 雌配子（卵）　7. 雄配子（精子）　8. 受精作用　9. 合子发育成幼孢子体　10. 新孢子体　11. 孢子体　12. 蕨叶一部分　13. 蕨叶上孢子囊群　14. 孢子囊群切面　15. 孢子囊　16. 孢子囊开裂及孢子散出

其他成分　很多蕨类植物含有鞣质；一些植物的孢子中含大量脂肪油，如石松、海金沙。金鸡脚蕨 *Phymatopsis hastata*（Thunb.）Kitag. 叶中含有香豆素等。

蕨类植物是一种古老原始的植物，现存蕨类大多为草本。在 2 亿年前恐龙生活的年代中，树蕨曾遍及世界，高大而繁茂。由于地质变迁，绝大多数已经绝灭，埋在地下成了煤炭，只有极少数幸存下来。如：桫椤，为现今仅存的木本蕨类。被国家列为一类保护植物。入药称为“龙骨风”，可驱风湿、强筋骨、清热止咳。

蕨类植物分布广泛，除了海洋和沙漠外，无论在平原、森林、草地、岩缝、溪沟、沼泽、高山和水域中都有它们的踪迹，尤以热带和亚热带地区为其分布中心。

现在地球上生存的蕨类约有 12000 多种，其中绝大多数为草本植物。我国有蕨类植物 52 科、204 属、2600 种。药用蕨类资源有 49 科、117 属、455 种。蕨类药用资源居孢子植物之首。多分布在西南地区和长江流域以南各省，仅云南省就有 1000 多种，在我国有“蕨类王国”之称。

第二节　蕨类植物的分类

蕨类植物的分类系统，各植物学家的意见颇不一致，过去常将蕨类植物作为 1 个自然群，在分类上被列为蕨类植物门（Pteridophyta），又将蕨类植物门分为 5 纲：松叶蕨纲、石松纲、水韭纲、木贼纲、真蕨纲。前 4 纲都是小叶型蕨类，是一些较原始而古老的类群，现存的较少。真蕨纲是大型叶蕨类，是最进化的蕨类植物，也是非常繁茂的蕨类植物。1978 年我国蕨类植物学家秦仁昌教授把五纲提升为五个亚门。五个亚门的主要特征检索表如下：

亚门检索表

1. 植物体无真根，仅具假根，2~3个孢子囊形成聚囊…………………… 松叶蕨亚门（Psilophytina）
1. 植物体均具真根，不形成聚囊，孢子囊单生，或聚集成孢子囊群。
    2. 植物体具明显的节和节间，叶退化成鳞片状，不能进行光合作用，孢子具弹丝………………………………………………………………………… 楔叶亚门（木贼亚门）（Sphenophytina）
    2. 植物体非如上状，叶绿色，小型叶或大型叶，可进行光合作用，孢子均不具弹丝。
        3. 小型叶，幼叶无拳曲现象。
            4. 茎多为二叉分枝，叶小型，鳞片状，孢子叶在枝顶端聚集成孢子叶穗，孢子同型或异型，精子具两条鞭毛 ………………………………………………… 石松亚门（Lycophytina）
            4. 茎粗壮似块茎，叶长条形似韭菜叶，不形成孢子叶穗，孢子异型，精子具多鞭毛 ………………………………………………………………………… 水韭亚门（Isoephytina）
        3. 大型叶，幼叶有拳曲现象，孢子囊在孢子叶的背面或边缘聚集成孢子囊群 ………………………………………………………………………… 真蕨亚门（Filicophytina）

一、松叶蕨亚门 Psilophytina

松叶蕨亚门植物为原始陆生植物类群，植物体无真根，有匍匐根状茎和直立的二叉分支的气生枝。根状茎上有毛状假根，内有原生中柱，单叶小型，无叶脉或仅有一叶脉。孢子囊2~3枚聚生，孢子圆形。本亚门植物多已绝迹，现存者仅有1科1属2种。产热带及亚热带。我国产1种。染色体：X=13。

1. 松叶兰科 Psilotaceae

【药用植物】

松叶蕨 *Psilotum nudum*（L.）Beauv. 地下具匍匐茎，二叉分枝，仅有毛状吸收构造和假根。地上茎高15~80cm，上部多二回分枝。叶退化、极小，厚革质，三角形或针形，尖头。孢子囊球形，蒴果状，生于叶腋，三室，纵裂（图9-7）。分布于我国东南、西南、江苏、浙江等地区。附生在树干或长在石缝中。全草浸酒服，治跌打损伤，内伤出血，风湿麻木。

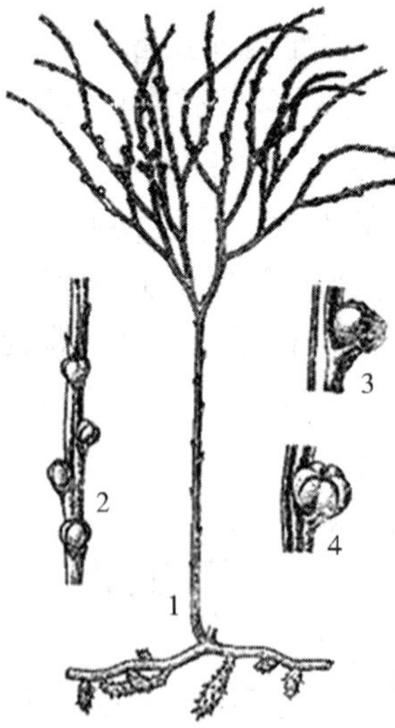

图9-7 松叶蕨

1. 孢子体 2. 孢子囊着生的情况 3. 未开裂的孢子囊 4. 开裂的孢子囊

二、石松亚门 Lycophytina

孢子体有根、茎、叶的分化。茎多数二叉分枝，具有原生中柱。叶为小型叶，作螺旋状或对生排列，仅有一条叶脉，无叶隙。孢子叶集生于分枝顶端，形成孢子叶穗。孢子囊单生于叶腋，或位于近叶腋处。有同型或异型孢子，配子体为两性或单性。

石松亚门也是原始蕨类植物。石炭纪时，石松植物最为繁盛，有大乔木和草本。到二叠纪时，绝大多数已绝迹。现在仅遗留少数草本类型，如石松、卷柏等。

2. 石杉科 Huperziaceae

常绿草本。主茎短，直立或上升，有规律地等位二歧分叉成等长分枝。叶螺旋排列，能育叶与不育叶同形或多少异形，内含叶绿素，呈龙骨状。孢子囊横肾形，腋生。原叶体地下生，圆柱状椭圆形或线形，有菌根，与真菌营共生作用。

本科有2属，约150种，广布全球，美洲热带最多。我国有2属，40余种，药用2属17种。

【药用植物】

石杉 *Huperzia selago*（L.）Bernh. ex Shrank et Mart.　植株高12～17cm，黄绿色。匍匐枝短，茎直立或斜上，二歧式分枝。叶线状披针形，具小齿或全缘；中脉较明显。孢子囊肾形，生于上部叶腋，黄褐色。（图9－8）分布于东北地区及陕西、四川、云南、新疆等省。生于高山草原与针阔混交林下。全草及孢子入药，能祛风除湿、止血、续筋、消肿止痛。植物体内含有石杉碱甲（Huperzine A）、尖石杉碱（acritoline）等成分，石杉碱甲具有防治早老性痴呆的作用，还可用于重症肌无力。同属植物蛇足石杉 *H. serrata*（Thunb.）Trev. 的全草亦含石杉碱甲等多种生物碱，全国多数省区有分布。

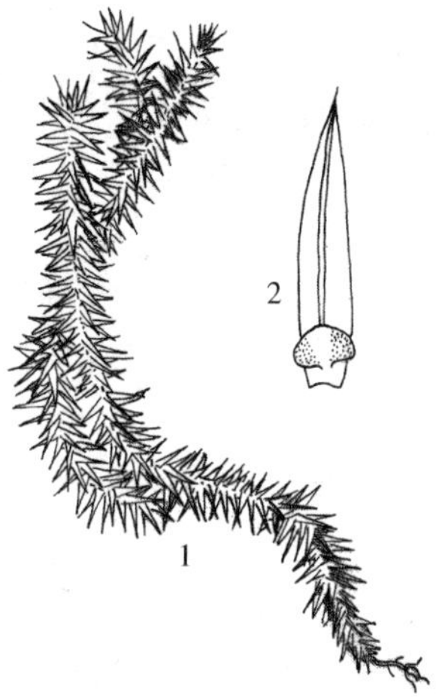

图9－8　石杉

1. 植株一部分　2. 孢子叶放大

华南马尾杉 *Phlegmariurus austrosinicus*（Ching）L. B. Zhang　附生。茎短而簇生，初直立，后伸长下垂，多回二歧分枝。叶全缘，螺旋状排列，由于基部扭曲常呈2列。孢子囊穗长线形，下垂，常多回二歧分枝。孢子三角形而各边突起。分布于福建、浙江、广东、广西、贵州、云南等省。生于山沟阴湿处及岩石旁。全草清热解毒、消肿止痛。亦含石杉碱甲。同属9种供药用，有闽浙马尾杉、柄叶马尾杉、美丽马尾杉等。

3. 石松科 Lycopodiaceae

陆生或附生。多年生草本。茎直立或匍匐，具根茎及不定根，小枝密生。叶小，螺旋状互生，鳞片状或呈针状。孢子叶穗集生于茎的顶端。孢子同型。染色体：X＝11，13，17，23。

本科有6属，40余种，分布甚广，多产于热带、亚热带及温带地区。我国有5属，14种，药用4属，9种。

【药用植物】

石松（伸筋草）*Lycopodium japonicum* Thunb.　多年生草本，高15～30cm，具匍匐茎及直立茎。茎二叉分枝。叶小形，生于匍匐茎者疏生；生于直立茎者密生。孢子枝生于直立茎的顶端。孢子叶穗2（3）个生于孢子枝的上部。孢子叶卵状三角形，边缘具不整齐的疏齿。孢子囊肾形，孢子淡黄色，四面体，呈三棱状锥体。（图9－9）分布于河南和长江以南各地区。生于疏林下或灌林丛酸性土壤上。全草入药，能祛风散寒，舒筋活血，利尿通经。同属植物玉柏 *L. obscurum* L.、垂穗石松 *Palhinhaea cernua*（L.）Vasc. et Franco、高山扁枝石松 *Diphasiastrum alpinum*（L.）Holub 等的全草亦供药用。

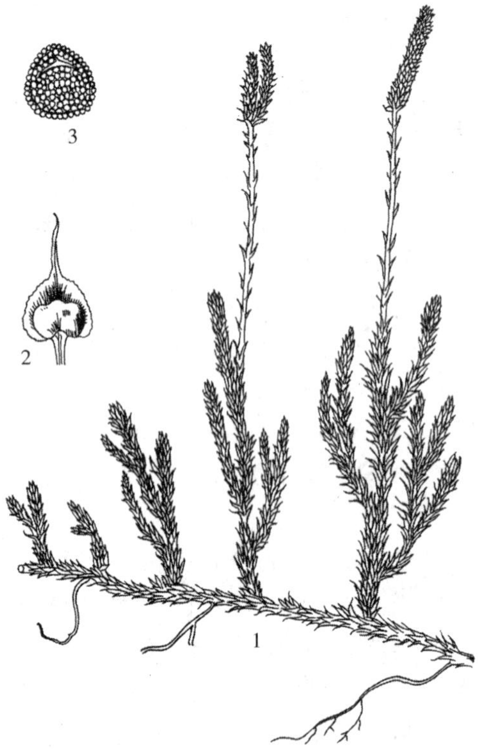

图9－9　石松

1. 植株一部分　2. 孢子叶和孢子囊　3. 孢子（放大）

4. 卷柏科 Selaginellaceae

多年生小型草本。茎腹背扁平。叶小型，鳞片状，同型或异型、交互排列成四行，腹面基部有一叶舌。孢子叶穗呈四棱形，生于枝的顶端。孢子囊异型，单生于叶腋基部，大孢子囊内生1～4个大孢子，小孢子囊内生有多数小孢子。孢子异型。染色体：X＝7～10。

本科有1属，约700种，分布于热带、亚热带。我国约50余种，药用25种。

【药用植物】

卷柏 *Selaginella tamariscina*（Beauv.）Spring　多年生草本，高5～15cm。主茎短，分枝多数丛生，呈放射状排列。枝扁平，各枝常为二歧式或扇状分枝。叶鳞片状，通常排成四行，左右两行较大，称侧叶（背叶），中央二行较小，称中叶（腹叶）。孢子叶穗生于枝顶，四棱形。孢子叶卵状三角形，先端锐尖。孢子囊圆肾形。孢子异型。（图9－10）分布于全国各地。生于干旱的岩石上及缝隙中。生用破血，治闭经腹痛，跌打损伤；炒炭用止血，治吐血，便血，尿血，脱肛。

同属药用植物还有：翠云草 *S. uncinata*（Desv.）Spring，深绿卷柏 *S. doederleinii* Hieron. 江南卷柏 *S. moellendorfii* Hieron. 垫状卷柏 *S. pulvinata*（Hook. et Grev.）Maxim. 兖州卷柏 *S. involvens*（Sw.）Spring 等。

三、楔叶亚门 Sphenophytina

孢子体发达，有根、茎、叶的分化。茎二叉分枝，具明显的节与节间，中空，节间表面有纵棱，表皮细胞多矿质化，含有硅质，由管状中柱转化为真中柱，木质部为内始式。小型叶不发达，轮状排列于节上。孢子囊在枝顶端聚生成孢子叶球（穗）。孢子同型或异型，周壁具弹丝（elater）。

本亚门有1科2属约30余种。

5. 木贼科 Equisetaceae

多年生草本。具根状茎及地上茎。根茎棕色，生有不定根。地上茎直立。具明显的节及节间，有纵棱，表面粗糙，多含硅质。叶小型，鳞片状，轮生于节部，基部连合成鞘状，边缘齿状。孢子囊生于盾状的孢子叶下的孢囊柄端上。并聚集于枝端成孢子叶穗。染色体：X =9。我国有 2 属，约 10 余种，药用 2 属 8 种。

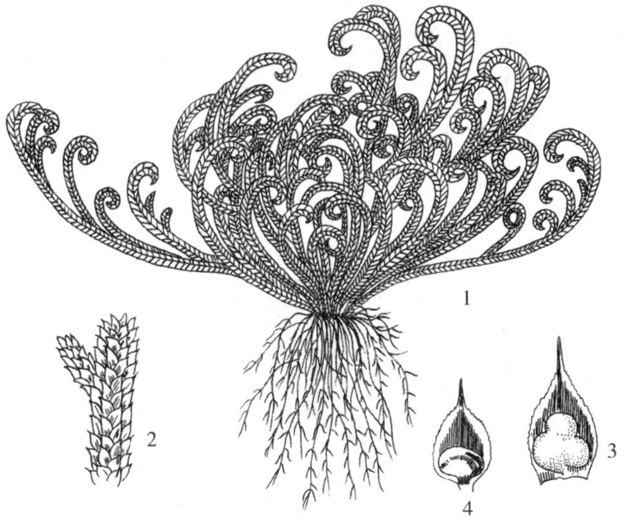

图 9－10　卷柏

1. 植株　2. 分枝一段，示中叶及侧叶
3. 大孢子叶和大孢子囊　4. 小孢子叶和小孢子囊

【药用植物】

木贼 *Equisetum hyemale* L.　多年生草本。茎直立，单一不分枝，中空，有纵棱脊 20 ~30 条，在棱脊上有疣状突起 2 行，粗糙，叶鞘基部和鞘齿成黑色两圈。孢子叶球椭圆形具钝尖头，生于茎的顶端。孢子同型。（图 9－11）分布于东北、河北、西北、四川等省区。生于山坡湿地或疏林下阴湿处。全草含黄酮类及生物碱类化合物。入药能收敛止血，利尿，明目退翳。

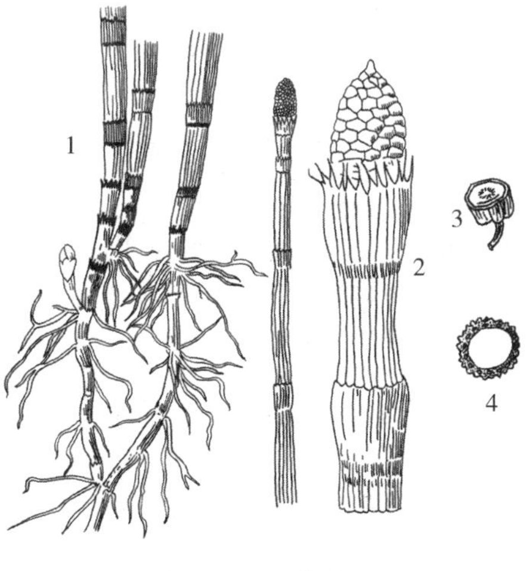

图 9－11　木贼

1. 植株全形　2. 孢子叶穗　3. 孢子囊与孢子叶的正面观　4. 茎的横切面

问荆 *Equisetum arvense* L.　多年生草本。具匍匐的根茎。根黑色或棕褐色。地上茎直立，二型。孢子茎紫褐色，肉质，不分支。叶膜质，连合成鞘状，具较粗大的鞘齿。孢子

叶穗顶生，孢子叶六角形、盾状，下生6个长形的孢子囊。孢子同型，具4枚弹丝，孢子茎枯萎后，生出营养茎，高约15～60cm，表面具棱脊，分支多数，在节部轮生。叶鞘状，下部联合，鞘齿披针形，黑色，边缘灰白色，膜质。（图9－12）分布于东北、华北、西北、西南各省区。生田边、沟旁。可利尿，止血，清热、止咳。

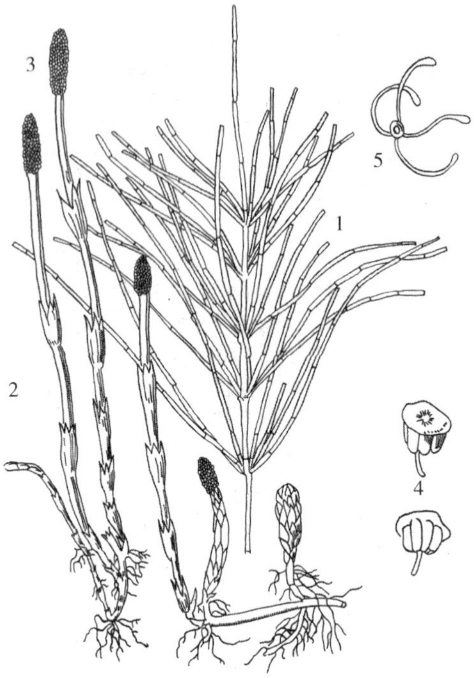

图9－12　问荆

1. 营养茎　2. 孢子茎　3. 孢子叶穗　4. 孢子叶及孢子囊　5. 孢子，示弹丝松展

本科入药植物还有：节节草 *Equisetum ramosissimum* Desf. 分布于全国大部分地区。全草具有清热利湿，平肝散结，祛痰止咳作用。笔管草 *E. ramosissimum* Desf. subsp. *debibe*（Roxb. vauch.）Hauke 分布于华南、西南和长江中上游各省。全草具有疏表利湿、退翳作用。

四、真蕨亚门 Filicophytina

本亚门植物是现代最繁茂的一群蕨类植物，约1万种以上，广泛分布于全世界，我国有56科，2500种，广布于全国，根据孢子囊的发育不同，而分为三个纲：厚囊蕨纲（Eusporangiopsida），原始薄囊蕨纲（Protoleptosporangiopsida）和薄囊蕨纲（Leptosporangiopsida）。厚囊蕨纲植物的孢子囊是由几个细胞发育而来的，孢子囊壁厚，由几层细胞组成，孢子囊大。原始薄囊蕨纲植物的孢子囊由一个原始细胞发育而来，孢子囊壁由单层细胞构成，环带为盾形或短而宽。薄囊蕨纲植物的孢子囊起源于单个细胞，孢子囊壁薄，由一层细胞构成，有各式环带。

6. 瓶尔小草科 Ophioglossaceae

植物体为小草本。根状茎短而直立。叶二型，出自总柄，营养叶单一，全缘，叶脉网状，中脉不明显；孢子叶有柄，自总柄或营养叶基部生出。孢子囊大，无柄，沿囊托两侧排列，成狭穗状，横裂。孢子球状四面形。染色体：X＝15（45）

本科有4属30种，分布于温带、热带、我国有2属约7种，药用1属5种。

【药用植物】

瓶尔小草 *Ophioglossum vulgatum* L.　多年生草本。植株高 12～26cm。根状茎短，具一簇肉质粗根。叶单生，总柄深埋土中；营养叶从总柄基部以上 6～9cm 处生出，无柄，叶脉网状。孢子叶穗自总柄顶端生出，远超出营养叶，狭条形，顶端具小突起。（图 9－13）分布于东北、西北、西南、台湾等地。生于湿润的森林草地和灌丛。全草入药，具清热解毒，消肿止痛作用。

尖头瓶尔小草（一支箭）*O. pedunculosum* Desv. 与上种区别；叶卵圆形；孢子囊条形。分布于我国西南地区及福建、广东、台湾、安徽、江西等省。全草具清热解毒，活血散瘀作用。

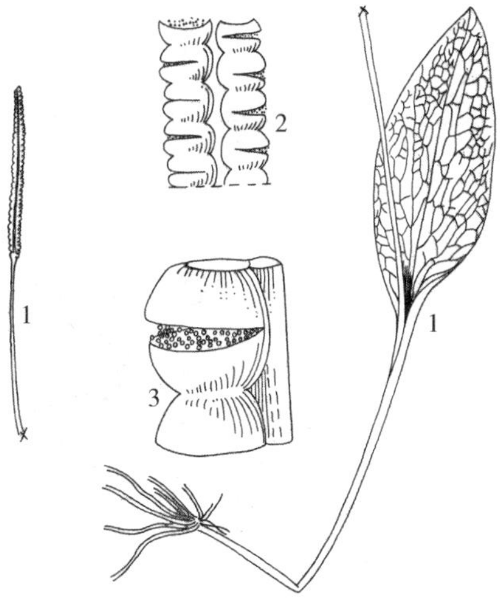

图 9－13　瓶尔小草

1. 植株全形　2. 孢子叶穗一段　3. 孢子囊

7. 紫萁科 Osmundaceae

根状茎直立，不具鳞片，幼时叶片被有棕色腺状绒毛，老时脱落，叶簇生，羽状复叶，叶脉分离，二叉分支。孢子囊生于极度收缩变形的孢子叶羽片边缘，孢子囊顶端有几个增厚的细胞，为未发育的环带，纵裂，无囊群盖。孢子圆球状四面形。染色体：X＝11。

本科有 3 属 22 种，分布于温带、热带，我国有 1 属，约 9 种，药用 1 属 6 种。

【药用植物】

紫萁 *Osmunda japonica* Thunb.　多年生草本。植株高 50～100cm。根茎短，块状，有残存叶柄，无鳞片。叶簇生，二型，幼时密被绒毛，营养叶三角状阔卵形，顶部以下二回羽状，小羽片披针形至三角状披针形，先端稍钝，基部圆楔形，边缘具细锯齿，叶脉叉状分离。孢子叶的小羽片极狭，卷缩成线形，沿主脉两侧密生孢子囊，成熟后枯死。有时在同一叶上生有营养羽片和孢子羽片。分布于我国秦岭以南广大地区。生于林下或溪边酸性土壤上。根茎入药作“贯众”用，具清热解毒、祛瘀杀虫，止血作用。

8. 海金沙科 Lygodiaceae

多年生攀缘植物。根茎匍匐或上升，有毛，无鳞片，内具原生中柱。叶轴细长，缠绕攀缘，羽片 1～2 回二叉状或 1～2 回羽状复叶，不育叶羽片通常生于叶轴下部，能育羽片生于上部。孢子囊生于能育羽片边缘的小脉顶端，孢子囊有纵向开裂的顶生环带。孢子四面形。为薄囊蕨类中最古老的一科。染色体：X＝7，8，15，29。

本科 1 属 45 种。分布于热带，少数分布于亚热带及温带，我国 1 属，10 种，药用 5 种。

【药用植物】

海金沙 *Lygodium japonicum*（Thunb.）Sw.　多年生攀缘草质藤本。根茎细长，横走，黑褐色，密生有节的毛。叶对生于茎上的短枝两侧，二型，纸质，连同叶轴和羽轴均有疏短毛；不育叶羽片三角形，2～3 回羽状，小羽片 2～3 对，边缘有不整齐的浅锯齿；孢子叶羽片卵状三角形。孢子囊穗生于孢子叶羽片的边缘，呈流苏状，暗褐色，孢子囊梨形，环带位于小头。孢子表面有疣状突起。（图 9－14）分布于长江流域及南方各省区，主产广东、浙江。生于灌木丛、林边。全草药用，清热解毒，利湿热，通淋；孢子含海金沙素、棕榈酸和脂肪油等，为利尿药。

同属植物还有：海南海金砂 *L. conforme* C. Chr. 及小叶海金沙 *L. scandens*（L.）Sw. 亦供

药用。

图 9－14　海金沙

1. 地下茎　2. 地上茎及孢子叶　3. 不育叶（营养叶）　4. 孢子囊穗放大

9. 蚌壳蕨科 Dicksoniaceae

大型树状蕨类。主干粗大，直立或平卧，密被金黄色柔毛，无鳞片。叶柄粗而长，叶片大，3～4 回羽状复叶，革质。孢子囊群生于叶背边缘，囊群盖两瓣开裂形如蚌壳，革质；孢子囊梨形，有柄，环带稍斜生。孢子四面形。染色体：X＝13，17。

本科有 5 属，40 种，分布于热带及南半球，我国仅 1 属 1 种。

【药用植物】

金毛狗脊 *Cibotium barometz*（L.）J. Sm.　植株树状，高达 3m。根状茎粗大，顶端连同叶柄基部，密被金黄色长柔毛。叶簇生，叶柄长，叶片三回羽裂，末回小羽片狭披针形，革质。孢子囊群生于小脉顶端，每裂片 1～5 对，囊群盖两瓣，成熟时似蚌壳。（图 9－15）分布于我国南方及西南省区，主产福建、四川、云南、贵州。生于山脚沟边及林下阴湿处酸性土壤上。根茎入药，具补肝肾，强腰脊，祛风湿等作用。

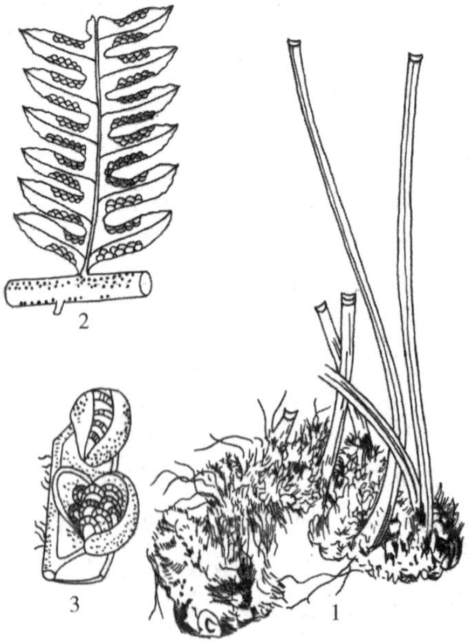

图 9－15　金毛狗脊

1. 根茎及叶柄的一部分　2. 羽片的一部分，示孢子囊堆着生部位　3. 孢子囊群及盖

10. 鳞毛蕨科 Dryopteridaceae

多年生草本。根茎多粗短，直立或斜生，密被鳞片，网状中柱，叶柄多被鳞片或鳞毛；叶轴上有纵沟；叶片 1 至多回羽状。孢子囊群背生或顶生于小脉，囊群盖圆肾形稀无盖。孢子囊扁圆形，具细长的柄，环带垂直。孢子呈两面形，表面具疣状突起或有翅。配子体心脏形，腹面具假根，精子器位于下端，颈卵器位于上端近凹陷处。为薄囊蕨类中较进化的类群。染色体：X＝41。

本科约 20 属，1700 余种、主要分布于温带、亚热带。我国有 13 属，700 余种，药用 5 属，59 种。本科植物常含有间苯三酚衍生物．

【药用植物】

粗茎鳞毛蕨（绵马鳞毛蕨，东北贯众）*Dryopteris crassirhizoma* Nakai　多年生草本。高可达 1m，根茎粗壮。叶簇生，叶柄、叶轴连同根茎密生棕色大形鳞片，叶片 2 回羽裂，裂片紧密，叶轴被黄褐色扭曲鳞片。孢子囊群着生于叶片背面上部 1/3～1/2 处，生于小脉中下部，每裂片 1～4 对。囊群盖肾圆形，棕色。（图 9－16）分布于东北、河北的东北部。生于林下湿地。根茎连同叶柄残基药用，中药称绵马贯众，可驱绦虫和十二指肠虫，清热解毒。

贯众 *Cyrtomium fortunei* J. Sm.　多年生草本，高 30～70cm。根茎短。叶簇生，叶柄基部密生阔卵状披针形黑褐色大形鳞片；叶一回羽状，羽片镰状披针形，基部上侧稍呈耳状突起，下部圆楔形，叶脉网状，有内藏小脉 1～2 条，沿叶轴及羽轴有少数纤维状鳞片。孢子囊群生于羽片下面，位于主脉两侧，各排成不整齐的 3～4 行，囊群盖大，圆盾形。（图 9－17）分布于华北、西北及长江以南各省区。生于石灰岩缝、路边、墙脚等阴湿处。根茎药用，中药称贯众，可驱虫，清热解毒，治感冒。

图 9－16　粗茎鳞毛蕨

1. 根状茎　2. 叶　3. 羽片的一部分，示孢子囊群

图 9－17　贯众

1. 植株全形　2. 根状茎　3. 叶柄基部横切面

11. 水龙骨科 Polypodiaceae

附生或陆生。根茎横走，被鳞片，常具粗筛孔，网状中柱。叶同型或 2 型，叶柄具关节，单叶全缘或羽状分裂，叶脉网状。孢子囊群圆形、长圆形至线形，有时布满叶背；无

囊群盖，孢子囊梨形或球状梨形，浅褐色，孢子囊柄比孢子囊长或等长。孢子两面形，平滑或具小突起。染色体：X=7，12，13，23，25，26，35，37。

本科有50属约600种，主要分布于热带，亚热带，我国有27属，约150种，药用18属86种。

【药用植物】

石韦 *Pyrosia lingua*（Thunb.）Farwell　多年生常绿草本，高10~30cm。根茎细长，横走，密生褐色披针形鳞片。叶远生，披针形，革质，上面绿色，有凹点，下面密被灰棕色星状毛；不育叶和能育叶同形或略较短而阔；叶柄基部均具关节。孢子囊群在侧脉间排列紧密而整齐，初被星状毛包被，成熟时露出，无盖。分布于长江以南各省区及台湾省。附生于树干或岩石上。全草药用，能清热，利尿、通淋。（图9-18）

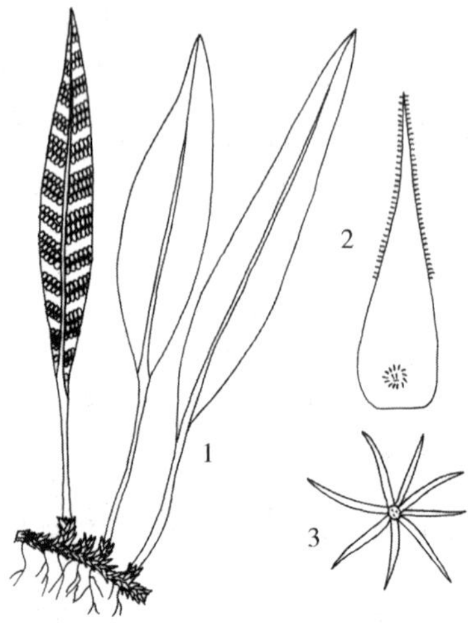

图9-18　石韦

1. 植株　2. 鳞片　3. 星状毛

本属供药用的植物还有：庐山石韦 *P. sheareri*（Bak.）Ching，有柄石韦 *P. petiolosa*（Christ）Ching，毡毛石韦 *P. drakeana*（Franch.）Ching，华北石韦 *P. davidii*（Baker）Ching，西南石韦 *P. gralla*（Gies.）Ching 等。

中华水龙骨 *Polypodium chinensis*（Christ）S. G. Lu.　多年生草本，高15~40cm。根茎长而横走，黑褐色，通常光秃而有白粉，顶部有卵圆状披针形的鳞片，其边缘具细锯齿，以基部盾状着生。叶薄纸质、两面密生白色短柔毛，叶片长圆状披针形，羽状深裂；叶脉网状；叶柄长，有关节和根状茎相连。孢子囊群生于内藏小脉顶端，在主脉两侧各排成整齐的1行，无盖。分布于长江以南各省。生于林下阴湿的岩石上，偶尔附生于树干，常成片生长。根茎入药，具清热解毒，平肝明目，祛风利湿，止咳止痛作用。

12. 槲蕨科 Drynariaceae

根茎横生，粗大，肉质，具穿孔的网状中柱，密被褐色鳞片，鳞片大，狭长，腹部盾状着生，边缘具睫毛。叶二型，无柄或有短柄，叶片大，深羽裂或羽状，叶脉粗而隆起，具四方形网眼。孢子囊群或大或小，不具囊群盖。孢子两侧对称，椭圆形，具单裂缝。染色体：X=36，37。

8属。除槲蕨属20种外，其余大多为单种属。分布于亚洲热带至澳大利亚。我国有3属约14种，药用2属7种。

【药用植物】

槲蕨（骨碎补，猴姜、石岩姜）*Drynaria fortunei*（Kze.）J. Sm. 附生植物。高20~40cm，根茎粗壮，肉质，长而横走，密生钻状披针形鳞片，边缘流苏状。营养叶枯黄色，革质，卵圆形，先端急尖，基部心形，上部羽状浅裂，似槲树叶，叶脉粗；孢子叶绿色，长圆形，羽状深裂，裂片披针形，7~13对，基部各羽片缩成耳状，厚纸质，两面均绿色无毛，叶脉明显，呈长方形网眼；叶柄短。有狭翅。孢子囊群圆形，黄褐色，生于叶背，沿中肋两旁各2~4行，每长方形网眼内1枚；无囊群盖。（图9-19）分布于西南、中南地区及江西、浙江、福建、台湾等地。附生于树干或山林石壁上。根茎药用称骨碎补，具有补肾，接骨、祛风湿，活血止痛作用。

作为中药骨碎补的原植物还有中华槲蕨 *D. baronii*（Christ）Diels.。

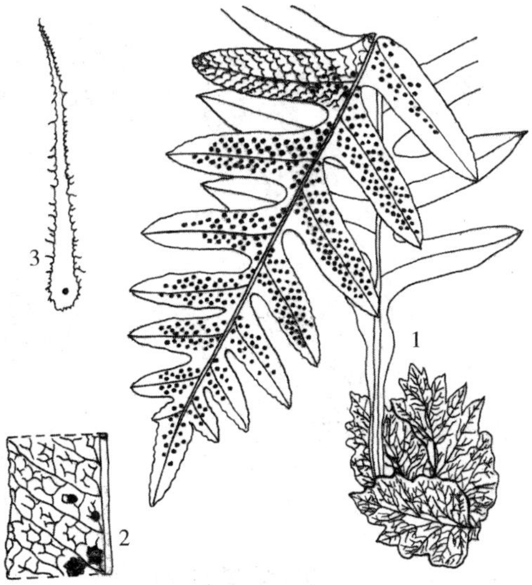

图 9－19 槲蕨

1. 植株全形 2. 叶片的一部分，示叶脉及孢子囊群位置 3. 地上茎的鳞片

重点小结

- 蕨类植物
  - 特征
    - 孢子体特征
      - 根主要特征
      - 茎主要特征
      - 叶主要特征
    - 配子体特征
    - 蕨类植物生活史
  - 分类——代表植物——植物特征——主要功效

第十章　裸子植物门 Gymnospermae

学习目标

1. **掌握**　裸子植物的主要特征。
2. **熟悉**　裸子植物的分类及代表植物。
3. **了解**　裸子植物的主要化学成分。

第一节　裸子植物的特征

裸子植物是介于蕨类植物和被子植物之间，保留着颈卵器，具有维管束，能产生种子的一类植物。裸子植物形成种子的同时，不形成子房和果实，种子不被子房包被，胚珠和种子是裸露的，裸子植物因此而得名。

1. 植物体（孢子体）　发达，都是多年生木本植物，大多数为单轴分枝的高大乔木，枝条常有长枝和短枝之分。少为亚灌木（如麻黄）或藤本（倪藤）。多为常绿植物，少为落叶性（如银杏）；茎内维管束环状排列，有形成层和次生生长；木质部大多为管胞，极少有导管（麻黄科，买麻藤科），韧皮部中有筛细胞而无伴胞。叶针形、条形或鳞形，极少为扁平的阔叶，叶在长枝上螺旋状排列，在短枝上簇生枝顶；叶常有明显的、多条排列成浅色的气孔带（stomatalband），根具强大的主根。

扫码"学一学"

2. 胚珠裸露　产生种子，花被常缺少，仅麻黄科、买麻藤科有类似花被的盖被（假花被）；孢子叶大多聚生成球果状，称为孢子叶球（strobilus），单性，同株或异株；小孢子叶（雄蕊）聚生成小孢子叶球（雄球花 staminate strobilus），每个小孢子叶下面生有贮满小孢子（花粉）的小孢子囊（花粉囊）；大孢子叶（心皮）丛生或聚生成大孢子叶球（雌球花 female cone），每个大孢子叶上或边缘生有裸露的胚珠，胚珠不为大孢子叶所形成的心皮包被。大孢子叶常变态为珠鳞（松柏类）、珠领或珠座（银杏）、珠托（红豆杉）、套被（罗汉松）和羽状大孢子叶（苏铁）。

3. 裸子植物的孢子体占优势，配子体微小，非常退化，完全寄生于孢子体上　雌配子体由胚囊及胚乳组成，顶端（近珠孔处）产生 2 个或多个颈卵器，颈卵器结构简单，埋藏于胚囊中，仅 2～4 个颈壁细胞露在外面，颈卵器内有 1 个腹沟细胞和 1 个卵细胞，无颈沟细胞，比蕨类植物的颈卵器更为退化。雄配子体是萌发后的花粉粒，内有两个精子，精子通过花粉管到达胚囊与卵结合，不必以水为媒介。

4. 大多数裸子植物都具有多胚现象（polyembryony）　这是由于 1 个雌配子体上的几个或多个颈卵器的卵细胞同时受精，形成多胚，称为简单多胚现象；或者由于 1 个受精卵，在发育过程中，胚原组织分裂为几个胚，这是裂生多胚现象（cleavage polyembryony）。

此外，花粉粒为单沟型，具气囊或缺，如无孔沟、3 孔沟或多孔的花粉粒等也是裸子植物的特征。

5. 裸子植物的化学成分　裸子植物的化学成分类型较多，主要有：

黄酮类　裸子植物中含丰富的黄酮类及双黄酮类化合物，双黄酮类是裸子植物的特征性成分。常见的黄酮类有槲皮素、杨梅素、芸香苷等。这些黄酮类和双黄酮类化合物大部分具有扩张动脉血管作用。

生物碱类　生物碱仅存于三尖杉科、红豆杉科、罗汉松科、麻黄科及买麻藤科。如三尖杉酯碱（harringtonine）、高三尖杉酯碱（homoharrgtonine）具抗癌活性，临床用于治疗白血病。红豆杉属（*Taxus*）植物中含有的紫杉醇（taxol），作为治疗卵巢癌药已正式应用于临床。麻黄属（*Ephedra*）植物中含有多种生物碱，用于治疗支气管哮喘等症。

萜类及挥发油　萜类及挥发油在裸子植物较普遍，挥发油中含有蒎烯、小茴香酮、樟脑等。

其他成分　树脂、有机酸、木脂素类、昆虫蜕皮激素等成分在裸子植物中也有存在。

在裸子植物这一章中，有两套名词时常并用或混用：一套是在种子植物中习用的，如“花”“雄蕊”“心皮”等；一套是在蕨类植物中习用的，如“孢子叶球”“小孢子叶”“大孢子叶”等。但实际上裸子植物的生殖器官与蕨类植物在发生上基本是同源的，只是形态术语上各有不同，现将它们之间的名词对照如下：

表 10－1　裸子植物与蕨类植物名词对照表

裸子植物	蕨类植物
雌（雄）球花	大（小）孢子叶球
雄蕊	小孢子叶
花粉囊	小孢子囊
花粉粒（单核期）	小孢子
花粉管和精核等	雄配子体
心皮（或雌蕊）	大孢子叶
珠心	大孢子囊
胚囊（单细胞期）	大孢子
胚囊（成熟期）	雌配子体

第二节　裸子植物的分类

裸子植物发生发展的历史久远，最初的裸子植物出现，约在 34500 万年前至 39500 万年之间的古生代的泥盆纪。从裸子植物发生到现在，经过多次重大变化，种类也随之演变更替，老的种类相继灭绝，新的种类陆续演化出来，繁衍至今。现代生存的裸子植物分属于 5 纲，9 目，12 科，71 属，近 800 种。我国是裸子植物种类最多、资源最丰富的国家，有 5 纲，8 目，11 科，41 属，近 300 种。药用有 10 科 25 属 100 余种。有不少是第三纪的孑遗植物，或称“活化石”植物，如银杏，水杉、银杉等。

分纲检索表

1 叶大型，羽状复叶，聚生于茎的顶端。茎不分枝或稀在顶端呈二叉分枝 ……………………………………………………………………………………… 苏铁纲 Cycadopsida

1 叶为单叶，不聚生于茎的顶端。茎有分枝。

　2 叶扇形，先端二裂或为波状缺刻，具 2 叉分歧的叶脉 ………… 银杏纲 Ginkgopsida

　2 叶不为扇形，全缘，不具分叉的叶脉。

　　3 高大的乔木或灌木，叶针形，条形或鳞片状。

　　　4 果为球果，大孢子叶鳞片状（珠鳞）。种子有翅或无，不具假种皮。

………………………………………………………………… 松柏纲 Coniferopsida

4 果不为球果，大孢子叶特化为囊状或杯状。种子无翅。具假种皮 ……………

…………………………………………………………… 红豆杉纲（紫杉纲）Taxopsida

3 草本状小灌木或灌木、木质藤本，稀乔木。叶片常有细小膜质鞘，或绿色扁平似双子叶植物，或肉质而极长大呈带状。茎次生木质部中具导管。（“花”具假花被） …………………………………………………… 买麻藤纲 Gnetopsida

一、苏铁纲 Cycadopsida

常绿木本。茎干粗壮、不分枝。羽状复叶，集生于茎干顶部。雌雄异株，孢子叶球亦生于茎顶。游动精子有多数纤毛。

本纲现存 1 目 1 科 9 属约 110 余种，分布于南北半球的热带及亚热带地区。

1. 苏铁科 Cycadaceae

常绿木本植物，茎单一，几不分枝。叶大，多为一回羽状复叶，革质，集生于树干上部，呈棕榈状。雌雄异株。小孢子叶球（雄球花）为一木质化的长形球花，由无数小孢子叶（雄蕊）组成。小孢子叶鳞片状或盾状，下面生无数小孢子囊（花药），小孢子（花粉粒）发育而产生先端具多数纤毛的精子。大孢子叶球由许多大孢子叶组成，丛生茎顶。大孢子叶中上部扁平羽状，中下部柄状，边缘生 2 ~ 8 个胚珠，或大孢子叶呈盾状而下面生一对向下的胚珠。种子核果状。种子“胚乳”丰富，胚具子叶 2 枚。染色体：X = 11。

本科现有 9 属约 110 余种，分布于热带及亚热带地区。我国有 1 属 8 种，药用 4 种，分布于西南、东南、华东等地区。

【药用植物】

苏铁 *Cycas revoluta* Thunb. 常绿乔木。树干圆柱形，密被叶柄残痕，羽状复叶螺旋状排列聚生于茎顶，小叶片 100 对左右，条形，边缘向下反卷，革质。雌雄异株。雄球花圆柱形，由多数扁平，楔形的小孢子叶组成，每个小孢子叶下面有多数球形的花药，花药通常 3 ~ 5 个聚生；大孢子叶密被淡黄色绒毛，丛生于茎顶，两侧各生 1 ~ 5 枚近球形的胚珠。种子核果状，成熟时橙红色。（图 10 - 1）产台湾、福建、广东、广西、云南及四川等省区。俗称铁树，各地广泛栽培。种子能理气止痛，益肾固精；叶收敛止痛，止痢；根祛风，活络，补肾。

二、银杏纲 Ginkgopsida

落叶乔木，枝条有长、短枝之分。单叶扇形，先端 2 裂或波状缺刻，具分叉的脉序，在长枝上螺旋状散生，在短枝上簇生。球花单性，雌雄异株，精子具多纤毛。种子核果状，具 3 层种皮，胚乳丰富。

本纲现仅残存 1 目，1 科，1 属，1 种，为我国特产，国内外栽培很广。染色体：X = 12。

2. 银杏科 Ginkgoaceae

落叶大乔木。树干端直，具长枝及短枝。单叶，扇形，有长柄，顶端 2 浅裂或 3 深裂；叶脉二叉状分枝；短枝上的叶簇生。球花单性，异株，生于短枝上；雄球花葇荑花序状，雄蕊多数，具短柄，花药 2 室；雌球花具长梗，顶端二叉状，大孢叶特化成一环状突起，称珠领（collar）也叫珠座，在珠领上生一对裸露的直立胚珠，常只 1 个发育。种子核果状，椭圆形或近球形，外种皮肉质，成熟时橙黄色，外被白粉，味臭；中种皮木质，白色；内种皮膜质，淡红色。“胚乳”丰富，胚具子叶 2 枚。染色体：X = 12。仅 1 属 1 种。我国特产，现普遍栽培，主产于四川、河南、湖北、山东、辽宁等省。

图 10－1　苏铁

1. 植株　2. 小孢子叶　3. 花药　4. 大孢子叶

【药用植物】

银杏（公孙树，白果）*Ginkgo biloba* L. 形态特征与科的特征相同。（图 10－2）银杏和苏铁是裸子植物的“活化石”。银杏为著名的孑遗植物，为我国特产。种子药用，称为白果，有敛肺，定喘、止带、涩精功能。白果所含白果酸有抑菌作用，但对皮肤有毒，可引起皮炎。银杏叶中含多种黄酮及双黄酮，有扩张动脉血管作用，用于治疗冠心病。根能益气补虚，治白带，遗精。

图 10－2　银杏

1. 着生种子的枝　**2.** 具雌花的枝　**3.** 具雄花序枝　**4.** 雄蕊　**5.** 雄蕊正面　**6.** 雄蕊背面　**7.** 具冬芽的长枝　**8.** 胚珠生于珠座上

三、松柏纲 Coniferopsida

常绿或落叶乔木，稀为灌木，茎多分枝，常有长、短枝之分；茎的髓部小，次生木质部发达，由管胞组成，无导管，具树脂道（resin duct）。叶单生或成束，针形、鳞形、钻形、条形或刺形，螺旋着生，叶的表皮通常具较厚的角质层及下陷的气孔。孢子叶球单性，同株或异株，孢子叶常排列成球果状。精子无鞭毛。胚乳丰富。本纲有 7 科 57 属约 600 种。分布于南北两半球，以北半球温带，寒温带的高山地带最为普遍。

3. 松科 Pinaceae

常绿或落叶乔木，稀灌木，多含树脂。叶针形或条形，在长枝上螺旋状散生，在短枝上簇生，基部有叶鞘包被。花单性，雌雄同株；雄球花穗状，雄蕊多数，各具 2 药室，花粉粒多数，有气囊；雌球花由多数螺旋状排列的珠鳞与苞鳞（苞片）组成，珠鳞与苞鳞分离，在珠鳞上面基部有两枚胚珠。花后珠鳞增大称种鳞，球果直立或下垂，成熟时种鳞成木质或革质，每个种鳞上有种子 2 粒。种子多具单翅，稀无翅，有胚乳，胚具子叶 2 ~ 16 枚。染色体：X = 12，13，22。

本科是松柏纲中最大的一科。有 10 属，230 多种，广泛分布于世界各地，多产于北半球。我国有 10 属 113 种，药用 8 属 48 种。分布全国各地。

【药用植物】

马尾松 *Pinus massoniana* Lamb. 常绿乔木。树皮红褐色，下部灰褐色，一年生小枝淡黄褐色，无毛。叶二针一束，细柔，长 12 ~ 20cm，先端锐利，树脂道 4 ~ 8 个，边生，叶鞘宿存。花单性同株。雄球花淡红褐色，聚生于新枝下部；雌球花淡紫红色，常 2 个生于新枝顶端。球果卵圆形或圆锥状卵形，种鳞的鳞盾（种鳞顶端加厚膨大呈盾状的部分）平或微肥厚，鳞脐（鳞盾的中心凸出部分）微凹，无刺尖。种子具单翅。子叶 5 ~ 8 枚。分布于长江流域各省区。生于阳光充足的丘陵山地酸性土壤上。松花粉能燥湿收敛、止血；松香（树干的油树脂除去挥发油后留存的固体树脂）能燥湿祛风，生肌止痛；松节（松树的瘤状节）能祛风除湿，活血止痛；树皮能收敛生肌；松叶能明目安神，解毒。

油松 *Pinus tabuliformis* Carr. 常绿乔木，枝条平展或向下伸，树冠近平顶状。叶二针一束，粗硬，长 10 ~ 15cm，叶鞘宿存。球果卵圆形，熟时不脱落，在枝上宿存，暗褐色，种鳞的鳞盾肥厚，鳞脐凸起有尖刺。种子具单翅。（图 10 – 3）分布于辽宁、内蒙古（阴山和大青山），河北、山东、河南、山西、陕西、甘肃、青海（祁连山）和四川北部。枝干的结节称松节。有祛风，燥湿，舒筋，活络功能；树皮能收敛生肌；叶能祛风，活血，明目安神，解毒止痒；松球（成熟的松球果）治风痹，肠燥便难，痔疾；花粉（松花粉）能收敛、止血；松香能燥湿，祛风、排脓，生肌止痛。

图 10 – 3　油松

1. 球果枝　2,3. 种鳞背腹面

同属植物入药的还有：红松 *P. koraiensis* Sieb. et Zucc. 叶 5 针一束，树脂道 3 个，中生。球果很大，种鳞先端反卷。分布于我国东北小兴安岭及长白山地区。云南松 *P. yunnanensis*

Franch. 叶3针一束，柔软下垂，树脂道4～6个，中生或边生。分布于我国西南地区。

金钱松 *Pseudolarix amabilis*（Nelson）Rehd. 落叶乔木。叶条形，柔软。在长枝上螺旋状散生，短枝上簇生，秋后叶金黄色。雌雄同株，球花生于短枝顶端，苞鳞较珠鳞大，球果当年成熟，熟时种子与种鳞一同脱落，种子具宽翅。我国特有种。分布于长江中下游各省温暖地带。生于温暖、土层深厚的酸性土山区。近根树皮或根皮入药，称土荆皮，治顽藓和食积等症。

4. 柏科 Cupressaceae

常绿乔木或灌木。叶交互对生或3～4片轮生，鳞片状或针形或同一树上兼有两型叶。球花小，单性，同株或异株；雄球花单生于枝顶，椭圆状卵形，有3～8对交互对生的雄蕊，每雄蕊有2～6花药；雌球花球形，由3～16枚交互对生或3～4枚轮生的珠鳞。珠鳞与下面的苞鳞合生，每珠鳞有1至数枚胚珠。球果圆球形，卵圆形或长圆形，熟时种鳞木质或革质，开展或有时为浆果状不开展，每个种鳞内面基部有种子1至多粒。种子有翅或无翅，具“胚乳”。胚有子叶2枚。稀为多枚。染色体：X＝11。

本科有22属，约150种。分布南北两半球。我国有8属近29种，分布全国，药用6属20种。本科植物含有挥发油、树脂，也含有双黄酮类化合物。

【药用植物】

侧柏 *Platycladus orientalis*（L.）Franco 常绿乔木，小枝扁平，排成一平面，直展。叶鳞形，交互对生，贴伏于小枝上。球花单性，同株。雄球花黄绿色，具6对交互对生雄蕊；雌球花近球形，蓝绿色，有白粉，具4对交互对生的珠鳞，仅中间2对各生1～2枚胚珠。球果成熟时开裂；种鳞木质、红褐色、扁平，背部近顶端具反曲的钩状尖头。种子无翅或有极窄翅。（图10－4）我国特产，除新疆、青海外，分布遍及全国，枝叶药用，称侧柏叶，能收敛，止血，利尿，健胃，解毒、散瘀；种仁入药称柏子仁有滋补、强壮、安神、润肠之效。

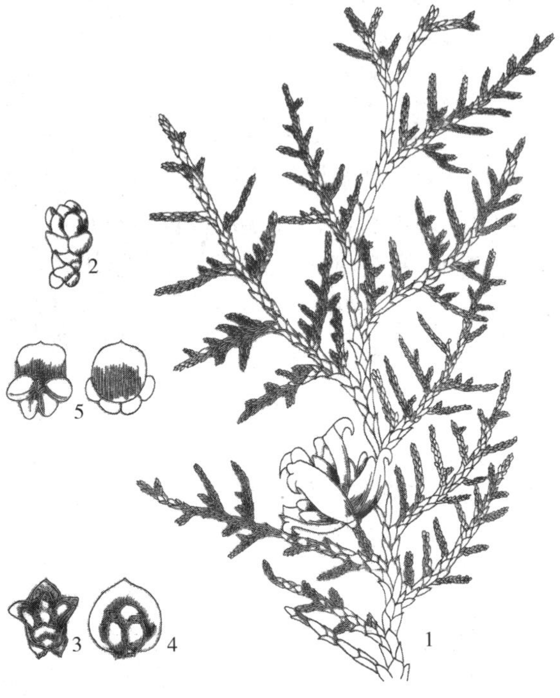

图10－4　侧柏

1. 着果的枝　2. 雄球花　3. 雌球花　4. 雌蕊的内面　5. 雄蕊的内面及外面

四、红豆杉纲（紫杉纲）Taxopsida

常绿乔木或灌木，多分枝。叶为条形、披针形、鳞形、钻形或退化成叶状枝。孢子叶球单性异株，稀同株。胚珠生于盘状或漏斗状的珠托上，或由囊状或杯状的套被所包围。种子具肉质的假种皮或外种皮。

在传统的分类中，本纲植物通常被放在松柏纲（目）中，但根据它们的大孢子叶特化为鳞片状的珠托或套被，不形成球果以及种子具肉质的假种皮或外种皮等特点，从松柏纲中分出而单列1纲。

红豆杉纲植物有14属，约162种，隶属于3科，即罗汉松科、三尖杉科和红豆杉科。我国有3科，7属，33种。

5. 三尖杉科（粗榧科）Cephalotaxaceae

常绿乔木或灌木，髓心中部具树脂道。小枝对生，基部有宿存的芽鳞。叶条形或披针状条形，交互对生或近对生，在侧枝上基部扭转排成2列，上面中脉隆起，下面有两条宽气孔带。球花单性，雌雄异株，少同株。雄球花有雄花6~11，聚成头状，单生叶腋，基部有多数苞片，每1雄球花基部有1卵圆形或三角形的苞片；雄蕊4~16，花丝短，花粉粒无气囊；雌球花有长柄，生于小枝基部苞片的腋部，花轴上有数对交互对生的苞片，每苞片腋生胚珠2枚，仅1枚发育，胚珠生于珠托上。种子核果状，全部包于由珠托发育成的肉质假种皮中，基部具宿存的苞片。外种皮坚硬，内种皮薄膜质，有"胚乳"，子叶2枚。染色体：X=12。

本科有1属9种。分布于亚洲东部与南部。我国产7种3变种，主要分布于秦岭以南及海南岛，药用5种。

【药用植物】

三尖杉 *Cephalotaxus fortunei* Hook. f. 为我国特有树种，常绿乔木，树皮褐色或红褐色，片状脱落。叶长4~13厘米，宽3.5~4.4毫米，先端渐尖成长尖头，螺旋状着生，排成2行，线形，常弯曲上面中脉隆起，深绿色，叶背中脉两侧各有1条白色气孔带。小孢子叶球有明显的总梗，长约6~8毫米。种子核果状，椭圆状卵形，长约2.5cm。假种皮成熟时紫色或红紫色。（图10-5）分布于华中、华南及西南地区。生于山坡疏林、溪谷湿润而排水良好的地方。种子能驱虫、润肺，止咳、消食。

图10-5 三尖杉

1. 着生种子的枝 2. 雄球花 3. 雄蕊 4. 幼枝及雌球花

三尖杉属具有抗癌作用的植物尚有：海南粗榧 *C. hainanensis* Li.，粗榧 *C. sinensis*（Rehd. et Wils.）Li. 及篦子三尖杉 *C. oliveri* Mast. 等。

6. 红豆杉科（紫杉科）Taxaceae

常绿乔木或灌木。管胞具大型螺纹增厚，木射线单列，无树脂道。叶条形或披针形，螺旋状排列或交互对生，叶腹面中脉凹陷，叶背沿凸起的中脉两侧各有1条气孔带。球花单性异株，稀同株；雄球花单生叶腋或苞腋，或组成穗状花序状集生于枝顶，雄蕊多数，各具3～9个花药，花粉粒球形。雌球花单生或成对，胚珠1枚，生于苞腋，基部具盘状或漏斗状珠托。种子浆果状或核果状，包于杯状肉质假种皮中。染色体：X＝11、12。

本科有5属，约23种，主要分布于北半球。我国有4属，12种及1栽培种，药用3属10种。

【药用植物】

东北红豆杉 *Taxus cuspidata* Sieb. et Zucc. 乔木，高可达20米，树皮红褐色。叶排成不规则的2列，常呈"V"字形开展，条形，通常直，下面有两条气孔带。雄球花有雄花9～14，各具5～8个花药。种子卵圆形，紫红色，外覆有上部开口的假种皮，假种皮成熟时肉质，鲜红色（图10－6）。产于我国东北地区的小兴安岭（南部）和长白山区。生于湿润、疏松、肥沃、排水良好的地方。树皮、枝叶、根皮可提取紫杉醇（taxol）具抗癌作用，亦可治糖尿病；叶有利尿、通经之效。

图10－6 东北红豆杉

1. 部分枝条 2. 叶 3. 种子及假种皮 4. 种子 5. 种子基部

该属植物大多含有紫杉醇而受到重视。全世界约有11种，分布于北半球，我国有4种1变种，西藏红豆杉 *Taxus wallichiana* 、东北红豆杉 *T. cuspidata* 、云南红豆杉 *T. yunnanensis* 、红豆杉 *T. chinensis* 、南方红豆杉（美丽红豆杉）*T. chinensis var. mairei* 均供药用。

榧树 *Torreya grandis* Fort. et Lindl. 乔木，高达25米，树皮浅黄色、灰褐色，不规则纵裂。叶条形，交互对生或近对生，基部扭转排成2列；坚硬，先端有凸起的刺状短尖头，基部圆或微圆，长1.1～2.5厘米，上面绿色，无隆起的中脉，下面浅绿色，气孔带常与中脉带等宽。雌雄异株，雄球花圆柱形，雄蕊多数，各有4个药室；雌球花无柄，两个成对生于叶腋。种子椭圆形、卵圆形，熟时由珠托发育成的假种皮包被，淡紫褐色，有白粉。为我国特有树种，产华东、湖南及贵州等地。种子（香榧）具杀虫消积，润燥通便功效。

五、买麻藤纲（倪藤纲）Gnetopsida

灌木或木质藤本，稀乔木或草本状小灌木。次生木质部常具导管，无树脂道。叶对生或轮生，叶片有各种类型；有细小膜质鞘状，或绿色扁平似双子叶植物。球花单性，异株或同株，或有两性的痕迹，有类似于花被的盖被，也称假花被，盖被膜质、革质或肉质；胚珠1枚，珠被1～2层，具珠孔管（micropylar tube）；精子无纤毛；颈卵器极其退化或无；成熟雌球花球果状、浆果状或细长穗状。种子包于由盖被发育而成的假种皮中，种皮1～2层，胚乳丰富，子叶2枚。

买麻藤纲植物共有3目，3科，3属，约80种。我国有2目，2科，2属，19种，分布几遍全国。这类植物起源于新生代。茎内次生木质部有导管，孢子叶球有盖被，胚珠包裹于盖被内，许多种类有多核胚囊而无颈卵器，这些特征是裸子植物中最进化类群的性状。

7. 麻黄科 Ephedraceae

小灌木或亚灌木。小枝对生或轮生，节明显，节间具纵沟，茎内次生木质部具导管。叶呈鳞片状，于节部对生或轮生，基部多少连合，常退化成膜质鞘。雌雄异株，少数同株。雄球花由数对苞片组合而成，每苞有1雄花，每花有2～8雄蕊，花丝合成一束，雄花外包有膜质假花被，2～4裂；雌球花由多数苞片组成，仅顶端1～3片苞片生有雌花，雌花具有顶端开口的囊状假花被，包于胚珠外，胚珠1，具一层珠被，珠被上部延长成珠被（孔）管，自假花被开口处伸出。种子浆果状，成熟时，假花被发育成革质假种皮，外层苞片发育而增厚成肉质、红色，富含黏液和糖质，俗称“麻黄果”。“胚乳”丰富，胚具子叶2枚。染色体：X =7。

本科1属约40种。主要分布于亚洲、美洲、欧洲东南部及非洲北部等干旱、荒漠地区。我国有12种及4变种，药用15种，分布较广，以西北各省区及云南、四川、内蒙古等地种类较多。

【药用植物】

草麻黄 *Ephedra sinica* Stapf 亚灌木，常呈草本状。植株高30～60厘米，木质茎短，有时横卧，小枝对生或轮生，草质，具明显的节和节间。叶鳞片状，膜质，基部鞘状，下部1/3～2/3合生，上部2裂，裂片锐三角形，反曲。雌雄异株，雄球花多成复穗状，苞片通常4对，雄蕊7～8，雄蕊花丝合生或先端微分离；雌球花单生于枝顶，苞片4对，仅先端1对苞片有2～3雌花；雌花有厚壳状假花被，包围胚珠之外。雌球花熟时苞片肉质，红色。种子通常2，包藏于肉质的苞片内，不外露，与肉质苞片等长，黑红色或灰棕色，表面常有细皱纹，种脐半圆形，明显。（图10－7）分布于河北、山西、河南西北部、陕西、内蒙古及辽宁、吉林的小部分地区。多见于山坡，平原干燥荒地及河床，草原等地。茎入药，能发汗、平喘、利尿。根能止汗、降压。

我国麻黄属植物供药用的还有：木贼麻黄 *E. equisetina* Bunge，有直立木质茎，呈灌木状，节间细而较短，小孢子叶球有苞片3～4对；大孢子叶球成熟时长卵圆形或卵圆形。种子通常1粒。产于内蒙古、河北、山西、陕西、甘肃及新疆等地。中麻黄 *E. intermedia* Schr. et C. A. Mey. 小枝多分枝，直径1.5～3mm，棱线18～28条，节间长2～6cm；膜质鳞叶3，稀2，长2～3mm，上部约三分之一分离，先端锐尖。断面髓部呈三角状圆形。其麻黄碱含量较前两种低，约1.1%。分布于东北、华北、西北大部分地区。此外尚有：丽江麻黄 *E. likiangensis* Florin 也供药用，多自产自销。分布于云南、贵州、四川、西藏等地；膜

果麻黄 *E. przewalskii* Stapf 分布较广，甘肃部分地区作麻黄入药，质量较次。双穗麻黄 *E. distachya L.*，藏麻黄 *E. saxatilis* Royle. ex Florin，山岭麻黄 *E. gerardiana* Wall.，单子麻黄 *E. monosperma* Gmel. ex Mey.，矮麻黄 *E. minuta* Florin 等。

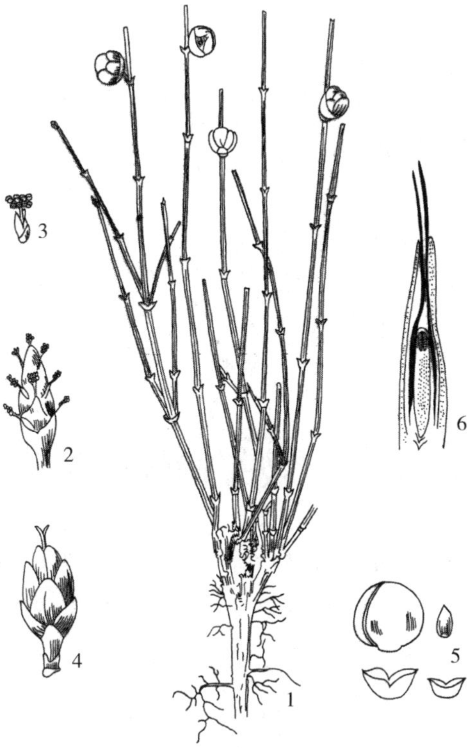

图 10－7　草麻黄

1. 雌株　2. 雄球花　3. 雄花　4. 雌球花　5. 种子及苞片　6. 胚珠纵切

重点小结

- 裸子植物
  - 特征
    - 孢子体
      - 植物体根茎叶的特征
      - 大、小孢子叶特征
      - 雌、雄配子体特征
    - 配子体主要特征
  - 分类——代表植物——植物特征——主要功效

扫码“练一练”

第十一章　被子植物门 Angiospermae

学习目标

1. **掌握**　被子植物的基本特征，与裸子植物的区别，分类原则；被子植物代表科的主要形态特征。

2. **熟悉**　各个科中重要药用植物的主要特点。

3. **了解**　被子植物的性状演化规律，被子植物的分类系统，各科重要药用植物的药用部位和功用。

扫码“学一学”

第一节　被子植物的特征

被子植物同裸子植物都属于种子植物，所不同的是，裸子植物的胚珠是裸露的，而被子植物的胚珠包被在心皮的子房内，由心皮最后发育为果实。

被子植物早在中生代侏罗纪以前已开始出现，是目前植物界进化最高级，种类最多，分布最广的一个类群。它的营养器官和繁殖器官在形态结构上都比裸子植物复杂，根、茎、叶内部组织结构使其能更适应于各种生存环境，具有更强的繁殖能力。自新生代以来，被子植物在地球上占据着绝对优势，现知被子植物有 1 万多属，25 万～30 万种，种类占植物界的一半以上。我国有 2700 多属，2.5 万至 3 万种，其中药用植物约 1 万 1 千余种。大多数中药和民间药物都来自被子植物。与裸子植物相比，被子植物的主要特征如下：

1. 胚珠包被在心皮的子房内　胚珠受精后发育成种子的过程中，一直包被在心皮之中，子房在发育过程中形成果实，故称为被子植物。果实在对种子（其中包含着新一代的孢子体—胚）的保护和传播中起着非常重要的作用。

2. 具有真正的花　开花过程是被子植物的一个显著特征，故又称有花植物（flowering plants）。被子植物的花由花萼、花冠（统称为花被），雄蕊群和雌蕊群四部分组成。花被的出现，一方面加强了保护作用，另一方面使传粉走向多样化，以适应虫媒、鸟媒、风媒、水媒及自花授粉等各种传粉媒介。

3. 具有独特的双受精现象　双受精现象是在被子植物中才出现的，在受精过程中 1 个精子与卵细胞结合形成合子（受精卵），另 1 个精子与 2 个极核（或 1 个中央细胞）结合，发育成三倍体的胚乳，这种胚乳为幼胚发育提供营养，具有双亲的特性，和裸子植物中由残存的雌配子体直接转变而形成的单倍体胚乳形成鲜明的对照。

4. 孢子体高度发达，具有更高度的组织分化　在形态结构上，被子植物组织分化细致，表现在有 70 余种细胞类型。在裸子植物的输导系统中，次生木质部中对水分的输导和支持作用均由管胞来完成，而在被子植物中，为适应强大的水份输导，由管胞演化成了导管，为适应支持功能，由管胞演化为木质部纤维，这种机能上的分工需要促进了专司输导水的导管和专司支持作用的纤维等的产生。在裸子植物中，输送营养成分的韧皮部中只有筛胞，而在被子植物中，演化出了由同一个细胞分裂而来的筛分子（筛细胞）和伴胞，筛分子中无细胞核而伴胞中具有细胞核。这种输导组织的完善使体内物质的运输效率大大提高。

5. 配子体进一步简化　被子植物的雌雄配子体也是寄生的，但更加简化，雄配子体成熟时由 1 个营养细胞，2 个精子等 3 个细胞组成；雌配子体发育成熟时，通常只有 8 个细胞，即 1 个卵细胞，2 个助细胞，2 个极核和 3 个反足细胞，颈卵器不再出现。雌雄配子体结构上的简化是适应寄生生活的结果，更合理的分配养料，是进化的结果。

被子植物具有的上述特征，表明它比其他各类植物所拥有的组织、器官和功能要完善的多，代表了植物界现存类群中最高的演化水平，它的内部结构和外部形态高度地适应地球上多样的环境，因而不论在种数和构成被子植物的重要性方面都超过了裸子植物，在植物界树立了无与伦比的地位。在化学成分方面几乎包含了所有天然化合物的各种类型，并随着植物的演化在不断的发展和复杂化。

第二节　被子植物的分类原则

形态学特征是被子植物分类的主要依据，尤其是花、果实的特征更为重要，由于近代科学的迅速发展，植物解剖学、细胞学、植物化学、分子生物学，特别是近年发展起来的植物分子系统学方法，通过植物遗传系统的核基因组及叶绿体基因组的研究，对研究某些植物类群的亲缘关系和进化，以及探讨某些在系统分类上有争议的类群，提供了新的思路、方法和证据。

植物器官形态演化的过程，通常是由简单到复杂，由低级到高级的，但在器官分化及特化的同时，因适应某些特殊生态环境，也常伴随着器官简化的现象。例如茎、根器官的组织由简单逐渐复杂，但在草本类型中又趋于简化。一般虫媒花植物是有花被的，但某些类型却失去了花被。这种由简单到复杂，最后由复杂趋于简化的变化过程，是植物有机体适应环境的结果。要判断某一类群或某一植物是进化的还是原始的，不能独立片面的根据某一性状，因为同一植物的各形态器官的演化不是同步的，且同一性状在不同植物中的进化意义也非绝对的。因此只有综合分析植物体各部分的演化，才能确定它在分类学中的地位。下面是一般公认的被子植物形态构造的演化规律和分类依据（表 11－1），以外部形态为主，也涉及一些解剖特征。

表 11－1　被子植物主要形态特征的一般演化规律

	初生的、原始的性状	次生的、进化的性状
根	主根发达（直根系）	主根不发达（须根系）
茎	木本，不分枝或单轴分枝 直立 无导管，有管胞	草本，合轴分枝 藤本 有导管
叶	单叶 互生或螺旋排列 常绿 有叶绿素	复叶 对生或轮生 落叶 无叶绿素

续表

	初生的、原始的性状	次生的、进化的性状
花	花单生 两性花 辐射对称 虫媒花 双被花 花的各部离生 花的各部螺旋排列 花的各部多数而不固定 子房上位 心皮离生 胚珠多数 边缘胎座，中轴胎座 花粉粒具单沟	形成花序 单性花 两侧对称或不对称 风媒花 单被花或无被花 花的各部合生 花的各部轮状排列 花的各部有定数（3、4 或 5） 子房下位 心皮合生 胚珠少数至 1 枚 侧膜胎座，特立中央胎座至基底或顶生胎座 花粉粒具 3 沟或多孔
果实	单果、聚合果 真果	聚花果 假果
种子	胚小、有发达胚乳 子叶二片	胚大、无胚乳 子叶一片
生活型	多年生 自养	一年生 寄生、腐生

第三节　被子植物的分类系统

一、两大学说

被子植物的起源，尤其是花的起源，是一个不容易解决的问题，几个世纪以来，植物分类学家为此做了许多探讨研究。最古老被子植物的形态特征，原始类群和进化类群各自具有的形态特征等问题，是植物分类学家研究的中心，争论的焦点，尤其是在被子植物的花的起源问题上意见分歧最大，形成了两个学派，即当前流行的“假花学说”和“真花学说”

1. 真花学说（Euanthium Theory）　亦称“毛茛学说”，以美国植物学家柏施及哈利尔，英国植物学家哈钦松为代表，认为被子植物起源于原始的已灭绝了的裸子植物，这种裸子植物具有两性的孢子叶球（strobil），特别是拟苏铁（*Cycadeoidea dacotensis*）及其相近种，其孢子叶球上的不育苞片演变为花被，小孢子叶演变为雄蕊，大孢子叶演变为雌蕊（心皮），其孢子叶球轴则缩短为花托；据此认为现代被子植物的多心皮类，尤其是木兰目植物被认为是被子植物较原始类群。真花学说的基本点是，被子植物的花来自于一个单独的生殖枝。真花学说坚持的另外一个观点是，被子植物是单源起源的，即来自于同一个祖先。

2. 假花学说（Pseudanthium Theory）　亦称“葇荑学说”，以德国植物学家恩格勒为代表，认为被子植物的一朵花是由裸子植物孢子叶球花序内数个孢子叶球相结合而成，每个雄蕊和心皮，分别相当于 1 个极端退化的小（雄性）孢子叶球和大（雌性）孢子叶球，因而设想被子植物是来源于裸子植物麻黄类的弯柄麻黄（*Ephedra campylopoda*）；在这个假设里，小苞子叶球（雄球花）的苞片变为花被，大苞子叶球（雌球花）的苞片变为心皮，每个小苞子叶球的小苞片消失后，只剩下一个雄蕊，大苞子叶球的小苞片消失后只剩下胚珠，着生于子房基部。由于裸子植物，尤其是麻黄和买麻藤等都是以单性花为主，因而设想原始被子植物具单性花。据此认为现代被子植物的原始类群，应该具有单性花、无被花、风媒花和木本的葇荑花序类植物，如木麻黄目、胡椒目、杨柳目等。假花学说的依据是现存的裸子植物全为单性花，同株或异株，风媒传粉，被子植物的葇荑花序也是风媒的，具有一层珠被等等。假花学说的基本点是，被子植物的花来源于一个复合的生殖枝。另外，假花学说坚持的另外一个观点是，被子植物具有不止一个祖先，因此是多源起源的。假花学说并未为现代多数系统学家所接受，根据解剖学、孢粉学等研究资料及当代分子系统学研究结果均证明葇荑花序类应为次生类群。

二、被子植物的分类系统

19 世纪以来，许多植物分类工作者为建立一个“自然”的分类系统做出了巨大努力。他们根据各自的系统发育理论，提出了许多不同的被子植物分类系统。但由于有关被子植物起源、演化的知识和化石证据不足，直到现在还没有一个比较完善而公认的分类系统。目前世界上运用比较广泛较为流行的主要有恩格勒系统、哈钦松系统、克朗奎斯特系统和塔赫他间系统。

1. 恩格勒系统　这是德国植物分类学家恩格勒（A. Engler）和勃兰特（K. Prantl）于 1897 年在《植物自然分科志》（Die natuelichen pflanzenfamilien）巨著中所发表的系统，它是植物分类史上第一个比较完整的系统。它将植物界分为 13 门，第 13 门为种子植物门，种子植物门再分为裸子植物和被子植物两个亚门，被子植物亚门再分为单子叶植物和双子叶植物两个纲，并将双子叶植物纲分为离瓣花亚纲（古生花被亚纲）和合瓣花亚纲（后生花被亚纲）共计 45 目，280 科。

恩格勒系统以假花学说为理论基础，将单子叶植物放在双子叶植物之前，将葇荑花序植物作为双子叶植物中最原始的类群，而把木兰目、毛茛目等认为是较为进化的类群，这些观点已不被现代许多分类学家所赞同。

恩格勒系统几经修订，在 1964 年出版的《植物分科志要》第十二版中，已把被子植物独立为门，并把双子叶植物放在单子叶植物之前。被子植物共有 62 目，344 科，其中双子叶植物 48 目，290 科，单子叶植物 14 目，54 科。由于这一系统范围较广，包括了全世界植物的纲、目、科、属，而且各国沿用已久，为许多植物学家所熟悉，所以在世界许多地区仍较广泛使用。本教材被子植物分类部分采用修订的恩格勒系统，部分内容有变动。

2. 哈钦松系统　这是英国植物学家哈钦松（J. Hutchinson）于 1926 年和 1934 年在其《有花植物科志》（The Families of Flowering Plants）中所提出的系统。在 1973 年修订的第三版中，共有 111 目，411 科，其中双子叶植物 82 目，342 科，单子叶植物 29 目，69 科。

哈钦松系统以真花学说为理论基础，认为多心皮的木兰目、毛茛目是被子植物的原始类群，强调了木本和草本两个来源，认为木本植物均由木兰目演化而来，草本植物均由毛茛目演化而来，这两支是平行发展的，由于哈钦松系统过分强调木本和草本两个来源，结果使得亲缘关系很近的一些科在系统位置上都相隔很远，如将有明显亲缘关系的草本的伞形科和木本的山茱萸科、五加科分开；草本的唇形科和木本的马鞭草科分开等，这种观点人为性很大，亦受到多数分类学家所反对，但这个系统为多心皮学派奠定了基础，塔赫他间系统和克朗奎斯特系统即在此系统上发展起来的，我国华南、西南、华中的一些植物研究所和大学标本馆多采用该系统。

3. 塔赫他间系统　这是前苏联植物学家塔赫他间（A. Takhtajan）于 1954 年在《被子植物起源》（Orgins of the Angiospermous Plants）一书中公布的系统，该系统亦主张真花学说，认为木兰目为最原始的被子植物类群，他首先打破了传统上把双子叶植物分为离瓣花亚纲和合瓣花亚纲的分类，在分类等级上增设了“超目”一级分类单元。他将原属毛茛科的芍药属独立成芍药科等，都和当今植物解剖学、孢粉学、植物细胞分类学和化学分类学的发展相吻合，在国际上得到共识。

塔赫他间系统经过多次修订（1966，1968，1980 年），在 1980 年修订版中，他把被子植物分为两个纲：木兰纲（即双子叶植物纲）和百合纲（即单子叶植物纲），共有 28 超目，92 目，416 科，其中双子叶植物（木兰纲）20 超目，71 目 333 科，单子叶植物（百合纲）8 超目，21 目，77 科。

4. 克朗奎斯特系统 这是美国植物学家克朗奎斯特（A. Cronquist）于 1968 年在其《有花植物的分类和演化》（The Evolution and classification of Flowering Plants）一书中发表的系统。克朗奎斯特系统接近塔赫他间系统，把被子植物门（称木兰植物门）分成木兰纲和百合纲，但取消了“超目”一级分类单元，科的划分也少于塔赫他间系统。在 1981 年修订版中，共有 83 目，383 科，其中木兰纲包括 6 个亚纲，318 科，百合纲包括 5 个亚纲，19 目，65 科。我国有的植物园及教科书已采用这一系统。

5. APG 系统 被子植物 APG 分类系统，是 1998 年由被子植物系统发育研究组（Angiosperm Phylogeny Group，简称为 APG）发表的一种基于三个 DNA 序列（两个叶绿体和一个核糖体的基因序列）而建立的被子植物分类系统。其后又分别于 2003 年和 2009 年进行了补充和修订，分别称为 APG II 和 APG III。该分类系统与传统分类系统所不同的是，主要依据 DNA 序列，以分支分类学（cladistics，又称为支序分类学）的方法而建立的，同时也参考了其他广义形态学的特征。该系统将整个被子植物划分为基部被子植物和真双子叶植物两大类；基部被子植物包括最基部被子植物、单子叶植物和木兰类三类，真双子叶植物包括基部真双子叶植物和核心真双子叶植物。其中核心真双子叶植物占了整个被子植物 80% 以上的种类。APG 系统是目前公认的较为客观的一个分类系统，但其推广和应用尚需假以时日。

第四节　被子植物的分类

按照经典的被子植物分类系统，被子植物门分为双子叶植物纲和单子叶植物纲，两纲植物的基本区别如表 11－2。

表 11－2　双子叶植物纲和单子叶植物纲植物的基本区别

	双子叶植物纲	单子叶植物纲
根	直根系	须根系
茎	维管束成环状排列，有形成层	维管束成星散排列，无形成层
叶	具网状叶脉	具平行叶脉或弧形叶脉
花	各部分基数为 5 或 4，花粉粒具 3 个萌发孔	各部分基数为 3，花粉粒具单个萌发孔
胚	具 2 片子叶	具 1 片子叶

上述区别点不是绝对的，而是相对的，综合的，实际上有交错现象，一些双子叶植物纲中的一些科有一片子叶的现象，如睡莲科、毛茛科、小檗科、罂粟科、伞形科等；毛茛科、车前科、菊科等有须根系植物；胡椒科、睡莲科、毛茛科、石竹科等有维管束星散排列的植物；樟科、木兰科、小檗科、毛茛科有 3 基数的花。单子叶植物纲中的天南星科、百合科、薯蓣科等有网状脉；眼子菜科、百合科、百部科等有 4 基数的花。

一、双子叶植物纲 Dicotyledoneae

双子叶植物纲分为离瓣花亚纲（原始花被亚纲）和合瓣花亚纲（后生花被亚纲）。

（一）离瓣花亚纲 Choripetalae

离瓣花亚纲又称古生花被亚纲或原始花被亚纲（Archichlamydeae），是被子植物较原始的类型。包括无被花，单被花或有花萼和花冠区别，而花瓣通常分离的类型。雄蕊和花冠离生。胚珠一般有一层珠被。

1. 三白草科 Saururaceae　⚥ $* P_0 A_{3\sim8} \underline{G}_{3\sim4:1:2\sim4,(3\sim4:1:2\sim6)}$

多年生草本。茎常具明显的节。单叶互生，托叶与叶柄常合生或缺。花小，两性，无花被；穗状花序或总状花序，花序基部常有总苞片；雄蕊 3 ~ 8；子房上位，心皮 3 ~ 4，离生或合生，若为合生，则子房 1 室而成侧膜胎座。胚珠多数。蒴果或浆果。种子胚乳丰富，染色体：X = 11、12、28。

扫码“学一学”

本科 5 属，10 种，分布于东亚和北美。我国有 4 属，5 种，分布于长江以南各省及台湾。药用 3 属 4 种。

本科植物含挥发油，黄酮类化合物，挥发油中主要成分为甲基正壬酮，癸酰乙醛，月桂醛等。多具清热解毒，利水消肿功效。

【药用植物】

蕺菜（鱼腥草）*Houttuynia cordata* Thunb. 植物体有鱼腥气，茎下部伏地。叶互生，心形，有细腺点，下面带紫色；托叶膜质条形，下部与叶柄合生成鞘。穗状花序顶生，总苞片 4，白色，花瓣状；花小，两性，无花被；雄蕊 3，花丝下部与子房合生；雌蕊由 3 枚下部合生的心皮组成，子房上位。蒴果卵形，顶端开裂。分布于长江以南地区。生于阴山地、沟边、塘边或林下湿地。全草含挥发油 0.022% ~ 0.025%，能清热解毒，消肿排脓，利尿通淋。（图 11 - 1）

三白草 *Saururus chinensis*（Lour.）Baill. 根状茎较粗，白色。茎直立，下部匍匐状。叶互生，长卵形，基部心形或耳形。总状花序顶生，花序下具 2 ~ 3 片乳白色叶状总苞；雄蕊 6，花丝与花药等长；雌蕊有 4 枚心皮合生，子房上位。果实分裂为 3 ~ 4 个分果瓣。分布于长江以南地区。生于沟旁、溪边及沼泽湿地。根状茎或全草能清热利尿，解毒消肿。（图 11 - 2）

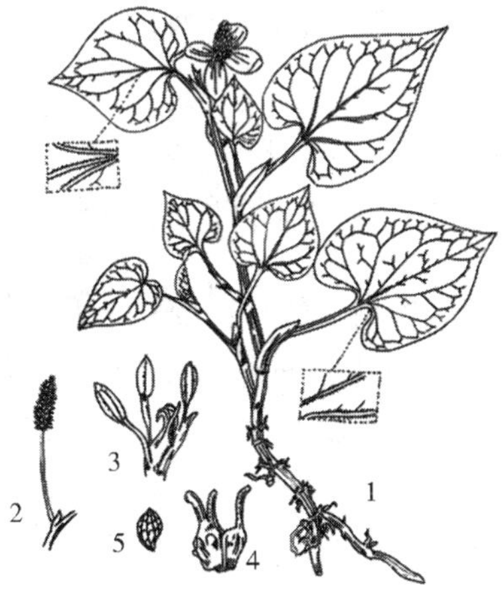

图 11 - 1　蕺菜

1. 植株全形　2. 花序　3. 花
4. 果实　5. 种子

图 11 - 2　三白草

1. 植株全形　2. 花

2. 胡椒科 Piperaceae　♂$P_0A_{1\sim10}$；♀$P_0\ \underline{G}_{(2\sim5:1)}$；⚥$P_0A_{1\sim10}\underline{G}_{(2\sim5:1:2)}$

灌木或藤本，或肉质草本，常具香气或辛辣气。茎中维管束常散生。藤本种类的节部常膨大。单叶，通常互生，叶片全缘，基部两侧常不对称；托叶与叶柄合生或无托叶。花极小，密集成穗状花序，两性，或单性异株；苞片盾状或杯状；无花被；雄蕊 1～10；子房上位，心皮 2～5，合生 1 室，有基生胚珠 1 枚。浆果球形；种子 1 枚，有少量的内胚乳和丰富的外胚乳，胚小。染色体：X = 11～14。

本科 8 属，3 000 多种，分布于热带、亚热带地区。我国有 4 属，约 70 种，分布于台湾省东南部至西南部地区。药用 25 种，集中于胡椒属（*Piper*）和草胡椒属（*Peperomia*），均做温中散寒、活血止痛药。

本科植物主要含有挥发油、生物碱，如胡椒碱（piperine）、胡椒新碱（piperanine）等。为胡椒辛辣刺激成分，也是主要的生理活性物质。

【药用植物】

胡椒 *Piper nigrum* L. 攀缘木质藤木。常生不定根。叶互生，近革质，叶片卵状椭圆形，具托叶。花单性异株，无花被；穗状花序与叶对生，常下垂，苞片匙状长圆形；雄蕊 2，花药肾形，花丝粗短；子房上位，1 室，1 胚珠。浆果球形，无柄，未成熟时干后果皮皱缩，黑色，称“黑胡椒”，成熟时红色，除去果皮后呈白色，称“白胡椒”。原产东南亚，我国海南、广西、台湾、云南等省区有栽培。果中主要含酰胺类化合物及挥发油。能温中散寒，健胃止痛。(图 11－3)

图 11－3　胡椒

1. 果枝　2. 花序　3. 苞片　4. 雄蕊　5. 果实

荜茇 *Piper longum* L. 攀缘状灌木。茎下部匍匐，枝有粗纵棱及沟槽，幼时密被粉状短柔毛。叶互生，纸质，卵圆形，两面脉上被粉状短柔毛。花单性，雌雄异株，无花被；雄花序被粉状短绒毛，花小，花丝粗短；雌花序常于果期延长，苞片较小，子房上位，倒卵形，下部与花序轴合生，无花柱，柱头 3。浆果卵形，基部嵌生于花序轴内。分布于东南亚。我国云南有野生，广东、广西、福建有栽培。果穗入药，主含酰胺类化合物、木脂素及挥发油。能温中散寒，下气，止痛。

细叶青蒌藤 *Piper kadsura*（Choisy）Ohwi 木质藤本。茎扁圆柱形或圆柱形，有香气，幼枝密被白色柔毛。单叶互生，叶片近革质，卵形或卵状披针形，上面主脉附近有白色斑纹，下面幼时被疏毛。花单性，雌雄异株，穗状花序；雄蕊 3，花丝短；雌花序短于叶片，子房球形，离生。浆果卵球形，褐黄色。分布于台湾、福建、海南等地。全株入药，为中药海风藤主流品种，主含木脂素。能驱风湿，通经络，止痹痛。

3. 金粟兰科 Chloranthaceae　⚥$P_0A_{(1\sim3)}\overline{G}_{(1:1:1)}$

草本或灌木，节部常膨大。常具油细胞，有香气。单叶对生，叶柄基部通常合生成鞘；托叶小。花序穗状，顶生。花小，两性或单性；无花被，雄蕊 1～3，合生成一体，花丝极短，常贴生在子房的一侧，药隔发达；子房下位，单心皮，1 室，胚珠 1 枚，悬垂于子房室顶部。核果，种子具丰富胚乳。染色体：X = 8、14、15。

本科有 5 属，约 70 种，分布于热带和亚热带。我国有 3 属 21 种，全国各地均有分布。药用 2 属 15 种。

本科植物主要含挥发油、黄酮苷、香豆素、内酯等成分。

【药用植物】

草珊瑚 *Sarcandra glabra*（Thunb.）Nakai 常绿草本或半灌木，茎节膨大。叶对生，近革质，长椭圆形或卵状披针形，边缘有粗锯齿，齿尖有 1 腺体。穗状花序顶生，常分枝；花两性，无花被；雄蕊 1，花药 2 室；雌蕊 1，由 1 心皮组成，子房下位，无花柱，柱头近头状。核果球形，熟时红色。分布于长江以南各省区。生于山沟溪谷旁、常绿阔叶林下阴湿处。根状茎及全草主含香豆素、内酯、黄酮苷及挥发油。能清热解毒，活血祛瘀，驱风止痛。（图 11－4）

及已 *Chloranthus serratus*（Thunb.）Roem. et Schult. 常绿草本。叶对生，常 4 片生于茎上部，卵形。穗状花序单个或 2～3 分枝；花两性，无被；苞片近半圆形；雄蕊 3，下部合生，花药 2 室。核果近球形，绿色。分布于长江流域及南部各省区。根状茎及全草药用，功效同草珊瑚。有毒，内服慎用。

图 11－4　草珊瑚

1. 果枝　2. 果　3. 雄蕊

4. 花序一段　5. 根茎及根

4. 桑科 Moraceae　$♂P_{4\sim5}A_{4\sim5}$；$♀P_{4\sim5}\underline{G}_{(2:1:1)}$

木本，稀草本和藤本。木本常有乳汁。叶常互生，稀对生，托叶早落。花小，单性，雌雄异株或同株，常集成葇荑，穗状，头状或隐头花序；单被花，花被片 4～5；雄蕊与花被片同数且对生；雌蕊子房上位，2 心皮，合生，1 室，1 胚珠。果多为聚花果。染色体：X＝7、8、10、13、14。

本科 60 属，3 000 余种，主要分布于热带和亚热带。我国有 12 属，163 种，全国各地均有分布，以长江以南地区较多。药用 12 属，约 55 种。

本科中植物体为草本、无乳汁的大麻属（*Cannabis*）和葎草属（*Humulus*）在哈钦松系统中常被独立为大麻科（Cannabidaceae 或 Cannabinaceae）。

本科植物含有多种特有成分及其他活性成分。①黄酮类，如桑色素（morin）、氰桑酮（cyanomaclurin）等为本科特征成分。②强心苷类，如见血封喉苷（antiarins）有剧毒。③皂苷，如无花果皂苷元（ficusogenin）。④生物碱，如榕碱（ficine）。⑤酚类，如大麻酚（cannabinol），其中四氢大麻酚类（tetrahydrocannabinols）化合物，有致幻作用，为毒品。其他尚含昆虫变态激素，如牛膝甾酮（inokosterone）等。

【药用植物】

桑 *Morus alba* L. 落叶乔木或灌木，植物体有乳汁。树皮黄褐色，常有条状裂隙。单叶互生，卵形或宽卵形，有时分裂，托叶早落。葇荑花序；花单性，雌雄异株；雄花花被片 4，雄蕊 4，与花被片对生，中央有退化雌蕊；雌花花被片 4，无花柱，柱头 2 裂，子房上位，2 心皮合生，1 室，1 胚珠。瘦果包于肉质花被片内密集成聚花果，成熟时紫黑色。全国分布，多为栽培。主要含黄酮类、挥发油、有机酸、氨基酸及微量元素等。聚花果（桑椹）能补血滋阴，生津润燥；叶能疏散风热，清肺润燥；嫩枝

（桑枝）能祛风湿，利关节；根皮（桑白皮）能泻肺平喘，利水消肿。（图 11 －5）

薜荔 *Ficus pumila* L. 常绿攀缘灌木。具乳汁。叶互生，营养枝上的叶小而薄，生殖枝上的叶大而近革质，背面叶脉网状凸起呈蜂窝状。隐头花序单生于生殖枝叶腋，呈梨形或倒卵形，花序托肉质。雄花有雄蕊 2；瘿花为不结实的雌花，花柱较短，常有瘿蜂产卵于其子房内。分布于华东、华南和西南。隐花果（鬼馒头）能壮阳固精，活血下乳。茎常作络石藤入药，能祛风通络，凉血消肿。（图 11 －6）

图 11 －5　桑

1. 雌花枝　2. 雄花枝　3. 雄花　4. 雌花

图 11 －6　薜荔

1. 不育幼枝　2. 果枝　3. 雄花　4. 雌花　5. 瘿花

大麻 *Cannabis sativa* L. 一年生高大草本。叶互生或下部对生，掌状全裂，裂片披针形。花单性异株；雄花排成圆锥花序，黄绿色，花被片和雄蕊各 5 枚；雌花丛生叶腋，每朵花有 1 卵形苞片，花被退化为 1 片，膜质。雌蕊 1，花柱 2。瘦果扁卵形，为宿存苞片所包被。原产亚洲西部，现我国各地有栽培。果实（火麻仁）能润燥通便；雌花能止咳定喘，解痉止痛；叶能定喘。雌株的幼嫩果穗含多种大麻酚类成分，有致幻作用，为毒品。

本科药用植物还有：构树 *Broussonetia papyrifera*（L.）Vent. 果实（楮实子）能补肾清肝，明目、利尿；根皮能利尿止泻；叶能祛风湿，降血压；乳汁能灭癣。无花果 *Ficus carica* L. 隐花果能润肺止咳，清热润肠。啤酒花 *Humulus lupulus* L. 未熟果穗能健脾消食，安神，止咳化痰，为制啤酒原料之一。葎草 *H. scandens*（Lour.）Merr. 全草能清热解毒，利尿消肿。

5. 桑寄生科 Loranthaceae　⚥ * 或 ♂ $P_{3\sim8}A_{3\sim8}\overline{G}_{(3\sim4\sim1:3\sim4\sim1:1\sim2\sim3)}$

寄生灌木，叶对生或轮生，少数互生，革质或退化成鳞片，无托叶。花两性或单性，辐射对称；异被，或因萼片退化而成单被状；花萼与子房合生，环状或不明显；花瓣 5 ~6，镊合状排列，分离或连合成管而单侧裂开；雄蕊与花被片同数对生；子房下位，常 1 室。花柱单生或不存在，胚珠 1，着生于子房内壁，多不明显。果实浆果状或核果状。种子不具种皮，外果皮多肉质；花托常有一层黏稠物质，胚乳丰富。染色体：X =8 －10，12。

本科约 36 属，1300 种，主产于热带和亚热带。我国有 11 属 59 种，分布于各省区，其中药用 2 属，30 余种。

本科主要含有黄酮类、三萜类、有机酸及鞣质等化学成分，如广寄生苷（avicularin）、高圣草素（homoeriodictyol）及其苷等；同时也吸收寄主所含的成分，如寄主有毒，寄生也往往含有毒成分。

【**药用植物**】槲寄生 *Viscum coloratum*（Kom.）Nakai　常绿寄生小灌木，高 30～60 cm，茎黄绿色或绿色，稍肉质，常 2～5 叉分枝，节部膨大，节间圆柱形。叶对生于枝端，稍肉质，黄绿色或绿色，长圆状披针形或倒披针形，顶部钝或圆，基部楔形。花小，单性，雌雄异株，生于枝端两叶之间，无梗，黄绿色。雄花序聚伞状，通常有 3 朵花，苞片杯形，花被钟形，顶端 4 裂，雄蕊 4 枚，贴生于裂片上，无花丝，花药多室。雌蕊 1～3 朵簇生，子房下位，1 室 1 胚珠，与子房壁分生，柱头头状。球形浆果，成熟时淡黄色或橙红色，具黏液质。寄生于槲、梨、榆、柳、杨、桦、枫香等树上，分布于东北、华北、陕西、甘肃、河南、湖北、四川等地。带叶茎枝入药，有祛风湿、补肝肾、强筋骨、安胎之功效。（图 11－7）

桑寄生 *Taxillus chinensis*（DC.）Danser　常绿寄生小灌木，高达 1m，老枝无毛，具灰黄色皮孔。嫩枝叶密布锈色或褐色星状毛，成长叶两面无毛；叶薄革质，对生或近对生，卵形或长卵形，顶部钝或圆，基部圆形或阔楔形，全缘，主脉两面明显突起。花 1～3 朵排成聚伞花序，通常 1～2 个生于叶腋，披红褐色星状毛；苞片小，鳞片状，花萼环状，花冠狭管状，稍弯曲，紫红色，顶端卵圆形 4 裂，外折；雄蕊 4 枚，生于裂片上，子房下位，1 室 1 胚珠，花柱 4 棱，柱头球状。果椭圆形，具小瘤体及疏毛。常寄生于桑科、山茶科、山毛榉科等植物体上，分布于福建、台湾、广东、广西、云南等省区。带叶茎枝入药，有补肝肾、强筋骨、祛风湿、安胎之功效。

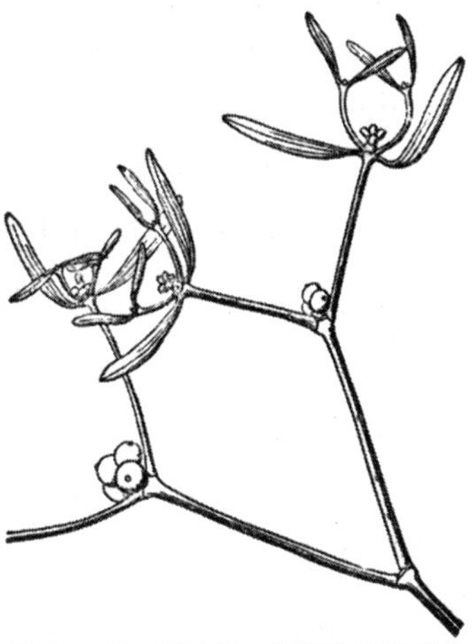
图 11－7　槲寄生（带果的植株）

6. 马兜铃科 Aristolochiaceae　⚥ $* \uparrow P_{(3)} A_{6\sim12} \underline{G}_{(4\sim6)} \overline{G}_{(4\sim6)}$

多年生草本或藤本。根味苦、辣，有香气；单叶互生，叶片常心形或盾形，全缘，稀 3～5 裂；无托叶。花两性，辐射对称或两侧对称，单生、簇生或排成总状花序；花多单被，常为花瓣状，下部常合生成各式花被管顶端 3 裂或向一侧扩大，暗紫色或紫色，有臭气；雄蕊 6～12，花丝短，分离或与花柱合生；雌蕊 4～6，心皮合生，子房下位或半下位，4～6 室，柱头 4～6 裂，中轴胎座，胚珠多数。蒴果，背缝开裂或腹缝开裂，少数浆果状不开裂。种子多数，有胚乳。染色体 X＝4～8，12，13。

本科 8 属，600 种，主要分布于热带和亚热带，以南美洲较多。我国 4 属 70 种，全国各地均有分布，药用 3 属，约 70 种。

本科植物主要含有：①生物碱，多为异喹啉类生物碱，如木兰花碱（magnoflorine）、轮环藤酚碱（cyclanoline）。②挥发油，主要分布于细辛属和马兜铃属，油中主要成分为单萜和倍半萜类，如细辛酮（asarylketone）、马兜铃烯（arastolene）。③硝基菲类化合物（nitropenathrene），如马兜铃酸（aristolochic acid），为马兜铃科植物的特征性成分，能抗癌、抗感染及增强吞噬细胞活力、增强体液免疫能力，但有肾脏毒性作用，许多国家已禁止使用含马兜铃酸的植物入药，临床应慎用。④黄酮类化合物及尿囊素等。

【**药用植物**】北细辛 *Asarum heterotropoides* Fr. Schmidt var. *mandshuricum*（Maxim.）Kitag. 多年生草本。叶基生，常 2 片，有长柄，叶片卵状心形或近肾形，全缘，叶脉上有短毛。花单生叶腋，开花时花梗在近花被管处弯曲，花被管壶形或半球形，紫棕色，顶端 3 裂，裂片向外反折；雄蕊12，着生子房中下部，花丝与花药等长；子房半下位，花柱6，顶端2裂。蒴果浆果状，半球形。种子椭圆状船形，灰褐色。分布于东北各省及陕西、山西、河南等地。生于林下，东北地区有栽培。全草含挥发油2.5%，主要为甲基丁香酚（methyl eugenol）、黄樟醚（safrole）等。根和根茎入药，能祛风散寒，通窍止痛，温肺化饮。（图11－8）

同属多种植物均供药用，如华细辛 *A. sieboldii* Miq. 。与北细辛的区别是根茎较长，节间距离均匀；叶端渐尖，背面仅脉上有毛；花被裂片直立或平展，不反折。分布于河南、山东、陕西、湖北、四川等地。全草与北细辛同等药用。汉城细辛 *A. sieboldii* Miq. var. *seoulense* Nakai 本变种与华细辛相似，区别为叶柄有毛，叶下面通常密生较长的毛。分布于辽宁和吉林两省东南部。全草与北细辛及华细辛均为药典细辛原植物。此外，同属单叶细辛 *A. himalaicum* Hook. f. et Thoms. ，小叶马蹄香 *A. ichangense* C. Y. Cheng et C. S. Yang 两种在有些地区亦做细辛使用。

马兜铃 *Aristolochia debilis* Sieb. et Zucc.　多年生缠绕或匍匐状草本。叶互生，柄细长，叶片三角状长圆形，基部心形。花单生叶腋，花被基部膨大呈球状，淡黄绿色，中部管状，上部逐渐扩大成斜喇叭状，先端渐尖；雄蕊6，几无花丝，贴生于肉质花柱顶端；子房下位，圆球形，柱头短。蒴果近球形，成熟时沿室间开裂。种子呈偏三角形，有宽翅。分布于长江以南和山东、河南等地。生于山坡灌丛中。主含马兜铃酸。根（青木香）能平肝止痛，行气消肿；茎（天仙藤）能行气活血，利水消肿；果（马兜铃）能清肺降气，止咳平喘，清肠消痔。（图11－9）

图11－8　北细辛

1. 植株　2. 花　3. 去花被示雄蕊及雄蕊

图11－9　马兜铃

1. 根　2. 花枝　3. 果实

同属东北马兜铃 *A. manshuriensis* Kom. 与前种相似，但花被筒成马蹄形弯曲，里面有紫色斑点。叶片圆状心形。分布于东北各省及陕西、甘肃等省。茎（关木通）能消心火，利小便，通经下乳。

广防已 *Aristolochia fangchi* Wu ex L. D. Chou et S. M.　木质大藤本。茎上部分枝较少，

叶互生，具长柄，叶片纸质或薄革质，卵状长圆形，上面无毛，下面密被褐色或灰色短柔毛。总状花序，有花1－3朵；雄蕊6枚，成3组贴生于雌蕊柱体基部；子房下位，外面密被褐色茸毛，6室。蒴果长圆形，具6棱。分布于华南和贵州、云南等省。主含马兜铃酸。根能祛风止痛，清热利水。(图11－10)

本属药用植物还有北马兜铃 *Aristolochia contorta* Bge.，木香马兜铃 *A. moupinensis* Miq.，绵毛马兜铃 *A. mollissima* Hance，杜衡 *Asarum forbesii* Maxim. 等。

图11－10 东北马兜铃

1. 根 2. 植株 3. 花 4. 果实

7. 蓼科 Polygonaceae ⚥ $* P_{3\sim6,(3\sim6)} A_{3\sim9} \underline{G}_{(2\sim4:1:1)}$

多为草本。茎节常膨大。单叶互生，托叶膜质，包围茎节基部成托叶鞘。花多两性，辐射对称，排成穗状、圆锥状或头状花序，花被片3～6，常花瓣状，分离或基部合生，宿存；雄蕊多3～9；子房上位，心皮2～3，合生成1室，1胚珠，基生胎座。瘦果或小坚果，椭圆形、三棱形或近圆形，包于宿存花被内，常具翅。种子有胚乳。染色体：X＝7～20。

本科约30属，800余种，主要分布于北温带。我国15属，200多种，全国均有分布。药用8属，约123种。

本科化学成分主要含有：①蒽醌类，主要分布在大黄属和酸模属，如大黄素（emodin）、大黄酚（chrysophanol）。番泻苷A、B、C、D（sennoside A、B、C、D）是泻下有效成分。1,8－二羟基萘类的酸模素（nepodin），是抗真菌的有效成分。②黄酮类，如芸香苷（rutin）、萹蓄苷（avicularin）。③鞣质，在本科中普遍存在，具有收敛、止血、抗菌作用。④芪类，如土大黄苷（raponticin）存在于大黄属非正品大黄中，芪三酚苷（polydatin）存在于虎杖中，均有降血脂活性。⑤吲哚苷，如靛苷（indican）存在于蓼属植物中。

【主要属及药用植物】

大黄属 *Rheum* 多年生草本。根及根状茎肥厚。叶较大，基生叶有长柄，托叶鞘长筒状。多为圆锥花序；花被6，淡绿色；雄蕊9，花柱3，柱头头状。瘦果具3棱。本属国产约30种，药用15种。(图11－11)

药用大黄 *Rheum officinalis* Baill. 多年生草本。根及根茎肥厚，断面黄色，叶片近圆形掌状浅裂，浅裂片呈大齿形或宽三角形；花较大，主要分布于陕西，四川西部，湖北，云南等地。生于林缘或草坡，有栽培。

掌叶大黄 *R. palmatum* L. 与药用大黄不同点为叶片宽卵形或近圆形，掌状半裂，花小，紫红色。分布于甘肃、陕西、青海、四川西部和西藏东部等地。生于山地林缘或草坡，亦有栽培。

唐古特大黄 *R. tanguticum* Maxim. ex Balf. 与上种相似，主要区别是本种叶片常羽状深裂，裂片通常窄长，呈三角状披针形或窄条形。分布于甘肃、青海、四川西部、西藏等地。

上述三种大黄属植物为中国药典收载的正品大黄的原植物。根茎中含总蒽醌1.14%～5.19%，其中以结合状态为主。能泻火通便，破积滞，行瘀血。

同属多种植物，叶缘具不同程度的皱波，叶片不裂，其根和根状茎称山大黄或土大黄，不含番泻苷，一般外用止血、消炎或作兽药或作工业染料的原料，如华北大黄 *R. franzenbachii* *Münt.*，河套大黄 *R. hotaoense* C. Y. Cheng et C. T. Kao，藏边大黄 *R. australe* D. Don，天山大黄 *R. wittrockii* Lundstr. 等。

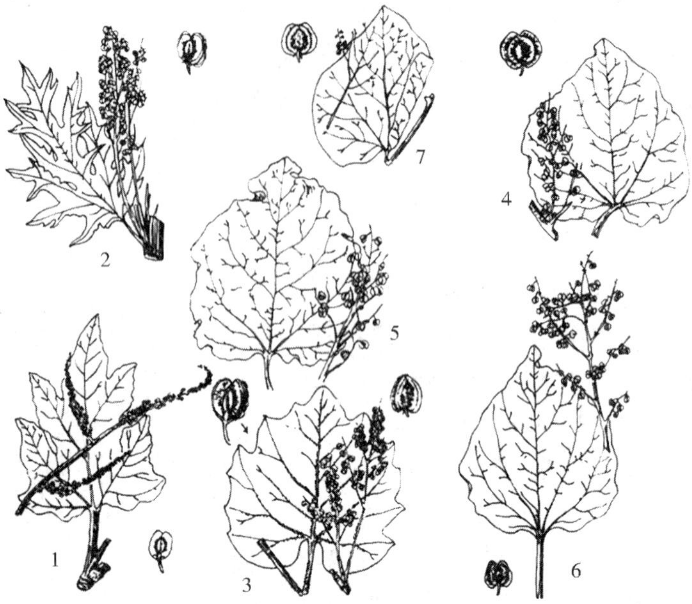

图 11－11　大黄原植物

1. 掌叶大黄　2. 唐古特大黄　3. 药用大黄　4. 天山大黄　5. 藏边大黄　6. 华北大黄　7. 河套大黄

蓼属 *Polygonum*　草本或藤本。节常膨大。单叶互生，托叶鞘多筒状。花被常 5 裂，花瓣状；雄蕊 3～9，通常 8 枚；花柱 2～3。瘦果三棱形或两面凸起。本属 300 余种，我国 120 余种，药用 80 种。

何首乌 *Polygonum multiflorum* Thunb.　多年生缠绕草本。块根表面红褐色至暗褐色。叶互生，有长柄，卵状心形，托叶鞘膜质，抱茎。圆锥花序，分枝极多；花小，白色；花被 5 裂，外侧 3 片背部有翅。瘦果椭圆形，具 3 棱。全国各地多有分布。生于灌丛，山脚阴湿处或石隙中。主要含蒽醌类化合物。块根能润肠通便，解毒消痈；制首乌能补肝肾，益精血，乌须发，强筋骨。茎藤（首乌藤、夜交藤）能养血安神，祛风通络。（图 11－12）

虎杖 *Polygonum cuspidatum* Sieb. et Zucc. 多年生粗壮草本，根状茎粗大。地上茎中空，散生红色或紫红色斑点，节间明显，上有膜质托叶鞘。叶阔卵形。圆锥花序；花单性异株，花被 5 裂，外轮 3 片在果时增大，背部生翅；雄花雄蕊 8；雌花花柱 3，柱头扩展，呈鸡冠状。瘦果卵状三棱形。主要含蒽醌类化合物，以游离型为主。根状茎和根能祛风利湿，散瘀定通，止咳化痰。（图 11－13）

本属药用植物还有红蓼 *P. orientale* L. 分布于全国各地。果实（水红花子）能散血消症，消积止痛。拳参 *P. bistorta* L. 分布于吉林、华北、西北、华东等地。根状茎能清热解毒，消肿，止血。蓼蓝 *P. tinctorium* Ait. 分布于辽宁、黄河流域及以南地区。多为栽培。叶（大青叶）能清热解毒，凉血消斑。叶可加工制青黛。萹蓄 *P. aviculare* L. 分布于全国各地。地上部分能利尿通淋，杀虫，止痒。水蓼 *P. hydropiper* L. 分布于全国各地。全草能清热解毒，利尿，止痢。

图 11－12　何首乌

1. 果枝　2. 块根　3. 花　4. 花被剖开示雄蕊

5. 雌蕊　6. 成熟果实附有具翅的花被　7. 瘦果

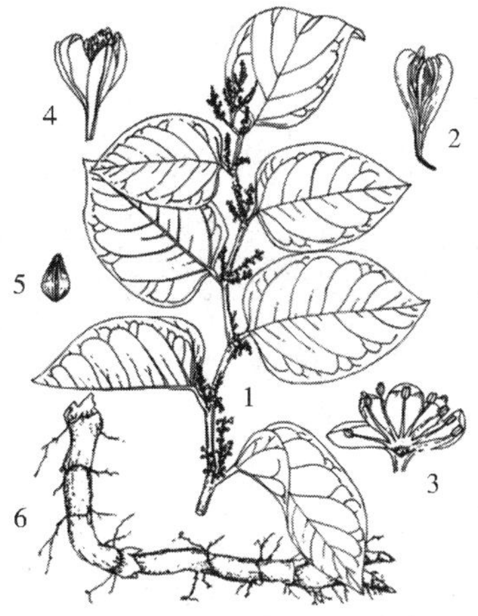

图 11－13　虎杖

1. 花枝　2. 花的侧面　3. 花被展开示雄蕊

4. 包在花被内的果实　5. 果实　6. 根状茎

金荞麦 *Fagopyrum dibotrys*（D. Don）Hara 多年生草本。主根粗大，横走，红棕色。叶互生，具长柄，叶片戟状三角形，膜质。聚伞花序，花小，花被片 5，白色；雄蕊 8，花药带红色；雌蕊花柱 3，稍向下弯曲。小坚果卵状三角棱形。全国各地均有分布。生于荒地、路旁、河边阴湿地，有栽培。主含缩合原花色苷元（dimeric proanthocyanidin）。根能清热解毒、清肺排脓、祛风化湿。

羊蹄 *Rumex japonicus* Houtt. 多年生草本。根粗大，断面黄色。基生叶长椭圆形，基部微心形，边缘有波状皱折。茎生叶较小；托叶鞘筒状。花序圆锥状；花被片 6，内轮在果时增大，边缘有不整齐的锯齿；雄蕊 6；柱头 3。瘦果有 3 棱。分布于长江以南各省区。生于山野湿地。根能清热解毒，凉血止血，通便。

巴天酸模 *R. patientia* L. 基生叶卵状披针形。结果时内轮花被全缘。分布于东北、华北、西北各省区。根入约，功效同羊蹄。

8. 苋科 Amaranthaceae　⚥ $\ast P_{3\sim5}A_{1\sim5}\underline{G}_{(2\sim3:1:1\sim\infty)}$

多为草本。单叶对生或互生，无托叶。花小，两性，稀单性，辐射对称，聚伞花序排成穗状、头状或圆锥状；花单被，花被片 3～5，每花下常有 1 枚干膜质苞片和 2 枚小苞片；雄蕊 1～5 与花被片对生，花丝分离或基部连合成杯状；子房上位，由 2～3 心皮组成，1 室，胚珠 1 枚，稀多数。胞果，稀浆果或坚果，种子具胚乳。染色体：X = 6～13、16、17、18、24。

本科约 65 属，900 种，分布于热带和亚热带。我国有 13 属，50 种，分布于全国各地。药用 9 属，28 种。

本科植物多含皂苷，花色素，昆虫蜕皮激素，如蜕皮甾酮（ecdysterone）、牛膝甾酮（inokosterone）、杯苋甾酮（cyasterone）。另含生物碱如甜菜碱（betaine）等。

【药用植物】 牛膝 *Achyranthes bidentata* Blume　多年生草本。根长圆柱形。茎四棱，节膨大。叶对生，椭圆形至椭圆状披针形，全缘，长 5～10cm，两面具柔毛。穗状花序腋生或顶生，苞片 1，膜质，小苞片硬刺状；花被片 5，膜质；雄蕊 5，花丝下部合生，退化雄蕊顶端平圆，稍有锯齿。胞果长圆形，包于宿萼内。全国均有分布，主要栽培于河南，称怀牛膝。根生用能活血散瘀，消肿止痛；酒制后能补肝肾，强筋骨。(图 11－14)

川牛膝 *Cyathula officinalis* Kuan　多年生草本。根圆柱形。茎中部以上近四棱形疏被糙毛。花小，绿白色，由多数聚伞花序密集成头状；苞片干膜质，顶端刺状；两性花居中，不育花居两侧，不育花的花被片为钩状芒刺；雄蕊 5，与花被对生，退化雄蕊 5，顶端齿状或浅裂；子房 1 室，胚珠 1 枚。胞果。分布于云南、贵州、四川等省区。生于林缘或山坡草丛中，多为栽培。根能祛风湿，破血通经，利尿通淋。(图 11－15)

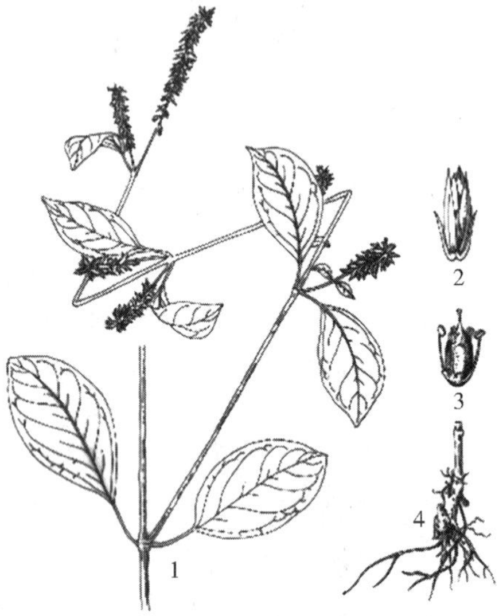

图 11－14　牛膝

1. 花枝　2. 花　3. 去花被的花　4. 根

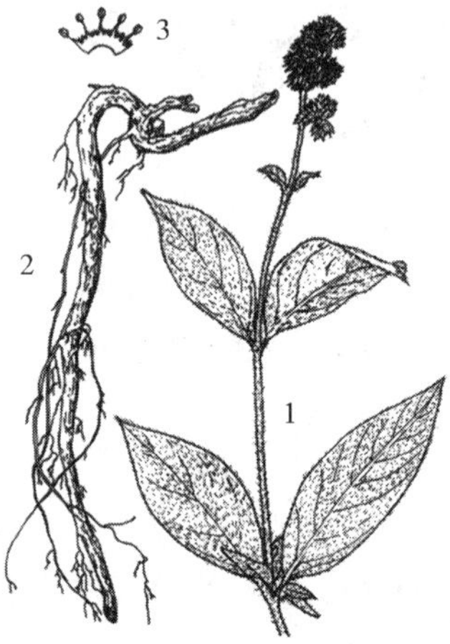

图 11－15　川牛膝

1. 花枝　2. 根　3. 雄蕊

土牛膝 *Achyranthes aspera* L.　为 1～2 年生草本。叶倒卵形或长椭圆形。退化雄蕊顶端呈截平或细圆齿状。分布于西南、华南等省。根（土牛膝）入药，能清热解毒，利尿。

青葙 *Celosia argentea* L.　一年生草本。全体无毛，叶互生，叶片椭圆状披针形，长 5～8cm。穗状花序圆柱状或塔状；苞片、小苞片及花被片均干膜质，淡红色。各地野生或栽培。种子入药为青葙子，能清肝，明目，降压，退翳。

同属鸡冠花 *C. cristata* L.　与上种区别为穗状花序扁平肉质，鸡冠状。全国各地有栽培。花序能收涩止血，止痢。

9. 石竹科 Caryophyllaceae　⚥ $* K_{4\sim5,(4\sim5)} C_{4\sim5} A_{8\sim10} \underline{G}_{(2\sim5:1:1\sim\infty)}$

草本，茎节常膨大。单叶对生，全缘。花两性，辐射对称，多成聚伞花序；萼片4～5，分离或连合；花瓣 4～5，分离，常具爪；雄蕊 8～10；子房上位，2～5 心皮组成 1 室，特立中央胎座，胚珠多数。蒴果齿裂或瓣裂，稀浆果。种子多数，具胚乳。染色体：X＝7～15、16、17。

本科约 80 属，2 000 种，广布全球。我国有 31 属，372 种，全国均产。药用 21 属，106 种。

本科植物主要含：①皂苷，如丝石竹皂苷元（gypsogenin）、肥皂草苷（saporubin）。②黄酮类，如木犀草素、牡荆素。③花色苷（anthocyanins）。

【药用植物】

瞿麦 *Dianthus superbus* L.　多年生草本。茎丛生。叶对生，披针形。顶生聚伞花序；花萼下有宽卵形小苞片4～6个；萼筒先端5裂；花瓣5，粉紫色，有长爪，顶端深裂成丝状；雄蕊10，子房上位，1室，花柱2。蒴果长筒形，顶端齿裂。分布全国各地。生于山野、草丛或岩石缝中。全草能清热利尿，破血通经。（图11－16）

同属石竹 *D. chinensis* L. 与上种相似，但本种花瓣顶端为不整齐浅齿裂。广布全国各地。生于山地、田边或路旁，亦有栽培。全草亦作瞿麦药用。功效同瞿麦。

孩儿参 *Pseudostellaria heterophylla*（Miq.）Pax ex Pax et Hoffm. 多年生草本。块根肉质，纺锤形。叶对生，下部叶匙形，顶端两对叶片较大，排成十字形。花二型：普通花1～3朵着生茎端总苞内，白色，萼片5，雄蕊10，花柱3；闭锁花（闭花受精花）着生茎下部叶腋，花梗细，萼片4，无花瓣。蒴果卵形，熟时下垂。分布于长江以北和华中地区。生于山坡阴湿地。根能益气健脾，生津润肺。（图11－17）

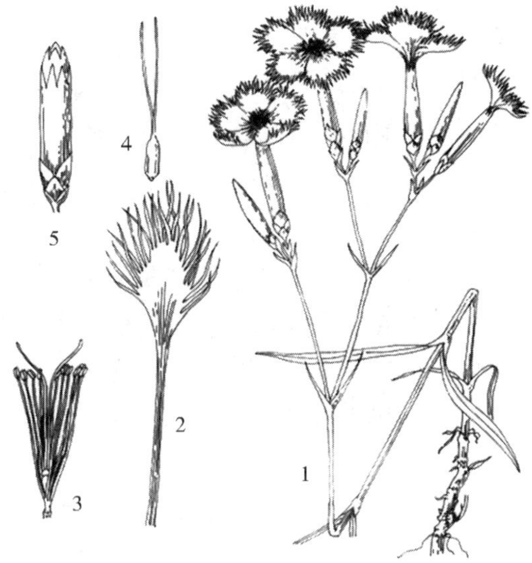

图11－16　瞿麦

1. 植株全形　2. 花瓣　3. 雄蕊和雌蕊　4. 雌蕊　5. 蒴果及宿存萼片和苞片

图11－17　孩儿参

1. 植株全形　2. 茎下部的花　3. 茎顶的花　4. 萼片　5. 雄蕊和雌蕊　6. 花药　7. 柱头

本科药用植物还有：银柴胡 *Stellaria dichotoma* L. var. *lanceolata* Bge. 根能清虚热，除疳热。王不留行 *Vaccaria segetalis*（Neck.）Garcke 种子能活血通经，下乳消肿。

10. 睡莲科 Nymphaeaceae　$⚥ * K_{3\sim\infty} C_{3\sim\infty} A_{\infty} \underline{G} \sim \overline{G}_{3\sim\infty,(3\sim\infty)}$

多年生水生草本。根状茎横走，粗大肥厚。叶基生，常盾状，近圆形，常飘浮水面。花单生，大而美丽，两性，辐射对称；萼片3至多数；花瓣3至多数；雄蕊多数；子房上位或下位；雌蕊由3至多数离生或合生心皮组成，胚珠多数。坚果埋于膨大的海绵质的花托内或为浆果状。染色体：X＝8、10、12、14、17、29。

本科8属，约100种，广布世界各地。我国有5属，13种，药用5属，8种，全国各地均有分布。

本科植物主要含：①生物碱，如莲碱（roemerine）、莲心碱（liensinine）、荷叶碱（nuciferine）等；②黄酮类化合物，如金丝桃苷（hyperin）、芸香苷（rutin）等。

【药用植物】

图 11－18　莲

1. 根茎　2. 叶　3. 花　4. 花托　5. 雄蕊　6. 果实和种子

莲 *Nelumbo nucifera* Gaetn.　多年生水生草本。根状茎（藕）肥大。叶片圆盾形，柄长。花单生，萼片4～5，早落；花瓣多数，粉红色或白色；雄蕊多数，离生。坚果椭圆形，嵌生于海绵质的花托（莲房）内。我国各地均有栽培。根状茎的节部（藕节）能消瘀止血；叶（荷叶）能清热解暑；花托（莲房）能化瘀止血；雄蕊（莲须）能固肾涩精；种子（莲子）能补脾止泻，益肾安神；莲子中的绿色的胚（莲子心）能清心安神，涩精止血。（图 11－18）

芡实 *Euryale ferox* Salisb.　水生草本。全株具刺，根状茎短。叶盾圆形或盾状心形，上面多皱折，脉上有刺。花萼宿存，外密生钩状刺；花瓣多数，紫红色；雄蕊多数；子房下位，8 室。果实浆果状，海绵质，紫红色，形如鸡头，密被硬刺。种子球形，黑色。我国南北各地均有分布。种子（芡实）能益肾固精，补脾止泻。

11. 毛茛科 Ranunculaceae　⚥ $* \uparrow K_{3\sim\infty}C_{3\sim\infty,0}A_{\infty}\underline{G}_{1\sim\infty:1\sim\infty}$

草本，稀木质藤本。单叶或复叶，叶互生或基生，少对生，叶片多缺刻或分裂，稀全缘，常无托叶。花多两性，辐射对称或两侧对称，花单生或排列成聚伞花序、总状花序或圆锥花序；重被或单被；萼片 3 至多数，有时花瓣状；花瓣 3 至多数或缺，雄蕊和心皮多数，离生，常螺旋状排列，稀定数，子房上位，1 室，每心皮含 1 至多数胚珠。聚合蓇葖果或聚合瘦果，稀浆果。染色体：X＝6～10、13。

本科约 50 属，2000 种，广布世界各地，多见于北温带及寒温带。我国有 41 属，737 余种，全国各地均有分布，药用 34 属，420 余种。

本科植物化学成分较复杂，主要含如下成分。①生物碱：主要为异喹啉类生物碱，为本科的特征性成分之一，包括苄基异喹啉生物碱，主要存在于黄连属、唐松草属，如具抗菌作用的小檗碱（berberine）；双苄基异喹啉生物碱，主要存在于唐松草属，如具有抗癌作用的海兰地嗪（hernandezine）；二萜类生物碱，主要存在于乌头属、翠雀属，如毒性很强的乌头碱（aconitine）。②毛茛苷（ranunculine）：为毛茛科特征成分之一。普遍存在于银莲花属、毛茛属和铁线莲属；为一辛辣的油性物质，具引赤发泡和抗炎作用，酶解后可产生具显著抗菌活性的白头翁素（anemonin）。③强心苷：主要分布于侧金盏花属、铁筷子属，如福寿草毒苷（adonitoxin），对哺乳动物及脊椎动物有毒性。④三萜皂苷：主要分布于升麻属、类叶升麻属、黄三七属等，如升麻醇（cimigenol）。⑤黄酮及氰苷：主要存在于唐松草属。

部分属检索表

1. 叶互生或基生。
　2. 花辐射对称。
　　3. 果为瘦果，每心皮各有一胚珠。
　　　4. 花序有由 2 枚对生或 3 枚以上轮生苞片形成的总苞；叶均基生。
　　　　5. 花柱在果期不延长 ………………………………………… 银莲花属 *Anemone*
　　　　5. 花柱在果期强烈伸长成羽毛状 ……………………………… 白头翁属 *Pulsatilla*
　　　4. 花序无总苞；叶通常基生或茎生。

6. 花无花瓣 …………………………………………………………… 唐松草属 *Thalictrum*

6. 花有花瓣

7. 花瓣无蜜槽………………………………………………………… 侧金盏花属 *Adonis*

7. 花瓣有蜜槽………………………………………………………… 毛茛属 *Ranunculus*

3. 果为蓇葖果，每心皮各有2枚以上胚珠。

8. 退化雄蕊存在。

9. 花多数组成总状或复总状花序；退化雄蕊位于雄蕊外侧；无花瓣 ……………………………………………………………………………… 升麻属 *Cimicifuga*

9. 花1朵或数朵组成单歧聚伞花序；退化雄蕊位于雄蕊内侧；花瓣存在，下部筒状，有蜜腺，上部近二唇形 …………………………………… 天葵属 *Semiaquilagia*

8. 退化雄蕊不存在，花序无总苞。

10. 心皮有细柄；花小，黄绿色或白色 ……………………………… 黄连属 *Coptis*

10. 心皮无细柄；花大，黄色，近白色或淡紫色 ………………… 金莲花属 *Trollius*

2. 花两侧对称。

11. 后面萼片船形或盔形，无距；花瓣有长爪，无退化雄蕊 ……………………………………………………………………………… 乌头属 *Aconitum*

11. 后面萼片平或船形，不呈盔状，有距；花瓣无爪，花有2枚具爪的侧生雄蕊 ……………………………………………………………… 翠雀属 *Delphinium*

1. 叶对生，常为藤本；花辐射对称；聚合瘦果，宿存花柱羽毛状 ………… 铁线莲属 *Clematis*

【主要属及药用植物】

乌头属 *Aconitum*

直立或匍匐多年生草本。通常每株有一个母根和一个旁生的子根，稀数个子根，稀为一年生直根。叶多掌状分裂。总状花序；花大、两性，两侧对称，常呈蓝紫色或黄色；萼片5，花瓣状，最上一片呈盔状或圆筒形，花瓣小，2~5枚，特化为蜜腺叶；后面2枚包于兜状萼片中，有爪，其余3枚小或退化；雄蕊3~5枚或多数；心皮3~5。聚合蓇葖果。

本属约350种，分布于北温带，我国有165种，常见于东北和西南。本属植物多含毒性生物碱。

乌头 *Aconitum carmichaelii* Debx. 多年生草本。母根圆锥形，常有数个肥大侧根（子根）。叶常3全裂，中央裂片菱状楔形，侧生裂片2深裂。总状花序被贴伏反曲的柔毛；萼片5，蓝紫色，上萼片盔状；花瓣2，有长爪；雄蕊多数；心皮3~5。聚合蓇葖果长圆形。分布于长江中、下游各省。生于山地草坡、灌丛中。四川、陕西、湖南、湖北等地有栽培。主含乌头碱。栽培品的主根（川乌），能祛风除湿，温经止痛，有大毒，一般炮制后用。子根称“附子”能回阳救逆，温中散寒，止痛。（图11-19）

图11-19　乌头

1. 花枝　2. 子根（附子）

黄花乌头 *A. coreanum*（Levl.）Raipaics 多年生草本。块根倒卵球形，叶掌状3全裂，小裂片线形或线状披针形。顶生总状花序短；萼片淡黄色，被短卷毛，上萼片船状盔形，侧萼片斜宽倒卵形，下萼片斜椭圆状卵形；雄蕊多数；心皮3。蓇葖果。分布于东北及河北北部。块根称关白附，能祛寒湿，止痛。

同属北乌头 *A. kusnezoffii* Reichb. 亦作乌头入药，主要区别是总状花序光滑无毛，分布于东北、华北。块根作草乌入药，叶能清热，解毒，止痛。短柄乌头 *A. brachypodum* Diels 分布于四川、云南。块根称“雪上一枝蒿”，有大毒。能祛风止痛。

黄连属 *Coptis*

多年生草本。根状茎黄色，生多数须根。叶全部基生，有长柄，叶片3裂或5裂。聚伞花序；花小，白色；萼片5，花瓣状，雄蕊多数，花药宽卵圆形，黄色；心皮5~15，基部有柄。蓇葖果。

黄连 *Coptis chinensis* Franch. 多年生草本。根状茎黄色，分枝成簇。叶基生，叶片3全裂。中央裂片具细柄，卵状菱形，羽状深裂，侧裂片不等2裂。聚伞花序，小花黄绿色；萼片5，狭卵形；花瓣条状披针形，中央有蜜腺；雄蕊多数；心皮8~12，有柄。聚合蓇葖果。分布于西南、华南、华中地区，主产于四川、湖北、湖南、陕西南部等地。生于海拔1000~2000m间山地林下阴湿处，多为栽培。主含小檗碱5.20~7.69%。根状茎入药，能清热燥湿，泻火解毒。

同属植物还有三角叶黄连 *C. deltoidea* C. Y. Cheng et Hsiao 与前种相似，但本种的根状茎不分枝或少分枝。叶的一回裂片的深裂片彼此邻接。特产于四川峨眉、洪雅一带。云南黄连 *C. teeta* Wall. 根状茎分枝少而细。叶的羽状深裂片彼此疏离。花瓣匙形，先端钝圆。分布于云南西北部，西藏东南部。以上三种均为药典收载正品黄连的原植物。（图11-20）

铁线莲属 *Clematis* L.

多年生草本或亚灌木。羽状复叶对生。无托叶。花序顶生或腋生，花单被，萼片4~8，镊合状排列，常白色，花瓣缺，雄蕊和雌蕊多数。瘦果具宿存的羽毛状花柱。

图11-20 黄连属植物

1~4. 黄连（1. 植株 2. 萼片 3. 花瓣 4. 蓇葖果）
5~7. 三角叶黄连（5. 叶片 6. 萼片 7. 花瓣）
8~10. 云南黄连（8. 叶片 9. 萼片 10. 花瓣）

威灵仙 *Clematis chinensis* Osbeck 木质藤本。叶对生，羽状复叶，小叶5片，狭卵形。圆锥花序；花萼片4，白色，矩圆形，外面边缘密生短柔毛；无花瓣；雄蕊及心皮均多数，子房及花柱上密生白毛。瘦果扁平，花柱宿存，延长成白色羽毛状。分布于我国南北各地。生于山谷、山坡林缘及灌丛中。主含三萜皂苷。根及根状茎入药，能祛风活络，活血止痛。（图11-21）

同属尚有多种植物作威灵仙入药，如：东北铁线莲 *C. mandshurica* Rupr. 多年生草本，一回羽状复叶，小叶卵状披针形。分布于东北。棉团铁线莲 *C. hexapetala* Pall. 茎直立，叶对生，羽状复叶，小叶条状披针形。分布于东北、华北。铁皮威灵仙 *C. finetiana* Levl. et Vant. 藤本。小叶3片；聚伞花序通常只有1~3花，宿存花柱有黄褐色羽状柔毛。分布于长江中下游及以南地区。此外，该属多种植物的藤茎又常作“川木通”入药，如：小木通 *C. armandii* Franch. 分布于华中、华南、西南等地区。绣球藤 *C. Montana* Buch. Ham. 分布于华东、西南和河南、陕西、甘肃等地。钝齿铁线莲 *C. apiifolia* DC. var *obtusidentata* Rehd. et Wils. 分布于湖北、河南、江西和西南地区。能清热利尿，通经下乳。

白头翁 *Pulsatilla chinensis*（Bge.）Regel 多年生草本。全体密生白色长柔毛。叶基生，三出复叶，小叶 2 ~ 3 裂。花单一，总苞片 3；萼片 6，紫色；无花瓣，雄蕊和心皮多数，离生。瘦果多数聚合成头状，宿存花柱羽毛状，下垂如白发。分布于东北、华北、华东和河南、陕西、四川等地。生于山野、山坡及田野间。主含白头翁素。根入药，能清热解毒，凉血止痢。(图 11 - 22)

图 11 - 21　威灵仙

1. 花枝　2. 果枝　3. 雄蕊　4. 雌蕊　5. 果实

图 11 - 22　白头翁

1. 植株　2. 聚合瘦果

升麻 *Cimicifuga foetida* L. 多年生草本。根状茎粗壮，黑色，具多数内陷的圆洞状老茎残迹。基生叶和下部茎生叶为 2 ~ 3 回羽状复叶；小叶菱形或卵形。圆锥花序顶生，密被腺毛和柔毛；萼片白色；无花瓣；雄蕊多数，另有退化雄蕊宽椭圆形，先端二浅裂，基部具蜜腺；心皮 2 ~ 5。蓇葖果长圆形，有柔毛。分布于云南、四川、青海、甘肃、陕西、河南等省。含有三萜类化合物、香豆素及酚酸类化合物。根状茎入药，能升阳透疹，清热解毒。

金莲花 *Trollius chinensis* Bge. 多年生草本。无毛，不分枝。基生叶有长柄，叶片五角形，三裂，中央裂片菱形，侧裂片斜扇形；茎生叶上部较小，具短柄或无柄。花单生或成稀疏的聚伞花序；花大，萼片金黄色，椭圆状卵形，花瓣狭线形；雄蕊多数；心皮 20 ~ 30。蓇葖果具明显的脉网。含黄酮类化合物。花入药，能清热解毒。

本科药用植物还有侧金盏花 *Adonis amurensis* Regel et Radde 全草含强心苷，能强心利尿。多被银莲花 *Anemone raddeana* Regel 根状茎能祛风湿，消痈肿。高原唐松草 *Thalictrum cultratum* Wall. 根和根状茎能清热燥湿，解毒。天葵 *Semiaquilegia adoxoides* (DC.) Makino 块根称天葵子，能清热解毒，消肿散结。毛茛 *Ranunculus japonicus* Thunb. 全草外用治跌打损伤，又作发泡药。

12. 芍药科 Paeoniaceae　$⚥ * K_5 C_{5\sim10} A_\infty \underline{G}_{2\sim5:2\sim5}$

多年生草本或灌木，根肥大。叶互生，常为二回羽状复叶。花大型，单生枝顶或数朵顶生或腋生；萼片通常 5 片，宿存；花瓣 5 ~ 10（栽培者多为重瓣），呈红、黄、白、紫各色；雄蕊多数，离心发育；花盘杯状或盘状，包裹心皮；心皮 2 ~ 5，离生。蓇葖果。染色体 X = 5。

本科 1 属，约 35 种，分布于欧亚大陆、北美西部温带地区。我国有 20 种，几乎全部药用，主要分布于西南、西北地区。

本科在外部形态和内部构造特征上均和毛茛科有显著区别，如：花大；雄蕊离心发育，花粉粒大，外壁具网状纹饰而无小刺状或颗粒状雕纹；有花盘；胚在发育早期像裸子植物的银杏，有1个游离核阶段；染色体基数：X=5；维管束周韧型等特征。芍药属不含毛茛科特有的毛莨苷和木兰花碱，而含有本科特有的芍药苷（paeoniflorin）和牡丹酚苷（paeonoside）。根据上述区别，多数学者把芍药属升为芍药科。

【药用植物】

芍药 *Paeonia lactiflora* Pall. 多年生草本。根粗壮。下部叶多二回三出复叶，小叶窄卵形或窄椭圆形。花大，白色、粉红色或红色，顶生和腋生；萼片4~5；花瓣5~10；雄蕊多数，花盘肉质，仅包裹心皮基部。蓇葖果卵形。分布于我国北方。生于山坡草丛。各地有栽培。栽培品多为重瓣，根供药用。栽培品刮去栓皮并经水煮干燥后称白芍，能柔肝止痛，养血调经，敛阴止汗。野生品不去外皮的根称赤芍，能散瘀、活血、止痛、泻肝火。（图11-23）

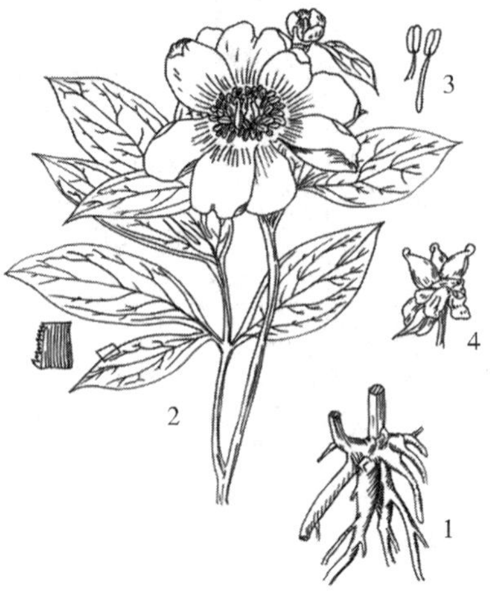

图11-23 芍药

1. 根 2. 花枝 3. 雄蕊 4. 蓇葖果

川赤芍 *Paeonia veitchii* Lynch.，草赤芍 *P. obovata* Maxim. 的根亦做赤芍入药。

牡丹 *Paeonia suffruticosa* Andr. 落叶灌木。根皮厚，常二回三出复叶，顶生小叶3裂，侧生小叶不等2浅裂。花单生枝顶，白色、红紫色或黄色；萼片5，宿存；花瓣5或为重瓣；花盘杯状，包住心皮。蓇葖果，密生褐黄色毛。原产我国，各地栽培。根皮（牡丹皮）能清热凉血，散瘀通经。

13. 小檗科 Berberidaceae ⚥ * ↑ $K_{3+3,\infty}C_{3+3,\infty}A_{3\sim9}\underline{G}_{1:1:1\sim\infty}$

草本或小灌木。单叶或复叶，互生，常无托叶。花两性，辐射对称，单生、簇生或排成总状花序，穗状或圆锥花序；萼片与花瓣相似，各二至多轮，每轮常3片，花瓣常具蜜腺；雄蕊3~9，常与花瓣对生，花药瓣裂或纵裂；子房上位，常由1枚心皮组成1室；花柱缺或极短，柱头通常为盾形；胚珠1至多数。浆果或蒴果，种子具胚乳。染色体：X=6~8、10、14。

本科约14属，650余种，分布于北温带。我国有11属，280余种，南北各地均有分布。药用11属，140余种。

本科主要含：①生物碱，其中原小檗碱型如小檗碱（berberine）、药根碱（jatorrhine）等具有抗菌、降压等作用；小檗胺（berbamine）具有升高白细胞、激活淋巴结、利胆、降压等作用；阿朴啡型的木兰花碱（magniflorine）具降压作用；*O*-甲基南天竹碱（*O*-methyldomesticine）能兴奋中枢神经系统。②淫羊藿苷（icariin），具扩张冠状动脉、降低血流阻力作用。③木脂素类，如鬼臼毒素（podophyllotoxin）、去甲鬼臼毒素（demethyl-podophyllotoxin）等具抗癌活性，但毒性较大。

【药用植物】

箭叶淫羊藿 *Epimedium sagittatum*（Sieb. et Zucc.）Maxim. 草本。根状茎结节状。基生叶1~3，三出复叶；小叶片卵形，侧生小叶基部不对称，箭状心形。总状或圆锥花序；萼片8，2轮，外轮早落，内轮白色，花瓣状；花瓣4，黄色，有短距；雄蕊4，花药瓣裂。蒴果。分布于长江以南各省区。生于竹林下或岩石缝中。全草（淫羊藿）能补肾壮阳，强筋骨，祛风湿。（图11-24）

淫羊藿 *Epimedium brevicornu* Maxim. 二回三出复叶，小叶片宽卵形或近圆形，侧生小叶基部不对称，偏心形，外侧较大，呈耳状。聚伞状圆锥花序，花序轴及花梗被腺毛；花瓣白色。分布于安徽、湖南、山西、广西和西北等地。生林下、灌丛阴湿地。全草与箭叶淫羊藿同等药用。

柔毛淫羊藿 *E. pubescens* Maxim. 、巫山淫羊藿 *E. wushanense* T. S. Ying. 、朝鲜淫羊藿 *E. koreanum* Nakai 均为中华人民共和国药典（一部）2015 年版收载的正品淫羊藿原植物。

黄芦木 *Berberis amurensis* Rupr. 落叶灌木，叶刺三叉状。叶缘有刺状细锯齿。花序总状；小苞片 2；胚珠 2。浆果熟时红色，分布于东北、华北、陕西等地。根和茎能清热燥湿，泻火解毒，止痢，并可提取小檗碱。（图 11－25）

图 11－24 箭叶淫羊霍

1. 植株全形 2. 花 3. 果实

图 11－25 黄芦木

1. 果枝 2. 花

阔叶十大功劳 *Mahonia bealei*（Fort.）Carr. 常绿灌木。单数羽状复叶，互生，小叶卵形，边缘有刺状锯齿。总状花序丛生茎顶；花黄褐色，萼片 9，3 轮，花瓣状；花瓣 6；雄蕊 6，花药瓣裂。浆果，暗蓝色，有白粉。分布于长江流域及陕西、河南、四川、福建、湖南、湖北、甘肃等地区。生于山坡灌丛，有栽培。根、茎（功劳木）和叶能清热解毒。亦可作提取小檗碱的原料。（图11－26）

同属细叶十大功劳 *M. fortunei*（Lindl.）Fedde、华南十大功劳 *M. japonica*（Thunb.）DC. ，功效与阔叶十大功劳相同。

本科药用植物还有豪猪刺 *Berberis julianae* Schneid. 根、茎能清热燥湿，泻火解毒。亦可作提取小檗碱的原料。六角莲 *Dysosma pleiantha*（Hance）Woodson 根状茎含鬼臼毒素，能清热解毒，祛瘀消肿。鲜黄连 *Plagiorhegma dubia*（Maxim.）Benth. et Hook. f. 根状茎和根能清热燥湿，凉血止血。南天竹 *Nandina domestica* Thunb. 根状茎、

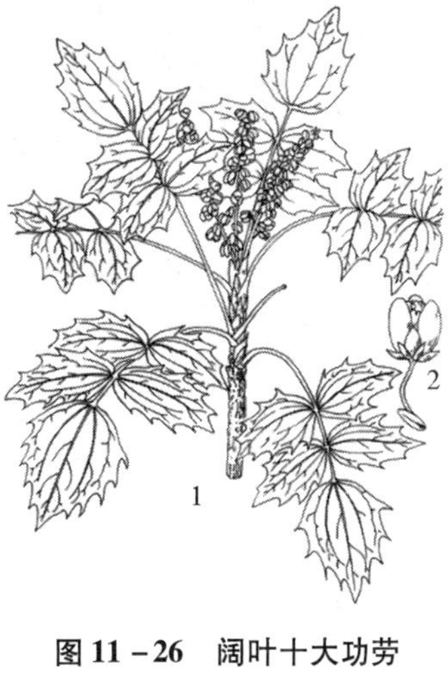

图 11－26 阔叶十大功劳

1. 花枝 2. 花

叶能清热解毒，祛风止痛；果（天竹子）能止咳平喘。

14. 防己科 Menispermaceae $♂ * K_{3+3}C_{3+3}A_{3\sim6,\infty}$ $♀ * K_{3+3}C_{3+3}\underline{G}_{3\sim6:1:1}$

多年生草质或木质藤本。单叶互生，有时盾状。花小，单性异株，聚伞花序或圆锥花序；萼片、花瓣各6枚，2轮，每轮3片；花瓣常小于萼片；雄蕊通常6枚，稀3或多数；子房上位，心皮3~6，离生，1室，胚珠仅1枚发育。核果，核多呈马蹄形或肾形。染色体：X=11~13、19、25。

本科约70属，400种，分布于热带和亚热带。我国有20属，近70种，南北均有分布。药用15属，近70种。

本科植物含生物碱，如双苄基异喹啉型中的粉防己碱（tetrandrine）、小檗胺（berbamine）、头花千金藤碱（cepharanthine），其中小檗胺和头花千金藤碱具有升高白细胞作用；原小檗碱型中的 *l*－四氢掌叶防己碱（*l*－tetrahydropalmaline）具有镇痛、解痉和扩张冠状血管作用；阿朴啡型中的千金藤碱（stephanine）具有降压和抑制肿瘤细胞生长的作用。某些植物中尚含有皂苷、苦味素等。

【药用植物】

粉防己 *Stephania tetrandra* S. Moore 多年生缠绕性藤本。块根圆柱形。叶三角状阔卵形，全缘，掌状脉5条，两面均被短柔毛；叶柄盾状着生。花单性异株；聚伞花序集成头状；雄花萼片常4枚，花瓣4，淡绿色；雄蕊4枚，花丝愈合成柱状；雌花的萼片和花瓣与雄花同数；1心皮，花柱3。核果球形，核呈马蹄形，有小瘤状突起及横槽纹。分布于我国华东及华南地区。生于山坡、丘陵地带的草丛及灌木林缘。根（防己、粉防己）能利水消肿，行气止痛。（图11－27）

蝙蝠葛 *Menispermum dauricum* DC. 多年生缠绕藤本。根状茎细长。叶圆肾形或卵圆形，全缘或5~7浅裂；掌状脉5~7条；叶柄盾状着生。花单性异株，圆锥花序；雄花雄蕊10~20；雌花具3心皮，分离。核果黑紫色。分布于东北、华北和华东地区。生于沟谷、灌丛中。根茎（北豆根）能清热解毒，祛风止痛，利水消肿。（图11－28）

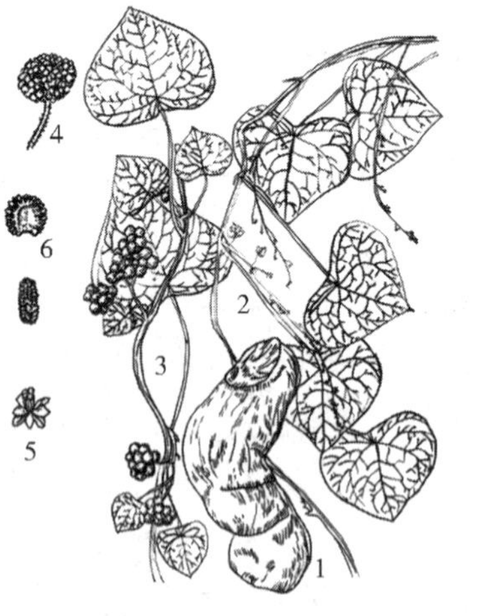

图11－27 粉防己

1. 根 2. 雄花枝 3. 果枝 4. 雄花序 5. 雄花 6. 果核

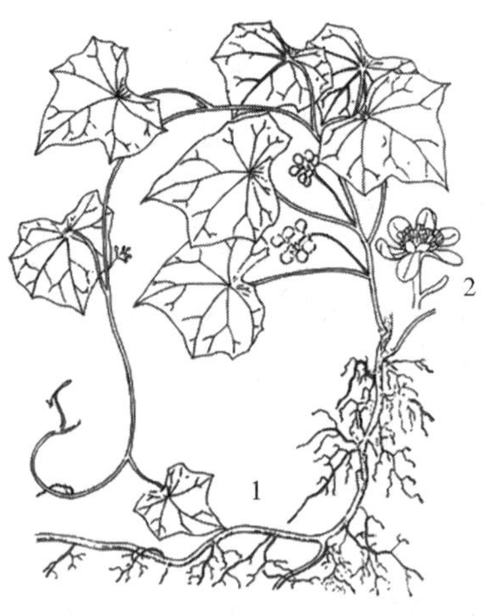

图11－28 蝙蝠葛

1. 植株 2. 雄花

金果榄 *Tinospora sagittata*（Oliv.）Gagnep. 多年生缠绕藤本。块根球形，常数个相连成串。叶卵状箭形，叶基耳状。花单性异株，圆锥花序；雄花有雄蕊6枚；雌花有3离生心皮。核果红色。分布于华中、华南、西南等地区。生于山谷溪边，林下。根能清热解毒，利咽，止痛。

本科还有青藤 *Sinomenium acutum*（Thunb.）Rehd. et Wils. 茎藤（青风藤）能祛风湿，通经络，利小便。木防己 *Cocculus orbiculatus*（Linn.）DC. 根能祛风止痛，利尿消肿，清热解毒。

15. 木兰科 Magnoliaceae　$⚥ * P_{6\sim12}A_{\infty}\underline{G}_{\infty:1:1\sim2}$

木本，稀藤本。体内常具油细胞。单叶互生，常全缘，多具托叶，稀无，托叶大，包被幼芽，早落，具明显环状托叶痕。花单生，两性，稀单性，辐射对称；花被片常多数，有时分化为萼片和花瓣，每轮3片；雄蕊多数，分离，螺旋状排列在伸长花托的下半部；雌蕊多数，分离，螺旋状排列在伸长花托的上半部，稀轮列，每心皮含胚珠1~2。聚合蓇葖果或聚合浆果。种子具胚乳。染色体 X＝19。

本科20属，300余种，分布于亚洲和美洲的热带和亚热带地区。我国约14属，160余种，药用8属，约90种。

本科植物含挥发油：如大茴香脑（anethol）、木兰酚（magnolol）等，是区别于毛茛科的化学特征之一。生物碱：多为异喹啉类生物碱，是木兰科的又一化学特征。如木兰箭毒碱（magnocurarine）、木兰花碱（magnoflorine）等。多具抗菌消炎、利尿降压、松弛肌肉以及阻断中枢神经节的作用。内酯：从含笑属分离出多种倍半萜内酯，有的具抗癌活性；八角属中的倍半萜内酯常有毒性，如莽草毒素（anisatin）。木脂素类：如五味子属含有的五味子素（schizandrin）及其类似物有抑制中枢神经、降低转氨酶等作用。

【药用植物】

木兰属 *Magnolia*

木本。小枝具环状托叶痕。叶全缘。花大，单生茎顶，3基数，花被片多轮，萼片与花瓣无明显区分，雄蕊和雌蕊均多数，螺旋状排列于伸长的花托上。聚合蓇葖果，每蓇葖果有种子2枚。

厚朴 *Magnolia officialis* Rehd. et Wils. 落叶乔木。树皮粗厚，灰色。叶大，革质，倒卵形或倒卵状椭圆形，全缘，集生枝顶。花大，白色，单生枝顶，花被片9~12或更多，厚肉质；雄蕊多数，花丝红色；雌蕊心皮多数，分离。聚合蓇葖果长圆状卵形，果皮木质。分布于长江流域和陕西、甘肃南部、四川、贵州等省区，多为栽培。含挥发油和酚性成分。枝皮和根皮入药，能温中燥湿、下气散结，化食消积。（图11－29）

凹叶厚朴 *Magnolia officinalis* Rhed. et Wils. var *biloba* Rhed. et Wils. 与厚朴的区别在于叶先端凹缺，成2钝圆的浅裂片。聚合果基部较窄。分布于湖南、湖北、广西、福建、浙江、江苏、安徽、江西等省区，有栽培。功效同厚朴。

图11－29　厚朴

望春花 *M. biondii* Pamp. 落叶乔木。树皮淡灰色，光滑。小枝无毛或近梢处有毛。叶长圆状披针形，先端急尖，基部楔形。花先叶开放，芳香；花被9片，白色，外面基部带紫色，排成3轮；雄蕊及心皮均多数，花丝肥厚；花柱顶端弯曲。聚合果圆柱形，稍扭曲，种子深红色。分布于陕西、甘肃、河南、湖北、四川等省。常生于山坡路旁。花蕾（辛夷）能散风寒，通鼻窍。

五味子属 *Schisandra*

木质藤本。叶缘常具锯齿，无托叶。花单性，同株或异株；花被片5～20，花瓣状；雄蕊4～60，雌蕊心皮12～120。结果时花托延长，浆果排成长穗状。

北五味子 *Schisandra chinensis*（Turcz.）Baill. 落叶木质藤本。叶阔椭圆形或倒卵形，边缘具腺状锯齿。花单性异株；花被片乳白色至粉红色，6～9片；雄蕊5；雌蕊心皮17～40。聚合浆果排成穗状，熟时红色。分布于东北、华北等地。生于山坡、沟谷、溪旁。果实含有五味子素（schisandrin）及维生素C、树脂、鞣质及少量糖类。能收敛固涩，益气生津，补肾宁心；并用于降低谷丙转氨酶。（图11－30）

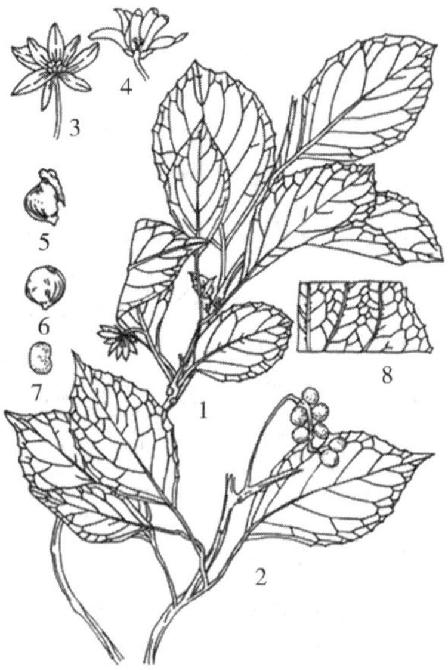

图11－30　五味子

1. 雌花枝　2. 果枝　3. 雄花　4. 雌花　5. 心皮　6. 果实　7. 种子　8. 叶缘放大示腺状小齿

华中五味子 *S. sphenanthera* Rehd. et Wils. 与前种相似，本种的花被片5～9，橙黄色；雄蕊10～15；雌蕊心皮35～50。果肉薄。分布于山西、陕西、甘肃、华中和西南。果实功效同北五味子。南五味子属 *Kadsura* 特征似五味子属，本属在结果时花托不延长，聚合浆果集成球形。南五味子 *Kadsura longipedunculata* Finet et Gagnep. 木质藤本。老枝灰褐色，皮孔明显。叶近革质，椭圆形，叶缘具疏锯齿。花单性异株，单生，橙黄色；花被片5～8，排成2～3轮；雄蕊、雌蕊多数，果期花托不伸长。聚合浆果熟时深红色。分布于华中、华南和西南。果实入药，含挥发油、木脂素等成分，功能同北五味子。根茎亦入药，能祛风活血，理气止痛。叶能消肿镇痛，去腐生新。（图11－31）

八角茴香 *Illicium verum* Hook. f. 常绿乔木，树皮灰绿色，有不规则裂纹。叶互生，厚革质，宽倒披针形或倒披针椭圆形。花单生叶腋；花被片7～12；雄蕊10～12枚，排成1～2轮；心皮8～9，轮状排列。聚合蓇葖果扁平。分布于华南、西南、福建等地。果实入药，含挥发油5%。能温阳散寒，理气止痛，其挥发油为芳香调味药及健胃药。（图11－32）

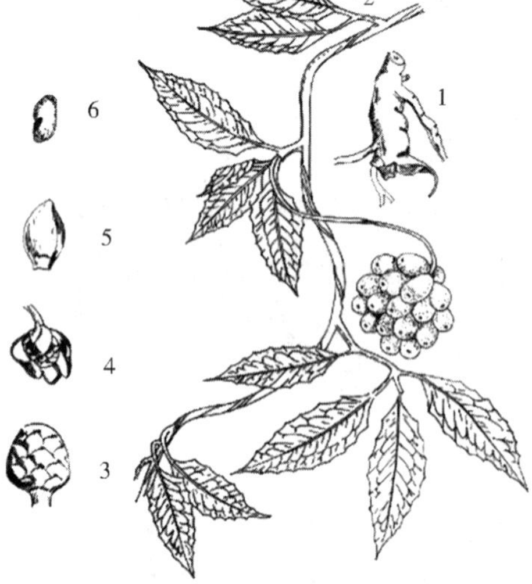

图11－31　南五味子

1. 根　2. 果枝　3. 雌蕊柱　4. 雄花　5. 浆果　6. 种子

图11－32　八角茴香

1. 果枝　2. 花　3. 雌蕊　4. 雄蕊　5. 果实　6. 种子

16. 樟科 Lauraceae　⚥ $* P_{(6\sim9)}A_{3\sim12}\underline{G}_{(3:1:1)}$

木本，无根藤属（*Cassytha*）无叶寄生藤本，多具油细胞，有香气。单叶，多互生，多革质全缘，无托叶。花常两性，少单性，辐射对称，圆锥花序或总状花序；花3基数，单被，2轮排列，基部合生；雄蕊3～12，通常9，排成3～4轮，外面两轮内向，第三轮外向，花丝基部常具腺体，第四轮雄蕊常退化，花药2～4室，瓣裂；子房上位，3心皮合生，1室，具一顶生胚珠。核果或呈浆果状，有时具宿存花被形成的果托包围果实基部。种子1粒，无胚乳。染色体：X＝7、12。

本科45属，2000多种，分布于热带及亚热带地区。我国有20属，1400多种，主要分布于长江以南各省区。药用13属，113种。

本科植物要含挥发油集中于：樟属（*Cinnamomum*）、山胡椒属（*Lindera*）和木姜子属（*Litsea*），其中桂皮醛（cinnamyl aldehyde）、樟脑（camphor）、桉叶素（cineole）都有重要药用价值。生物碱：主要为异喹啉类生物碱，如无根藤碱（cassyfiline）有利尿作用。

【药用植物】

肉桂 *Cinnamomum cassia* Presl 常绿乔木。具香气。树皮厚，灰褐色，内皮红棕色，芳香，幼枝、芽、花序及叶柄均被褐色柔毛。叶互生，长椭圆形，具离基三出脉。圆锥花序腋生或近顶生；花小，花被片6，雄蕊9，排成3轮，第三轮外向，花丝基部有2腺体，最内有1轮退化，花药4室，瓣裂；子房上位，1室，1胚珠。核果浆果状，果托浅杯状。分布于华南及西南地区。多为栽培。茎皮（肉桂）能补火助阳，散寒止痛，活血通经。嫩枝（桂枝）能解表散寒，温经通脉。果实（肉桂子）能温中散寒。挥发油（肉桂油）为驱风，健胃药。（图11－33）

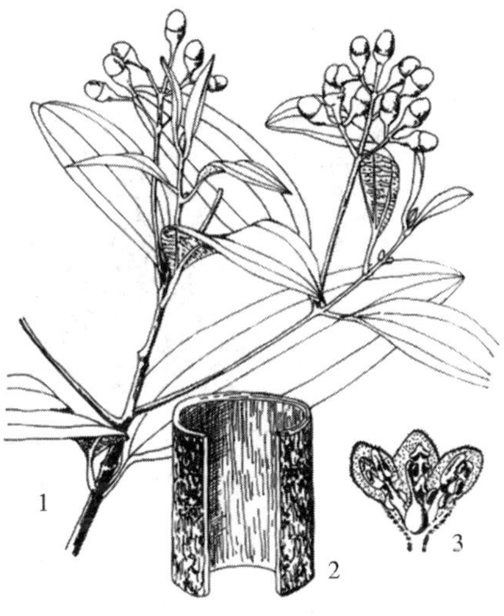

图11－33　肉桂

1. 果枝　2. 树皮　3. 花纵剖面

乌药 *Lindera aggregata*（Sims）Kosterm. 常绿灌木或小乔木。根膨大呈纺锤形或结节状。叶互生，革质，叶片椭圆形，背面密生灰白色柔毛，离基三出脉。雌雄异株，花较小，黄绿色，集成伞形花序，腋生。核果球形，熟时黑色。分布于长江以南及西南各省区。生于向阳山坡灌丛中。根能顺气止痛，温肾散寒。

樟 *Cinnamomum camphora*（L.）Presl 常绿乔木。全株具樟脑气味。叶互生，卵状椭圆形，离基三出脉，脉腋有腺体。腋生圆锥花序；花被片6；能育雄蕊9。核果球形，紫黑色，果托杯状。分布于长江以南及西南。药用全株，能祛风散寒，消肿止痛，强心镇痉，杀虫。其根、木材、叶的挥发油含樟脑。樟脑和樟脑油可作中枢神经兴奋剂。

17. 罂粟科 Papaveraceae　⚥ $* \uparrow K_{2\sim3}C_{4\sim6}A_{\infty,4\sim6}\underline{G}_{(2\sim\infty:1:\infty)}$

草本。常含有有色乳汁和水样汁液。叶基生或互生，无托叶。花两性，辐射对称或两侧对称，单生或排成总状花序，聚伞花序，圆锥花序；萼片2，早落，花瓣4～6，覆瓦状排列；雄蕊多数，稀4，离生，或6枚，合生成二束；子房上位，2至多心皮合生，1室，侧膜胎座，胚珠多数。蒴果孔裂或瓣裂。种子细小。染色体：X＝5～7、9～11、14、17、19。

本科42属，约700种，主要分布于北温带。我国有20属，约300种。广布各地。药用15属，135种。

本科植物含生物碱：主要为苄基异喹啉类生物碱，如罂粟中的罂粟碱（papaverine）、吗啡（morphine）等有镇痛和解痉作用。可待因（codeine）和阿朴啡型生物碱，如海罂粟碱（glaucine）有很好的镇咳作用，但多具成瘾的副作用。紫堇属植物中的延胡索乙素（dl-tetrahydropalmatine）有镇痛、镇静作用。黄酮类：如山柰酚（kaempferol）、槲皮素（quercetin）等。有机酸：如白屈菜酸等。

【药用植物】

罂粟 *Papaver somniferum* L. 二年生草本，全株具白色乳汁。叶互生，长椭圆形，基部抱茎。花大，单生；萼片2，早落；花瓣4，白色、粉红色、淡紫色等；雄蕊多数，离生；子房由多心皮组成，1室，侧膜胎座；无花柱，柱头具8～12辐射状分枝。蒴果近球形，于柱头分枝下孔裂。原产西亚、印度、伊朗。从未熟果实取乳汁，可制鸦片，含吗啡等生物碱，具镇痛、止咳、止泻之功效。成熟果壳（罂粟壳）能敛肺、涩肠、止痛。（图11-34）

延胡索 *Corydalis yanhusuo* W. T. Wang 多年生草本。块茎扁球形。叶二回三出全裂，末回裂片披针形。总状花序顶生；萼片2，早落；花两侧对称，花瓣4，紫红色，上面一瓣基部有长距；雄蕊6，花丝联合成2束；2心皮组成侧膜胎座。蒴果条形。分布于浙江、江苏、安徽、河北、陕西四川等地。生于丘陵草地砂质土中，多栽培。块茎入药，能活血散瘀，理气止痛。（图11-35）

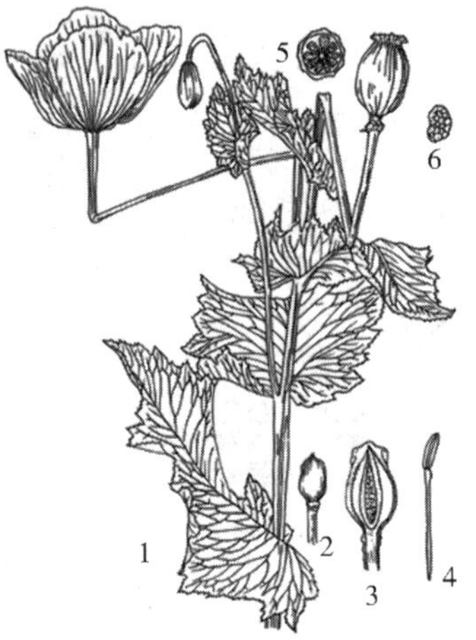

图11-34 罂粟

1. 植株上部 2. 雌蕊 3. 雌蕊纵切 4. 雄蕊 5. 子房横切 6. 种子

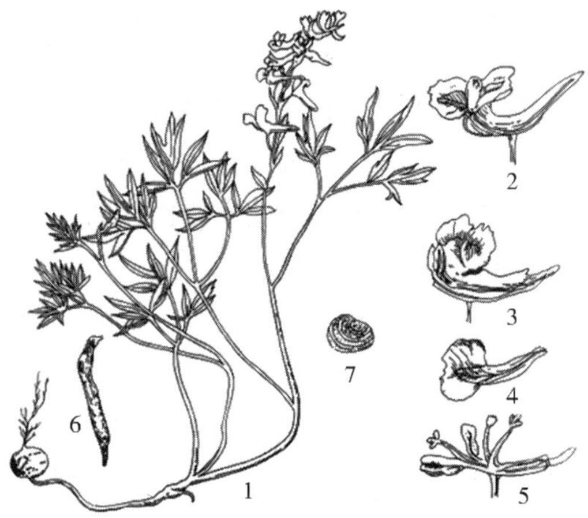

图11-35 延胡索

1. 植株全形 2. 花 3. 花瓣的上瓣和下瓣 4. 花冠的下瓣 5. 内瓣展开示二体雄蕊及雌蕊 6. 果实 7. 种子

东北延胡索 *C. ambigua* Cham. et Schlecht var. *amurensis* Maxim. 和齿瓣延胡索 *Corydalis turtschaninovii* Bess. 均分布在东北地区，两种植物的块茎在某些地区作延胡索药用。

伏生紫堇 *C. decumbens*（Thunb.）Pers. 多年生草本，全株无毛。块茎近球形。基生叶有长柄，二回三出全裂。总状花序顶生；花瓣紫色，有距。分布于江西、河南、安徽及湖南等地。生于丘陵及低山坡草地。块茎入药，含生物碱。能行气活血，通络止痛。

白屈菜 *Chelidonium majus* L. 草本，有黄色乳汁。叶互生，羽状全裂，被白粉。花瓣4，黄色；雄蕊多数。蒴果条状圆筒形。分布于东北、华北及新疆、四川等地。全草有毒，能镇痛，止咳，抗肿瘤。（图11-36）

本科药用植物还有博落回 *Macleaya cordata*（Willd.）R. Br. 全草有毒，能消肿，止痛，杀虫。地丁草 *C. bungeana* Turcz. 分布于东北、西北、华北等地。全草能清热解毒。

18. 十字花科 Cruciferae　$⚥ * K_{2+2}C_{4,0}A_{2+4,}\underline{G}_{(2:2:1\sim\infty)}$

草本，植物体有的含辛辣液汁。单叶互生，无托叶。花两性，辐射对称，多成总状花序；萼片4，分离，2轮；花瓣4，排成十字形；雄蕊6，4长2短，为四强雄蕊，雄蕊基部常有4个蜜腺；子房上位，2心皮合生，侧膜胎座，胚珠1至多数，中央具由心皮边缘延伸的隔膜（假隔膜）分成2室。长角果或短角果。染色体：X =4 ~15。

本科350属，3 200种，广布世界各地，主要分布于北温带。我国约96属，430余种，全国各地均有分布。药用26属，77种。

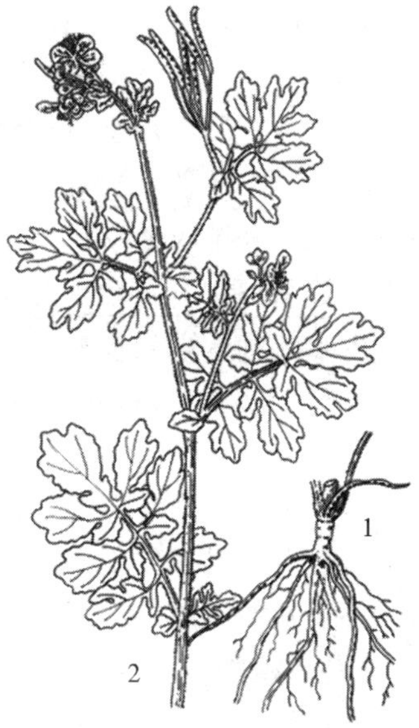

图11 -36　白屈菜

1. 根　2. 果枝

本科化学成分多样，主要含硫苷（包括含硫化合物）及吲哚苷，是本科的特征成分。如白芥子苷（sinalbin）、菘蓝苷（isatin），这些苷类的水解产物具有挥发性，可引起皮肤充血，发泡，内服有祛痰理气等作用。强心苷，存在于糖芥属（*Erysimum*）、桂竹香属（*Cheiranthus*）如糖芥毒苷（erysimotoxin A）、含氰基（—CN）、异硫氰基（—NCS）及巯基（—SH）的化合物，如氰苷（benzylcyanide），存在于独行菜属（*Lepidium*）。尚含脂肪油、生物碱，四萜类化合物，如胡萝卜素（carotene）

【药用植物】

菘蓝 *Isatis indigotica* Fort. 二年生草本。主根圆柱形，外皮浅黄棕色。茎上部多分枝，光滑无毛。叶互生，基生叶有柄，叶片长圆状椭圆形，全缘或波状；茎生叶长圆状披针形，基部半抱茎。圆锥花序；花小，黄色；花萼4，绿色；花瓣4，黄色，倒卵形；雄蕊6，四强，雌蕊1，子房上位。短角果长圆形扁平，边缘有翅，紫色。全国各地有栽培。根作板蓝根，叶作大青叶入药，均能清热解毒，凉血利咽，消斑。叶尚可加工制青黛，功用与大青叶同。（图11 -37）

图11 -37　菘蓝

1. 根　2. 茎　3. 花果枝
4. 花　5. 果实　6. 花瓣

白芥 *Sinapis alba* L. 草本，全株被白色粗毛。茎基部的叶具长柄。总状花序顶生或腋生；花黄色。长角果圆柱形，密被白色长毛，顶端具扁长的喙。原产欧亚大陆，我国有栽培。种子（白芥子）能利气祛痰，散结、通络、止痛。

独行菜 *Lepidium apetalum* Willd. 草本，茎多分枝，有腺毛。基生叶狭匙形，上部叶条形。总状花序；花小，白色；花瓣退化成条形；雄蕊通常2。短角果近圆形，具窄翅，分布东北、华北、西南及西北地区。生于田野路旁。种子（北葶苈子）能祛痰定喘，行水消肿。

播娘蒿 *Descurainia sophia*（L. ）Webb ex Prantl 本草。叶狭卵形，二至三回羽状深裂。总状花序；花小，黄色。长角果细圆柱形。分布全国各地。种子（南葶苈子）。能泻肺平喘，行水消肿。

本科药用植物还有萝卜 *Raphanus sativus* L. 种子（莱菔子）能消食除胀，降气化痰。荠菜 *Capsella bursa -pastoris*（L. ）Medic. 全草能止血。菥蓂 *Thlaspi arvense* L. 全草能清湿热，消肿排

脓。芥菜 *Brassica juncea*（L.）Czern. et Coss. 种子（黄芥子）功效同白芥子。油菜 *B. campestris* L. 种子（芸苔子）能行气破气，消肿散结。

19. 景天科 Crassulaceae　$⚥ * K_{4\sim5} C_{4\sim5,(4\sim5)} A_{4\sim5,\ 8\sim10} \underline{G}_{4\sim5:1:\infty}$

多年生肉质草本或亚灌木。多单叶，互生或对生，少轮生。花两性，少数单性异株，辐射对称，多排成聚伞花序，有时单生或成总状花序；萼片与花瓣均4～5，分离或仅基部合生；雄蕊与花瓣同数或为其倍数；子房上位，心皮4～5，离生或仅基部联合，胚珠多数，每心皮基部有1鳞片状腺体。蓇葖果。染色体：X = 4～12、14～16、17。

本科35属，1500种，分布全球。我国有13属，230余种，全国均有分布。药用8属，68种。

本科植物主要含苷类，如红景天苷（salidroside）、垂盆草苷（sarmemtosin）。前者具延缓机体衰老等保健作用；后者具有治疗肝炎、降低谷丙转氨酶的作用。此外，还含有黄酮类、香豆素类等。

【药用植物】

大花红景天（大红七）*Rhodiola crenulata*（Hook. f. et Thoms.）H. Ohba 多年生草本。根状茎，被基生鳞片叶。花茎多，直立或扇状排列，叶椭圆状长圆形至近圆形。伞房花序；花多而大，单性异株；雄花花萼5，花瓣5，红色，雄蕊10枚，鳞片5；心皮5，不育；蓇葖果。分布于西藏、云南、四川。生于高山山坡草地、灌丛、石缝中。根和根茎（红景天）能益气活血，通脉平喘。（图11－38）

景天属多种植物根及根茎有扶正固本作用，供药用的主要有狭叶红景天（狮子七）*R. kirilowii*（Regel）Maxim. 根及根状茎能止血，止痛，破坚，消积。库叶红景天 *R. sachalinensis* A. Bor.；红景天 *R. rosea* L. 及圣地红景天 *R. sacra*（Prain ex Hame）S. H. Fu 等。

景天三七 *Sedum aizoon* L. 多年生肉质草本。叶互生。聚伞花序；花黄色；萼片5；花瓣5，椭圆状披针形；雄蕊10；心皮5，基部合生。蓇葖果。分布于东北、西北、华北至长江流域。生于山地阴湿岩石上或草丛中。全草（土三七）能散瘀，止血。（图11－39）

图11－38　大花红景天

1. 植株全形　2. 花瓣及雄蕊　3. 心皮

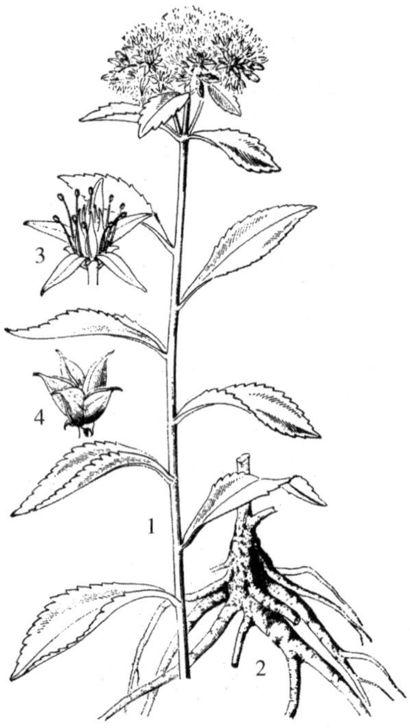

图11－39　景天三七

1. 植株一部分　2. 根　3. 花　4. 蓇葖果

垂盆草 *S. sarmentosum* Bunge 多年生肉质匍匐草本。三叶轮生，倒披针形至长圆形，顶端急尖。聚伞花序；花无梗，黄色。蓇葖果。分布于我国大部分地区。生于低山阴湿岩石上。全草能利湿退黄，清热解毒。（图 11－40）

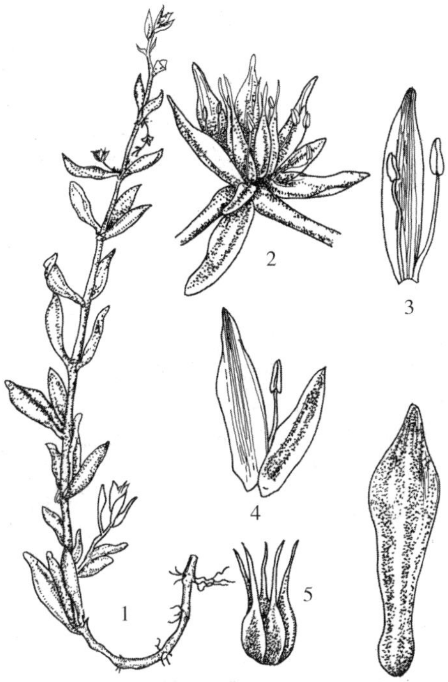

图 11－40　垂盆草

1. 植株全形　2. 花　3. 花瓣与雄蕊　4. 花瓣、萼片及雄蕊　5. 雌蕊示 5 个离生心皮

20. 虎耳草科 Saxifragaceae　$⚥ * \uparrow K_{4\sim5}C_{4\sim5}A_{4\sim5,8\sim10}\underline{G}_{(2\sim5:2\sim5:\infty)}\overline{G}_{(2\sim5:2\sim5:\infty)}$

草本或木本。单叶，互生或对生，无托叶。花常两性，辐射对称或略不对称，排成聚伞花序或总状花序；萼片、花瓣均为4～5，稀无瓣；雄蕊与花瓣同数或为其倍数，常着生于花瓣上；子房上位至下位，心皮 2～5，全部或基部合生，2～5 室，侧膜胎座、中轴胎座或边缘胎座，胚珠多数。蒴果、浆果或蓇葖果，种子常有翅。染色体 X＝6～9、12、13。

本科 80 属，约 1 200 种，分布于北温带。我国有 29 属，545 种，分布南北各地。药用 24 属，155 种。

本科化学成分主要含：① 香豆素类，如岩白菜素（bergenin），是止咳祛痰药。② 黄酮类，主要存在于虎耳草属（*Saxifraga*）、金腰属（*Chrysosplenium*）、梅花草属（*Parnassia*）。③ 生物碱，少见，如常山中含抗疟成分常山碱（dichroine）甲、乙、丙。④ 其他，尚含环烯醚萜类，如车叶草苷（asperuloside）、番木鳖苷（loganin），以及芪类、鞣质等。

【药用植物】

虎耳草 *Saxifraga stolonifera* Curt. 多年生常绿草本。叶基生，心形，两面被长柔毛，叶柄长。圆锥花序；萼片 5；花瓣 5，白色，上方 3 瓣较小，有红色斑点；雄蕊 10；雌蕊由 2 心皮组成，2 室。蒴果。分布于河南南部，陕西南部至长江以南地区。生于山地阴湿处。全草能清热解毒。（图 11－41）

落新妇 *Astilbe chinensis*（Maxim.）Fr. et Sav. 多年生草本。根状茎粗大。基生叶二至三回三出复叶，小叶边缘有重锯齿。圆锥花序，密生褐色卷曲柔毛；花密集，几无梗；花萼 5 深裂；花瓣 5，红紫色；雄蕊 10；心皮 2，离生。蓇葖果。分布于东北地区及山东至长江

中、下游。生于山谷、溪边及林缘。全草和根茎能祛痰止咳，祛风除湿，散瘀止痛。（图 11 -42）

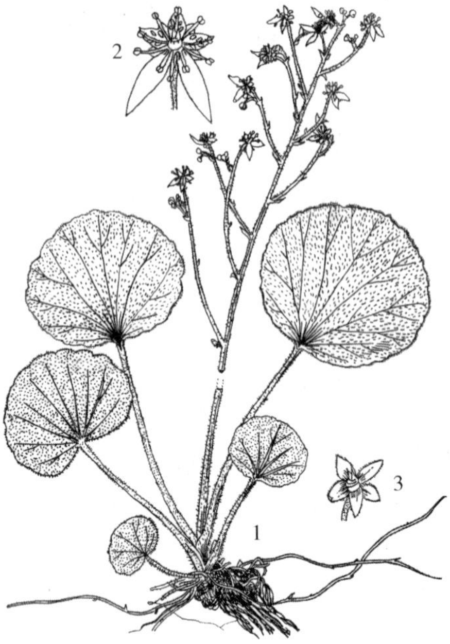

图 11 -41　虎耳草

1. 植株全形　2. 花　3. 雌蕊及花萼

图 11 -42　落新妇

1. 叶片　2. 花序　3. 花　4. 果实

岩白菜 *Bergenia purpurascens*（Hook. f. et Thoms.）Engl. 多年生草本。根状茎粗壮。叶基生，长圆形或椭圆形。总状花序，顶部常下垂；花紫红色。蒴果。分布于四川、云南、西藏。生于 3000 ~4300m 杂木林下阴湿地。全草能清热解毒，止血调经。(图 11 -43)

图 11 -43　岩白菜

1. 植株　2. 花瓣　3. 雄蕊　4. 雌蕊

21. 杜仲科 Eucommiaceae ♂ $P_0A_{4\sim10,8}$；♀ $P_0\underline{G}_{(2:1:1)}$

落叶乔木，枝、叶折断后有银白色胶丝。树皮灰色，小枝淡褐色。单叶互生，叶片椭圆形或椭圆状卵形，边缘有锯齿，无托叶。花单性，雌雄异株；无花被，常先叶开放或与叶同时开放；雄花具短梗，苞片倒卵状匙形，雄蕊 4～10，常为 8 枚，花药条形，花丝极短；雌花单生，有短梗，子房上位，由 2 心皮合生，扁平狭长，顶端具 2 叉状花柱，1 室。翅果扁平，长椭圆形，含种子 1 粒。染色体：X = 17。

本科仅杜仲属 1 属 1 种，是我国特产植物。分布于我国中部及西南各省区，各地有栽培。

本科植物树皮含有杜仲胶（gutta percha），叶含桃叶珊瑚苷（aucubin）。此外，尚含杜仲苷（eucommioide）、杜仲醇（ulmoprenol）等。

【药用植物】

杜仲 *Eucommia ulmoides* Oliv. 特征与科同。树皮（杜仲）、叶（杜仲叶）药用，能补肝肾，强筋骨，降压。（图 11－44）

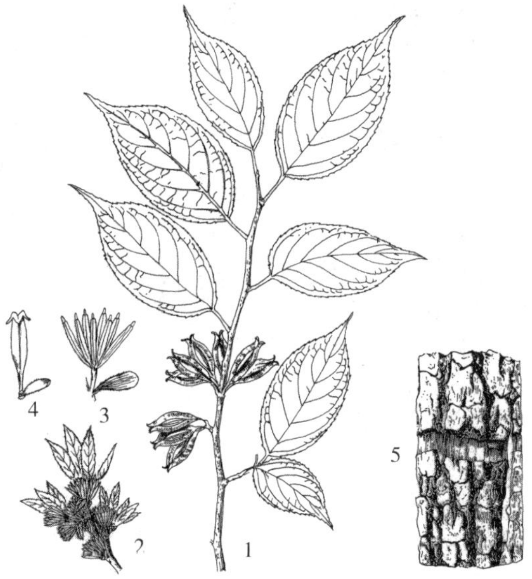

图 11－44 杜仲

1. 花枝 2. 果枝 3. 雄花 4. 雌花 5. 树皮

22. 蔷薇科 Rosaceae ⚥ * $K_{4\sim5}C_{0\sim5}A_{\infty}\underline{G}_{(1\sim\infty:1:1)}\overline{G}_{(2\sim5:2\sim5:2)}$

草本，灌木或乔木。常具刺。单叶或复叶，多互生，通常有托叶。花两性，辐射对称；单生或排成伞房或圆锥花序；花托呈各种类型凸起或凹陷，花萼下部与花托愈合成盘状、杯状、坛状或壶状的花筒（hypanthium），萼片、花瓣和雄蕊均着生花筒的边缘；萼片，花瓣各为 5，分离，稀无瓣；雄蕊常多数；子房上位至下位；心皮 1 至多数，分离或结合，每室胚珠 1～2。蓇葖果、瘦果、核果或梨果。种子无胚乳。染色体：X = 7、8、9、17。

本科约 124 属，3300 余种，分布于全世界。以北温带为多，我国约 51 属，1100 余种，广布全国各地。药用约 39 属，360 种。

本科主要化学成分有：①含氰成分及其苷类，如苦杏仁苷（amygdalin）有止咳祛痰作用。②多元酚类，如鹤草酚（agrimophol）能驱绦虫。③三萜及三萜皂苷，如地榆皂苷（sanguisorbins）、委陵菜苷（tormentoside）等。④糖及糖醇类，如蔗糖、果糖等。⑤有机酸及挥发油：如枸橼酸、绿原酸、山楂酸；牻牛儿醇（geraniol）等。⑥黄酮类：如山楂属植物含多种黄酮，是很好的治疗心血管药物。此外，还含有少量二萜生物碱，如绣线菊碱（spiradine）。

本科根据花托、花筒、雌蕊心皮数目、子房位置、果实类型分为4个亚科。（图11－45）

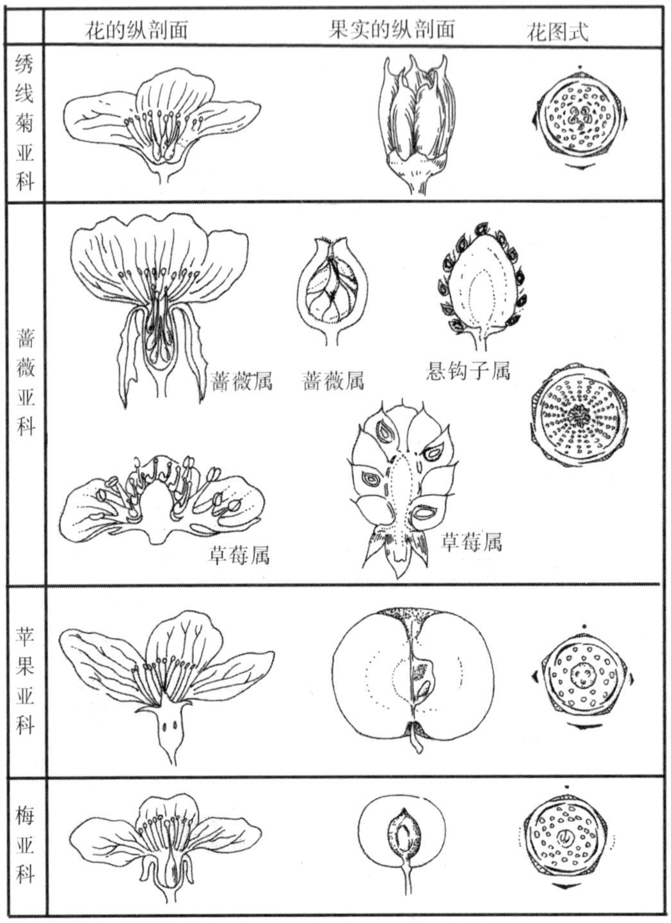

图11－45　蔷薇科四亚科花、果比较

四亚科及部分属检索表

1. 果开裂，蓇葖果，稀浆果；心皮常为5，离生；多无托叶（绣线菊亚科）。
  2. 单叶，多无托叶；伞形、伞房状或圆锥状花序 ……………………………… 绣线菊属 *Spiraea*
  2. 羽状复叶，有托叶；大形圆锥花序 ……………………………………… 珍珠梅属 *Sorbaria*
1. 果不开裂；全具托叶。
  3. 子房上位。
    4. 心皮通常多数，分离；聚合瘦果或蔷薇果，聚合小核果；多为复叶（蔷薇亚科）。
      5. 雌蕊由杯状或坛状的花托包围。
        6. 雌蕊多数，成聚合瘦果；灌木 ……………………………………… 蔷薇属 *Rosa*

6. 雌蕊 1 ~ 3，花托成熟时干燥坚硬；草本。

7. 有花瓣；萼裂片 5；花筒上部有钩状刺毛…………………………… 龙牙草属 *Agrimonia*

7. 无花瓣；萼裂片 4；花筒无钩状刺毛 …………………………… 地榆属 *Sangusorba*

5. 雌蕊生于平坦或隆起的花托上。

8. 心皮各含 1 胚珠；瘦果分离；植株无刺；花柱在结果时延长………… 水杨梅属 *Geum*

8. 心皮各含 2 胚珠；小核果成聚合果；植株有刺；花柱不延长 ………… 悬钩子属 *Rubus*

4. 心皮常各 1 个，稀 2 或 5 个；核果；单叶（梅亚科） ………………………… 梅属 *Prunus*

3. 子房下位或半下位；心皮 2 ~ 5，合生；梨果，稀小核果状（苹果亚科）。

9. 内果皮成熟时革质或纸质，每室含 1 至多数种子。

10. 花为伞形或总状花序，有时单生。

11. 心皮含 1 ~ 2 种子。

12. 花柱离生；果实梨形 ……………………………………………… 梨属 *Pyrus*

12. 花柱基部合生；果实苹果形 ……………………………………… 苹果属 *Malus*

11. 心皮各含 3 至多数种子，花柱基部合生。

13. 花筒外被密毛，萼片宿存；花序伞形 ………………………… 多依属 *Docynia*

13. 花筒外面无毛，萼片脱落；花单生或簇生 ………………… 木瓜属 *Chaenomeles*

10. 花为复伞房或圆锥花序。

14. 心皮全部合生，子房下位；叶常绿 ……………………… 枇杷属 *Eriobotrya*

14. 心皮一部分合生，子房半下位；常绿或落叶 ………………… 石楠属 *Photinia*

9. 内果皮成熟时骨质，果实含 1 ~ 5 小核；枝有刺 …………………… 山楂属 *Crataegus*

绣线菊亚科 Spiraeoideae

灌木。无托叶。花托微凹成盘状；伞形、伞房或圆锥花序；心皮通常 5 个，分离，子房上位，周位花。蓇葖果。

【药用植物】

绣线菊（柳叶绣线菊）*Spiraea salicifolia* L. 灌木。叶互生，长圆状披针形，边缘有锯齿。花序为圆锥花序；花粉红色。蓇葖果直立，常具反折萼片。分布于东北、华北。生于河流沿岸、湿草原或山沟。全株能通经活血，通便利水。

蔷薇亚科 Rosoideae

草本或灌木。羽状复叶或单叶，托叶发达。花托壶状或凸起；子房上位，周位花，心皮多数，分离，每个子房含胚珠 1 ~ 2。聚合瘦果或聚合小核果。

【药用植物】

龙牙草 *Agrimonia pilosa* Ledeb. 多年生草本，全株密生长柔毛。奇数羽状复叶，5 ~ 7 片，小叶大小不等相间排列，椭圆状卵形或倒卵形。顶生总状花序；花黄色，萼筒顶端有一圈钩状刚毛；心皮 2。瘦果倒圆锥形。分布于全国各地。生于山坡、路旁、草地。全草（仙鹤草）能收敛止血，截疟，止痢，解毒，补虚。根芽能驱绦虫。（图 11 - 46）

掌叶覆盆子 *Rubus chingii* Hu 落叶灌木，有倒刺。单叶互生，掌状 5 深裂，边缘有重锯齿，托叶条形。花单生于短枝顶端，白色。聚合小核果，球形，红色。分布于江西、安徽、江苏、浙江、福建各省。生于山坡林边或溪旁。果实（覆盆子）能益肾固精缩尿，养肝明目。根能止咳、活血消肿。

金樱子 *Rosa laevigata* Michx. 常绿攀缘有刺灌木。三出羽状复叶，叶片椭圆状卵形。花大，白色，单生于侧枝顶部。蔷薇果倒卵形，有直刺，顶端具宿存萼片。分布于华中、华东、华南及陕西等地区。生于向阳山坡。果能固精缩尿，固崩止带，涩肠止泻。（图 11－47）

同属国产植物约 80 种，已知药用 43 种，其中月季 *R. chinensis* Jacq. 花能活血调经，疏肝解郁。玫瑰 *R. rugosa* Thunb. 花能行气解郁，活血，止痛。

图 11－46　龙牙草

1. 植株全形　2. 花　3. 果实纵切面

图 11－47　金樱子

1. 花枝　2. 果枝　3. 花纵切　4. 雄蕊　5. 雌蕊

地榆 *Sanguisorba officinalis* L. 多年生草本。根粗壮。奇数羽状复叶，小叶 5～15 片，长圆状卵形。花小，密集成顶生的近球形或短圆柱形的穗状花序；萼裂片 4，紫红色；无花瓣；雄蕊 4。瘦果褐色，有细毛。分布于全国大部分地区。生于山坡草地。根能凉血止血，解毒敛疮。（图 11－48）

本亚科药用植物还有委陵菜 *Potentilla chinensis* Ser. 全草能清热解毒，凉血止痢。翻白草 *P. discolor* Bge. 功效同委陵菜。水杨梅 *Geum aleppicum* Jacq. 全草能祛风除湿，活血消肿。

梅亚科 Prunoideae

木本。单叶，有托叶，叶基常有腺体。花托杯状，子房上位，周位花，心皮常 1。核果。萼片常脱落。

【药用植物】

杏 *Prunus armeniaca* L. 乔木，小枝浅红棕色。叶卵形至近圆形，叶柄近顶端有 2 腺体。花单生，先叶开放，白色或带红色。核果球形，黄白色或黄红色。分布于我国北部，多系栽培。种子（苦杏仁）能降气止咳平喘，润肠通便。（图 11－49）

另有野生的山杏 *P. armeniaca* L. var. *ansu* Maxim. ，西伯利亚杏 *P. sibirica* L. ，东北杏 *P. mandshurica*（Maxim.）Koehne 的种子亦做苦杏仁入药。

图 11－48　地榆

1. 植株　2. 花枝　3. 苞片　4. 花
5. 雄蕊和雌蕊　6. 果实　7. 根

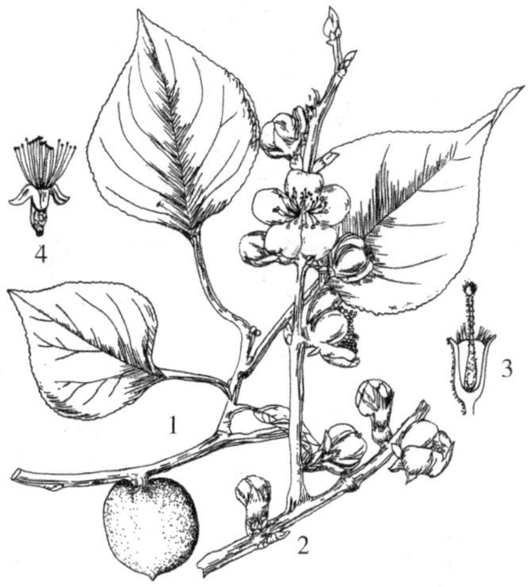

图 11－49　杏

1. 果枝　2. 花枝　3. 花部纵切示杯状花托　4. 花

同属植物梅 *P. mume*（Sieb.）Sieb. et Zucc. 小枝绿色，叶先端长尾尖。核果黄绿色，有短柔毛。分布全国，多系栽培。近成熟果实（乌梅）能敛肺，涩肠，生津，安蛔。花能开郁和中，化痰，解毒。桃 *P. persica*（L.）Batsh. 种仁（桃仁）能活血祛瘀，润肠通便，止咳平喘。郁李 *P. japonica* Thunb. 种子（郁李仁）能润肠通便。

苹果亚科（梨亚科）Maloideae

木本。单叶，有托叶。花托杯状，子房下位或半下位，上位花，心皮 2～5，合生。梨果。

【药用植物】

山楂 *Crataegus pinnatifida* Bge. 落叶乔木，小枝通常有刺。叶宽卵形至菱状卵形，两侧各有 3～5 羽状深裂片，托叶较大。伞房花序；花白色。梨果近球形，直径 1～1.5cm，深红色，有灰白色斑点。分布于东北、华北及河南、陕西、江苏。山里红 *C. pinnatifida* Bge. var. *major* N. E. Br. 果较大，直径 2.5cm，深亮红色。华北各地栽培。这两种果实（山楂，习称北山楂）能消食健胃，行气散瘀，化浊降脂。叶（山楂叶）能活血化瘀，理气通脉，化浊降脂。（图 11－50）

野山楂 *C. cuneata* Sieb. et Zucc. 落叶灌木，具细刺。叶宽倒卵形，顶端常 3 裂，基部楔形，果较小，直径 1～1.2cm，熟时红色或黄色。分布于长江流域地区，果实（南山楂）亦药用。

贴梗海棠 *Chaenomeles speciosa*（Sweet）Nakai 落叶灌木，枝有刺。叶倒卵形，托叶大。花先叶开放，稀淡红色或白色，3～5 朵簇生，花筒钟状。梨果球形或卵形，木质，有芳香气味。分布于华东、华中、西北和西南地区。各地有栽培。果实（木瓜，习称皱皮木瓜）干后外皮皱缩，能舒筋活络，和胃化湿。（图 11－51）

图 11－50　山里红

1. 果枝　2. 花

图 11－51　贴梗海棠

1. 花枝　2. 果实

木瓜（榠楂）*Chaenomeles sinensis*（Thouin）Koehne 落叶小乔木，枝无刺。花单生，后于叶开放。果长椭圆形。分布于长江流域以南，至陕西等地，多有栽培。果实（光皮木瓜）干后外皮不皱缩，不少地区亦作木瓜入药。

本亚科药用植物还有枇杷 *Eriobotrya japonica*（Thunb.）Lindl. 叶能清肺止咳，降逆止呕。

23. 豆科 Leguminosae　⚥ * ↑ $K_{5,(5)}C_5A_{(9)+1,10}\underline{G}_{(1:1:1\sim\infty)}$

乔木、灌木或草本。茎直立或攀缘。根部有能固氮的根瘤。多为复叶少数单叶，互生，稀对生，有托叶，有时每小叶基部具小托叶。花两性，两侧对称或辐射对称，花序通常呈总状、头状、聚伞状、圆锥状或穗状，少数单生；具苞片和小苞片；花萼 5，离生或合生；花瓣 5，离生，少数部分或基部合生，多为蝶形花；雄蕊 10 枚，有时多数离生或连合成单体或二体；子房上位，单心皮，边缘胎座，胚珠 1 至多数。荚果。种子无胚乳。染色体：X ＝ 5～16、18、20、21。

本科为种子植物第三大科，仅次于菊科和兰科，广布于世界各地。约 650 属，18000 余种。我国有 172 属，1485 种，全国各地均有分布。本科在恩格勒系统中，分为三个亚科：含羞草亚科、云实亚科和蝶形花亚科。

豆科植物种类繁多，所含化学成分也十分复杂，其中以黄酮类、生物碱和鞣质类居多。①黄酮类：花色素类、黄酮类、二氢黄酮类、异黄酮类、查耳酮类、橙酮类等。②生物碱类：主要分布于蝶形花亚科。如苦参碱、氧化苦参碱、毒扁豆碱（calabarine）等。③鞣质：如五倍子鞣质，儿茶鞣质。此外，本科植物还含有：三萜皂苷，如甘草酸（glycyrrhizic acid）、黄芪苷（astragaloside）；蒽醌，如番泻苷（sennoside）等。

亚科检索表

1. 花辐射对称；花瓣镊合状排列，分离或合生 ………………………… 含羞草亚科 Mimosoideae
1. 花两侧对称；花瓣覆瓦状排列
　2. 花冠假蝶形；最上一枚花瓣位于最内方；雄蕊通常离生 ……………… 云实亚科 Caesalpinioideae
　2. 花冠为蝶形；最上一枚花瓣位于最外方；雄蕊通常两体 ……………… 蝶形花亚科 Papilionoideae

含羞草亚科 Mimosoideae

木本，稀为草本。二回羽状复叶，互生，叶枕显著。花辐射对称，多为5基数，花萼管状，5裂，花瓣与花萼同数，分离或合生，均镊合状排列；雄蕊与花冠裂片同数，或为其倍数，或多数，花药顶端常具一脱落性腺体。

【药用植物】

合欢 *Albizia julibrissin* Durazz. 落叶乔木。二回偶数羽状复叶，小叶镰刀状，两侧不对称。头状花序排成伞房状；花萼、花瓣均合生，先端5裂；雄蕊多数，花丝细长而显著，基部合生，上部粉红色，高出于花冠之外。荚果扁平条形。南北各地均有分布，主产于湖北、江苏、浙江、安徽等地。树皮及花入药，树皮（合欢皮）能解郁安神，活血消肿。花（合欢花）能解郁安神。（图11－52）

云实亚科 Caesalpinioideae

木本，稀草本。羽状复叶，托叶多早落。花两侧对称；萼片5（4），分离或下部合生；花瓣5，假蝶形花冠；雄蕊10，有时较少或多数，花丝分离或合生。

【药用植物】

决明 *Cassia tora* L. 一年生草本。偶数羽状复叶，小叶3对，倒卵形或长圆状倒卵形；每对小叶间的叶轴上有一棒状腺体；托叶线状，被柔毛，早落。花通常成对腋生；萼片5，分离；花瓣5，黄色；能育雄蕊7，花药四方形，顶孔开裂；子房被柔毛。荚果细长，近四棱形。种子多数，菱形，具光泽。主产于江苏、安徽、四川等省，其他省区多有栽培。生于山坡、河边。种子（决明子）能清热明目，润肠通便。

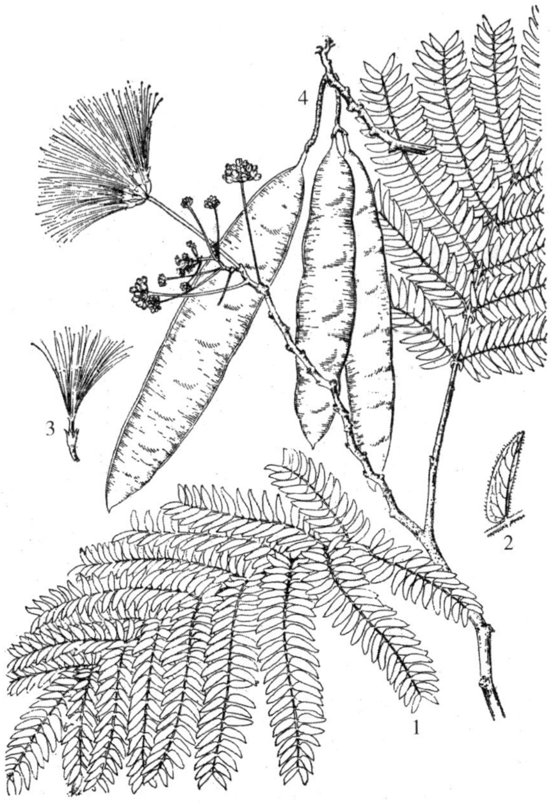

图11－52 合欢

1. 植株一部分 2. 小叶 3. 花 4. 果实

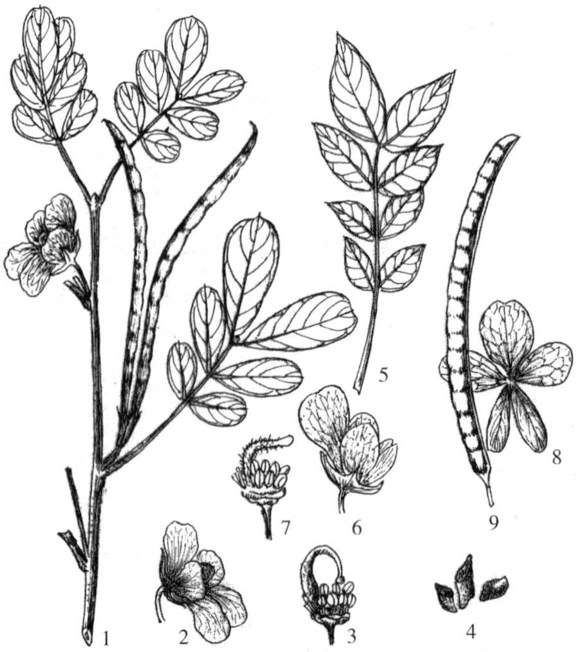

图11－53　决明（1～4）　望江南（5～9）

1. 植株上部　2. 花　3. 雌蕊和雄蕊　4. 种子

5. 复叶　6. 花　7. 雌蕊和雄蕊　8. 展开花冠　9. 荚果

本属植物望江南 *C. occidentalis* L. 小叶4～5对，卵形至椭圆状披针形，具臭气。荚果带状镰刀形。种子卵圆形而扁。其茎叶和种子含多种蒽醌类成分，能清热解毒。

皂荚 *Gleditsia sinensis* Lam. 落叶乔木，主干上部和枝条上常具圆柱形分枝棘刺。一回偶数羽状复叶，小叶长卵形；总状花序，腋生或顶生；花杂性，雄花花萼4裂；花瓣4，白色或淡黄色；雄蕊8；雌蕊退化；两性花较大，雄蕊8；雌蕊能育。荚果扁长条状，成熟后黑棕色，被白色粉霜。南北各地均有分布，多栽培。棘刺（皂角刺）能消肿托毒，排脓，杀虫。果实（大皂角）能祛痰开窍，散结消肿。部分皂荚树因衰老等原因形成不育畸形小荚果（猪牙皂）亦能祛痰开窍，散结消肿。

蝶形花亚科 Papilionoideae

草本、木本或藤本。稀单叶，三出复叶或羽状复叶；常具托叶和小托叶。花两侧对称，蝶形；雄蕊10，常为二体（9）+1或单体，稀全部分离。

【药用植物】

甘草 *Glycyrrhiza uralensis* Fisch. 多年生草本，全株被有白色短毛和腺毛。根和根状茎粗壮，外皮红褐色至暗褐色。地上茎直立或近匍匐，基部稍带木质。奇数羽状复叶，小叶5～17，卵形或宽卵形，两面均具短毛和腺体，托叶阔披针形。总状花序腋生；花冠蓝紫色；雄蕊10，二体。荚果镰刀状或环状弯曲，密被刺状腺毛及短毛。分布于东北、华北、西北等地。生于向阳干燥钙质草原及河岸沙质土，主产新疆、内蒙古等地。甘草根及根茎（甘草）能补脾益气，清热解毒，祛痰止咳，缓急止痛，调和诸药。

同属植物光果甘草 *G. glabra* L. 和胀果甘草 *G. inflata* Batal. 的根和根茎同作甘草药用。前者小叶多为椭圆形，花较短。荚果略弯曲，表面近光滑，或被短毛，但无刺状腺毛。主产新疆。后者茎无腺毛，小叶卵形至椭圆形，叶缘常波卷状；花紫红色。荚果长圆形，短小，膨胀，无或略有凹窝，具微柔毛和少许不明显的腺瘤。主产于新疆、内蒙古、甘肃等

地。（图 11－54）

图 11－54　甘草(1～9)　刺果甘草(10)　光果甘草(11)　胀果甘草（12）

1. 根茎　2. 枝条　3. 花　4. 展开花冠　5. 雄蕊
6. 雌蕊　7. 果序　8. 荚果　9. 种子　10～12. 叶及荚果

膜荚黄芪 *Astragalus membranaceus*（Fisch.）Bge. 多年生直立草本。主根粗壮，圆柱形，稍带木质。茎上部多分枝，奇数羽状复叶，小叶 6～13 对，卵状披针形或近椭圆形，连同托叶均有白色长柔毛。总状花序腋生；花萼合生，5 齿裂；花冠蝶形，淡黄色，有时近白色，雄蕊 10，二体。子房有长柄，被疏毛。荚果卵状长圆形，膜质，膨胀，被黑色短毛。分布于东北、华北、西北、西南以及西藏等地。生于向阳山坡、河滩砂地和林缘灌丛。根（黄芪）能补气固表，托毒生肌，利水消肿。（图 11－55）

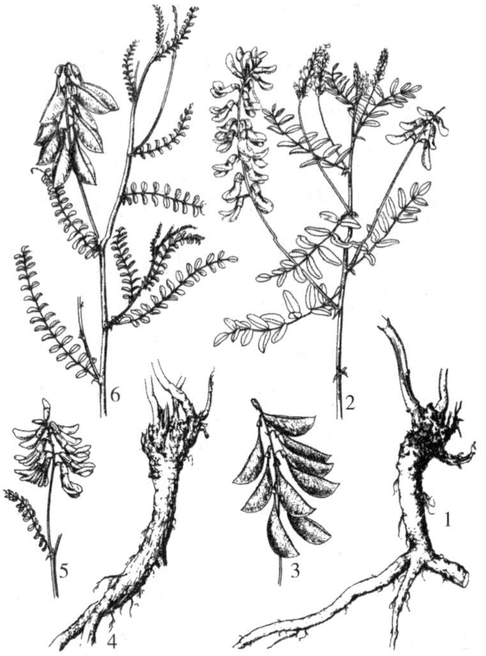

图 11－55　膜荚黄芪

1, 4. 根　2, 5. 花枝　3. 果实　4. 果枝

蒙古黄芪 *A. membranaceus*（Fisch.）Bunge var. *mongholicus*（Bge.）Hsiao 小叶 12～18 对，宽椭圆形或矩圆形，子房及荚果光滑无毛。分布于黑龙江、吉林、辽宁、内蒙古、河北、山西、新疆和西藏等省区。根亦作黄芪入药。

黄芪属部分种类植物的根同作黄芪药用，如金翼黄芪 *A. chrysopterus* Bunge 分布于河北、陕西、山西、甘肃、宁夏、青海和四川；多

花黄芪 *A. floridus* Benth. 分布于青海、四川和西藏；梭果黄芪 *A. ernestii* Comb. 分布于四川、云南和甘肃；东俄洛黄芪 *A. tongolensis* Ulbr. 分布于四川西部。

多序岩黄芪 *Hedysarum polybotrys* Hand. – Mazz. 分布于甘肃、四川等省，根（红芪）功效与黄芪相似。

槐 *Sophora japonica* L. 落叶乔木，树皮灰褐色。羽状复叶，小叶 7～15 片，卵形或卵状长圆形，先端渐尖而具细突尖，下面疏生短柔毛，基部膨大成叶枕。圆锥花序顶生；萼钟状，花冠蝶形，乳白色或淡黄色；雄蕊 10，分离，不等长；子房有细毛，花柱弯曲。荚果肉质，不开裂，串珠状。种子 1～6，肾形，棕黑色。全国各地普遍栽培，以黄土高原和华北平原为多，花蕾（槐米）、花（槐花）及成熟果实（槐角）能凉血止血，清肝泻火。

苦参 *Sophora flavescens* Ait. 落叶灌木。根圆柱状，外皮黄白色。茎直立，多分枝。羽状复叶，小叶 15～29 片，狭长椭圆形至披针形，背面密生平贴柔毛。花淡黄色，蝶形；雄蕊 10，分离。荚果线形，不开裂，先端具长喙，于种子间微缢缩。种子黑色，近球形。全国各地均有分布，根能清热解毒，消肿利咽。

补骨脂 *Psoralea corylifolia* L. 一年生草本。本全株被白色柔毛及黑褐色腺点。茎直立，单叶，叶片阔卵形，两面具显著黑色腺点。总状花序腋生，密集成穗状；花淡紫色或黄白色；花萼宿存。荚果近椭圆形，不开裂，果皮黑色，含种子 1 枚。分布于西北、西南和华南等部分省区。种子能温肾助阳，纳气平喘，温脾止泻；外用消风祛斑。

野葛 *Pueraria lobata*（Willd.）Ohwi 多年生草质藤本。茎蔓长达 10 余米，全株被有黄褐色粗毛。块根圆柱形，肥大，略具粉性。三出羽状复叶，顶生小叶菱状矩圆形，侧生小叶斜卵形，常不等三浅裂。总状花序腋生或顶生；花冠蝶形，蓝紫色。荚果条形，密生黄色长硬毛。种子卵圆形，有光泽。除新疆、西藏外，全国大部分省区均有分布。生长于路边草丛及山坡。块根（葛根）能解肌退热，生津止渴，透疹，升阳止泻，通经活络。另外，花（葛花）可解酒毒。

同属植物甘葛藤 *P. thomsonnii* Benth. 分布于广东、广西、四川、云南等地，块根（粉葛）亦作为葛根入药。此外同属的三裂叶葛藤 *P. phaseoloides*（Roxb.）Benth. 、食用葛藤 *P. edulis* Pamp. 、峨眉葛藤 *P. omeiensis* Wang et Tang 的根在部分地区也作葛根入药。

密花豆 *Spatholobus suberectus* Dunn 木质藤木，长达数十米。老茎扁圆柱形，砍断可见数圈偏心环，有鲜红色汁液从断口处流出。三出复叶，小叶阔椭圆形，两面被疏毛。圆锥花序腋生，被黄色柔毛；花白色肉质，雄蕊 10，二体。荚果扁平舌状，被黄色柔毛，种子 1 颗，生于荚果顶部。分布于广东、广西、云南和福建等地。茎藤（鸡血藤）能活血补血，调经止痛，舒筋活络。

广金钱草 *Desmodium styracifolium*（Osbeck）Merr. 草本，半灌木状。枝条密生黄色长柔毛。小叶 3 或 1，近圆形或长圆形，密生金黄色平匐绒毛。总状花序腋生或顶生；花小，紫色，有香气。荚果具短柔毛和钩状毛。分布于华南和西南部分省区。全草能利湿退黄，利尿通淋。

24. 蒺藜科 Zygophyllaceae　$⚥ * K_{5\sim4}C_{5\sim4}A_{5,10,15}\underline{G}_{(5:5:1\sim\infty)}$

草本，小灌木。叶对生或互生，托叶 2，宿存，常成刺状。花辐射对称，单生于叶腋，或成总状或圆锥状花序顶生。花 5 或 4 基数，萼片覆瓦状排列，常有发达的花盘；雄蕊为花瓣同数或为其2~3倍，外轮与花瓣对生，花丝离生，常于基部或中部具鳞片状附属物；子房上位，3~5（2~12）室。蒴果、分果或浆果状核果。

本科约30属，240余种，主要分布于两半球的干旱地区。我国有5属，33种，药用4属11种。

本科主要含有：①生物碱类，以β-咔波林和喹唑林衍生物为主；②黄酮类，主要为槲皮素、山柰酚、异鼠李素的衍生物；③皂苷类，包括甾体皂苷和三萜皂苷，如蒺藜苷（tribuloside）、薯蓣皂苷元（diosgenin）等。

【药用植物】

蒺藜 *Tribulus terrester* L. 一年生匍匐草本。基部多分枝，全株被绢丝状柔毛。偶数羽状复叶对生，一长一短；小叶6~8对（短者3~5对），长椭圆形。花淡黄色，整齐，单生于短叶的叶腋；花萼5，卵状披针形，宿存；花瓣5，倒卵形；雄蕊10，着生于花盘基部，花丝基部具鳞状腺体。果实由5个呈星状排列的分果组成，每分果具长短棘刺各一对，以及短硬毛和瘤状突起。分布于全国各地。生于田边路旁，果实（蒺藜）能平肝解郁，活血祛风，明目，止痒。（图11-56）

同属大花蒺藜 *T. cistoides* L. 分布于海南及云南等地，为多年生草本，每分果仅具1对针刺，也作蒺藜药用。

25. 芸香科 Rutaceae $⚥ * K_{3\sim5} C_{3\sim5} A_{3\sim\infty} \underline{G}_{(2\sim\infty:2\sim\infty:1\sim2)}$

乔木，灌木，稀草本。叶或果实上常有透明腺点，含挥发油。叶互生，多为复叶。叶柄多具翅，无托叶。花辐射对称，两性，稀单性；单生或簇生，或排成总状、聚伞或圆锥花序；萼片3~5，离生，基部合生；花瓣3~5，离生，镊合状或覆瓦状排列；雄蕊8~10，稀多数，着生于环状或杯状的花盘基部；子房上位，心皮2至多数，合生，少数离生，每室胚珠1~2，柑果、蒴果、蓇葖果或核果，染色体：X = 7、8、9、11、13。

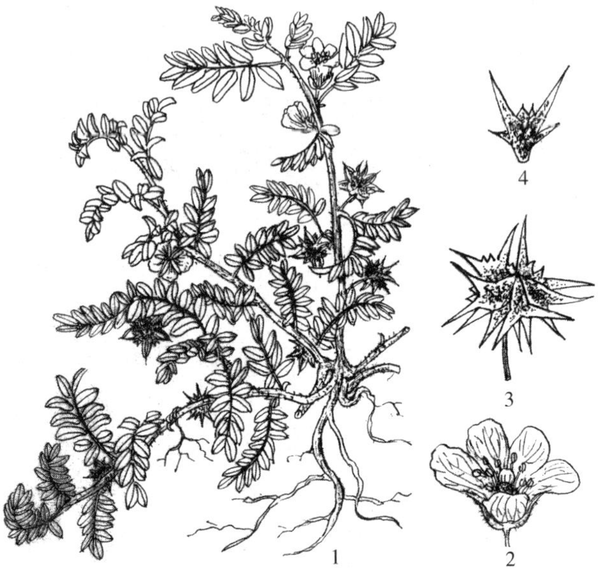

图11-56　蒺藜

1. 植株　2. 花　3. 果实　4. 分果

本科植物约150属，1700种，分布于热带和温带。我国有29属，约154种，药用100余种，南北均有分布，长江以南为多。

本科化学成分多种多样，主要为生物碱类、挥发油类、香豆素类、黄酮类、木脂素类。生物碱类型众多，其中吖啶型、呋喃喹啉型和吡喃喹啉型生物碱几乎仅存于本科，具有重要的分类学意义。油腺中的挥发油成分复杂，主要为各种萜类，如 *d* - 苧烯（*d* - limonene）、芳樟醇（linalool）等。黄酮类成分类型多样，其中双氢黄酮和黄酮醇较多，如橙皮苷（hesperidin）、川陈皮素（nobiletin）等。

【药用植物】

橘 *Citrus reticulata* Blanco 常绿小乔木或灌木，常有枝刺。单身复叶，小叶披针形至卵状披针形，翅不明显，互生，革质，具透明油室。花单生或簇生于叶腋，黄白色；雄蕊多数，花丝常3～5枚合生；子房多室。柑果，外果皮密布油点，具香气。长江以南广泛栽培。中果皮与内果皮之间的维管束群（橘络）能宣通经络，顺气活血。外层果皮（橘红）能理气宽中，燥湿化痰。幼果或未成熟果实的果皮（青皮）能疏肝破气，消积化滞。干燥成熟果皮（陈皮）理气健脾，燥湿化痰。种子（橘核）能理气，散结，止痛。

酸橙 *Citrus aurantium* L. 常绿小乔木，小枝三棱形，具刺。单身复叶，互生，革质，具透明油点；叶柄上的翅呈倒心形或狭长形。花白色，芳香；单生或数朵簇生于叶腋或新枝顶端；雄蕊多于20；心皮7～12个。柑果近球形。长江流域及其以南省区均有栽培，5～6月间采摘或自然脱落的幼小果实（枳实）能破气消积，化痰散痞。7月下旬至8月上旬采摘的未成熟果实（枳壳）可理气宽中，行滞消胀。

甜橙 *C. sinensis*（L.）Osbeck 的干燥幼果也作枳实入药。香圆 *C. wilsonii* Tanaka 果实能疏肝理气，宽中，化痰。

黄檗（关黄柏）*Phellodendron amurense* Rupr. 乔木。树皮具不规则网状纵沟，木栓层厚而软，内皮鲜黄色。奇数羽状复叶，对生，小叶5～13片，卵形或卵状披针形，叶缘具细锯，齿间具腺点，主脉基部两侧密被柔毛。圆锥状聚伞花序，雌雄异株；花小，黄绿色；雄花具雄蕊5；雌花子房有短柄，5室，雄蕊退化呈鳞片状。浆果状核果呈球形，熟时紫黑色。分布于东北和华北。生于山地混杂林中或山谷溪边，除去栓皮的树皮（关黄柏）能清热燥湿，泻火除蒸，解毒疗疮。

同属植物黄皮树 *P. chinense* Schneid. 小叶7～15片，下面密生长柔毛；木栓层薄。分布于四川、湖北、云南等省。其树皮（川黄柏）功效同关黄柏。（图11－57）

吴茱萸 *Evodia rutaecarpa*（Juss.）Benth. 落叶灌木或小乔木，幼枝紫褐色，连同叶轴及花序轴均被锈色长柔毛。奇数羽状复叶，对生，小叶5～9，椭圆形，下面密被长柔毛，具透明油点。雌雄异株，聚伞圆锥花序顶生，花白色；雄花具雄蕊5，花药基着；雌花退化雄蕊呈鳞片状，子房5心皮。蓇果扁球形，成熟时开裂成5瓣，呈蓇葖果状，紫红色，有腺点。每分果含种子1颗，黑色，具光泽。分布于陕西、甘肃、贵州、广西、湖南、云南、浙江、四川等地。生于低海拔向阳林下或林缘旷地。果实能散寒止痛，降逆止呕，助阳止泻。

石虎 *E. rutaecarpa*（Juss.）Benth. var. *officinalis*（Dode）Huang 和疏毛吴茱萸 *E. rutaecarpa*（Juss.）Benth. var. *bodinieri*（Dode）Huang 为吴茱萸的两个变种，其果实也作吴茱萸

入药。

花椒 *Zanthoxylum bungeanum* Maxim. 落叶灌木或小乔木。茎干通常具皮刺。奇数羽状复叶，互生，叶轴两侧具一对皮刺；小叶 5～11 片，卵形或卵状长圆形，主脉背面具刺。聚伞状圆锥花序顶生；花单性，花被片 4～8；雄花雄蕊 4～8；雌花心皮 4～6，仅 2～3 个成熟。蓇葖果球形，密生疣状突起的腺体。种子卵圆形，黑色，具光泽。分布于华北、西北、西藏、华东和西南等省区，广泛栽培。喜生于阳光充足，温暖肥沃之处。果实可温中止痛，杀虫止痒。

本属植物青椒 *Z. schinifolium* Sieb. et Zucc. 的果实同作花椒入药。

图 11－57 黄檗（1～5） 黄皮树（6～9）

1. 果枝 2. 树皮 3. 雄花 4. 雌花
5. 种子 6. 果枝 7. 叶背面具毛茸
8. 雄花 9. 除去花被后的雌花

26. 楝科 Meliaceae $⚥ * K_{(4\sim5),(6)} C_{4\sim5,3\sim10,(3\sim10)} A_{(8\sim10)} \underline{G}_{(2\sim5:2\sim5:1\sim2)}$

乔木或灌木。羽状复叶，稀单叶，互生，无托叶。花常两性，辐射对称，圆锥花序；花萼 4～5，基部常合生；花瓣 4～5，分离或基部合生；雄蕊 8～10，花丝合生成管状；具花盘，或缺；子房上位，心皮 2～5 合生，2～5 室，每室具胚珠 1～2，稀更多。蒴果、浆果或核果。

本科约 50 属，1400 余种，主要分布于热带和亚热带地区。我国有 15 属，59 种，分布于长江以南各省区。药用 10 属，20 余种。

本科植物含有三萜类成分如川楝素（toosendanin）、苦楝酮（kulinone）、洋椿苦素（cedrolone）、米仔兰醇（aglaiol）及香豆素类成分。

【药用植物】

楝（苦楝）*Melia azedarach* L. 落叶乔木。叶互生，二至三回羽状复叶，小叶卵形至椭圆形，边缘有钝齿。圆锥花序腋生；花淡紫色，花萼 5 裂；花瓣 5，倒披针形，被短柔毛；雄蕊 10，花丝合生成管状，花药着生在管顶内侧；子房上位，4～5 室。核果近球形，黄色直径 1.5～2 cm，4～5 室。分布于黄河流域及其以南地区。多为栽培。树皮和根皮（苦楝皮）可杀虫，疗癣。

川楝 *Melia toosendan* Sieb. et Zucc. 与楝不同点在于小叶狭卵形，全缘或具不明显的疏锯齿。核果直径约 3cm，6～8 室。分布于四川、云南、贵州、湖南、湖北、河南、甘肃等省。除作苦楝皮入药外，果实（川楝子）能疏肝泄热，行气止痛，杀虫。（图 11－58）

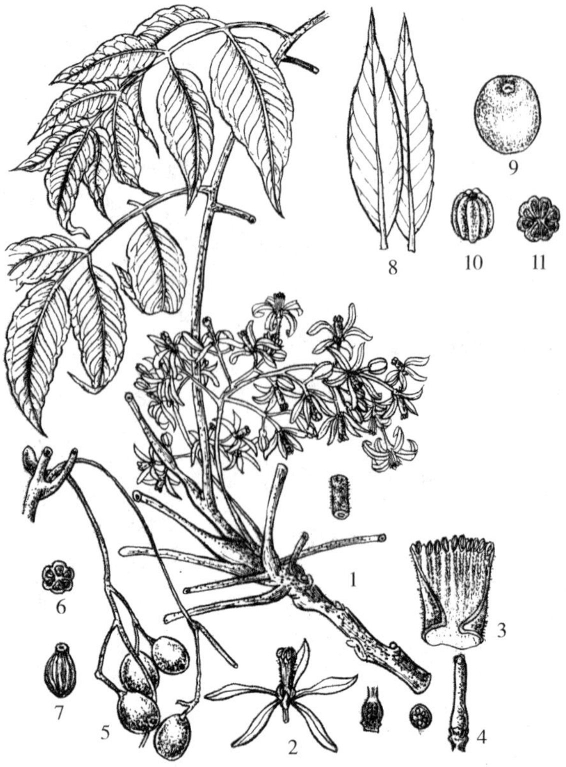

图 11-58 楝（1~7） 川楝（8~11）

1. 花枝 2. 花 3. 展开雄蕊 4. 雌蕊 5. 果枝 6. 果核横切面 7. 果核
8. 小叶 9. 核果 10. 果核 11. 果核横切面

27. 远志科 Po1ygalaceae $⚥\uparrow$ $K_5C_{3,5}A_{(4\sim8)}\underline{G}_{(1\sim3:1\sim3:1\sim\infty)}$

草本，灌木，稀小乔木。单叶，互生，全缘，无托叶。花两性，两侧对称；排成总状或穗状花序；萼片5，不等大，最内2片显著，常呈花瓣状；花瓣5或3，不等大，最下面1枚呈龙骨状，顶部具鸡冠状附属物；雄蕊8，稀4~5，花丝合生成鞘状，且多少与花瓣基部合生，花药顶孔开裂；子房上位，1~3心皮合生，通常2室，每室具1胚珠。蒴果、核果或坚果。种子常有毛或假种皮。染色体：X = 5、8、12、14、15、17。

本科约16属，1000种，分布于热带和温带地区。我国有5属，47种，全国均有分布。药用约3属，30种。

本科植物含三萜皂苷，如远志皂苷（tenuigenin）；此外，还含有生物碱，如远志碱（tenuidine），以及酮类成分等。

【药用植物】

远志 *Polygala tenuifolia* Willd. 多年生小草本，高25~40cm。茎丛生，纤细。单叶互生，线形，侧脉不明显。总状花序顶生，花梗纤细，稍下垂；萼片5，其中2片呈花瓣状，绿白色；花瓣3，中央1瓣呈龙骨状，顶部具鸡冠状附属物，紫色；雄蕊8，花丝合生成鞘状；子房上位，2心皮。蒴果扁卵圆形，边缘具狭翅。种子密被白色绒毛。分布于东北、华北、西北和华东地区，山西、陕西大面积栽培。生于向阳山坡及沙质草地。根皮或根能安神益智，祛痰消肿。（图11-59）

图 11-59　远志(1~4)　卵叶远志(5)　瓜子金(6)

1. 根　2. 花枝　3. 花　4. 果实　5. 卵叶远志　6. 瓜子金

卵叶远志（西伯利亚远志）*P. sibirica* L. 与远志不同点在于：叶椭圆形至矩圆状披针形。花蓝紫色。蒴果近倒心形，周围疏生短睫毛。分布于各地。根亦作远志药用。

瓜子金 *P. japonica* Houtt. 叶披针形或狭椭圆形。蒴果具宽翅。分布于东北、华北、华中、华东和西南各地。全草或根能祛痰止咳，活血消肿，解毒止痛。

28. 大戟科 Euphorbiaceae　♂ ＊ $K_{0\sim5}C_{0\sim5}A_{1\sim\infty}$；♀ ＊ $K_{0\sim5}C_{0\sim5}\underline{G}_{(3:3:1\sim2)}$

乔木、灌木或草本，常含乳汁。单叶，互生，稀对生；叶基部常具腺体；托叶早落。花单性，雌雄同株或异株；花序穗状、总状、聚伞状，或为杯状聚伞花序（cyathium）；萼片多 5~2，稀 1 或缺；花瓣缺，具花盘或腺体；雄蕊 1 至多数，花丝分离或连合，或仅 1 枚；雌蕊 3 心皮，子房上位，3 室，中轴胎座，每室具 1~2 胚珠。蒴果，少数为浆果或核果；种子具胚乳。染色体：X ＝ 4~11、12。

本科约 300 属，8000 余种，广布全世界各地，主产于热带。我国约 66 属，364 种。主要分布在长江以南各省。药用 39 属，160 余种。

本科植物化学成分十分复杂，主要有生物碱、萜类、氰苷、硫苷等，种子中富含脂肪油和蛋白质，多具毒性，如巴豆毒素（crotin）、蓖麻毒素（ricin）等。生物碱，如一叶萩碱（securinine）、N-甲基散花巴豆碱（N-methy lcrotoparinine）等；二萜类生物活性较强，主要分布于大戟属、巴豆属、麻疯树属和乌桕属；大戟属植物乳汁中含有大量的三萜类成分。

【药用植物】

大戟 *Euphorbia pekinensis* Rupr. 多年生草本，具白色乳汁。单叶，互生，披针形至长椭圆形。多歧聚伞花序，总伞梗基部具 5~8 个卵形或卵状披针形的叶状总苞片，每伞梗常具

2 级分枝 3 ~4 个，其基部着生卵圆形叶状苞片 3 ~4，末级分枝顶端着生杯状聚伞花序，其外面围以黄绿色杯状总苞，总苞顶端具相间排列的萼状裂片和肥厚肉质腺体，内部着生多数雄花和 1 枚雌花。雄花仅具 1 雄蕊，花丝和花柄间有关节（为花被退化的痕迹）；雌花位于花序中央，仅具 1 雌蕊，子房具长柄，突出且下垂于总苞之外，子房上位，3 心皮合生，3 室，每室具 1 胚珠，花柱 3，上部常 2 叉。蒴果三棱状球形，表面具疣状突起。除新疆、西藏、海南、云南、广东、广西外均有分布。生于山坡及田边。根（京大戟）有毒，能泻水逐饮，消肿散结。（图 11 –60）

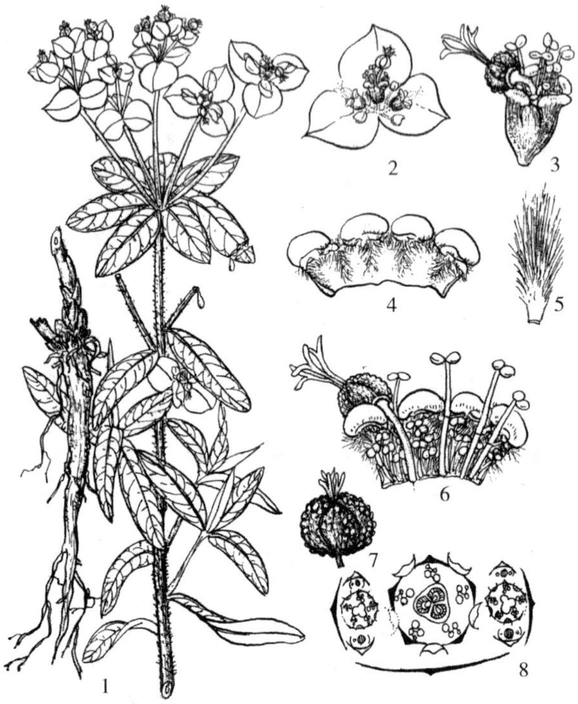

图 11 –60　大戟

1. 植株　2. 小聚伞花序　3. 杯状聚伞花序　4. 展开的杯状总苞　5. 总苞中的鳞片　6. 展开的杯状聚伞花序示腺体、雄蕊及雌蕊　7. 蒴果　8. 花图式

同属药用植物还有：月腺大戟 *E. ebracteolata* Hayata，狼毒大戟 *E. fischeriana* Steud.，甘遂 *E. kansui* Liou，续随子 *E. lathyris* L.，地锦草 *E. humifusa* Willd.，泽漆*E. helioscopia* L. 等。

巴豆 *Croton tiglium* L.　常绿小乔木或灌木。幼枝绿色，疏被星状毛。单叶互生，卵形至长圆状卵形，两面疏生星状毛，基部近叶柄处具 2 枚无柄杯状腺体。花单性，雌雄同株；总状花序顶生，雄花在上，萼片 5，花瓣 5，反卷，雄蕊多数，分离；雌花在下，萼片 5，宿存，无花瓣，上房上位，3 室。蒴果卵形，具 3 钝棱，密被星状毛。分布于长江以南地区，野生或栽培。种子有大毒，能峻下冷积，逐水退肿，豁痰利咽；外用蚀疮。

蓖麻 *Ricinus communis* L.　北方为一年生草本，在南方常成灌木。叶互生，叶片掌状 7 ~9 深裂，叶柄盾状着生，有腺体。花单性，雌雄同株；花序总状或圆锥状；雄花在下，花被 3 ~5 裂，雄蕊多数，花丝多分枝；雌花在上，花被 3 ~5 裂，子房上位，3 室，花柱 3，各 2 裂。蒴果长圆形，密被刺状突起。种子具斑状花纹，具种阜。我国各地均有栽培。种子（蓖麻子）含多种蓖麻毒蛋白，能消肿拔毒，泻下通滞；冷榨所得的蓖麻油，具泻下通便作用。

余甘子 *Phyllanthus emblica* L. 落叶小乔木或灌木。树皮灰白色，易片状脱落，露出赤红色内皮。单叶互生，线状长圆形，呈羽状复叶状。花单性同株，簇生于叶腋，每簇具雌花 1 朵和雄花多数；萼片 5～6，黄色，无花瓣；雄花具腺体，雄蕊 3，花丝合生呈柱状；雌花花盘杯状。蒴果球形。分布于西南，华南等省区。生于疏林，向阳山坡地。果实能清热凉血，消食健胃，生津止咳。

叶下珠 *P. urinaria* L. 本种与余甘子主要区别在于：一年生直立草本。花几无梗，雄花 2～3，簇生叶腋；雌花单生。分布于长江以南地区。全草入药可平肝清热，利水解毒。

本科除上述常用药用植物外，尚有多种重要经济植物。如：油桐 *Vernicia fordii*（Hemsl.）Airy Shaw 种仁含油量达 40% 以上，称桐油，为优良的干性油，是我国著名特产之一。乌桕 *Sapium sebiferum*（L.）Roxb. 根皮、叶能清热解毒，止血止痢，有小毒。种子表皮蜡质是生产蜡烛和肥皂的原料；种子油为干性油，可作油漆的生产原料。橡胶树 *Hevea brasiliensis* Muell. Arg. 为优良的橡胶植物。一叶萩 *Flueggea suffruticosa*（Pall.）Baill. 枝条、叶能活血通络，是提取一叶萩碱的原料。

29. 漆树科 Anacardiaceae $⚥ * K_{(3\sim5)} C_{3\sim5,\ (3\sim5)} A_{5\sim10} \underline{G}_{(1\sim5:1\sim5:1)}$

木本，含树脂道。复叶或单叶，互生，稀对生，无托叶。花多辐射对称，两性、单性或杂性；圆锥花序顶生或腋生，花萼多少合生，3～5 裂；花瓣 3～5，离生或基部合生，稀缺；花盘环状或杯状；雄蕊通常 5 或 10；子房上位，心皮 1～5，合生，1 室，稀 2～5 室，每室具 1 倒生胚珠。核果，染色体：X ＝ 10、12、14、15、20、21、30。

本科 61 属，600 余种，主要分布于热带、亚热带地区，少数分布于北温带。我国有 16 属，56 种，主要分布于长江以南各省。药用 14 属 35 种。

本科化学成分多含鞣质、黄酮类、树脂类和三萜类成分。

【药用植物】

盐肤木 *Rhus chinensis* Mill. 小乔木或灌木，树皮具白色汁液。奇数羽状复叶，叶轴及叶柄具狭翅，小叶 7～13，卵形或椭圆形，具粗齿。大型圆锥花序顶生，密被灰褐色毛；雄花萼裂片长卵形，边缘具睫毛；花瓣外卷；雄蕊伸出；雌花萼裂片短；雄蕊极短，花盘无毛；子房卵形，密被白色柔毛，花柱 3，柱头头状。核果扁圆形，熟时红色。分布很广，除青海、新疆等地外，几遍全国。盐肤木是角倍蚜 *Melaphis chinensis*（Bell.）Baker 的寄主植物之一。其春季迁移蚜（有翅，雌虫）在盐肤木幼叶上产生无翅雌雄蚜虫，经交配产生无翅单性雌虫（干母），侵入幼叶，刺激组织膨大形成虫瘿，干母营单性生殖形成大量幼虫，虫瘿长大后呈菱形、卵圆形或纺锤形，具角状突起，故称“角倍”。秋季虫瘿中逐渐形成有翅成虫，角倍裂开后迁飞到第二寄主提灯藓属（*Mnium*）植物上越冬。角倍作五倍子入药，能敛肺降火，涩肠止泻，敛汗，止血，收湿敛疮。（图 11－61）

肚倍蚜 *Kaburagia rhusicola* Takagi 寄生在青肤杨 *R. potaninii* Maxim. 及红肤杨 *R. punjabensis* Stew. var. *sinica*（Diels）Rehd. et Wils. 形成的虫瘿呈长圆形或纺锤形，无角状突起，称肚倍，亦作五倍子入药。

图 11－61　盐肤木

1. 枝条　2. 部分复叶（示角倍）

3. 雌花　4. 雄花　5. 核果

南酸枣（五眼睛果）*Choerospondias axillaris*（Roxb.）Burtt et Hill 落叶大乔木，枝紫黑色。羽状复叶互生，小叶 7～15，卵状披针形，基部偏斜。花杂性，异株，雄花和假两性花成聚伞状圆锥花序；雄花序疏被微柔毛或无；花萼裂片三角状卵形，里面被毛，边缘具腺毛；花瓣开花时外卷；花盘盘状，雄蕊 10；雌花单生上部叶腋，较大；子房卵球形，5 室。核果椭圆形或卵形，熟时黄色，中果皮肉质，鼻涕状，果核骨质坚硬，顶端有 5 小孔，有膜质盖。分布于湖南、湖北、广东、广西、云南、贵州、福建、浙江等地。生于山坡或沟谷林中。果实（广枣）能行气活血，养心安神。

漆树 *Toxicodendron vernicifluum*（Stokes）F. A. Barkl. 特产于我国，广泛栽培。割伤树皮，流出的乳汁干涸后称干漆，能破瘀通经，消积杀虫。

30. 冬青科 Aquifoliaceae　$♂ * K_{(3\sim6)} C_{4\sim5,(4\sim5)} A_{4\sim5}$；$♀ * K_{(3\sim6)} C_{4\sim5,(4\sim5)} \underline{G}_{(3\sim\infty:3\sim\infty)}$

乔木或灌木，多常绿。单叶，互生。花腋生，或成聚伞花序，单性异株，或杂性；花小，辐射对称，花萼 4（3～6）裂，基部多少连合常宿存；花瓣 4～5，多基部合生；雄蕊与花瓣同数而互生；子房上位，2 至多数心皮，合生成 2 至多室，每室具胚珠 1～2。浆果状核果，由 2 至多个分核组成，每分核含 1 种子。染色体：X ＝ 18、20。

本科 3 属，400 余种，广布热带和亚热带地区。我国仅有冬青属（*Ilex*）1 属，160 余种，药用 44 种，主要分布于长江流域及以南地区。

本科主要活性成分为三萜类及其皂苷，大致可分为乌苏烷型、齐墩果烷型和羽扇烷型；黄酮类是另一类主要成分，如山柰酚、槲皮素、异鼠李素等；另外还有生物碱、鞣质、香豆素等。

【药用植物】

枸骨 *Ilex cornuta* Lindl. et Paxt. 常绿灌木或小乔木。叶互生，硬革质，叶片长圆状，两侧各具棘刺 1～2 个。花单性异株。簇生于二年生枝上。花瓣 4，黄绿色；雄蕊 4，与花瓣互生；子房上位，4 室。核果球形，熟时红色，具分核 4 枚。分布于长江中下游地区。生于杂木林和灌丛中。叶（枸骨叶）能清热养阴，益肾平肝。果实（枸骨子）能补肝肾，强筋活络，固涩下焦。（图 11－62）

大叶冬青 *Ilex latifolia* Thunb. 常绿乔木。叶厚革质，螺旋状着生，长椭圆形或卵状椭圆形。聚伞花序，密集叶腋；花杂性，4 基数，花被片基部合生。核果球形，分核长 4mm。分布于广东、广西、福建、浙江、安徽、江苏等地。嫩叶（苦丁茶）为我国南部及西南部传统用药，能散风热、清头目、除烦渴。

此外，本属植物冬青 *I. chinensis* Sims 的叶片（四季青）入药，能清热解毒，消肿祛瘀。铁冬青 *I. rotunda* Thunb. 的树皮（救必应）能清热解毒，利湿止痛。

31. 卫矛科 Celastraceae　⚥ $* K_{(4\sim5)} C_{4\sim5} A_{4\sim5} \underline{G}_{(1\sim5:1\sim5:1\sim2)}$

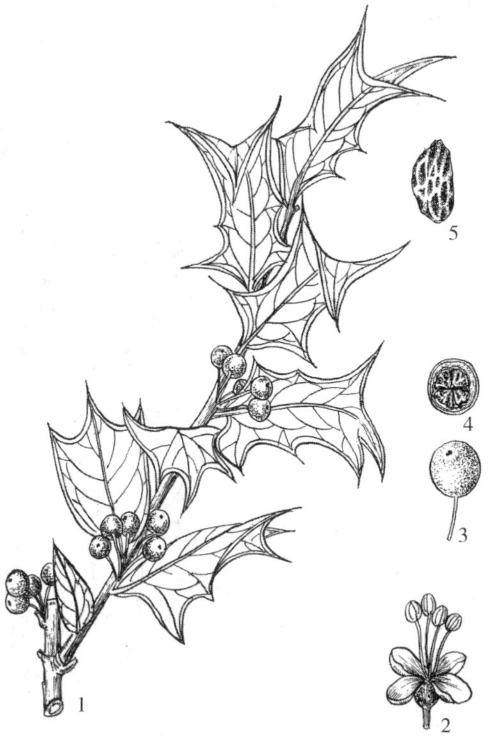

图 11－62　枸骨

1. 果枝　2. 花　3. 果实　4. 果实横切面　5. 分核

乔木、灌木或藤木。单叶，对生或互生；花两性或单性，辐射对称；聚伞花序，稀总状，顶生或腋生，有时单生；萼片 4～5，宿存；花瓣 4～5；花盘发达；雄蕊 4～5，常着生于花盘上；子房上位，由 1～5 心皮组成 1～5 室，通常每室胚珠 2；花柱短或无，柱头 3～5 裂。蒴果、翅果、浆果或核果；种子常具鲜艳的假种皮。染色体：X ＝ 8、10、12、17、19、23、40。

本科约 55 属，850 种，分布热带和温带。我国有 12 属，近 200 种，全国各地均有分布，药用 9 属，近 100 种。

本科主要含有倍半萜酯生物碱和倍半萜醇和内酯类成分，如美登木碱（maytansine）、雷公藤碱（wilfordine）、雷公藤内酯（tripototriterpenoidal lactone）等，尚含有强心苷、黄酮类成分。

【药用植物】

雷公藤 *Tripterygium wilfordii* Hook. f. 灌木。小枝棕红色，具 4～6 棱，密生瘤状皮孔和锈色短毛。单叶互生，椭圆形或阔卵形，边缘具细锯齿，近革质。圆锥状聚伞花序，顶生或腋生，被锈色毛；花杂性，花白绿色，5 基数；雄蕊着生于花盘边缘。蒴果长圆形，具 3 片膜质翅。分布于长江流域各省及西南地区。生于背阴多湿的山坡、山谷或溪边。根有毒，能祛风除湿，活血通络，消肿止痛，杀虫解毒。

东北雷公藤 *T. regelli* Sprague et Takeda 在东北地区作雷公藤入药。昆明山海棠 *T. hypoglaucum*（Lèvl.）Hutch. 叶卵圆形至长圆状卵形，背面具白粉。分布于湖南以及西南地区。全株入药，治疗风湿性关节炎等。

卫矛 *Euonymus alatus*（Thunb.）Sieb. 灌木。小枝常呈四棱形，具 2～3 列宽达 1cm 的木栓质翅。叶对生，椭圆形或倒卵形。聚伞花序；花淡黄绿色，4 基数；花盘肥厚方形；雄蕊具短花丝。蒴果，1～3 室。种子具橘红色假种皮。分布于我国南北各地。生于山坡丛林中。

带翅枝条称“鬼箭羽”，能破血，通经，杀虫。（图 11－63）

图 11－63　卫矛

1. 花枝　2. 花　3. 果实

南蛇藤 *Celastrus orbiculatus* Thunb. 落叶攀缘灌木。单叶互生，叶变化较大，近圆形至倒卵形，具钝齿。雌雄异株；聚伞花序腋生；花黄绿色，5 基数。蒴果球形。分布于全国大部分地区。其茎藤入药可祛风湿，活血脉。果实在部分地区作“合欢”入药，能安神养心，理气解郁。美登木 *Maytenus hookeri* Loes. 主产于云南，含美登木碱，具抗肿瘤作用。

32. 无患子科 Sapindaceae　$⚥ * \uparrow K_{4\sim5}C_{4\sim5,\,0}A_{5\sim10}\underline{G}_{(2\sim4:2\sim4:1\sim2)}$

木本，少藤本。叶互生，羽状或掌状复叶，多无托叶。花两性，单性或杂性，辐射对称或两侧对称，聚伞或圆锥花序，顶生或腋生；花小，萼片 4～5；花瓣 4～5；花盘肉质；雄蕊 5～10，生于花盘内侧或花盘上；子房上位，2～4 心皮，组成 2～4 室，每室胚珠 1～2。蒴果、核果。种子常被假种皮，无胚乳。染色体：X ＝ 11～16。

本科约 150 属，2000 余种，广布于热带和亚热带。我国有 25 属，50 余种，主要分布于长江以南地区。药用 11 属，20 余种。

本科植物常含豆甾醇类、三萜类成分等，如无患子皂苷（sapindosides）等。

【药用植物】

龙眼 *Dimocarpus longan* Lour. 常绿乔木。幼枝具锈色柔毛。偶数羽状复叶，互生，小叶 2～6 对，椭圆形或卵状披针形，革质。圆锥花序顶生或腋生，被锈色星状柔毛；花杂性，黄白色，花萼 5 深裂；花瓣 5 深裂；雄蕊 8 枚；子房 2～3 室，仅 1 室发育。果实核果状，外果皮具扁平瘤点，鲜假种皮白色肉质。种子黑色，有光泽。栽培于福建、台湾、广东、

广西、海南、云南、四川、贵州等地。假种皮（龙眼肉）能补益心脾，养血安神，也作滋补食品。（图 11－64）

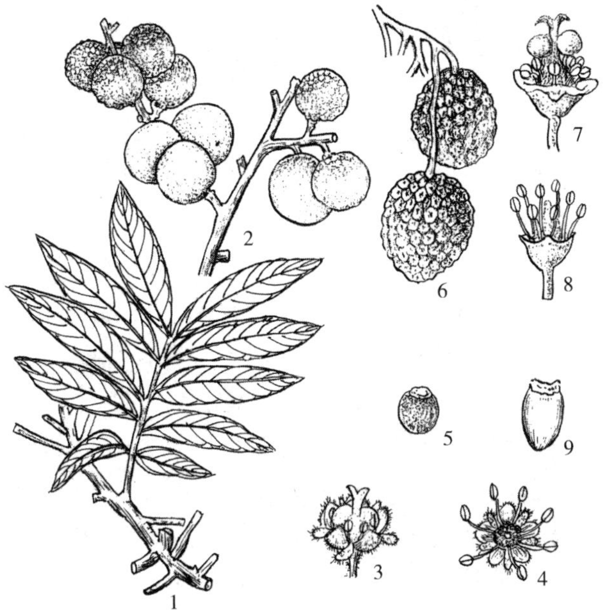

图 11－64　龙眼(1～5)　荔枝(6～9)

1. 枝条　2. 果枝　3. 雌花　4. 雄花　5. 种子　6. 果枝　7. 雌花　8. 雄花　9. 种子

荔枝 *Litchi chinensis* Sonn. 常绿乔木。偶数羽状复叶，互生，小叶 2～4 对，长圆形或长椭圆形。圆锥花序顶生；花杂性，绿白色或淡黄色；花萼杯状，4 裂；无花冠，雄蕊 6～10；花盘环状肉质；子房 2～3 室，仅 1 室发育。核果近球形，外果皮有瘤状突起，熟时暗红色。种子具白色肉质的假种皮。栽培于我国东南部、南部、西南部，尤以广东、福建南部为多。种子（荔枝核）能行气散结，祛寒止痛。（图 11－64）

本科药用植物尚有文冠果 *Xanthoceras sorbifolia* Bunge，分布于东北、华北及陕西、甘肃、宁夏。木材能祛风除湿，消肿止痛。无患子 *Sapindus mukorossi* Gaertn. ，分布于陕西及长江流域以南各省区。

33. 鼠李科 Rhamnaceae　$⚥ * K_{(4\sim5)} C_{(4\sim5)} A_{4\sim5} \underline{G}_{(2\sim4:2\sim4:1)}$

乔木或灌木，常具枝刺或托叶刺。单叶互生，稀对生，羽状脉或 3～5 基出脉，常具托叶。花小，两性或单性，辐射对称，聚伞花序或圆锥花序；花萼 4～5 裂，镊合状排列；花瓣 4～5；雄蕊 4～5，与花瓣对生，花盘发达；子房上位，或部分埋藏于花盘中，2～4 心皮合生，2～4 室，每室 1 胚珠。核果或蒴果，种子常具胚乳，染色体：X ＝ 10、11、12、13。

本科 58 属，900 余种，分布于温带至热带地区。我国产 14 属，130 余种，南北均有分布。药用 12 属，76 种。

本科植物化学成分主要有①蒽醌：如大黄素（emodin）、大黄酚（chrysophanol）等；②三萜皂苷：如酸枣仁皂苷（jujubosides）等；③生物碱：如枣碱（ziziphin）、枣宁碱（ziziphinin）等。

【药用植物】

枣 *Ziziphus jujuba* Mill. 落叶乔木或灌木。小枝红褐色，光滑，具刺，长刺粗壮，短刺钩状。单叶互生，长圆状卵形或披针形，基生三出脉。聚伞花序腋生；花黄绿色，萼片、花瓣、雄蕊，均5枚；花盘肉质圆形，子房下部与花盘合生。核果熟时深红色，果核两端尖。全国各地栽培，主产黄河流域。果（大枣）能补中益气，养血安神。（图11－65）

酸枣 *Z. jujuba* Mill. var. *spinosa*（Bunge）Hu ex H. F. Chow 与原种主要区别为：灌木，枝刺细长，叶较小。果小，短长圆形，果皮薄；果核两端钝。分布于华北、西北、华东等地。生于干旱向阳山坡丘陵、平原。种子（酸枣仁）能养心补肝，宁心安神，敛汗生津。图（11－65）

本科植物枳椇 *Hovenia acerba* Lindl. 种子（枳椇子）能止渴除烦，清温热、解酒毒。

34. 锦葵科 Malvaceae　$⚥ * K_{(5),5}C_5A_{(\infty)}\underline{G}_{(3\sim\infty:3\sim\infty)}$

草本或木本，常具丰富的韧皮纤维，有的植物含黏液质。单叶互生，多具掌状脉，托叶早落。花两性，辐射对称，单生或成聚伞花序；花萼通常5，离生或基部合生，镊合状排列，其下具一轮副萼，萼宿存；花瓣5，旋转状排列；雄蕊多数，单体（花丝下部合生成管状）；子房上位，心皮3至多数合生，3至多室，中轴胎座。蒴果或分果，染色体X ＝ 5、2、11～20。

本科约75属，1000余种，分布于温带和热带地区。我国17属，81种，分布于南北各地。药用12属，60余种。

本科植物主要含有黄酮类、生物碱类、酚类等。草棉属（*Gossypium*）植物的种子含棉酚（gossypol），具抗菌、抗病毒、抗生育、抗肿瘤等作用。

【药用植物】

苘麻 *Abutilon theophrasti* Medic. 一年生草本，全株密生星状毛。叶互生，心脏形，具长尖。花单生叶腋，黄色，无副萼；单体雄蕊，与花瓣基部合生；心皮15～20，排成一轮。蒴果半球形，成熟后分果分离，分果先端具2长芒。分布于全国各地，野生或栽培。种子（苘麻子）能清热解毒，利湿，退翳。（图11－66）

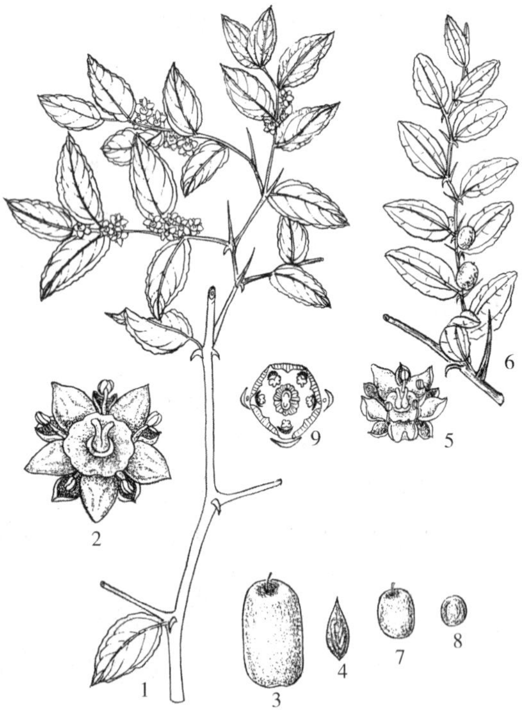

图11－65　枣(1～4)　酸枣(5～9)

1. 花枝　2. 花　3. 核果　4. 果核　5. 花
6. 果枝　7. 核果　8. 果核　9. 花图式

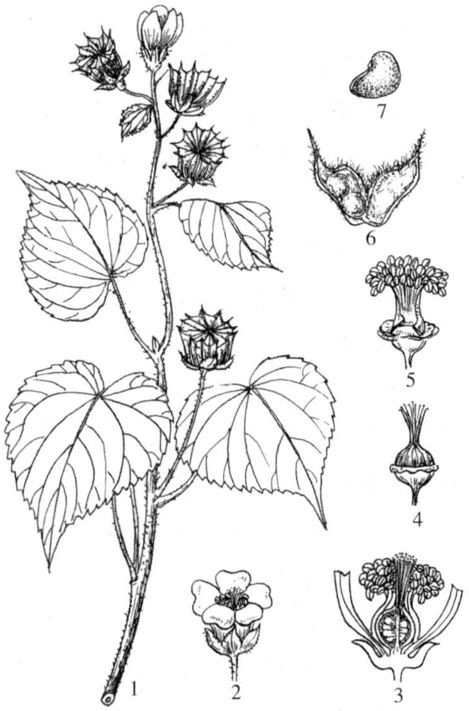

图11－66　苘麻

1. 植株上部　2. 花　3. 花纵剖面　4. 雌蕊
5. 雄蕊剖开　6. 展开分果　7. 种子

木槿 *Hibiscus syriacus* L. 落叶灌木或小乔木。单叶互生，叶片菱状卵形或卵形，常3裂。花单生于叶腋，副萼线形；花萼钟形，5裂；花瓣5，淡红色、紫色或白色；单体雄蕊；5心皮合生。蒴果长椭圆形，先端具尖嘴。全国各地栽培。根皮和茎皮（木槿皮）能清热利湿，解毒止痒。花能清热解毒，消炎。果实（朝天子）能解毒止痛，清肝化痰。

本科重要药用植物还有：草棉 *Gossypium herbaceum* L. 各地栽培，根能补气，止咳、平喘；种子（棉籽）能补肝肾、强腰、催乳，有毒慎用。冬葵 *Malva verticillata* L. 的果实（冬葵果）可清热利尿，消肿。

35. 藤黄科 Guttiferae $⚥ * K_{4\sim5}C_{4\sim5}A_{(\infty),8}\underline{G}_{(3\sim5:1\sim5:1\sim\infty)}$

草木或灌木。单叶对生，稀轮生，全缘，常具透明或暗色腺点；无托叶。花两性或单性，辐射对称，单生或成聚伞花序，顶生或腋生；萼片4～5，覆瓦状排列；花瓣4～5，覆瓦状或旋转状排列；雄蕊通常多数，每3或5枚合生成1束（多体雄蕊），稀离生或全部合生；子房上位，多3～5室，每室胚珠1～2或多数，花柱丝状，离生或合生。蒴果、浆果或核果。染色体：7～10。

本科约45属，1000余种，广布于热带及温带地区。我国有8属，70余种，分布于全国各地。药用5属40余种。

本科植物多含蒽酮类、黄酮类、生物碱类、间苯三酚类、挥发油、鞣质等。

【药用植物】

贯叶金丝桃（贯叶连翘）*Hypericum perforatum* L. 多年生草本，茎多分枝，两侧各具凸起纵棱1条。单叶对生，椭圆形至线形，基部包茎，密布透明腺点。花黄色，成聚伞花序；萼片和花瓣边缘以及花药上均被黑色腺点。蒴果矩圆形，具泡状突起。分布于华东、华北、西北、西南等地。全草入药可疏肝解郁，清热利湿，消肿通乳。（图11－67）

本属国产近50种，重要的药用植物有：黄海棠（湖南连翘）*H. ascyron* L. 分布于黄河流域和长江流域等地。地上部分入药，能凉血止血，泻火解毒。还有地耳草 *H. japonicum* Thunb. 、金丝桃 *Hypericum monogynum* L. 、小连翘 *H. erectum* Thunb. 、元宝草 *H. sampsonii* Hance 等。

36. 瑞香科 Thymelaeaceae $⚥ * K_{(4\sim5)}C_0A_{4\sim5,8\sim10}G_{(2:1\sim2:1)}$

灌木，稀乔木或草本。茎韧皮纤维发达。单叶，对生或互生，全缘，无托叶。花两性或单性，辐射对称，集成头状、总状或伞形花序，稀单生；花萼管状，4～5裂，呈花瓣状；花瓣缺或退化成鳞片状；雄蕊常与花萼裂片同数或为其2倍，通常着生于萼管的喉部；花盘环形或杯形；子房上位，常生于雌蕊柄上，1～2室，每室1倒生胚珠。浆果、核果或坚果，稀蒴果。染色体：X＝9。

本科约50属，500种，主要分布于温带及热带地区。我国有9属，90余种，主要分布于长江以南地区。药用7属，近40种。

本科植物主要含：①挥发油类，如沉香螺醇（agarospirol）、荛花醇（wikstromol）等；②二萜酯类，如芫花酯甲（yuanhuacin）等；③香豆素类，如瑞香素（daphnetin）、瑞香苷（dapnin）等；④其他成分，如木脂素类、黄酮等。

【药用植物】

土沉香 *Aquilaria sinensis*（Lour.）Spreng. 常绿乔木。叶互生，革质，长卵形、倒卵形或椭圆形。伞形花序顶生或腋生；花钟形，黄绿色，被柔毛；花瓣10，退化成鳞片状，着生于花被管喉部；雄蕊10；子房2室。蒴果木质。种子黑棕色，基部有红棕色角状附属物。

分布于福建、海南、广东、广西和台湾。其树干含树脂的心材（沉香）能行气止痛，温中止呕，纳气平喘。传统所称的沉香为同属植物沉香 *Aquilaria sinensis*（Lour.）Spreng 的含树脂心材，主产于南亚地区，我国热带地区有引种，药用主要依赖进口。

芫花 *Daphne genkwa* Sieb. et Zucc. 灌木。叶对生，椭圆形。花先叶开放，淡紫色，数朵簇生于叶腋的短枝上；花萼管状，被绢毛，花冠状，先端4裂；雄蕊8，2轮着生于花萼管上，几无花丝；花盘上部全缘。核果白色。种子1枚，黑色。分布于华北、华东以及四川等省区。生于山坡和路旁。花蕾（芫花）能泻水逐饮；外用杀虫疗疮。（图11－68）

图11－67　贯叶金丝桃

1. 植株一部分　2. 叶　3. 花　4. 雄蕊　5. 果实　6. 雌蕊和萼片

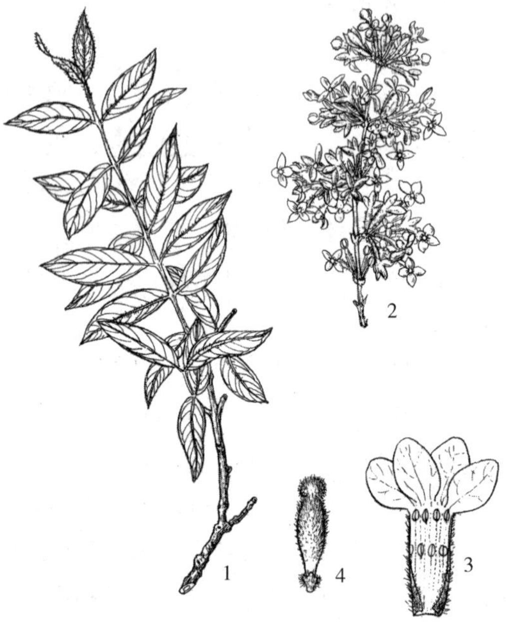

图11－68　芫花

1. 枝条　2. 花枝　3. 花萼管剖开，示雄蕊　4. 雌蕊

同属药用的还有：黄瑞香 *D. giraldii* Nitsche（其茎皮和根皮药用称祖师麻）、滇瑞香 *D. feddei* Lèvl. 、瑞香 *D. odora* Thunb. 等，多具祛风，除湿，止痛的功效。

南岭芫花 *Wikstroemia indica*（L.）C. A. Mey. 小灌木，光滑无毛，多分枝，幼枝红褐色。叶对生，倒卵形或长椭圆形。花数朵成伞状或近头状。花被管4裂；雄蕊8，2轮，浆果，熟时鲜红色。分布于长江以南各地。茎叶（了哥王）能清热解毒，消肿止痛，化痰散结。

37. 胡颓子科 Elaeagnaceae　$⚥ * K_{(4\sim2)}C_0A_{4\sim8}\underline{G}_{(1:1:1)}$

木本，常具刺，全株被银色、锈色或褐色盾状鳞片或星状毛。单叶，多互生，全缘，无托叶。花两性或单性，稀杂性，花单生、簇生或再集成总状；花萼常合生成管状，4裂，稀2裂，镊合状排列，常在子房上部明显收缩；无花瓣；雄蕊与萼片同数而互生，少为其倍数，着生于萼筒喉部；子房上位，1心皮，1室，胚珠1。坚果或瘦果，常被肉质宿存的花萼管所包被，呈核果状或浆果状。种子坚硬，无胚乳。染色体：X ＝ 11、12、14。

本科有3属，约80种，分布于亚洲东南部地区。我国有2属，约60种，南北各地均有分布。药用2属，30余种。

本科化学成分主要含吲哚类生物碱，如胡颓子碱（elaeagnine）、哈尔满碱（harman）等；黄酮类，如鼠李素（isorhamnetin）及其糖苷、芦丁等；含有丰富的维生素以及有机酸、糖类、鞣质。

【药用植物】

沙棘 *Hippophae rhamnoides* L. 落叶灌木或小乔木，多分枝，枝刺粗壮，幼枝密被淡褐色盾状鳞片。单叶互生或近对生，条形或条状披针形，被银白色鳞片。花单性，先叶开放，雌雄异株；花小，淡黄色，花萼 2 裂；雄花较先开放，淡黄色，花盘 4 裂与雄蕊互生；雌花比雄花后开放，具短梗；花萼筒囊状，顶端 2 裂。坚果核果状，近球形或卵圆形，熟时橙黄色至橘红色，多汁液。分布于华北、西北温带地区。生于高原山地、河滩、岸边。本属 4 种，我国均有分布。果实能健脾消食，止咳祛痰，活血散瘀。(图 11－69)

图 11－69　沙棘

1，2. 果枝　3，4. 叶腹背面放大　5. 雄花　6. 雌花

胡颓子属 *Elaeagnus* 花两性或杂性，花萼 4 裂。约 80 种，我国约 55 种，如沙枣（桂香柳）*E. angustifolia* L. 、牛奶子 *E. umbellate* Thunb. 、木半夏 *E. multiflora* Thunb. 等，可用作药用、蜜源、水土保持树种等。

38. 桃金娘科 Myrtaceae　⚥ $* K_{(3\sim\infty)} C_{4\sim5} A_{\infty,(\infty)} G_{(2\sim\infty:1\sim5:1\sim\infty)}$　$G_{(2\sim\infty:1\sim5:1\sim\infty)}$

常绿木本，多具挥发油。单叶对生，具透明腺点，无托叶。花两性，辐射对称，单生或集成穗状、伞房状、总状或头状花序；花萼 4～5 裂，宿存；花瓣 4～5，着生于花盘边缘，或与萼片连成一帽状体；雄蕊多数，花丝分离或合生成 1 至多体，药隔顶端常有 1 腺体；心皮2～5，合生，子房下位或半下位，1 至多室，每室多数胚珠，花柱单生。浆果、核果或蒴果。种子无胚乳。染色体：X ＝ 6～9，11。

本科约 75 属，3000 余种，分布于热带和亚热带地区。我国原产 8 属，89 种，分布于长江以南地区，另引种 8 属，73 种。药用 10 属，30 余种。

本科植物主要含挥发油，如甲基丁香酚（methyleugenol）、香橙烯（aromadandrene），此外尚含有黄酮类，如桉树素（eucalyptin），以及酚类、鞣质等。

【药用植物】

丁香 *Eugenia caryophyllata* Thunb. 常绿乔木。叶对生，长椭圆形，羽状脉具透明油腺点。聚伞花序顶生；萼4裂，花瓣4，淡紫色，具浓烈香气；雄蕊多数；子房下位，2室。浆果红棕色，具宿存萼片。原产马来群岛及东非沿海地区，我国广东、广西、海南、云南等地有引种栽培。花蕾（公丁香），果实（母丁香）均能温中降逆，补肾助阳。含丁香油16%~18%，用于治疗牙痛和作香料。（图11-70）

图11-70　丁香

1. 枝条　2. 花蕾　3. 花蕾纵剖面

桃金娘 *Rhodomyrtus tomentosa*（Ait.）Hassk. 常绿灌木。叶对生，近革质，椭圆形或倒卵形。聚伞花序，有花1~3朵；花萼5裂，不等长；花瓣5，玫瑰红色；雄蕊多数，分离；子房下位，2~6室。浆果熟时暗紫色。分布于华南和西南地区。果实（山稔子）能养血止血，涩肠固精。根能祛风活络，收敛止泻。叶、花能止血。

蓝桉 *Eucalyptus globulus* Labill. 常绿乔木，树皮成薄片状剥落，幼枝呈方形。叶蓝绿色，被白粉，披针形，常一侧弯曲，具腺点，侧脉末端于叶缘处合生。花白色；花萼与花瓣合生呈帽状。蒴果杯形。我国西南部和南部有栽培。叶中含挥发油0.92~2.89%，入药称桉油，可祛风止痛。同属其他植物的挥发油亦作桉油入药，如大叶桉 *E. robusta* Smith、细叶桉 *E. tereticornis* Smith、柠檬桉 *E. citriodora* Hook. f. 等。

39. 五加科 Araliaceae　⚥ $* K_{(5)} C_{5\sim10} A_{5\sim10} \overline{G}_{(2\sim15:2\sim15:1)}$

木本，稀多年生草本，茎有时具刺。叶多为掌状复叶或羽状复叶，少单叶，多互生。花两性或杂性，稀单性异株，花小，辐射对称；花序伞形、头状、总状或穗状，或有时再集成圆锥状；花萼5，通常不显著；花瓣5~10，稀顶部连合成帽状；雄蕊多与花瓣同数而互生，生于花盘边缘，花盘肉质生于子房顶部；心皮2~15，合生，子房下位，2~5室，每室有1倒生胚珠。浆果或核果；种子具胚乳。染色体：X = 11、12、13。

本科约80属，900多种，多分布于热带和温带地区。我国有22属，160余种，除新疆外，各地均有分布。药用18属，100余种。

本科植物大多含三萜皂苷、黄酮类、香豆精和挥发油等。

【药用植物】

人参 *Panax ginseng* C. A. Mey. 多年生草本。主根粗壮，肉质，顶端具根茎，习称“芦头”。掌状复叶轮生茎端，通常第一年生者生一片三出复叶，二年生者生一片掌状五出复叶，三年生者生二片掌状五出复叶，以后每年递增一复叶，最多可达6片复叶；复叶有长柄，中央小叶最大，卵圆形，上面脉上疏生刚毛，下面无毛，叶缘有细锯齿。伞形花序顶生，总花梗比叶长；花萼5齿裂；花瓣5，淡黄绿色；雄蕊5；花盘杯状；2心皮合生。核果浆果状，熟时鲜红色。野生于阔叶林或针阔混交林下，分布于东北地区。现河北、北京、山西等地有引种。其肉质根能大补元气，复脉固脱，补脾益肺，生津养血，安神益智。（图11-71）

西洋参 *Panax quinquefolium* L. 本种与人参很相似，主要区别是西洋参的总花梗与叶柄近等长，小叶片椭圆形，上面脉上几无刚毛，先端突尖。原产北美，现我国吉林、辽宁、河北、陕西等地已引种成功。根能补气养阴，清热生津。（图 11－71）

图 11－71　人参(1～3)　西洋参(4～8)

1. 植株　2. 花　3. 果实　4. 地上部分　5. 花　6. 去雄蕊花（示雌蕊）7. 根　8. 西洋参药材

三七（田七）*Panax notoginseng*（Burk.）F. H. Chen 多年生草本。主根粗，肉质，倒圆锥形或圆柱形，具疣状突起的分枝。掌状复叶，小叶片上下脉上均密生刚毛。伞形花序顶生，具 80 朵以上小花。主产于云南、广西，仅见栽培品。栽培于海拔 800～1000m 的山脚斜坡或土丘缓坡上。根能散瘀止血，消肿定痛；花能清热、降压、平肝。（图 11－72）

同属植物竹节参 *P. japonicus* C. A. Mey. 多产年草本。根茎横卧，节结膨大，节间短，每节具一浅环形的茎痕，呈竹鞭状。中央小叶椭圆形或长圆形，基部钝。分布于云南、四川、贵州等省，根状茎能散瘀止血，消肿止痛，祛痰止咳，补虚强壮。珠子参 *P. japonicus* C. A. Mey. var. *major*（Burk.）C. Y. Wu et K. M. Fang 根茎细，节间长，节膨大成珠状或纺锤状，形似钮扣，故名“钮子七”。主产于云南，甘肃、陕西、四川、湖北、贵州亦产。根状茎能补肺养阴，祛瘀止痛，止血。

刺五加 *Acanthopanax senticosus*（Rupr. et Maxim.）Harms 灌木，茎枝密生细长倒刺。掌状复叶互生，具 5 小叶，稀 3 或 4，叶下面脉密生黄褐色毛。伞形花序顶生，单个或 2～4 聚生，花多而密；花萼绿色与子房合生，萼齿 5；花瓣 5，黄色；雄蕊 5；子房 5 室，花柱全部合生成柱状。浆果状核果，紫黑色，干后有 5 棱。先端具宿存花柱。分布于黑龙江、吉林、辽宁、河北、山西等省。生于山地林下及林缘等地。根、根茎及茎入药，能益气健脾，补肾安神，叶及果实亦可药用。（图 11－73）

本属多种植物亦可作刺五加药用，如五加 *A. gracilistylus* W. W. Smith，无梗五加 *A. sessiliflorus*（Rupr. et Maxim.）Seem. ，糙叶五加 *A. henryi*（Oliv.）Harms 等。

本科重要药用植物还有通脱木 *Tetrapanax papyrifer*（Hook.）K. Koch 分布于长江以南各省区。茎髓（通草）能清热利尿，通气下乳。刺楸 *Kalopanax septemlobus*（Thunb.）koidz. 树皮（川桐皮）能通络、除湿。树参（半枫荷）*Dendropanax dentiger*（Harms）Merr. 根、

茎、叶能活血，祛风。土当归 *Aralia cordata* Thunb. 和短序楤木 *A. henryi* Harms 两种的根茎称“九眼独活”，能散寒止痛，除湿祛风。

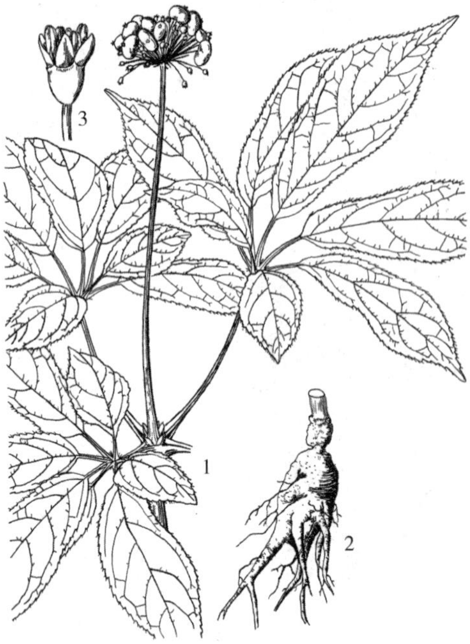

图 11-72　三七

1. 果株　2. 根　3. 花

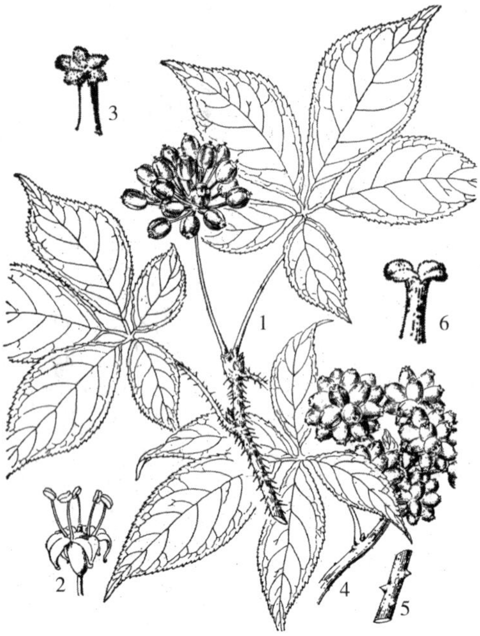

图 11-73　刺五加（1~3）　无梗五加（4~6）

1. 植株一部分　2. 花　3. 柱头

4. 植株一部分　5. 枝一部分，具刺　6. 柱头

40. 伞形科 Umbelliferae　⚥ * $K_{5,0}C_5A_5\overline{G}_{(2:2:1)}$

草本，多含挥发油而具香气。茎中空。叶互生，一至多回三出复叶或羽状分裂；叶柄基部扩大成鞘状。花两性或杂性，辐射对称，花序复伞形或伞形，基部具总苞片，稀头状，小伞形花序的柄称伞辐，基部常有小总苞片；萼齿 5 或不明显；花瓣 5，顶端圆或具内折的小舌片；雄蕊 5，与花瓣互生，着生于花盘的周围；子房下位，2 心皮合生，2 室，每室 1 胚珠，子房顶部具盘状或短圆锥状的花柱基（上位花盘），花柱 2。双悬果，成熟时沿 2 心皮合生面裂成二分果瓣，分果瓣通过纤细的心皮柄与果柄相连。每个分果具 5 条主棱（背棱 1 条，中棱 2 条，侧棱 2 条），有时在主棱之间还有次棱，棱与棱之间称棱槽；外果皮中具纵向油管 1 至多条。种子有胚乳，胚细小。染色体：X = 4~12。

本科约 270 余属，2900 种，广布于热带、亚热带和温带地区。我国约 95 属，600 余种，广布全国各地。药用 55 属，230 种。

本科植物化学成分比较复杂，主要有挥发油、香豆素、三萜、黄酮、生物碱等。挥发油常与树脂伴生，贮于油管中。油中除含萜类成分外，主要含各种内酯类成分。香豆素类是本科主要成分之一，以呋喃香豆素和二甲基吡喃香豆素最普遍。本科含有毒的聚炔类成分（polyacetylenic compounds）也是其另一化学特特征。三萜类，如积雪草苷（asiaticoside）、柴胡皂苷（saikosaponin）等。黄酮类如芹菜素、洋芫荽黄素等。极少数植物含生物碱，如四甲基吡嗪（tetramethylpyrazine）、毒参碱（coniine）等。

本科植物的特征非常明显：芳香草本，叶柄基部扩大成鞘状，花 5 基数，子房下位，具上位花盘，双悬果等，容易掌握。但属和种的鉴别较困难。应注意以下特征：花序是单伞形还是复伞形；伞辐数目；总苞及小苞片的数目，形状；花瓣的大小，花柱基的形状；

果实表面是否具附属物（如刺毛、瘤状突出等）；分果的形状，主棱和次棱的情况，棱槽中油管的分布和数量等。（图 11－74）

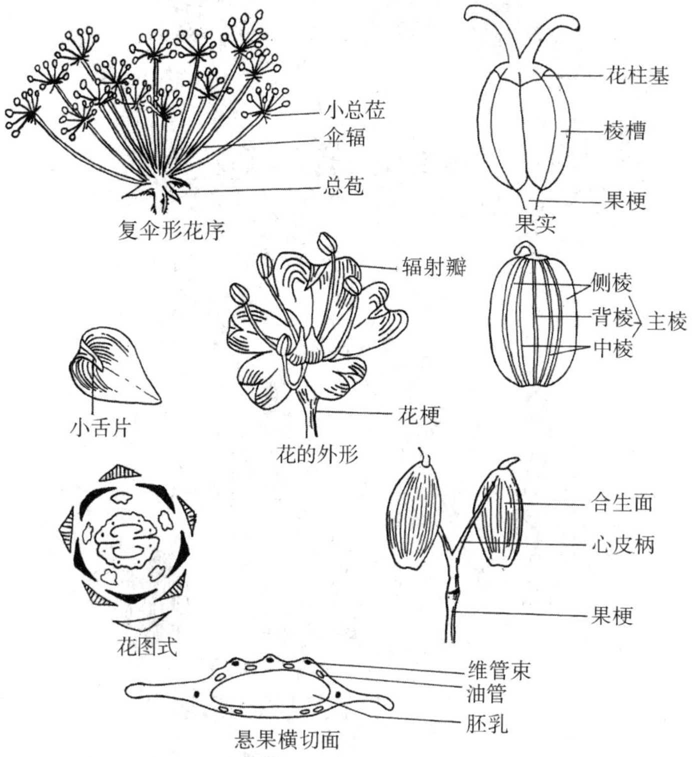

图 11－74　伞形科花果模式结构图

【药用植物】

当归 *Angelica sinensis*（Oliv.）Diels 多年生草本。主根和支根肉质，黄棕色，具浓郁香气。茎直立，绿色或带紫色。叶二至三回三出羽状全裂，末回裂片卵形或卵状披针形，下面具乳头状细毛，边缘具锯齿，叶柄基部膨大成鞘状。复伞形花序顶生，总苞片线形，2 或无，伞梗 10～14 条，花白色或紫色，花瓣先端内折；雄蕊 5；子房下位，花柱基圆锥形。双悬果背腹压扁，侧棱发育成薄翅，每棱槽内有油管 1，合生面 2 个。分布于陕西、甘肃、湖北、四川、云南、贵州等地，甘肃岷县产量大，质量佳。根能补血活血，调经止痛，润肠通便。（图 11－75）

白芷（兴安白芷）*A. dahurica*（Fisch. ex Hoffm.）Benth. et Hook. f. 多年生草本。根圆柱形，具分枝。茎粗 2～5cm，紫色，有纵沟纹。叶二至三回羽状分裂，叶柄基部成囊状膜质鞘。复伞形花序，伞辐 17～40～70，总苞片缺或 1～2，膨大成鞘状；小总苞片 5～10 或更多；花小，花瓣白色，先端内凹。双悬果长圆形，背棱扁，侧棱翅状，棱槽中有 1 油管，合生面有 2。分布于黑龙江、吉林、辽宁、河北、山西、内蒙古等省，生于湿草甸子，灌木丛，河旁沙土或石砾土中。根能解表散寒，祛风止痛，宣通鼻窍，燥湿止带，消肿排脓。

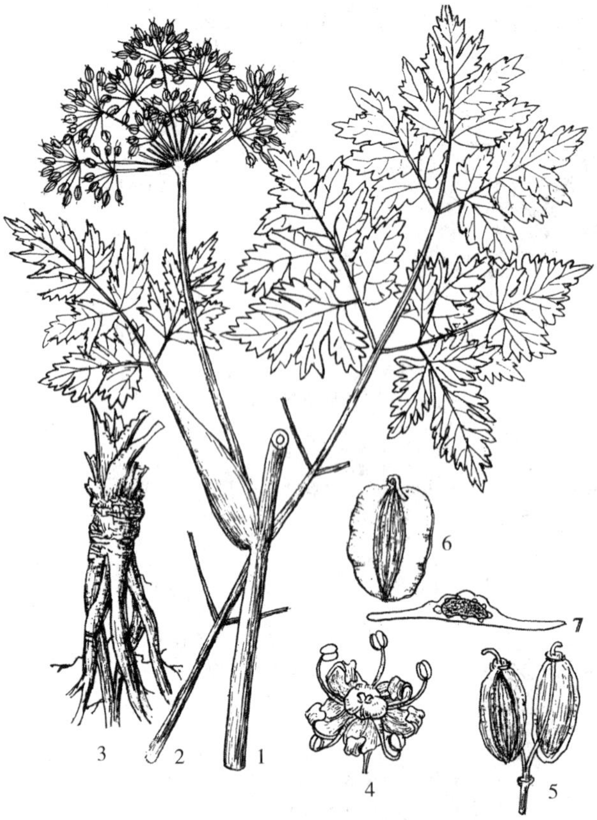

图 11－75　当归

1. 植株上部　2. 部分基生叶　3. 根　4. 花　5. 双悬果　6. 分果　7. 分果横切面

杭白芷 *A. dahurica*（Fisch. ex Hoffm.）Benth. et Hook. f. var. *formosana*（Boiss.）Shan et Yuan 本种植株较矮。茎及叶鞘多为黄绿色。根上部近方形或类方形，灰棕色，皮孔突起明显，大而突出。分布于浙江，福建和台湾；四川、浙江省有栽培。根药用同白芷。

我国本属植物 38 种。还有重齿毛当归 *A. biserrata* Yuan et Shan 根（独活）能祛风除湿，通痹止痛。

柴胡 *Bupleurum chinense* DC. 多年生草本。主根坚硬，纤维性强，表面黑褐色或浅棕色，根头膨大，下部多分枝。茎单生或丛生，上部分枝稍成“之”字形弯曲。叶互生，基生叶线状披针形或倒披针形，茎生叶长圆状披针形或倒披针形，全缘，平行脉 5～9 条。复伞形花序；伞辐 3～8；总苞片 2～3，狭披针形；花黄色。双悬果长圆形，棱槽中具 3 条油管，合生面有 4 条。分布于东北、华北、西北、华东及华中地区。生于向阳干旱山坡、草丛及路边。根（习称北柴胡）能疏散退热，疏肝解郁，升举阳气。（图 11－76）

同属植物狭叶柴胡 *B. scorzonerifolium* Willd. 根较细，质柔，不具纤维性，表面红棕色或黑棕色，顶端具多数细毛状枯叶纤维，下部分枝少。叶线形或狭线形，边缘呈白色，骨质。分布于东北、华北、西北及华东地区。根（习称南柴胡）入药同柴胡。

柴胡属约 100 余种，我国有 36 种，17 变种，7 变型。其中近 20 种在不同地区作柴胡入药，但大叶柴胡 *B. longiradiatum* Turcz. 的根有毒，不能药用。

川芎 *Ligusticum chuanxiong* Hort. 多年生草本。全草具浓郁香气。根茎呈不规则的结节状拳形团块，具多数须根。茎直立，茎部的节膨大呈盘状（俗称苓子）。叶互生，二至三回羽状复叶；小叶 3～5 对，羽状全裂。复伞形花序，伞辐 10～24，总苞片 3～6，小总苞片 2～7，线形；花白色，萼齿不明显。双悬果卵形，分果背棱棱槽中有油管 3，侧棱槽中有

2～5，合生面4～6。主要栽培于四川，现甘肃、陕西、湖南、湖北、云南、贵州、江西等地有引种。根茎能活血行气，祛风止痛。（图11－77）

图11－76　柴胡（1～6）　狭叶柴胡（7～10）
大叶柴胡（11～12）

1～3. 植株　4. 叶　5. 果实　6. 果实横切面
7,8. 植株　9. 果实　10. 果实横切面
11. 植株基生叶　12. 植株中上部叶

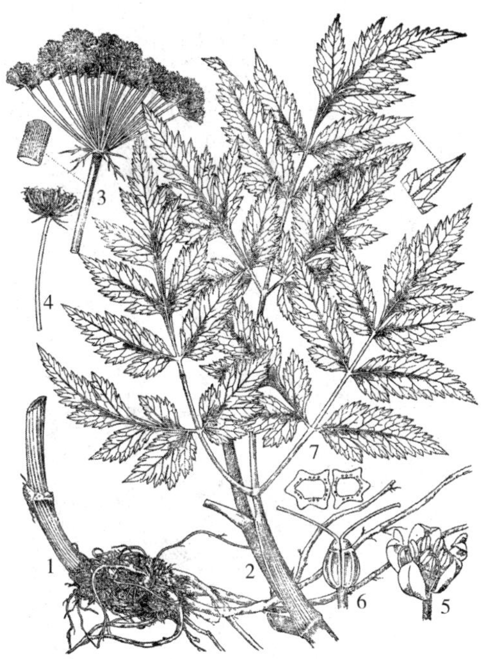

图11－77　川芎

1. 根　2. 叶枝　3. 复伞花序
4. 伞形花序 5. 花 6. 果实 7. 果实横切面

同属植物的藁本 *L. sinensis* Oliv. ，辽藁本 *L. jeholense* Nakai et Kitag. ，根及根茎能祛风散寒，除湿止痛。

珊瑚菜 *Glehnia littoralis* Fr . Schmidt et Miq. 多年生草本。全株被柔毛，主根肉质，细长，分枝少。叶3出式分裂或3出式2回羽状复叶，末回裂片倒卵形至卵圆形，叶缘具缺刻状锯齿，齿缘白色软骨质。复伞形花序顶生，密生灰褐色长柔毛；花白色。双悬果圆球形或椭圆形，果棱有木栓质翅，被棕色粗毛。分布于辽宁、河北以及华东沿海地区。生于海岸沙滩或沙地。根（北沙参）能养阴清肺，益胃生津。

蛇床 *Cnidium monnieri*（L.）Cuss. 一年生草本。茎多分枝，基生叶具短柄，2～3回三出式羽状全裂，末回裂片线形或线状披针形。复伞形花序顶生或侧生；总苞片6～10，线形至线状披针形；小总苞片多数；花白色。分果长圆形，主棱5，均扩展成翅状，每棱槽中有油管1，合生面2。遍布全国。生于河滩、沟旁以及田边湿地。果实（蛇床子）能祛风除湿，通痹止痛。

防风 *Saposhnikovia divaricata*（Turcz.）Schischk. 多年生草本。根粗壮，上部密生纤维状叶柄残基及明显的环纹，淡黄棕色。茎单一，二歧状分枝。叶2～3回羽状分裂，末回裂片狭楔形，三深裂，裂片披针形。复伞形花序多数，顶生，形成聚伞状圆锥花序；无总苞片；小总苞片4～6；花白色。双悬果狭圆形或椭圆形，每棱槽具油管1，合生面2。分布于东北、华北及山东、甘肃、宁夏和陕西等地，黑龙江省产量最大，习称关防风。生于草原、丘陵和多石砾山坡。根能祛风解表，胜湿止痛，止痉。（图11－78）

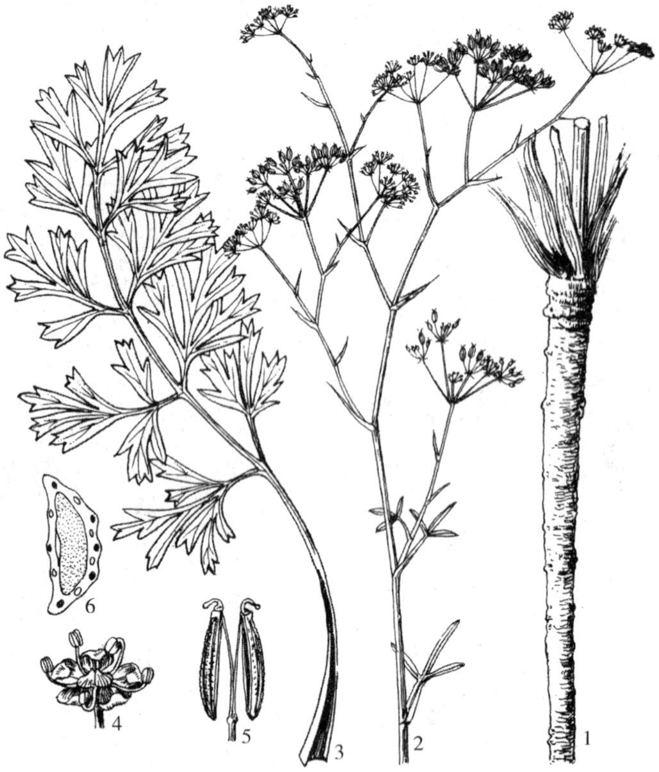

图 11-78 防风

1. 根 2. 果枝 3. 基生叶 4. 花 5. 果实 6. 分生果横切面

羌活 *Notopterygium incisum* Ting ex H. T. Chang 多年生草本。根茎粗壮，圆柱形或不规则块状，顶端具枯萎叶鞘，有特异香气。茎直立，表面淡紫色。叶柄由基部向两侧扩展成膜叶鞘。叶片3出3回羽状复叶，末回裂片卵状披针形至长圆形。复伞形花序顶生或腋生，伞辐7~18；总苞片3~6；花白色。分果长圆形，5个主棱扩展成翅，每棱槽有油管3~4，合生面5~6。分布于陕西、甘肃、青海、四川和西藏等地。生于海拔2000~4000 m的林缘，灌丛下，沟谷草丛中。根茎和根入药能解表散寒，祛风除湿，止痛。

宽叶羌活 *N. forbesii* de Boiss. 叶片大，末回裂片长圆状卵形至卵状披针形，边缘具粗锯齿。伞辐10~17；花浅黄色，双悬果近球形，每棱槽内有油管3~4，合生面4。分布于西北和西南地区。根茎和根作羌活入药。

积雪草 *Centella asiatica*（L.）Urb. 多年生匍匐草本。茎节生根。单叶互生，圆肾形，具钝齿。伞形花序腋生；花红紫色，花柱基不明显。双悬果扁圆形，主棱和次棱同样明显。分布于华东、华中和华南一带。生于路旁、田埂、沟边及低湿的草地上。全草入药可清热利湿，解毒消肿。

紫花前胡 *Angelica decursiva*（Miq.）Franch. et Sav. 多年生草本。根粗大，圆锥形，有分枝。茎具浅纵沟，紫色，叶一至二回羽状分裂。复伞形花序顶生或侧生，伞辐10~20，紫色，有柔毛；总苞片1~2；小总苞片数枚；花瓣深紫色。双悬果椭圆形，背部扁平，背棱和中棱突起，侧棱具狭翅，棱槽内油管1~3，合生面4~6。分布于河南、山东、江苏、安徽、浙江、江西、湖北、湖南、广东、广西、四川、台湾等省。生于山坡，林缘或灌丛。根能降气化痰，散风清热。（图11-79）

同属白花前胡 *P. praeruptorum* Dunn 叶二至三回羽状分裂。花白色。分布于江苏、安徽、江西、福建、湖北、湖南、四川、台湾等省。生于山坡林下及向阳的荒坡草丛中，根（前胡）亦能降气化痰，散风清热。

本科尚有多种药用植物，如明党参 *Changium smyrnioides* Wolff 分布于江苏、安徽、浙江、江西等地。根能润肺化痰，养阴和胃，平肝，解毒。小茴香 *Foeniculum vulgare* Mill. 原产地中海地区，现各地栽培。果实能散寒止痛，理气和胃。天胡荽 *Hydrocotyle sibthorpioides* Lam. 分布于华东、中南、西南及陕西。全草能清热，利尿，能解毒消肿。峨参 *Anthriscus sylvestris*（L.）Hoffm. Gen.、胡萝卜 *Daucus carota* L. var. *sativa* Hoffm.、芫荽 *Coriandrum sativum* L.、芹菜 *Apium graveolens* L. var. *dulce* DC. 等为重要的蔬菜。

图 11－79　紫花前胡

1. 根　2. 基生叶　3. 果序　4. 花　5. 幼果　6. 果实

41. 山茱萸科 Cornaceae　⚥ $* K_{(4\sim5,0)} C_{4\sim5,0} A_{4\sim5} \overline{G}_{(2:1\sim4:1)}$

木本，稀草本。叶对生，稀互生或近于轮生，常无托叶。花两性，稀单性，聚成圆锥、聚伞、伞形或头状花序，常具大形苞片；花萼通常 4～5 裂或缺；花瓣 4～5，镊合状或覆瓦状排列；雄蕊与花瓣同数而互生，生于花盘基部；子房下位，2 心皮合生，1～4 室，每室具倒生胚珠 1 枚。核果或浆果，核骨质，稀木质。种子具胚乳。

本科有 15 属，约 119 种，分布于热带和温带，东亚地区最多。我国 9 属约 60 种，除新疆外，其他省区均有分布。药用 7 属 45 种。

本科化学成分主要有三萜类成分，如熊果酸。还有环烯醚萜苷，如马钱素（loganin）、莫诺苷（morroniside）以及黄酮类、有机酸类和鞣质等。

【药用植物】

山茱萸 *Cornus officinalis* Sieb. et Zucc. 小乔木或灌木。单叶对生，卵状披针形或长椭圆形，侧脉 6～8 对，弓形内弯，全缘。先叶开花，20～30 朵簇生于小枝顶端，呈伞形花序状；花黄色，花萼、花瓣、雄蕊均 4 枚，花盘环状、肉质；子房下位，1 室，内有 1 胚珠。核果长椭圆形，熟时红色。分布于陕西、山西、甘肃、河南、山东、江苏、安徽、浙江、湖南等地。生于山坡林中或林缘。果肉入药，俗称枣皮，能补益肝肾，收涩固脱，为收敛性强壮药。（图 11－80）

青荚叶 *Helwingia japonica*（Thunb.）Dietr. 落叶灌木。叶互生，卵圆形至阔椭圆形，边缘具锐齿，托叶 2，早落。雌雄异株；花淡绿色，3～5 基数；雄花 4～12 朵成密伞状花序；雌花 1～3，均着生于叶腹面中脉 1/2～1/3 处，雌花子房下位。核果浆果状，熟时黑色。广布于我国长江流域以南各地。生于林下阴湿处。茎髓（小通草）药用，能清热、利尿、下乳。其带果叶片（叶上珠）入药，用于痢疾、便血、痈疖疮毒的治疗。

本属约 5 种，我国均有分布。其中作为叶上珠入药的还有西藏青荚叶 *H. himalaica* Clarke、中华青荚叶 *H. chinensis* Batal. 等。

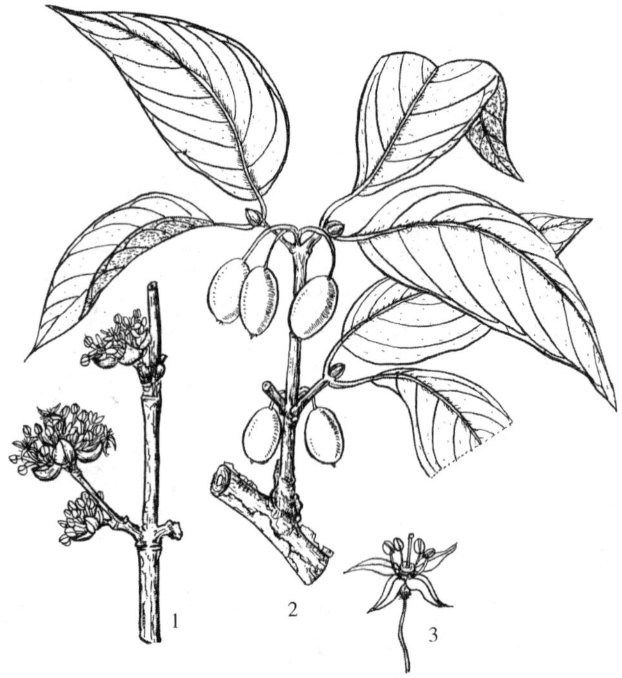

图 11－80　山茱萸

1. 花枝　2. 果枝　3. 花

（二）合瓣花亚纲 Sympetalae

合瓣花亚纲又称后生花被亚纲（Metachlamydeae），主要特征是花瓣多少连合，形成各种形状的花冠，如漏斗状、钟状、唇形、管状、舌状等，由辐射对称发展到两侧对称。花冠的连合增加了对虫媒传粉的适应及对雄蕊和雌蕊的保护，是较离瓣花类进化的类群。

42. 杜鹃花科 Ericaceae　⚥ $* K_{(4\sim5)} C_{(4\sim5)} A_{(8\sim10,4\sim5)} \underline{G}_{(4\sim5:4\sim5:\infty)}$；$\overline{G}_{(4\sim5:4\sim5:\infty)}$

灌木或小乔木。单叶互生，常革质，无托叶。花两性，辐射对称或略两侧对称；花萼4～5裂，宿存；花冠合瓣，4～5裂；雄蕊常为花冠裂片数的2倍，少为同数，着生于花盘基部，花药2室，多顶孔开裂，有些属常有尾状或芒状附属物；子房上位，稀下位，多为4～5心皮，合生成4～5室，中轴胎座，每室胚珠多数。蒴果，少浆果或核果。染色体：X＝7，8，11，12，13。本科约50属，1300种；分布于全世界各地。我国有15属，约757种，南北均产，但以西南山区的种类最多。药用12属，126种。

本科植物含多种化学成分，主要有黄酮类、挥发油类、香豆素类、酚类化合物以及二萜类成分。黄酮类和香豆素类化合物具平喘和消炎的功效。其中杜鹃素和荚果蕨素为杜鹃属所特有。另外杜鹃花属和马醉木属的部分植物中常含杜鹃花毒素，能引起呼吸困难、心跳减慢、肝功能异常。

【药用植物】 兴安杜鹃 *Rhododendron dauricum* L. 半常绿灌木。多分枝，小枝具鳞片和柔毛。单叶互生，常集生小枝上部，近革质，椭圆形，下面密被鳞片。花生枝端，先花后叶；花紫红或粉红，外具柔毛；雄蕊10。蒴果矩圆形。（图11－81）分布于东北、西北、内蒙古。生于干燥山坡、灌丛中。叶能祛痰、止咳；根治肠炎痢疾。

羊踯躅 *Rhododendron molle* G. Don. 落叶灌木。嫩枝被短柔毛及刚毛。单叶互生，纸质，长椭圆形或倒披针形，下面密生灰色柔毛。伞形花序顶生，先花后叶或同时开放；花冠宽钟状，黄色，5裂，反曲，外被短柔毛，雄蕊5。蒴果长圆形。

扫码“学一学”

分布于长江流域及华南。生于山坡、林缘、灌丛、草地。花（闹羊花）有麻醉、镇痛作用；成熟果实（八厘麻子）能活血散瘀、止痛。

常用药用植物还有：烈香杜鹃 *Rhododendron anthopogonoides* Maxim.，分布于甘肃、青海、四川；生于高山灌丛中；叶能祛痰、止咳、平喘。照白杜鹃 *Rhododendron micranthum* Turcz.，分布于东北、华北及甘肃、四川、湖北、山东等省；生于高山灌木林中；有大毒；叶、枝能祛风、通络、止痛、化痰止咳。岭南杜鹃 *Rhododendron mariae* Hance 分布于广东、江西、湖南等省；生于丘陵灌丛中；全株可止咳、祛痰。杜鹃 *R. simsii* Planch，分布于长江流域各省及四川、贵州、云南、台湾等省区；生于丘陵地灌丛中；根有毒，能活血、止血、祛风、止痛；叶能止血、清热解毒；花、果能活血、调经、祛风湿。云南白珠树 *Gaultheria trichophylla* Royle，分布于云南、四川、贵州、湖北、湖南、广西、广东等省区；生于山坡灌丛中；全株能祛风湿、舒筋络、活血止痛，是提取水杨酸甲酯（冬绿油）的原料。乌饭树 *Vaccinium bracteatum* Thunb，分布于长江流域以南各省区；生于疏林中或灌丛中；叶、果具有益精气、强筋骨、止泻功效；根有消肿止痛功效。

图 11-81 兴安杜鹃

1. 花枝 2. 果 3. 种子 4. 叶

43. 紫金牛科 Myrsinaceae ⚥ $*K_{(4\sim5)}C_{(4\sim5)}A_{4\sim5}\underline{G}_{(4\sim5:1:1\sim\infty)}$

灌木或乔木，稀藤本。单叶互生，常具腺点或脉状腺条纹，无托叶。花两性，稀单性，辐射对称，4~5 基数，排成总状、伞房状、伞形、聚伞状或再组成圆锥状花序；花萼连合或近于分离，宿存常具腺点；花瓣合生，常具腺点；雄蕊着生在花冠管上，且与花冠裂片同数而对生；心皮 4~5 合生，通常子房上位，少半下位或下位，1 室，具中轴或特立中央胎座，胚珠多数，多仅 1 枚发育成种子。核果或浆果。染色体：X=10、12。

本科约 35 属 1000 余种，分布于热带和亚热带地区。我国 6 属，129 种，主要分布于长江流域及其以南各省。药用 5 属，72 种。

本科植物含苯醌类成分，如朱砂根醌（vilangin）、恩贝素等；黄酮类，如树皮苷等；以及三萜类和生物碱类成分。此外，尚含有异香豆素类化合物，如紫金牛属（*Ardisia*）植物中含有具止咳作用的岩白菜素（bergenin）。

【药用植物】

紫金牛 *Ardisia japonica*（Thunb.）Blume 常绿小灌木。根状茎匍匐，地上茎单一。单叶对生或 3~4 叶集生于茎顶，椭圆形，近革质，具细锯齿，下面淡紫色。花 2~6 朵顶生或腋生，排成伞形；花萼 5 裂，花冠淡红色或白色，5 深裂。核果球形，熟时红色。（图 11-82）分布于陕西及长江以南地区。生于低山林下阴湿处。全株能化痰止咳，利湿活血。含挥发油，岩白菜素（berbenin）、紫金牛酚（ardisinol）Ⅰ和Ⅱ、恩贝素（embelin）等。

朱砂根 *Ardisia crenata* Sims 直立灌木。根肉质。单叶互生，椭圆状披针形至倒披针形，叶缘背卷，具波状齿或圆齿，有黑色腺体，叶两面具突起腺点。伞形花序顶生或腋生；花萼5裂；花冠白色或淡红色，5裂，具腺点。核果球形，熟时黑色，有黑色斑点。分布于长江以南地区。生于林下及沟谷阴湿处。全株能清热解毒、散瘀止痛。

紫金牛属 *Ardisia* 约300种，我国产68种，药用植物还有：百两金 *A. crispa*（Thunb.）A. DC. 全株能消炎利咽，祛痰止咳，舒筋活血。走马胎 *A. gigantifolia* Stapf 根茎可治疗跌打损伤。本科药用还有杜茎山属 *Maesa*，由于子房半下位或下位，种子多数，有棱角，花下有1对小苞片而独特，常见药用植物有杜茎山 *M. japonica*（Thunb.）Moritzi. 全珠能消肿、祛风。当归藤 *Embelia parviflora* Wall. 根能活血通络，接骨止痛。

44. 报春花科 Primulaceae　$⚥ * K_{(5),5}C_{(5)}A_5\underline{G}_{(5:1:\infty)}$

草本，或亚灌木，多具腺点或被白粉。单叶互生，对生、轮生或基生。花两性，辐射对称，单生或集成伞形，有时为总状、圆锥状或穗状花序；花萼多5裂，宿存，花冠5裂；雄蕊与花冠裂片同数而对生，着生在花冠筒上；子房上位，稀半下位，5心皮，1室，特立中央胎座。蒴果。染色体：X=9、10、12、19。

本科约28属，近1000种，分布于世界各地。我国12属，500多种，全国各地均有分布，但以西南地区为多。药用7属，100余种。

本科植物主要含三萜皂苷及苷元，如报春花皂苷元A（primulagenin A）等；黄酮及其苷元，如槲皮素、山萘酚及其苷等。

【药用植物】

过路黄 *Lysimachia christinae* Hance 多年生蔓生草本。茎柔弱，匍匐，节上生根。单叶对生，叶片卵圆形、近圆形或圆肾形，透光可见条形腺点，干时变黑色。花腋生，两朵相对；花萼5深裂；花冠5深裂，黄色，具黑色长腺条；雄蕊5，花丝下部合生成筒；子房上位，1室，特立中央胎座。蒴果球形，具稀疏黑色腺条，瓣裂。（图11-83）分布于西北、西南、中南以及华东的部分地区。生于较湿润的山坡路旁及林缘。全草能清利湿热，通淋消肿。含多种黄酮类化合物。

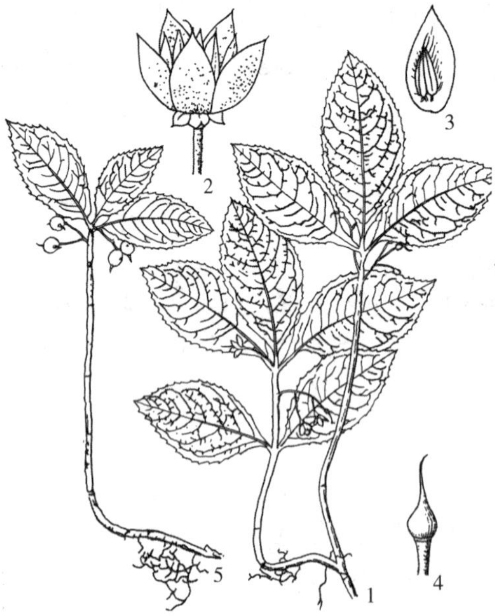

图11-82　紫金牛

1. 带花植株　2. 花　3. 花瓣及雄蕊　4. 雌蕊　5. 带果植株

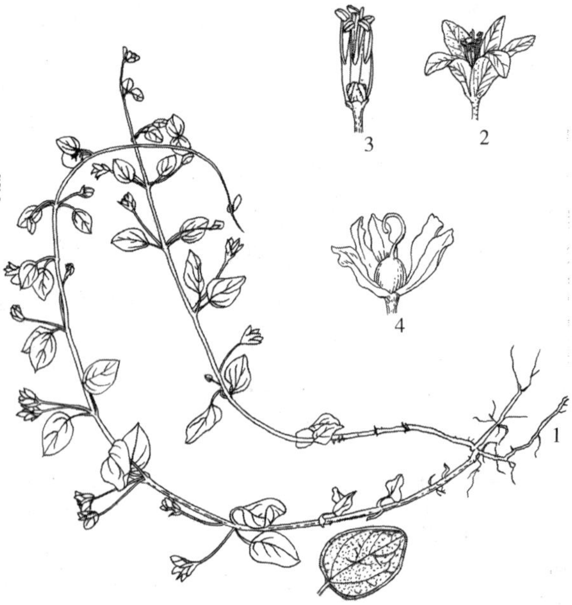

图11-83　过路黄

1. 植株　2. 花　3. 雄蕊和雌蕊　4. 未成熟的果实

珍珠菜属（*Lysimachia*）植物具地上茎，花冠5深裂，蒴果球形。我国有120种，多具清热解毒之功效。如珍珠梅 *Sorbaria sorbifolia*（L.）A. Br.、红根草 *L. fortunei* Maxim. 等。

本科常见药用植物还有点地梅 *Androsace umbellata*（Lour.）Merr. 叶圆肾形，呈莲座状。伞形花序顶生；花白色。分布于全国各地。生于草地，林下。全草（喉咙草）治疗喉炎。

45. 木犀科 Oleaceae　⚥ $* K_{(4)} C_{(4)} A_2 \underline{G}_{(2:2:2)}$

灌木、乔木或攀缘藤本。叶对生，稀互生或轮生，单叶、三出复叶或羽状复叶，无托叶。花为圆锥、聚伞花序或簇生，稀单生；花两性，稀单性，辐射对称，雌雄同株、异株或杂性异株；花萼通常4裂，或先端近平截；花瓣4，合生，稀无花瓣；雄蕊2，稀4；着生于花冠上，子房上位，2室，每室具2胚珠。花柱单一，柱头单一或2尖裂。翅果、蒴果、核果或浆果。染色体：X=13、14、23。

本科29属，600余种，广布于温带和热带地区，我国有12属，约178种，南北各地均有分布。药用8属，80余种。

本科植物成分复杂，常见有香豆素类，如七叶素、秦皮苷（fraxin）等；木脂素类，如连翘苷（phillyrin）等；黄酮类，如芸香苷等；三萜类，如齐墩果酸等；苦味素类，如素馨苦苷（jasminin）等；酚类，如连翘酚（forsythol）等；以及生物碱类、鞣质和醌类化合物等。

【药用植物】

连翘 *Forsythia suspense*（Thunb.）Vahl 落叶灌木。枝条先端常下垂，节间髓部中空。单叶，对生，卵形至椭圆形，或3全裂，具锯齿。先叶开花．1~3朵簇生叶腋；花萼上部4裂；花冠黄色，4裂；雄蕊2枚，着生于花冠筒基部；子房上位。蒴果卵形至长椭圆形，果皮木质，具瘤状突起，熟时2裂。种子多数，具翅。（图11-84）分布于华北、西北、华东等省区。常野生于背阴山坡或栽培，主产于山西、河南、陕西、山东等地。果实入药分青翘和老翘，前者为近成熟带绿色未开裂的果实，后者为熟透干裂的果实。能清热解毒，消肿散结。主要含木质素类，如连翘苷（forsythin）；黄酮类，如芸香苷（rutin）；苯乙醇类衍生物，如连翘酯苷（forsythoside）A~E等；乙基环乙醇类，如株木苷（cornoside）等；三萜类，如齐墩果酸、白桦酯酸（betulinic acid）等。

图11-84　连翘

1. 果枝　2. 花萼展开（示雌蕊）　3. 花冠展开（示雄蕊）

女贞 *Ligustrum lucidum* Ait. 常绿乔木。单叶对生，长卵形至阔椭圆形，革质。圆锥花序顶生；花小，花冠漏斗状，4裂，白色；雄蕊2，着生于花冠喉部，花丝伸出花冠外；雌蕊1，子房上位，2室。核果长圆形，微弯，熟时深蓝黑色，被白粉。分布于长江流域及其以南各省区，主产于浙江、江苏和湖南等地。生于温暖湿地或向阳山坡，果实（女贞子）能滋补肝肾，明目乌发。

梣（白蜡树）*Fraxinus chinensis* Roxb. 落

叶乔木。叶对生，奇数羽状复叶，小叶5－7枚，卵状披针形至倒卵状椭圆形，具锯齿。雌雄异株；圆锥花序顶生；雄花密集，花萼钟状，无花瓣；雌花疏离，花萼大，筒状。翅果倒披针形。分布于我国大部分地区。生于山间向阳坡地湿润处。南北均有栽培。西南地区常放养白蜡虫 *Ericerus pela*（Chavannes）Cuerin，其雄虫可分泌虫白蜡作药用或工业用。茎皮（秦皮）能清热燥湿，收涩明目。

同属植物苦枥白蜡树 *F. rhynchophylla* Hance、尖叶白蜡树 *F. szaboana* Lingelsh 和宿柱白蜡树 *F. sylosa* Lingelsh. 的树皮均可作秦皮入药。

本科植物木犀 *Osmanthus fragrans* Lour. 俗称桂花，为名贵香料。各地栽培。

46. 马钱科 Loganiaceae $⚥ * K_{(4\sim5)}C_{(4\sim5)}A_{4\sim5}\underline{G}_{(2:2:2\sim\infty)}$

乔木、灌木、藤本或草本。单叶对生，少互生或轮生，托叶极度退化。花两性，辐射对称，稀左右对称；聚伞、头状、总状或穗状花序，稀单生；花萼4－5裂；花瓣合生，4－5裂；雄蕊与花冠裂片同数而互生，着生在花冠管上或喉部；子房上位，2室，每室胚珠2至多数。蒴果、浆果或核果。种子有时具翅。染色体：X＝10，11，19。

本科约35属，750种，分布于热带、严热带地区。我国有9属，63种，分布于西南部至东南地区。药用7属，近30种。

本科植物含生物碱类：马钱属（*Strychnos*）、钩吻属（*Gelsemium*）和醉鱼草属（*Buddleja*）的植物多有毒，其主要毒性成分为马钱子碱（brucine）、番木鳖碱（strychnine）、钩吻碱（gelsemine）等吲哚类生物碱。此外还有密蒙萜苷、醉鱼草苷、番木鳖苷、梓醇等三萜类；黄酮类如刺槐素（acacetin）、蒙花苷（linarin），环烯醚萜苷类如桃叶珊瑚苷（aucubin）、番木鳖苷（loganin）等成分。

【药用植物】

马钱（番木鳖）*Strychnos nux－vomica* L. 大型乔木，树皮灰色。单叶对生，叶片革质，具光泽，广卵形或近圆形，全缘，基出3～5脉。聚伞花序圆锥状；花小，花萼5裂；花冠白色，筒状，先端5裂；雄蕊5，着生于花冠喉部；子房上位、柱头2裂。浆果球形，成熟时橙色。种子1～4，纽扣状，灰黄色，密被银色绒毛。（图11－85）原产缅甸、泰国、越南、印度、斯里兰卡等地。我国华南一带有栽培。生于山地林中。种子（马钱子、番木鳖），有大毒，能通络散结，消肿止痛，强筋解毒。

图11－85 马钱

1. 花枝 2. 花冠纵剖，示雄蕊 3. 雌蕊 4. 子房横切面 5. 子房纵切面 6. 果实横切面 7. 种子外形 8. 种子纵切

密蒙花 *Buddleja officinalis* Maxim. 落叶灌木。小枝条、叶及花均被灰白色星状毛和绒毛。单叶对生，长卵形至长披针形，全缘或有小锯齿。聚伞圆锥花序顶生；花4基数，花冠淡紫色，后变白色或淡黄色，花瓣合生成管状，内部黄色；雄蕊4，着生在花冠管中部；子房上位，2室。蒴果椭圆形，两瓣裂。种子多数，两端具翅。分布于西北、西南和中南等地，主产湖北、四川等省区。生于山坡、河边灌木丛中。

花能祛风清热、润肝明目、退翳。

本科重要的药用植物还有钩吻（断肠草）*Gelsemium elegans*（Gardn. et Champ.）Benth. 缠绕藤本。全株有大毒，外用能散瘀止痛，杀虫止痒。醉鱼草 *Buddleja lindleyana* Forl. ex Lindl. 根、枝、叶、花入药，有小毒，能活血化瘀，祛风杀虫。

47. 龙胆科 Gentianaceae　$⚥ * K_{(4\sim5)} C_{(4\sim5)} A_{4\sim5} \underline{G}_{(2:1:\infty)}$

草本，茎直立，有时缠绕。叶对生，全缘，无托叶，基部合生。聚伞花序，稀单生；花常两性，辐射对称，稀两侧对称，4~5 基数；萼筒管状、钟状或辐状；花冠漏斗状、辐状或管状；雄蕊着生于花冠管上，与花冠裂片同数而互生；子房上位，心皮 2，合生 1 室，侧膜胎座，胚珠多数。蒴果多 2 瓣裂。种子多数，具胚乳。染色体：X = 9 ~ 13。

我国有 22 属，427 种，各省均产，西南山区分布最为集中。种类较多的属有：龙胆属 *Gentiana*、樟牙菜属 *Swertia*、肋柱花属 *Lomatogonium*。药用 15 属，100 余种。

本科植物含有：裂环烯醚萜类和屾酮类成分是主要特征性成分，如龙胆苦苷（gentiopicroside）、獐牙菜苦苷（sweriamarin）、獐牙菜苷（sweroside）等，是该科苦味成分和活性成分；富含黄酮类化合物，其中屾酮及碳键黄酮苷为特征性成分。如龙胆屾酮（gentisin）、当药屾酮（swertianin）等具有抗肝炎、利胆作用。黄酮类还有当药黄素（swertisin）、红草素（orentin）等。生物碱类如龙胆碱（gentianine）、龙胆次碱（gentianidine）等。

【药用植物】

龙胆 *Gentiana scabra* Bunge 多年生草木。根细长，簇生，黄白色。茎直立，多带紫褐色。叶对生，卵形，有主脉 3~5 条，全缘，无柄。花簇生茎端或叶腋，蓝紫色，花冠管筒状钟形，5 浅裂，裂片间具副裂片；雄蕊 5，花丝基部具宽翅；子房上位，1 室。蒴果矩圆形。种子两端有翅。（图 11-86）分布于东北、华北等地区。生于草甸，灌丛中。根和根茎能清热燥湿，泻肝定惊。

龙胆属（*Gentiana*）我国约有 247 种。作龙胆入药的还有多种同属植物，如：如条叶龙胆 *G. manshurica* Kitag. 全株绿色，不带紫色；叶披针形或线状披针形；冠裂片三角形，先端尖。三花龙胆 *G. triflora* Pall. 叶缘不反卷；腋生花多为 1 ~3 朵，花冠裂片先端钝或圆。主产内蒙古和东北地区；滇龙胆 *G. rigescens* Franch. 本种花紫红色。主产云南、四川和贵州。

大叶秦艽 *Gentiana macrophylla* Pall. 多年生草本。主根粗大，扭曲不直，上部具多数残存的叶基。基生叶丛生，无柄，披针形或矩圆状披针形，主脉 5 条；茎生叶对生，稍小。花于茎顶或上部叶腋集成轮伞花序；花萼管一侧开裂；花冠筒状，蓝紫色，先端 5 裂。蒴果矩圆形。种子无翅。分布于东北、华北、西北以及四川。根能祛风湿，舒筋络，清虚热，利湿退黄。

本属粗茎秦艽 *G. crassicaulis* Duthie ex Burk.、麻秦艽 *G. straminea* Maxim.、达乌里秦艽 *G. dahunca* Fisch.、天山秦艽 *G. tianshanica* Rupr.、西藏秦艽 *G. tibetica* King ex Hook. f.、管花秦艽 *G. siphonantha* Maxim. ex Kusnez. 等在不同地区也作秦艽入药。

本科植物青叶胆 *Swertia mileensis* T. N. He et W. L. Shi 一年生草木。全草能清热解毒，利湿退黄。当药 *S. pseudochinensis* Hara 全草能清热利湿、健脾。

图 11-86　龙胆

1. 根　2. 花枝

48. 夹竹桃科 Apocynaceae ⚥ $* K_{(5)} C_{(5)} A_5 \underline{G}_{(2:1\sim2:1\sim\infty)}$

乔木、灌木、藤本或草本。具白色乳汁或水液。单叶对生或轮生，稀互生，全缘，通常无托叶。花单生，或成聚伞花序及圆锥花序；花两性，辐射对称；萼5裂，稀4裂。基部内面常具腺体；花瓣合生，上部5裂，覆瓦状排列，花冠喉部常具副花冠，或鳞片状、毛状附属物；雄蕊5，着生于花冠筒上，花药长圆形或箭头形，分离或互相粘连并与柱头贴生，通常具花盘；子房上位，中轴胎座或侧膜胎座。2心皮，离生或合生，1~2室。蓇葖果，偶呈浆果状或核果状。种子有翅或有长丝毛。染色体：X=8，10，11，12。

本科250属，2000余种，分布于热带或亚热带地区；我国约有46属，176种，主要分布于长江以南各省区。药用35属，95种。

本科植物普遍含有强心苷，常见的有黄夹苷（thevetin）、羊角拗苷（divaricoside）、毒毛旋花子苷（strophanthin）等；吲哚类生物碱只存在于鸡蛋花亚科（Plumerioideae），如利血平（reserpine）、蛇根碱（serpentine）、长春花碱（vinblastine）等。

【药用植物】

萝芙木 *Rauvolfia verticillata*（Lour.）Baill. 直立灌木，多分枝，全体无毛，具乳汁。单叶对生或轮生，长椭圆形或披针形。顶生聚伞花序；花冠白色，高脚碟状，先端5裂，向左旋转；雄蕊5，着生于花冠筒中部膨大处；心皮2，离生。核果椭圆形，熟时由红变紫黑色。（图11－87）分布于西南、华南以及台湾一带。生于潮湿的疏林或灌丛中。能镇静，降压，活血止痛，是提取利血平的原料。

长春花 *Catharanthus roseus*（L.）G. Don 多年生草本或半灌木，光滑无毛。单叶对生，倒卵状矩圆形。聚伞花序，具花1~3朵；花冠高脚碟状，先端5裂；种子具颗粒状小瘤突起。（图11－88）全株植物含长春花碱等多种生物碱，能抗癌，抗病毒，利尿，降血糖等，是提取长春碱和长春新碱的原料。

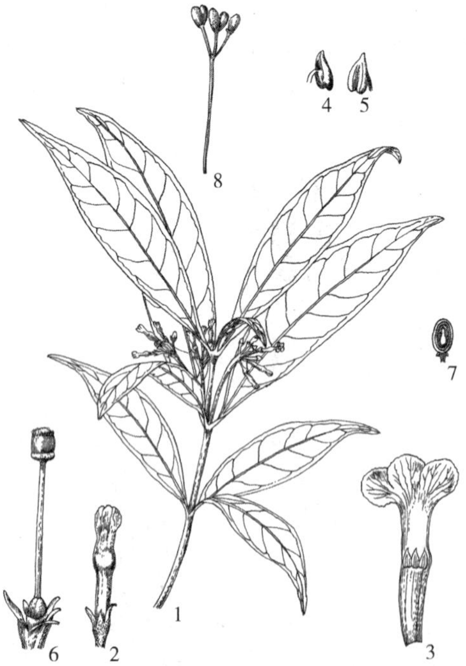

图11－87 萝芙木

1. 花枝 2. 花 3. 花冠展开 4、5. 雄蕊 6. 雌蕊 7. 果实纵切 8. 果序

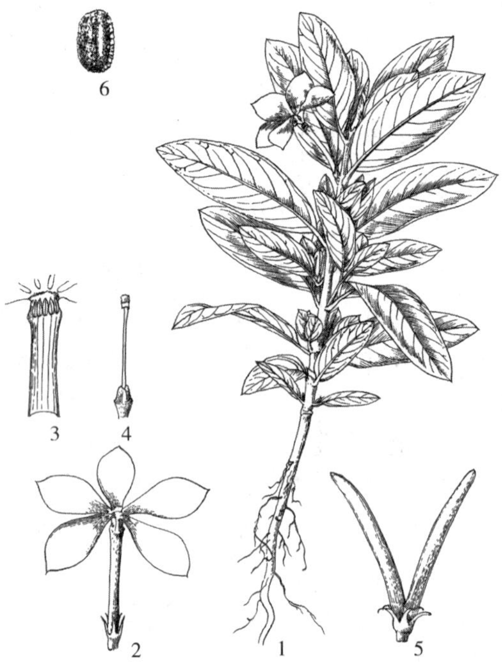

图11－88 长春花

1. 植株 2. 花 3. 花冠展开 4. 雌蕊 5. 果实 6. 种子

罗布麻 *Apocynum venetum* L. 半灌木，枝带紫红色或淡红色，无毛，具乳汁。花冠紫红或粉红色，具柔毛；蓇葖果双生，下垂。种子一端其白色种毛。全草能清热平肝，强心，利尿，安神，降压和平喘。其茎皮纤维品质优良，是纺织、造纸和国防工业的重要原料。

本科药用的还有：黄花夹竹桃 *Thevetia peruviana*（Pers.）K. Schum. 全株有毒，具强心，利尿和消肿作用；羊角拗 *Strophanthus divaricatus*（Lour.）Hook. et Arn. 全株有毒，可作杀虫药，民间用治蛇咬伤；络石 *Trachelospermum jasminoides*（Lindl.）Lem. 茎叶能祛风通络，活血止痛；杜仲藤 *Parabarium micranthum*（A. DC.）Pierre 树皮（红杜仲）能祛风活络，强筋壮骨。

49. 萝藦科 Asclepiadaceae　$⚥ * K_{(5)} C_{(5)} A_5 \underline{G}_{2:1:\infty}$

多年生草质藤本或灌木，具乳汁。单叶对生，稀轮生，全缘叶柄顶端常具丛生腺体；常无托叶。聚伞花序常成伞形、伞房状或总状；花两性，辐射对称，5 基数，内面基部常具腺体；花冠辐状或坛状，稀高脚碟状，常具 5 枚离生或基部合生的副花冠，呈裂片或鳞片状，生在花冠筒上或雄蕊背部或合蕊冠上；雄蕊与雌蕊粘生成合蕊柱；花药连生而与柱头基部的膨大处相贴，花丝合生成筒状，形成合蕊冠；在较进化的类群中，花粉连合成花粉块，通过花粉块柄与着粉腺相连，每花药具花粉块 2 ~ 4 个；子房上位，心皮 2，离生，胚珠多数。蓇葖果双生或仅 1 个发育。种子顶端具白色丝状毛。染色体：X = 9 - 12。

本科约 180 属，2000 余种，分布于世界各地。我国有 44 属，245 种，我国西南部和东南部地区最多，药用 32 属，112 种。

本科植物含多种类型的化合物，主要包括 C_{21} 甾体苷，如白前苷、白首乌苷、杠柳苷等；酚类，如丹皮酚等；以及强心苷类如马利筋苷（asclepin）、牛角瓜苷（calotropin）。生物碱如娃儿藤碱（tylocrebrine）、娃儿藤次碱（tylophorine）等。

【药用植物】

白薇 *Cynanchum atratum* Bunge 多年生草本，具乳汁，根须状，长达 20cm 以上，土黄色，具香气。单叶对生，卵状矩圆形，被白色绒毛。聚伞花序；花萼 5 裂，内面基部具 5 个小腺体，花冠深紫色，具缘毛，副花冠 5 裂，裂片盾状，圆形；花药顶端具 1 圆形的膜片，花粉块每室 1 枚。蓇葖果单生。种子一端有长毛。（图 11 - 89）分布于全国各地。生于荒山草丛，林下草地。根及根茎入药，能清热凉血，利尿通淋，解毒疗疮。含直立白薇苷（cynatratoside）A ~ E、白前苷（glaucoside）等。

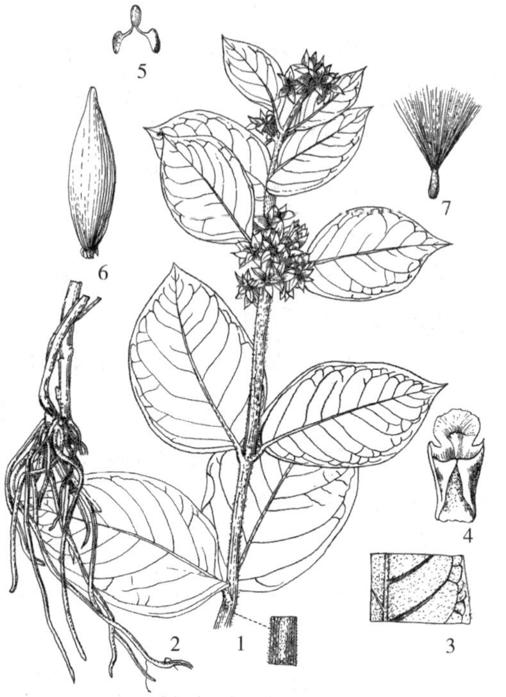

图 11 - 89　直立白薇

1. 花枝　2. 根　3. 叶背面　4. 雄蕊　5. 花粉块　6. 果实　7. 种子

本属植物蔓生白薇 *C. versicolor* Bge，不具乳汁，茎上部缠绕。同作白薇入药。

柳叶白前（白前）*Cynanchum stauntonii*（Decne.）Schltr. ex Levl. 直立半灌木，全体无毛。根茎横生或斜生，中空，根系发达，须根纤细，黄白色或带红棕色，无香气。单叶对生，披针形。伞状聚伞花序腋生；副花冠裂片盾状，肥厚；雄蕊

5，花粉块每室1个。分布于长江流域中下游以及广东、广西等地。生于山谷、溪边。根茎和根入药能降气，消痰，止咳。含华北白前醇（hancockinol）等，具有镇咳、祛痰、平喘、抗炎等作用。

徐长卿 *Cynanchum paniculatum*（Bunge）Kitag. 多年生直立草本，具白色乳汁，具特异香气。茎直立，常不分枝。单叶对生，线状披针形；花冠黄绿色；雄蕊5，花药2室，每室具2个花粉块；2心皮离生，柱头五角形。全国大部分地区均有分布，多生于向阳山坡草丛中。根和根茎入药能祛风化湿，止痛止痒。

杠柳 *Periploca sepium* Bunge 蔓生灌木，具白色乳汁。单叶对生，披针形，光滑无毛。聚伞花序腋生；花萼基部腺体10个；花冠5，暗紫色，反折；花粉颗粒状，藏于直立匙形的载粉器内。蓇葖果双生。分布于东北、西北、华北、华东以及西南各省。根皮（北五加皮或香加皮）能祛风湿，强筋骨。

白首乌（牛皮消）*Cynanchum auriculatum* Royle ex Wight 攀缘性半灌木，具乳汁。块根肥厚。单叶对生，卵状心形。聚伞花序伞房状，腋生；花瓣白色，5深裂，反折，副花冠浅杯状，裂片长于合蕊柱。蓇葖果双生，狭纺锤形。分布于西北、西南、华东以及河北等地。生于林下灌丛及沟边。块根（白首乌）能补肝肾、强筋骨，益精血，健脾消食，解毒疗疮。

50. 旋花科 Convolvulaceae ⚥ $* K_5 C_{(5)} A_5 G_{(2:1\sim4:1\sim2)}$

多为缠绕草质藤本，常具乳汁。单叶互生，无托叶。花两性，辐射对称，单生或为聚伞花序；萼片5枚，常宿存；花冠通常漏斗状、钟状、坛状等，全缘或微5裂；雄蕊5枚，着生在花冠管上；子房上位，中轴胎座。常由花盘包围，2心皮合生，有时因假隔膜而成4室，每室具胚珠1枚。蒴果稀浆果。染色体：X=12，15。

本科56属，1800多种，分布于热带至温带地区。我国有22属，约128种，南北均有分布。药用16属，54种。

本科植物含多种化合物，主要有生物碱类，如丁公藤甲素，裸麦角碱等；黄酮类，如槲皮素等；以及香豆素类等。某些种子还含有赤霉素（gibberellin）。

【药用植物】

牵牛（裂叶牵牛）*Pharbitis nil*（L.）Choisy 一年生缠绕草本，全体被粗毛。单叶互生，阔卵形，先端3浅裂，基部心形。花单生或2~3朵生于花梗顶端；萼片5，条状披针形：花冠漏斗形；雄蕊5；子房上位。蒴果。种子卵圆形，黑色或淡黄白色。（图11-90）全国各地均有分布或栽培。黑色种子（黑丑），淡黄白色种子（白丑）能泻水通便，消痰涤饮，杀虫攻积。同属植物圆叶牵牛 *P. purpurea*（L.）Voit. 的种子同作牵牛子入药。

菟丝子 *Cuscuta chinensis* Lam. 一年生寄生草本，茎纤细，缠绕，黄色，多分枝。叶退化成鳞片状。花簇生成球形，花梗粗壮；花萼杯形，中部以下连合；花冠白色，壶状，裂片5，内面基部有5枚鳞片；雄蕊5，着生于花冠喉部；子房上位，2心皮合生，柱头2，分离。蒴果近球形，熟时被宿存的花冠所包围，盖裂。种子黄褐色，卵形，表面粗糙。（图11-91）多寄生于豆科、菊科、藜科植物上。全国大部分地区均有分布，主产北方地区。种子入药能滋补肝肾，固精缩尿，安胎，明目，止泻。同属植物日本菟丝子 *C. japonica* Choisy 和南方菟丝子 *C. australis* R Br. 的种子亦作菟丝子入药。

本科药用植物还有丁公藤 *Erycibe obtusifolia* Benth. 和光叶丁公藤 *E. schmidtii* Craib. 茎藤可祛风除湿，消肿止痛；马蹄金 *Dichondra repens* Forst. 全草用于消炎解毒和接骨。甘薯 *Ipomoea batatas*（L.）Lam. 为重要的粮食作物，亦可药用。

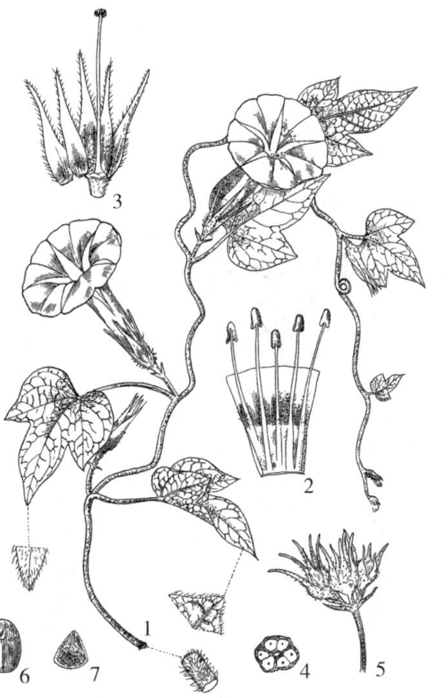

图 11－90　牵牛

1. 花枝　2. 花冠筒部(示雄蕊)　3. 萼片展开（示雌蕊）　4. 子房横切面　5. 花序　6. 种子　7. 种子横切

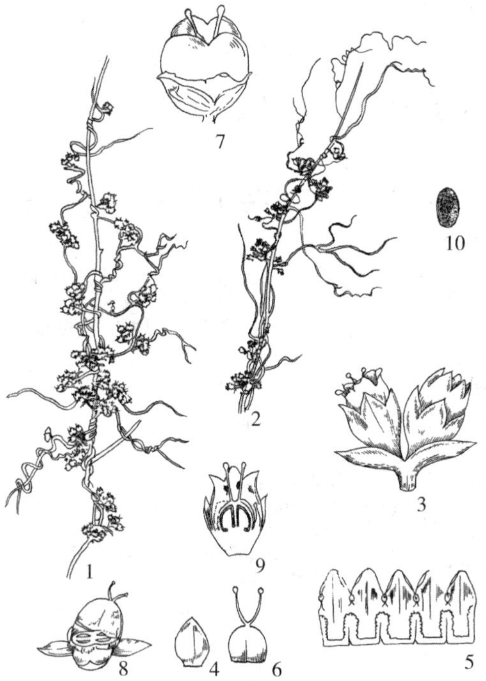

图 11－91　菟丝子

1. 花枝　2. 果枝　3. 花　4. 花萼　5. 花冠展开（示雄蕊）　6. 雌蕊　7. 果实　8. 果实横切　9. 果实纵切　10. 种子

51. 紫草科 Boraginaceae　⚥ $* K_{5,(5)} C_{(5)} A_5 \underline{G}_{(2:2\sim4:2\sim1)}$

多为草本，常密被粗硬毛。单叶互生，稀对生。常全缘，无托叶。花两性，辐射对称，稀两侧对称，多成单歧聚伞花序或镰状聚伞花序；萼片 5，多合生，常宿存；花冠管状，5 裂，喉部常具附属物，花冠筒基部常具蜜腺；雄蕊 5，着生于花冠管上；子房上位，2 心皮，2 室，每室 2 胚珠，亦或因子房 4 深裂而成 4 室，每室具胚珠 1 枚，花柱顶生或生于 4 裂子房之间，柱头 2～4。核果或为 4 小坚果。种子常无胚乳。染色体：X＝10、12。

本科约 100 属，2000 种，分布于温带和热带地区。我国有 48 属，210 种，全国均有分布，但以西南部地区最为丰富。药用 21 属，62 种。

本科植物化学成分含多种萘醌类化合物，如紫草素（shikonin），乙酰紫草素（acetyl shikonin）等，主要分布于紫草属（Lithospermum），软紫草属（Arnebia）和滇紫草属（Onosma）等草本植物中，为其主要有效成分。

【药用植物】

紫草 *Lithospermum erythrorhizon* Sieb. et Zucc. 多年生草本，被贴伏的糙毛。根粗大，肥厚，圆锥形，外皮紫红色。单叶互生，无柄，卵状披针形至阔披针形。聚伞花序集生茎顶，苞片叶状；花冠白色，喉部具 5 枚光滑鳞片；雄蕊 5，着生于花冠筒中部稍上；子房 4 深裂，花柱基底着生。小坚果卵形，光滑，分布于东北、西北、华北、华东、中南以及西南的部分省区。根（硬紫草）能凉血活血，解毒透疹。

新疆紫草 *Arnebia euchroma*（Royle）Johnst. 多年生草本，全株被白或黄色粗硬毛。根粗壮，略呈圆锥形，根头部常与数个侧根扭卷在一起，外皮呈暗紫红色。基生叶披针形或条形，无柄。蝎尾状聚伞花序；花冠紫色，5 裂，喉部无附属物；子房 4 裂，柱头顶端 2 裂。小坚果卵形，有疣状突起。（图 11－92）分布于新疆、甘肃和西藏。根（软紫草）功效同紫草。

本科可作紫草入药的还有：黄花紫草 *A. guttata* Bunge、滇紫草 *Onosma paniculatum* Bur. et Franch. 等。

52. 马鞭草科 Verbenaceae

⚥ $\uparrow K_{(4\sim5)} C_{(4\sim5)} A_4 \underline{G}_{(2:4:1\sim2)}$

木本，稀草本，常具特殊香气。单叶或复叶，常对生，无托叶。穗状或聚伞花序，或聚伞花序再排成头状、圆锥状或伞房状；花两性，常两侧对称，花萼4～5裂，宿存；花冠基部成筒形，上部2唇形，或4～5不等分裂；雄蕊4，常2强，着生于花冠管上部或基部；子房上位，2心皮合生，每室具胚珠1～2；花柱顶生，柱头2裂或不裂。核果或蒴果状而裂为2～4果瓣。常无胚乳。染色体：X＝7、8、12、16、17、18。

图11－92　新疆紫草

1. 植株　2. 聚伞花序　3. 雌蕊　4. 柱头　5. 花冠展开（示雄蕊）

本科约80属，3000余种，多分布于热带和亚热带地区。我国有21属，175种，主要分布于长江以南各省。药用15属，100余种。

本科植物所含成分类型较多。包括多种萜类成分。环烯醚萜苷类：如马鞭草苷（verbenatin）、桃叶珊瑚苷（aucubin）等；二萜类：如海洲常山苦素A、B（clerodendron A, B）；三萜类：熊果酸、赪桐醇（clerodolome）等；黄酮类：如3，4',5，7－四甲氧基黄酮等；生物碱类：如蔓荆子碱（vitncm）、臭梧桐碱（trichotomine）等；以及挥发油等。

【药用植物】

马鞭草 *Verbena officinalis* L. 多年生草本。茎四棱形。叶对生，卵圆形、倒卵形至矩圆形，基生叶具粗锯齿及缺刻；茎生叶多3深裂，裂片边缘具不整齐锯齿，被粗毛。穗状花序细长，顶生或腋生；花萼管状，先端5裂；花冠淡紫色或蓝色，5裂，略二唇形；雄蕊4，2强。子房4室，每室具1胚珠。果为蒴果状，藏于萼内，成熟时4瓣裂。（图11－93）分布于全国各地。全草入药能活血散瘀，截疟解毒，利水消肿。

臭梧桐 *C. trichotomum* Thunb. 灌木。花和叶揉碎有臭气；幼枝和叶柄有黄褐色短柔毛，枝内髓部有淡黄色薄片横隔。叶片两面疏生短柔毛或近无毛；聚伞花序顶生或腋生；花萼紫红色，5裂几达基部；花冠白色或带粉红色；花柱不超出雄蕊。核果近球形，成熟时蓝紫色。（图11－94）生于山坡、路旁、村边。主产于江苏、浙江。根、茎、叶能祛风活络、降血压。

蔓荆 *Vitex trifolia* L. 落叶灌木，嫩枝四方形。掌状3出复叶，小叶卵形或长倒卵形，全缘，叶背密生灰白色绒毛。圆锥花序顶生；花萼钟状，5齿裂，宿存；花冠淡紫色或蓝紫色，5裂；雄蕊4。核果球形，黑色。主产于海南、广西和云南。果实能疏散风热，清利头目。叶可提取芳香油。变种单叶蔓荆 *V. trifolia* L. var *simplicifolia* Cham. 主茎匍匐，单叶。分布于我国沿海各省，用途同蔓荆。

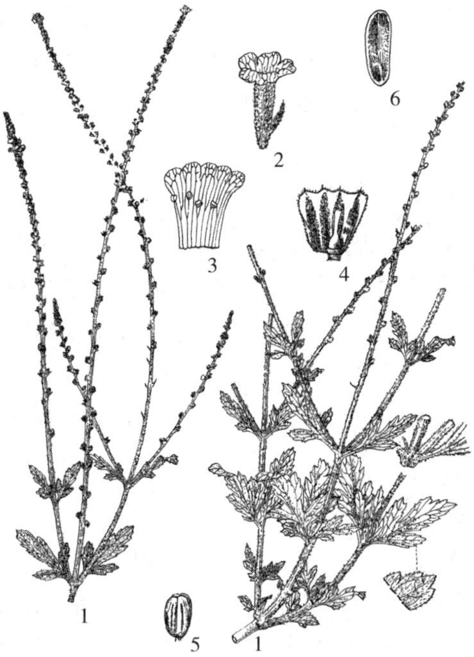

图 11－93　马鞭草

1. 植株　2. 花　3. 花冠展开(示雄蕊)
4. 花萼展开(示雌蕊)　5. 果实　6. 种子内面

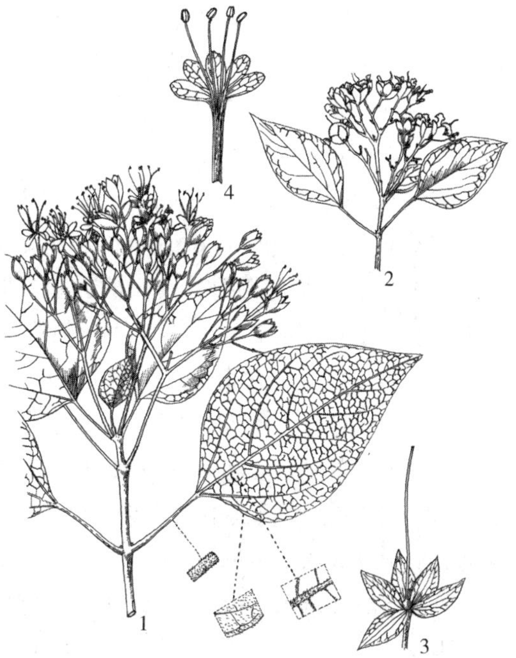

图 11－94　海州常山

1. 花枝　2. 果枝　3. 花萼展开(示雌蕊)
4. 花冠展开(示雄蕊)

路边青 *Geum aleppicum* Jacq. 灌木或小乔木。单叶对生，卵形至椭圆形，全缘，背面常具腺点。聚伞花序伞房状；花萼钟形，宿存，果时增大呈紫红色；花冠管状，白色，5 裂；雄蕊 4，着生花冠喉部，伸出花冠外。核果浆果状，熟时紫色。分布于长江以南各省区。叶片入药具清热解毒，凉血止血的作用。在部分地区作为“大青叶”用。

本属多种植物可作紫珠入药，如：臭牡丹 *C. bungei* Steud. 等的茎、叶可用于风湿症、高血压等疾病的治疗。本属常见药用植物还有细亚锡饭 *C. dichotoma*（Lour.）k Koch、华紫珠 *C. cathayana* H. T. Chang、老鸦糊 *C. giraldii* Hesse ex Rehd. 、全缘叶紫珠 *C. integerrima* Champ. 、日本紫珠 *C. japonica* Thunb. 、裸花紫珠 *C. nudiflora* Hook. et Arn. 等。

本科常见的药用植物还有：兰香草 *Caryopteris incana*（Thunb.）Miq.，全株能散瘀止痛，祛痰止咳等；马缨丹 *Lantana camara* L. 根能解毒，散结止痛。

53. 唇形科 Labiatae　⚥ ↑ $K_{(5)}C_{(5)}A_{4,2}\underline{G}_{(2:4:1)}$

多为草本，稀木本，常含挥发油而具香气。茎四棱。叶对生，单叶，稀复叶。腋生聚伞花序排成轮伞状，常再集成穗状、总状、圆锥状或头状花序；花两性，两侧对称；花萼 5 裂，宿存，果时常不同程度增大；花冠 5 裂，二唇形（上唇 2 裂，下唇 3 裂），少为单唇形（无上唇，5 个裂片全在下唇。）或假单唇形（上唇很短，2 裂，下唇 3 裂），花冠筒常有毛环，花冠筒基部常具蜜腺；雄蕊 4 枚，2 强，或上面 2 枚不育，着生于花冠筒上，花药 2 室，常呈分叉状，或药隔叉开后下延，1 药室退化成杠杆的头，常具花盘；子房上位，2 心皮，通常 4 深裂而成 4 室，每室具胚珠 1 枚，花柱常着生于子房裂隙基部。果实由 4 枚小坚果组成。染色体：X＝8、9、10、12、16、17、18。

本科约 220 属，3500 种，广布全球。我国约 99 属，808 种，全国各地均有分布。药用 75 属，436 种。

本科植物以含挥发油而著称。萜类化合物在野芝麻亚科 *Lamioideae*（本亚科包括几个较大的属，如鼠尾草属、百里香属、水苏属、荆芥属）和罗勒亚科 *Ocimoideae* 分布集中。鼠尾草属以二萜醌类化合物为特征，并以邻醌型为主，如丹参酮Ⅱ－A。黄酮类主要集中在黄芩亚科 *Scutellarioideae*，尤其是黄芩属，如重要的抗菌成分黄芩素。生物碱分布在益母草属 *Leonurus* 和水苏属等少数类群中。

【药用植物】

益母草 *Leonurus japonicus* Houtt. 一或二年生草本，茎四棱，被倒向糙伏毛。基生叶近圆形，5～9 浅裂，基部心形，具长柄；茎下部叶掌状 3 深裂，裂片通常再分裂，上部叶常裂成狭条形。轮伞花序腋生，小苞片针刺状；花萼具 5 齿裂，裂片刺芒状，宿存；花冠唇形，粉红至淡紫红色，上唇全缘，下唇 3 裂，中裂片倒心形；雄蕊 4，2 强；子房深 4 裂。小坚果矩圆状，褐色。（图 11－95）分布于全国各地，主产河南、安徽、四川、江苏、浙江等地。全草入药能活血调经，利尿消肿，清热解毒。果实（茺蔚子）活血调经，清肝明目。

本属国产 12 种，其中细叶益母草 *Leonurus sibiricus* L. 主产西北和内蒙古等地，突厥益母草 *L. turkestanicus*. V. Krecz et Kupr. 主产新疆北部地区，在当地均作“益母草”入药。

丹参 *Salvia miltiorrhiza* Bunge 多年生草本。全株密被淡黄色柔毛及腺毛。根粗大，肉质，表面砖红色。茎 4 棱。羽状复叶对生；小叶 5～7，卵圆形，具粗齿。轮伞花序再排成假总状；花萼近钟形，紫色；花冠二唇形，紫蓝色，管内有毛环，上唇近盔状，下唇 3 裂，中裂片较大，先端 2 浅裂；雄蕊 2，着生于下唇的中部，药隔伸长呈杠杆状，上端药室发育，下端药室退化；子房 4 深裂，花柱着生子房基底。小坚果长圆形。（图 11－96）分布于全国大部分地区。主产于河北、山西、山东、安徽、江苏、四川等省区。根能活血化瘀，调经止痛，养心安神，凉血消痈。

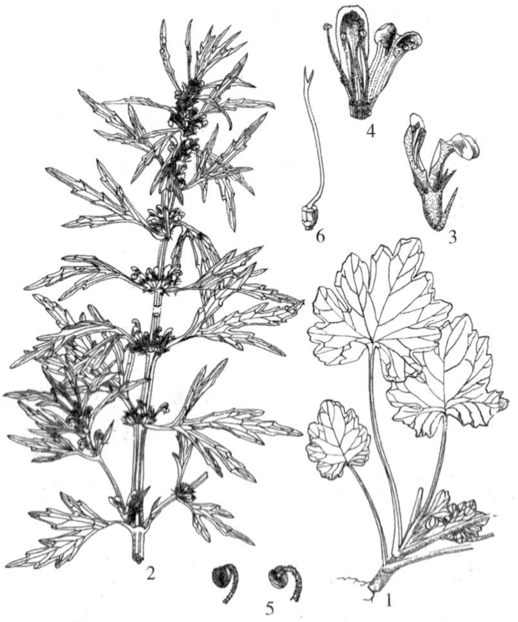

图 11－95　益母草

1. 植株下部（示基生叶）2. 花枝　3. 花
4. 花冠展开（示雄蕊）5. 雄蕊　6. 雌蕊

图 11－96　丹参

1. 花枝　2. 花萼展开
3. 花冠展开（示雄蕊和雌蕊）4. 根

本属多种植物的根，在一些地区也作丹参入药，如白花丹参 *S. miltiorrhiza* Bunge f. *alba* C. Y Wu 分布于山东、安徽、河南、湖北。甘肃丹参 *S. przewalskii* Maxim. 分布于甘肃、宁夏、青海、新疆、四川、云南、西藏。南丹参 *S. bowleyana* Dunn 分布于浙江、江西、福建、湖南、广东、广西。拟丹参 *Salvia sinica* Migo 分布于安徽、湖北。

黄芩 *Scutellaria baicalensis* Georgi 多年生草本，主根粗壮。茎多分枝，基部伏地，四棱形。单叶对生，披针形，全缘，背面密被黑色下陷的腺点。总状花序顶生；花偏向一侧；花萼两唇形，上唇背部具盾状物；花冠紫色至白色，两唇形，上唇盔形，筒部细长；雄蕊4，2强。坚果4枚，近球形，包于宿存萼中。分布于黄河流域，及内蒙古和东北地区。主产山西、河北、山东等省区。根可清热燥湿，泻火解毒，止血安胎。

同属多种植物在不同地区作黄芩入药，如滇黄芩 *S. amoena* C. H. Wright，根细小。节间具白柔毛及腺毛。主产云南、贵州、四川等地；粘毛黄芩 *S. viscidula* Bunge，植株密被柔毛及腺毛，花淡黄色。主产山西、山东、河北等地；丽江黄芩 *Scutellaria likiangensis* Diels 叶卵形或椭圆形，花淡黄色，具紫斑。主产云南等地。（图 11－97）

图 11－97　黄芩(1～4)　粘毛黄芩(5～6)　甘肃黄芩(7～8)　丽江黄芩(9～10)

黄芩（1～4）1. 根　2. 植株上部　3. 花　4. 花冠剖开，示雄蕊　粘毛黄芩（5～6）5. 根　6. 植株上部
甘肃黄芩（7～8）7. 根　8. 植株上部　丽江黄芩（9～10）9. 植株上部　10. 根

薄荷 *Mentha haplocalyx* Briq. 多年生草本，有清凉浓香气。茎四棱；叶对生，叶片卵形或长圆形，两面均有腺鳞及柔毛。轮伞花序腋生；花冠淡紫色或白色，4裂，上唇裂片较大，顶端2裂，下唇3裂，近相等；雄蕊4，前对较长。小坚果椭圆形。分布全国各地。主要栽培于江苏和安徽，称苏薄荷，江西、河南、云南、四川等地亦产。全草能宣散风热，清头目，透疹。

薄荷属我国有12种，其中兴安薄荷 *M. dahurica* Fisch. ex Benth. 、东北薄荷 *Mentha sachalinensis*（Briq.）Kudo 等也可作薄荷入药。

荆芥 *Schizonepeta tenuifolia*（Benth.）Briq. 一年生草本，具强烈香气，全体具柔毛。茎

直立，四棱，上部多分枝，基部带紫色。单叶对生，常指状3裂，或羽状深裂，裂片披针形。轮伞花序，于顶部密集成穗状；花冠淡紫红色，唇形；雄蕊4，2强。小坚果长圆状三棱形。分布于东北、华北、西北以及西南部分省区，茎叶和花穗能解表散风，透疹。

紫苏 *Perilla frutescens*（L.）Britt. 草本，被长柔毛，具特异芳香。茎四棱，多分枝。单叶对生，叶片卵圆形，具粗圆齿，绿色、两面紫色或仅下面紫色。轮伞花序排成穗状；萼钟形，宿存；花冠唇形，白色或紫红色；雄蕊4，2强，生于花冠筒中部。小坚果近球形。嫩枝及叶（紫苏叶）能解表散寒，行气和胃。茎（紫苏梗）能理气宽中、止痛安胎；种子（紫苏子）能降气消痰、平喘润肠；

本种栽培历史悠久，变异类型较多，除叶色和花色显著不同外，还有数个变种，如野生紫苏 var. *acuta*（Thunb.）Kudo、耳叶变种 var. *auriculato* - dentate C. Y. Wu、回回苏 var. *crispa*（Thunb.）Hand. - Mazz.。入药同紫苏。

夏枯草 *Prunella vulgaris* L. 多年生草本，具匍匐的根状茎。地上茎多分枝，四棱，紫红色。单叶对生，卵状矩圆形。轮伞花序每轮6朵花集成顶生穗状花序，呈假穗状；花萼二唇形，上唇顶端平截，具3齿，下唇具2齿；花冠唇形，红紫色，下唇中裂片宽大，边缘呈流苏状。小坚果矩圆状卵形。全国大部分地区均有分布。果穗能清火明目，散结消肿。

广藿香 *Pogostemon cablin*（Blanco）Benth. 多年生草本，老茎外皮木栓化，全株密被短柔毛。叶对生，叶片卵圆形或长椭圆形，具粗锯齿。轮伞花序密集呈穗状，顶生或腋生；花冠紫色，外被长毛；雄蕊外伸。全草芳香化浊，开胃止呕，发表解暑。

本科药用植物众多，常见的还有连钱草（活血丹）*Glechoma longituba*（Nakai）Rupr.、半枝莲 *Scutellaria barbata* D. Dan、冬凌草（碎米桠）*Rabdosia rubescens*（Hemsl.）Hara、藿香（土藿香）*Agastache rugosa*（Fisch. et Meyer）O. Ktze. 等。

54. 茄科 Solanaceae ⚥ $* K_5 C_5 A_5 \underline{G}_{(2:2:\infty)}$

草本或木本。单叶互生，或在近开花枝上大小叶双生，无托叶。花两性，辐射对称，稀两侧对称，单生或聚伞花序，常由于花轴与茎合生而使花序生于叶腋之外；花萼通常5裂，宿存，常花后增大；花冠合瓣成辐状、漏斗状、高脚碟状或钟状，5裂；雄蕊5，着生花冠筒上，与花冠裂片同数而互生；子房上位，2心皮2室，有时由于假隔膜而形成不完全4室，或胎座延伸成假多室，中轴胎座，胚珠多数。蒴果或浆果。种子圆盘形或肾形，具胚乳。染色体：X = 12，30。

本科约80属3000种，广布于温带及热带地区，我国产24属，115种，药用25属，84种。

本科植物含多种类型的生物碱。其中莨菪烷型生物碱：如东莨菪碱（scopolamine）、天仙子碱等。吡啶型生物碱：如葫芦巴碱（rigonelline）存在于茄属 *solanum*。甾体生物碱：如蜀羊泉次碱（soladulcidine）等，主要存在于茄属（*solanum*）、辣椒属（*Capsicum*）、赛莨菪属（*ScopoLia*）等。甜菜碱（btaine）存在于枸杞属（*Lycium*）中。此外还含吡咯啶型、喹诺里西啶型、吲哚型和嘌呤型生物碱。

【药用植物】

宁夏枸杞 *Lycium barbarum* L. 灌木或呈小乔木状，具枝刺，果枝常下垂。单叶互生或丛生，披针形或长圆状披针形。花单生叶腋，或数朵簇生于短枝上；花萼杯状，先端2～3裂；花冠漏斗状，5裂，粉红色或紫红色，具暗紫色脉纹，花冠管长于裂片。雄蕊5，着生处上部具1圈柔毛。浆果宽椭圆形，红色。（图11 - 98）分布于西北、华北等地。主产于宁夏、甘肃，亦有栽培。果实能滋补肝肾，益精明目。根皮（地骨皮）能凉血除蒸，清肺降火。

同属植物枸杞 *L. chinense* Mill. 枝条柔弱。花冠管短或等于花冠裂片。果小，长椭圆形。全国各地普遍分布。新疆枸杞 *L. dasystemum* Pojark. 分布于甘肃、青海、新疆。北方枸杞 *L. chinense* Mill. var. *potaninii*（Pojark.）A. M. Lu 分布于华北、西北及四川，也作枸杞入药。

颠茄 *Atropa belladonna* L. 多年生草本，茎多腺毛。叶互生或在枝上部大小不等，2 叶双生，叶柄长达 4cm，幼时生腺毛；花俯垂，花梗长 2 ~ 3cm，密生白色腺毛；花萼长约为花冠之半，裂片三角形，长 1 ~ 1.5cm，顶端渐尖，生腺毛，花后稍增大，果时成星芒状向外开展；花冠筒中部稍膨大，5 浅裂，裂片顶端钝；浆果球状。种子扁肾脏形。（图 11 – 99）全草用作抗胆碱药。

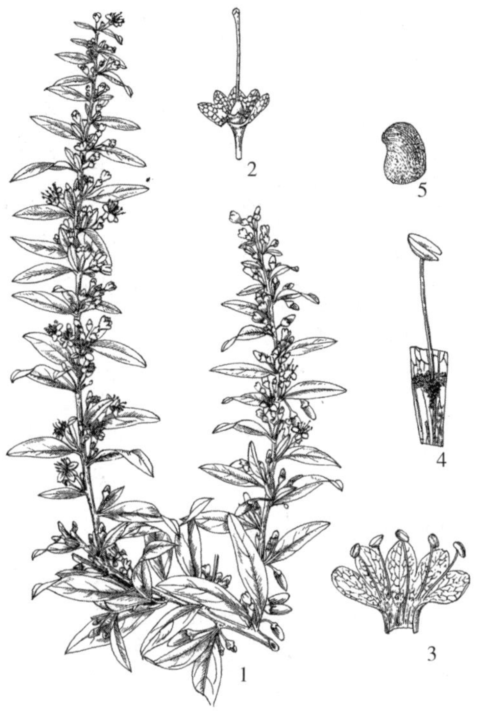

图 11 – 98 宁夏枸杞

1. 花枝 2. 花萼展开（示雌蕊）
3. 花冠展开（示雄蕊） 4. 雄蕊 5. 种子

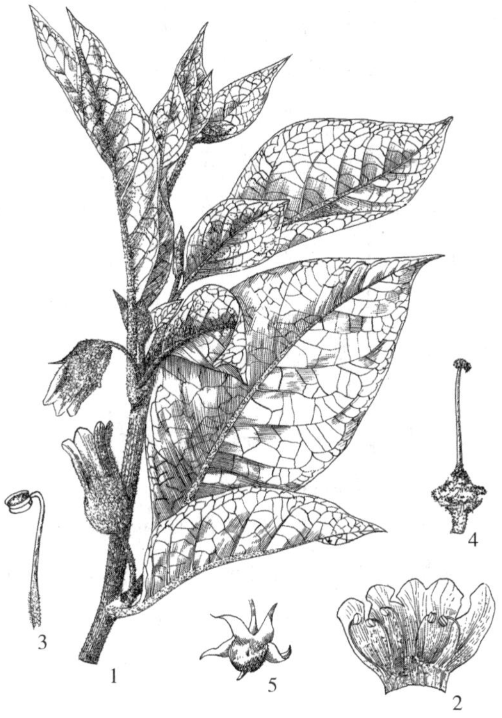

图 11 – 99 颠茄

1. 植株 2. 花冠展开（示雄蕊）
3. 雄蕊 4. 雌蕊 5. 果实

白花曼陀罗 *Datura metel* L. 一年生草本，有毒。茎直立，基部木质化，上部多分枝。单叶互生，卵形或宽卵形，基部偏斜，边缘具波状齿或全缘。花单生叶腋；花萼筒状，先端 5 裂，花后于近基部周裂而脱落，基部宿存，果期增大成盘状；花冠漏斗状，白色，5 裂，裂片三角状，栽培者有重瓣类型且增大；雄蕊 5；子房不完全 4 室。蒴果近球形，表面疏生粗短刺，成熟后 4 瓣开裂。种子扁平，多数。分布于江苏、浙江、广东、广西、福建、湖北、四川、贵州、云南等省，多系栽培。花（洋金花）能止咳平喘，镇痛解痉。同属的多种植物均可作洋金花入药。常见的如下：曼陀罗 *D. stramomium*、无刺曼陀罗 *D. inermis*、紫花曼陀罗 *D. tatula*、白花曼陀罗 *D. metel*、曼陀罗 *D. innoxia*。

莨菪 *Hyoscyamus niger* L. 二年生草本，全株被黏性腺毛和柔毛，具特殊气味。根粗壮，肉质。基生叶丛生；茎生叶互生，叶片长圆形，叶缘羽状浅裂或深裂，或成波状粗齿。花单生叶腋，常于茎端密集；花萼筒状钟形，5 浅裂，果时增大成坛状；花冠漏斗形，黄色，具紫堇色脉纹，先端5浅裂；雄蕊5。蒴果顶端盖裂，藏于宿萼内。种子圆肾形，有网纹。分布我国东北、西南、华北和华东，以及四川、西藏等地；亦有栽培。种子（天仙子）能解痉止痛、安神定喘。同属植物小天仙子 *H. bohemicus* F. W. Schmidt、矮莨菪 *H. pusillus* L. 等的种子在不同地区亦作天仙子入药。

本科常见药用植物还有：酸浆 *Physalis alkekengi* L. var. *franchetii*（Mast.）Makino 的干燥宿萼（锦灯笼）能清热解毒、利咽化痰、利尿。三分三 *Anisodus acutangulus* C. Y. Wu et C. Chen. ex C. Chen et C. L. Chen、铃铛子 *A. luridus* Link et Otto 等的根或叶作三分三入药，可解痉镇痛，祛风除湿。此外还有龙葵 *Solanum nigrum* L、白英 *S. lyratum* Thunb. 全草有小毒，能清热解毒，利湿，亦可用于抗癌。

本科还有多种重要的经济作物，如烟草 *Nicotiana tabacum* L.、番茄 *Lycopersicon esculentum* Mill、辣椒 *Capsicum annuum* L.、茄 *Solanum melongena* L.、马铃薯 *S. tuberosum* L. 等。

55. 玄参科 Scrophulariaceae　⚥ ↑ $K_{(4\sim5)}C_{(4\sim5)}A_{4,2}\underline{G}_{(2:2:\infty)}$

常为草本，稀灌木、乔木或半寄生植物，常有各种毛茸和腺体。叶多对生，少互生或轮生，无托叶。花两性，常两侧对称，较少近辐射对称，排成总状或聚伞花序；花萼常4～5裂，宿存；花冠合瓣，辐射状、钟状或筒状，上部4～5裂，通常多少呈二唇形；雄蕊着生于花冠管上，多为4枚，2强，少为2枚或5枚，花药.2室，药室分离或顶端相连，有的种退化为1室；子房上位，基部常有花盘，2心皮2室，中轴胎座，每室胚珠多数，花柱顶生。蒴果，稀浆果，蒴果2～4裂，常有宿存花柱。种子多数，细小。染色体：X＝10、12、14、17、18、20。

约200属，3000种以上，遍布于世界各地。我国约60属，634种，全国均产，西南部最盛。药用45属，233种。

本科植物主要化学成分有环烯醚萜苷类，水解后变为黑色。其他有黄酮类，少数含强心苷及生物碱。环烯醚萜类，如桃叶珊瑚苷（aucubin）、玄参苷（hapagoside）、胡黄连苷（kurroside）、胡黄连苦苷（picroside）。强心苷，如洋地黄毒苷（digitoxin），地高辛（digoxin），毛花洋地黄苷丙（lanatoxide C）等，为临床常用的强心药。黄酮类，如黄芩素（baicalein）、蒙花苷（linarin）等。蒽醌类：如洋地黄蒽醌（digitoquinone）。生物碱类：如槐定碱（sophoridine）、骆驼蓬碱（peganine）等。

【药用植物】

地黄 *Rehmannia glutinosa*（Gaertn.）Libosch. ex Fish et Mey. 多年生草本，全株密被灰白色长柔毛及腺毛。块根肉质肥厚，呈块状，圆锥形或纺锤形，淡黄色。叶基生成丛，叶片倒卵形或长椭圆形；先端钝，基部渐窄下延成长叶柄；茎生叶互生，叶面有泡状隆起与皱纹，边缘有钝的锯齿。总状花序顶生；花萼钟状，浅裂；花冠近二唇形稍弯曲，外面紫红色或淡紫红色，内面黄色有紫斑；雄蕊4，二强；子房上位，2室。蒴果球形或卵圆形；种子细小多数，淡棕色。（图11－100）主产于河南省新乡地区，故有怀地黄之称。地黄又名生地，加工后叫熟地；生地能滋阴清热、凉血止血；熟地有滋阴补血、补益精髓等功效。

玄参 *Scrophularia ningpoensis* Hemsl，多年生大草本。根数条，肥大，纺锤形，黄褐色干后变黑色。茎方形，下部的叶对生，上部的叶有时互生；叶片卵形至披针形，边缘具细锯齿。聚伞花序合成大而疏散的圆锥花序；花萼5裂；花冠褐紫色，管部多少壶状，上部5裂，二唇形，上唇长于下唇；雄蕊4，二强，退化雄蕊近于圆形。蒴果卵形。（图11－101）根能滋阴降火，生津，消肿散结，解毒。北玄参 *S. buergeriana* Miq. 与上种的主要不同点是聚伞花序缩成穗状；花冠黄绿色。

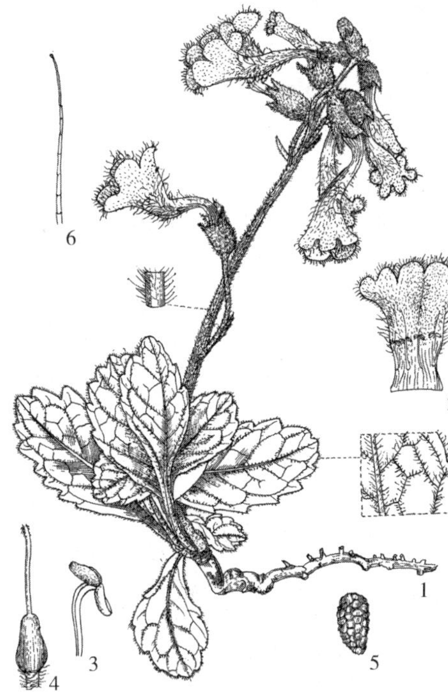

图 11－100　地黄

1. 带花植株　2. 花萼展开（示雌蕊）

3. 雄蕊　4. 雌蕊　5. 种子 6. 腺毛

图 11－101　玄参

1. 花枝　2. 植株 3. 根

4. 花冠展开（示雄蕊）5. 果实

胡黄连 *Picrorhiza scrophulariiflora* Pennell 多年生矮小草本。根状茎粗长，节密集，支根粗长，有老叶残基。叶全部基生呈莲座状，匙形或近圆形，基部下延成宽柄状。花葶上部生棕色腺毛，总状花序顶生，花序轴及花梗有棕色腺毛；花冠浅蓝紫色，裂片略呈二唇形；雄蕊 4 枚，2 强。蒴果卵圆形，4 瓣裂。分布于四川西部、西藏及云南西北部。根茎味极苦，能清虚热燥湿，消疳解毒。

紫花洋地黄（洋地黄）*Digitalis purpurea* L. 多年生草本。全株密被灰白色短柔毛和腺毛。茎单生或多数枝丛生，基生叶多数呈莲座状，长卵形，茎生叶下部与基生叶同形，上部渐小。总状花序顶生，花向一侧偏斜；花萼钟状，5 裂深至基部；花冠唇形，花冠筒钟状，表面紫红色，内面白色，具紫色斑点；2 强雄蕊；子房上位，柱头 2 裂。蒴果卵形，顶端尖，密被腺毛。同属植物毛花洋地黄（狭叶洋地黄）*D. lanata* Ehrh. 叶狭长而小，全缘，仅叶缘中部以下有白毛。花淡黄色；萼、花梗、花轴均密被柔毛。

56. 列当科 Orobanchaceae　⚥ ↑ $K_{(4\sim5)}\,C_{(5)}\,A_4\,\underline{G}_{(2:1:\infty)}$

一年生或多年生肉质草本。寄生于蒿属及赤杨属等植物根上，无叶绿素。茎单一或丛生，基部被鳞片状叶。穗状或总状花序顶生；花两性，两侧对称，单生于苞腋；花萼合生，4～5 裂；花冠 2 唇形，5 裂，花冠筒弯曲；雄蕊 4，2 强，着生于花冠下部；子房上位，心皮 2～3，合生。侧膜胎座。蒴果，2 瓣裂，有胚乳。染色体：X＝12，18，19，20，

本科约 13 属 180 种，广泛分布。我国有 10 属约 49 种，药用 8 属 24 种。

【药用植物】

肉苁蓉 *Cistanche deserticola* Ma 多年生寄生草本植物。茎肉质，淡黄色，圆柱形或下部稍扁并较粗，高 40～160cm。鳞片状叶多数，螺旋状排列，下部的宽且短，向上逐渐变狭长，宽卵形至狭披针形。穗状花序具多数花；苞片 1，披针形，小苞片 2，与萼近等长；花萼钟状，5 浅裂，裂片近圆形；花冠管状钟形，管内面离轴方向有 2 条纵向的鲜黄色凸起，裂片 5，近半圆形，花冠管淡黄白色；雄蕊 4，2 强，花丝上部稍弯曲，基部被皱曲长柔毛，花药被皱曲长柔毛；子房基部具黄色蜜腺。蒴果卵形，褐色，2 瓣裂，种子多数，微小，近椭圆形。分布于内蒙古，甘肃和新疆等省区。寄主是梭梭。全草能补肾益精，润肠通便。

锁阳 *Cynomorium songaricum* Rupr. 一年生草本。肉质，无叶绿素，呈紫红色。根寄生在白刺属（*Nitraria*）植物根上。茎直立，圆柱形，基部略增粗或膨大，埋于沙中。叶鳞片状，卵状三角形，先端尖，呈螺旋状排列，下部较密集，向上渐稀。穗状花序生于茎顶，暗紫红色，生有多数小花，散生有鳞片状叶；雄花长 3～6mm，蜜腺近倒圆锥状，半抱花丝，花丝粗，花药紫红色；雌花花柱长约 2mm，子房下位，胚珠 1，顶生，下垂；两性花较少，雄蕊 1，着生于下位子房上方。花丝极短。小坚果卵状球形。种子近球形，种皮坚硬。分布于内蒙古西北部，甘肃、宁夏、青海北部、新疆等省区。全草能壮阳、益精血、润肠通便。

57. 爵床科 Acanthaceae　⚥ ↑ $K_{(4\sim5)}C_{(4\sim5)}A_{4,2}\underline{G}_{(2:2:1\sim\infty)}$

草本或灌木。茎节常膨大。单叶对生，无托叶。花两性，左右对称，通常组成总状花序，穗状花序，聚伞花序；苞片通常大；花萼 5～4 裂；花冠 5～4 裂，常为 2 唇形，上唇 2 裂，有时全缘，下唇 3 裂；雄蕊 4 枚（稀 5 枚），通常为 2 强；子房上位，下部常有花盘，2 心皮 2 室，中轴胎座，每室有胚珠 2 至多数；花柱单一，柱头通常 2 裂。蒴果室背开裂，种子通常着生于胎座的钩状物上。种子成熟后弹出。染色体：X = 8，13～22。

本科约 250 属，2500 种以上，广布于热带及亚热带地区。我国有 61 属，178 种，产于长江流域以南各省区。药用 32 属，71 种。

本科植物主要活性成分有二萜类内酯化合物，如：穿心莲内酯（andrographolide）、去氧穿心莲内酯（deoxyandrographolide）、新莲内酯（neoandrographolide）具抗菌消炎作用。酚类和黄酮：如芹菜素（apigenin）、木犀草素（luteolin）、穿心莲黄酮（andro－graphin）；某些种尚含有木脂素及苷类。

【药用植物】

马蓝 *Strobilanthes cusia*（Nees）O. Kuntzens 草本。具根茎。茎多分枝，节膨大。单叶对生，叶片卵形至披针形，边缘有粗齿，两面无毛。穗状花序，2～3 节，每节具 2 朵对生的花；花萼裂片 5；花冠淡紫色，5 裂，裂片近相等，先端微凹，花冠筒内具二行短柔毛；雄蕊 4，2 强。蒴果。（图 11－102）分布于西南及华南等地区，为商品药材“大青叶”的来源之一，根（南板蓝根），叶可加工制成青黛，为中药青黛的原料来源之一，能清热解毒，凉血消斑。

穿心莲 *Andrographis paniculata*（Burm. f.）Nees 一年生草本。茎直立，四棱形，下部多分枝，节呈膝状膨大。单叶对生，近于无柄；叶长卵形或披针形，先端渐尖。总状花序，顶生或腋生；花小，白色或淡紫色，二唇形，下唇内面有紫红色花斑；雄蕊 2 枚；子房上位，2 室。蒴果扁状长椭圆形，表面中间有一浅沟，疏生腺毛。种子多数。（图 11－103）全草能清热解毒，消炎，消肿止痛。

图 11－102　马蓝

1. 花枝　2. 花冠展开（示雄蕊）　3. 花萼及雌蕊　4. 雄蕊

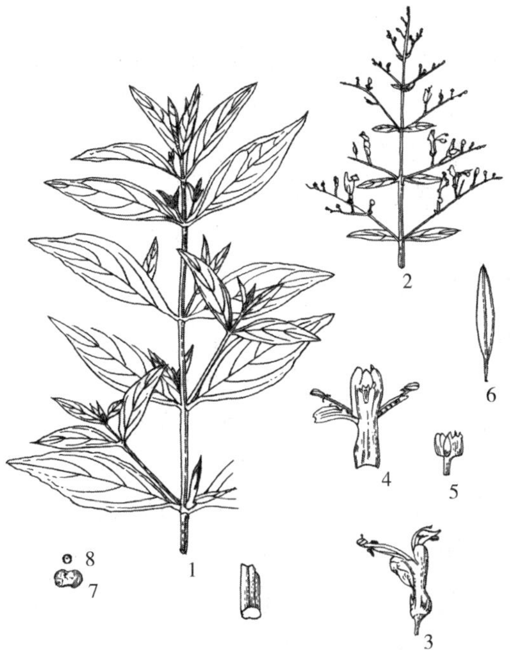

图 11－103　穿心莲

1. 叶枝　2. 花枝　3. 花　4. 花冠展开（示雄蕊）　5. 花萼展开（示雌蕊）　6. 果实　7. 果实横切面　8. 种子

爵床 *Rostellularia procumbens*（L.）Nees 一年生小草本。茎常簇生，多分枝，节部膨大。叶对生，椭圆形或卵形。穗状花序；苞片 1，小苞片 2；花萼 4 裂；花冠粉红色，二唇形；雄蕊 2；子房 2 室。蒴果线形。全草能清热解毒，利尿消肿，活血止痛，治小儿疳积。

白接骨 *Asystasiella neesiana*（Wall.）Lindau 多年生草本。茎方形，节膨大。叶片卵形或披针形。穗状花序；花偏于一侧，花冠淡紫红色，5 裂；雄蕊 4，2 强；子房 2 室。蒴果 2 瓣裂。叶及根茎主治外伤出血。

本科常见的药用植物尚有：九头狮子草 *Peristrophe japonica*（Thunb.）Bremek 全草能清热解毒，发汗解表，降压。狗肝菜 *Dicliptera chinensis*（L.）Juss. 全草能清热解毒，凉血利尿。

58. 茜草科 Rubiaceae　⚥ $* K_{(4\sim6)} C_{(4\sim6)} A_{4\sim6} \overline{G}_{(2:2:1\sim\infty)}$

木本或草本，有时攀缘状。单叶对生或轮生，常全缘或有锯齿；具各式托叶，位于叶柄间或叶柄内或变为叶状、连合成鞘，宿存或脱落。二歧聚伞花序排成圆锥状或头状，有时单生；花通常两性，辐射对称；花萼筒与子房合生，先端平截或 4～5 裂；花冠合瓣，4 裂或 5 裂，稀 6 裂；雄蕊与花冠裂片同数，且互生，均着生于花冠筒内；花盘形状各式；子房下位，通常 2 心皮 2 室，每室 1 至多数胚珠。蒴果、浆果或核果。染色体：X＝9，11，17。

约 500 属，6 000 种，广布于热带和亚热带地区，少数分布到温带或北极地区，是合瓣花第二大科。我国 75 属，477 种，分布于西南至东南部。药用 59 属，219 种。

本科植物的主要活性成分有生物碱、环烯醚萜类、蒽醌类等。含多种生物碱：喹啉类，如奎宁（quinine）、奎尼丁（quinidine），有抗疟活性。苯并喹诺里西啶类，如吐根碱（emetine）可治疗阿米巴痢疾。吲哚类，如钩藤碱（thynchophylline）、异钩藤碱（isorhynchophylline），有安神降压作用。嘌呤类，如咖啡碱（coffeine）能强心利尿。环烯醚萜类：如栀子苷

（geniposide）、车叶草苷（asperuloside）、羟异栀子苷（gardenoside）能促进胆汁分泌。蒽醌类：如茜草素（alizarin）、羟基茜草素（purpunn）。尚含甾醇及其苷类，如豆甾醇（stigmasterol）、谷甾醇（sitosterol）。

【药用植物】

钩藤 *Uncaria rhynchophylla*（Miq.）Miq. ex Havil. 常绿木质大藤本。小枝四棱形，单叶对生，纸质，椭圆形；托叶2深裂，叶腋有钩状变态枝成对或单生。头状花序单生叶腋或顶生呈总状花序；花5数，花冠黄色，漏斗状，裂片外面被粉末状柔毛；子房下位。蒴果，被疏柔毛。分布于福建、江西、湖南、广东、广西及西南地区。带钩的茎枝（钩藤）及叶能清热平肝，息风定惊。同属植物华钩藤 *U. sinensis*（Oliv）Havil. 托叶近圆形，全缘。头状花序单个腋生。分布于湖北、湖南、广东、广西、贵州、云南。此外同属植物我国15种，亦以带钩的茎入药。

巴戟天 *Morinda officinalis* How 缠绕性草质藤本。根有不规则的连续膨大部分。小枝及嫩叶有短粗毛，后变粗糙。单叶对生；矩圆形，托叶鞘状。花序头状或由3至多个头状花序再排成伞形；花4数，花冠白色；子房下位，柱头2深裂。核果红色。分布于广东、广西。生于疏林下或林缘。根能补肾壮阳，强筋骨，祛风湿。

栀子 *Gardenia jasminoides* Ellis. 常绿灌木，小枝圆柱形，嫩部被短柔毛。叶对生或三叶轮生，有短柄，革质，椭圆状倒卵形至倒阔披针形；上面光亮，下面脉腑内簇生短毛；托叶在叶柄内合成鞘状，膜质。花硕大，白色，芳香，单生枝顶；花部常5~7数，萼筒有翅状直棱，花冠高脚碟状；雄蕊与花冠裂片同数，生喉部，花丝极短或无毛，花药线形；子房下位，1室，胚珠多数，侧膜胎座。蒴果，外果皮略带革质，熟时黄色，有翅状棱5~8条，顶冠以5~8片增大的宿存萼裂片。分布于河南、安徽、江苏、浙江、江西、福建、台湾、广东、广西、湖南、湖北、四川、贵州等地。果能泻火解毒，清利湿热，凉血散瘀。（图11-104）

茜草 *Rubia cordifolia* L. 多年生攀缘草本。根丛生，橙红色。茎4棱，棱上具倒生刺。叶4片轮生，有长柄；卵形至卵状披针形，下面中脉及叶柄上有倒刺，弧形脉3~5条。聚伞花序呈疏松的圆锥状，腋生或顶生；花小，5数，黄白色；子房下位，2室。浆果熟时黑色，近球形。（图11-105）全国大部分地区有分布。根能凉血，止血，祛瘀，通经，镇痛。

白花蛇舌草 *Hedyotis diffusa* Willd. 一年生小草本，基部多分枝。单叶对生，叶片线形，无柄。花小，单生叶腋；花冠漏斗状，先端4深裂，白色。蒴果扁球形，内含多数种子。分布于东南至西南地区。全草能清热解毒，活血散瘀。

本科常见的药用植物尚有金鸡纳树 *Cinchona ledgeriana* Moens ex Trim. 树皮具抗疟，解毒镇痛作用，为提取奎宁的原料。鸡矢藤 *Paederia scandens*（Lour.）Meer. 全草能清热解毒，镇痛，止咳。

59. 忍冬科 Caprifoliaceae $⚥ * \uparrow K_{(4\sim5)}C_{(4\sim5)}A_{4\sim5}\overline{G}_{(2\sim5:1\sim5:1\sim\infty)}$

木本，稀草本。单叶对生，少为羽状复叶；常无托叶。花两性，辐射对称或两侧对称；聚伞花序，也有数朵簇生或单生；花萼4~5裂；花冠管状，通常5裂，有的成二唇形；雄蕊和花冠裂片同数而互生，着生花冠管上；子房下位，2~5心皮，形成1~5室，通常为3室，每室1至多数胚珠，有时仅1室发育。浆果、核果或蒴果。种子内含肉质胚乳。染色体：X=8、9、18。

图 11－104　栀子

1. 花枝　2. 果枝　3. 花纵剖面

图 11－105　茜草

1. 花枝　2. 枝　3. 花萼和雌蕊　4. 果实

本科植物 15 属，约 450 种，分布于温带地区。我国 12 属，259 种，广布全国。药用 9 属，106 种。

本科的主要活性成分是酚性成分，如绿原酸（chlorogenic acid）、异绿原酸（isochlorogenic acid）；酚性杂苷如忍冬苷（lonicein），七叶树苷（aesculin）。还含有皂苷、氰苷等。

【药用植物】

忍冬 *Lonicera japonica* Thunb. 多年生半常绿缠绕灌木；幼枝密生柔毛和腺毛。单叶对生；卵形至卵状椭圆形，全缘，叶柄短，幼时两面被短毛。总花梗单生叶腋，花成对，苞片叶状；花萼 5 裂，无毛；花冠唇形，上唇 4 裂，下唇反卷不裂，白色，3～4 天后转黄色，黄白相间，故称“金银花”，外面有柔毛和腺毛；雄蕊 5；子房下位。浆果球形，熟时黑色。（图 11－106）除新疆外，全国大部分地区有野生。生于山坡灌丛中。主产山东及河南。花蕾（金银花）和茎枝（忍冬藤）能清热解毒；茎有通络作用。

图 11－106　忍冬

1. 花枝　2. 果枝　3. 花冠展开（示雄蕊和雌蕊）

忍冬属植物约 200 种，我国有 98 种，广泛分布于全国各省区。山银花 *L. cofusa* DC. 萼筒密生小硬毛；苞片不成叶状。红腺忍冬 *L. hypoglauca* Miq. 叶下面密生微毛和橘红色腺毛。叶腋中总花梗单生或多个集生。毛花柱忍冬 *L. dasystyla* Rehd.，为花柱被疏柔毛。

本科还有：接骨草（陆英）*Sambucus chinensis Lindl.* 多年生草本，奇数羽状复叶。全草能散瘀消肿，祛风活络，跌打损伤。同属植物接骨木 *S. williamsii* Hance 茎和叶用于跌打损伤，骨折，风湿痛。

60. 败酱科 Valerianaceae ⚥ $* K_{5\sim15,0}C_{(3\sim5)}A_{3\sim4}\overline{G}_{(3:3:1)}$

多年生草本，稀灌木，全体通常具强烈臭气或香气。叶对生或基生，多羽状分裂，无托叶。聚伞花序排成头状、圆锥状或伞房状；苞片缺或细小。花小，多为两性，也有杂性或单性，稍不整齐；萼各式，有的裂片呈羽毛状；花冠筒状，基部常有偏突的囊或距，上部3~5裂；雄蕊3或4枚，有时退化为1至2枚，着生花冠筒上；子房下位，由3心皮合成，3室，仅1室发育，胚珠1枚。瘦果，有时顶端有冠毛状宿存花萼，或与增大的苞片相连而成翅果状。染色体：X=7~10。

13属，400种，分布于北温带。我国3属，40余种。全国各地均有分布，药用3属，24种。

本科化学成分复杂，败酱属植物含异戊酸而具有特殊臭气，有镇静作用；挥发油，油中多为倍半萜类：如甘松酮（nardosinone）、缬草烷（valeriane）、缬草酮；黄酮类：如槲皮素（quercetin）、山柰酚（kaempferol）等；生物碱少见，如缬草碱（valeria－nine），有镇静作用。其他尚含环烯醚萜苷，如白花败酱苷（villoside）。三萜皂苷如黄花败酱苷（scabiosides）等。

【药用植物】

缬草 *Valeriana officinalis* L. 多年生草本。根状茎粗短，根多数簇生，有特殊香气。茎中空，被粗白毛。茎生叶对生，2~9对羽状全裂，裂片披针形或线形，聚伞花序集成圆锥状，生于茎顶；花萼内卷；花冠5裂，淡红色，花冠管基部一侧稍突出呈小距状；雄蕊3；子房下位。瘦果扁平，卵形，顶端有宿存萼片形成的羽状冠毛。（图11－107）其根状茎及根能安神，理气，止痛。

图11－107 缬草

1. 幼苗（示基生叶）2. 茎段 3. 花枝 4. 花

黄花败酱（黄花龙牙）*Patrinia scabiosaefolia* Fisch. 多年生草本。根状茎及根具有特殊的臭酱气。根茎粗壮。基生叶成丛，叶片卵形，具长柄；茎生叶对生，常 4 ~ 7 深裂，两面疏被粗毛。花小，黄色，顶生伞房状聚伞花序，花序梗一侧有白色硬毛，总花梗方形；花冠 5 裂，黄色，基部有小偏突；雄蕊 4；子房下位。瘦果无膜质增大苞片，具窄边。（图 11 – 108）分布全国各地。全草（败酱草）能清热解毒，消肿排脓，祛痰止痛。根状茎及根能镇静安神。

图 11 – 108　黄花败酱
1. 带花植株　2. 花

白花败酱 *Patrinia villosa* Juss. 茎枝具倒生白色粗毛。茎上部叶不裂或仅有 1 ~ 2 对狭裂片。花白色。瘦果与宿存增大的圆形苞片贴生。全国均有分布，亦作中药败酱草用。

甘松 *Nardostachys chinensis* bat 多年生草本。根状茎粗短，靠根处有少数叶鞘纤维残存，具强烈松脂气味。叶基生，狭条形或条状倒披针形，基部渐成柄，全缘，叶主脉平行三出。聚伞花序多呈紧密圆头状排列，花序下有总苞片 2 片，卵形；花萼 5 齿，花冠淡紫红色，花冠筒基部有偏突，先端稍不等 5 裂；雄蕊 4；子房下位。瘦果倒卵形，顶端宿存细小花萼。分布于甘肃、青海、云南及四川。根及根茎能理气止痛，开郁醒脾。同属植物匙叶甘松 *N. jatamansi* DC. 分布和功效同甘松。

61. 葫芦科 Cucurbitaceae　♂ $* K_{(5)} C_{(5)} A_{5,(3\sim5)}$；♀ $* K_{(5)} C_{(5)} \overline{G}_{(3:1:\infty)}$

草质藤本，茎常有纵沟纹，具卷须。常单叶互生，掌状分裂，有时为鸟趾状复叶。花单性，同株或异株，辐射对称；花萼及花冠裂片 5；雄花有雄蕊 3 或 5 枚，分离或合生，花药直或折曲。雌花：萼管与子房合生，上部 5 裂，花瓣合生，5 裂；3 心皮 1 室，子房下位，侧膜胎座，常在中间相遇，少为 3 室。花柱 1，柱头膨大，3 裂。多为瓠果，少为蒴果。种子多数，长扁平，无胚乳。染色体：X = 8 ~ 14。

约 113 属，800 种，大多数分布于热带和亚热带地区。我国约 32 属，155 种，全国各地均有分布，南部和西南部最多，药用 21 属，90 种。

本科的活性成分为四环三萜葫芦烷（cucurbiane）型皂苷。如葫芦素（cucurb – itacines）具抗癌活性。雪胆甲素（25 – acetate dihydrocucurbitacin F）（I）和雪胆乙素（dihydrocucurbitacin F）(II) 具抗菌消炎作用。罗汉果苷（mogrosides）是很好的天然甜味剂。绞股蓝中的绞股蓝苷（gypenoside）具有与人参皂苷类似的生理活性。本科亦存在五环三萜，如木鳖子皂苷（ momordin），土贝母皂苷。还含有具特殊活性的蛋白质和氨基酸，如天花粉毒蛋白可用于妊娠中期引产，南瓜子氨酸（cucurbitine）有驱虫作用。

【药用植物】

栝楼 *Trichosanthes kirilowii* Maxim. 多年生草质藤本。雌雄异株，雄株块根肥厚，雌株块根瘦长。卷须 2 ~ 5 分叉。单叶互生，通常近心形，掌状 3 ~ 9 浅裂至中裂，中裂片菱状倒卵形，边缘常再浅裂或有齿。雄花组成总状花序，花萼5裂，花冠白色，裂片倒卵形，顶端流苏状；雄蕊3枚，花丝短，药室S形曲折。雌花单生，子房下位，花柱3裂。瓠果椭圆形，熟时橙黄色。种子椭圆形，浅棕色。（图11－109）分布于河北、河南、山东、山西、江苏、安徽、浙江、陕西、甘肃等省区。生于山坡、草丛和林边。成熟果实（全瓜蒌）能清热涤痰，宽胸散结，润燥滑肠。果皮（瓜蒌皮、瓜壳）能清热化痰，利气宽胸。种子（瓜蒌子）能润肺化痰，润肠通便。根（天花粉）能生津止渴，降火润燥，润肺化痰。

绞股蓝 *Gynostemma pentaphyllum*（Thunb.）Makino 多年生草质藤本。卷须2叉，生于叶腋；叶鸟足状复叶，小叶5～7，具柔毛。雌雄异株；雌、雄花序均圆锥状；花小，花萼、花冠均5裂；雄蕊5；子房3～2室。瓠果球形，熟时黑色。（图11－110）全草有消炎解毒，止咳祛痰功效。

罗汉果 *Siraitia grosvenorii*（Swingle）C. Jeffrey ex Lu et Z. Y. Zhang（Momordica grosvenorii Swingle）。多年生草质藤本，全株被白色或黑色柔毛。根块状。卷须2裂几达基部。叶心状卵形。雌雄异株；雄花为总状花序；花梗在中部以下有小苞片；萼5裂，花瓣5，黄色；雄蕊3；雌花序总状，子房密被短柔毛。瓠果淡黄色，干后黑褐色。分布于广东、广西、海南、贵州、江西和湖南南部等省区。果能清热凉血，润肺止咳，润肠通便。块根能清除湿热，解毒。

本科药用植物还有：冬瓜 *Benincasa hispida*（Thunb.）Cogn. 果皮（冬瓜皮）能清热利尿，消肿。种子（冬瓜子）能清热利湿，排脓消肿。丝瓜 *Luffa cylindrica*（L.）Roem 果内的维管束（丝瓜络）能祛风通络，活血消肿。根能通络消肿。木鳖 *Momordica cochinchinensis*（Lour）Spreng. 种子（木鳖子）有毒，内服化积利肠；外用消肿，透毒生肌。雪胆 *Hemsleya chinensis* Cogn. ex Forbes et Hemsl. 根能清热利湿，消肿止痛。

图11－109　栝楼

1. 根　2. 花枝　3. 果实　4. 种子

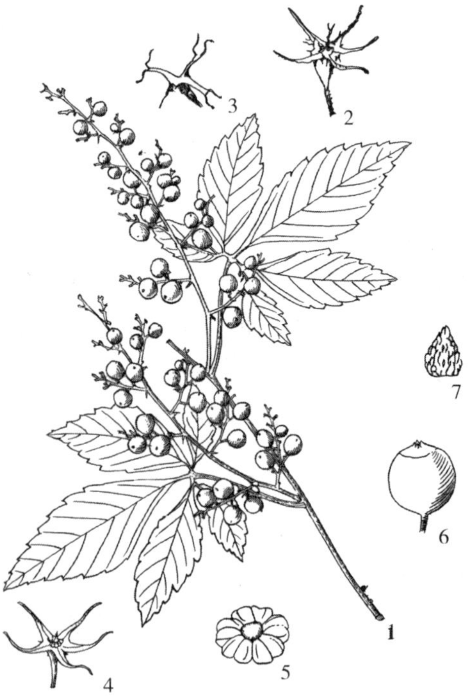

图11－110　绞股蓝

1. 果枝　2. 雌花　3. 柱头
4. 雄花　5. 雄蕊　6. 果实　7. 种子

62. 桔梗科 Campanulaceae　⚥ $* \uparrow K_{(5)} C_{(5)} A_{5,(5)} \overline{G}_{(2 \sim 5:2 \sim 5:\infty)}$

草本，常具乳汁。单叶互生，无托叶。花两性，辐射对称或两侧对称；花萼常5裂，宿存；花冠常钟状、管状、辐状或二唇形，先端5裂，裂片镊合状或覆瓦状排列；雄蕊5，与花冠裂片同数而互生；花丝分离，花药聚合成管状或分离；心皮2~5，合生，子房通常下位或半下位，中轴胎座，2-5室，胚珠多数；花柱圆柱形，柱头2~5裂。蒴果，稀浆果。种子扁平，胚乳丰富。染色体：X=7、8、9、10、11、12、15。

有的分类系统认为半边莲属（*Lobelia*）的花是两侧对称，花冠二唇形，上唇2裂至基部，下唇3裂，5枚雄蕊着生在花冠管上，花丝分离而花药合生环绕花柱，此与桔梗科其他属不同，而主张将半边莲属独立成半边莲科（*Lobeliaceae*）。

本科60属，约2000种，分布全球，以温带和亚热带为多。我国17属，约170种，分布全国，以西南为多。药用13属，111种。

本科植物普遍含皂苷和多糖，如桔梗皂苷（platycodins）。党参多糖可增强机体免疫力。生物碱，多存在于半边莲属中，如山梗菜碱（lobeline）有兴奋呼吸，降压，利尿作用；本科某些植物含菊糖，不含淀粉。

【药用植物】

桔梗 *Platycodon grandiflorus*（Jacq.）A. DC. 多年生草本，体内有白色乳汁。主根肥大肉质，长圆锥形；茎直立，有分枝。叶近于无柄，多互生，少数轮生或对生，叶片披针形，边缘有锐锯齿。花单生或数朵聚集成疏总状花序，生于枝端；花冠钟状，蓝紫色或白色，先端5裂；雄蕊5；雌蕊1，子房半下位，5室。蒴果倒卵形，成熟时上部先端5孔裂。种子多数。（图11-111）根能宣肺祛痰、消肿排脓。

沙参 *Adenophora stricta* Miq. 为多年生草本，全体有白色乳汁。根肥大，圆锥形。茎直立不分枝，叶互生，基生叶心形，大而具长柄；茎生叶常4叶轮生，无柄，叶片椭圆形或卵形，边缘有锯齿，两面疏被柔毛。圆锥花序不分枝或少分枝；花萼常有毛，萼片披针形；花冠略呈钟形，蓝紫色，有毛，5浅裂；雄蕊5；花盘圆筒状；子房下位，花柱伸出花冠外，柱头3裂。蒴果3室，卵圆形。根（南沙参）能养阴清肺，祛痰止咳。同属植物轮叶沙参 *A. tetraphylla*（Thunb.）Fisch. 根也作“南沙参”入药。

党参 *Codonopsis pilosula*（Franch.）Nannf. 为多年生草质藤本。根圆柱形，表层浅灰色，内有菊花心。（图11-112）根能补气养血、和脾胃、生津清肺。同属素花党参 *C. pilosula* Nannf. var. *modesta*（Nannf.）L. T. Shen 和管花党参 *C. tubulosa kom* 均作党参药用。

本科药用的还有：羊乳（四叶参）*Codonopsis lanceolata* Trautv. 多年生缠绕草本，全株有乳汁及特异臭气。根粗壮，倒纺锤形或圆锥形，淡黄褐色，有瘤状突起。分布于东北、华北、华东、中南及贵州、陕西。根能补虚通乳，排脓解毒。半边莲 *Lobelia chinensis* Lour. 小草本，具乳汁。分布长江中、下游及以南地区。全草能清热解毒，消瘀排脓，利尿和治蛇伤。

63. 菊科 Compositae（Asteraceae）　⚥ $* \uparrow K_{0,\infty} C_{(3 \sim 5)} A_{(4 \sim 5)} \overline{G}_{(2:1:1)}$

草本、灌木或藤本。有的具乳汁或树脂道。叶互生，稀对生或轮生，无托叶；花两性或单性，极少单性异株，头状花序，外有1或多层总苞片组成的总苞。花序托是短缩的花序轴，每朵花的基部具苞片1片，称托片，或成毛状称托毛，或缺，花序托凸、扁或圆柱状。头状花序单生或数个至多数排成总状、聚伞状、伞房状或圆锥状；头状花序中有的为同型花（全部为管状花或舌状花），或为异型花（外围为舌状花，中央为管状花）；萼片变态为冠毛状、刺状或鳞片状；花冠管状、舌状、二唇形、假舌状或漏斗状，4或5裂；（图11－113）雄蕊4～5，着生于花冠上，花药合生成筒状（聚药雄蕊），花丝分离；子房下位，2心皮1室，倒生胚珠1，花柱2裂。连萼瘦果（萼筒参与果实形成）。种子无胚乳。染色体：X＝8、9、10、12、15、16、17。

图11－111　桔梗

1. 植株　2. 雄蕊和雌蕊　3. 花药　4. 果枝

图11－112　党参

1. 植株　2. 根　3. 叶尖　4. 雄蕊和雌蕊

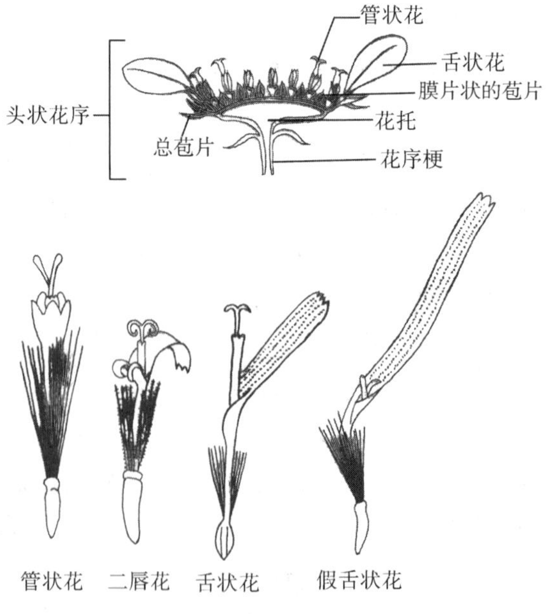

图11－113　菊科花的解剖

菊科是被子植物第一大科，约1000属，25 000～30 000种，广布全球，主产温带，全国各地均有分布，药用155属，778种。

菊科通常分为两个亚科：管状花亚科（Tubuliflorae）：整个花序为管状花，有的中央为管状花，边缘为舌状花。植物体无乳汁，有的含挥发油。舌状花亚科（Liguliflorae）：整个花序全为舌状花，叶互生，植物体具乳汁。

菊科化学成分有多种类型，最具特点的是倍半萜内酯和菊糖，目前已发现500余种成分，生理活性显著，如佩兰内酯（euparatin）、地胆草内酯（elephantopin）、斑鸠菊内酯（vemolepin）、蛇鞭菊内酯均有抑制癌细胞作用。山道年（santonin）、天名精内酯（carpesialactone）有驱虫作用。青蒿素（arteannuin）可杀灭疟原虫，用治恶性疟疾。黄酮类，如山萘酚、槲皮素、芹菜素；水飞蓟黄酮（silymarin）可治肝炎。吡咯里西啶型生物碱，如水千里光碱（aquaticine）、野千里光碱（campestrine）、大千里光碱（macro－phylline）等。喹啉生物碱，如蓝刺头碱（ecinopsine）。聚炔类：全部含在管状花亚科中，往往和挥发油共存，或者就是挥发油。如苍术炔（atractylodin）、茵陈二炔（capillene）、茵陈素（capillarin）。挥发油：普遍含在管状花亚科，如佩兰挥发油可抑制病毒，艾叶挥发油有祛痰作用。香豆素类：如蒿属香豆素（scoparone）、茵陈色酮（capillarisine）有降压、镇静、利胆作用。

（1）管状花亚科（Tubuliflorae）

【药用植物】

菊花 *Dendranthema morifolium*（Ramat.）Tzvel. 多年生草本；茎直立，基部常木化，上部多分枝，具细毛或柔毛。叶互生，卵形至披针形，边缘有粗大锯齿或深裂成羽状，基部楔形，下面有白色毛茸；具叶柄。头状花序顶生或腋生，总苞半球形，总苞片多层，外层绿色，条形，有白色绒毛，边缘膜质；舌状花，雌性，白色，黄色或淡红色等；管状花两性，黄色，基部常有膜质鳞片。瘦果不发育，无冠毛。主产于浙江、安徽、河南等省。四川、河北、山东等省亦产。多栽培。培育品种极多，作药用的品种有甘菊花、白菊花、滁菊、亳菊、杭菊等。安徽产者称“亳菊”、“滁菊”，浙江产者称“杭菊”，河南产者称“怀菊”。花序能清热解毒，疏散风热，清肝明目。

红花 *Carthamus tinctorius* L. 为一年生或多年生草本植物，全株光滑无毛。茎直立，上部有分枝。叶互生，几无柄，抱茎，长椭圆形或卵状披针形，先端尖，基部渐窄，边缘有不规则的锐锯齿，齿端有刺，上部叶渐小，成苞片状，围绕花序。头状花序顶生，着生多数管状花；总苞片多列；花托扁平。花两性，初开放时为黄色，渐变橘红色，成熟时变成深红色，有香气。瘦果卵形，白色，稍有光泽。分布于河南、四川、新疆、河北、山东、安徽、江苏、浙江等省区。花能活血、散瘀、通经、止痛。

苍术 *Atractylodes lancea*（Thunb.）DC. 多年生草本。根茎横走，粗壮，呈结节状，断面具红棕色油点。叶互生，革质，卵状披针形或椭圆形，顶端渐尖，基部渐狭，边缘具不规则细锯齿，下部叶多3裂，有短柄或无柄。头状花序顶生，下有羽裂的叶状总苞一轮，总苞片6～8层；花冠白色；子房下位，密被白柔毛；单性花均为雌性，退化雄蕊5。瘦果长圆形，被白毛，顶端具羽状冠毛。（图11－114）分布于河南、山东、江苏、安徽、浙江、江西、湖北、四川等省。

白术 *Atractylodes macrocephala* Koidz. 多年生草本；根茎肥厚，略呈拳状。茎直立，上部分枝。叶互生，3深裂或羽状5深裂，顶端裂片最大，裂片椭圆形至卵状披针形，边缘具细锯齿，有长柄；茎基上部叶狭披针形，不分裂，叶柄渐短。头状花序单生枝顶，总苞钟状，总苞片7～8层，基部被一轮羽状深裂的叶状苞片包围；全为管状花，花冠紫色，先端5裂；雄蕊5；子房下位，表面密被绒毛。瘦果密生柔毛，冠毛羽裂，与花冠略等长。分布于浙江、安徽、湖北、湖南、江西等省。根茎能健脾益气，燥湿利水，止汗，安胎。

牛蒡 *Arctium lappa* L. 二年生草本。根深长肉质。茎直立，多分枝。基生叶丛生，茎生叶互生；有长柄，叶片心状卵形至宽卵形，基部通常为心形，边缘带波状或具细锯齿，下面密被白色绵毛。头状花序簇生茎顶，略呈伞房状；总苞片披针形先端弯曲呈钩刺状；花小，全为管状花，两性，紫红色。瘦果长椭圆形或倒卵形，略呈三棱，有斑点；冠毛淡褐色，呈短刺状。全国各地均有分布。果实牛蒡子能疏风散热，宣肺透疹、散结解毒；根能疏风散热、清热解毒。叶能疏风利水。

图 11-114　苍术

1. 植株下部（示根）　2. 花枝　3. 花序（示总苞）　4. 关苍术的茎叶　5. 北苍术的茎叶

紫菀 *Aster tataricus* L. f. 多年生草本。根状茎短，簇生多数细根，外皮紫红色或灰褐色。茎直立，上部多分枝。基生叶丛生，匙形，有长柄；茎生叶互生，几无柄，披针形。头状花序排列成复伞房状，边缘为舌状花，蓝紫色，中央为两性管状花，黄色，花 5 数。瘦果长方状倒卵形，扁平，冠毛灰白色或淡褐色。分布于黑龙江、吉林、辽宁、内蒙古、山西、陕西、甘肃、安徽等省区。根茎及根能散寒润肺、止咳化痰。

木香 *Aucklandia lappa* Decne. 多年生草本。主根粗壮，圆柱形，有特异香气。基生叶大型，具长柄，叶片三角状卵形或长三角形，边缘具不规则的浅裂或呈波状，疏生短刺，基部下延成不规则分裂的翼，叶面被短柔毛；茎生叶较小，互生。头状花序 2～3 个丛生于茎顶；总苞由 10 余层线状披针形的苞片组成，先端刺状；花全为管状花，暗紫色，花冠 5 裂；子房下位，柱头 2 裂。瘦果线形，有棱，上端着生一轮黄色直立的羽状冠毛，熟时脱落。分布于西藏、云南、四川等省，有栽培。根（云木香）能行气止痛，健脾消食。

川木香 *Vladimiria souliei*（Franch.）Ling 茎缩短；叶丛生成莲座状，叶片长圆状披针形，羽状分裂，叶柄无翅。头状花序 6～9 个密集生长；花冠紫色。瘦果具棱，冠毛刚毛状。分布于四川西北、西部和西藏部分地区。根作用同木香。

豨莶 *Siegesbeckia orientalis* L. 一年生草本。枝上部被紫褐色头状有柄腺毛及白色长柔毛。叶对生，三角状卵形至卵状披针形，边缘有钝齿，两面均被柔毛，下面有腺点，掌状脉三条。头状花序多数，排成圆锥状，花梗具白色长柔毛及紫褐色头状有柄腺毛，总苞片 2 层；雌花舌状，黄色；两性花筒状。瘦果倒卵形，有 4 棱。分布于全国大部分地区。全草能祛风湿，利关节，解毒。

旋覆花 *Inula japonica* Thunb. 多年生草本。茎直立，上部有分枝，被白色绵毛。基生叶花后凋落，中部叶互生，长卵状披针形或披针形，基部稍有耳半抱茎，全缘或有微齿，背面被疏伏毛和腺点；上部叶渐小，狭披针形。头状花序，单生茎顶或数个排列成伞房状；总苞片 5 层，外面密被白色绵毛；花黄色，边缘舌状花，先端 3 齿裂，中央管状花，两性，先端 5 齿裂。瘦果长椭圆形；冠毛灰白色。头状花序（旋覆花）能化痰降气，软坚行水。

茵陈（茵陈蒿）*Artemisia capillaris* Thunb. 草本，常被短绢毛；中部以上叶长达2～3cm，裂片线形，近无毛，上部叶羽状分裂，三裂或不裂。头状花序小而多，在枝端密集成复总状，有短梗及线形苞片；花黄绿色，外层雌性，6～10个，能育，内层较少，不育。瘦果矩圆形，无毛。（图11－115）幼苗能清湿热，退黄疸。

图11－115　茵陈

1. 花枝　2. 头状花序　3. 雌蕊　4. 两性花　5. 两性花展开（示雄蕊和花柱）

黄花蒿 *Artemisia annua* L. 一年生草本，全株黄绿色，有臭气。茎直立，多分枝。茎基部及下部的叶在花期枯萎，中部叶卵形，二至三回羽状深裂，两面被短微毛；上部叶小，常一次羽状细裂。头状花序多数，球形，有短梗，下垂，总苞片2～3层，无毛；小花均为管状，黄色，边缘雌性，中央两性。瘦果椭圆形，无毛。地上部分（青蒿）能清热祛暑，退虚热。

本亚科药用植物尚有祁州漏芦 *Rhaponticum uniflorum*（L.）DC. 根能清热解毒，消痈肿，通乳。鬼针草 *Bidens pilosa* L. 全草能清热解毒，祛风除湿；止泻。蓟 *Cirsium japonicum* Fisch. ex DC. 全草（大蓟）能散瘀消肿，凉血止血。小蓟（刺儿菜）*C. setosum*（Willd）MB. 全草能凉血止血，消散痈肿。水飞蓟 *Silybum marianum*（L.）Gaertn. 果实能清热解毒，利肝胆。佩兰 *Eupatorium fortunei* Turcz. 全草能芳香化湿，醒脾开胃，发表清暑。千里光 *Senecio scandens* Buch. － Ham. ex D. Don 全草能清热解毒，明目，去腐生肌。

（2）舌状花亚科（Liguliflorae）

蒲公英 *Taraxacum mongolicum* Hand. － Mazz. 多年生草本，含白色乳汁。根深长。叶基生，莲座状，叶片倒披针形，边缘有倒向不规则的羽状缺刻。头状花序单生花葶顶端；总苞片多层，外层卵状披针形，边缘白膜质，内层线状披针形，先端均有角状突起；花全为舌状花，黄色。瘦果纺锤形，具纵棱，全体被有刺状或瘤状突起，成行排列，顶端具纤细的喙，冠毛白色。分布于全国大部分地区，主产于山西、河北、山东及东北各省。全草能清热解毒，消肿散结。

苦苣菜 *Sonchus oleraceus* L. 根纺锤状。茎上部有的具腺毛。叶羽状深裂或大头羽状半裂。分布于全国各地。全草能清热解毒，凉血。

二、单子叶植物纲 Monocotyledonae

64. 香蒲科 Typhaceae　$♂ * P_0 A_{1\sim\infty}$；$♀ * P_0 \underline{G}_{1:1:1}$

多年生沼生、水生或湿生草本。根状茎横走，地上茎直立，粗壮或细弱。叶二列，互生；鞘状叶很短，基生，先端尖；条形叶直立，或斜上。花单性，雌雄同株，蜡烛状穗状花序；雄花生于花序上部，雌花序位于下部；雄花由1至数枚雄蕊组成，花药矩圆形或条形，二室，纵裂；雌花无被，具小苞片，或无，子房柄基部至下部具白色丝状毛；子房上位，一室，胚珠1枚，倒生。果实为坚果。种子有胚乳。染色体：X＝15。

本科1属16种，分布于热带至温带，主要分布于欧亚和北美，大洋洲有3种。我国有11种，南北广泛分布，以温带地区种类较多。

本科植物的花粉含有黄酮类、甾类、有机酸、糖类等化学成分。此外，尚有多种氨基酸、脂肪油等。

【药用植物】

香蒲 *Typha orientalis* Presl. 多年生水生或沼生草本。根状茎乳白色。雌雄花序紧密连接；雄花序长2.7～9.2cm，雌花序长4.5～15.2cm；小坚果椭圆形至长椭圆形；果皮具长形褐色斑点。种子褐色，微弯。全国各地均有分布。花粉（蒲黄）具有止血、化瘀、通淋之功效。同属植物水烛 *T. angustifolia* Linn. 叶较狭，雌、雄花序分离，相距2.5～6.9cm；小坚果长椭圆形，长约1.5mm，具褐色斑点，纵裂。全国各地均有分布。花粉同作蒲黄用。（图11－116）

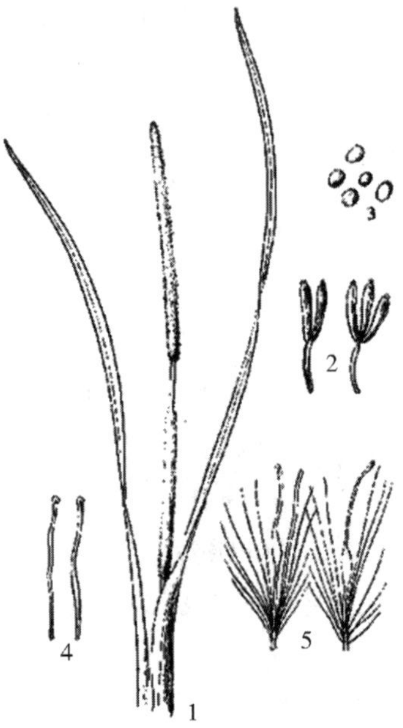

图11－116　水烛

1. 植株　2. 雄花　3. 花粉粒　4. 雌花苞片　5. 成熟雌花

同属植物还有宽叶香蒲 *T. latifolia* Linn.，小香蒲 *T. minima* Funk，长苞香蒲 *T. angustata* Bory et Chaub. 等的花粉在不同地区也作蒲黄使用。

65. 泽泻科 Alismataceae

$⚥ * P_{3+3} A_{6\sim\infty} \underline{G}_{6\sim\infty:1:1}$；$♂ * P_{3+3} A_{6\sim\infty}$；$♀ * P_{3+3} A_{6\sim\infty} \underline{G}_{6\sim\infty:1:1}$

沼生或水生草本，具根茎或球茎；叶基生，基部具鞘。花序总状、圆锥状或呈圆锥状聚伞花序，稀1～3花单生或散生。花两性、单性或杂性，辐射对称；花被片6枚，排成2轮，外轮花被片萼片状，绿色；内轮花被片花瓣状，易枯萎、凋落；雄蕊6枚或多数；心皮6～多数，轮生，或螺旋状排列，分离，子房上位。瘦果或为小坚果。种子无胚乳。染色体：X＝7，11。

本科11属，约100种，主要产于北半球温带至热带地区，大洋洲、非洲亦有分布。我国有4属，20种，1亚种，1变种，1变型，野生或引种栽培，南北均有分布。

本科植物含三萜类、糖类、挥发油、生物碱等成分。

【药用植物】

东方泽泻 *Alisma orientale*（Sam.）Juz. 多年生沼生植物。具地下球茎。叶全部基生；叶椭圆形或宽卵形，长2.5～18cm，宽1～9cm，顶端渐尖或凸尖，基部心形。花葶直立，花轮生呈伞状，再集成大型圆锥花序；花两性，内轮花被片白色，边缘波状；瘦果排列不整齐，果期花托呈凹形。果全国均有分布。球茎（泽泻）有利水渗湿，泄热，化浊降脂之功效。（图11－117）

同属植物泽泻 *A. plantago－aquatica* Linn. 内轮花被片边缘具粗齿；瘦果排列整齐，果期花托平凸，花期较长，用于花卉观赏。过去常与东方泽泻 *A. orientale*（Samuel.）Juz. 混杂入药。

本科植物还有：慈姑 *Sagittaria trifolia* L. var. *sinensis*（Sims.）Makino 水生草本长江以南广为栽培。球茎共食用，并有清热解毒、止血消肿作用。此外野慈姑 *S. trifolia* L. 在东北、华北等地广泛分布。

66. 禾本科 Gramineae　$⚥ * P_{2\sim3}\ A_{3,1\sim6}\ \underline{G}_{(2\sim3:1:1)}$

多为草本，少木本（竹类），地下常具根状茎或须状根；地上茎称秆，秆具有明显的节和节间，节间常中空。单叶互生，排成二列；叶由叶片、叶鞘和叶舌三个部分构成；叶鞘抱秆，一侧开裂，顶端两侧各有附属物，称叶耳；叶片狭长，具明显中脉及平行脉；叶片与叶鞘连接处的内侧有叶舌，呈膜质或纤毛状。花小，常两性，集成小穗再排成穗状、总状或圆锥状。每个小穗有小花一至数朵，排列于一很短的小穗轴上，基部有 2 颖片（总苞片），下方的称外颖，上方的称内颖；小花外包有外稃和内稃（小苞片）；外稃厚硬，顶端或背部长生有芒，内稃膜质；内外稃之间子房基部有2 或 3 枚透明肉质的浆片（鳞被）；雄蕊通常 3 枚，稀 1、2 或 6，花丝细长，花药丁字着生；雌蕊子房上位，2～3 心皮合生，一室，一胚珠；花柱 2，柱头常羽毛状。颖果。种子有淀粉质的胚乳。染色体：X = 6，7，10，12。(图 11－118)

图 11－117　东方泽泻

1. 植株　2. 花　3. 果序

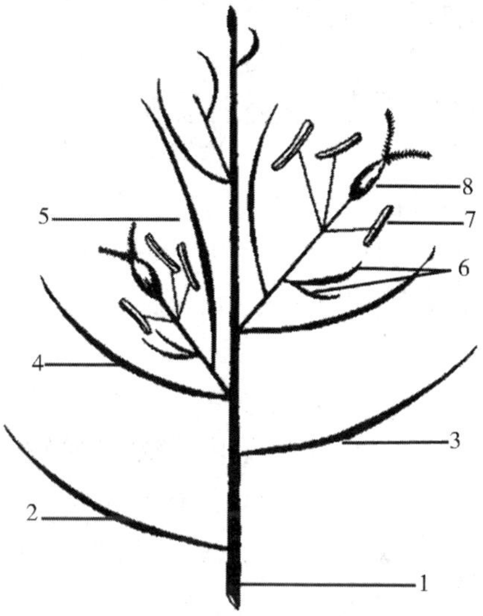

图 11－118　禾本科植物小穗结构示意图

1. 小穗轴　2. 外颖　3. 内颖　4. 外稃　5. 内稃　6. 浆片　7. 雄蕊　8. 雌蕊

本科已知约有 700 属，近 10000 种，广布于全世界。本科分两个亚科：禾亚科 Agrostidoideae 和竹亚科 Bambusoideae。我国有 200 余属，1500 余种。已知药用植物 84 属 174 种，多为禾亚科植物。

本科化学成分多样。有杂氮噁嗪酮类，生物碱类，三萜类，氰苷类，黄酮类。香根草属及香茅属植物中含有挥发油。大麦芽、水稻、小麦、玉米等富含淀粉、多种氨基酸、维生素和各种酶类。

【药用植物】

薏苡 *Coix lacryma-jobi* L. 一年生或多年生草本。秆高 1～1.5 米。叶片线状披针形，长 10～30cm，宽 1～4cm。总状花序成束腋生，小穗单性；雄小穗具 2 小花；雌小穗 2～3 枚生于穗轴基部，包于念珠状骨质的总苞内，颖果长约 5mm，成熟时光亮带黑色。我国普遍有栽培，世界温暖地区广泛分布。种仁（薏苡仁）具有利水消肿，渗湿，健脾，清热排脓之功效。也可作饭食。颖果可作装饰品之用。(图 11－119)

芦苇 *Phragmites australis* (Cav.) Trin. ex Steud. 多年生草本，具粗壮匍匐的根茎。秆高

可达 3 米。叶鞘圆筒形，无毛或具细毛，叶舌极短，有短毛；叶片扁平，宽 1 ~ 3.5cm，质较厚，具横脉。圆锥花序长可达 40cm，分枝密而开展。全国各地、全球温带地区广泛分布。根茎（芦根），具有清热泻火，生津止渴，除烦，止呕，利尿之功效。

淡竹叶 *Lophatherum gracile* Brongn. 多年生，具木质根头。须根中部膨大呈纺锤形小块根。秆直立，疏丛生，高 40 ~ 80cm，具 5 ~ 6 节。叶鞘平滑或外侧边缘具纤毛；叶舌质硬，长 0.5 ~ 1mm，褐色，背有糙毛。圆锥花序长 12 ~ 25cm，分枝斜升或开展，长 5 ~ 10cm；小穗线状披针形。颖果长椭圆形。叶（淡竹叶）具有清热泻火、除烦止渴，利尿通淋之功效。

本科植物还有稻 *Oryza sativa* Linn.，玉蜀黍 Zea mays Linn. 大麦 *Hordeum vulgare* Linn. 等多种植物药用或食用。

67. 莎草科 Cyperaceae ⚥ $* \ P_0 \ A_3 \ \underline{G}_{(2\sim3:1:1)}$；♂ $* \ P_0 \ A_3$；♀ $* \ P_0 \ \underline{G}_{(2\sim3:1:1)}$

多年生草本，稀一年生。常具根茎，秆多实心，通常三棱形。叶基生和茎生，一般具闭合的叶鞘和狭长的叶片。小穗单生或若干枚组成各式花序，花序具有 1 至多数叶状、刚毛状或鳞片状苞片；小穗具 2 至数花，或退化至仅具 1 花；花两性或单性，雌雄同株，稀雌雄异株，着生于鳞片（颖片）腋间，鳞片复瓦状螺旋排列或二列，无花被或花被退化成下位鳞片或下位刚毛，有时雌花为先出叶所形成的果囊所包裹；雄蕊 3 个，稀 2 ~ 1 个；子房一室，具一个胚珠，花柱单一，柱头 2 ~ 3 个。果实为小坚果或瘦果。染色体：X = 5，6，7，8。

本科约有 106 属 5400 余种，广布于全球；中国有 33 属 860 种，分布于全国各地。

本科植物的块茎常含有挥发油。此外，不少植物中尚含有黄酮类、生物碱、强心苷、糖类等。

【药用植物】

香附子 *Cyperus rotundus* L. 匍匐根状茎长，具椭圆形块茎。秆稍细弱，高 15 ~ 95cm，锐三棱形，平滑，基部呈块茎状。叶较多，短于秆；鞘棕色，常裂成纤维状。全国各地均有分布。块茎（香附子）具有疏肝解郁、理气宽中、调经止痛作用。（图 11 - 120）

图 11 - 119　薏苡

1. 花枝　2. 雄花序　3. 雄小穗　4. 雌花及雄小穗　5. 雌蕊

图 11 - 120　香附子

1. 植株　2. 穗状花序　3. 小穗的一部分　4. 鳞片　5. 雌蕊

莎草属植物我国有60余种，多数物种有药用的记载。本科药用植物还有荆三棱 *Scirpus yagara Ohwi* 块茎能破血祛瘀、行气止痛；荸荠 *Heleocharis dulcis*（Burm. F.）Trin. ex Henschel 球茎能清热生津、开胃解毒。

68. 棕榈科 Palmae ⚥，♂，♀ $* \ P_{3+3} \ A_{3+3} \ \underline{G}_{(3:3\sim1:1)}$

灌木或乔木、稀藤本，茎通常不分枝。叶大型、常绿，互生或集生于茎顶；羽状或掌状分裂，革质；叶柄基部通常扩大成具纤维的鞘。花小，单性或两性，雌雄同株或异株，有时杂性；肉穗花序，分枝或不分枝，常具鞘状或管状的佛焰苞一至数枚；花萼和花瓣各3片，离生或合生；雄蕊通常6枚，2轮排列；退化雄蕊通常存在或稀缺；常3个心皮，离生或合生；花柱无或短，柱头3枚；胚珠1枚。果实为核果或硬浆果。外果皮常纤维质或覆盖着覆瓦状排列的鳞片。染色体：X＝14，15，16，18。

全世界约183属2450种，分布于热带、亚热带地区，主产热带亚洲及美洲，少数产于非洲。我国约有18属70余种，产西南至东南部各省区。

本科植物含有黄酮类、生物碱类、多元酚和缩合鞣质等。黄酮类，如血竭素（dracorhodin）、血竭红素（dracorubin）。生物碱，如槟榔碱（areceline）、去甲槟榔碱（guvacoline）。

【药用植物】

槟榔 *Areca catechu* Linn. 常绿乔木，不分枝。茎有明显的环状叶痕。叶大型，羽状复叶，簇生于茎顶，羽片多数，上部的羽片合生，顶端有不规则齿裂。雌雄同株，花序多分枝，上部着生1列或2列雄花，而雌花单生于分枝的基部；果实长圆形或卵球形，橙黄色。产云南、海南及台湾等热带地区。亚洲热带地区广泛栽培。种子（槟榔）具有杀虫、消积、行气、利水、截疟之功效；果皮（大腹皮）能行气宽中、行水消肿。（图11－121）

棕榈 *Trachycarpus fortunei*（Hook.）H. Wendl. 乔木状，高3～10米或更高，树干被不易脱落的老叶柄基部和密集的网状纤维。叶丛生于茎顶，呈3/4圆形，深裂成30～50片具皱折的线状剑形。花序粗壮，多次分枝，从叶腋抽出，通常是雌雄异株。分布于长江以南各省区。叶及叶鞘入药，具有收敛止血作用。（图11－122）

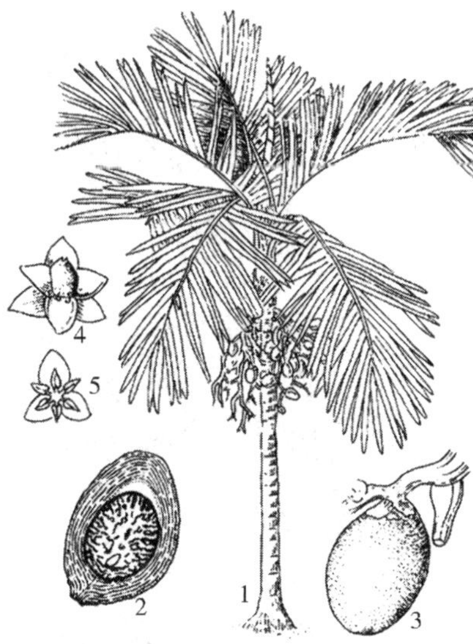

图11－121　槟榔图

1. 植株　2. 果实的纵切面
3. 果实　4. 雌花　5. 雄花

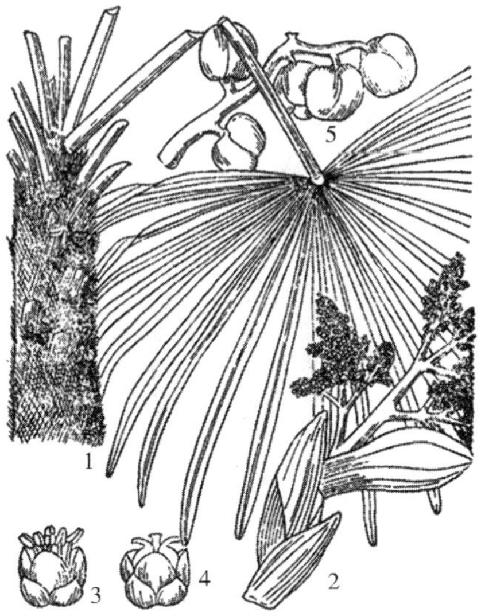

图11－122　棕榈

1. 杆顶部与叶　2. 花序
3. 雄花　4. 雌花　5. 果实

本科植物椰子 *Cocos nucifera* Linn. 根能止痛止血，果肉能益气祛风。麒麟竭 *Daemonorops draco* Bl. 果实渗出的树脂（血竭）能活血定痛、化瘀止血、生肌敛疮。

69. 天南星科 Araceae $\male P_0A_{(1\sim\infty),(\infty)}$；$\female P_0\underline{G}_{(1\sim\infty)}$；$⚥ * P_{0,4\sim6}A_{4\sim6}\underline{G}_{(1\sim\infty:1\sim\infty:1\sim\infty)}$

草本，具块茎或伸长的根茎；稀为攀缘灌木或附生藤本，富含苦味水汁、乳汁或草酸钙结晶。叶单稀复叶，通常基生，如茎生，叶柄基部或一部分鞘状；大都具网状脉。肉穗花序，具佛焰苞。花两性或单性。花单性时雌雄同株（同花序）或异株。雌雄同序者雌花居于花序的下部，雄花居于雌花群之上。两性花有花被或否。花被如存在则为2轮，花被片2枚或3枚，整齐或不整齐的覆瓦状排列；稀合生成坛状。雄蕊通常与花被片同数且与之对生、分离；在无花被的花中；雄蕊2～4～8或多数，分离或合生为雄蕊柱。子房上位或稀陷入肉穗花序轴内，1至多室。浆果，密集于花序轴上。染色体：X＝12，13，14。

本科115属3500余种。分布于热带和亚热带，92%的属是热带的。我国有26属181种。

本科植物主要成分有聚糖类、生物碱类、挥发油类、黄酮类、氰苷等。聚糖类，如魔芋属植物块茎中含有甘露聚糖（mannan）等多糖，有扩张微血管、降低胆固醇作用。生物碱，如葫芦巴碱（trigonelline）等。挥发油，如菖蒲属植物中含有菖蒲酮（acolamone）、菖蒲烯等（calamenene）。多数植物有毒。

【药用植物】

半夏 *Pinellia ternata*（Thunb.）Breit. 块茎圆球形，直径1～2cm，具须根。叶2～5枚，有时1枚。幼苗叶片卵状心形至戟形，老株叶片3全裂，长圆状椭圆形或披针形。佛焰苞喉部闭合，肉穗花序单性同株。浆果卵圆形。全国各地广布。块茎（半夏）有毒，炮制后使用，具有燥湿化痰、降逆止呕、消痞散结作用。（图11－123）

天南星 *Arisaema erubescens*（Wall.）Schott 多年生草本，块茎扁球形。叶片鸟足状分裂，裂片13～19。佛焰苞管部圆柱形，粉绿色，内面绿白色，喉部截形，外缘稍外卷；檐部卵形或卵状披针形，下弯几成盔状，背面深绿色、淡绿色至淡黄色，先端骤狭渐尖。肉穗花序两性和雄花序单性。除西北、西藏外，大部分省区都有分布。块茎的炮制品（制天南星）具有燥湿、祛风止痉、散结消肿作用。同属植物一把伞南星 *Arisaema heterophyllum* Bl 叶片放射状分裂，裂片多数，东北天南星 *A. amurense* Maxim. 叶片鸟足状分裂，5裂片的块茎同作天南星用。（图11－124）

图11－123　半夏

1. 植株　2. 花序佛焰苞展开，示雄(上)雌(下)花

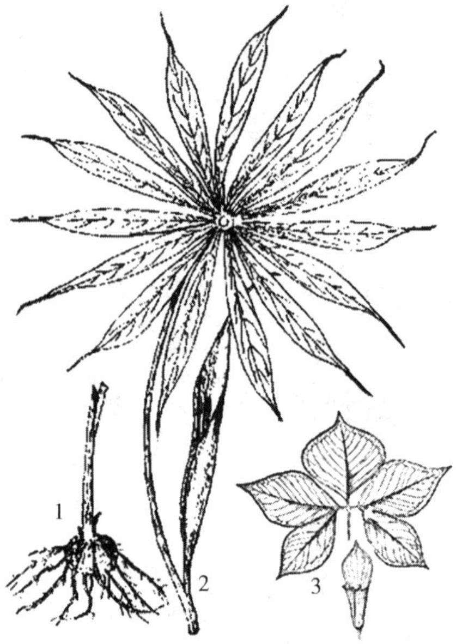

图11－124　天南星

1. 块茎　2. 带花植株　3. 东北天南星叶与花序

菖蒲 *Acorus calamus* L. 多年生草本。根茎横走，稍扁。叶基生，叶片剑状线形，中肋在两面均明显隆起。叶状佛焰苞剑状线形。根茎（藏菖蒲）具有温胃、消炎止痛作用。同属植物石菖蒲 *A. tatarinowii* Schott 多年生草本，根茎芳香。叶片较宽，无中肋。根茎入药，具有开窍豁痰、醒神益智、化湿开胃作用。

本科较重要的药用植物还有独角莲 *Typhonium giganteum* Engl.、千年健 *Homalomena occulta*（Lour.）Schott、磨芋 *Amorphophallus rivieri* Durieu 等。

70. 百部科 Stemonaceae ⚥ * $P_{2+2}\ A_{2+2}\ \underline{G}_{(2:1:2\sim\infty)}$

多年生草本或半灌木，通常具肉质块根。单叶互生、对生或轮生，具柄或无柄。花序腋生或贴生于叶片中脉；花两性，花被片4枚，2轮；雄蕊4枚，生于花被片基部；花丝极短，离生或基部多少合生成环；子房上位或近半下位，1室；柱头小，不裂或2～3浅裂；胚珠2至多数。蒴果卵圆形，熟时裂为2瓣。种子卵形或长圆形，具胚乳。染色体：X＝13。

全世界3属，约30种，分布于亚洲东部，南部至澳大利亚及北美洲的亚热带地区。我国有2属，6种，分布于秦岭以南各省区。

本科的活性成分为生物碱，如百部属植物中含有百部碱（stemonine）、百部宁碱（paipunine）、百部定碱（stemonidine）等，有抗菌消炎、镇咳、杀虫作用。

【药用植物】

直立百部 *Stemona sessilifolia*（Miq.）Miq. 半灌木。块根纺锤状。茎直立，不分枝。叶薄革质，通常3～4枚轮生，近无柄。花单朵腋生，通常出自茎下部鳞片腋内。分布于华东地区。块根（百部）能润肺下气止咳，杀虫灭虱。同属植物百部 *S. japonica*（Bl.）Miq 茎蔓生；大百部 *S. tuberosa* Lour. 茎蔓生，叶对生。块根同作百部入药。（图11－125）

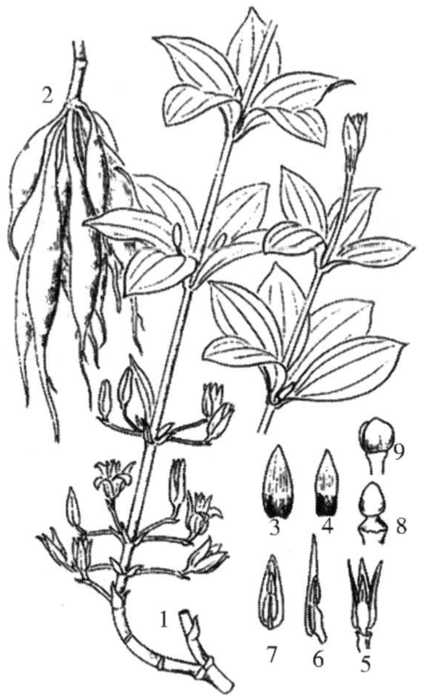

图11－125 直立百部

1. 带花植株 2. 根 3. 外轮花被片 4. 内轮花被片 5. 雄蕊 6. 雌蕊侧面观，示画好和药隔附属物 7. 正面观 8. 雌蕊 9. 果实

71. 百合科 Liliaceae ⚥ * $P_{3+3,(3+3)}\ A_{3+3}\ \underline{G}_{(3:3:\infty)}$

多年生草本。有鳞茎、块茎或根茎。单叶互生，稀对生或轮生；通常具弧形平行脉，

极少具网状脉。花序总状、穗状或伞形；花两性，常辐射对称，花被片6，稀4或多数，花瓣状，常排成2轮；雄蕊常6枚。子房上位，3心皮合生成3室，中轴胎座。蒴果或浆果。种子具丰富的胚乳。染色体：X=8，9，10，11，12，13，14，17，19。

本科约230属3500种，广布于全世界，特别是温带和亚热带地区。我国产57属约726种，分布遍及全国。

本科化学成分复杂多样。已知有生物碱如秋水仙碱（colchicine）、贝母碱（peimine）、川贝母素（fritimine）等；强心苷如铃兰毒苷（convallatoxin）；甾体皂苷、蜕皮激素、蒽醌类如芦荟苷（barbalein）；黄酮类等化合物。葱属植物中常含有挥发性的含硫化合物。

【药用植物】

卷丹 *Lilium lancifolium* Thunb. 多年生草本。鳞茎近宽球形，白色。叶散生，矩圆状披针形或披针形，有5~7条脉，上部叶腋有珠芽。花3~6朵或更多；花下垂，花被片反卷，橙红色，有紫黑色斑点。分布于全国各地。鳞茎（百合）能养阴润肺、精心安神。同属植物百合 *L. brownii* var. *viridulum* Baker 叶卵形，鳞茎球形，花喇叭形，有香气，乳白色。（图11-126）山丹 *L. pumilum* DC. 鳞茎卵形或圆锥形，白色。花单生或数朵排成总状花序，鲜红色，花被片反卷。这两种的鳞茎同作百合药用。

百合属植物我国有39种，南北均有分布。大多数种类鳞茎供食用或药用。此外花美丽多供观赏用。

浙贝母 *Fritillaria thunbergii* Miq. 植株长50~80cm。鳞茎由2~3枚鳞片组成，直径1.5~3cm。叶在最下面的对生或散生，近条形至披针形，先端不卷曲或稍弯曲。花1~6朵，淡黄色，有时稍带淡紫色，顶端的花具3~4枚叶状苞片，其余的具2枚苞片；苞片先端卷曲。主产浙江北部，江苏、湖南、四川也有栽培。鳞茎（浙贝）具有清热化痰止咳、解毒散结消痈之功效。（图11-127）

图11-126　百合

1. 植株　2. 雄蕊和雌蕊　3. 鳞茎

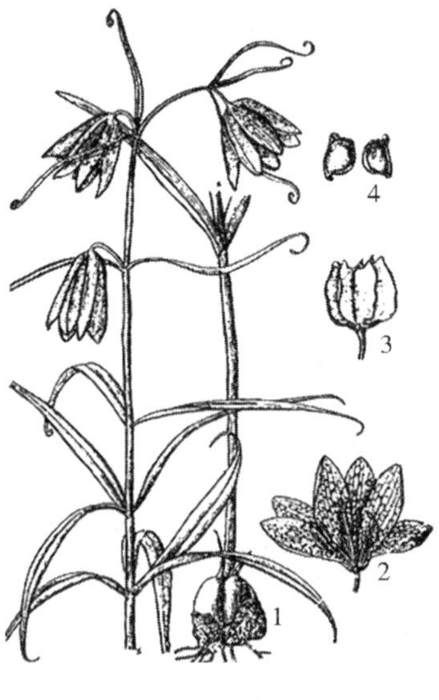

图11-127　浙贝母

1. 植株　2. 花展开，示花被　3. 果实　4. 种子

平贝母 *Fritillaria ussuriensis* Maxim. 多年生草本。鳞茎由2~3片肥厚鳞叶组成，直径1~1.5cm。下部叶轮生，上部叶互生或对生，条形至披针形，先端卷曲。花1~3朵，花钟形，外面蓝紫色，内面具方格状黄色斑点，顶端的花具4~6枚叶状苞片，苞片先端强烈卷

曲。分布于东北地区。鳞茎（平贝）具有清热润肺、止咳化痰作用。

川贝母（卷叶贝母）*Fritillaria cirrhosa* D. Don，植株长 15～50cm。鳞茎由 2 枚鳞片组成，直径 1～1.5cm。叶通常对生，条形至条状披针形，先端稍卷曲或不卷曲。花通常单朵，稀少 2～3 朵，紫色至黄绿色。主要产西藏、云南、四川等省区。鳞茎（川贝母）具有清热润肺、化痰止咳、散结消痈之功效。同属植物暗紫贝母 *F. unibracteata* Hsiao et K. C. Hsia、甘肃贝母 *F. przewalskii* Maxim. ex Batal. 梭砂贝母 *F. delavayi* Franch. 、太白贝母 *F. taipaiensis* P. Y. Li 的鳞茎同作川贝母来使用。

贝母属 *Fritillaria* L. 植物约 60 种，主要分布于北半球温带地区，特别是地中海区域、北美洲和亚洲中部。我国产 20 种和 2 个变种。中华人民共和国药典以浙贝母、平贝母和川贝母 3 个品种来登载药用贝母。

滇黄精 *Polygonatum kingianum* Coll. 多年生草本，根状茎近圆柱形或近连珠状，结节有时作不规则菱状，肥厚，直径 1～3cm。叶轮生，每轮 3～10 枚，条形、条状披针形或披针形，长 6～20（～25）cm，宽 3～30mm，先端拳卷。花被粉红色。根状茎（黄精）具有补气养阴、健脾、润肺、益肾之功效。同属植物黄精 *P. sibiricum* Delar. 和多花黄精 *P. cyrtonema* Hua 的根茎同作黄精用。前者叶先端拳卷或弯曲成钩；花腋生，总花梗二叉分，各生 1 花；而后者花腋生，2 至多花集成伞形花序。

玉竹 *Polygonatum odoratum*（Mill.）Druce 多年生草本。根状茎圆柱形，直径 5～14mm。茎单一，具棱角。叶通常 7～12 枚互生，椭圆形至卵状矩圆形，下面带灰白色。花序通常具 1～2（4）朵花，生于叶腋，花梗下垂。花被片 6，下部合生成筒，淡黄绿色或乳白色，先端 6 裂；雄蕊 6；子房椭圆形，柱头 3 裂。浆果圆球形，蓝黑色。我国多省区均有分布。根茎（玉竹）有养阴润燥、生津止渴之功效。同属植物小玉竹 *P. humile* Fisch. ex Maxim. 根茎细，叶背面具短糙毛，浆果成熟时红色。根茎也入药，功效同玉竹。

麦冬 *Ophiopogon japonicus*（L. f.）Ker－Gawl. 多年生草本，具椭圆形或纺锤形的小块根。茎很短，叶基生成丛，禾叶状。花葶通常比叶短，总状花序长 2～5cm，具几朵至十几朵花；花被片常稍下垂而不展开，白色或淡紫色。我国多数省区有分布或栽培。小块根（麦冬）具有养阴生津、润肺清心之功效。（图 11－128）

图 11－128　麦冬

1. 植株　2. 花　3. 花纵切面　4. 雄蕊

山麦冬 *Liriope spicata*（Thunb.）Lour. 多年生草本。具矩圆形、椭圆形或纺缍形的肉质小块根。花葶通常长于或几等长于叶，具多数花。除东北、内蒙古、青海、新疆、西藏各省区外，其他地区广泛分布和栽培。小块根（山麦冬）有养阴生津、润肺清心作用。同属植物阔叶山麦冬 Liriope platyphylla　Wang et Tang 的块根同作山麦冬药用。

土茯苓 *Smilax glabra* Roxb. 攀缘灌木；根状茎粗厚，块状。叶薄革质，狭椭圆状披针形至狭卵状披针形，叶柄具狭鞘，有卷须。伞形花序通常具 10 余朵花；花绿白色，六棱状球形。浆果紫黑色。分布于甘肃（南部）和长江流域以南各省区，直到台湾、海南岛和云南。根状茎（土茯苓）具有解毒除湿，通利关节之功效。

知母 *Anemarrhena asphodeloides* Bunge 多年生草本，根茎肥厚，横走。叶基生，向先端渐尖而成近丝状，基部渐宽而成鞘状，具多条平行脉。花葶比叶长总状花序通常较长；花粉红色、淡紫色至白色。分布于产河北、山西、山东、陕西、甘肃、内蒙古、辽宁、吉林和黑龙江等省区。根茎（知母）具有清热泻火、养阴润燥之功效。

七叶一枝花 *Paris polyphylla* Sm. 多年生草本，根状茎粗厚。叶（5～）7～10 枚，矩圆形、椭圆形或倒卵状披针形；叶柄明显，长 2～6cm，带紫红色。花外轮花被片绿色，（3～）4～6 枚，狭卵状披针形；内轮花被片狭条形；雄蕊 8～12 枚，花药短，与花丝近等长或稍长，药隔突出部分长 0.5～1（～2）mm；子房近球形，具稜，顶端具一盘状花柱基，花柱粗短，具（4～）5 分枝。蒴果紫色。产西藏（东南部）、云南、四川和贵州。本种之变种华重楼 *P. polyphylla* Sm. var *chinensis*（Franch.）Hara 和宽瓣重楼 *P. polyphylla* Sm. var. *yunnanensis*（Franch.）Hand. －Mzt. 的根茎（重楼）具有清热解毒、消肿止痛、凉肝定惊之功效。

72. 石蒜科 Amaryllidaceae　⚥ $*$，↑ $P_{3+3,(3+3)}\ A_{3+3,(3+3)}\ \overline{G}_{(3:3:\infty)}$

多年生草本，稀半灌木、灌木以至乔木状。具鳞茎、根状茎或块茎。叶多数基生，多少呈线形。花单生或排列成伞形花序、总状花序、穗状花序、圆锥花序，通常具膜质的佛焰苞状总苞 1 至数枚；花两性，辐射对称或为左右对称；花被片 6，2 轮；雄蕊通常 6，着生于花被管喉部或基生；子房下位，3 室，中轴胎座，每室具有胚珠多数或少数，花柱细长，柱头头状或 3 裂。蒴果，种子含有胚乳。染色体：X＝7，8，11。

有 100 多属，1200 多种，分布于热带、亚热带及温带；我国约有 10 属、34 种。本科许多种类富有经济价值，观赏植物有水仙、君子兰、葱莲、文殊兰、朱顶红、晚香玉、水鬼蕉、网球花等。

本科化学成分主要有生物碱类，如石蒜碱（lycorine），二氢石蒜碱（dihydrolycorine），氧化石蒜碱（oxylycorine）等。此外还含有甾体皂苷及苷元。

【药用植物】

石蒜 *Lycoris radiata*（L'Her.）Herb. 鳞茎近球形，直径 1～3cm。秋季花后出叶，叶狭带状，伞形花序有花 4～7 朵，花鲜红色。分布于华东、中南及西南等地。鳞茎（石蒜）有解毒、祛痰、利尿、催吐、杀虫等的功效。（图 11－129）

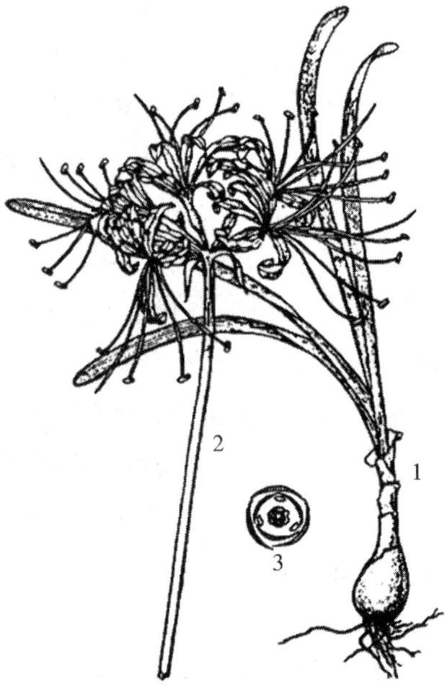

图 11－129　石蒜

1. 植株　2. 着花的茎　3. 画图式

仙茅 *Curculigo orchioides* Gaertn. 根状茎近圆柱状，粗厚，直生。叶线形、线状披针形或披针形。花茎甚短大部分藏于鞘状叶柄基部之内；花黄色。根茎具有补肾阳、强筋骨、祛寒湿之功效。同属植物我国产 6 种，药用 4 种。

73. 薯蓣科 Dioscoreaceae　♂ $*$ $P_{(3+3)}\ A_{3+3}$，♀ $*$ $P_{(3+3)}\ G_{(3:3:2)}$

缠绕草质或木质藤本。地下部分为根状茎或块茎。叶互生，单叶或掌状复叶，单叶或掌状复叶，侧脉网状。花单性或两性，雌雄异株，稀同株。花单生、簇生或排列成穗状、总状或圆锥花序；雄花花被片6，2轮排列，基部合生或离生；雄蕊6枚，有时其中3枚退化；退化子房有或无。雌花花被片和雄花相似；退化雄蕊3~6枚或无；子房下位，3室，每室有胚珠2，花柱3，分离。果实为蒴果、浆果或翅果；种子有翅或无翅。染色体：X=10，12，13，18。

本科约有9属650种，广布于全球的热带和温带地区，尤以美洲热带地区种类较多。我国只有薯蓣属 *Dioscorea* L. 有52种。

本科植物的特征性活性成分为甾体皂苷，如薯蓣皂苷（dioscin）、纤细薯蓣皂苷（gracillin）、山萆薢皂苷（tokorin）都为合成激素类药物的原料。此外还含有生物碱，如薯蓣碱（dioscorine）、山药碱（batatasine）。

【药用植物】

薯蓣 *Dioscorea opposita* Thunb. 缠绕草质藤本。块茎长圆柱形，垂直生长，长可达1米多，断面干时白色。茎通常带紫红色，右旋，无毛。单叶互生或对生，叶卵状三角形至宽卵形或戟形，基部心形；叶腋内常有珠芽。雌雄异株。全国大部分省区有野生或栽培。块茎（山药）具有补脾养胃、生津益肺、补肾涩精之功效。（图11-130）

穿龙薯蓣 *Dioscorea nipponica* Makino 多年生草质缠绕藤本。根状茎横生，呈不规则弯曲的柱状，质坚硬，外表皮易脱落。茎细长，左旋，近无毛。单叶互生；有长柄；叶片心状卵形，3~5掌状浅裂。花雌雄异株；雄花序为腋生的穗状花序，雌花序穗状，常单生，下垂。蒴果三棱形，具棱翅。主产长江以北地区。根状（穿山龙）具有祛风除湿、舒筋活络、活血止痛、止咳平喘之功效。（图11-131）

图11-130　薯蓣

1. 块茎　2. 雄株　3. 雌株

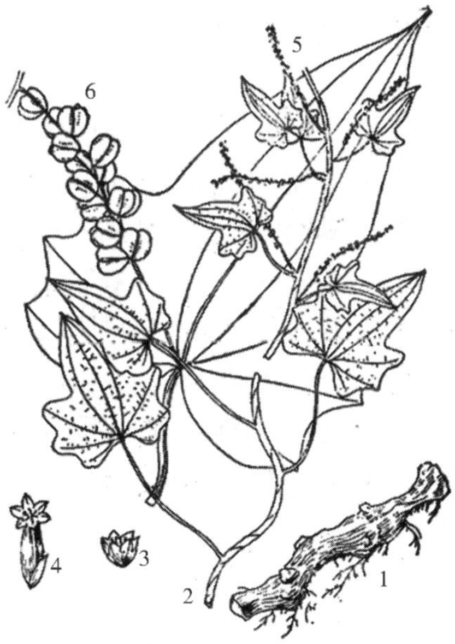

图11-131　穿龙薯蓣

1. 根状茎　2. 茎、叶　3. 雄花　4. 雌花　5. 花枝　6. 果枝

74. 鸢尾科 Iridaceae　$⚥ *, \uparrow P_{(3+3)} A_3 \overline{G}_{(3:3:\infty)}$

多年生、稀一年生草本。常具根状茎、球茎或鳞茎。叶多基生稀互生，条形、剑形或为丝状，基部成鞘状，互相套迭。花两性，色泽鲜艳美丽，辐射对称，少为左右对称，单生、数朵簇生或多花排列成总状、穗状、聚伞及圆锥花序；花被裂片6，两轮排列，花被管

通常为丝状或喇叭形；雄蕊3；花柱1，上部多有三个分枝，分枝圆柱形或扁平呈花瓣状；柱头3~6，子房下位，3室，中轴胎座，胚珠多数。蒴果，种子多数。

约有70属1800余种，广泛分布于全世界的热带、亚热带及温带地区，分布中心在非洲南部及美洲热带；我国产3属，61种。本科的多数种类药用。由于花冠美丽很多鸢尾属植物观赏用。

本科特征性化学成分为异黄酮和屾酮类。异黄酮类，如鸢尾苷（shekanin）、香鸢尾苷（iridin），具有抗菌消炎作用，屾酮类，如芒果苷（mangiferin）。番红花柱头中含有番红花苷（crocin）等多种色素。

【药用植物】

射干 *Belamcanda chinensis*（L.）DC. 多年生草本，具地下横走的根状茎及匍枝，茎直立，单一。叶剑形，扁平，基部套折，排成二列，常带白粉。伞房花序顶生，二歧分枝，有3~10朵花，苞卵形至披针形，基部包茎；花橙红色，带黄色，有暗紫色斑点。根茎（射干）具有清热解毒，消痰，利咽之功效。（图11-132）

本科植物较重要的药用植物尚有马蔺 *Iris lactea* Pall. var. *chinensis*（Fisch.）Koidz.，种子具有凉血止血、清热利湿作用；番红花 *Crocus sativus* L.，花柱及柱头入药，能活血化瘀、凉血解毒。此外，鸢尾属植物我国产60余种，不少种有药用和观赏价值。

75. 姜科 Zingiberaceae　⚥↑ $K_{(3)}\ C_{(3)}\ A_1\overline{G}_{(3:3:\infty)}$

多年生草本，稀一年生。通常具有芳香味的块茎或根茎。叶基生或茎生，通常二行排列，多具有叶鞘和叶舌。花单生或组成穗状、总状或圆锥花序；花两性，通常二侧对称，具苞片；花被片6枚，2轮，外轮萼状，通常合生成管，一侧开裂及顶端齿裂，内轮花冠状，基部合生成管状，上部具3裂片，通常位于后方的一枚花被裂片较两侧的为大；退化雄蕊2或4枚，其中外轮的2枚称侧生退化雄蕊，呈花瓣状，齿状或不存在，内轮的2枚联合成一唇瓣，发育雄蕊1枚，花丝具槽，花药2室；子房下位，3室，胚珠通常多数；花柱1枚。蒴果，或肉质不开裂，呈浆果状；种子有假种皮。

本科分为2亚科、3族，约50属，1500种，分布于全世界热带、亚热带地区，主产地为热带亚洲。我国有20属，216种，产东南部至西南部各省区。本科植物中包含有很多著名的药材，此外，还有许多民间应用的中草药、纤维植物、香料和美丽的观赏植物。

本科植物普遍含有挥发油，挥发油的主要成分为单萜和倍半萜，如莪术醇(curcumol)、姜烯(zingiberene)等。还有黄酮类成分，如山姜素(alpinetin)、山姜素酮(alpinone)、高良姜素(galangin)等。此外，有些山柰属植物含有生物碱；姜与姜黄分别含有姜酮(zingerone)与姜黄素(curcumin)等酚类成分。

【药用植物】

姜 *Zingiber officinale* Rosc. 多年生草本。根茎肥厚，多分枝，有芳香及辛辣味。叶片披针形或线状披针形，叶舌膜质。穗状花序球果状，花冠黄绿色。我国中部、东南部至西南部各省区广为栽培。根茎藓用（生姜），具有解表散寒、温中止呕、化痰止咳、解鱼蟹毒；根茎干燥品（干姜）具有温中散寒、回阳通脉、温肺化饮之功效。（图11-133）

姜黄属 *Curcuma* 多年生草本，有肉质、芳香的根茎，有时根末端膨大呈块状；地上茎极短或缺。叶大型，通常基生，叶片阔披针形至长圆形，稀为狭线形。穗状花序具密集的苞片，呈球果状，生于由根茎或叶鞘抽出的花葶上，每一苞片内有花2~多朵，排成蝎尾状聚伞花序，花次第开放，上部的苞片内常无花，有颜色，小苞片呈佛焰苞状；花萼管短，圆筒状，顶端具 2 ~ 3 齿，常又一侧开裂；花冠管漏斗状，裂片卵形或长圆形，近相等或后方的 1 枚较长且顶端具小尖头；侧生退化雄蕊花瓣状，唇瓣较大，反折；子房 3 室，胚珠多数。蒴果球形，藏于苞片内。我国约有 12 种，多药用。产东南部至西南部。

图 11 - 132　射干

1. 植株　2. 雄蕊　3. 雌蕊　4. 果实

图 11 - 133　姜

1. 根茎及花枝　2. 茎叶

姜黄属药用植物分种检索表

1. 叶两面或背面被毛。
  2. 叶较狭，两面被糙伏毛；根茎内部白色 ………………1. 广西莪术 *C. kwangsiensis* S. G. Lee et C. F. Liang
  2. 叶较宽，仅背面有毛；根茎内部黄色 ……………………………… 2. 郁金 *C. aromatica* Salisb.
1. 叶两面均无毛。
    3. 植株春季开花，花序单独由根茎抽出；根茎内部黄色。
      4. 叶片全部绿色，中央无紫色带；根茎内部蛋黄色 …………3. 温郁金 *C. wenyujin* Y. H. Chen & C. Ling.
      4. 叶片中央有紫色带；根茎内部黄色 ………………………… 4. 莪术 *C. phaeocaulis* Val.
    3. 植株秋季开花，花序由顶部叶鞘内抽出；根茎内部橙黄色 …………5. 姜黄 *C. longa* L.

本属植物根茎或块根均用药，其中温郁金、姜黄及广西莪术的块根入药称郁金，具有活血止痛、行气解郁、清心凉血、利胆退黄之功效；姜黄的根茎入药称姜黄，具有破血行气、痛经止痛作用；莪术、广西莪术、温郁金的根茎入药称莪术，有行气破血，消积止痛作用。

砂仁 *Amomum villosum* Lour. 多年生草本；根茎匍匐。叶片长披针形，顶端尾尖，叶舌半圆形，叶鞘上有略凹陷的方格状网纹。穗状花序椭圆形，苞片披针形，花萼白色；花冠裂片倒卵状长圆形，白色；唇瓣圆匙形，反卷、黄色而染紫红，基部具 2 个紫色的痂状斑，具瓣柄；子房被白色柔毛。蒴果椭圆形，成熟时紫红色，干后褐色，表面被不分裂或分裂的柔刺；种子多角形，有浓郁的香气，味苦凉。产福建、广东、广西和云南；栽培或野生于山地荫湿之处。果实（砂仁）具有化湿开胃、温脾止泻、理气安胎之功效。海南砂仁 *A.*

longiligulare T. L. Wu 缩砂密（绿壳砂仁）*A. villosum* Lour. var. *xanthioides*（Wall. ex Bak.）T. L. Wu & Senjen 的果实同作砂仁用。（图 11－134）

草豆蔻 *Alpinia katsumadai* Hayata，株高达 3 米。叶片线状披针形，叶舌被粗毛。总状花序顶生，小苞片乳白色；花萼钟状；花冠裂片边缘稍内卷，具缘毛；无侧生退化雄蕊；唇瓣三角状卵形，具自中央向边缘放射的彩色条纹；子房被毛。果球形，熟时金黄色。产广东、广西。成熟种子入药称草豆蔻，具有燥湿行气、温中止呕之功效。

76. 兰科 Orchidaceae ⚥ $\uparrow P_{3+3},\ A_{2\sim1}\overline{G}_{(3:1:\infty)}$

地生、附生或较少为腐生草本，极罕为攀缘藤本。通常有根状茎或块茎。叶基生或茎生；花常排列成总状花序或圆锥花序；花通常两性，两侧对称；花被片 6，二轮；外轮 3 片中，位于中央的称中萼片，下方两侧的称侧萼片；内轮 3 片，两侧的呈花瓣状，中央 1 片称唇瓣，常特化呈各种形状，雄蕊通常 1 枚，与花柱合生，称合蕊柱，其最上部为花药，花粉粘合成块，2～8 个，柱头常侧生，柱头常有蕊喙；子房下位，常 1 室侧膜胎座。蒴果；种子极多，粉状。（图 11－135）

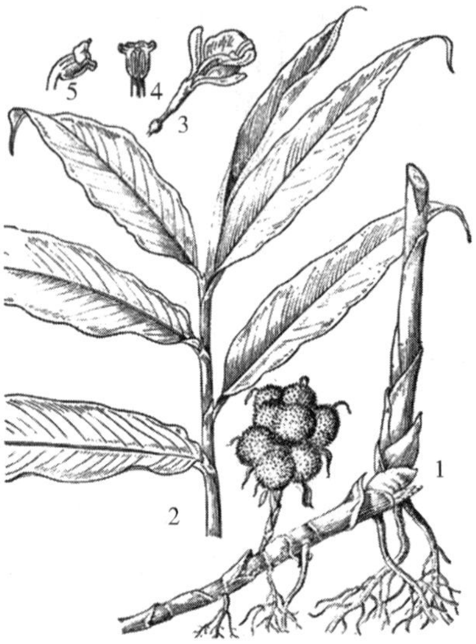

图 11－134　砂仁

1. 根茎与果序　2. 叶枝　3. 花　4，5. 雄蕊

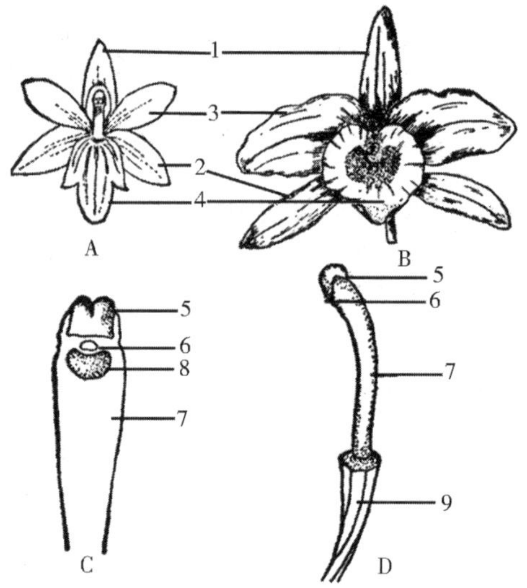

图 11－135　兰科花的构造

A. 兰花的花被片　B. 石斛的花被片示意图

1. 中萼片　2. 侧萼片　3. 花瓣　4. 唇瓣

C. 合蕊柱　D. 子房和合蕊柱　5. 花药

6. 蕊喙　7. 合蕊柱　8. 柱头　9. 子房

本科约有 800 属 25000 种，产全球热带地区和亚热带地区，少数种类也见于温带地区。我国有 194 属 1388 种以及许多亚种、变种和变型。

本科主要活性成分主要有：倍半萜类生物碱，如石斛碱（dendrobine）、毒豆碱（laburnine）；酚苷类，如天麻苷（gastrodin）、香荚兰苷（vanilloside）。此外，尚含有吲哚苷（indican）、黄酮类、香豆素、甾醇类和芳香油等。

【药用植物】

天麻 *Gastrodia elata* Bl. 植株高 30～100cm，根状茎肥厚，块茎状，椭圆形至近哑铃形，肉质，具较密的节，节上被许多三角状宽卵形的鞘。茎直立，无绿叶，下部被数枚膜质鞘。总状花序长 5～30（～50）cm，通常具 30～50 朵花。蒴果倒卵状椭圆形。全国多数省区有

分布，主产西南地区，多人工栽培。根茎用药称天麻，具有息风止痉、平抑肝阳、祛风通络。(图11－136)

石斛 *Dendrobium nobile* Lindl. 茎直立，肉质状肥厚，具多节，节有时稍肿大。叶革质，先端钝并且不等侧2裂，基部具抱茎的鞘。总状花序，基部被数枚筒状鞘；花苞片膜质；花大，白色带淡紫色先端，有时全体淡紫红色或除唇盘上具1个紫红色斑块外，其余均为白色。分布于长江以南地区。藓茎或干燥茎入药称石斛，具有益胃生津、滋阴清热之功效。同属植物鼓槌石斛 *D. chrysotoxum* Lindl. 流苏石斛 *D. fimbriatum* Hook. 的茎同作石斛用。我国石斛属植物有63种，一半以上可入药。

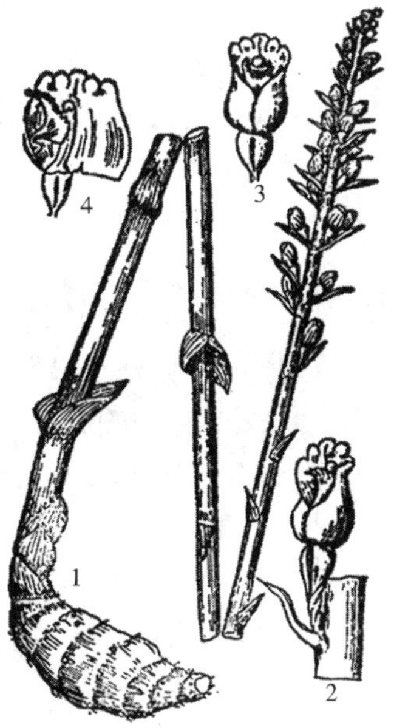

图11－136　天麻

1. 植株全形　2. 花及苞片　3. 花的正面观　4. 花被解剖图示花瓣及蕊柱

白及 *Bletilla striata* (Thunb.) Reichb. f. 多年生草本，块茎肥厚，富黏性。叶4～6枚，狭长圆形或披针形。花序具3～10朵花，花序轴或多或少呈“之”字状曲折；花白色带紫红色，具紫色脉。广布于长江流域。块茎入药称白及，具有收敛止血、消肿生肌之功效。

本科药用植物还有手参 *Gymnadenia conopsea* (L.) R. Br.，杜鹃兰 *Cremastra appendiculata* (D. Don) Makino 金钱兰，石仙桃 *Pholidota chinensis* Lindl. 等。此外此科的多种植物如杓兰属 *Cypripedium* Linn. 供观赏。

重点小结

- 被子植物
  - 特征：孢子植物体高度发达，配子体进一步简化，具有真正的花，胚珠包被在子房内，双受精现象
  - 分类原则
  - 分类系统：恩格勒系统，哈钦松系统，塔赫他间系统，克朗奎斯特系统，APG系统
  - 分类
    - 双子叶植物纲
      - 离瓣花亚纲：具2片子叶，花瓣分离
      - 合瓣花亚纲：具2片子叶，花瓣连合
    - 单子叶植物纲：具1片子叶

扫码“练一练”

第十二章　药用植物鉴定方法

学习目标

1. **掌握**　药用植物标本的制作方法。
2. **熟悉**　药用植物的采集方法、药用植物鉴定工作程序及方法。
3. **了解**　药用植物标本在药学、中药研究领域的重要性。

第一节　药用植物标本的采集与标本制作

药用植物标本就是将新鲜的药用植物的全株或一部分，经物理或化学方法处理后保存起来的实物样品。植物标本是进行学习和科学研究工作的重要材料，它包含着物种的大量信息，如形态特征、地理分布、生态环境、物候期和种内变异信息等，是研究药用植物分类重要的科学依据，也是药用植物资源调查、开发利用和保护的重要资料。主要用于植物种类的鉴定、数据采集及和备后人考证等。在自然界，植物的生长发育有季节性以及分布区的局限性，为了不受季节或地区的限制，也有必要采集、制作和保存植物标本。植物标本根据制作方法的不同，可分为腊叶标本、浸渍标本和干制标本3种。

扫码“学一学”

一、腊叶标本采集前的准备

（一）采集的目的

首先必须明确采集标本的目的，如编写药用植物志，药用植物资源（或中药资源）调查，或为了收集药用植物的分类、形态、解剖学等方面的实验材料和标本等，都必须把标本采集和制作作为重点工作。

（二）采集地和时间

要根据采集的目的及当地的人力、物力、交通状况及季节物候期等方面的情况来确定采集地和时间。

（三）收集采集地的本底资料

在确定采集地后，应收集该地的气候、水文、地质地貌、植被等自然状况的资料。还应收集该地的药用植物名录、植物志、植物检索表、中药或植物资源的普查报告、地图等本底资料。同时可以参考 Google Earth 等软件来研究当地的地形地貌及确定采集路线。

（四）采集用具的准备

采集植物标本要携带的用具主要有：

标本夹：一般是用坚韧的、厚约5～7mm木条订成长40cm、宽30cm、横直每隔3～4cm，用小钉钉牢的2块方格板，长边的木条两端突出3cm左右，用于绳索的绑缚。标本夹是用于将吸水纸和植物标本置于其中压制，使植物逐渐失水干燥而不萎缩，从而制成标本。

标本夹需配用于绑缚的绳索，一般长 3～5m 或更长。

枝剪：有普通枝剪和专用于采集高处植物的高枝剪两种。

镐头或掘根铲：用来挖掘植物的地下部分，如根、根状茎、球茎、块茎、鳞茎等。

采集箱或采集袋：采集箱是用白铁皮制成的长 50cm、宽 25cm、高 20cm 的扁圆柱形小箱，一侧开有长 30cm、宽 20cm 带锁扣的活动门，箱的两端装有背带，用于临时收藏采集到的新鲜植物标本，可防止标本受日晒雨淋或受压变形，也可用编织袋代替采集箱，称采集袋。

吸水纸：常用普通草纸，用于吸收水分，使标本变干，常折叠使之不超过标本夹为宜。

野外记录（本）签：用于野外采集原始记录用，须用铅笔详细填写（表 12－1、表 12－2），不可用圆珠笔或钢笔，以免日久或被雨水淋湿而致字迹模糊。

号签：用硬纸做成的长约 3cm、宽约 2cm 的卡片。一端顶端留出位置打孔穿线，用来系在标本上。卡片上需记录采集人、采集地、采集日期、采集号等信息。为防止遇水字迹模糊，号签必须用铅笔填写，采集号是指对标本按采集的先后顺序编号，此号数必须与野外记录（本）签上记录的号数一致（表 12－3）。

牛皮纸小袋：用于收集标本上散落的花、果实、种子等。

钢卷尺：用于标本的胸径、高度等的测量。

地球卫星定位仪（GPS）：用于记录采集地的经纬度坐标、海拔高度、坡向等。

照相机：用于拍摄原植物、植物群落、生境等。

此外，在采集前还应准备雨具、饮用水、防刺手套、服装、背包、药品（特别是蛇药）等物品。

表 12－1　野外记录本式样

采集编号：______________　采集日期：______________

采集地：______________　采集人：______________

经纬度：__________　海拔：__________　坡向：__________

土地利用类型：　林地　草地　耕地　园地　水域

生态环境：　阴坡　阳坡　沟边　水边　水中　山顶　山脚　林下　林缘　路旁

植被类型：　雨林　针叶林　针阔混交林　阔叶林　灌丛　草甸　草原　高山冻原　荒漠　沼泽　水生

习性：　草本　藤本　灌木　乔木 竹类　寄生　攀缘　缠绕　直立　叶状体植物（藻、菌、地衣、苔藓）

株高：__________　胸径（乔木）：__________　郁闭度：__________

根系或地下茎：______________________

地上茎（草本）或树皮（乔木）：______________________

叶：______________________

花及花序：______________________

果实及种子：______________________

土名：______________　学名：______________

科名：______________　入药部位：______________

备注：______________________

表 12－2　野外记录签式样（13cm×10cm）

＿＿＿＿＿＿＿＿＿＿标本室
日期：＿＿＿＿年＿＿＿＿月＿＿＿＿日
采集人：＿＿＿＿＿＿＿＿采集编号：＿＿＿＿＿＿＿＿
产地：＿＿＿＿省＿＿＿＿市＿＿＿＿县＿＿＿＿镇（乡或街道）＿＿＿＿村
生境：＿＿＿＿＿＿＿＿
习性：＿＿＿＿＿＿＿＿
株高：＿＿＿＿＿＿＿＿胸径：＿＿＿＿＿＿＿＿cm
根或地下茎：＿＿＿＿＿＿＿＿
地上茎：＿＿＿＿＿＿＿＿
叶：＿＿＿＿＿＿＿＿
花及花序：＿＿＿＿＿＿＿＿
果实及种子：＿＿＿＿＿＿＿＿
土名：＿＿＿＿＿＿＿＿学名：＿＿＿＿＿＿＿＿
科名：＿＿＿＿＿＿＿＿
备注：＿＿＿＿＿＿＿＿

表 12－3　号牌式样（5cm×3cm）

采集人：＿＿＿＿＿＿＿＿
采集编号：＿＿＿＿＿＿＿＿
采集时间：＿＿＿＿＿＿＿＿
采集地点：＿＿＿＿＿＿＿＿

二、标本的采集方法

（一）种子植物标本的采集方法

种子植物的鉴定大都是依据花、果实和种子的形态构造及根或地下茎的形态进行的。因此在采集标本时如果缺少上述的一个或几个器官，在鉴定时会存在困难，甚至无法鉴定。因此标本的采集不但应注意其典型性，还要注意器官的完整性。采集时应选择能代表该种植物的生长正常、无病虫害、具典型特征的植株；应尽量采集到植物的根、茎、叶、花或果实和种子，发现基生叶和茎生叶不同时，基生叶也要采集。对于百合科、天南星科等科的植物，要注意采集地下茎（根状茎、球茎、鳞茎、块茎）；灌木或乔木通常只需剪取植物体的一部分花枝或果枝。由于生长季节的原因，在采集时往往不能将植物的各部器官一次性采齐，这就需要不同的季节加以补采。

（二）苔藓类植物标本的采集方法

采集苔藓类植物标本时，要尽量采到有孢子囊的植株；苔藓类植物常长在树干或树枝上，这就要连树枝树皮一起采下。标本采好以后，每种要分别用纸包好，放入牛皮纸袋，不要夹或压，以保持其自然状态。

（三）蕨类植物标本的采集法

蕨类植物是依据孢子囊群的构造及排列方式、叶的形状和根茎特点等分类的，所以要将生有孢子囊群的孢子叶连同营养叶、根状茎一起采集，否则不易鉴定。如果植株太大，可以采叶片的一部分（但在带尖端、中脉和一侧的一段），叶柄基部和一部分的根茎，同时认真记下植物的实际高度、叶裂片数目及叶柄的长度。

三、采集植物标本的野外记录和编号

在野外采集标本时，必须及时、认真地做好野外记录和编号。野外记录应按照野外采集记录本的要求详细填写，如：采集人、采集日期、采集地、采集编号、生态环境、植被类型、土壤、经纬度、海拔、株高、胸径、习性、科名、学名、土名、入药部位等。其中：采集地是指省（自治区、直辖市）、市、县、村等以及可知的小地名。生态环境是指所采标本所处的生长环境，如阴坡、阳坡、沟边、水边、水中、山顶、山脚、林下、林缘、路旁等。植被类型是指采集地所属的植被类型，如针叶林、针阔混交林、阔叶林、灌丛、草甸等。土壤是指标本采集地的土壤类型，如红壤、黄棕壤、石灰（岩）土等。习性是指所采集标本的生长习性，如草本、藤本、灌木、乔木等。上述可供选择的内容一般事先印在记录本上，记录时只要用铅笔在相应的选项上打“√”即可，这样可以节省时间。植物的土名即俗名，应先访问当地群众后再进行填写。对标本被压干易改变的性状，如质地、花的颜色、气味、乳汁、易脱落的毛茸等应在备注中着重记载。每天必须及时整理检查，补上漏记的项目。此外，在采集时发现的任一特征有明显的变异，应记录在记录表的备注中。

在野外采集标本时，应尽可能地随采、随记录和编号，以免过后忘记或记错号等。同时同地采集的同一植物编为一个号，不同时不同地采集的同种植物要另编一号。每一种植物标本在记录本上要一号一页。每份标本上都要有号签，号签上应有采集人、采集地、采集时间和号数的记录，野外记录的编号和号签上的编号要一致。在野外编的号要一贯连续，不要因为改变地点或时间就另起号头。每号标本的份数也应做好记录。

四、采集标本的注意事项

（一）标本的尺寸和份数

采集的标本大小应以能容纳在一张台纸上（长 40cm，宽 30cm）为宜。小型草本植物应采全株，特别小的植株应采集若干个体来装满一张台纸；高大的草本植物，采下后可先折成 V、W 或 N 字形后再压入标本夹内，也可选其形态上有代表性的部分剪成带花果的上段、带茎叶的中段、带根的下段三段，分别压在标本夹内。一般每种植物的标本不应只采 1 份，同样的标本至少应该采集 2～3 份，遇到形态发生变异的或药用价值较大的植物应该采集更多份。

（二）采集草本植物的注意事项

1. 草本植物要采全株，必须带有药用部分和地下部分，如伞形科、百合科等不少药用植物的根或地下茎在分类上有重要意义。

2. 丛生的草本植物一般很难压制整棵植株，而是取大小适宜的某部分进行压制，但注意应保留其丛生的特征，整理时不要过度修剪，失去原来的习性。

3. 雌雄同株植物，两种花尽量采到；雌雄异株植物（如麻黄科、桑科、葫芦科等）雌雄株应分别采集和编号，并在记录本和号牌上注明“雄株”或“雌株”，以免混淆。

4. 一些草本植物的基部叶与茎生叶形状不同，叶上的附属物（毛茸、蜡被等）在老叶和新叶上也有不同，应尽量采全。异形叶性植物，要采集到不同的叶形和叶序。

5. 寄生植物须连同寄主一起采压。并且寄主的种类、形态及其同被采的寄生植物的关系等做详细记录。

6. 可将散落的花、果收集放于袋中，如果种子多且完全成熟，可将其干燥后装入纸袋，再与标本放在一起，并在纸袋上注明采集号。

7. 棕榈科或芭蕉科等科的植物，一般叶片巨大，叶柄较长，对于这类植物，只需采集叶、花、果实、树皮的一部分，但必须记录其高度，胸径、叶的长、宽、叶裂片的数目、叶柄、叶鞘的长度等信息，最好将其照片附在标本上一并保存。

8. 对珍稀濒危植物，应加以保护，可采集一个较小的标本并配以照片说明。

（三）采集木本植物的注意事项

1. 木本植物的树皮是重要的鉴别特征，采集标本时除采集带花或果的枝条外，还应割取一块树皮，并与标本同编一号；对于有刺的植物，带刺的部分必须采到以供研究参考。

2. 对于常绿的木本植物，一年生的新枝或新叶和二年生的老枝、老叶在形态上有时不同，应注意观察，尽量都采到，并做好记录。

3. 乔木或灌木的先端不能剪去，以便区别于木质藤本类。

（四）采集水生植物的注意事项

水生植物标本应注意沉水叶和浮水叶的采集，这样更利于种的鉴定。有些种类具有地下茎，也应一起采集，这样才能显示出花柄和叶柄的着生的位置。有些水生植物质地柔弱，一出水枝叶会彼此粘贴重叠，采集后常失去其原来的形态，因此采集时最好整株捞取，用塑料袋包好，带回室内立即将其放在水盆中，等到植物的枝叶恢复原来形态时，用折叠纸或尼龙窗纱置于水中标本的底下，把标本“漂浮”到折叠纸或尼龙窗纱上去，然后轻轻将标本提出水面，立即放在干燥的草纸里好好压制。

五、腊叶标本的制作方法

腊叶标本又称压制标本，是指采用吸水纸对新鲜的植物材料进行压制，使之干燥，再将其装订在白色硬纸板上（这种纸板称台纸）而制成的标本。腊叶标本的制作方法主要有以下的步骤。

（一）整理

在制作标本之前，要对采集到的植物进行初步的分类和清理，植物表面的泥土应清洗或擦掉，整理后的标本应保持自然生长的状态。例如：对过密或过长的茎枝、过繁的花、叶、果。可以适当疏剪去一部分，避免堆积与重叠，但要保留花柄、叶柄或果柄以表明其着生位置；高大的草本植物，为保持其自然生长状态，要折成 V、W 或 N 字形，使之适合台纸的大小，也可选其形态上有代表性的部分剪成上、中、下三段，分别压在标本夹内，但要注意编同一采集号，以备鉴定时查对；粗大的根或茎可从中间纵向破开压制；松科植物标本在压制之前应放在酒精或沸水里浸泡一会儿，以防止针叶脱落；肉质的地下茎及果实可纵向剖开，压其一部分，同时要把它们的性状等详细地进行记录；含水分较多的肉质根、块茎、鳞茎或肉质性植物（如百合种、景天科、马齿苋科等），在采集之后必须先用开水或 8% 的甲醛溶液将其生长能力杀死，然后再压制，否则植物在压制过程中还会继续生活，叶片甚至会脱落。

（二）压制、干燥和换纸

压制的目的是使标本在短时间内脱水干燥并固定其形态和颜色。应先将标本折叠、弯曲或修剪至与台纸尺寸相应，使之不露出吸水纸外，若弯曲后的茎易弹出，可将之夹在开缝纸条里再压好；压制时要将植物的花、叶平展于吸水纸上，尽量使其姿态美观，尤其要注意叶片不能皱折或重叠（如果叶片重叠在一起，可在中间夹一条干燥纸）。至少要有一片叶反转过来压制以便观察其背面特征，最好能幼叶和老叶各有一片；木本植物的茎或小枝要斜剪，使之露出内部的结构，如茎中空或含髓。标本之间应用数层吸水纸间隔，放标本时要上下交错放置，以免凹凸不平。整理好后用标本夹压好，然后将标本夹用绳索捆好。捆绑标本夹时松紧要适度，过松标本不易干，过紧则易变黑。应及时更换吸水纸。换下潮湿的纸应及时晾干或烘干备用。采集当天应换干纸 2 次，以后视情况可相应减少，直至标本完全干燥。换纸的过程中要保持标本不发霉及尽可能不变色。换纸后的标本夹应放在通风、透光、温暖处。

（三）消毒

因为标本上常有小虫及虫卵在其内部，如不消毒，标本可能会被虫蛀，因此标本压干后，一般要进行消毒处理。常用的消毒方法有：

1. 升汞法　一般先配制出 5‰的升汞酒精溶液作为消毒液，可用喷雾器直接往标本上喷，也可用毛笔蘸消毒液，轻轻地在标本上涂刷，或将标本放在盛有消毒液的大盆里浸泡 5min。处理过的标本需放在干的吸水纸上吸干。升汞有剧毒，消毒时必须戴口罩，同时要避免手直接接触标本，结束后立即洗手，以防中毒。

2. 气熏法　把标本放进消毒室或消毒箱内，在将敌敌畏倒入箱内或室内的玻璃皿中，利用毒气熏杀标本上的虫子或虫卵，约 3 天后即可取出标本。

3. 冷冻消毒法　将压干的标本捆好后放入低温冰柜（－30℃～－18℃）中，将标本冷冻 72h，即可起到杀菌消毒的作用。

（四）上台纸

要选择较好的、已经消过毒的标本上台纸装贴，利于长期保存。上台纸的方法是：将 40cm×30cm 大小的白色台纸放在平整的桌面上，然后把标本放在台纸的适当位置上，一般标本直放或斜放，把左上角和右下角的位置留出用以贴标签。用白线或白色纸条将标本固定在台纸上。制作过程中要突出该植物的特征，并使标本在台之上的位置适宜，整洁、美观。也可采用白乳胶将标本贴在台纸上再钉牢，最后将野外记录签贴在标本的左上角，将鉴定标签贴在右上角即完成一份标本的制作。

六、腊叶标本的保存

腊叶标本经上台纸和正式定名后，为了减少磨损，最好用牛皮纸做成的封套将标本装入保存，在封套的右上角写上属名以便查阅。装好的标本应放入标本柜中保存。标本一般按分类系统排列（分类系统可以根据需要自由选择），每科有一个固定编号，要把编号、科名及科拉丁名标识在标本柜门上，科内属级按拉丁文字母顺序编排。为了防虫蛀及标本霉变，应在标本柜内放入樟脑球等防虫剂以及经常开窗通风或安装空调控制标本室内的湿度和温度。

七、浸制标本的制作方法

浸制标本是指将新鲜的植物材料浸泡于化学试剂中制成的标本。植物整体和各部分器官均可制成浸制标本。尤其是植物的花、果实和幼嫩的肉质植物，压干后容易变色变形，形态上变化较大。制成浸制标本可保持植物体原有的形态，这对于学习和研究工作具有重要的意义。

制作药用植物的浸制标本时，同样要选择发育正常，有代表性的、完整的新鲜标本，采集后先用清水洗净污泥，经过整形后放入保存液中，如标本浮在液面，可用玻璃棒暂时固定，使其下沉，在细胞吸水后会自然下沉。浸制标本的制作，主要是保存液的配制。而主要用于浸泡教学用实验材料的普通浸制标本，不要求保存标本的原有色泽，因此方法简单，易于掌握，最常用、成本最低的保存液配方为：甲醛（市售者含量为40%）5～10ml，加蒸馏水 100ml 稀释即可。而供教学上示范用和科学研究用的浸渍标本要求保持原植物的原有色泽，称为原色标本。其保色的原理为：新鲜的植物材料在浸泡过程中会发生一系列的化学反应，反应的结果是产生相似的颜色来替代植物的原色，从而保存其原有色泽。原色标本的制作方法较为复杂，几种常用的保色方法如下。

（一）绿色标本保存法

绿色浸制标本的制作原理是：先将叶绿素中的镁离子分离出来，形成植物黑素，此时标本绿色褪去，再将铜离子置换进叶绿素，随后标本会恢复和原来相似的绿色。由于铜离子做核心的叶绿素比原植物中以镁离子做核心的叶绿素结构稳定，且不溶于福尔马林，因此这样制出的标本绿色保存较为持久。据此原理，可以用下述 3 种方法制作：

1. 将醋酸铜粉末徐徐加入 50% 的冰醋酸中，用玻璃棒不断搅拌直至饱和，得到母液。取 1 份母液，加 4 份水稀释后加热至 85℃，此时将标本放入，标本由绿色变为黄绿色或褐色，继续加热时，标本又变成绿色，待接近原色时停止加热，将标本取出，用清水洗净后放入 5% 的福尔马林液中保存。如果植物表面有蜡质不易着色，或者植物质地幼嫩不宜加热，可采用其他方法。

2. 对于质地幼嫩不宜加热的植物，可以放入含有以下成分的处理液中浸泡：50% 乙醇 90ml，5% 的福尔马林 5ml，甘油 2.5ml，冰醋酸 2.5ml，氯化铜 10g。通常浸泡 30d 左右会有效，标本取出后用清水洗净，再放入 5% 的福尔马林液中保存。

3. 对于表面有蜡质不易着色的植物，可放入含有硫酸铜饱和溶液 750ml，40% 的福尔马林 50ml，水 250ml 的处理液中浸泡。通常浸泡 8～14d 会有效，标本取出后用清水洗净，再放入 5% 的福尔马林液中保存。

（二）红色标本保存法

试剂的配制和标本制作步骤有以下 2 种方法。

1. 将植物材料浸入由硼酸 1g，1% 福尔马林 100ml，水 100ml 配成的处理液中，浸泡的时间视植物的情况而定。一般 1～3d 即可着色。取出后放入由 1% 亚硫酸和 20% 硼酸溶液 1∶1配成的保存液中即可。

2. 对于有红色果实的材料，可采用以下的方法：取 5% 的福尔马林 4ml 和 3g 硼酸溶解在 400ml 水中，配成处理液；将材料洗净后浸入其中，一般 1～3d 后果实变成褐色时取出，用 10% 亚硫酸 20ml 和 10g 硼酸溶解在 500ml 水中，配成保存液，用注射器向果实内注入少量保存液，以防止果实内部腐烂。注射后再将果实浸入该保存液中，果实会逐渐恢复红色。

（三）紫黑色标本保存法

对于紫黑色的果实如葡萄、龙葵等，可采用以下的方法：取40%福尔马林50ml、10%氯化钠水溶液100ml和870ml水混合搅拌，沉淀，过滤后制成保存液。先用注射器往标本里注射少量保存液，再把标本直接放入保存液里保存。

（四）黑色标本保存法

保存黑色标本的方法较多，效果最好的方法是：将40%的福尔马林500ml、饱和氯化钠溶液1090ml和蒸馏水8700ml混匀，静置沉淀后过滤即为保存液，将材料浸入后即可保存。

（五）黄色标本保存法

用5%硫酸铜配成；取2%或6%的亚硫酸30ml、甘油30ml、乙醇30ml加水至900ml配成保存液；将植物材料浸入处理液，浸泡几天后，取出后放入保存液即可。

（六）浸制标本的保存

新制成的浸制标本，在两周内保存液易变色混浊。一旦保存液变色混浊，应及时更换。为防止标本发生霉变和液体挥发，两周后即可封口，常用的封口方法有以下2种：

1. 石蜡法　标本瓶的瓶盖盖好后，将熔点为52℃的石蜡切成碎末放在瓶口缝隙中，用烧热的镊子或小刀把石蜡烫化涂匀，等蜡稍凉后用手抹平即可。切忌用火直接对瓶口上的石蜡加热，特别是对用酒精作保存液的标本瓶，更需严格注意，防止发生意外。

2. 赛璐珞法　将瓶口用薄纸包好，然后瓶口朝下，浸入黏稠的赛璐珞的丙酮溶液中。大瓶可多浸几次，封口厚一些效果较好。

封口之后的标本瓶，要在适当位置贴好标签，标本应放入标本柜中或阴凉避光处，避免阳光照射引起的标本褪色。冬天还要注意防冻。

八、干制标本的制作方法

干制标本是指用干燥方法制成的立体标本。植物的全株（特别是地衣、灵芝等的全株）、各种植物器官（特别是干果、种子、根系等）都适宜做成干制标本。其不但能保持植物原有的色泽，立体感、真实感还特别强，能增加对药用植物的感性认识，对药用植物学的学习及科学研究有较大帮助。干制标本的制作方法主要有以下2种：

（一）沙干法

操作方法：取细而匀的河沙，清除其中的杂质并烤干备用。先将植物的全株或花枝放在事先做好的厚纸盒内，小心地用沙填充，同时应考虑沙的重力对植物的影响，不要使它变形。填好沙后封闭纸盒，将其静置温暖的地方。普通的植物1～2d即可干燥，体积大且含水量大的植物7～8d即可干燥。干燥后的标本质地较脆，取出时须小心以防损坏。取出后用毛笔刷去标本表面附着的细沙，然后用喷雾器向标本喷洒5%的石蜡甘油溶液，可使标本颜色鲜艳。最后把标本放在有玻璃盖的盒中（盒的尺寸可根据植物体积制作）。盒底部应有插门，盒面镶玻璃，将标本放入盒内玻璃上，用棉花把盒内空间填满，再放入樟脑，将门插上并贴标签，即完成标本的制作。

（二）硅胶法

该法是利用硅胶作为干燥剂吸去标本中的水分。操作方法为：事先将球形的变色硅胶粉碎成颗粒状（1 ~1.5mm）烘干备用。将植物材料立于干燥器内，将硅胶颗粒徐徐倒入干燥器内，一边倒一边用镊子整理植物的形态，防止花、叶等器官变形，直至把整个植物直到完全覆盖为止，务必要使植物的形态与在自然界时一样。植物体被埋藏后，将干燥器边缘多余的硅胶擦净，涂上凡士林，将盖子盖好，然后将干燥器放入40℃的恒温箱中24h就可以将标本取出。如有真空干燥器，可将标本置于室温，抽真空3h后停止抽气，并保持低压2d也可完成脱水过程。标本干燥后会很脆，花、叶等器官容易碰掉，所以取出标本时要特别小心，一般是先将标本慢慢地倒出来（这样标本上的器官不易脱落），再用小毛刷将标本表面附着的，而是要通过鉴定的过程来掌握和领会其所属科属的特征，进而认识更多其的硅胶刷去。取出的标本要放在标本瓶内，再放入一些硅胶或无水氯化钙并密封。这样标本就可以长期保存。

第二节　药用植物鉴定的过程与方法

鉴定未知的药用植物是植物分类学的一项基本工作，植物鉴定不但是以认识某一种植物为最终目的，还应认识其他同科同属的植物，从而逐步提高和深化鉴定药用植物的能力，积累更多的经验。鉴定药用植物的方法很多，如标本核对法、化学鉴定法、细胞学鉴定法、分子生物学鉴定法等，但最常用的是利用植物志等植物分类学文献对药用植物标本进行鉴定。药用植物的鉴定工作分为野外鉴定和室内鉴定两部分。

扫码“学一学”

一、野外鉴定的工作

（一）形态观察

植物的鉴定工作是建立在对植物进行仔细地形态观察基础上的。首先应该对根、茎、叶、花、果实和种子等部位进行观察，特别是要注意花、果实、种子、孢子囊群、子实体等繁殖器官的特征。对于细微的特征，如毛茸、腺点、花的构造，需借助放大镜来完成。应详细的做好观察记录。

1. 工作流程　在观察过程中，要按照“看”“摸”“折”“嗅”“尝”的原则进行。

（1）“看”是指要细致的观察药用植物的全株。如桑科的药用植物薜荔，其营养枝上的叶小而呈卵形，而繁殖枝上的叶大而呈椭圆形；在广东等地，伞形科的积雪草常与唇形科的连钱草混杂在一起，外形相似，但前者茎为圆柱形而后者茎为四棱形；玉竹与黄精的地上部分很相似不易区分，但地下部分很容易区分，玉竹为竹鞭形根状茎，黄精为姜形根状茎；石龙芮与毛茛均生于水沟边，外形相似，但石龙芮全株光滑无毛，毛茛全株具柔毛；柑、桔等芸香科植物叶对光照，可见透明的油腺点。

（2）“摸”是指要用手触摸来识别药用植物。如许多药用植物具刺，牛蒡、板栗、仙鹤草等植物是苞片或果实具刺；小蓟是叶缘具尖刺；杠板归是茎上具刺，而且是倒钩刺；云芝的菌盖表面密生细绒毛；蜡梅叶粗糙如砂纸；荨麻科的植物一般不能触摸，以免引起皮肤过敏。

（3）“折”是指将药用植物折断后观察所发生的变化。如杜仲的树皮、枝、叶、种子折断后可见银白色的胶丝；同样是具乳汁的药用植物，大戟、萝藦、杠柳、桔梗、蒲公英等折断后可见白色乳汁；白屈菜折断后可见黄色乳汁；博落回等折断后可见橙红色乳汁。铁包金折断后可见其外皮紫黑似铁色，而木质部呈金黄色。

（4）“嗅”是指要将植物的器官揉碎或剖开，来嗅不同药用植物的气味。如芸香科、樟科、唇形科、姜科的植物常有芳香气味。败酱属植物的根茎多具有强烈的腐臭味；鸡矢藤具有特殊的鸡屎臭气，鱼腥草的鱼腥味较明显，叶片被揉碎后气味更为浓烈；杠柳的根皮（香加皮）、花椒等具有特异的香气。

（5）“尝”是指用口、舌尝不同的味道来识别药用植物。如山矾科植物与冬青科植物形态相似，但前者叶片具甜味，后者叶片具苦味；生姜具辛辣味；细辛具辛香味；东北铁线莲、辣蓼均是初尝无味，随后出现明显的辣味；山楂和酢浆草的果实具酸味；龙胆根、黄连的根茎、穿心莲的全草、紫丁香的叶片等味道极苦；白茅的根状茎具甜味；五味子果肉有酸、甘味，核具辛、苦味，整个果实具咸味。有些药用植物（如草乌头、夹竹桃）具大的毒性则不能用口尝，以免中毒，可改用其他方法加以鉴别。

2. 技巧

（1）根据药用植物的营养器官分科、属

①具块根的属种：蓼科何首乌、毛茛科乌头属、防己科千金藤属、樟科乌药、豆科野葛、葡萄科白蔹、萝藦科牛皮消、旋花科甘薯、玄参科玄参属、地黄属、葫芦科栝楼属、禾本科淡竹叶、百部科百部、百合科（天门冬属、萱草属、沿阶草属）等。

②具块茎或根状茎的科属：罂粟科紫堇属、毛茛科黄连属、葫芦科雪胆属、莎草科荸荠属、天南星科、百合科（黄精属、鹿药属、竹根七属、重楼属）、鸢尾科（鸢尾属、射干属）、薯蓣科薯蓣属、姜科、兰科（玉凤兰属、无柱兰属、阔蕊兰属）等。

③具球茎、鳞茎的科属：酢浆草科、百合科（百合属、贝母属、藜芦属、葱属、郁金香属）、鸢尾科（番红花属、唐菖蒲属）、石蒜科。

④具假鳞茎的科属：兰科（石豆兰属、石仙桃属、羊耳蒜属、毛兰属、山兰属、杜鹃兰属、独花兰属、独蒜兰属、白及属）等。

⑤茎四棱的科属：苋科牛膝属、大戟科（山靛属）、金丝桃科的黄海棠、地耳草等、野牡丹科多数种、报春花科少数种、马鞭草科马鞭草属、唇形科、玄参科山萝花属、茜草科（猪殃殃属、茜草属）爵床科等。

⑥茎上具刺的属种：榆科刺榆属、桑科柘属、蔷薇科（火棘属，山楂属，木瓜属，梨属）、豆科皂荚属、芸香科（枸桔属、金桔属、柑桔属）、鼠李科（雀梅藤属，鼠李属）、大风子科柞木属、仙人掌科、胡颓子科胡颓子属、柿科柿属部分种、茄科枸杞属等植物具枝刺；桑科葎草属、蓼科杠板归，刺蓼等、蔷薇科（悬钩子属，蔷薇属）、豆科（含羞草属，云实属）、芸香科花椒属、葡萄科刺葡萄、五加科（五加属，刺楸属，楤木属）、茜草科茜草属、百合科菝葜属等植物具皮刺；小檗科、苋科刺苋、豆科刺槐属、鼠李科枣属、茜草科虎刺属、清风藤科清风藤等植物具叶刺或托叶刺或叶柄刺。

⑦叶大多为对生或轮生的科：唇形科、爵床科、夹竹桃科、萝藦科、茜草科、龙胆科、桑寄生科、木犀科、玄参科、紫葳科、紫茉莉科、檀香科、桃金娘科等。

⑧具托叶的科：豆科、金粟兰科、蓼科、茜草科、鼠李科、金缕梅科、堇菜科、木兰科、胡桃科、锦葵科、蔷薇科、苋科、五加科、葡萄科、梧桐科、冬青科、牻牛儿苗科。

⑨具卷须的科：葫芦科（卷须侧生于叶柄基部）、葡萄科（卷须与叶对生）、豆科（野

豌豆属，香豌豆属，豌豆属）、百合科菝葜属、西番莲科、毛茛科铁线莲属、紫葳科部分种等。

⑩具白色或黄色乳汁的科属：桑科（桑属、榕属、柘属、构属）、罂粟科（血水草属，荷青花属，博落回属）、漆树科（漆树属）、大戟科（油桐属，乌桕属，大戟属）、夹竹桃科、萝藦科、旋花科（甘薯属）、桔梗科、菊科（舌状花亚科）等。

（2）根据药用植物的繁殖器官分科、属

①无被花的科：胡椒科、三白草科、金粟兰科、大戟科部分种。

②单被花的科属：樟科、蓼科、瑞香科、苋科、桑科、藜科、胡颓子科、马兜铃科、桑寄生科槲寄生属、荨麻科。

③花萼宿存的科：石竹科、藜科、锦葵科、冬青科、杜鹃花科、柿树科、茄科、紫金牛科、唇形科、桔梗科。

④具副花冠的科属：萝藦科、石蒜科（水仙属）。

⑤具副萼的科属：蔷薇科（水杨梅属，委陵菜属，蛇莓属，草莓属）、锦葵科（蜀葵属，棉属，木槿属）等。

⑥花有距的科属：毛茛科（乌头属，翠雀属，飞燕草属）、罂粟科紫堇属、牻牛儿苗科（天竺葵属）、凤仙花科（凤仙花属）、堇菜科（堇菜属）、兰科（大部分属）。

⑦子房下位的科：胡颓子科、金缕梅科、仙人掌科、虎耳草科、胡桃科、秋海棠科、檀香科、使君子科、蛇菰科、山茱萸科、桑寄生科、五加科、伞形科、葫芦科、忍冬科、茜草科、败酱科、桔梗科、菊科、川续断科、姜科、石蒜科、薯蓣科、鸢尾科、芭蕉科、美人蕉科、兰科。

⑧具假种皮的科：卫矛科、海桐花科、无患子科、姜科、葫芦科部分种。

（3）根据药用植物的生活习性和生活环境分科、属

①具基生叶的科：堇菜科、苦苣苔科、菊科、天南星科部分种。

②具木质藤本的科属：木通科、大血藤科、葡萄科、使君子科、木兰科（五味子属、南五味子属）、忍冬科忍冬属、豆科鸡血藤属。

③具草质藤本的科属：葫芦科、西番莲科、旋花科、马兜铃科部分属。

④寄生植物的科属：樟科无根藤属、桑寄生科、檀香科、蛇菰科、旋花科菟丝子属、玄参科独脚金属、列当科。

⑤腐生植物的科属：玄参科马先蒿属部分种、狸藻科、兰科。

（二）观察植物生长过程

植物在不同生长年限、不同季节的形态可能会差异较大，如果对此没有经验，可能在鉴定植物时会遇到困难。如能连续的观察到植物的生长过程，就可以对植物做出较为准确的鉴定。如金粟兰属（*Chloranthus*）的及己 *C. serratus*（Thunb.）Roem et Schult. 和宽叶金粟兰 *C. henryi* Hemsl. 这两种药用植物生长期内花序的着生位置、雄蕊数目均都发生了变化，这种变化都曾被误认为是植物新种，并分别被命名为安徽金粟兰 *C. anhuiensis* K. F. Wu 和多穗金粟兰 *C. multistachya* Pei.。后经王德群通过栽培实验观察，发现以上两种植物均是错误的将同一种植物的不同生长时期的标本分别命名成不同的种类，才使错误得以纠正。由此可见观察植物生长过程的重要性。如有可能，可以将野外采集的植株进行人工栽培后进行动态观察，这样可以提高对植物的鉴定水平。

二、室内鉴定的工作

（一）进一步观察

对于在野外难以观察的细微特征、难以开展的花的解剖工作，在室内可借助体视显微镜来完成。新鲜的植物材料，应抓紧时间尽快观察和解剖，及时的、详细的做好观察记录和花解剖图的绘制工作。在室内需完成腊叶标本的制作，其制作过程要注意标本的完整性和典型性。如果标本的特征不全，应日后加以补采，以便进一步的鉴定和核对工作的开展。除了对植物体的形态观察，还应该了解该植物的产地、分布区等信息，这样就可以结合当地的资料来综合分析进行鉴别。

（二）核对文献

在形态观察的基础上，要结合已有的知识和经验，首先将其所属的门、纲、目、科等大的分类等级确定出来，如果这种能力不具备，则必须要查阅分门、分纲和分科的检索表。在科确定后，要将待鉴定的标本与植物分类学文献中关于科的文字描述相比对，如有不符，则须重新检索、核对直至正确为止。按照此方法继续查阅科下的分属检索表、属下的分种检索表，直至查到相应的种（或种下分类单位），如标本与文字描述符合，则鉴定正确。最好多查几份文献，以便彼此证实。

植物分类学文献是最古老、最复杂的科学文献之一，对植物的鉴定非常重要。其主要包括以下几种：

1. 植物志　是一定地区所有植物的汇总，常用的植物志依据其所涵盖的范围不同分为地方植物志、地区植物志和洲际植物志三种。地方植物志包括有限的地理范围，常是一个省、市或一条山脉。如《内蒙古植物志》《北京植物志》《广西植物志》《秦岭植物志》等；地区植物志包括较大的地理范围，常是一个国家或地区，如《中国植物志》《日本植物志》《东北草本植物志》（1～12卷）等；洲际植物志的覆盖范围为整个大洲，如《欧洲植物志》《北美植物志》等。

2. 手册　一般记载的资料较为详尽，实用性强，携带方便，常有植物分类检索表。如《江苏南部种子植物手册》《常用药用植物手册》等。

3. 植物检索表　借助植物检索表可以为快速的鉴别植物提供帮助，一般多存在于植物志及相关专著、手册等文献资料中，但也有汇总成书单独出版的，如《北京植物检索表》《东北植物检索表》《被子植物检索表》《中国高等植物科属检索表》等。

4. 图鉴　以图像资料为主，结合文字信息加以说明，早期出版的图鉴均为原植物墨线图，近年出版的图鉴多采用原植物的彩色照片，可以作为鉴别植物的有利工具。如《中国高等植物图鉴》（1～5册）《中国药用植物图鉴》《中国地衣植物图鉴》等。

5. 专著　是对某一植物分类群的研究资料汇总，常为一个科、一个属或一个种。如《福州野生兰科植物》、W. R. Dykes 1913年所著《鸢尾属》（The Genus Iris）、郑太坤等编著的《中国车前研究》等。

6. 期刊　具有快速传递最新科研成果和研究进展的功能，而植物志、手册、专著等的出版要经过多年的收集资料和整理、修订。国内相关的期刊主要有：《Journal of Systematics and Evolution》（植物分类学报，英文版）、《植物研究》《广西植物》《武汉植物研究》等。国际上与植物分类相关的主要刊物有：Taxon（International Association of Plant Taxonomy, Berlin）；Kew Bulletin（Royal Botanic Gardens, Kew）；Plant Systematics and Evolution（Denmark）；Botanical Journal of Linnaean Society（London）；Botanical Magazine（Tokyo）以及Systematic Botany（New York）等。

7. **其他** 1977 年出版的《中药大词典》记载植物药 4773 种；2014 年出版的《全国中草药汇编（第三版）》收载中草药 3880 种；1994 年出版的《中国中药资源志要》记载植物药 11146 种（包括种下单位）；2005 年出版的《药用植物词典》记载了中外药用植物 22000 余种，其中中国有 12000 余种。1982 年出版的《中国种子植物科属词典（第 2 版）》收集了我国种子植物约 25700 余种。《邱园索引》（Index Kewensis）是一套由英国邱皇家植物园编著、牛津大学克拉伦敦出版社出版的大型丛书。从 1895 年第一册至今已出版了 19 册，包括 1753 ~ 1990 年之间所发表的种子植物的属和种的名称。由 J. C. Willis 编著出版的《有花植物和蕨类植物词典》（Dictionary of Flowering Plant and Ferns），1973 年由 Airy Shaw 出版了第 8 版，书中包括关于科和属的各种信息，提供作者名称、分布、科和属内种数等信息。

8. 互联网及计算机在植物鉴定中的应用

（1）在文献资料方面，中国科学院植物研究所建设了中国在线植物智网站，网址为：http：//www. iplant. cn/，该网站集合了《中国高等植物图鉴》、《中国植物志》、《Flora of China》、《中国高等植物》、《泛喜马拉雅植物志》等文献资料，并有相关的检索查阅功能。同时开发了手机植物志 APP 应用软件，使用更加方便。

（2）在数据库建设方面，近年来，中国科学院植物研究所联合其他单位，陆续建成了“中国自然标本馆（CFH）”、“中国数字植物标本馆（CVH）”、“中国植物图像库（PPBC）”、“中国植物主题数据库”等多个数据库，各数据库均收录了海量的植物图片及文献资料，可提供植物检索、文献查阅等服务，供植物分类研究参考。

（3）在电子目录方面，Taxacom 是非常有代表性的一种，世界各地的植物分类学家纷纷订阅。只要将待鉴定标本的照片、文字描述、绘图等放在放到目录上就能得到鉴别。更方便的是，相关专家学者可以上网观察植物，发表自己的见解。现在越来越多的人通过这种方式获得来自世界各地专家学者的帮助。

（4）近年来出现了许多在线鉴定植物的程序，如哈佛大学标本馆编辑中心（Herbaria Editorial Center）开展的“ActKey”项目，该项目是基于网络的互换式鉴定检索，可为中国、北美等地提供全世界植物的检索，网址是：http：//flora. huh. havard. edu：8080/actkey/ index. jsp。比如，世界范围十字花科的属；北美的杨柳科柳属（有中文版）。中国的马先蒿属 *Pedicularis*、报春花属 *Primula*、柳属 *Salix*、龙胆属 *Gentiana*、虎耳草属 *Saxifraga*、悬钩子属 *Rubus* 和乌头属 *Aconitum*（有中文版）等属的检索表。

在过去的几年中，计算机技术已经用于植物的鉴定，植物鉴定中计算机的作用主要体现在：

（5）检索表的机检：二岐检索表可被输入计算机中，以人机对话的方式运行一个设计好的步骤多的程序来检索。程序从检索表的第一个成对性状开始运行，询问未知植物的特征和提供的信息，提问相关问题，直到最终鉴定出结果。

（6）检索与特征比对同时进行的鉴定方法：事先将未知植物的全部特征存储在计算机中，在检索时计算机的程序将其与特定分类群的描述做比较，提出与哪个分类群相吻合的建议。在不能提供全部特征信息的情况下，计算机程序会提出鉴定的建议。这种比较如果由人工完成是费时费力的，但计算机在几秒钟之内就可以完成。

（7）自动识别模式系统：计算机技术现在已经发展到全自动识别的阶段。计算机与光学扫描器相结合，可以观测和记录未知标本的特征，通过与已知植物的比较，可以得出鉴定结论。

（三）核对标本

如果有条件的话，可以到标本馆或标本室去核对已经鉴定的标本。这样可以为植物正确的定名提供重要参考。由于植物的分布区、生长期、采集季节的不同等原因，植物形态会有一定的差异，即使同一植株也有可能存在变异，因此在核对时，有可能不完全相符，即使叶形等特征差异不大，也不能说明二者不是同种植物，应分清哪些是主要特征，哪些是次要特征，更应进一步仔细核对繁殖器官的特征。对于缺少繁殖器官的标本，一般较难鉴定且容易出差错，应待收集到繁殖器官后再鉴定，这样才较为可靠。核对标本的方法要求标本馆或标本室已定名的标本必须鉴定正确，否则容易以讹传讹，有一定的局限性。

（四）深入研究

在植物鉴定过程中，如果应用了以上的方法，鉴定仍然存在困难，则需要进一步查阅原始文献（即第一次发现该种植物的作者进行特征描述的文献）和模式标本。《邱园索引》可以提供有花植物原始文献的出处。如个人无法解决时，可以将未知标本送至植物分类学的研究机构请求专家帮助鉴定。

（五）应该注意的问题

1. 标本的典型性与完整性　植物标本在采集时就要注意典型性和完整性，这样才有利于鉴定。植物除了要采集营养器官外，花、果实、种子等繁殖器官也要采集，鉴于花特征的重要性，应仔细地进行花的解剖并作详细的记录。

2. 按顺序、对照查阅检索表　检索表查阅时要按照相符合的项下的顺序查下去，决不能越过一项去查另一项；应两项对照查阅，决不能只看一项而忽略对比另一项，否则极易发生错误。

3. 核对文献资料　为保证鉴定结果的正确性，应收集相关资料进行核对。如未知植物的产地和分布区就很重要，应收集当地或周边的资料进行核对。未知植物的特征与相关资料的文字描述、图片信息是否一致，如全部符合则鉴定正确，如有不符还需进一步分析研究。

重点小结

- 药用植物的
  - 药用植物标本的采集——准备——采集——记录、编号
  - 药用植物标本的采集
    - 腊叶标本
    - 浸制标本
    - 干制标本
  - 药用植物标本的采集
    - 野外鉴定工作
      - 形态观察
      - 生长过程观察
    - 室内鉴定工作
      - 进一步观察
      - 核对文献
      - 核对标本
      - 深入研究

扫码“练一练”

第十三章　我国药用植物资源分布

学习目标

1. **掌握**　我国药用植物资源的类型和数量。

2. **熟悉**　我国按照地貌和气候划分的自然分布区域的名称、地理位置，以及自然分布区域的重点药用植物。

3. **了解**　我国行政区划单位的数量、名称、简称以及出产药用植物的数量和重点药用植物的种类。

扫码“学一学”

第一节　中国药用植物资源的自然分布

我国幅员辽阔，地形、气候多样，是世界生物多样性最丰富的国家之一，仅种子植物就有 24 500 种，分属 253 科、3 184 属，仅次于马来西亚和巴西，居世界第三位。

1983 年我国进行的第三次中药资源普查，统计出中药资源种类达 12 772 种，其中天然药用植物 10 933 种、人工栽培药用植物 400 种。2012 年开始的第四次全国中药普查正在进行中，发现的中药种类可能会多于第三次中药普查，但是由于受环境和经济开发的影响，资源量会明显下降。

中国位于亚欧大陆的东部和中部、太平洋的西岸，处于中纬度和低纬度，大部分地区属亚热带和温带，少部分属于热带。我国具有山地、丘陵、高原、盆地、平原等多种地貌类型，是一个多山国家，山地、高原和丘陵约占全国土地总面积的 86%。我国自然条件的重大差异，造就了我国丰富的药用植物资源和明显的分布区域。

一、东北寒温带、温带区

该区位于我国东北部，包括黑、吉、辽三省和内蒙古北部地区，属寒温带、温带湿润、半湿润地区，是我国纬度最高、气候最冷，受海洋季风影响的自然区域。其基本特征是冬季寒冷而漫长，夏季温暖、湿润而短促，春季多大风，秋季风速较春季小。降水集中在夏季，大部分地区年降水量为 400 ~ 700 mm，长白山地区东南侧可达 1 200 mm。全区分布较广的地带性土壤有寒温带的玄武岩火山灰，温带的暗棕壤、黑土和黑钙土。区内森林植被以针叶林与针阔叶混交林为主，林下灌木和草本植物茂盛。有维管束植物约 2 670 种，约占全国总数的 1/10。该区药用植物资源的特点是地道品种和珍贵、稀有种类多，蕴藏量和产量大，代表性药用种有人参、黄檗、五味子、细辛、黄芪、刺五加、桔梗和党参等。

东北区纵横均在 1 000 km 以上，根据气候因素，参考地形条件并结合药用植物分布的特点，可将东北区分为北部大兴安岭山地、东部长白山森林山地和中西部平原三部分。

1. **东北北部大兴安岭山地**　该区地势是东南部较低、西北部较高，一般在海拔 700 ~ 1 100 m。年均气温 0℃以下，绝对低温约在 −48℃，全年无夏。大陆性气候特征显著，年降水量 360 ~ 500 mm。区域内植物种类较少，维管束植物仅 800 余种。主要药用植物种有赤芍、满山红（兴安杜鹃）、龙胆（包括龙胆、条叶龙胆和三花龙胆）、防风、远志、升麻（兴安升麻、大三叶升麻）及金莲花等。该区药用植物资源种数虽少，但蕴藏量大，如细叶杜香、越橘、兴安百里香、黄芩、山杏、金莲花、紫菀、山丹百合、一轮贝母等往往形成大片群落，资源量极其丰富。柴胡、兴安柴胡、龙胆、三花龙胆、秦艽、桔梗等在该区分布广而数量大。在裸露的多石砾质山南坡上，兴安百里香、黄芩、南沙参、裂叶荆芥、岩败酱、瓦松等占优势。栽培药用植物有党参、平贝母、菘蓝、荆芥、黄芪、牛蒡、红花等。

2. 东北东部长白山森林山地　该区包括长白山山脉及其所有余脉，跨越黑吉辽三省，大部分为山岭和丘陵。气候比大兴安岭北部山地温和，但寒冷期仍相当长。受海洋湿润空气的影响，年降雨量在长白山地东南侧可达 1 200 mm，丘陵谷地和低地一般在 500 ~ 750 mm，为东北最湿润地区。该区有维管束植物 2 000 种以上，其中一半为东亚特有种，其中药用植物 900 多种。长白山植物区系有丰富的药用植物资源。

该区特产的木本药用植物有红松、东北红豆杉、水曲柳、马鞍树（怀槐）、核桃楸、关黄檗、暴马丁香、毛榛、刺五加和刺楸等。藤本药用植物有五味子、山葡萄、软枣猕猴桃、狗枣猕猴桃、葛枣猕猴桃、红藤子（东北雷公藤）、木通马兜铃及南蛇藤等。草本药用植物有人参、铃兰、二歧银莲花、北细辛、平贝母、麻叶千里光等。

分布的主要药用植物还有：党参、膜荚黄芪、平贝母、山楂、无梗五加、龙牙楤木、木通马兜铃、侧金盏花、红藤子、桔梗、天麻、猪苓、龙胆、贯众、木贼、关苍术、升麻、缬草、草乌、白附子、赤芍、败酱、紫菀、远志、东北天南星、芡实、穿龙薯蓣、地榆、铃兰、藜芦、山丹、毛百合、卫矛、白鲜、白花延龄草、威灵仙、齿瓣延胡索、东北延胡索、越橘、玉竹、手掌参、东北百合、白薇、山杏、东北扁核木和黄花忍冬等。

该区栽培的药用植物有人参、细辛、五味子、单麻叶千里光、穿龙薯蓣、平贝母、黄芪、龙胆、党参、天麻等。

3. 东北中西部平原　该区东、北、西三面环山，南面与辽河下游平原连成一体，地理上合称松辽平原。这一区域处于背风环境，地势低平，海拔一般在 120 ~ 250 m 之间。年降水量 400 ~ 700 mm，属半湿润地区。区域内缺乏野生乔灌木树种，以禾本科草类及杂草类为主的植被是其主要特点。该区植物属蒙古植物区系，药用植物约有 300 多种。

该区常见的药用植物有桔梗、防风、柴胡、甘草、麻黄、龙胆、知母、远志、西伯利亚杏、黄芩、白头翁、兴安白头翁、狼毒、轮叶沙参、徐长卿、砂地百里香、罗布麻、蒺藜、一叶萩、白茅、列当、桑、蒙桑、棉团铁线莲、马蔺、山丹、地榆、委陵菜、仙鹤草、野豌豆（透骨草）、米口袋、穿龙薯蓣（穿山龙）、茵陈、蒲公英、马勃等。

辽西海拔 100 ~ 500 m 的低山丘陵阳坡上，酸枣灌丛分布较为普遍，是西部地区代表性的药用资源。此外，还广泛分布有沙棘、荆条、小叶白蜡树、虎榛子等。

二、华北暖温带区

该区西邻青藏高原，东至黄海、渤海，北面与东北和内蒙古自治区相接，包括京、津、冀、晋、陕和鲁北、豫北、内蒙古中部地区。有太行山、沂蒙山、泰山、华山、五台山等高山；华北大平原和辽河平原。具有暖温带大陆性季风气候特征，四季分明，夏季气温较高而多雨；冬季较长，气温寒冷而干燥；春季干旱，多风沙；秋季天高气爽，但持续时间较短。该区年降水量少于东北区，但降水比东北区集中，降水量从沿海向西北方向递减，而年平均温度则由北向南递增。

该区约有种子植物3 500种，隶属200科、1 000属，草本植物占种数的2/3，木本植物占1/3。药用植物资源丰富，种类多、产量大，药材生产水平较高，是我国暖温带药用植物的集中产区。这一地区盛产著名的地道药材，如河南著名的四大怀药地黄、山药、牛膝和菊花，以及红花、禹白附、款冬花、补骨脂、金银花等；河北的紫菀、薏苡、板蓝根、杏、枸杞、槐米、红花、北沙参、知母、黄芩、麻黄、升麻、柴胡、酸枣仁、远志、五加、马兜铃等。

根据自然条件和药用植物资源种类的不同，该区又可分为三部分，山东低山丘陵，华北平原和冀北山地，以及黄土高原。

1. 山东低山丘陵 山东低山丘陵位于华北区东部，山东半岛的胶东丘陵、胶莱平原及鲁中南山地，海拔500～1 000 m，也有超过1 000 m的山峰。山东半岛以渤海相隔，地貌发育、气候特征极为相似。受海洋季风影响，年降水量可达650～1 000 mm，比华北其他地区多200 mm以上。

木本药用植物有黄檗、照白杜鹃、迎红杜鹃、杜松、细叶小檗、一叶萩等。林下分布的药用植物东北天南星、毛穗藜芦、二苞黄精等。藤本药用植物有软枣猕猴桃、狗枣猕猴桃、穿龙薯蓣、菝葜、栝楼等，山坡灌丛中及石砾地分布有紫草、丹参、瞿麦、忍冬等。具亚热带亲缘的药用植物，如构树、三桠乌药、日本紫珠、海州常山、刺楸、漆树、白檀、盾叶唐松草等也有分布。

在黄海、渤海滩涂和近海盐碱地上分布的药用植物有单叶蔓荆、北沙参、盐角草、中华补血草、罗布麻、旋覆花、柽柳、刺果甘草和杠柳等。海洋药用植物有昆布、裙带菜、石花菜及海菜等。

2. 华北平原和冀北山地 华北平原包括辽河下游平原和黄淮海平原，太行山及豫西山地以东。该区土壤条件较好，矿物养分较高，光热条件丰富，适宜药用植物生长。

药用植物有670余种，分属110多科。山麓平原上分布有白头翁、苦参、茵陈、紫花地丁、翻白草，酸枣、郁李、半夏、柴胡、远志等300多种野生植物药材；栽培的药用植物有菊花、山药、菘蓝、牛膝、大黄、北沙参、黄芩、丹参、牛膝、白芷、栝楼、枸杞、薏苡和紫苏等。

低平原与山麓平原接壤处分布的药用植物种类与山麓平原基本相同，而与滨海平原接壤处，该区药材种植历史悠久，在国内占有一定地位，以河北省安国县（古称祁州）为例，种植的药用植物就有200多种，其中地黄、枸杞、山药、白芷、紫苏、菊花、牛膝、菘蓝、栝楼、紫菀和丹参等30多种在国内外享有盛誉。滨海平原属盐碱涝洼地区，分布有北沙参、草麻黄、问荆、刺藜、合掌消、白薇、芦苇、香蒲及白茅等。

冀北山地包括辽西低山丘陵、冀北山地和晋北山间盆地，是一个从华北平原向内蒙古高原过渡的由山地和山间盆地组合而成的区域，气候由半湿润地区向半干旱地区过渡，植被则按森林—森林草原—干旱草原顺序过渡。药用植物的分布以位于内蒙古高原南麓坝上区域为例，有耐寒、耐旱的种类，如木贼麻黄、草麻黄、防风、黄芪、远志及黄芩等。

3. 黄土高原 该区位于太行山以西、青海湖以东、长城以南、秦岭以北，是一个大部分为深厚的黄土覆盖的丘陵和高原，处于由东南季风湿润区向西北干旱区过渡地带，具明显的冬季寒冷、干燥的大陆性气候。该区药用植物种类相对较少，但产量较大，在国内有一定地位的有大黄、党参、九节菖蒲及连翘等；此外还有胡枝子、忍冬、连翘、黄刺玫、胡颓子、野皂荚、山楂、荆条和小叶锦鸡儿等；林下草本有小唐松草、糙苏、兴安升麻、淫羊藿、玉竹、黄精、黄芩、大火草、北柴胡、北苍术、酸枣、秦艽、款冬花、九节菖蒲、地榆、白头翁、异叶败酱等。

区内以草原类型的沙地植物居多，以耐旱、耐寒的干旱草原和沙生药用植物为主，分布有甘草、木贼麻黄、中麻黄、苦参、狭叶柴胡、宁夏枸杞、银柴胡、款冬花、远志、瓜子金、柽柳、猪毛蒿、蒙古黄芪、紫菀、扁茎黄芪、蒺藜、地肤、骆驼蒿、狼毒、沙枣、天仙子及戈壁天冬等。

在黄土高原沟壑区，药用植物主要有侧柏、扁核木、地榆、毛樱桃、仙鹤草、山杏、皂荚、山楂、北马兜铃、棉团铁线莲、大黄、胡芦巴、苦参、沙棘、酸枣、枣、连翘、秦艽、蝙蝠葛、桔梗、党参、北苍术、款冬、知母、半夏、地黄、甘遂、京大戟、忍冬、毛叶小檗、无梗五加、异叶败酱、黄刺玫、龙葵和射干等。

三、西北干旱区

我国西北干旱区域位于亚欧大陆中心，东起大兴安岭西麓，北与俄罗斯、蒙古为界，南沿祁连山、昆仑山北坡，西至帕米尔高原，覆盖内蒙古高原、塔里木盆地、河套平原、天山和黄河等各种复杂的地域和水系。包括新、青、宁全部地区和陇、蒙等省区的部分地区。该区域地处中温带至暖温带，远离海洋，降水量自沿海向内陆迅速减少，干燥度自沿海向内陆增大，形成干旱特征。该区有高等植物 3 900 种，中药资源2 300种，绝大部分为药用植物，尤以麻黄科、豆科、蒺藜科、柽柳科、锁阳科、伞形科、紫草科、茄科、菊科、百合科的植物为主。该区有常用药用植物约200 种，其中蕴藏量大的有甘草、麻黄、枸杞、红花、罗布麻、苦豆根、芦苇、秦艽、赤芍、大黄、锁阳、瑞香狼毒、伊贝母、新疆紫草和黄芩、肉苁蓉等。该区药用植物资源分布的特点是植物群落结构简单、优势种突出，种类相对较少，但蕴藏量大，特产药用植物突出。栽培的药用植物种类少，质量好、产量大，如枸杞、红花、伊贝母、黄芪及银柴胡等。

该区可分为干旱草原、荒漠草原、荒漠戈壁三种自然地带。

1. 干旱草原　干旱草原是指在半干旱气候条件下、以旱生的多年生草本植物占优势的草原植被，又称典型草原、真草原，常处于草甸草原和荒漠草原的居间地带。

中国的干旱草原区分布于内蒙古高原丘陵起伏的中部、东北平原的西南部、锡林郭勒盟到鄂尔多斯高原和黄土高原北部；覆盖内蒙古高原、塔里木盆地、河套平原、天山和黄河、罗布泊等各种复杂的地域和水系。天山、阿尔泰山、祁连山等山地林带以下，也有大面积呈带状的草原；宁夏南部、陕西和甘肃也有一定分布。常见药用植物均为干旱草原典型种类，主要药用植物有甘草、麻黄、防风、黄芪、柴胡、赤芍、北苍术、玉竹、黄精、辽藁本、黄芩、郁李、款冬花、银柴胡、远志、知母等。此外，还有多种野生药用植物资源，如威灵仙、苦参、地榆、茵陈蒿、金莲花、草乌、华北大黄、翻白草、百里香、山杏、细叶百合、苍耳、瓦松、贯众、秦艽、龙胆、漏芦、紫草、老鹳草、益母草、旋覆花、牛蒡、蒲公英、细叶白头翁、瑞香狼毒、蒺藜、狭叶米口袋、珠芽蓼、单子麻黄、柴胡、独行菜、猪毛菜、瓜子金、乳浆大戟、沙茴香及华北蓝盆花等。

栽培的药用植物有 30 多种，如黄芪、知母、地黄、玄参、芍药、丹参、款冬花、板蓝根、薏苡、薄荷、枸杞、党参、牛蒡和沙棘等。

2. 荒漠草原　荒漠草原指在干旱气候条件下，以非常稀疏的真旱生多年生草本植物为主并混生大量旱生小灌木的植被类型，又称半荒漠草原。真旱生植物是指生长于干旱季节明显的草原上，具明显的旱生形态的草本植物。

中国的荒漠草原区主要分布在内蒙古高原中、北部，鄂尔多斯高原中、西部，宁夏中部，甘肃东部，黄土高原北部及西部，以及新疆的低山坡麓等地区。

荒漠草原区已开发利用的药用植物资源约 80 种，重要的有伊贝母、秦艽、赤芍、甘草、牛蒡、阿魏、锁阳、新疆紫草、柴胡、款冬花、菟丝子、新疆羌活、新疆独活、罗布麻、白鲜、雪荷花、五灵脂、巴旦杏、车前及蒲公英等。其中伊贝母、阿魏、锁阳等蕴藏量和产量在国内都占有一定地位。本地自采自用的种类有柽柳、沙棘、墓头回、地榆、一枝蒿、蒺藜、阿里红、骆驼蓬、异叶青兰、王不留行和苍耳等。区内以新疆种植的药用植物种类多且产量大，重要的有伊贝母、红花、枸杞等。此外，还有板蓝根、芍药、白芷、紫苏、荆芥、黄芪、地黄、山药、菊花、金银花和牛膝等。

3. 荒漠戈壁 荒漠戈壁是指降水量少、蒸发量大，干旱、具有强烈大陆性气候，植被稀疏而地面构成物质粗瘠的自然地带。我国荒漠戈壁地区除大面积内陆盆地如罗布泊外，尚有剥蚀高原、丘陵和低山，多分布于阿尔泰山、天山、祁连山、昆仑山和阿尔金山等山地草原带的下部，如天山北坡植被垂直分布带谱的基带即为荒漠。

荒漠戈壁植被结构简单、稀疏，常由一些超旱生的植物组成，多旱生型植物，主要由少数科的植物组成，其中藜科和菊科是温带荒漠植物特有的两个最主要的科。藜科植物的许多属和种，构成了多种多样的荒漠群落，其中药用植物主要有琐琐属（锁琐、白琐琐）、猪毛菜属（珍珠猪毛菜、木本猪毛菜等）、假木贼属（短叶假木贼）、驼绒藜属（驼绒藜）以及盐生植物盐爪爪属（盐爪爪）、盐角草属（盐角草）、碱蓬属（碱蓬）和沙生植物沙米，以及霸王属（木霸王）和白刺属等。豆科入药的有锦鸡儿属（柠条、狭叶锦鸡儿）、棘豆属（刺棘豆）、岩黄芪属（蒙古岩黄芪、多花岩黄芪）、甘草属（甘草、胀果甘草）、沙冬青等。蓼科入药的有沙拐枣属等。柽柳科入药的有柽柳属和琵琶柴等。麻黄科入药的有膜果麻黄等。其他还有杨柳科的胡杨、胡颓子科的沙枣等。

该区享有盛名的药用植物有甘草、麻黄、宁夏枸杞、肉苁蓉、新疆软紫草、银柴胡等，以及新疆党参、乌恰贝母、乌什沙棘、吐鲁番桑葚、阿图什无花果、索索葡萄、胡桐泪、鹰嘴豆、锁阳和沙枣等。此外，可供药用的还有秦艽、蒲黄、芦苇、罗布麻、苦豆子、阿魏、马蔺、雪荷花、龙胆、萹蓄、车前、蒺藜、香青兰、益母草、茵陈、蒲公英、杠柳、沙芥、瑞香狼毒、黄芥、旋覆花、蒙古扁桃、骆驼蓬、牛蒡、苍耳、王不留行等，多为荒漠草原的主要植物种。

栽培药用植物以枸杞最为突出，其次为红花、伊贝母、黄芪、甘草和银柴胡。还引种了外地种类 20 多种，如菊花、白芷、菘蓝、山药、忍冬、栝楼、槐、地黄及牡丹等。栽培的民族药有黑种草、巴旦杏、索索葡萄、芫荽、沙枣、无花果、孜然和小茴香等。

四、华中、华东亚热带区

该区介于秦岭—淮河与南岭之间，西起青藏高原东侧，东至东南沿海，属于长江中下游流域，包括湘、鄂、豫、皖、赣、沪、苏、浙，以及鲁南、闽大部和两广北部，幅员辽阔，南北纬度相距 11°～12°，东西跨经度约 28°；跨中亚热带和北亚热带两个气候带，年平均气温在 14～21℃之间，气温由北向南递增，年均降水量 800～2 000 mm，降水分布由东南沿海向西北递减。具温寒适宜、雨热同季的气候特点，对喜温好湿的药用植物的生长和发育极为有利。该区地貌类型较多，山地、丘陵、高原、平原交错分布，包括秦巴山、大别山地、江南丘陵和南岭山地等。长江中下游平原的洞庭湖、鄱阳湖、太湖一带，水网交错，湖泊星罗棋布。该地区是我国人口稠密、经济较为发达的地区。

该区药用植物资源种类齐全，数量丰富。初步统计药用植物约 2 400 种，多属亚热带类型，暖温带和北热带的种类很少。栽培约有 100 多种。该区可分为长江中下游平原、江南山地丘陵和南岭山地三部分。

1. 长江中下游平原　该区包括江汉平原、洞庭湖平原、鄱阳湖平原、苏皖沿江平原、长江三角洲和中下游平原等，主要由低山丘陵、盆地、湖泊洼地和沿海滩涂等地貌类型组成。平原上湖泊众多，江湖串连，广阔的冲积平原和盆地土壤深厚、肥沃，为家种和野生药用植物提供了良好的生长条件。

该区内分布有一些重要的和常用的药材种类，其中质量好、产量高的野生草本种类有益母草、明党参、葛根、虎杖、夏枯草、白花前胡、乌药、野菊花、地榆、茵陈、淡竹叶、何首乌、南沙参、百部、栝楼、桔梗、丹参、牛蒡、淫羊藿、白前、白花蛇舌草、玉竹、夏天无、太子参、鸡血藤、白药子、猫爪草、北柴胡、马兜铃、射干、艾蒿、积雪草等；乔木类有樟树、女贞、冬青、枸骨、枫香、梧桐、合欢、乌梅、南酸枣等；灌木类有覆盆子、金樱子、木芙蓉、棕榈、山胡椒、冻绿、野山楂等。栽培药材有杜仲、厚朴、银杏、山茱萸、半夏、板蓝根、红花、补骨脂、桔梗等。

长江中下游地区也是我国湖泊密度最大的地区，有洞庭湖、鄱阳湖、太湖、洪泽湖和巢湖五大淡水湖。挺水型植物主要药用种类有芦苇、水烛、东方香蒲、莲、菰、慈姑、泽泻、黑三棱、菖蒲、石菖蒲、水葱、雨久花、鸭舌草和中华水韭等。浮水型植物主要种类有菱、野菱、浮萍、紫萍、满江红、四叶萍、凤眼莲、空心莲子草、莼菜、睡莲、萍蓬草、水蕨、水龙等。沉水型植物主要药用种类有眼子菜、竹叶眼子菜、金鱼藻、黑藻、水车前及苦草等。在平原的沟溪长期积水处或土壤潮湿的沼泽地，还分布有灯心草、谷精草、矮慈姑、牛毛毡、节节菜、圆叶节节菜、水苋菜、丁香蓼、水芹、半枝莲、水苏、薄荷、鳢肠、蔓荆子、水蜈蚣、鱼腥草、三白草、毛茛、半边莲、猫爪草和白前等水生药用种类。湖区重要的栽培药材有芡实、泽泻以及食药兼用的荸荠、菱、莲、蕹菜等。

2. 江南山地丘陵　该区包括雪峰山以东、武夷山—仙霞岭以西、秦岭山地以北、长江中下游平原以南的广大低山丘陵区。

该区药用植物资源种类约 2 300 种，基本上为亚热带种类，有少量热带种类，如肉桂、巴戟天、益智、儿茶及砂仁等。该区是江浙类药材的分布中心，也是湖广类药材的重点产区。野生药材面积广、产量大，栽培药材质优量多。传统的地道药材较多，如“浙八味”——浙贝母、麦冬、玄参、白术、白芍、菊花、延胡索、温郁金；四大皖药——白芍、菊花、茯苓、牡丹皮等。此外还有茅苍术、苏薄荷、泽泻、厚朴、木瓜、黄栀子、柑橘、鸡血藤、荆芥、车前、茵陈、吴茱萸、莲子、玉竹、黄精、黄连、独活、射干等药用植物资源。新兴的栽培药用植物最著名的为铁皮石斛。

乔木类药用植物有枫香、山核桃、凹叶厚朴、山鸡椒、莽草、冬青、石楠、刺楸、银杏、三尖杉、粗榧、金钱松等；灌木类有闹羊花、掌叶覆盆子、庐山小檗、野山楂、枸骨、乌药、乌饭树等。

草本类有狗脊、石蒜、江南卷柏、夏天无、七叶一枝花、黄精等；岩石上生长有蛇根草、水龙骨、石菖蒲、石吊兰、滴水珠、斑叶兰、异叶天南星等阴湿草本植物。

3. 南岭山地　南岭山地东邻海洋，境内有一系列西北东南走向的山脉，由西北向东南倾斜。以南岭山脉为主体，贵州东南山地、湖南雪峰山地、江西南部山地、广东北部山地和广西北部山地的广大区域均属该区范围。

该区植被为中亚热带常绿阔叶林，热带植物区系中渗入了较多的印度—马来西亚区系成分，成为华中与华南植物类型的过渡地带。境内分布有许多珍贵、稀有和濒危植物及药用植物，如长柄双花木、长瓣短山茶、马蹄荷、观光木、香果树、黄枝油杉、华南五针松、南方铁杉、长苞铁杉、穗花杉、白柱木、舌柱麻、八角莲、半枫荷、红豆树、翅荚子、粘木、紫茎、银钟花、短萼黄连、红大戟、三尖杉、雷公藤及金耳环等。

该区的药用植物种类繁多，分布具有从中亚热带向南亚热带交汇过渡的显著特征。代表性的药用植物有钩藤、红大戟、连州黄精、三尖杉、金毛狗脊、巴戟天、盐肤木、广东升麻（华麻花头）、山姜、重齿毛当归、槲蕨、桫椤、广防己、金果榄、黄常山、毛冬青、桃金娘、广金钱草、越南槐、鸡血藤（密花豆）、葫芦茶、两面针、巴豆、使君子、了哥王、鸭脚木、广地丁（华南龙胆）、南丹参、马蓝、巴戟天、罗汉果、广狼毒（海芋）、石斛等。

该区引种栽培的药用植物有 70 多种，主要有厚朴、乌梅、栀子、穿心莲、郁金、姜黄、莪术、白术、泽泻、白芍、黄檗及夏天无等。

广西北部的石灰岩山地占全区山地面积的 40% 左右，生长着各种喜钙和适钙的植物，其中药用植物主要有地枫皮、广豆根、千年健、青天葵和三七等。栽培的药用植物有使君子、白术和天麻等。

五、西南亚热带区

位于华北、华中、华南和青藏地区之间，西南部毗邻缅甸，包括秦巴山地、四川盆地、云贵高原及部分横断山脉，系我国地形的第三阶梯，山原地貌复杂，地势起伏大，多数地区海拔为 1 500 ~2 000 m，最高峰超过 5 000 m，最低为长江河谷，在 300 m 以下。行政区域包括川、滇、渝、黔以及桂、陕、甘部分地区。

该区植被区系和群落组成极为丰富，云南有植物 1 万多种，四川省的被子植物和蕨类植物之多，仅次于云南，居全国第二位。该区西部的高原地区，植被区系的组成成分十分复杂，呈现古北极成分和古热带成分在高原山地的交错过渡。

西南亚热带区的中药资源种类多、数量大、质量优，在全国名列前茅。据统计，全区药用植物资源约有 6 000 多种。该区是我国地道药材产区，历来就有“川广云贵，地道药材”的美称。该区民族众多，少数民族用药经验丰富，如藏药、彝药、傣药、苗药、壮药等各具特色。民族药多为当地分布的特有种类，如青叶胆、火把花根（昆明山海棠）、灯盏花、青阳参、岩白菜、紫金龙、榜嘎（唐古特乌头）、船形乌头及羊耳菊等。

根据地域差异，西南亚热带区可分为秦巴山地、四川盆地、贵州高原和云南高原四部分。

1. 秦巴山地 秦巴山地北起秦岭北麓及伏牛山山脊，南抵大巴山脉分水岭和神农架南坡，东临豫东平原及鄂西北山地，西过甘肃的漳县—武都—文县。秦岭山脉为我国长江和黄河中游的分水岭，最高海拔 3 767 m（太白山）；大巴山蜿蜒于四川和陕西边界，向东延伸至湖北西北部，最高海拔 3 105 m（神农架）。该区具东南季风气候，属北亚热带湿润区，冬季气温较高，夏季雨水充沛，形成了温暖湿润、雨热同季的气候特点，有利于药用植物的生长和发育，素有“巴山药乡”之美誉。

秦巴山区中药资源种类繁多，仅陕西省，秦巴山地的中药资源种类就占全省总数的2/3以上，达1 500种以上。著名药用植物有党参、当归、地黄、黄芪、贝母、黄连、杜仲、天麻、白芍、菊花、牛膝、山茱萸、枸杞、大黄、红毛五加及九节菖蒲等。民间草药种类丰富，多为该区的代表种和特有种，如桃儿七、红毛七、长春七等以“七”命名的就有144种；稀有药用植物有太白贝母、太白米、凤凰草、枇杷芋、延龄草、祖师麻、黄瑞香、太白美花草、独叶草、手掌参、太白乌头、太白黄连和朱砂莲等。

秦巴山地的秦岭东段、武当山、荆山和神农架北坡植物区系结构相当复杂，华东、西南和西北三个区系成分兼有，药用植物种类特别丰富。代表性和特殊性的木本药用植物有枇杷、山豆根、七叶树、天师栗、密蒙花、油茶、金樱子、武当玉兰、女贞、银杏、杜仲、黄檗、厚朴、三尖杉、川桂、常山、红茴香等；藤本有鸡血藤、钩藤、凌霄花、青牛胆、华钩藤、木通、三叶木通、飞龙掌血、大血藤、南五味子、猫儿屎、猕猴桃、唐松草、绞股蓝、雪胆等；草本有鹿衔草、半枝莲、乌头、拳参、川牛膝、独角莲、华细辛、毛细辛、秦艽、北柴胡、百合、甘肃贝母、川贝母、珠芽蓼、窝儿七、甘青乌头、太白棱子芹、五脉绿绒蒿、扣子七和鬼灯檠等。

该区栽培药用植物约有100种，在国内占有重要地位的有当归、天麻、杜仲、独活、连翘、黄连、党参、红芪、大黄、厚朴、吴茱萸、木香、川贝母、附子、山茱萸及栀子等。

2. 四川盆地

四川盆地群山环绕，周边山地海拔1 500～2 000 m，北有秦岭、大巴山两道屏障，嘉陵江、沱江、岷江由北向南汇入长江，盆地以丘陵为主，兼有平原和低山，最大的平原是成都平原。

该区热量条件优于同纬度的长江中下游地区，年平均气温16～18℃，年降水量1 000～1 200 mm。气候的基本特征是冬暖、春旱、夏湿热、多云雾。平原地区土地肥沃，为药用植物重点产区。

野生药材蕴藏量较大的有天南星、栝楼、盐肤木、前胡、木通、鸡血藤、钩藤、麦冬、紫菀、葛根、败酱、谷精草、女贞子、紫苏、夏枯草和桑等。

栽培的种类主要有川芎、麦冬、川乌、附子、郁金、泽泻、白芍、红花、菊花、桔梗、丹参、木香、延胡索、牡丹、栝楼、荆芥、薄荷、薏苡、牛蒡、补骨脂、栀子、佛手、使君子、巴豆、木瓜、川楝子、川黄柏、石斛、杜仲、厚朴等。

特产及地区性药用植物有岩白菜、朱砂莲、雪胆、九子莲、走马胎、珙桐、岩菖蒲、黄连、三角叶黄连、草黄连、羽叶三七、竹节参、狭叶竹节参、翼梗五味子、凹叶旌节花、瓜叶乌头、甘西鼠尾、峨眉贝母、扇羽阴地蕨及峨眉藜芦等。盆周山地主要药用植物有黄连、当归、党参、木香、川贝母、川牛膝、白术、忍冬、天麻、款冬、杜仲、厚朴、黄檗、柴胡、独活、钩藤、通草、五味子、辛夷等约50种。

3. 贵州高原

位于西南亚热带区东南部的贵州高原，地势西部最高（海拔2 250 m，威宁），中部苗岭一带居次（海拔约1 000 m，贵阳一带），边缘部分为低山丘陵（海拔350 m，锦屏）。主要山地有乌蒙山、大娄山、梵净山和南岭。该区受东南季风影响，全年降水量1 200 mm，冬无严寒，夏无酷暑，多雨、雾，日照少、湿度大，呈立体气候。境内河流纵横，适宜药用植物生长。

该区药用植物资源种类繁多，其中珍贵、稀有的有珠子参、三尖杉等；地道药材有杜仲、天麻、枇杷、山豆根、天花粉、天南星、川牛膝、委陵菜、白茅、白薇、白蔹、石菖蒲、玄参、石斛、厚朴、吴茱萸、黄檗、黔党参、何首乌、龙胆、天冬、金银花、桔梗、五味子、半夏、山乌龟、桃仁、雷丸、金果榄、南沙参、木瓜、毛慈姑、灵香草、马槟榔、仙茅、冰球子、黄精、拳参、白及、续断、重楼等；属于南亚热带药用植物的有苏木、安息香、儿茶、芦荟、沉香、木蝴蝶等。

4. 云南高原 云南高原是青藏高原的南延部分，地势由北向东南倾斜，一般海拔为1 500～2 500 m，地貌以山地高原为主体，东南部石灰岩岩溶地貌分布广。该区属中亚热带高原季风气候，冬无严寒，夏无酷暑，日照充足，干湿季节分明，5～10月为雨季，全年降水量800～1 100 mm。由于地形高差悬殊，气候的垂直变化显著。

云南有“植物王国”之称，该区有药用植物6 000多种，名贵地道和大宗的种类有三七、灯盏花、云木香、云黄连、天麻、半夏、云当归、雪上一枝蒿、川贝母、重楼、藜芦、鸡血藤、草乌、贯众、狗脊、伸筋草、骨碎补、茜草、川楝、马尾连、鹿衔草、草血竭、山乌龟、南五味子、升麻、星果草、瓜叶乌头、青阳参、甘青乌头、宣威乌头、余甘子、坚龙胆、金铁锁、云防风、昆明山海棠及丽江柴胡等。栽培品种主要有三七、云木香、云当归、党参、贝母、天麻、川芎、杜仲、黄檗、厚朴、山药、吴茱萸、乌头等；南药种类有砂仁、肉桂、白豆蔻、草果、千年健、肉豆蔻、丁香、儿茶、苏木、槟榔、龙血树、马钱子、芦荟、诃子、大风子、萝芙木、龙脑香等。

云南高原少数民族众多，民间和民族用药多为本地区分布种类，如三七、青阳参、通光藤、雪胆、滇重楼、松萝、灯盏花、紫金龙、大黄藤、锡生藤、山乌龟、红藤山乌龟、长柄地不容、大麻、青叶胆、白园参和黑蒴等。

六、华南亚热带、热带区

该区位于我国最南部，行政区域包括粤、琼、台以及闽、桂、滇的部分地区，南至三沙市以及南海诸岛。

该区属热带、亚热带季风气候，高温多雨，冬暖夏长，干湿季节比较分明，年降水量一般为1 200～2 000 mm，居全国之冠。

华南亚热带、热带区是我国中药资源的重要分布区，药用植物资源约有5 000种。该区药用植物资源的重要特点是分布和生产许多著名的南药，如著名的四大南药槟榔、砂仁、益智、巴戟天，肉桂、儿茶、檀香、沉香、白豆蔻、草果、草豆蔻、大风子、使君子、荜茇、胡椒、石斛、八角茴香、荜澄茄、千年健、龙血树、三七、安息香、槟榔、芦荟、中国芦荟、苏木、诃子、毛诃子、余甘子、胖大海、丁香、大叶丁香、广藿香、鸦胆子、番泻叶等。此外，这一地区的地道药材还有木蝴蝶、高良姜、化橘红、新会陈皮、德庆何首乌、木香、葛根等多种。

该区可分为粤桂、闽粤沿海及台湾北部，海南、南海诸岛、台湾南部，以及滇南山间谷地三部分。

1. 粤桂、闽粤沿海及台湾北部 该区位于我国大陆最南部，北部有南岭、武陵山等山脉，西与滇东山原相连，南临南海，东临太平洋。区内以丘陵为主，低山、盆谷、台地、平原交错分布，近海有东山、金门等岛屿。该区地处南亚热带向热带的过渡地带，水热资源很丰富。地带性土壤以赤红壤为主，其次为红壤和黄壤。

该区有药用植物资源约2 500种，名优和主要药材有钩藤、千年健、高良姜、石斛、百合、天南星、何首乌、木蝴蝶、金银花、杜仲、厚朴、牛蒡、天花粉、女贞子、川楝子、栀子、木通、麦冬、山药、巴戟天、桔梗、辛夷、蔓荆子、玉竹、柏子仁、金果榄及五味子等。当地的栽培药用植物有50多种，产量大的有山药、地黄、藿香、葛根、肉桂、郁金、莪术、玄参、草果、泽泻、菊花、木瓜、柑橘、佛手、砂仁、益智、高良姜、巴戟天、槟榔、木蝴蝶、桔梗、川楝子和穿心莲等。

2. 海南、南海诸岛、台湾南部　该区位于我国版图的最南部，包括海南岛、雷州半岛以及三沙市的南海诸岛和台湾南部。区内植物类型多种多样，原生植被有热带雨林和季雨林，次生植被则有热带稀树、草地。

海南有药用植物约2 500种。当地栽培药用植物有槟榔、益智、壳砂仁、海南马钱子、沉香、安息香、白豆蔻、檀香、丁香、儿茶、大风子、胖大海、肉豆蔻、肉桂、锡兰桂、南天仙子、山柰及海南藿香等。主要野生药用植物有巴戟天、蔓荆子、石斛、青天葵、降香、白丁香、龙血树、芦荟、见血封喉、高良姜、海南萝芙木、海南粗榧、丁公藤、鸡血藤、走马胎、宽筋藤、广狼毒、黄连藤（古山龙）、石蚕干（异叶血叶兰）、白胶香、无患子、钩藤、木蝴蝶、穿破石、仙茅、半枫荷、救必应、相思豆、鸡骨草、五指柑、木鳖子、葫芦茶、山芝麻、石楠藤、藤杜仲、海南地不容、海南美登木、毛冬青、余甘子、桃金娘、无根藤、天香炉、东风橘、倒扣草和裸花紫珠等。

台湾野生和栽培药用植物约有2 583种，其中不少为民间药。栽培种类有槟榔、苏木、巴戟天、儿茶、沉香、益智、高良姜、猫须草、罗勒、紫苏、金线莲、白花菜、石菖蒲、使君子、香附、竹茹、山豆根、山栀子、恒春栀、姜黄、薏苡、黄花萱草、黄水茄、钮子茄、对叶百部及香蒲等。引种成功的有印度萝芙木、老鼠簕、日本当归、紫田薯及山药薯等。野生药用植物有商陆、豆蔻、满天星、白花益母草、威灵仙、野木瓜、乌蔹莓、苦槛蓝、铁苋菜、兰屿肉豆蔻、白叶钓樟和过山龙等。台湾的民间草药很多，如台湾马兜铃、瓜叶马兜铃、散血草、白花草、紫苏、左手香、龙葵、倒吊金钟、马兰、咸丰草、天芥菜、八角莲及菊花木等。

该区的海产药用植物有海藻、昆布、海带、石莼、江篱菜等。

3. 滇南山间谷地　位于华南亚热带、热带区西部，与越南、老挝、缅甸相接。该区药用植物资源具有热带、亚热带特点，东南亚几个重要的热带科、属，如龙脑香科、肉豆蔻科和藤黄属植物在该区有分布。

本地区有药用植物资源2 070种，是重要的南药基地，主要种类有砂仁、肉桂、儿茶、苏木、荜茇、槟榔、龙血树、马钱子、芦荟、胖大海、益智、番泻叶、白豆蔻、千年健、木蝴蝶（千张纸）、诃子、大风子、巴豆、鸦胆子、降香、安息香、丁香、肉豆蔻、胡椒、草果、古柯、萝芙木、马槟榔及龙脑香等。亚热带和温带类型的药用种类有滇龙胆、石斛、鸡血藤、厚朴、紫菀、天冬、蔓荆子、郁金、何首乌、云防风、黄精、钩藤、草决明、合欢、重楼、天南星、荜茇、百合、巴豆、山药、牛膝、栝楼、竹节参、姜状三七、天台乌药、黄檗、杜仲、木瓜、马尾连、金果榄、丹参、前胡、木通、女贞子、山乌龟和马蓝等。

该区引种成功国内外南药100余种，也是我国最重要的南药生产基地，砂仁产量占全国总产量的70%。其他南药资源还有槟榔、儿茶、云南萝芙木、爪哇白豆蔻、千年健、胖大海、缩砂蜜、苏木、檀香、锡生藤、落地生根、诃子、毒毛旋花子、羊角拗、黄花夹竹桃、美登木及金鸡纳等。胖大海、吐根、非洲血竭、印度萝芙木、檀香、印度马钱、番泻叶、泰国白豆蔻、益智、古柯和广藿香等都是国外引进栽培的南药。

西双版纳以傣族为主的民族药很丰富，常用药用植物就有520种，其中大多数为该地区所特有。如亚乎奴（锡生藤）、嘛三端（云南萝芙木）、萌辖（云南蕊木）、埋丁别（糖胶树）、绞哈烘（须药藤）、埋叮啷（云南美登木）、咪火旺（箭根薯）、嘛汉（八角香兰）、嘛良（红壳砂仁）、埋宗（云南樟）、嘿蒿烘（通光散）、妈轨华（多脉酸藤子）、妈轨兰（白花酸藤子）等。

七、青藏高寒区

青藏高原北起昆仑山，南至喜马拉雅山，西自喀喇昆仑山，东抵横断山脉，与巴基斯坦、印度、尼泊尔、不丹和缅甸接壤。行政区划上包括西藏、青海省绝大部分地区，甘肃、四川省部分地区，新疆、云南省小部分地区，幅员辽阔，土地面积约占全国土地总面积的1/4。

青藏高原共有植物种类5 700种。据统计，仅西藏区，就有药用植物资源1 460种。青藏高原药用植物资源的特点是野生种类多，蕴藏量丰富，重要的药用植物种类约50种，如川贝母、冬虫夏草、胡黄连、黄连、天麻、牡丹、秦艽、龙胆、党参、窄竹叶柴胡、桃仁、羌活、宽叶羌活、款冬花、续断、雪莲花、细叶滇紫草、长花滇紫草、法落海、珠子参、甘松、丹参（甘西鼠尾）、川木香、山莨菪、岩白菜等。

该区藏医专用的藏药很丰富，大多为高原特有品种，如藏茵陈（川西獐牙菜、普兰獐牙菜）、茶绒、杜鹃、塔黄（高山大黄）、洪连（短管兔儿草）、莪大夏、雪灵芝、绵参、西藏狼牙刺、绢毛菊、川西小黄菊、鸡蛋参（辐冠党参）、高山小檗、高山扁蓄、乌奴龙胆、红景天、小黄菊、高山杜鹃、全缘叶绿绒蒿、毛瓣绿绒蒿、多刺绿绒蒿、细果角茴香、拟耧斗菜，长果婆婆纳、船盔乌头、祁连龙胆、翼首花、高山葶苈和藏茴香等。

高原特有的药用植物还有三指雪莲花、水母雪莲花、西藏扭连线、马尿泡、山莨菪、甘肃山莨菪、甘松、唐古特青兰、岩白菜、甘肃雪灵芝及无瓣女娄菜等多种。

1. 川西藏东分割高原　位于青藏高原东南部，年均气温在5～10℃之间，一般山地气温低，谷地气温高；年降水量在400～1 000 mm之间，南部多，北部少，通常由西向东递减。从谷底到山顶，高差巨大，形成显著的垂直变化。该区江河众多，水系密集，地表切割强烈。全境地势北高南低，山岭和河谷高差悬殊，谷地海拔大约为2 500～4 000 m，两侧山脉高度在海拔5 000 m以上，并有现代冰川分布，降水量丰富，是青藏高原中药资源的重要分布区。

以地处青藏高原东南缘、与四川盆地边缘山地峡谷接壤的阿坝州为例，分布有药用植物1 232种，分属165科、559属。再以该区甘孜州为例，有药用植物1 585种，分属124科、379属。该区多高山峡谷，地形垂直差异明显，因而植物的垂直分布带谱也十分典型。

海拔2 250～2 700 m的干旱河谷灌丛和山地草丛上分布有蒲公英、苍耳、千里光、益母草、四川牡丹、柔毛石韦、甘青锦鸡儿、西藏忍冬、中华槲蕨、刺黄花、海金沙、商陆、合欢、续断及仙茅等。

海拔2 700～3 200 m的河谷、中山地带植被为低山落叶阔叶林和亚高山针叶、阔叶混交林和亚高山灌丛，分布的药用植物有羌活、宽叶羌活、匙叶甘松、金铁锁、岩白菜、川黄芩、细辛、珠子七、蒙自藜芦、长柄唐松草、川藏沙参、川赤芍、独蒜兰、羊齿天冬、沙棘、狭叶红景天、菱叶红景天、藓状马先蒿、松萝、八角莲、石斛、黄连、天麻和仙茅等。

海拔 3 200 ~ 4 000 m 的阳坡、半阳坡上为落叶阔叶林、高山栎类林和亚高山草甸，阴坡、半阴坡为针、阔叶混交林和暗针叶林，分布的主要药用植物有麻花秦艽、红毛五加、暗紫贝母、羌活、脉花党参、伏毛铁棒锤、单穗升麻、药用大黄、膜荚黄芪、多花黄芪、云南红景天、川赤芍、甘青青兰、独一味、鹿衔草、仙茅、手掌参、胡黄连、茯苓、石斛、重楼、多种柴胡、细花滇紫草、软紫草、藏糙苏、丹参（甘西鼠尾）、天仙子、刺参、多种党参、鸡蛋参、佛手参、多种天南星及款冬花等。

海拔 4 000 ~ 5 000 m 的地带为高山灌丛、高山草甸及高山流石滩植被，分布的主要药用植物有红景天、大鳞红景天、长鞭红景天、水母雪莲花、毛头雪莲花、灰毛雪莲花、绵头雪莲花、猩红红景天、狭叶红景天、雪茶、梭砂贝母、珠芽蓼、杜鹃属多种、小檗、秦艽、胡黄连、丛菔、瑞香狼毒、羌活、绿绒蒿、角茴香、西藏麻黄、小叶瓶尔小草、船形乌头、拟耧斗菜、卷叶贝母和甘肃贝母等。

海拔 5 000 m 的高原寒漠区，为草甸、草坡、砂石、砾石地带，分布有塔黄、山岭麻黄、高山杜鹃、藕大夏、丛菔、高山贝母及绵参等。

该区栽培药用植物主要有当归、党参、天麻、川贝母、牡丹、黄芩、川牛膝、膜荚黄芪、秦艽及羌活等。

2. 青东南、川西北高原　该区位于川西、藏东分割高原以北的青藏高原东部，是青藏高原的主体部分，也是长江、黄河、澜沧江等大江河的源头所在。全区地势自西向东缓缓倾斜，西部海拔 4 000 m以上，东部降至海拔 3 500 m 以下，低洼处形成大面积沼泽。该区不仅草场面积大、资源丰富，还生长有大面积的原始森林，植被种类以喜马拉雅植物区系成分为主。该区虽为海拔 4 000 m的高原，但因受东南季风影响，夏季多小雨，草甸和灌木丛繁茂，植被覆盖面较大。因此，药用植物资源种类较多，蕴藏量也大。该区约有中药资源700 种，其中野生药用植物 300 多种，冬虫夏草、川贝母、黄芪、秦艽、赤芍、龙胆、大黄、丹参、羌活及党参等。藏药有洪连、独一味、山莨菪等。唐古特山莨菪、唐古特瑞香、马尿泡等为该区特有药用植物。

3. 藏北高原　藏北高原位于青藏高原中部和西北部，是青藏高原上地势最高、面积最大的高寒地带。高原上分布着一系列东西走向连绵起伏的山岭，平均海拔 4 000 ~ 5 000 m。藏北高原深居大陆内部，气候寒冷而干燥，最冷可达 -40℃以下，年降水量为 100 ~ 300 mm。该区多为草原和荒漠植被，植被结构简单、稀疏，草层低矮，一般高 15 ~ 20 cm，覆盖率在30% ~ 50%；药用植物资源种类较少。

该区东南部广布的高山草原又称羌塘草原，无乔木生长，灌木也少，多为禾草类及蒿属植物。该区约有药用植物 50 ~ 60 种，主要种类有瑞香狼毒、火绒草、鼠曲风毛菊、水母雪莲花、异叶青兰、高原毛茛、二裂委陵菜、高原大戟、外折糖芥、青海刺参、高山唐松草、珠芽蓼、小叶棘豆、高山龙胆，以及多种大黄属、龙胆属、报春花属、虎耳草属植物。灌木类药用植物有膜果麻黄、山岭麻黄、水柏枝、马尿泡、绿绒蒿和莪大夏等。

该区西北部为高原山地荒漠地区，植物生长期很短，分布的基本上是耐旱、耐寒、耐碱的种类。药用植物不多，主要有鼠曲风毛菊、黄花软紫草（假紫草）、中麻黄、雾冰藜、叉枝鸭葱、驼绒藜、山岭麻黄、珠芽蓼、绿绒蒿、马尿泡、人参果、莪大夏、沙棘、甘青青兰、刺参，以及多种红景天属、乌头属、铁线莲属植物。

4. 藏南谷地与喜马拉雅山 喜马拉雅山脉位于青藏高原南缘，东连川西藏东分割高原，包括喜马拉雅山中段、东段及雅鲁藏布江谷地。喜马拉雅山脉是青藏高原上最突出的隆起带，长约 2 400 公里，世界上海拔 8 000 m 以上的高峰大多分布在这条山脉内。喜马拉雅山与冈底斯山、念青唐古拉山之间的雅鲁藏布江谷地为一条西向宽谷，即藏南谷地，海拔 3 000 ~4 000 m，气候比较温暖，多晴天，光照充足，年降水量多在 300 ~400 mm，属温带半干旱气候。大部分地区植被稀少，中药资源有藏党参、枸杞、各种黄芪、甘西鼠尾、波叶大黄、秦艽、远志、黄精、麻黄、长花滇紫草、甘松、雪莲花、冬虫夏草、多刺绿绒蒿、多种天南星、细果角茴香、胡黄连、乌奴龙胆、梭砂贝母、沙棘、水柏枝、甘松、柴胡、天冬、唐古特青兰、异叶青兰、露蕊乌头、西藏中麻黄、江孜乌头、白亮独活、瑞香狼毒、独一味、珠芽蓼、二裂委陵菜、中华红景天、鸡蛋参、绿绒蒿、草玉梅、藏糙苏、展毛银莲花，以及多种黄芪属、蚤缀属植物。

雅鲁藏布江大拐弯以下的墨脱地区海拔不到 700 m，谷底温暖，平均气温 20℃以上，年降水量 5 000 mm 左右，热带植被可循河谷伸展至北纬 30°附近。这里山高谷深，气候、生物种类随高度而变化，植被的垂直带谱景观明显，生长着繁茂的热带山地河谷雨林和半常绿雨林，分布着一些热带药用植物，如龙脑香、橄榄、大叶木菠萝、第伦桃、阿丁枫和干果榄仁等。由于这里交通不便，人迹罕至，生态原始，是我国未来药用植物新物种发现和开发潜力较大的地区。

第二节　中国行政区域药用植物资源概况

我国 1983 年开始进行了较为全面的中药资源普查，表 15 -1 是普查后对中药资源种数的统计。我国行政所属的 6 个大区中，西南、中南和华东地区资源种类明显多于华北、东北和西北。6 个大区的资源种类多寡的排列顺序是西南、中南、华东、西北、东北、华北。

我国第四次中药资源普查试点工作于 2012 年开始，正逐步在全国展开。现将主要植物药材的主要产地按省及自治区分列如下：

表 15 -1　各行政区药用植物资源种数统计

大区	行政区	药用植物		大区	行政区	药用植物	
		科数	种数			科数	种数
东北	黑龙江	135	818	华东	上海	161	829
	吉林	181	1412		江苏	212	1384
	辽宁	189	1237		浙江	239	1833
华北	内蒙古	132	1070		福建	245	2024
	北京	148	901		台湾		
	天津	133	621		江西	205	1576
	河北	181	1442		安徽	250	2167
	山西	154	953		山东	212	1299

续表

大区	行政区	药用植物		大区	行政区	药用植物	
		科数	种数			科数	种数
西北	陕西	241	2730	华中	河南	203	1963
	甘肃	154	1270		湖北	251	3354
	青海	106	1461		湖南	221	2077
	宁夏	126	917	华南	广东	182	2500
	新疆	158	2014		广西	292	4035
西南	四川（含重庆）	227	3962		海南	–	497
	贵州	275	3927		香港	–	2 583
	云南	265	4758		澳门	–	–
	西藏	–	1460				

（摘自《中国中药资源》，1995）

黑龙江省：人参、五味子、龙胆、防风、刺五加、苍术、黄檗、牛蒡、黄芪、知母、车前草等。

吉林省：人参、五味子、北细辛、平贝母，党参、地榆、紫花地丁、知母、黄精、玉竹、白薇、穿山龙、东北铁线莲、麻叶千里光等。

辽宁省：人参、细辛、五味子、藁本、党参、升麻、柴胡、苍术、山楂、薏苡、远志、酸枣等。

北京市：黄芩、知母、苍术、酸枣、益母草、玉竹、瞿麦、柴胡、地黄等。

天津市：酸枣、菘蓝、茵陈、地黄、牛膝、北沙参、菊花、红花等。

河北省：知母、黄芩、防风、杏、菘蓝、柴胡、远志、薏苡、苍术、白芷、桔梗、藁本、紫菀、丹参、枸杞等。

山西省：黄芪、党参、远志、杏、小茴香、连翘、麻黄、秦艽、防风、猪苓、知母、苍术、甘遂等。

内蒙古自治区：甘草、麻黄、肉苁蓉、芍药、黄芩、银柴胡、防风、锁阳、苦参、杏、地榆、升麻、木贼、郁李等。

陕西省：天麻、杜仲、山茱萸、乌头、丹参、地黄、黄芩、麻黄、柴胡、防己、连翘、远志、绞股蓝、薯蓣、秦艽等。

甘肃省：当归、大黄、甘草、羌活、秦艽、党参、黄芪、锁阳、麻黄、远志、猪苓、知母、九节菖蒲、枸杞、黄芩等。

青海省：大黄、贝母、甘草、羌活、猪苓、锁阳、秦艽、肉苁蓉等。

宁夏回族自治区：枸杞、甘草、麻黄、银柴胡、锁阳、秦艽、党参、柴胡、白鲜皮、大黄、升麻、远志等。

新疆维吾尔自治区：甘草、伊贝母、红花、肉苁蓉、牛蒡、紫草、款冬花、枸杞、秦艽、麻黄、赤芍、阿魏、锁阳、雪莲等。

四川省和重庆市：川芎、黄连、乌头、川贝母、川木香、麦冬、白芷、川牛膝、厚朴、半夏、鱼腥草、川木通、芍药、红花、大黄、使君子、川楝、黄皮树、羌活等。

贵州省：天麻、杜仲、天冬、黄精、茯苓、半夏、吴茱萸、川牛膝、何首乌、白及、淫羊藿、黄檗等。

云南省：三七、灯盏花（灯盏细辛）、石斛、云木香、黄连、天麻、当归、贝母、千年健、猪苓、儿茶、草果、石斛、诃子、肉桂、防风、苏木、龙胆、木蝴蝶、砂仁、半夏等。

西藏自治区：羌活、胡黄连、大黄、莨菪、川木香、贝母、秦艽、麻黄等。

上海市：西红花、丹参、菊花、延胡索、白芍、栝楼、玄参、地黄、菘蓝、半夏、墨旱莲等。

江苏省：桔梗、薄荷、银杏、太子参、芦苇、荆芥、栝楼、百合、菘蓝、芡、半夏、夏枯草等。

浙江省：浙贝母、延胡索、白芍、白术、玄参、麦冬、菊花、白芷、厚朴、百合、山茱萸、夏枯草、丝瓜、郁金、乌药、益母草等。

安徽省：白芍、牡丹、菊花、菘蓝、何首乌、太子参、女贞、枇杷、白前、独活、侧柏、木瓜、前胡、茯苓、葛根、苍术、半夏等。

福建省：莲、泽泻、乌梅、太子参、陈皮、桂圆、栝楼、金毛狗脊、虎杖、贯众、金樱子、厚朴、巴戟天等。

台湾省：藿香、郁金、槟榔、泽泻、高良姜、胡椒、通草、樟脑、大风子、木瓜、苏木、海风藤、山奈、姜黄等。

江西省：枳、栀子、荆芥、香薷、薄荷、陈皮、钩藤、防己、蔓荆子、青葙、车前、泽泻、夏天无、青皮、茵陈等。

山东省：金银花、北沙参、栝楼、酸枣、远志、黄芩、山茱萸、山楂、茵陈、香附、牡丹、天南星等。

河南省：地黄、牛膝、菊花、山药、山茱萸、辛夷、金银花、望春花、柴胡、白芷、桔梗、款冬花、连翘、半夏、猪苓、独角莲、栝楼、天南星、酸枣等。

湖北省：茯苓、黄连、独活、厚朴、天麻、续断、射干、杜仲、白术、苍术、半夏、湖北贝母等。

湖南省：厚朴、木瓜、黄精、玉竹、牡丹、乌药、前胡、芍药、望春花、白及、吴茱萸、莲、夏枯草、百合、酸橙等。

广东省：阳春砂、益智、巴戟天、草豆蔻、肉桂、诃子、橘、仙茅、何首乌、佛手、乌药、广防己、红豆蔻、广藿香、穿心莲等。

广西壮族自治区：罗汉果、广金钱草、鸡骨草、石斛、吴茱萸、大戟、肉桂、千年健、莪术、天冬、郁金、土茯苓、何首乌、八角茴香、茯苓、葛根等。

海南省：槟榔、阳春砂、益智、肉豆蔻、丁香、巴戟天、广藿香、芦荟、高良姜、胡椒、金线莲等。

重点小结

我国药用植物资源的种类包括藻类、真菌、地衣、苔藓、蕨类、裸子植物、被子植物共 7 大类型，其中最重要的为被子植物，约有 1 万多种，占总数 87%。

按照地形地貌和气候我国共分为 7 大自然分布区域，东北寒温带、温带区；华北暖温带区；西北干旱区；华中、华东亚热带区；西南亚热带区；华南亚热带、热带区，青藏高寒区。其中药用植物资源西南亚热带区和华南亚热带、热带区药用植物种类最为丰富。

在我国 34 个行政区域中，药用植物分布最为丰富的前五名分别为云南、广西、四川、贵州、湖北。

第十四章　药用植物资源的利用与保护

学习目标

1. **掌握**　药用植物资源的药物开发情况、药用植物资源保护的对策与方法。

2. **熟悉**　药用植物资源其他方面的开发利用情况，寻找药用新资源的途径。

3. **了解**　药用植物资源的供求现状及保护现状，国内外有关植物保护的法律法规。

第一节　药用植物资源的开发与利用

扫码“学一学”

在当今“人类要回归大自然”思潮的影响下，药用植物资源的开发和利用已受到了世界的关注，也是药用植物研究的中心任务之一。资源的开发是指人们对植物资源进行劳动，以达到利用所采取的措施。资源的利用是人们对已开发出来的资源进行一定目的的使用，如进行加工和制成新产品等。开发和利用在概念上有区别，但两者又紧密联系。纵观植物资源开发现状，一方面资源大量破坏和浪费，一方面资源又严重不足，这已成为中医药事业发展的突出矛盾。多年的实践证明，限制对药用植物的开发影响中医药事业的发展，单纯的保护代价又太大，只有从合理开发和综合利用药用植物资源着手，最大限度地提高资源利用率，才能更好地保护资源，满足需求。

药用植物的开发和利用是多层次、多方位和多学科的，它包括以发展药材及原料的初级开发，以开发药物与其他产品为主的二级开发，以开发天然化学药和单体为主要内容的深层次开发，如保健品、饮料、调味剂、色素、甜味剂、香精香料、化妆品、酿酒、农药等多品种开发。

一、药用植物资源的药物开发

（一）深入资源调查，加强信息工作

我国幅员广阔，有各种各样的地理和气候条件。因而富有各种类型的植被，植物资源非常丰富。据考察，我国高等植物种类约有3万余种，居世界第3位，其中药用植物有一万余种。随着医药事业的发展，对药物的来源与资源的利用也不断提出了新的要求，这就必须不断开展药用植物资源的调查，一方面要寻找新的药用植物来源，另一方面，要研究怎样更合理、更充分地利用已发现的药用植物资源。

通过资源调查可以了解和掌握各地的药用植物种类，做到就地取材，就地治病，从而寻找进口药的本国资源或新的药用植物。如对许多重要药用植物同种属是否有药用价值进行考证，如雪莲、千里光、蒲公英、青蒿、黄芪、黄芩、萎陵菜、毛茛等，同属种的植物大多都有二三十种，鉴定其是否都具有药效很有现实意义。对流传或散失民间的中草药、民族药用植物的来源及应用进行搜集整理，对古今中外的医药文献进行综合分析，做到去

粗取精，去伪存真。对一些资源不够清楚的药用植物进行系统的调查、分析和研究，将为药用植物的开发利用提供科学的依据。

为了合理地利用药用植物资源，对于经调查研究认为有利用价值的药用植物，就应当进行资源普查，并将普查的原始资料如蕴藏量、年生产量、年需要量等输入计算机系统，建立成数据库形式，然后可以根据数学模式预测今后发展和需求的趋向。这对药用植物资源有计划地开发和利用具有战略意义。

（二）扩大药用部位，增加产品

对于药用植物，传统经验往往仅择其一或几个部位药用，其余弃之。实际上，植物的不同部位含有不同的化学成分或含量有所差异，而且现在药用植物野生资源品种正在减少，许多已濒临灭绝，因此只要有药用价值就应充分利用，这对于扩大药源，发现新药，提高药用植物的资源利用率，都起到积极的作用。

许多植物的其他部位也往往含有药用成分。如三七根、三七叶都有止血、消肿、定痛作用，而三七花则有清热平肝，降压作用，虽功效与根、叶不同，但仍可药用。又如山楂（*Crataegus pinnatifida* Bge.）的根、果核、均与果有类似消食、治疝气作用，其根还有祛风活血之功，但目前则仅用其果和叶，其他部位却很少用。滇重楼 *Paris polyphylla* Smith var. *yunnanensis*（Franch.）Hand. - Mazz. 的地上部分含有与根茎相同的化学成分，有时含量还远高于地下部分，若改变传统使用和收购，保留重楼的根茎和其茎叶，或利用茎中提取有效成分，则可缓解药源紧张的状况。

但是，目前仍有许多植物药成分、药理尚不明确，而且有的药用资源已濒危，而替代品又没能找出，因此，要合理开发利用植物资源，使产量达到最大持待量，对已开发的植物资源做到“物尽其用”，最充分，最合理，最有效，最科学地加以利用。

（三）运用现代高新技术，增加药物新品种

现代分离纯化技术，已能对植物各种成分进行分离而得到各种化合物类群或单一化合物，现代的各种筛选技术又能对各类化学成分进行筛选和试验，发现药物新作用，增加药物新品种。如伞形科植物川芎分得有效成分川芎嗪（tetrame thylpyrazine，TMP）已作为活血化瘀成分广泛用于临床，降低肺动脉压，抗慢性肝炎时肝纤维化，治疗妊高征，心绞痛和大脑局部缺血性疾病等方面均取得了很好的疗效。又如天麻提取物的对神经衰弱、神经综合征、血管神经性头痛患者的头痛和失眠症状有较好的疗效，而且对多种神经痛（坐骨神经痛、三叉神经痛、枕神经痛）和眩晕也有肯定的疗效。从天然植物中提取有效部位，利用各类化学成分，是开发新药的另一途径。从百合科、石蒜科、薯蓣科、兰科、虎耳草科、车前科等植物黏液中提取的多糖成分中，可显著降低机体心肌脂褐质和皮肤羟脯氨酸的含量，以及单胺氧化酶 - B 的活性，从而达到延缓机体衰老的作用，还具有降低机体乳酸脱氢酶的活性，可使肝糖原含量显著增加而提高机体的运动能力，达到抗疲劳的作用。从中药薏苡仁中提取有效部位，采用先进工艺制成供静脉注射的脂肪乳剂，经Ⅱ期、Ⅲ期临床证明，具有抑杀癌细胞、抗转移、提高机体免疫功能，并能控制癌痛，抗癌症恶病质的作用。

经现代高科技研究，红豆杉属(*Taxus*)、三尖杉属(*Cephalotaxus*)、美登木属(*Maytenus*)、紫萁（*Osmunda japonica*）、大蒜、香茶菜属（*Rabdosia*）、芦笋（*Asparagus officinalis*）、油菜（*Brassica campestris* L.）具有抗癌作用；红景天属（*Rhodiola*）、无花果（*Ficus carica*）、绞

股蓝等有抗缺氧、抗疲劳、双向调节作用及提高机体免疫力，抗肿瘤的作用；鱼腥草（*Houttuynia cordata*）、大蒜具抗菌、抗病毒的能力；姜黄、山楂、马蹄香（*Saruma henryi* Olive.）、荞麦（*Fagopyrum esculentum*）能降压强心、扩张血管、增加冠脉流量并有降低胆固醇作用。

（四）深度加工，提高有效成分利用率

利用化学手段对中药活性成分进行人工合成，拓宽利用植物资源的范围。抗癌新药三尖杉酯碱（harringtonine）、异三尖杉酯碱（isoharringtonine）、高三尖杉酯碱（homoharringtonine）等生物碱在植物体内含量很低，可以从三尖杉中得到三尖杉碱（cephalotaxine），再通过人工合成途径可得到三尖杉酯碱的差向异构体的混合物，扩大了药源。又如抗生育药月桔碱，存在于芸香科植物九里香（*Murraya paniculata*）根中。九里香盛产于亚热带，我国南方各省均有野生，俗称月桔，该植物根部民间曾外用于引产，经化学成分研究，分出一个双吲哚生物碱，含量20mg/kg，取名月桔烯碱，为消旋体，大白鼠试验显示抗着床有效率100%。根据生源学说月桔烯碱可由两分子3－异戊二烯吲哚，经Diels－Alder加成聚合而成。

对药用植物的化学成分进行结构改造，提高其生物利用度，或降低毒性提高药效，可提高有效成分的利用率。药用植物三分三（*Anisodus acutangulus* C. Y. Wu et C. Chen，ex C. Chen et C. L. Chen）含莨菪碱高达1%，但莨菪碱本身用途并不广泛，经结构改造后制成阿托品，却是用途极广的重要药物。将仙鹤草（*Agrimonia pilosa*）冬芽中提取的驱绦药物鹤草酚精氨酸盐，其驱绦作用不变，但毒性降低二分之一。用于治疗疟疾有良效的中药青蒿（*Artemisia annua* 和 *A. apiacea*）原多以煎剂服用，其有效成分青蒿素因溶解度小而在煎剂中含量较低，疗效不明显，采用植化方法提取青蒿素结晶并经结构改造后制成的青蒿琥酯静脉注射剂、蒿甲醚肌肉注射剂，成为抢救和治疗各种危重疟疾和脑型疟疾的高效低毒新药提高了青蒿的生物利用率。把喜树的活性成分进行化学修饰，开发出3种衍生物，topoteecan（拓扑替康）；irinotecan（伊诺替康）；9－氨基喜树碱（9－aminocamptothecin），用于多种类型肿瘤的治疗。鬼臼酯素经过化学修饰，改变糖基部分就能引起它对二型拓扑异构酶的抑制作用的改变，在随后的生化和化学研究及临床使用和开发中派生了一些有效的抗癌药物。

（五）减少生产废料，充分利用植物资源

中药在制剂过程中，用各种溶剂提取出大部分有效成分，但其中间产物、副产物及废弃物里往往仍残存不同的有用物质，应充分开发利用。如制备五味子酊剂后，药渣中五味子的种子内含有大量木脂素类化合物，是很好的降低转氨酶药物；许多含丰富淀粉的中草药，如穿山龙、姜黄、石蒜等，可在提取有效成分后，药渣用来酿酒；而提取麻黄碱后的麻黄草渣，是制造微晶纤维素的好原料。再如用汽油提取青蒿素的青蒿废渣进行处理，制成有明显抑菌而无过敏和刺激反应的青蒿素软膏，是治疗化脓性皮肤病的外用药。经60%乙醇提取后的人参渣（干品）可再提取约0.2%的人参皂苷，其中含有与根相同的所有单体皂苷和七种必需氨基酸，并测出有多种人体必需微量元素和具抗衰老作用的微量元素锗。有些中药往往既含水溶性成分，又具挥发性成分；在水提过程中，对挥发性物质因无回收装置而造成浪费。有些中草药，挥发油是其主要活性成分，如降香、木香、厚朴、川芎、当归、薄荷、紫苏和柴胡等，在提取挥发油时，又缺少对其水溶性成分及残渣的利用，殊为可惜。如江南大面积生产薄荷地区，每年有大量药渣残液，其中含有一定量的齐墩果酸和多种黄酮类化合物，有较好的消炎、利胆作用，应设法提取利用。

综合利用药用植物资源，可使过去的废物变成产品，实施废料再资源化，提高资源利用率，从而获得较高的经济效益和综合效益。

二、药用植物资源在其他方面的开发与利用

（一）保健食品

以健康长寿为目的的养生保健已成为人们生活的一种追求和时尚。“预防疾病，增智健脑，强身壮体，养颜护肤，益寿延年”等，于是既有东方医药文化特色，又有传统饮食文化特色，可免除疾病吃药之苦，还可以防病保健的中药保健食品便呼之即出。药品一般是指预防和治疗人体某种疾病的产品，其作用往往是特异性的。而保健食品是保障和维护人体处于健康状态的产品，其作用大多是非特异性的。人体有健康状态、疾病状态和介于二者之间的第三状态。第三状态又称诱病状态，当它向疾病方向发展到一定程度时，人体就会发生疾病。保健食品使用，可使处于第三状态的人体向健康状态转化。这是对保健食品功能的一种现代解释。我国古代很早就有关于治疗各种虚证的论述及药物方剂的记载，并创制了各种具有“扶正固本”“扶正祛邪”“攻补兼施”功能的成药和药膳食品。80 年代以后，我国研制生产的以中药为主要成分或主要添加剂的保健食品，更是发展迅速，并大量出口，受到国内外的欢迎。预计将来中药在这方面的开发利用，将进一步扩大和深化。

用于保健食品的中草药，常常是一些既有营养，又能提高机体抵抗力，无毒性的植物。如银耳（*Tremella fuciformis*）及黑木耳（*Auriculana auncula*）含有丰富的氨基酸、蛋白质、纤维素、钙、磷、铁以及维生素 B_1、B_2 等营养物质。其子实体中含有多种多糖更具有生理活性，故银耳和黑木耳具有养阴滋补、扶正固本的功效，是延年益寿的滋补剂，确为食疗和医疗佳品。银杏其种子（白果）是传统中药，有润肺、定喘、涩精、止带的作用。除制备药品外，现已制成各种保健品，如清水白果罐头、白果露、白果汁、银杏王、银杏蜜、银杏果品以及口香糖、巧克力等，用于预防和治疗老年痴呆、脑卒中等；还制成化妆品如洗发香波、护肤霜，用于治疗粉刺、痤疮等。悬钩子属（*Rubus*）果实富含氨基酸、矿物质、维生素 E 等人体必需的营养物质外，还含有大量的 SOD 和类 SOD 生物活性物质，以及酚酸、挥发油、黄酮、萜类及甾类等有效成分，具有抗氧化剂活性强、种类多，能从多方面改善机体内自由基的代谢状况和新陈代谢，从而达到抗炎症、抗突变、抗衰老的效果。现已加工制成罐头、果酱、果冻、果汁或作酿酒原料、果乳制品添加剂。五味子（*Schisandra chinensis*）现已成为一种新兴的食品工业和饮料行业的重要原料，已开发的有五味子果汁、五味子原汁、五味子果冻、五味子果酒等。再如以黄精为原料生产的保健食品，用于肺燥咳嗽，肺结核，高血压，高脂血症，卒中，糖尿病等病的防治有一定作用。山楂可制成饮料、果酱、果脯、也可泡茶饮，可防暑、健胃、消食、降压、降血脂等作用。菊花制成保健茶，具有清热解毒，降压降脂作用。枸杞子制成各种冲剂和饮料，具有利肝明目，增强免疫力，抗衰老等作用。马蹄叶，朝鲜族视其为包饭植物中的珍品，用它包饭吃不但口感好，而且还能治疗风寒感冒，慢性支气管炎，久咳痰中带血等疾病。人参含有多种人参皂苷，因其丰富的活性成分，药用效果很好，一般可将人参切成薄片泡茶，口含干嚼，对增强体力、缓解疲劳均有很好的作用。三七粉对冠心病有很好的作用，有明显的强心作用，以及改善冠状血流量、降低血压等作用。另外，灵芝、女贞、当归、大蒜可抑制血小

板聚集，非常适用于研制心血管保护的保健食品，人参、大蒜、芦荟可被利用研制对便秘有一定作用的保健食品。利用富含蛋白质及不饱和脂肪酸的果仁或种仁经加工乳化制成乳状保健饮料如豆奶、椰子奶、桃仁奶和松子奶等。

随着人们生活水平的提高，肥胖人群也越来越多，从植物药中寻找减肥保健也越来越受到重视。如：有明显抑制食欲或降低体重的植物包括：麻黄草及其提取物，防己科植物（如汉防己、粉防己）南美洲柯拉果及其提取物，中国金橘（苦味柑橘类）、紫花苜蓿、含葡甘露聚糖的植物（如魔芋、菊芋等）以及甘薯提取物（甘薯纤维），利用上述植物原料可加工成形形色色的减肥制剂。

（二）化妆品添加剂

从某种意义上，化妆品和药品一样，直接作用于人体的一类加工产品。它的质量优劣，会直接影响人体，尤其是皮肤的健康。由于以往化妆品中大量使用合成原料，或为某种美容目的而添加一些对皮肤健康无益的化工原料，使用者往往会产生皮肤过敏等不良反应。为达到美容、保健双重目的，减少可能产生的副作用，用植物提取物营养物质作为化妆品的乳化剂、基质、添加剂，是开发新一代药物性化妆品的重要途径。如珠兰（*Choranthus spicatus*）其鲜花及根茎可提芳香油，配置各种化妆品香料和皂用香精；芦荟提取物不仅对皮肤细胞有软化、滋润和营养作用，而且对紫外线有一定的屏蔽和隔绝作用，使皮肤免受紫外线的伤害；薏苡（*Coix lacryma－jobi*）能健美皮肤，能消除粉刺、雀斑、老年斑等，尤其对扁平疣、寻常疣和由病毒感染引起的疣都有治疗作用。

现代美容过程中，添加药用树叶，树皮、花以及全草植物提取有效成分的药物型化妆品总数已超过千种以上，如大宝系列产品，人参霜，白芷美容膏，大黄祛斑膏，首乌洗发香波，当归洁液，龙凤洗液，芦荟清凉蜜等。

（三）天然香料、香精及食品添加剂

不少药用植物，又是天然香料、香精的原料。古时，几乎全部香料来自天然香料。近百年来，随着化学工业的发展，合成香料使用越来越多。但是，由于天然香料、香精大多是含有数十种甚至数百种组分的芳香油，优质天然香料的纯真香味，完全靠人工合成几乎是难以做到的，即使能合成出天然香料、香精中的大部组分，其成本也十分高昂。因此，一些高级的香精往往添加天然香料配制而成，使其表现出天然、纯真或高雅的风格。许多食品中使用的调味料或矫味剂往往直接使用中药材或其加工品，如甘草甜素可用于盐浸食品，鱼肉制品等食品中调味，产生浑圆柔和的味感，用于可口可乐、咖啡或固体饮料中，可掩盖不适应人们口味的怪味，从而提高饮料、食品的适口感。又如石香薷（*Mosla chinensis*）是唇形科石荠柠属一年生草本，可作为糕点、饮料、果冻等食品防腐剂。

另外，一些挥发油中含有香气成分，也可作为罐头、饮料、乳制品的添香剂，也可作为化妆品和洗涤香料的添加剂。如从木兰科植物云南含笑（*Magnolia yunnanensis*）提取的茉莉酮及番荔枝科植物依兰提出的依兰油具有优雅芬芳的香气，可为高级化妆品香精。豆科植物金合欢（*Acacia farnesiana*）花提出的浸膏具紫罗兰及橙花香混合香味，其芳香油含香叶醇、芳樟醇、苄醇、金合欢醇、茴香醇、苯甲醇等，作为高级香水及化妆品的香料。楝科植物米仔兰（*Aglaia odorata*）是我国特产香花植物。花的浸膏和精油为我国花香型香料原料珍品之一，可作熏茶的香料。杜鹃花科植物白珠树属（*Gaultheria*）的地檀香（*G. forrestii*）、滇白珠［*Gaultheria leucocarpa* Bl. var. crenulata（Kurz）T. Z. Hsu］的枝、叶都含有芳香油地檀香油，有消炎止痛之功效也用于口腔清洁剂中以及食品中起调味作用。姜黄（*Curcuma longa*）根含有芳香油，用于食品、化妆品中作香精或调味香精。香叶天竺葵（*Pelargonium graveoleus*）及黄花草木樨（*Melilotus officinalis*）全株含浓郁的玫瑰花香，可调配各种化妆品香精、皂用香精和食用香精。香荚兰［*Vanilla fragrans*（Salisb.）Ames］）全株含有香兰素等芳香物质，是各种食品加香中不可缺少和无法代替的原料，故有“食品香料之王”的称号。丛生树花（*Ramalina fastigiata*）是我国特有的一种香原料植物，提出的树苔浸膏和树苔精油，广泛用于烟用和皂用香料配方中，是一种独特的调香剂和优良的定香剂。

我国芳香性中药的种质资源十分丰富，据调查有香料植物400余种，其中八角、砂仁、木姜子、花椒、吉龙草等均为特产，但仍有不少尚未很好的开发利用。香料在食品、饮料、医药、烟酒等工业行业不可缺少，因此除了提高我国香料工业生产技术之外，还应多从野生植物资源中发掘具有我国特色的香精香料。

（四）天然色素

具有一定利用价值的天然色素多数来源于动植物组织。他们色调自然，安全性较高，有的色素本身兼有营养和治疗作用，像类胡萝卜素、核黄素、黄酮素、花青苷、醌类等，不仅是人们必需的维生素来源，而且还有抗菌、抗癌、防癌等作用。目前，人们对天然色素的研究，主要从树木、果实、蔬菜、花、草、动物、昆虫中筛选天然染料的原料。在食品上采用天然物质，主要可分为7大类：①类胡萝卜素；②卟啉系色素；③醌系色素；④黄酮类色素；⑤甜菜红色素；⑥二酮化合物；⑦其他色素。我国使用的食用天然色素有姜黄、甜菜红、紫胶色素、红花黄、叶绿素铜钠盐、酱色、辣椒红、红曲米和β-胡萝卜素以及越橘红，还准备增加玫瑰茄、萝卜红、菊花黄、红米色素、高粱色素、玉米黄素、黑豆皮、可可色素、栀子黄等。

不少药用植物同时又是提取天然色素的原料来源，如茜草（*Rubia cordifolia*）含有红色的茜素，可用于纤维的染料，也可用于食品或药用，胡萝卜含有红色至红紫色的β-胡萝卜素，是维生素A元，故着色时有营养作用，因其为油溶性色素，适合于人造奶油、奶油、干酪等食品着色，对冰淇淋、糖果、蛋黄酱、调味汁亦能着色。紫草（*Lithospermum erythrohizon*）含有红色物质色素-紫草醌，可用于辣酱等罐头的着色。姜黄根含姜黄素，可作黄色染料，用于食品着色，如咖喱粉、饮料、糖果、香肠等食品的增香及着色用。从叶绿素提出的叶绿素铜钠（Sodium copper chlorophyllin）是叶绿素铜钠和两种盐的混合物，用于汽水、糖果、配制酒、果味水、果子露、罐头、糕点等食品和牙膏等用品上。现已广泛应用的有：从姜黄的根茎中提取姜黄色素（curcumin）、从红花中提取红花黄色素（carthamine），从栀子的果实中得到栀子黄色素（crocin）、从锦葵科植物玫瑰茄（*Hibiscus sabdariffa*）的花萼中提取红色素-玫瑰茄色素（roselle pigment）等。

我国有丰富的天然色素原料植物，有近二十个科一百种以上，如苋科、十字花科、豆科、木兰科、鼠李科、茜草科、锦葵科、杜鹃花科、紫草科、菊科、姜科等。有的在国外早已大量栽培应用，而我国尚很少使用或仅作观赏用，如金盏菊（*Calendula officinalis*）、金鸡菊（*Coreopsis drummondii* Torr. et Gray）等。有的国内已引种成功的药用植物，如番红花（*Crocus sativus*），仅限于作药用，而尚未用作食用色素。还有大量野生的色素原料植物，只要合理引种，降低生产成本，就有良好的利用前途。

（五）天然甜味剂

食品、药品中往往要添加甜味剂。由于传统的天然甜味剂——蔗糖、果糖、葡萄糖等，同时又是营养素，过量食用会使人肥胖，甚至会诱发冠心病、高血压、糖尿病、龋齿等疾病；化学合成的甜味剂往往安全性差而受到限制。为此，从植物中寻找安全性高、低热量、甜味足、风味佳的优良天然甜味剂，便成为植物资源开发中一个引人注意的课题。如甜菊苷是原产于南美巴拉圭的菊科植物甜味菊［*Stevia rebaudiana*（Bertoni）Hemsl］茎叶中所含的甜味成分，无毒性，使用安全，味清甜甘美，具低热能，抗龋齿等特点，是优良的天然甜味剂，应用到酿造业（酒、酱油、酱菜等）、饮料、糕点及医药、烹调等行业。蔷薇科甜凉茶（*Rubus suavissimus* S. Lee）及其同属植物掌叶覆盆子（*R. chingii* Hu）中所含的悬钩子苷（rubusoside）和甜凉茶苷，葫芦科植物罗汉果［*Siraitia grosvenorii*（Swingle）C. Jeffrey ex Lu et Z. Y. Zhang］果实中的罗汉果苷（momordicoside），水龙骨科植物欧亚水龙骨（*Polypodium vulgare* L.，Sp. Pl.）的根茎中的水龙骨甜素（osladin）等也属于这类成分。另外，糖醇类如：木糖醇（xylotol）存在于玄参科植物野甘草（*Scoparia dulcis* L.）全草中，山梨醇（sorbitol）广泛分布于植物特别是蔷薇科植物中，还有 D－甘露醇（mannitol）以及麦牙糖醇（maltol）等，它们甜度不高，但分布广，性质稳定，不上升血糖值，不增加胆固醇，多用于糖尿病及肥胖症病人。

（六）植物农药

植物农药对人畜安全，分解容易，无有机磷及一些化学物质残毒的危害，不污染环境。对粮食作物、果树、蔬菜以及药用植物等食用植物施用非常适合，尤其适合在绿色食品生产过程中使用。植物农药的种类多种多样，杀虫能力也各不相同。银杏（*Ginkgo biloba*），其种皮含白果酚酸，可防止稻螟、棉蚜、斜纹液稻蛾、红蜘蛛、桑蝗、红铃虫等。胡桃（*Juglans regia*），外果皮、叶子对昆虫有很强的胃毒，尤以青的外果皮杀虫效果最佳。叶含没食子酸等，果含胡桃叶醌，可防治蚜虫、红蜘蛛、桑苗粉虱、菜青虫、棉蚜虫等。水蓼（*Polygonum hydropiper*），茎、叶中含甲氧基蒽醌，可防治多种害虫，如蚜虫、地老虎、菜毛虫、菜虫、叶跳虫、金花虫、螟虫、稻飞虱、稻花虫、卷叶虫等。绣毛鱼藤（*Derris ferruginea*）是豆科植物，含有杀虫成分鱼藤酮（$C_{23}H_{22}O_3$），可防治菜蚜、毛虫、桃蚜、白背稻飞虱。豆科植物还有许多植物有杀虫作用，如皂荚（*Gleditsia sinensis*）、苦参（*Sophora flavescens*）等。马桑科植物马桑（*Coriaria nepalensis* Wall.）叶、果有毒，可防治棉蚜、红蜘蛛、稻螟虫等。雷公藤（*Tripterygium wilfordii*），全株含雷公藤碱，有强烈的胃毒及接触杀虫效果，可防治菜青虫、猿叶虫、铁甲虫、菜毛虫等多种害虫。油茶（*Camellia oleifera*），其种子含有皂素、鞣质、植物碱等，具有良好的杀虫作用。茄科曼陀罗属（*Datura*）植物的花、叶、果含生物碱，可防治蚜虫、玉米螟、稻螟、红蜘蛛等。百部（*Stemona japonica*），其块根含多种生物碱，可防治孑孓、蚜虫、红蜘蛛等。蓼科植物中的虎杖（*Polygonum cuspidatum* Sieb. et Zucc.）、酸模（*Rumex acetosa*）也有杀虫作用。植物农药的另一类中药资源是一些植物含有控制昆虫蜕皮、变态的保幼激素和蜕皮激素，如从百日青（*Podocarpus neriifolius* D. Don）叶中分离出的植物性保幼激素活性－保幼生物酮（biojuvone）；从筋骨草（*Ajuga decumbens*）中分离出了具有内酯环的抗蜕皮激素－筋骨草内酯（Ajugolactone），从菊科植物熊耳草（*Ageratum houstonianum*）精油成分中分离了早熟色烯 A、B（precocene A、B）两种抗保幼激素成分。含蜕皮激素的植物有：水龙骨属（*Polypo-*

diodes）；罗汉松属（*Podocarpus*）；红豆杉属（*Taxus*）；牛膝属（*Achyranthes*）；杯苋属（*Cyathula*）；筋骨草属（*Ajuga*）；水竹叶属（*Murdannia*）等。保幼激素的植物有：菊科飞蓬属（*Erigeron*）；唇形科荆芥属（*Nepeta*）；豆科车轴草属的白花车轴草（*Trifolium repens*）；樟科檫木属（*Sassafras*）等。植物性农药优点在于对人畜比较安全，很适于果蔬类食用植物上使用。在目前环保问题日益紧迫的情况下，大力寻找和发展植物性农药也有着非常重要的意义。

（七）其他方面

在自然界中有一些植物能够吸收有害物质，并能顽强生活，引起绿化环境，防止或减少污染的作用。如芦苇属（*Phragmites*）植物能吸收水中的氯化物，有机氮、磷酸盐、氨等有害物质；浮萍（*Lemna minor*）、金鱼藻（*Ceratophyllum demersum*）能吸收水中的锌、砷、汞等有害物质；苦木科植物臭椿（*Ailanthus altissima*）对二氧化硫、氯气、氟化氢、二氧化氮有抗性，还能吸收硫、铅、并有杀菌及吸滞粉尘的作用。中国特产侧柏［*Platycladus orientalis*（L.）Franco］对氯气、氟化氢抗性强、对二氧化硫抗性较强，有吸收二氧化硫的能力，也有一定的杀菌能力。樟树（*Cinnamomum camphora*）对有毒气体二氧化硫、氯气、臭氧抗性强，并能吸收二氧化硫、氟。山楂及柿（*Diospyros kaki*）对二氧化硫、氟化氢抗性强，能吸收二氧化硫。刺槐（*Robinia pseudoacacia*）对氟化氢的抗性强，对二氧化硫、氯气、氮氧化物、臭氧有一定的抗性，吸收含硫、氯、氟等有害气体的能力强，还有一定吸收铅蒸汽的能力，吸滞粉尘的能力很强。

此外，不少植物的加工品还可用于纺织、制革、烟草、石油勘探、建筑、化工等多种工业部门。如含鞣质植物经浸提加工出来的浸膏，除用于制革业外，还用于锅炉除垢及防垢、矿物浮选剂、污水处理剂、涂料、染料、医药、石油钻探及矿物冶炼、陶瓷制造等行业；云南油杉（*Keteleeria evelyniana*）种子油可制肥皂；山桐（*Idesia polycarpa* Maxim.）为桐油代用品，可制油漆；松脂是生产松香、松节油的原料，松节油广泛用于造漆，制革及其他需用溶剂的工业上；松香是造纸、制皂、制漆、电器、橡胶等工业的重要原料；梧桐胶广泛用于食品、纺织、医药、化妆品、香烟等工业；桃胶可作黏接剂亦可作药片赋形剂，等等。还有一些植物种类虽少，但在工、农业生产中发挥独特作用的植物。如碱蓬可测环境中的汞含量；风眼莲能快速富集水中的镉类金属，清除酚类。

综上所述，药用植物资源的开发利用，不仅直接影响医药事业的发展，而且还与人类日常生活密切相关。

第二节　寻找药用新资源的途径

当今，世界各国医药工业寻找新药物，正朝着天然、无污染、无毒副作用、防病治病、延年益寿的方向发展。人们对具有保健和延缓衰老作用的保健药品和保健食品，美容产品，香料香精，食用色素，矫味剂，卫生用品等的需求逐年增加，同时对这些作用于人体的产品质量要求也越来越高。植物药有其独特性，它与西药只针对疾病的病症进行治疗有所不同，植物药具有治疗和保健双项功能。我国丰富的植物资源为开发这些产品提供了广阔的天地，我们利用先进技术研究自己的新药，变资源优势为经济优势，这是药学工作者的重要任务。

一、从历代本草记载中寻找

新药的发掘和研究，首先是以历代本草和民间药为基础。应研究我国举世瞩目的《神农本草经》、《本草纲目》、《救荒本草》、《植物明实图考》等大量经典著作，他们为新药研究提供了线索和实践经验。还要研究国外的民间医药文献，从中取其精华。要特别重视为临床证实具有肯定疗效的药用植物，例如黄花蒿（*Artemisia annua* L.）原名草蒿，《神农本草经》称青蒿。公元三百年左右，东晋葛洪《肘后备急方》已载青蒿治疟疾。《本草纲目》载："草蒿。……与青蒿相似，但此蒿色绿带淡黄，气臭，不可食，人家采以罨酱黄、酒曲是也。"李时珍根据叶的颜色与气味以将青蒿与黄花蒿列为两种。目前全国大部分地区所用青蒿是黄花蒿。近年研究结果，青蒿（*Artemisia carvifolia* Buch. - Ham. var. carvifolia）不含抗疟成分青蒿素，只有黄花蒿才含。又如古代最初使用的细辛为陕西产的华细辛（*Asarum sieboldii*），至明末的《本草化义》乃有细辛"取辽宁者佳"的记载，但早在南北朝时，陶弘景在《本草经集注》中指出："今用东阳临海者，形段乃好，而辛烈不及华阳高丽者"，说明当时浙江金华、临海地产细辛已供药用。清代的《伪药条辨》记载有安徽产细辛。可见细辛属多种植物早已供药用，与现今一致。

本草文献如实反映各历史时期药物品种的变迁情况，也反映出药用植物新品种、新资源不断被利用的情况。相当多的中药来源于多品种，如柴胡、贝母、黄精、大黄等等，也为寻找新药、新资源提供了依据。

二、从民族医药中发掘

全世界有近两千个民族，我国有五十六个民族，他们都各有悠久的传统医药历史，应用着极丰富的民族药资源防治疾病，以我国云南省为例，有25个民族，使用的民族药达3781种。各民族在长久的岁月实践中，总结、流传下来很多安全有效的天然药物，构成人类防治疾病的巨大药物宝库，很值得继承。我国先后组织并出版了众多的民族医药书籍，如藏族的《晶珠本草》、《迪庆藏药》、《藏药晶镜本草》等；蒙古族的《方海》、《四部医典》、《蒙药正典》、《普济验方》等；彝族的《彝药志》；纳西族的《玉龙本草》等。用现代科技方法去筛选、研究、开发，必能寻得不少新成分、新剂型、新用途、新药和新资源。如长春新碱是从印度民间抗疟草药长春花中筛选的高效抗白血病的有效成分。朝鲜族民间药龙牙草根芽中分离出驱绦虫有效成分鹤草酚；傣族药亚乎奴（*Cissampelos pareira*）分得肌松有效成分锡生藤碱；马齿苋（*Portulaca oleracea*）为全国分布的常用野菜，并作治疗痢疾、肠炎、湿疹、无名肿毒和胃癌的草药，近年来陕西等民间用水煎食，治糖尿病效果很好。国际上历来所发现的一些具特殊疗效的活性成分，很多是从民间植物药中发掘的，如麻黄碱（平喘）、咖啡碱（兴奋条件反射）、阿托品（解痉和磷中毒）、奎宁（抗疟）、奎尼丁（治心房性纤维颤动）、士的宁（兴奋中枢）、洋地黄毒苷（强心）、可待因（镇咳）、吗啡（镇痛）等。众多实例有力说明，民族医药是寻找新药的源泉。

三、应用植物化学分类学原理寻找

根据"亲缘关系相近的植物类群具有相似的化学成分"的规律及化学成分在植物界分布的状况，可预测或有目的、有范围的在某些植物类群中寻找新药源、新成分。如唇形科、樟科、芸香科、伞形科中含不同类型的挥发油。麻黄科、毛茛科、罂粟科、小檗科、防己科、夹竹桃科、萝藦科、茜草科、马钱科、百合科、石蒜科中多含有生物碱，龙胆科中多含苦味素。

用于治疗肿瘤的秋水仙碱，系从国外所产百合科秋水仙（*Colchicum autumnale* L.）的球茎和种子中分离得到，后来在我国产的同科植物丽江山慈菇（*Iphigenia indica* Kunth）中也找到秋水仙碱。又如紫金牛科植物紫金牛［*Ardisia japonica*（Hornsted.）Blume］含有镇咳成分矮茶素（又称“岩白菜素”Bergenin），因岩白菜素系首次从虎耳草科植物岩白菜中提得，便从虎耳草科植物进行筛选研究，结果发现落新妇属（*Astilbe*）中有多种植物含有较多的矮茶素，成为提制这种成分较理想的资源植物。

四、从国内外科技文献信息中发现

从国内外科技文献信息中能了解到本学科及相关学科的研究动态、进展、解决与待解决的问题等，从中寻找研究信息，吸取理论、思路、技巧、方法、规律及正面反面的经验。

例如：日本科学家从葫芦科绞股蓝属（*Gynostemma*）植物中分离出绞股蓝皂苷 1－50，其中 4 种与人参皂苷相同。我国科技工作者查到此报道后，就把我国所产的绞股蓝［*Gynostemma pentaphyllum*（Thunb.）Makino］植物资源开发利用。从邻国文献中查到刺五加［*Acanthopanax senticosus*（Bupr. et Maxim.）Harms］根中主要含多种皂苷，我国东北、山西、河北、陕西也有，首先利用东北的资源制成滋补安神强壮药畅销国外。从英国观察家报得到一条消息，月见草油能降高血脂，中科院沈阳应用生态所，通过研究，完成了新药的试验与投产。一些曾依靠进口的药物如马钱子、萝芙木、安息香、胡黄连、血竭等，也都早已在国内发现了原植物或代用品。

五、进行综合开发利用

（一）药用植物不同部位的合理开发利用

重要商品药材按传统，仅用药用植物的某些特定部分，其余多废弃不用。事实上，许多被废弃部位或含与药用部位相同的有效成分，或有其他的成分或用途。如人参的芦头，过去认为有催吐作用。经研究，与根的活性成分及毒性一致，并无催吐作用。如改变用参去芦的习惯，相当于每年增产人参 20 万公斤。又如，古代文献记载：乌药、巴戟天、大戟、远志、天冬、麦冬及连翘等用时要去心，但研究发现，连翘的心与壳化学成分基本相同，抑菌试验与毒性试验也基本一致，而心的毒性比青翘、老（落）翘要低。又如通过紫外分光光度法测定不同产地远志中皂苷含量，发现其心与皮中均含皂苷，皮中含量为心的 2.5 倍，说明心的含量较低，但仍可利用。

（二）中药加工及制剂生产中原料的综合开发利用

药用植物常含多种不同的生物活性成分，在中药制剂及天然原料药物的生产过程中，除分离、提取某些需要的成分外，还可提制有不同用途的其他活性成分，可扩大原料的使用价值。如小檗属植物为原料生产黄连素后，母液中尚含小檗胺（升高白细胞作用）、药根碱（抗菌消炎）。柴胡提取挥发油后的残渣中含柴胡的有效成分柴胡皂苷。人参经乙醇提取后的残渣，尚可提取一定数量的人参总皂苷，并可得到水溶性的人参多糖。山莨菪（*Anisodus tangulicus*）提取莨菪类生物碱，其母液中含有无药用价值的大量红古豆碱（cuscohygrine），将此碱还原为红古豆醇，再与苦杏仁酸酯化，得到的红古豆醇酯，经研究证明，该成分有解痉、止痛、安眠和治疗消化道溃疡等方面的作用，已作为商品生产。

中药加工、制剂后的副产品应充分予以利用，如人参、蘑菇、天麻加工后的水溶液都有不同程度的含该药有效成分，可利用作保健品。山楂传统用药为果实，果实中主要含有果酸、氨基酸、黄酮等，而叶中黄酮含量高于果实，现已把山楂叶提取物制成益心酮片，用于治疗冠心病。银杏的传统用药为种子（白果），而现今，银杏叶不仅可以代替白果入药，制剂，还广泛应用于食品，保健品，化妆美容等各个领域，深受国内外市场欢迎。

（三）农副产品及工业废料中寻找制药原料

世界上农副产品的下脚料、残渣，每年多达数十亿吨，其中不少可当制药原料。如白毛夏枯草（*Ajuga nipponensis* Makino）主要有效成分是木犀草素，能止咳平喘、消炎，但含量低，花生果壳含木犀草素达0.1%，是价廉物美的药用资源。从茄科植物赛莨菪提取阿托品后的废弃液中，提取的其他四种莨菪类生物碱已生产出多种有价值的药物。又如苦杏仁，既含有止咳成分苦杏仁苷，同时含有较大量的脂肪油，这样可先将油榨出来，油渣可再提取苦杏仁苷，被提后的药渣含有丰富的植物蛋白，经处理后作为饲料；药物蒸制后的蒸馏液多作废物丢弃，但其中含有部分有效成分，可浓缩后与原药材相拌晾干，被原蒸制的药材吸收以提高质量，如山茱萸的炮制；或将蒸馏液精制浓缩后炮制其他中药，如用蒸制地黄的馏液炮制首乌。从煎煮过的药材中挑选地黄、甘草、山楂等药渣煅烧成炭后粉碎，用于骨刺丸等水泛丸的包衣，既不影响崩解又使丸剂表面乌黑发亮。

综合利用药用植物资源，变废为宝，提高资源利用率，从而获得较高的经济效益和综合效益。

六、利用生物技术进行植物微繁殖或产生生物活性物质

生物技术是20世纪70年代初，在分子生物学和细胞生物学基础上发展起来的一种新兴技术领域，它包括细胞工程、基因工程、酶工程和发酵工程。其中细胞工程和基因工程，对中药资源的开发利用具有更现实的意义。

细胞工程是应用植物细胞全能性，用植物体某一部分组织或细胞，经过培养，在试管内繁殖试管苗和保存种质。利用这种方法还可以脱病毒和育苗工作。如山东怀地黄脱毒苗已在生产上应用，增产5~7倍；山西育成枸杞多倍体新品种；安徽、广西对石斛种子进行无菌萌发形成试管苗，实验证明，这一技术应用于药用植物上，并加以性状优选更有意义。

利用细胞工程产生次级代谢产物已有不少成功实例，如利用人参根培养生产食品添加剂等已进入商品市场；利用黄连培养细胞产生小檗碱，利用紫草培养细胞产生紫草素，利用长春花培养细胞产生蛇根碱及阿吗碱和利用洋地黄培养细胞生产地高辛等均进入了工业化生产阶段。我国在药用植物组织培养方面做了不少工作，著名的如人参、紫草、三七、萝芙木、紫杉、绞股蓝、红豆杉、黄连、盾叶薯蓣、延胡索、贝母、长春花、粗榧、丹参、石斛等一百多种。

基因工程是从生物体中（供体）分离克隆基因或人工合成基因，在体外与载体DNA拼接重组，并将其导入受体植物基因组中，使之按预先的设计持续稳定表达和繁殖的遗传操作。

通过植物基因工程可以生产药用蛋白、抗体、动物疫苗以及药用次生代谢产物，分别称之为药用重组蛋白质基因工程、植物抗体基因工程、植物疫苗基因工程和药用化合物基因工程。现已获得的具有商业价值潜力的转基因植物重组蛋白有：凝乳酶、脑啡肽、促红

细胞生成素、生长激素、表皮生长因子、β－干扰素、溶菌酶等。通过植物基因工程生产次生代谢产物的研究进展迅速，目前国内外都取得了一些成功的例子。例如：利用转基因技术将莨菪胺生物合成的关键酶——天仙子胺－6β羟化酶基因导入颠茄毛状根中，颠茄（*Atropa belladonna* L.）中的天仙子胺被大部分转化为莨菪胺，莨菪胺含量大幅度增加，超过对照组5倍。又如将紫堇碱（corydaline）甲基转移酶基因导入黄连（*Coptis chinensis*），可使紫堇碱在黄连生物碱中的比例从70%提高到91%。异黄酮（isoflavone）是一类植物雌性激素，可以预防乳腺癌、子宫癌等疾病发生。将从豆类植物中克隆出的异黄酮合成酶基因转移到拟南芥（*Arabidopsis thaliana*）（自然情况下不合成异黄酮）中，结果转基因拟南芥合成了异黄酮。

第三节　药用植物资源供求与保护现状

一、药用植物资源的供求现状

（一）我国药用植物资源状况

我国是世界生物多样性最丰富的国家之一，也是中药资源生物多样性最丰富的国家。我国植物种类约占世界总数的11%，拥有高等植物2.5万～3万种，古老的孑遗属、单种属、少种属1200余属，特有属240个，特有种10000余个。据第三次全国资源普查（1983～1987年）结果统计，我国的中药资源包括植物、动物和矿物共计12772种，其中药用植物有11118种（包括亚种、变种或变型1208个），分属于385科、2313属，约占中药资源总数的87%。中药资源中320种常用药用植物类药材的总蕴藏量（一定时间和区域范围内的蓄积量）为850万吨。全国民间药（草药）约5000种，民族药约3700多种，藏药3000种，蒙药2230种，维药600种，傣药约1200种，壮药709种。

自第三次全国资源普查至今已近30年，而这30年正是我国经济迅速发展的时期，也是中药产业发展的快速时期。在这段时期，我国由计划经济向市场经济过渡，药材生产也从原来的计划经营转向以市场为导向的自主经营，中药原材料生产经营基本处于无序状态。随着经济的快速发展，天然中药的市场需求急剧增加。

1. 野生资源状况　目前，我国80%的中药材仍然依靠采挖野生资源来满足市场需求，栽培成功的药用植物只有200余种。虽然我国药用植物资源种类丰富，但野生药用植物资源依然短缺，其分布范围和资源贮藏量日益缩减。近年来，随着工农业生产、交通、运输、城市建设、能源基础设施建设的不断发展，人们对土地、森林、草场的利用不尽合理，药用植物赖以生存和繁衍的生态环境遭到破坏，导致生态平衡失调。另一方面，由于天然药物、中药材市场需求量的增大以及人们对合理开发利用药用植物资源的认识不足，加之利益驱使致使部分药用植物资源过度采收，造成药用植物资源不同程度的破坏，野生药用植物资源分布范围日益缩小，生态环境恶化，一些道地药材优良种质正面临消失和解体，部分种类出现衰退甚至濒临灭绝。人参（*Panax ginseng*）、霍山石斛（*Dendrobium huoshanense*）的野生个体已很难发现，野生三七（*Panax notoginseng*）已多年不见踪迹，自然野生蕴藏量不断减少，珍稀濒危物种不断增加。20世纪50年代，我国野生甘草（*Glycyrrhiza uralensis*）蕴藏量有200多万吨，但现在野生资源蕴藏量已足50万吨。从80年代发现胡黄连（*Picrorhiza scrophulariiflora*）可以代替进口胡黄连（*Picrorhiza scrophulariiflora* Pennell.）

以来，由于过度采挖，使得野生资源日趋枯竭。金铁锁（*Psammosilene tunicoides*）是我国西南地区的特有单种属植物，是著名的云南白药的主要原料药之一，长期以来完全靠野生采挖，药材蕴藏量有限，以至资源逐渐减少，现已收录于《中国植物红皮书》中，并列为国家二级保护植物。肉苁蓉（*Cistanche deserticola*）完全来源于野生，50～60 年代生产区在内蒙古，由于其寄主梭梭（*Haloxylon ammodendron*）林的面积从当时占森林面积的 30%～40% 下降到现在的不足 20%，甚至有的地区仅为 4.5%～5%，生态环境的恶化致使相当数量的寄主根上无肉苁蓉寄生，加之过度采挖，目前内蒙古的野生资源蕴藏量仅有 40 多万千克，只相当于 60 年代初一年的收购量，产区也从内蒙古逐渐向新疆转移。市场上享有盛誉的梭梭大芸日见减少，逐渐被来源于新疆的管花苁蓉（*Cistanche tubulosa*）取代。此外，许多药用植物如羌活、银柴胡、黄皮树、三叶半夏、新疆阿魏、紫草等 100 多种资源量普遍下降，影响 60 多个药材品种的医疗用药；长叶榧、见血封喉、峨眉野连、八角莲、凹叶厚朴、杜仲、小勾儿茶、野山参、黑节草等 30 多种植物，因野生资源稀少，已经无法提供商品或只能提供少量的商品，处于濒临灭绝的边缘。

2. 栽培资源状况　药用植物和药用动物为生物资源，属于可再生性资源。药用植物栽培是保护、扩大和再生药用植物资源的最直接、有效的方法，通过人工栽培来满足市场需求，是解决植物药药源不足的有效途径之一。20 世纪 50 年代，我国中药材种植面积 40 万公顷；2000 年，我国中药材栽培面积已达 600 多万亩，年产量 3.5 亿公斤，约占中药材收购量的 30% 左右。目前，中药材种植面积达 933 万公顷。迄今我国野生变家种成功的药用植物资源有 200 多种，如天麻、黄芩、罗汉果、细辛、甘草、五味子、桔梗、半夏、百合、栀子、绞股蓝、金银花、石斛等，其中许多已成为主流商品；过去依赖进口的 20 多种国外药用植物资源已在我国引种成功，如颠茄、西洋参、番红花、洋地黄、丁香、马钱、金鸡纳、古柯、诃子、儿茶等。

（二）药用植物市场供求状况

伴随着世界范围内“回归大自然”的热潮，天然药物巨大的医疗价值和市场潜力已引起世界各国的关注，并日益受到重视。据统计全球约有 80% 的人以天然药物作为基本医疗保健手段，1996 年全世界天然药物市场销售总额高达 160 亿美元（不含中国市场），且正以每年 10% 以上的速度迅速增长，2000 年已跃升至 430 亿美元。

人们对天然药物的需求量剧增，我国中药工业也以前所未有的速度迅猛发展。据统计，2002～2012 年间，中药工业产值增长迅猛，2002 年为 500 亿元，2005 年就已超过 1000 亿元，2009 年超过 2000 亿元，2010 年超过 3000 亿元，2012 年激增至超过 5000 亿元。2012 年中药产业产值已经超过医药产业总产值的 1/3，与化学药、生物药呈现三足鼎立之势。

全国药材交流会上，中药材种类一般在 800～1000 种左右，最高时达 1200 种，常用药材约 500～600 种，少常用药材约 200 种，不常用药材 100 种。由于野生药用资源的日益减少，造成全国经常使用的 500 余种药材每年约有 20% 的短缺。

二、药用植物资源的保护现状

我国幅员辽阔、地形复杂、气候多变、水源充沛，优越的自然条件孕育着丰富的药用植物资源。据第三次全国中药资源普查统计，我国拥有药用植物 11118 种，在被开发利用的药用植物资源中，20% 为人工栽培药材，其余约 80% 来自野生资源。我国高等植物处于濒危状态的有近 3000 种，其中药用植物约占 60%～70%。为了保护濒危野生动植物物种，确保野生动植物物种的持续利用不会因国际贸易而受影响，1973 年有 21 个国家在美国华盛顿签署了《濒危野生动植物种国际贸易公约》（CITES），又称《华盛顿公约》。1975 年 7 月 1 日，该公约正式生效，中国于 1981 年正式加入公约，成为该公约的成员国之一。该公约限制了 20000 种濒危野生动植物的贸易。根据 CITES 名录，植物共有 156 种，其中我国有 45 种。

1984 年 10 月公布了我国第一批《珍稀濒危植物名录》，共 354 种（列入一级重点保护的有 8 种，二级 143 种，三级 203 种）。其中，药用植物有 163 种（一级 5 种，即桫椤、珙桐、水杉、人参和望天树；二级 30 种；三级 128 种）。1987 年 3 月公布了我国第一批国家重点保护野生药材物种名录，共 76 种，其中植物 58 种。属二级保护的有甘草、胀果甘草、杜仲、黄皮树、厚朴、人参等 13 种，三级保护的有猪苓、北细辛、连翘、胡黄连、紫草、五味子、山茱萸等 45 种，以它们为基源的中药共 29 种（二级保护的 7 种，三级保护的 22 种）。1992 年出版了《中国植物红皮书——稀有濒危植物》，第一册收载植物 354 种，有药用植物 168 种，其中稀有种 38 种，渐危种 84 种，濒危种 46 种。珍稀濒危药用植物中，含常用中药 46 种，大宗药材 19 种。为了保证落实保护药用生物资源，一些省（市、自治区）政府结合本地的实际情况，也制定了相应的地方性法规，对保护药用生物资源起到了积极的作用。

为了有效地保护药用野生资源，我国于 1956 年在广东省肇庆市建立了第一个自然保护区——鼎湖山自然保护区，至 2006 年底，已相继建立起各种类型、不同级别的自然保护区 2395 个，其中国家级自然保护区 265 个，保护区总面积已占国土面积的 10% 以上。自 1982 年我国第一个森林公园——湖南省张家界国家森林公园建立以来至 2000 年底，全国共建立各级森林公园 1078 个，保护森林资源面积达 600 万公顷。我国已建立风景名胜区 677 个，面积 960 万公顷，其中国家重点风景名胜区 177 个。自然保护区、森林公园以及风景名胜区的建立，使野生的珍稀濒危药用动植物资源得到了保存，在珍稀濒危药用物种保护方面发挥着重要的作用。

我国分别于 1960～1962 年、1969～1973 年、1983～1987 年组织开展了三次全国范围的中药资源普查。通过三次全国性的中药资源普查，以及各地方不同层次的调查研究，基本摸清了当时我国的药用植物资源状况，同时也为我国中医药事业和中药产业发展规划的制定提供了重要依据。2011 年开始，国家中医药管理局开展了全国第四次中药资源普查试点工作，试点范围已覆盖 31 个省份。全国第四次中药资源普查工作即将启动实施。通过全国第四次中药资源普查，旨在加强中药材基地及条件建设，建立中药资源科研和服务体系。资源考察研究工作为我国药用植物资源保护工作的开展及进行奠定了坚实的基础。

第四节　国内外有关植物保护的法律法规

一、涉及植物资源保护的国际公约

（一）《国际植物保护公约》（1951 年）

《国际植物保护公约》（IPPC）是联合国粮食和农业组织（FAO）通过的一个有关植物保护的多边国际协议，于 1951 年 12 月 6 日在意大利罗马签订，1952 年 5 月 1 日生效，1979 年和 1997 年，FAO 分别对 IPPC 进行了 2 次修改。该公约由设在粮农组织植物保护处的 IPPC 秘书处负责执行和管理。中国于 2005 年 10 月 20 日向 FAO 递交了经 1997 年修订的《国际植物保护公约》的加入书，成为公约第 141 个缔约方。目前该公约是世界贸易组织（WTO）《实施卫生和植物卫生措施协定》（SPS 协定）规定制定国际植物检疫措施标准（ISPMs）的机构。《国际植物保护公约》的宗旨是确保全球农业安全，并采取有效措施防止有害生物随植物和植物产品传播和扩散，促进有害生物控制措施。该公约为区域和国家植物保护组织提供了一个国际合作、协调一致和技术交流的框架和论坛。

（二）《濒危野生动植物国际贸易公约》（1973 年）

《濒危野生动植物种国际贸易公约》（CITES）于 1973 年 3 月 3 日由 21 个国家的全权代表在美国华盛顿签署，故又称《华盛顿公约》。1975 年 7 月 1 日该公约正式生效。截至 2004 年 10 月，有 166 个国家加入，我国于 1980 年 6 月 25 日申请加入该公约，成为该公约的成员国之一。截至 2004 年 10 月，中国已连续 3 次当选该公约的常委会副主席国。

该公约的宗旨是通过各缔约国政府间采取有效的措施，加强贸易控制来切实保护濒危野生动植物物种，确保野生动植物物种的持续利用不会因国际贸易而受影响。公约限制了二万种濒危野生动植物的贸易。该公约共 25 条，并包括了 3 个附录。附录Ⅰ、附录Ⅱ于 1983 年 4 月起生效，附录Ⅲ于 1992 年 6 月起生效。之后，该公约第十二届缔约国大会（2002 年 11 月 3～15 日）通过了对附录Ⅰ、Ⅱ、Ⅲ的多项修改，一些被列入附录Ⅲ的物种将被转入附录Ⅱ，这些修订，自 2003 年 2 月 13 日起生效。

（三）《生物多样性公约》（1992 年）

《生物多样性公约》（Convention on Biological Diversity）是一项保护地球生物资源的国际性公约，于 1992 年 6 月 1 日由联合国环境规划署发起的政府间谈判委员会第七次会议在肯尼亚内罗毕通过，1992 年 6 月 5 日，由签约国在巴西里约热内卢举行的“联合国环境与发展大会”上签署。公约于 1993 年 12 月 29 日正式生效。常设秘书处设在加拿大的蒙特利尔。联合国《生物多样性公约》缔约国大会是全球履行该公约的最高决策机构，一切有关履行《生物多样性公约》的重大决定都要经过缔约国大会的通过。中国于 1992 年 6 月 11 日签署该公约，1992 年 11 月 7 日批准，1993 年 1 月 5 日递交加入书。截至 2004 年 2 月，现已有 188 个国家在公约上签了字。该《公约》是一项有法律约束力的公约，主要特点表现在如下四个方面：一是确定了生物资源的归属，即各国对它自己的生物资源拥有主权权利；二是确定了各国有权利用其生物资源，同时也应承担相关的义务，各国有责任确保在其管辖或控制范围内的活动，不致对其他国家的环境或国家管辖范围以外地区的环境造成损害；三是规定向发展中国家转让有关生物多样性保护和持续利用的技术；四是《公约》的资金机制由发达国家提供资金，以便发展中国家能够履行《公约》的规定。这个公约是生物多样性保护与持续利用过程中具有划时代意义的档，因为它是第一份有关生物多样性各个方面的国际性公约，生物遗传多样性第一次被包括在国际公约中，生物多样性保护第一次受到人类的共同关注，不管面临的困难有多大，国际社会在生物多样性保护方面迈出了坚实的一步，给减缓生物多样性的锐减带来了光明与希望。

（四）其他国际公约

除了上述几个主要的公约外，有关植物资源保护的国际公约还有：《卡塔赫纳生物安全议定书》（2000 年，加拿大蒙特利尔）、《植物新品种保护公约》（UPOV，1961 年，法国巴黎）、《保护世界文化和自然遗产公约》（简称世界遗产公约，1972 年，联合国）、《亚洲和太平洋区域植物保护协定》（1955 年，联合国）等等。这些植物资源保护方面的国际公约旨在保护地球上的生物多样性以及人类居住的生态环境，最终达到资源可持续利用的目的。

二、我国植物资源保护的法律法规

（一）国家颁布的涉及植物资源保护的主要法规

1.《中华人民共和国环境保护法》 1979 年颁布试行，1989 年 12 月 26 日第七届全国人民代表大会常务委员会第十一次会议通过《中华人民共和国环境保护法》，2014 年 4 月 24 日第十二届全国人民代表大会常务委员会第八次会议对《中华人民共和国环境保护法》进行了修订，于 2015 年 1 月 1 日起施行。制定该法是为了保护和改善环境，防治污染和其他公害，保障公众健康，推进生态文明建设，促进经济社会可持续发展。

该法总则第二条关于环境的定义："是指影响人类生存和发展的各种天然的和经过人工改造的自然因素的总体，包括大气、水、海洋、土地、矿藏、森林、草原、湿地、野生生物、自然遗迹、人文遗迹、自然保护区、风景名胜区、城市和乡村等"已将自然生物资源纳入到环境之中。在该法第三章"保护和改善环境"中第二十九条规定："各级人民政府对具有代表性的各种类型的自然生态系统区域，珍稀、濒危的野生动植物自然分布区域，重要的水源涵养区域，具有重大科学文化价值的地质构造、著名溶洞和化石分布区、冰川、火山、温泉等自然遗迹，以及人文遗迹、古树名木，应当采取措施予以保护，严禁破坏。"第三十条规定"开发利用自然资源，应当合理开发，保护生物多样性，保障生态安全，依法制定有关生态保护和恢复治理方案并予以实施。"以及第三十三条规定中也明确说明要防治种源灭绝。因此，该法的颁布实施对药用植物资源的保护具有非常重要的意义。

2.《中华人民共和国森林法》 1984 年 9 月 20 日第六届全国人民代表大会常务委员会第七次会议通过《中华人民共和国森林法》，并于 1985 年 1 月 1 日起实施。制定该法的目的是为了保护、培育和合理利用森林资源，加快国土绿化，发挥森林蓄水保土、调节气候、改造环境和提供林产品的作用，适应社会主义建设和人民生活的需要。1998 年对原森林法进行了修订，并于 2000 年 1 月 29 日颁布并实施《中华人民共和国森林法实施条例》。《中华人民共和国森林法》对森林资源的所有权、森林经营管理、保护、植树造林、森林采伐、法律责任等均做出明文规定。该法的颁布实施对保护森林生态系统及其药用生物资源具有十分重要的意义。

3.《中华人民共和国草原法》 为了加强草原的保护、管理、建设和合理利用，保护和改善生态环境，发展现代化畜牧业，促进民族自治地方经济的繁荣，适应社会主义建设和人民生活的需要，国家制定了《中华人民共和国草原法》，于 1985 年 6 月 18 日第六届全国人民代表大会常务委员会第十一次会议通过，并于 1985 年 10 月 1 日起施行。2002 年对原草原法进行了修订，并于 2003 年 3 月 1 日起施行。《中华人民共和国草原法》对草原资源的权属、规划、建设、利用、保护、监督检查、法律责任等均作出规定。该法的颁布实施对保护草原生态系统及其药用生物资源具有重要的意义。

（二）国家颁布的主要条例

1.《野生药材资源保护管理条例》（以下简称《条例》） 国务院为了保护与合理利用野生药材资源，以适应人民医疗保健的需要，于 1987 年 10 月 30 日公布了此条例，这是我国将中药资源保护以法律形式确定下来的第一部专业性法规，并于 1987 年 12 月 1 日起实施。

《条例》的正式实施，使中药资源保护与管理有法可依，丰富和完善了资源保护的内容，对维护生态平衡、保护和合理利用中药资源，有着极其重要的意义。

《条例》将国家重点保护的野生药材物种分为三级：一级为濒临灭绝状态的稀有珍贵野生药材物种；二级为分布区缩小，资源处于衰竭状态的重要野生药材物种；三级为资源严重减少的主要野生药材物种。

规定一级保护的物种禁止采猎，二、三级保护的物种必须由县以上（含县）医药管理部门（含当地人民政府授权管理该项工作的有关部门）会同同级野生动物、植物管理部门制定，报上一级医药管理部门批准，并取得采药证和采伐证或狩猎证后才能进行采猎，且不得在禁止采猎区、禁止采猎期进行采猎，不得使用禁用工具进行采猎。凡进入野生药材资源保护区从事科研、教学、旅游等活动的，必须经保护区管理部门批准。凡违反《条例》规定的任何单位和个人，按情节轻重进行处罚。

2.《中华人民共和国自然保护区条例》 1994年10月9日颁布，1994年12月1日实施。为了加强保护珍稀濒危野生动植物，依法划出一定面积予以特殊保护和管理的区域，这些区域有代表性的自然生态系统，珍稀濒危野生动植物物种分布较集中。自然保护区对保护珍稀濒危动植物种类有着极其重要的意义。迄今为止，我国已建立数百个类型不同的自然保护区。

3.《中华人民共和国野生植物保护条例》 为了保护、发展和合理利用野生植物资源，保护生物多样性，维护生态平衡，国家制定了《中华人民共和国野生植物保护条例》，该条例于1996年9月30日由国务院发布，并于1997年1月1日起施行。

该条例明确规定：国家对野生植物资源实行保护。国家重点保护的野生植物分为国家重点保护野生植物和地方重点保护野生植物。国家重点保护野生植物分为国家一级保护野生植物和国家二级保护野生植物。该条例规定保护的野生植物，是指原生地天然生长的珍贵植物和原生地天然生长并具有重要经济、科学研究、文化价值的濒危、稀有植物。

（三）国家颁布的名录

1.《中国生物多样性保护行动计划》 1994年正式发布。根据《生物多样性公约》的原则和义务，针对中国当前和今后一段时间全国生物多样性保护与持续利用的需求，该计划提出7个领域的目标，包括26项行动方案。规定优先保护的植物151种，其中药用植物有19种。在151种保护植物中，蕨类植物6种，无药用植物；裸子植物17种，含2种药用植物，如篦子三尖杉；被子植物128种，含药用植物17种，如人参、沙冬青、海南大风子、剑叶龙血树等。

2.《国家重点保护植物名录》《中国植物红皮书》 1980年，原国务院环境保护领导小组办公室会同中国科学院植物研究所等单位，组织全国有关专家，在调查研究的基础上，经过反复审计，确定了我国第一批《国家重点保护植物名录》，1982年汇编成册，并据此组织编写了《中国植物红皮书》第一册。首次提出了我国珍稀濒危保护植物种类。

3.《中国珍稀濒危保护植物名录》（第一册） 1984年10月9日公布，1987年国家环境保护局、中国科学院植物研究所进行了修订。该名录共收载保护植物354种，列入一级保护的有8种，二级保护的有143种，三级保护的有203种；其中药用植物有161种，其中属一级保护的有4种，属二级保护的有29种，属三级保护的有128种。

4.《国家重点保护野生药材物种名录》 根据《野生药材资源保护管理条例》的规

定，原国家医药管理局会同国务院野生动物、植物管理部门及有关专家共同制定出第一批《国家重点保护野生药材物种名录》，共收载野生药材76种，其中药用动物18种，药用植物58种。在植物之中，属二级保护的有甘草、胀果甘草、人参、厚朴、杜仲、黄皮树等12种；属三级保护的有北细辛、猪苓、连翘、胡黄连、紫草等45种。

5.《国家重点保护野生植物名录（第一批）》　1999年8月4日，国务院正式批准公布了《国家重点保护野生植物名录（第一批）》。该名录为上述条例的配套档。《国家重点保护野生植物名录（第一批）》列入植物419种、13类（指种以上科或属等分类单位）。其中，一级保护的67种、4类，二级保护的352种、9类，包括蓝藻1种，真菌3种，蕨类植物14种、4类，裸子植物40种、4类，被子植物361种、5类。另外，桫椤科、蚌壳蕨科、水韭属、水蕨属、苏铁属、黄杉属、红豆杉属、榧属、隐棒花属、兰科、黄连属、牡丹组等13类的所有种（约1300种），全部列入名录。

（四）地方性法规

除了国家对药用植物资源保护的一些相关法规外，各地省、市的政府部门也相继颁布实施了相应的地方性保护法规。主要有：《黑龙江省野生药材保护条例》、《西藏自治区冬虫夏草采集管理暂行办法》、《辽宁省野生珍稀植物保护暂行规定》、《海南省自然保护区条例》、《云南省珍贵树种保护条例》、《青海省人民政府关于禁止采集和销售发菜，禁止滥挖甘草和麻黄草有关问题的通知》等。

第五节　药用植物资源保护的对策与方法

长期采挖和不合理的采收，使我国野生药用植物资源的贮量逐年下降，部分资源日趋枯竭。近年来，国际市场对天然药物的需求量逐年上升，中药逐渐走向国际市场，对药材资源的需求量会越来越大，野生药材资源面临的压力会日益沉重，如不加以保护，随着市场对中药材需求量的日益增长，许多药材资源会逐渐枯竭，天然药物生产将难以为继。因此，如何对药用植物资源进行有效的保护，如何在保护资源的同时做到资源的可持续利用等问题是我们所面临的亟待解决的问题。

一、药用植物资源保护的对策

为了确保“中药资源可持续利用”战略目标的实现，就必须采取积极的保护对策和有效的措施，包括法律法规、技术措施和经济措施的配套实施。

（一）加强宣传，提高人们资源保护意识

我国是世界生物多样性最丰富的国家之一，野生植物物种丰富，区系成分复杂，植被类型多样，是我国珍贵的资源和宝贵的财富。然而，生物多样性的丧失、森林大面积的消失、生态环境的破坏，特别是人类对药用植物资源的过度利用和破坏是导致药用植物资源急剧减少的直接原因，而这又与人们缺乏相应的资源保护意识密切有关。因此，加强资源保护宣传力度，进行有措施的教育，提高人们对保护药用植物资源重要性的认识，使珍惜和保护药用植物资源成为每个人的自觉行动，是解决药用植物资源问题的根本途径。

（二）加强药用植物资源综合利用，提高利用效率

综合利用有限的药用植物资源，是实现中药资源可持续发展的保证；提高资源利用效率是减少资源浪费和破坏的重要方法之一。具体体现在如下几个方面：第一，运用药用植物亲缘学理论，在近缘植物类群中扩大和寻找新资源，利用活性成分为指标进行比较研究，发掘新资源，寻找替代品，补充药用植物资源。第二，扩大药用部位，实现药用植物的多元化利用。对药用生物资源的应用往往是选择部分药用，其余丢弃，造成很大的浪费。扩大药用部位，不是取代传统的药材，而是作为提取有效部位的新资源，以节约成本。如人参（*Panax ginseng*）、西洋参（*Panax quinquefolium*），过去只用其根，现代研究表明，其茎叶、种皮都含有大量的人参皂苷，可作为提取人参皂苷的原料。2000 年版《中国药典》新增加的西洋参叶，就是对原来弃用的药材部位的再利用。第三，从副产物和废弃物中回收可利用资源，提高资源的综合利用能力，避免药用植物资源的消耗和浪费。如甘草提取酸的残渣中可分离到高含量的黄酮类化合物，并可回收木质素和纤维素。又如，虎杖（*Polygonum cuspidatum*）中活性成分为黄酮类化合物，根状茎中还富含 25% ~28.5% 的单宁，可先提取黄酮后，次提取单宁，再将药渣作造纸原料。第四，天然化合物的结构修饰以及合成生物学研究。药用活性成分是中药的物质基础。科研工作者从许多药用植物中分离到大量天然化合物，其中许多化合物因活性不够或因有毒性物质而被弃而不用。其实，这些化合物很可能就是一些成分合成的先导化合物，通过对这些化合物进行结构修饰和改造，改善其理化性质便于制剂和吸收、降低毒性等，从而大大提高资源利用效率。大多数药用活性成分在药用植物中含量低微，结构复杂，性质不稳定，化学合成困难或产率较低，而直接提取又面临成本高、资源少等。通过合成生物学，即通过多个生物部件或模块之间的协调运作建立复杂系统，从而构建人工系统（包括细胞）行为来实现药用植物活性成分的异源生物合成及大规模生产。如，采用酿酒酵母（*Saccharomyces cerevisiae*）高效生产抗疟疾药物青蒿素关键前体就是一个典型的例子。

（三）建立药材基地，实施药材生产质量管理规范

随着野生药用植物资源的减少，药材的栽培日益重要，大力引种栽培，发展药材基地，是保护药用植物资源的有力措施。中药材是一种特殊商品，在中药产业体系中，中药材既是原料药又是临床直接配方使用的药物，“药材好，药才好”，因此，要实施药材生产质量管理规范（Good Agricultural Practice，GAP），对药材生产全过程［从种子经过不同的生长发育阶段到形成商品药材（产地加工或加工的产物）的过程］进行有效的质量控制，从而保证药材质量“稳定、可控”，保障中医临床用药“安全、有效”。

道地药材（geoherbs）是指药材货真质优，是传统公认的且来源于特定产地的具有特色的名优正品药材，是中药材生产系统在各种影响因子的长期综合作用下形成的一种整体最优化结果。药材基地的建设，GAP（生产质量管理规范）的建立，应该以道地药材的研究为基础，选择优良品种，选择与道地产区生态环境相似性的区域发展种植，推行规范化种植生产技术，建立科学的采收采集、加工炮制技术规范，严格质量控制标准，保证药材无农药残留、无重金属超标、无霉菌等有毒物质残留。实施 GAP 的最终目标是优质高效地生产名优药材、道地药材和绿色（无公害）药材。

（四）完善和健全资源保护的法律法规

对药用植物资源进行有效保护，离不开具体的法律、法规和相关部门规章的监督管理。我国为了保护药用植物资源先后有《野生药材资源保护管理条例》《自然保护区条例》《中国植物红皮书》等政策、法规。例如，2000 年国务院发出雪莲、甘草、肉苁蓉等禁止采挖

规定以及2001年经贸委颁发了关于甘草采挖和经营许可证的规定，有力地打击了滥采滥挖的行为，保护了这几种药用植物资源。为了更有效地保护现有的药用植物资源，尤其是珍稀濒危药用植物资源，应在现有立法的基础上，完善对野生药用植物资源的立法，颁布更为严格的保护野生药用植物资源的法律，切实有效地保护药用植物资源及资源的可持续性。

二、药用植物资源保护的方法

保护药用植物资源不但是植物资源可持续利用和开发的基础，是生物多样性保护的重要组成部分，同时也是我国传统医药传承与发展的物质基础。药用植物资源保护的方法较多，主要有就地保护、迁地保护和离体保护等。

（一）就地保护（原境保存）

药用植物资源就地保护，亦称原产地保护或原境保存（in situ conservation），是指将药用植物资源及其生存的自然环境就地加以维护，从而达到保护药用植物资源的目的。这种方法可以使药用植物在已适应的生长环境中得以迅速恢复和发展。其措施主要有扩大和完善各类自然保护区、抚育更新和合理采收。

1. 建立和完善自然保护区 自然保护区是指对有代表性的自然生态系统、珍稀濒危野生动植物物种的天然集中分布区以及有特殊意义的自然遗迹等保护对象所在的陆地、陆地水体或者海域等，依法划出一定面积予以特殊保护和管理，使该区域自然资源得以永久或较长时间保护的自然区域。自然保护区是保护利用和改造自然综合体及其生态系统和自然资源的战略基地。建立自然保护区是对自然环境和资源实行保护最根本的有效措施，也是保护濒危动植物物种最有效的手段之一。近些年来，国家对此项工作十分重视，截至2006年底，全国已建立各种类型的自然保护区2395个，其中国家级自然保护区265个。

自然保护区可以划分为核心区、缓冲区和实验区3个区域。核心区（core zone）：是指保存完好的天然状态的生态系统以及珍稀濒危动植物的集中分布地或繁殖区，被缓冲区所包围。禁止任何单位和个人进入。缓冲区（buffer zone）：位于核心区的外围，区内由一些可能恢复为原生性的植被地段所组成。只准进入从事科学研究观测活动。实验区（experimental zone）：位于缓冲区的外围，可包括次生性植被以及荒山荒地等。缓冲区外围划分为实验区，可以进入从事科学试验、教学实习、参观考察、旅游以及驯化、繁殖珍稀、濒危野生动植物等活动。在保护区内，可以就地保存药用植物种质资源，特别是珍稀、孑遗、濒危的药用植物种类。

根据保护的性质和目的，可将保护区分为资源综合研究保护区、珍稀濒危物种保护区和资源生产性保护区三种类型。

（1）资源综合研究保护区 这类保护区是供科研和教学而划定的综合性保护区，为资源绝对保护区。该类保护区要求选择未受或少受人为活动干扰、具有保护意义、资源丰富的地区而建立。建立该类保护区的目的是保持自然生态系统和丰富的种质资源，供教学、科研和监测之用。保护区的面积视所要维护的生态系统和科研需要而定。保护区可结合自然保护区或单独建立。

（2）珍稀濒危物种保护区 是针对保护珍稀濒危药用动植物物种而建立的保护区。区内可设有研究机构或研究设施。该类保护区可建立在具有原始生态系统条件下或已开发的地区，保护手段除自然维护外，可结合人工种植（或养殖），借以扩大野生种群，恢复和发展药用动植物资源。

(3) 资源生产性保护区　是一类既可在一定程度上维护自然生态系统，又能提供部分中药材产品的资源保护区。此类保护区又可分为三种类型。轮采轮猎区：根据药用动植物的承受能力和中药材的合理采收季节而划定的定时采猎保护区，称为轮采轮猎区。这类区域包含两方面的内容：一是根据药用动植物资源的生产能力制定合理的资源保护基数标准和开发利用指标，当该区药用动植物达到一定生产能力时，有计划地进行限量开发，当生产能力下降到一定程度时，转为保护状态；二是根据中药材的采收季节，在保证药材质量的前提下，尽量避开药用动植物的繁殖季节、药用部位的成熟时间等易阻碍药用植物资源发展而划定的保护区。将上述不利于药用动植物资源的发展和不能保证药材质量的时间划为临时禁采或禁猎季节，借以保护药用植物资源。人工粗管种植区：是一种带有人工维持和发展药用植物资源的保护区。此类保护区内可采取人工繁育、野生种植、粗放型管理等措施来发展药用植物资源，当资源达到一定量时，适时适量进行采挖。野生转家种研究基地：是一种具有保护、研究和开发药用植物资源的保护地。在维持野生药用资源的基础上，积极开展药用植物野生转家种的研究，试验成功后逐步推广生产。

2. 抚育更新和合理采收　采用有效的生产性保护措施，对药用植物资源的保护具有重要的意义。有效的生产性保护措施主要有抚育更新和合理采收。

(1) 抚育更新　这种措施就是要在药材的原产地恢复和发展药用植物资源。如各地普遍采用的封山育林、保护林药，在原适应地播种或将药用动物放归山林，控制某地药材的采猎时间等。在封禁的基础上，施加积极地人工补种、管理或仿野生栽培，促进种群的恢复。就地抚育与保护区的主要区别在于它没有明显的保护区界，要求也没有保护区严格。其特点是：药用种类不脱离原有的适生地，资源自然更新和人工护育相结合。

目前，采用这种措施来保护药用植物资源的实例很多。例如，新疆、宁夏和内蒙古等地区在肉苁蓉的产地大力营造红柳林和梭梭林来发展肉苁蓉的寄主资源。西藏将贝母种子撒播在贝母原适生地，形成了近似于自然生长的贝母种群。又如，根据野山参的生长发育习性和对生态环境的要求进行林下培育人参的仿野生栽培，不仅保护了森林资源，而且能生产出具有野生人参特点的无污染、高价值的高档商品人参。抚松县利用林下空地资源进行朝鲜淫羊藿的仿野生栽培，使人工栽培的朝鲜淫羊藿在质量、质量、药效等方面接近自然生长的野生资源。

(2) 合理采收　这种生产性保护措施主要表现在采收方法、采收季节和采收量三个方面。

采收方法：药材的采收除获得药用部位外，还应注意保证药材原动植物的再生能力和资源的良性循环。在药用植物的采收中，边挖边育、挖大留小、挖密留疏等采收方法是目前最值得推广的技术。过去将胡黄连的茎苗作废物弃去，1978 年西藏用其茎苗作繁殖材料获得成功，为保护胡黄连资源发挥了良好的作用。吉林省在采收刺五加时，采取留幼株并保留部分根茎留在土内的方法，保护刺五加资源。20 世纪 70 ~ 80 年代，我国对黄柏、杜仲、肉桂、厚朴等皮类药用植物进行环状剥皮技术研究获得成功，现已在部分地区应用，产生了较好的保护效果。

采收季节：避开药用动植物的繁殖期，在药用部位主要活性成分积累到最高时，适时进行采收。

采收量：根据每一种药物种类资源的再生能力进行合理采收，合理的采收量应控制在资源再生量之内，保证药物常采常生，可持续利用。若超负荷采收，资源得不到及时补充和恢复，则会导致资源减少，甚至消亡。

（二）迁地保护（异境保存）

迁地保护，又称异地保护或异境保存（ex situ conservasion），是指将珍稀濒危药用生物迁出其自然生长地，保存在保护区、动物园、植物园、种植园内，进行引种驯化研究。通过引种，植物园内不仅保护了许多珍稀濒危物种，而且扩大了种源。

目前，我国已建立了许多药用植物园或在植物园内设立了专门的药用植物种质资源圃，如杭州药用植物园、中国医学科学研究院药用资源开发研究所植物园、重庆南川药用植物种植场、南宁药用植物园、中国科学院武汉植物研究所药用植物种质资源圃等。在这些园内，引种了许多有重要价值的药用植物，为研究药用植物异地引种，保护药用植物资源奠定了良好的基础。例如，武汉植物研究所对长江三峡库区珍稀濒危植物物种（其中很多是药用植物）进行的异地保护，有效地保护了三峡库区内的珍稀植物物种。

变野生种类为家种种类，发展大规模的种植业，也是药用植物资源异地保护的重要途径之一。自20世纪50年代以来，我国在这方面已取得了很大的成绩。如华南热带作物研究所引种沉香和海南龙血树等，都取得了显著成效。特别是海南龙血树的引种成功，对发展血竭生产，保护资源具有十分重要的意义。目前，我国各省、市、区引种野生转家种成功的药用植物，一般在20~40种以上，其中四川、云南等省引种品种较多。四川省变野生为家种的种类有天麻、川贝母、天冬、麝香等20多种，引种省外成功的种类有云木香、白术、玄参、延胡索等30余种。云南野生转家种的有黄檗、云黄连、茯苓、牡丹、胡黄连、蔓荆等37种，引种省外成功的有乌头、党参、地黄、怀牛膝、玄参、白芷、蒙古黄芪等20多种。我国南方沿海地区引种的儿茶、千年健、诃子、苏木、肉桂、益智、芦荟、安息香、马钱子、砂仁、白豆蔻、海南龙血树、槟榔等药用植物对解决某些进口药材，缓解市场供求矛盾发挥了作用。数以百计的野生药用植物，通过引种和野生转家种，既扩大了药用资源，又起到了保护野生资源的作用。

（三）离体保护

离体保护是指充分利用现代生物技术来保存药用植物体的某一器官、组织、细胞、原生质体或植物种子等。其目的主要是长期保留药用植物的种质基因，巩固和发展药用植物资源。包括植物种子保存和植物器官、组织的离体保存。

1. 药用植物的种子保存

种子是植物繁衍后代的主要器官，在人工控制条件下保存种子，可以延缓种子的衰老过程，从而大大延长种子的寿命，这样，不仅可以避免珍稀药用植物在遇到不可抗拒的自然灾害时整个物种灭绝的悲剧，也可以避免在自然条件下发生遗传变异而导致珍稀药用物种的基因流失。

2. 药用植物的离体保存

离体保存及其研究始于20世纪70年代，主要是以组织培养的方式来贮藏种质。

组织培养是采用植物某一器官、组织、细胞或原生质体，通过人工无菌离体培养产生愈伤组织，诱导分化成完整的植株或生产活性物质的一种技术方法。组织培养的基本原理是利用细胞为生物有机体的基本结构单位，细胞在生理发育上具有潜在的全能性。其优点是：容易控制生长环境条件，且不受季节或区域的限制，便于大量繁殖药用植物和工业化生产，可以消除植株的病毒感染，培养无病毒植株等。因此，组织培养是一种扩大药用植物资源以及保护植物资源的新方法。

目前，我国科学工作者在植物组织培养方面做了大量的工作，据不完全统计，用组织培养形成试管苗获得成功的药用植物约有200种，如人参、白及、紫背天葵、党参、菊花、山楂、延胡索、浙贝母、番红花、龙胆、条叶龙胆、川芎、绞股蓝、人参、厚朴、枸杞、罗汉果、三七、西洋参、桔梗、半夏、怀地黄、玄参、云南萝芙木、红景天、黄连等。组织培养的材料涉及幼小植株、器官、组织或愈伤组织、细胞、原生质体等。

3. 建立药用植物种质资源库　为了收集和保存药用植物遗传物质携带体及其本身，免于毁灭性的破坏或造成基因流失，应建立药用植物种质资源库。建立药用植物种质资源库有利于保持药用物种的优良性状和培育适合各种条件的优良品种，提供丰富的遗传资源和研究材料。由于我国幅员辽阔，地理环境和气候条件多样，生物种类繁多，而各种生物均有其最适生长环境和条件，因而形成了许多各具特色的道地药材。这些道地药材的优良特性，除了上述环境因素外，主要是由其内在的遗传特性所决定。在人们长期栽培、养殖、选育和自然条件的影响下，道地药材的优良性状会逐步发生改变或消失。若能长期保存这种优良遗传基因的载体，则可以为研究和维持优良遗传种性提供先决条件。例如抗倒伏和抗病基因在药用植物上的应用，就是在掌握了大量优良基因的基础上，应用选育技术或基因工程等生物技术实现的。建立药用植物种质资源库，能够为将来实现药用原料大规模工厂化生产提供条件，并在国际交流方面也有着重要的意义。自20年代末开始，我国在药用植物种质保存方面进行了广泛的工作，在杭州建立了药用植物种质资源库。

重点小结

- 药用植物资源的利用与保护
  - 药用植物资源的开发与利用
    - 药物开发
    - 其他方面的开发利用
  - 寻找药用新资源的途径
    - 历代本草中寻找
    - 从民族医药中发掘
    - 应用植物化学分类学原理寻找
    - 从国内外科技文献信息中发现
    - 进行综合开发利用
  - 药用植物资源供求及保护现状
    - 供求现状
    - 保护现状
  - 国内外有关植物保护的法律法规
    - 国际公约
    - 我国的法律法规
  - 药用植物资源保护的对策与方法
    - 对策
    - 方法
      - 就地保护
      - 迁地保护
      - 离体保护

参考文献

[1]孙启时．药用植物学［M］．北京：中国医药科技出版社，2009.

[2]姚振生．药用植物学实验指导［M］．北京：中国医药科技出版社，2007.

[3]孙启时，路金才，贾凌云．药用植物鉴别与开发利用［M］．北京：人民军医出版社，2009.

[4]古兰恰尔．辛格著，刘全儒，郭延平，于明译．植物系统分类学—综合理论及方法［M］．北京：化学工业出版社，2008.

[5]谈献和，姚振生．药用植物学［M］．上海：上海科学技术出版社，2009.

[6]郭巧生．药用植物资源学［M］．北京：高等教育出版社，2010.

[7]段金傲，周荣汉．中药资源学［M］．北京：中国中医出版社，2013.

[8]刘春生，张小路，杨春姗．我国药用地衣研究概况［J］．中草药，1995，26（5）．

[9]中国药材公司．中国常用中药材［M］．北京：科学出版社，1995.

[10]中国药材公司．中国中药资源［M］．北京：科学出版社，1995.

[11]黄璐琦，彭华胜，肖培根．中药资源发展的趋势探讨［J］．中国中药杂志，2011，36（1）：11～14.

[12]李会军，李萍．药用植物资源与中药产业的可持续发展［J］．世界科学技术－中药现代化，2001，3（2）：55～57，66.

[13]李磊，裴天才．国际天然药物应用现状分析［J］．医药世界，2005，（2）：34～36.

[14]徐亚静．吹响中药资源保护集结号［N］．中国医药报，2014－03－18（005）．

[15]万德光，裴瑾．中药资源开发利用与保护探析［J］．成都中医药大学学报，2002，25（1）：1～2.

[16]曾海静，古丽娜·沙比尔．天然药物资源生态危机与可持续发展［J］.2005，11（8）：54～56.

[17]张南平，魏峰，肖新月，等．中药资源的可持续利用现状与建议［J］.2011，25（11）：1079～1082.

[18]黄璐琦，肖培根，王永炎．中国珍稀濒危药用植物资源调查［M］．上海：上海科学技术出版社，2012.

[19]万德光，王文全．中药资源学专论［M］．北京：人民卫生出版社，2009.

[20]杨世林，张昭，张本刚，等．珍稀濒危药用植物的保护现状及保护对策［J］．2000，31（6）：401～403，426.

[21]黄璐琦，郭兰萍，崔光红，等．中药资源可持续利用的基础理论研究［J］．中药研究与信息，2005，7（8）：4～6，29.

[22]周然，王永辉．中药资源的保护与可持续开发利用［J］．世界中西医结合杂志，2008，3（1）：6～7.

[23]Paddon CJ, Westfall PJ, Pitera DJ, et al. High－level semisynthetic production of the potent antimalarial artemisinin［J］. Nature, 2013, 496: 528～532.

[24]国家林业局．中国重点保护野生植物资源调查［M］．北京：中国林业出版社，2009.
[25]黄璐琦，肖培根，王永炎．中国珍稀濒危药用植物资源调查［M］．上海：上海科学技术出版社，2012.
[26]万德光，王文全．中药资源学专论［M］．北京：人民卫生出版社，2009.
[27]郭巧生．药用植物资源学［M］．北京：高等教育出版社，2007.
[28]方成武，王文全．中药资源学［M］．北京：科学出版社，2005.
[29]郭巧生．药用植物栽培学［M］．北京：高等教育出版社，2009.
[30]王关林，方宏筠．植物基因工程［M］．北京：科学出版社，2009.

彩图目录

23 *Astilbe chinensis* (Maxim.) Franch. et Savat. 落新妇

25 *Astragalus membranaceus* (Fisch.) Bge. var. *mongholicus* (Bge.) Hsiao 蒙古黄芪

24 *Astragalus membranaceus* (Fisch) Bge. 膜荚黄芪

26 *Belamcanda chinensis* (L.) DC. 射干

27 *Bergenia purpurascens*（Hook. f.et Thoms.）Engl. 岩白菜

28 *Broussonetia papyrifera*（L.）Vent. 构树

29 *Bupleurum chinense* DC. 北柴胡

30 *Cannabis sativa* L. 大麻

31 *Carthamus tinctorius* L. 红花

32 *Cassia tora* L. 小决明

33 *Catharanthus roseus*（L.）G. Don 长春花

34 *Celastrus orbiculatus* Thunb. 南蛇藤（藤合欢）

35 *Celosia argentea* L. 青葙

36 *Chaenomeles speciosa*（Sweet）Nakai 皱皮木瓜

37 *Chelidonium majus* L. 白屈菜

38 *Cimicifuga dahurica*（Turcz.）Maxim. 兴安升麻

39 *Cimicifuga simplex* Wormsk. 单穗升麻

40 *Cirsium japonicum* Fisch.ex DC. 蓟（大蓟）

41 *Clematis manshurica* Rupr. 东北铁线莲

42 *Cnidium monnieri*（L.）Cuss. 蛇床

43 *Cocos nucifera* L. 椰子

44 *Codonopsis lanceolata*（Sieb.et Zucc.）Trautv 羊乳

45 *Codonopsis pilosula*（Franch.）Nannf. 党参

46 ***Coix lacryma-jobi*** **L. var. *ma-yuen*（Roman.）Stapf** 薏苡

48 ***Coriolus versicolor*（L.ex Fr.）Quel** 云芝

47 ***Convallaria majalis*** **Linn.** 铃兰

49 ***Cornus officinalis*** **Sieb.et Zucc** 山茱萸

50 *Corydalis ambigua* **Cham.et Schltd.** 东北延胡索

51 *Crataegus pinnatifida* **Bge.** 山楂

52 *Curculigo sinensis* **S.C.Chen** 中华仙茅

53 *Cuscuta chinensis* **Lam.** 菟丝子

54 *Cynanchum atratum* **Bge.** 白薇

55 *Cynanchum auriculatum* **Royle ex Wight** 牛皮消

56 *Cynanchum paniculatum* (Bge.) Kitag. 徐长卿

57 *Cynomorium songaricum* Rupr. 锁阳

58 *Cyrtomium fortunei* J. Sm. 贯众

59 *Datura metel* L. 白花曼陀罗

60 *Dianthus chinensis* L. 石竹

61 *Dianthus superbus* L. 瞿麦

62 *Dictamnus dasycarpus* Turcz. 白鲜

63 *Dioscorea nipponica* Makino 穿龙薯蓣（穿山龙）

64 *Dioscotea opposita* Thunb. （薯蓣）

65 *Dryopteris crassirhizoma* Nakai 粗茎鳞毛蕨

66 *Ephedra sinica* Stapf 草麻黄

67 *Equisetum arvense* L. 问荆

68 *Equisetum hyemale* L. 木贼

71 *Euphorbia fischeriana* Steud 狼毒大戟

72 *Euryale ferox* Salisb. 芡实

69 *Eucommia ulmoides* Oliv. 杜仲

73 *Flueggea suffruticosa*（Pall.）Baill 一叶萩

70 *Euonymus alatus*（Thunb.）Sieb. 卫矛（鬼箭羽）

74 *Forsythia suspensa*（Thunb.）Vahl 连翘

75 *Fraxinus chinensis* Roxb. 白蜡树

76 *Ganoderma tsugae* 松杉灵芝

77 *Gastrodia elata* Bl.天麻

78 *Gentiana macrophylla* Pall. 秦艽

79 *Gentiana scabra* Bge. 龙胆

80 *Ginkgo biloba* L. 银杏

81 ***Gleditsia sinensis*** **Lam.** 皂荚

83 ***Glycyrrhiza uralensis*** **Fisch.** 甘草

82 ***Glehnia littoralis*** **Fr. Schmidt ex Miq.** 珊瑚菜（北沙参）

84 ***Hibiscus syriacus*** **Linn.** 木槿

85　*Hippophae rhamnoides* L.　沙棘

86　*Houttuynia cordata* Thunb.　蕺菜（鱼腥草）

87　*Huperzia serrata*（Thunb.ex Murray）Trev.　蛇足石杉

88　*Hyoscyamus niger* L.　莨菪

89　*Ilex cornuta* Lindl. ex Paxt.　枸骨

90　*Imperata cylindrica* Beauv. var.*major*（Nees）C.E.Hubb.　白茅

91 *Inula japonica* Thunb. 旋覆花

92 *Iris lactea* Pall. var.*chinensis*（Fisch.）Koidz. 马蔺

93 *Isatis indigotica* Fort. 菘蓝

94 *Leonurus japonicus* Houtt. 益母草

95 ***Lepidium apetalum*** **Willd.** 独行菜

97 ***Ligustrum lucidum*** **Ait.** 女贞

96 ***Ligusticum jeholense*** **Nakai et Kitag.** 辽藁本

98 ***Lilium lancifolium*** **Thunb.** 卷丹

99 *Lithospermum erythrorhizon* Sieb. et Zucc. 紫草

102 *Lycopodium annotinum* L. 多穗石松

100 *Lonicera japonica* Thunb. 金银花

103 *Lycoris radiata*（L’Her.）Herb. 石蒜

101 *Lycium barbarum* L. 宁夏枸杞

104 *Lysimachia christinae* Hance 过路黄

105 *Mahonia bealei*（Fort.）Carr. 阔叶十大功劳

106 *Menispermum dauricum* DC. 蝙蝠葛（北豆根）

107 *Mentha haplocalyx* Briq. 薄荷

108 *Metaplexis japonica*（Thunb.）Makino 萝藦

109 *Morinda officinalis* How 巴戟天

110 *Morus alba* L. 桑

111 *Nelumbo nucifera* Gaertn. 莲

112 *Nepeta cataria* L. 荆芥

113 *Ophioglossum vulgatum* L. 瓶尔小草

114 *Ophiopogon japonicus*（L.f）Ker-Gawl. 麦冬

115 *Orobanche pycnostachya* Hance 黄花列当

116 ***Paeonia lactiflora*** **Pall.** 芍药

117 ***Paeonia suffruticosa*** **Andr.** 牡丹

118 ***Panax ginseng*** **C. A. Mey.** 人参

119 ***Panax quinquefolium*** **L.** 西洋参

120 *Papaver somniferum* 罂粟

122 *Periploca sepium* Bge. 杠柳

121 *Patrinia scabiosaefolia* Fisch. ex Trev. 黄花败酱

123 *Pharbitis nil*（L.）Choisy 裂叶牵牛

124 *Phellodendron amurense* Rupr. 黄檗（关黄柏）

125 *Phragmites communis* Trin. 芦苇

126 *Physalis alkekengi* L. var. *franchetii*（Mast.）Makino 酸浆

127 *Pinus tabulieformis* Carr. 油松

128 *Piper nigrum* L. 胡椒

129 *Platycladus orientalis*（L.）Franco 侧柏

130 *Platycodon grandiflorum*（Jacq.）A.DC. 桔梗

131 *Polygala tenuifolia* Willd. 远志

132 *Polygonatum ordoratum*（Mill.）Druce 玉竹

133 *Polygonatum sibiricum* Red. 黄精

134 *Polygonum cuspidatum* Sieb. et Zucc. 虎杖

135 *Polygonum multiflorum* Thunb. 何首乌

136 *Prunella vulgaris* L. 夏枯草

137 *Pseudolarix amabilis*（Nelson）Rehd. 金钱松

138 *Pseudostellaria heterophylla*（Miq.）Pax ex Pax et Hoffm. 孩儿参（太子参）

139 *Pueraria lobata*（Willd.）Ohwi 野葛

140 *Pyrrosia petiolosa*（Christ）Ching 有柄石韦

141 *Pyrrosia sheareri*（Bak.）Ching 庐山石韦

142 *Rauvolfia verticillata*（Lour.）Baill. 萝芙木

143 *Rehmannia glutinosa* Libosch. 地黄

144 ***Rhaponticum uniflorum*** **（L.）DC.** 祁州漏芦

145 ***Rheum officinale*** **Baill.** 药用大黄

146 *Rheum palmatum* L. 掌叶大黄

147 ***Rhododendron dauricum*** **L.** 兴安杜鹃

148 ***Rhus chinensis*** **Mill.** 盐肤木

149 *Ricinus communis* L. 蓖麻

150 *Rosa laevigata* Michx. 金樱子

151 *Rubia cordifolia* L. 茜草

152 *Sagittaria sagittifolia* 欧洲慈姑

153 *Sagittaria trifolia* L. 野慈姑

154 *Salvia miltiorrhiza* Bge. 丹参

155 *Sambucus manshurica* Kitag. 东北接骨木

157 *Saposhnikovia divaricata*（Turcz.）Schischk. 防风

156 *Sanguisorba officinalis* L. 地榆

158 *Saururus chinensis*（Lour.）Baill. 三白草

159 *Schisandra chinensis*（Turcz.）Baill. 五味子

160 *Scrophularia ningpoensis* Hemsl. 玄参

161 *Scutellaria baicalensis* Georgi 黄芩

162 *Senecio scandens* Buch.-Ham. 千里光

163 *Siegesbeckia orientalis* L. 豨莶

164 *Siphonostegia chinensis* **Benth.** 阴行草

165 *Smilax china* **L.** 菝葜

166 *Sophora flavescens* **Ait.** 苦参

167 *Sophora japonica* **L.** 槐

168 *Spiraea salicifolia* 绣线菊

169 *Stemona japonica*（Bl.）Miq 蔓生百部

170 *Strychnos nux-vomica* L. 马钱

171 *Taraxacum mongolicum* Hand.-Mazz 蒲公英

172 *Taxus cuspidata* S. et Z. 东北红豆杉

173 *Toxicodendron vernicifluum*
（Stokes）F.A.Barkl. 漆

174 *Tribulus terrestris* L. 蒺藜

175 *Trollius chinensis* **Bunge** 金莲花

176 *Typha angustifolia* **L.** 水烛

177 *Typhonium giganteum* **Engl.** 独角莲

178 *Usnea diffracta* 松萝

179 *Vaccaria segetalis*（Neck.）Garcke 麦蓝菜（王不留行）

180 *Vaccinium uliginosum* Linn. 笃斯越桔

181 *Vaccinium vitis-idaea* Linn. 越桔

182 *Valeriana officinalis* L. 缬草

183 *Veratrum nigrum* L. 藜芦

184 *Viscum coloratum*（Komar.）Nakai 槲寄生

185 *Zanthoxylum bungeanum* Maxim. 花椒

186 *Zanthoxylum schinifolium* Sieb. et Zucc. 青椒

187 ***Ziziphus jujuba*** **Mill. var.** ***spinosa*** **（Bunge）Hu ex H.F.Chou** 酸枣